韓國近現代農業史研究

— 韓末·日帝下의 地主制와 農業問題 —

金 容 燮

Studies on the Agrarian History of Twentieth-Century Korea

Landlordism and Agrarian Conflicts in Modern Korea

by

Kim Yong-sŏp

韓國近現代農業史研究

초판 1쇄 발행　　2000. 9. 30
초판 2쇄 발행　　2020. 3. 23

지은이　김용섭
펴낸이　김경희
펴낸곳　(주)지식산업사
　　　　파주 본사: 10881, 경기도 파주시 광인사길 53(문발동)
　　　　전화(02)734-1978(대) 팩스(02)720-7900
　　　　홈페이지 www.jisik.co.kr
　　　　e-mail jsp@jisik.co.kr

　　　　등록번호 1-363
　　　　등록날짜 1969. 5. 8

책값 25,000원

이 책에 대한 문의는
지식산업사로 해 주시길 바랍니다.

增補版 序

本書는 初版本 머리말에서 언급한 바와 같이, 오랜 세월에 걸쳐 개별 논문으로서 씌어진 여러 편의 글을 8, 9년 전에 한 책으로 모은 것이었다. 그러므로 그때 필자는 그 글들의 문맥을 여러 모로 다듬고 조정함으로써, 그것이 본서 전체의 체계 속에서, 최소한 논지만이라도 일치하는 것이 되도록 정리하려 하였었다. 그러나 그 글들은 그 내용 자체가 빈약한데다 필자의 정리 미숙으로, 본서를 수미일관한 체계적인 著述이 되게 하기에는, 그 내용이나 체제가 너무나 불충분하였다.

그러한 점은 지금도 마찬가지이지만, 본서는 그간 日本에서 번역될 것이 예정되어 있는 가운데 이번에 知識産業社에서 改版하여 간행하게 되었으므로, 그동안 부족하게 생각하였던 바 몇몇 점을, 外國人이 보더라도 이해가 잘 갈 수 있도록, 최소한으로나마 增補校訂함으로써 單行本으로서의 체계와 목표가 좀더 분명해지도록 하였다. 그러한 점을 이번 版에서는, 사실에 대한 설명이 부족하다고 생각된 부분이나 문맥이 잘 이어지지 않는 부분은 본문에 보충설명을 하거나 주에 연구문헌을 추가하였으며, 논지가 투명치 않은 부분은 보완설명을 하기도 하였다. 그리고 고유명사의 용어가 여러 가지로 표현됨으로써 혼란을 일으키게 하는 부분은 되도록 한 계통으로 통일하도록 하였다.

이번 增補校訂本의 간행을 위해서도 많은 분들의 도움을 받았다. 개판을 위한 원고의 컴퓨터화 작업에는 대학원의 정두영, 박진훈 군을 비롯한 여러분이 수고를 하였고, 교정작업과 색인작업에는 이경란, 장규식, 이상의, 김정신 박사생이 수고를 아끼지 않았다. 그리고 지식산업사 김경희 사장의 후의와 同社 편집부 여러분들의 노고가 있음으로써 이 책은 완성될 수가 있었다. 이 자리를 빌어서 이분들에게 진심으로 감사의 뜻을 표하는 바이다.

2000년 4월 10일

著 者

머리말

　오래전에 필자는 『韓國近代農業史研究』〔上〕〔下〕(이번 저작집本에서는 『韓國近代農業史研究』〔Ⅲ〕이 한 권 더 추가됨에 따라, 이 〔上〕〔下〕를 각각 〔Ⅰ〕〔Ⅱ〕로 개정 표기하기로 하였다)에 수록한 논문들을 구상하고 작성하면서, 이 같은 저술에는 그 農業改革論과 農業政策에 의해서 정착하게 되는, 韓末·日帝下의 地主制·地主經營을 구체적인 事例연구로서 정리하고, 또 그 地主制 일반의 矛盾關係 및 그 改革方案도 검토하여 그 續編 姉妹編으로서 짝할 수 있으면 좋겠다고 생각하였다. 이 같은 문제들은 現代 韓國이 준비되어 가는 과정 그 자체이기도 하고, 우리나라의 近現代史는 바로 그러한 문제를 중심으로 한 격동의 시대이기 때문이었다. 그리하여 기회 있는 대로 그러한 논문의 작성을 위해서 자료의 수집을 하고, 또 그것으로서 최소한으로나마 뜻하는 바 글을 작성할 수 있으면 稿를 정리해 두고 있었다.

　그러나 이 시기의 이 같은 地主制에 관한 연구는 그때로서는 두 가지 점에서 어려움이 있었다. 그것은 첫째, 經營事例에 관한 자료를 얻기가 어려운 것은 말할 것도 없지만, 그것을 입수할 수 있다 하더라도, 그 地主經營의 당사자나 그 후손이 아직 생존해 있는 상황하에서, 그것을 史實로서 客觀化시키고 문장화하여 歷史상에 공개하기가 어려웠기 때문이었고, 다음은 이 같은 문제는 그 문제의 본질상, 農民階級의 對地主鬪爭, 社會主義 진영과 民族·資本主義 진영간의 思想的 대립, 民族解放運動 세력과 親日的 정치세력과의 대립문제가 되는 것이었는데, 우리가 살아 온 南北戰爭 이후의 시기는 反共이 강조되는 시기였으므로, 비록 學問的으로 연구를 하는 것이라 하더라도, 이 같은 문제를 다루기가 지극히 조심스러웠기 때문이었다. 그러므로 이 문제를 主題로 한 연구를 하나의 單行本으로 묶는 일은 후일을 기다리지 않으면 아니 되었다.

　다행히 근년에 이르면서는 세상도 변하고 학문풍토도 완화되었는데, 필자

개인으로서는 정년에 대비하여 舊稿를 정리해야 하는 때를 맞게도 되었다. 더욱이 필자가 봉직하고 있는 직장으로부터는, 이 문제를 主題로 한 연구를 마무리할 수 있도록 研究費가 지급되기도 하였다(연세대학교 1989년도 학술연구비). 그러므로 필자는 이를 기회삼아 지금까지의 연구와 이를 보완할 수 있는 몇몇 新稿를 추가하여 표제와 같은 책자를 내기로 하였다. 애초에 本稿를 구상할 때는, 地主經營에 관한 事例를 한 10여 종류쯤 수집하여 좀더 충실한 연구물을 만들어볼 생각이었지만, 근년에 이르러 이 시기의 이 같은 문제에 대한 젊은 學者들의 좋은 資料에 의거한 충실한 事例연구와, 體制的 理論的으로 잘 다듬어진 훌륭한 연구가 나오게 되었으므로, 필자는 예정을 바꾸어 지금까지 검토해 온 문제를 위에 언급한 바와 같은 내용으로 정리함으로써 그간의 연구를 마무리하기로 하였다.

本稿는 하나의 저술로서 구상되기는 하였지만, 이를 일시에 내려 쓴 것은 아니었다. 그것은 그 연구의 내용과 방법이 經營事例를 중심으로 하는 것이었기 때문에 그렇게는 할 수가 없었으며, 오래 전부터 地主經營에 관한 文書가 구해지는 데 따라 이를 조금씩 정리하는 수밖에 없었다. 그리고 本稿에서 아주 중요한 부분으로 되어 있는 地主制의 矛盾, 農民運動, 그 矛盾의 打開方案 등에 관한 고찰은 오랫동안 조금씩 정리해 온 것이기는 하였으나 극히 최근에야 완결될 수 있었던 것이다. 그러므로 本稿는 그 文脈이 수미일관할 수가 없었으며, 따라서 과거에 발표하였던 바 글들 중에서도 특히 불충분한 부분은, 이번 기회에 많은 수정과 보완을 가하지 않을 수 없었다. 그리고 本稿의 주제와 관련하여 최소한 보충설명이 더 필요하다고 생각되는 부분은 이를 작은 新稿로 보완함으로써, 하나의 저술로서 최소한 그 체계와 논지가 분명히 서도록 시도하였다.

빈약한 연구이지만 本稿를 정리함에 있어서도 많은 분들의 도움을 받았다. 사례연구와 관련하여서는 그 자료의 수집과 그에 대한 보충설명 그리고 그 밖의 어려운 문제 등에 관하여 康宇哲·李公範·李載龒·姜萬吉·宋甲鎬 교수와 李謙魯·李寬雨 선생 및 한일은행의 몇몇 분, 일반사료의 수집에 관해서는 우동수 강사 외 여러분의 도움을 받았다. 이분들의 도움이 없었더라면 아마도 본고의 여러 논문들이 제대로 씌어지기 어려웠을 것이다. 이제 이같이 씌어진 글들을 모아서 한 권의 책으로 간행하게 되었으므로, 이 자리를 빌어서 충심으로 감사의 뜻을 표하는 바이다.

   본고의 출판과 관련하여서는, 一潮閣에서 본고 중의 한 논문에 등장하는 주인공과의 친분관계와도 관련하여 본서의 출판을 기피할 수도 있었을 것이나, 同社의 韓萬年 사장께서는 이에 개의치 않았고, 필자의 이번 글이 종전의 책자와 함께 일련의 연속 연구물이 될 수 있도록 그 출판을 쾌락해 주셨다. 평소에 보여주신 여러 가지 후의와도 아울러 고마운 마음 금할 수 없다. 그리고 편집부 여러분들께서는 난삽한 원고를 잘 다듬고 교정하여 참한 책을 만들어 주셨으며, 도현철·방기중 강사는 이 과정에서 필자를 대신해서 교정작업과 색인작업을 담당하고, 金基協 교수는 英文槪要를 작성해 주었다. 끝자리가 되었지만 책을 만들어 주신 이들 여러분에게 진심으로 감사하는 바이다.

        1992년 1월 10일

                                                著 者

目　次

I. 近代化와 地主制

近代化過程에서의 農業改革의 두 方向

日帝의 初期 農業殖民策과 地主制

II. 地主經營의 成長과 變動

江華 金氏家의 地主經營과 그 盛衰

日帝强占期의　農業問題와　그　打開方案

緖　論

　韓末에서 日帝下에 이르면서, 우리나라 구래의 地主制는 여러 가지 면에서 크게 변동·발전하고 있었으며, 이에 따라서는 그 地主制 내에서 地主와 時作·小作농민이 時作·小作權과 富의 配分문제 기타 등등을 위요하여 심각하게 대립하는 農民運動·農業問題가 발생하고 있었다. 그러므로 당시에는 이 같은 농업문제를 수습하기 위한 農業改革, 社會變革의 문제가 시대적 과제로서 많은 사람들에 의해서 여러 가지로 논의되지 않을 수 없었다. 본 연구에서는, 앞서 간행하였던 바 필자의 『韓國近代農業史硏究』〔Ⅰ〕〔Ⅱ〕에 이어, 그 續編 姉妹編으로서, 이 같은 문제를 분석·고찰함으로써, 그 農業問題 打開를 위한 정치·경제사상의 흐름이, 그 후 解放 후의 農業改革과 어떻게 이어지는지를 분석·고찰하고자 하였다.

　地主制의 발달은, 韓末에 있어서는 朝鮮王朝의 양반지배층이 地主層 地主制를 바탕으로 한 近代國家 資本主義社會의 건설을, 그 近代化方略으로 세우고 이를 추진해 나가고 있는 데서 기인하고 있었다. 이러한 사정은 요컨대 地主的 입장의 社會改革論에서 연유하는 것으로 그 기원이 조선후기까지 소급하지만,[1] 가까운 시기의 사정을 말한다면 개항 후의 내외 정세에서 연유하고 있었다. 개항 이후 우리나라의 對外貿易은 米穀을 중심으로 한 농산물이 중심이 되고 있었는데, 지주층은 이러한 米穀貿易을 통해서 종전과는 달리 새롭게 성장할 수가 있었으며, 또 당시의 兩班支配層 地主層은 구래의 봉건적인 농업체제가 내포하고 있는 모순이 심화되어 발생한 1862년의 農民抗爭(民亂)을 「三政釐整策」으로 무마하고, 1894년의 農民戰爭을 外勢와 결합한 무력으로써 진압하는 가운데, 近代化政策·改革政策을 추진하고 있었는데, 이는 地主制가 새롭게 성장하는 데 있어서 활로를 열어주는 바가 되고 있었다.

---

1) 拙　著, 『朝鮮後期農業史硏究』Ⅱ, 증보판, 제Ⅳ편, 農業論의 動向 참조.

더욱이 日帝가 大韓帝國을 침략하고 이를 强占한 — 乙巳勒約과 統監府 설치, 庚戌勒約과 朝鮮總督府 설치 — 후에는, 地主制를 중심으로 한 日本資本主義의 農業機構가 우리의 그것을 흡수 지배하게 되었으므로, 구래의 지주제는 日帝의 농업정책에 의해서 그 資本主義 農業機構 속에 흡수 예속되는 가운데 발전하게 되고 있었다. 일본은 明治維新 이래로 近代化·資本主義化를 추구하되 그것을 産業資本과 地主資本에 의거하고 있었으므로, 그들이 한국을 강점하고 한국의 富를 수탈하게 되었을 때, 그들의 농업정책은 地主制를 중심으로 하는 것이 되지 않을 수 없었으며, 또 그들이 그와 같이 하기 위해서는 韓國人 地主層을 그들의 동반자로서 일정하게 보호·유지하지 않으면 아니 되었기 때문이었다. 그리하여 이들 韓國人 지주층은 日本人 지주층과 더불어 日帝强占期의 사회를 지탱하는 支柱가 되고, 日本人 지주층이 한국농민을 지배·수탈할 때 발생할 수밖에 없는, 후자의 전자에 대한 투쟁을 중간에서 막아주는 방파제나 완충지대적인 기능을 담당하고도 있었다.

地主制의 변동은 그 양적인 확대와 經營强化현상으로도 나타나고, 질적인 변화와 발전으로도 나타나고 있었다. 전자는 日本人 地主·農業資本家(國策會社, 財閥會社, 個人地主)들에 의한 土地投資와 地主經營 및 한말에서 일제하에 이르면서 한국인 지주·관료층의 土地集積이 확대되고, 그들의 地主經營·地代收取가 강화되고 있었던 것으로서 말할 수 있으며, 후자는 日本人 地主·農業資本家들에 의한 日本型의 資本家的 農場經營＝農場型 地主制(農場의 農業生産 農業經營 전체를 자본주의 경영원리에 의해서 운영하는 것이 아니라, 그 기저에 구래의 封建的인 地主制를 그대로 유지하고, 小作농민을 마치 雇傭農民과 같이 契約制로서 雇傭하고 혹사하는 가운데 — 雇傭小作, 地主가 그 農場의 생산력 증진을 위해 직접 생산의 主體가 되고, 대외적으로도 地主가 직접 그 농장의 산물을 자본주의적으로 가공 판매하는 가운데 剩餘를 최대한으로 취하는, 말하자면 資本主義 農場經營으로서는 가장 낙후한 經營形態)가 확대되고, 이에 따라서는 적지 않은 수의 한국인 지주층이 종래의 地主經營을 바탕으로 그 地主資本을 産業資本·金融資本으로 전환시키는 한편, 재래식 지주경영을 또한 이 새로운 農場制度로 개편하고 있었음을 들 수 있다. 그뿐만 아니라 이 후자의 경우로서 말한다면, 이 밖에 구래의 '經營地主'層이 그들의 전통적 농업경영방식을 토대로 하면서도, 새로운 시대사조에 편승하여 새로운 勞動小作에 의거한 資本家的 企業農으로서의 地主經營·農場經營 방식으로 성장하고 있었음도 들 수 있다. 그리고 그러한 경영능력이 없는 지주층을 위해서는 信託農場制가 새로 제정되어 그들의 낡은 방식의 地主經營을 새로운 農場型 地主制로 전환할 수 있도록 유도하고 있었음도 그 예가 되겠다.

물론 한국인 지주층의 경우 모두가 이 시기의 이 같은 시대사조를 따라, 그들의 地主經營을 새로운 地主經營 방식으로 변동시키고 있는 것은 아니었다. 많은 경우는 아직도 여전히 종전과 마찬가지로 不在地主로서 재래식 地主經營, 靜態的 地主經營으로 그것을 수행하고 있었으며, 그런 가운데, 경우에 따라서는 변동하는 시세에 적응하지 못하고 쇠퇴하여 지주 대열에서 아주 탈락하는 中小地主도 적지 않았다. 日帝의 收奪農政이 강화되고 恐慌이 장기화하는 데 따라서는 그러한 현상이 더욱 더 확대되고 있었다. 그러므로 일제의 강점하에서 地主·資本家階級이 그들의 地主制 地主經營을 유지하기 위해서는, 점차 어떤 형태로건 일제의 자본주의 농업정책에 편승하고, 그 資本主義 農業機構에 밀착하여, 그 경영방침을 변동시키지 않으면 아니 되도록 되고 있는 것이 어쩔 수 없는 추세였으며, 실제로 많은 지주층이 그렇게 하고 있었다.

地主制 地主經營의 이 같은 量的 質的인 발전과 변동은 이 시기의 한국농업·한국농민에게 지대한 영향을 미치고 있었다. 그것은 불과 20~30년간이라고 하는 짧은 기간 내에, 수없이 많은 日本人이 한국에 건너와서 土地集積·土地兼併을 하게 됨으로써, 새로운 群小土地所有者, 中小地主, 大地主, 巨大地主가 되고, 그 地主經營에서 지주층이 징수하는 小作料와 그들이 전가하는 각종 公租公課, 水稅, 기타가 종전에 비하여 파격적으로 증대하고 있었기 때문이었다. 그들은 그것을 資本主義化, 近代化, 合理的 經營 등의 이름으로 강행하고 있었다. 日本人 농장은 國策會社로서의 東拓農場이거나, 財閥會社의 농장이거나, 또는 個人농장이거나를 막론하고 마찬가지였다. 그리고 이 같은 일본인의 收奪的 地主經營은 韓國人 지주층에게도 모방하는 바 되어, 그들도 그와 같은 수탈적인 지주경영을 하게 되었음은 말할 것도 없었다. 이 시기의 악랄한 일본인 및 한국인의 지주경영은 경영이 아니라 약탈 그것이었다. 그리하여 韓國農民·韓國農村은 이제 더 이상 지탱하기 어렵게 되는 가운데, 數百萬의

농민이 自作地를 상실하고 小作地에서도 밀려나 해외로 流移하게 되었으며, 농촌은 분해·파괴되고, 농민은 노예적 상태로 전락하는 가운데, 小作농민들은 이제는 그들 스스로의 상황을 자각하고 분기하여 어떤 대책을 세우지 않으면 아니 되도록 되고 있었다.

小作농민들이 세울 수 있는 대책은, 生存을 위해서, 日帝와 地主·資本家階級에 대하여 鬪爭을 전개하는 일일 수밖에 없었다. 地主制의 矛盾이었다. 그들은 그것을 처음에는 단순하고 산발적인 小作爭議로써 시작했으나, 점차 그것을 組織化·運動化하여 거대한 물결로서의 農民運動으로까지 확산시키게 되었으며, 또 처음에는 그것을 단순한 經濟運動으로 시작했으나, 마침내는 그 운동의 주체들이 民族解放運動과 연계되는 가운데, 그것을 政治運動·民族運動 나아가서는 革命的 農民組合運動으로까지 고양시키게 되고 있었다.

이는 한마디로 日帝 統治當局의 한국에 대한 收奪農政과 지주·자본가계급의 농민수탈이 도를 넘고 파탄하게 되었음을 뜻하는 것, 한국농촌·한국농민이 생사의 기로에 서게 되었음을 뜻하는 것이었다. 그러므로 이러한 상황에 대해서, 日帝 統治當局에서는 그들의 수탈을 더 지속시켜 나가기 위해서, 그리고 韓國人들은 民族·資本主義 진영이거나 社會主義 진영이거나 어느 쪽을 막론하고 한국농민을 살리기 위해서, 각각 목표는 다르지만 적절한 대응책, 즉 農業問題 打開方案을 강구하지 않으면 아니 되었다. 日帝 統治當局의 打開策은, 日本資本主義 체제 내에서 그리고 地主制를 통해서 계속 한국농민을 수탈할 것을 전제로 하는 가운데 문제를 해결하고자 하는, 지극히 소극적인 방안이었으나, 韓國人들의 打開策은 地主制 改善論에서 土地改革·農業革命＝民族革命論에 이르기까지 다양하게 제기되고 있었다. 이는 결국 새로운 農業體制의 등장을 전망케 하는 일이 아닐 수 없었으며, 그러한 점에서 이 같은 문제에 대해서는, 보다 충실한 연구가 요청되는 것이라고 하겠다.

이 시기의 이 같은 地主制 및 그 矛盾의 문제로서의 小作爭議에 관해서는 일제하에서부터 이미 많은 실태조사와 연구가 있어 왔다.[2] 地主制는 본시 中

---

2) 久間健一, '朝鮮에 있어서의 小作에 관한 主要 文獻目錄'(『朝鮮農會報』 11의 9, 1937)에는 당시까지의 地主小作制에 관한 官邊側 조사자료와 일반 연구문헌이 망라적으로 소개되어 있다. 그 후의 조사자료와 연구문헌은 근년의 제연구에 대체로 소

世封建社會의 경제제도였음에도 불구하고, 이 시기에는 이 제도를 토대로 日本資本主義의 農業機構를 편성하고 이로써 한국농민을 지배하는 것이었으므로, 그 농민수탈을 위한 經濟制度로서의 기능은 절정에 달하고 있는 것이었으며, 따라서 地主小作制는 이 시기의 사회문제 농업문제 발생의 진원지가 되고 있었기 때문이었다. 그러므로 당시의 統治當局이나 현실문제를 다루는 學者들은 이 地主 小作制에서 오는 파국적인 농촌·농민문제의 실태를 조사하고, 나아가서는 이러한 파국을 어떠한 형태로건 적절히 타개하지 않으면 아니 될 것으로 판단하였다. 그리하여 그러한 조사연구를 통해서는, 논자들의 현실문제에 대한 인식의 차이에 따라 그 견해에 차이가 있기는 하였지만, 이 시기 地主制의 역사적 성격이 대단히 선명하게 파악되기도 하고,[3] 또 그것이 當局

개되어 있으나 많지 않으며, 地主小作制에 관한 기본 자료는 위의 목록에 소개된 문헌이 중심이 된다고 하겠다. 단 이 文獻目錄에서는 韓國人의 한글로 된 논문이나, 農場 및 地主層 개개인의 經營文書類는 소개하고 있지 않다.

3) 日帝下에 있어서 地主 小作制에 관한 연구는 주로 日本人 學者들에 의해서 이루어지고 있었는데, 그 중에서도 그 歷史的 性格을 규정하는 작업은 두 系統의 학자들에 의해서 제기되고 있었다.

그 하나는 東畑精一·久間健一 등 官邊側 學者의 견해로서, 그들은 韓國의 地主制를 農業機構·農業生産·農業經營의 방법을 중심으로, 外來의 日本人에 의해서 형성되는 動態的·企業的·資本家的인 農場地主와 韓國人 不在地主가 중심이 되는 在來的·靜態的·封建的인 地主로 類型化하되, 그 통치의 말기에 이르면 한국인 지주층 중에서도 動態的인 地主가 형성됨을 지적하고 있었다(東畑精一, 『日本農業의 展開過程』, 1936 ; 東畑精一·大川一司, 『朝鮮米穀經濟論』, 1935 ; 久間健一, 『朝鮮農政의 課題』, 1943 ; 同, '朝鮮에 있어서의 小作問題의 展開性', 『農業과 經濟』4의 6, 1937). 이 계열의 연구동향에 관해서는 宮嶋博史 씨의 研究史 整理가 있다('植民地下 朝鮮人大地主의 存在形態에 관한 試論', 『朝鮮史叢』5·6, 1982).

다른 하나는 山田盛太郎과 그 계열 학자들의 견해로서, 그들은 日本農業을 土地所有를 중심으로 한 地主 小作人의 生産關係에 주목하여, 山田이 '日本資本主義에 있어서의 再生産過程 把握'에서 그 基底를 半封建的土地所有制＝半農奴制的零細農耕으로 규정하고, 그 地主制를 중심한 日本農業을 東北型·近畿型·北海道型 그리고 植民地的인 朝鮮型으로 類型化한 이래로, 지주제를 중심으로 한 朝鮮農業의 성격을 植民地的 半封建的인 것, 植民地型 地主制로 파악하게 되었다. 이 견해는 이른바 日本資本主義論爭에서의 講座派의 이론인 것으로서 그 영향은 컸으며, 조선에서는 民族解放鬪爭의 실천적 과제와도 관련하여 많은 논자들의 찬동을 얻고 있었다(山田盛太郎, 『日本資本主義分析』, 1934 ; 印貞植, 『朝鮮의 農業機構分析』, 1937). 이 계열의 연구동향에 관해서는 淺田喬二 씨의 課題와 方法 정리가 있다(『日本帝國主義와 舊植民地地主制』 제1장, 1968).

그리고 근년에 이르러서는, 이 입장의 연구는 社會構成體論 일반과도 관련하여 그

에 반영되어 그 타개방안이 朝鮮農地令 등 일련의 정책으로 입안되고 실시되기에 이르고도 있었다.[4]

그러나 그러면서도 이 시기 地主制에 관한 연구를 살피면, 몇몇 학자의 會社地主에 관한 사례연구가 있기는 하였지만,[5] 地主層 개개인의 經營事例에 관하여는 거의 구체적인 검토를 하고 있지 못한 것이 실정이었다. 韓國人 地主層에 대하여는 특히 더 그러하였다. 日帝下에 있어서는 그러한 사례를 제시할 필요가 없을 만큼 모두가 그것을 숙지하고, 또 일상적으로 그것을 체험하고 있었던 까닭이라고 생각된다. 더욱이 地主 小作制의 실정과 그 농민지배의 가혹성이 小作慣行·小作慣習 調査의 이름으로 수없이 지적되면서도, 그 地主 經營의 역사적 背景, 역사적 推移를 검토하는 가운데, 이 시기에 이르러서 그 것이 최악의 상태로 强化되고, 그 수탈이 절정에 달하게 되고 있는 사정을 정리하고 있는 연구는 흔치 않았다. 그 같은 문제에 대하여 관심을 가질 수 있도록 여건이 허락된 것은 겨우 근년에 이르러서의 일이었다.[6] 그뿐만 아니라 地主制를 위요한 矛盾·抗爭의 문제나, 이 같은 농업문제를 해결하기 위하여 韓國人 사회의 여러 系統에서 제기하였던 바 그 打開方案에 관해서는 거의 손을 대지 못한 상태로 방치되어 있었다. 이 같은 문제에 대해서 관심을 가질 수

이론을 좀더 심화시키는 가운데, 실증적 연구로서 이를 진행시키고 있는 것이 특징이다. 그러나 이러한 경향의 연구에는 異論이 있어서 양자간에는 토론이 오가고 있다. 그 같은 연구동향은 張矢遠 씨의 『日帝下 大地主의 存在形態에 관한 硏究』(서울대 대학원, 1989) 序論에서의 연구사 정리 및 이병천 씨의 '식민지반봉건사회구성체론의 이론적 제문제'(『산업사회연구』 2, 1987)에 잘 정리되어 있다.

4) 本書 제Ⅲ편 제2논문 註 122) 참조.
5) 그 연구 사례로서는 다음과 같은 것을 들 수 있을 것이다.
　久間健一 : 黃海道지방의 東拓 朝鮮興業 등 5개 會社의 경영관계를 종합적으로 검토하였다(前揭書, 제11장).
　印貞植 : 不二興業 鐵原農場을 검토하였다(『朝鮮의 農業機構』〈前揭書의 증보판〉 1940, 증보분, 제2장).
　淺田喬二 : 朝鮮興業(前揭書, 제3장), 石川縣農業株式會社(『朝鮮歷史論集』 下, 1979)를 분석하였다.
6) 本書 제Ⅱ편의 논문들.
　洪性讚, 「韓國近代 農村社會의 變動과 地主層」(연세대 대학원, 1988).
　崔元奎, '韓末·日帝下의 農業經營에 관한 硏究 ─ 海南 尹氏家의 事例'(『韓國史研究』 50·51, 1985).
　張矢遠, 주 3)의 논문.

있게 된 것도 근년의 일이었다.[7]

日帝强占期의 地主制의 성격을 보다 구체적이고 보다 분명하게 이해하기 위해서는, 地主層 개개인에 관한 이 같은 경영사례가 다양한 방법으로 광범하게 밝혀져야 할 것으로 생각되며, 또 그들의 地主經營 農民收奪로 인해서 발생하게 되는 모순·항쟁의 문제나 이의 해결을 위하여 제기되는 여러 계통의 農業問題 打開方案도 좀더 분명하게 밝혀져야 할 것으로 생각된다. 그리고 그러한 기초 위에서 그들의 社會階級으로서의 성격은 말할 것도 없고, 그 政治勢力으로서의 성격까지도 파악할 수 있도록 되어야 할 것으로 생각된다. 그것은 말할 것도 없이, 일제강점기의 地主制와 農民運動의 성격을 이해하기 위해서뿐만 아니라, 보다 더 절실하게는, 그들이 主體가 되는 가운데 형성되는 解放 後의 사회, 즉 南北을 포함한 現代 韓國社會의 역사적 배경을 이해하기 위해서 반드시 필요한 작업으로 생각된다. 우리가 本稿에서 일제하의 地主制의 문제를 다루게 되는 이유는 바로 여기에 있는 것으로서, 韓末에서 日帝下에 걸치면서, 변동·발전하고 있었던 地主制와 地主經營을 지주 개개인의 經營文書를 통해서 사례연구로써 구체적으로 살피고, 또 地主制·地主經營을 위요해서 발생하는 矛盾의 문제＝農業問題와 그 打開方案도 아울러 살피는 가운데, 그 지주층의 지주계급·자본가계급으로서의 성격 및 정치세력으로서의 성격을 파악하면, 解放 後의 정치·사회세력의 형성이나 政治現實을 이해하는 데 도움이 되리라고 생각하는 것이다.

본고에서는 우리의 이 같은 관심을 풀어나가기 위해서 다음과 같이 篇을 나누어 문제를 정리하기로 하였다.

제 I 편은 導論으로서, 일제하에 日本資本主義의 地主制가 성립되는 배경을 이해하기 위하여, 조선후기 이래의 社會改革論과 近代化論의 추이 및 日帝의 한국에 대한 農業殖民策이 地主制를 중심으로 전개되는 사정을 살폈다.

제 II 편에서는 日帝下에 있게 되는 地主制 地主經營상의 변동을 필자가 볼 수 있었던 地主層의 經營文書를 중심으로 그 경영사례를 몇 가지 유형으로 정리해 보았다. 地主經營의 사례는 엄청나게 많았으므로, 본고에서 다루는 바와

---

7) 徐仲錫, ‘日帝時期·美軍政期의 左右對立과 土地問題’(『韓國史研究』 67, 1989).

같은 소량의 작업만으로써 이를 일반화시켜 말할 수 있는 것은 아니지만, 몇몇 기본 유형의 파악이라는 점에서는 의미가 있을 것으로 생각된다. 江華 金氏家, 羅州 李氏家, 古阜 金氏家의 地主經營 및 載寧 東拓農場이나 朝鮮信託의 農場經營 등을 사례로서 다루었다.

제Ⅲ편은 이 시기 地主制의 성격을 좀더 포괄적으로 이해하기 위한 작업으로서, 地主制의 矛盾＝지주층과 농민층의 對抗關係 및 이에 대한 여러 系統의 대책, 즉 農業問題 打開方案을 살핌으로써, 그들의 지향하는 바가 어떠한 것이었는지를 파악하고, 이를 통해서 이 시기 地主制의 역사적 의의를 좀더 일반화시켜서 이해해 보고자 하였다.

그러나 우리가 韓末·日帝下의 地主制와 農民運動을 다루게 되는 보다 깊은 뜻은, 앞에서 지적하였듯이, 이 같은 사실을 단지 이 시기의 사실로서만 확인하려는 데 있는 것이 아니었다. 우리의 궁극 목표는, 우리가 『韓國近代農業史研究』〔Ⅰ〕〔Ⅱ〕를 통해서 韓末의 시점까지 다루어 온 조선후기 農業의 발전의 推移와 農業論의 動向이, 이 시기의 이 같은 史實에 대한 연구작업을 매개로 하여, 解放 후의 農業體制와 어떻게 이어지는지, 다시 말하면 南北을 포함한 우리나라의 해방 후 農業體制 성립의 역사적 배경은 어떠한 것이었는지를, 韓國現代史의 한 과제로서 계통적으로 파악해 보고자 하는 데 있는 것이었다. 그러므로 本稿의 목표는 해방 후의 문제를 깊이 논하려는 데 있는 것이 아니지만, 結論에서는, 이 같은 문제를 전통적인 農業論 및 일제하에 있어서의 農業問題 打開策과 관련하여, 그 상관관계를 좀더 음미해 보고자 하였다.

I. 近代化와 地主制

近代化過程에서의 農業改革의 두 方向

日帝의 初期 農業殖民策과 地主制

近代化過程에서의 農業改革의 두 方向

1. 序　　言

　중세국가로서의 朝鮮王朝는 19세기 후반에 이르러 近代 資本主義 國家 帝國主義 列强에 대하여 문호를 개방하고 국교를 확대하지 않으면 안되었다. 歐美의 제국주의열강은 세계 여러 지역에서 약소국가·미개지역을 植民地化하고, 이제 동아시아지역을 침략대상으로 겨냥하게 되었으며, 그 첫 과정으로서 중국과 일본을 개항시킨 후 조선에도 압력을 가하게 된 까닭이었다. 조선은 처음에는 鎖國·攘夷政策을 취했지만, 결국 西歐化, 資本主義化를 표방하고 제국주의국가의 대열에 낄 것을 꾀하는 日本에게 개항을 하였으며, 이어서는 구미의 열강에 대해서도 문호를 개방하고 국교를 확대하지 않을 수 없었다.

　朝鮮이 近代 資本主義國家 帝國主義 열강에 대하여 문호를 개방하고 국교를 확대했다는 사실은, 朝鮮이 이때까지 속해 있었던 中世的 世界秩序에서 벗어나 근대의 世界 資本主義體制 속에 흡수·편입됨을 뜻하는 것이었다. 이는 歷史發展의 한 추세로서 조만간 있게 될 예정된 일이었다. 그러나 이때의 이러한 전환은 단순한 전환일 수가 없었다. 世界 資本主義體制는 소수의 자본주의 국가가 전세계의 약소국가·미개지역을 정치·경제·군사적으로 지배하는 體制, 즉 제국주의 국가의 식민지 지배체제인 까닭이었다. 지구상의 많은 弱小國家들이 무력에 의해서 강제로 제국주의 국가의 영토로 편입되거나 植民地로 전락하고 있었다. 조선왕조의 문호개방도 이 같은 위험성을 내포하는 것이었음은 말할 것도 없었다. 조선왕조는 이제 문호개방을 함으로써 하나의 국가로서 살아 남을 수 있을 것인가, 아니면 帝國主義國家의 식민지로 전락할 것인가 하는 기로에 서게 되었다.

　朝鮮王朝가 이 시기의 이 같은 세계정세 속에서 살아 남을 수 있는 길은,

근대 자본주의국가와 그 세계질서에 적응하고 대응할 수 있는 체제를 갖추는
일이었다. 그것은 國家體制의 改編, 즉 사회개혁 근대화의 문제였다. 그리하
여 朝鮮王朝에서는 개항 이후 여러 社會階層에 의해서 근대화를 위한 사회개
혁운동이 거듭 시도되었다. 그러나 社會改革이 그렇게 단순하고 쉬운 일일 수
는 없었다. 기존의 제도를 개혁하여 새로운 제도를 수립한다는 것은, 곧 階級
的 이해관계와 연결되기 때문이었다. 농업문제를 위요한 經濟政策에 있어서
는 특히 더 그러하였다. 봉건적인 경제제도를 어떻게 개혁하느냐에 따라서는,
封建制하에서의 계급적 이해관계가 변형된 형태로 그대로 유지될 수도 있고
또 도치될 수도 있었다. 그리하여 이 시기의 개혁운동에서는 대별하여 兩班·
地主的 입장에서의 改革論과 農民的 입장에서의 改革論이 대립하게 되고, 그
대립의 결과는 조선사회 근대화의 성격을 규정하는 바가 되고 있었다. 그러므
로 이곳에서는 우선 이 시기의 농업문제를 중심으로 그 근대화론의 특징을 살
피고자 한다.

2. 開港前의 農業問題와 改革의 傳統

改革의 대상이 되고 있는 농업문제는 근대화과정에서 비로소 문제로서 제
기되고 있는 것이 아니었다. 그것은 조선후기 이래로 그 연원이 오래였다. 이
시기에는 봉건적인 土地制度와 賦稅制度에 변화가 일어나고, 農業生産이 전
반적으로 향상되는 가운데 商品貨幣經濟와 연결되고 있었다. 그리고 이로 인
해서는 구래의 농촌사회가 서서히 그러나 광범하게 分解 再編成되는 가운데
신분계급간의 대립관계가 심화되고 있었기 때문이었다.

土地制度는 고려시기·조선전기에 볼 수 있었던 收租權分給에 의한 田主佃
客制는 사라지고, 私的 所有權에 기초한 地主時作·地主佃作制나 自營農制로
서 운영되는 것이 일반이었으며, 그 사적 소유권은 신분적 차등을 두지 않는
것이 특징이었다. 그러므로 이 시기에는 王室이나 兩班官僚層뿐만 아니라 常·
賤民이라 하더라도 토지를 소유할 수 있었으며, 賣買를 통해서 이를 集積해
나갈 수가 있었다. 富民들은 토지를 願賣하는 농민을 찾아다니지 않아도 되었

다. 어떤 사정으로 돈이 급히 필요한 농민들은 文記를 들고 찾아와 買土해 줄 것을 원했으며, 따라서 富民들은 앉아서 쉽게 토지를 集積할 수가 있었다.[1] 더욱이 이 시기에는 兩亂 후의 農業再建과도 관련하여 折受制가 시행되고 新田開發[2]이 장려되었으므로, 王室과 各衙門에서는 경쟁적으로 宮庄土와 屯田을 설치하고 이를 지주제로서 경영해 나갔으며,[3] 兩班 地主層도 그 土地를 개간하고 경영을 확대해 나갔다.[4] 그리하여 이 시기에는 이 같은 富民·大地主層의 토지집적과 경영확대로 農民層의 土地喪失이 촉진되지 않을 수 없었다.

　賦稅制度는 지방자치에 기초한 郡縣단위 摠額制로서 운영되고,[5] 이를 民에 부과할 때는 직접 간접으로 身分制를 매개로 하여 分擔시키게 되는 것이 그 특징이었다. 軍役稅의 경우 특히 兩班層에게는 면제되는 특권이 주어지고 있었다. 그러므로 이 시기 賦稅制度는 鄕權(地方自治)에 참여하는 유력자들에게 유리하게 운영되게 마련이었다. 그런데 이 시기에는 신분제가 크게 동요하여 호적상 常·賤民의 양반신분에로의 상승현상이 크게 일어나고 있었다.[6] 상·천민이 그 사회적 지위를 높이고 軍役稅·奴婢貢도 면하려는 데서였다. 그리하여 신분제의 이 같은 변동은 사회적 지위를 향상시키는 농민을 배출하게 하였지

---

1)　『燕岩集』 卷 16, 課農小抄 限民名田議.
2)　李景植, '17세기 土地折受制와 職田復舊論'(『東方學志』 54·55·56, 1987).
　　　　　'17세기의 土地開墾과 地主制의 展開'(『韓國史研究』 9, 1973).
　　宋讚燮, '17·18세기 新田開墾의 확대와 經營形態'(『韓國史論』 12, 1985).
3)　和田一郎, 『朝鮮의 土地制度及地稅制度調査報告書』, 1920 ; 鄭昌烈, '朝鮮後期의 屯田에 대하여'(『李海南博士華甲紀念史學論叢』, 1970) ; 朴廣成, '宮房田의 硏究'(『仁川敎大論文集』 5, 1970) ; '續·宮房田의 연구'(『仁川敎大論文集』 9, 1974) ; '營·衙門屯田의 硏究'(『仁川敎大論文集』 10, 1975) ; 安秉珆, '17·18세기 朝鮮宮房田의 構造와 展開'(『朝鮮社會의 構造와 日本帝國主義』, 1977) ; 朴準成, '17·18세기 宮房田의 확대와 所有形態의 변화'(『韓國史論』 11, 1984) ; 李榮昊, '18·19세기 地代形態의 변화와 農業經營의 변동'(『韓國史論』 11, 1984) ; 都珍淳, '19세기 宮庄土에서의 中畓主와 抗租'(『韓國史論』 13, 1985) ; 李榮薰, 『朝鮮後期 土地所有의 基本構造와 農民經營』, 1985.
4)　李世永, '18·19세기 兩班土豪의 地主經營'(『韓國文化』 6, 1985).
5)　拙 稿, '朝鮮後期의 賦稅制度 釐正策'(『韓國近代農業史硏究』 上, 1984).
6)　四方博, '李朝人口에 關한 身分階級別的 觀察'(『朝鮮社會經濟史硏究』 中, 1976).
　　鄭奭鐘, '朝鮮後期 社會身分制의 變化'(『朝鮮後期社會變動硏究』, 1983).
　　李俊九, '朝鮮後期 兩班身分移動에 관한 硏究'(『歷史學報』 96·97, 1982).
　　金錫禧, '慶尙道丹城戶籍臺帳에 관한 硏究'(『釜山大人文論叢』 24, 1983).

만, 그러나 동시에 그것은 郡摠制하에서의 일이었으므로, 그 稅役을 타인에게 전가하는 결과를 초래하고, 이로 인하여서는 二重 三重으로 稅를 지는 사람이 있게 됨으로써 몰락하는 농민이 있게 되었다. 이른바 三政紊亂이었다.

농업은 그 기술이 전반적으로 발달하는 가운데 생산력이 증진하고 있었다. 특히 水田二毛作을 수반한 移秧法의 보급은 이 시기 농업의 큰 변화였으며, 이로 인해서는 농촌사회의 分解가 촉진되고 있었다. 移秧法은 付種法에 비하여 노동력이 절약되었으므로, 절약되는 만큼의 노동력으로써 경영을 확대(廣作)하고 있었기 때문이었다.[7] 그뿐만 아니라 이 시기에는 南草·綿·蔬菜·기타 등 商品作物은 말할 것도 없고 穀物도 商業的 農業으로서 경영되고 있었는데,[8] 이는 이 시기 농촌사회의 활력소가 되는 것이기도 하였다. 농업생산은 점차 시장과 연결되는 가운데 경영되지 않으면 안되었으며, 租稅 金納化의 부분적 제도화는[9] 이를 더욱 촉진시키고 있었다. 농업생산은 小商品生産의 단계에 있었으며, 이것이 地主的 商品生産 또는 農民的 商品生産으로서 행해지고 있었다. 그리고 이러한 농업경영에서 유리한 것은 자본이 넉넉한 지주층이나 부농층의 그것이었으며, 따라서 이로 인해서도 농촌사회는 분해되지 않을 수 없도록 되고 있었다. 분해는 여러 가지 사정으로 전개되고 있는 것이었다.

농촌사회의 分解는 우선 상·천민에게서 일어났지만, 그러나 분해가 이들에게서만 일어나고 있는 것은 아니었다. 그것은 양반신분에서도 광범하게 전개되고 있었다.[10] 정치권력에 참여하지 못하는 양반층 중에는 특히 몰락하는 자가 많았다. 일반적으로 土地는 소수의 地主·富農에 집중하고 많은 사람들은

---

7) 宋贊植, '朝鮮後期農業에 있어서의 廣作運動'(『李南海博士華甲紀念史學論叢』, 1970).
   宮嶋博史, '李朝後期農書의 硏究'(『人文學報』 43, 1977).
   拙 稿, '朝鮮後期의 水稻作技術'(『朝鮮後期農業史硏究』 Ⅱ, 증보판, 1990).
8) 同 上, 宮嶋氏 논문.
   安秉直, '丁若鏞의 商業的 農業觀'(『大東文化硏究』 18).
   李世永, '18·19세기 穀物市場의 형성과 流通構造의 변동'(『韓國史論』 9, 1983).
   李永鶴, '18세기 연초의 생산과 유통'(『韓國史論』 13, 1985).
   이윤갑, '18·19세기 경북지방의 농업변동'(『韓國史硏究』 54, 1986).
   拙 稿, '朝鮮後期의 經營型富農과 商業的 農業'(『朝鮮後期農業史硏究』 Ⅱ, 증보판).
9) 方基中, '17·18세기 前半 金納租稅의 성립과 전개'(『東方學志』 45, 1985).
10) 拙 稿, '朝鮮後期 兩班層의 農業生産'(『朝鮮後期農業史硏究』 Ⅱ, 증보판).

농지에서 배제되어 時作農民·佃作農民이 되었다. 호남지방에서는 100戶中 地主는 5戶, 自耕者 25戶, 借耕者 70戶라고 운위되기도 하였다.[11] 이러한 농민이 더 몰락하면 賃勞動層으로 전락하거나 流民으로 화하기도 하였다. 그런데 지주가 農地를 대여할 경우에는, 勞動力이 없는 가난한 농민보다는 노동력과 農牛가 있는 여유 있는 농민을 作人으로 택하고 있었으므로, 가난한 농민은 더욱 몰락하게 마련이었다.[12] 地主는 주로 王室(宮房)·各衙門·兩班層으로 구성되었지만 常·賤民가운데서도 지주가 되는 사람이 있었으며, 佃作농민이나 賃勞動層은 주로 상·천민으로써 구성되었지만 몰락한 兩班層도 적지 않았다.

그리하여 이 같은 신분계급구조 속에서 地主와 佃作농민, 雇主와 雇工간에는 富의 배분, 임금관계로 항상 대립관계가 형성되고 있었으며, 富農과 貧農간에도 借耕地나 農業經營을 위요하여 긴장관계가 형성되고 있었다.[13] 그리고 이러한 모순관계는 불합리한 賦稅制度와도 관련하여, 일차적으로는 농민뿐만 아니라 양반층까지도 官에 불만일 수 있었으나, 마침내는 官·吏胥·大戶·富農·饒戶 대 小民·貧農의 모순관계로 집약되었으며,[14] 그런 가운데서도 의식이 강한 피수탈 농민들은 결국 '思亂'을 꾀하게 되고 있었다.[15] 이러한 모순관계는 18세기 말에 이르면서 심화되고 마침내 19세기에 들면서는 대대적인 農民抗爭을 발생케 하고 있었다. 1811년의 平安道 農民戰爭과 1862년의 三南지방 農民抗爭은 바로 이 같은 모순관계의 귀결이었다.

그러므로 정부에서도 그렇고 識者層에서도 그러하였지만, 이때에는 이 같은 농촌사회의 動態를 그대로 방치할 수 없었다. 그들은 그들의 국가·사회를 유지하기 위해 어떻게든 농민들의 항쟁을 막고 그들을 안정시킬 수 있는 근원적인 대책을 세우지 않으면 안되었다. 여기에 농업문제해결을 위한 改革方案

---

11) 『與猶堂全書』詩文集, 擬定嚴禁湖南諸邑佃夫輸租之俗箚子, 『全書』上, p.198.
12) 『經世遺表』田制 1, 井田論 2 ; 田制 4, 『全書』下, p.83, 103.
13) 拙 稿, '18·19세기의 農業實情과 새로운 農業經營論'(『韓國近代農業史研究』上).
14) 矢澤康祐, '李朝後期에 있어서의 社會的 矛盾의 特質'(『人文學報』89, 1972).
   安秉旭, '朝鮮後期 自治와 抵抗組織으로서의 鄕會'(『聖心女大論文集』18, 1986).
   '19세기 壬戌民亂에 있어서의 鄕會와 饒戶'(『韓國史論』14, 1986).
15) 『牧民心書』卷 28, 兵典 應變.
   『鳳棲集』卷 5, 時務篇.

이 요청되고 많은 사람들은 그들의 견해를 제시하게 되었다.

여러 사람들에 의해서 제시되고 있는 이 시기 農業問題의 해결방안은 다양하였지만 크게 보면 두 계통으로 정리될 수 있었다. 그 하나는 불합리한 賦稅制度를 釐正함으로써 농민경제를 안정시키면 혼란이 수습될 수 있을 것이라고 보는 견해였으며, 다른 하나는 賦稅制度는 말할 것도 없고 농민경제를 근원적으로 안정시키기 위해서는 土地制度까지도 개혁해야 한다고 보는 견해였다.

賦稅制度를 釐正함으로써 문제를 해결하려는 방안은 많은 사람들에 의해서 제기되고 있었다. 政府에서 관심을 갖는 것도 이 방안이었다. 국왕은 위기의식을 느낄 때마다 수시로 大小臣僚들에게 求言敎를 내려 百官陳言[16]·民隱疏·農政疏[17]·陳弊冊子[18] 등을 올리게도 하고, 三政釐整廳[19]을 설치하여 三政의 불합리를 시정하게도 하고 있었다. 이러한 정책에서 목표하는 바는, 현실적으로 전개되고 있는 토지소유관계, 농촌사회에 있어서의 계급적 대립관계는 논외로 하고, 봉건적인 身分制와 관련하여 제정되고 있는 賦稅制度나 封建的인 地方自治와 관련하여 中間收奪이 없을 수 없도록 되어 있는 賦稅制度를 개선하려는 것이었다. 논자에 따라 그 견해에는 조금씩 차이가 있었지만, 그 방향은 요컨대 中間收奪을 없애고 稅의 부과에서 신분적 차등을 제거하는 것, 즉 均賦 均稅를 기하려는 것이었으며, 정부가 정책으로서 채택하는 것도 그 방향이었다. 이는 조선후기의 정부정책이 지향하고 있었던 바로서, 大同法·均役法·戶布法·社倉制·量田의 시도는 모두 그러한 데 목표가 있는 것이었다.[20]

이 시기의 賦稅制度는 兩班支配層에게 免稅의 特權, 脫稅의 기회가 주어지는 것이었고, 지방자치(鄕權)에 참여하는 有力者나 吏屬들에게 경제적 이권이 주어지는 것이었으므로, 이를 개혁한다는 것은 쉬운 일이 아니었다. 改革論이

---

16) 韓㳓劤, ‘正祖丙午所懷謄錄의 分析的 研究’(『서울大 論文集』11, 1965).
17) 安秉旭, ‘朝鮮後期 民隱의 一端과 民의 動向’(『韓國文化』2, 1981).
　　拙 稿, ‘18세기 農村知識人의 農業觀’(『朝鮮後期農業史研究』Ⅰ, 초판본, 1970).
18) 『備邊司謄錄』199, 純祖 9년 12월 25일, 20冊, pp.156~157.
　　　　　201, 純祖 11년 3월 15일, 20冊, pp.292~325.
19) 朴廣成, ‘晋州民亂의 研究 ― 釐整廳의 設置와 三政矯捄策을 中心으로’(『仁川敎大 論文集』3, 1968).
　　拙 稿, ‘哲宗朝의 應旨三政疏와 「三政釐整策」’(『韓國近代農業史研究』上).
20) 註 5)의 논문 참조.

나오면 반대여론은 더 심하게 제기되고, 때로는 兩班層의 變亂이 있을 것이라고 위협을 하기도 하였다.[21] 양반지배층은 스스로를 王室을 지키는 封建으로 자처했고,[22] 그들이 우대를 받지 못하면 농민통제를 할 수 없게 된다는 점을 강조하기도 하였다. 그러므로 賦稅制度를 개혁한다는 것은 지극히 어려운 일이었지만, 농민항쟁을 수습하기 위해서는 일정한 양보를 하지 않을 수 없었으므로, 均賦 均稅를 지향하는 개혁은 점진적 소극적으로나마 추진되지 않을 수 없었다. 그러나 그러면서도 정부정책에 반영된 이 改革論에서는 兩班支配層의 경제기반인 大土地所有 地主制에 관하여는 양보를 하려고 하지 않았다. 그들은 이 시기의 地主制를 고수하려 하였다.

土地制度를 개혁함으로써 농민경제를 안정시키고 이를 통해서 농민항쟁을 해소시키려는 논자도 적지 않았다. 이들도 賦稅制度의 개혁을 말하고 그 방안을 제시하고 있었지만, 그러나 이들은 이 시기의 농업문제를 해결하기 위해서는, 이와 함께 土地改革이 또한 필요하다고 보고 있었다. 이들은 賦稅制度 개혁론자만큼 그 수가 많지는 않았지만 그러나 시대가 진전함에 따라 그 수가 점점 늘어나고 있었다. 이는 농민들이 바라는 바였지만, 實學者에서 鄕村儒生에 이르기까지, 농촌현실·농업문제에 관하여 위기의식을 느끼고 있는 사람들은 대개 이 견해를 지니고 있었다. 그들 중에는 土地改革(農民經濟安定)이 안되면, 民을 안정시키는 王道政治가 이루어질 수 없을 것이라고까지 생각하는 사람도 있었으며,[23] 따라서 그 개혁에 관한 신념은 확고하였다. 더욱이 이때에는 농촌사회의 分解가 일반 常·賤民에게서뿐만 아니라 양반층에게서도 일어나고, 따라서 沒落兩班이 점점 늘어나고 있었으므로, 이 같은 현실적인 문제와도 관련하여 儒者들이 토지개혁을 말할 수 있는 분위기는 점차 넓게 조성되고 있었다.

여러 사람에 의해서 제기되고 있는 土地改革의 방안은 다양하였다. 많은 사람들은 井田論·均田論·限田論 등을 들었고, 減租論을 말하기도 하였다.[24] 大

---

21) 註 5)의 논문, pp.266~267.
22) 『英祖實錄』 卷 71, 英祖 26년 6월 癸巳, 43冊, p.372.
23) 『湛軒書』 外集 附錄 下, p.563.
24) 磻溪·星湖·湛軒·燕岩 등 實學者들은 말할 것도 없고, 土地改革을 말하고자 하는

土地所有制, 封建的 지주제를 해체 약화시키고 獨立自營農, 自立的 小農經濟
를 확립시키려는 것이었다. 그것을 확립하는 방법에 있어서 논자에 따라 沒收·
買收·受贈 및 制限의 정도 등으로 차이는 있었지만, 그 지향하는 목표는 요컨
대 농민경제를 안정시키려는 것이라는 점에서 공통되고 있었다. 이는 儒敎의
經·史에 보이는 토지론이었으므로 유자들은 그 현실인식 여하에 따라 이를 자
연스럽게 도입하고 주장할 수 있었다.

그러한 중에서도 土地改革論은 더욱 다듬어져서 耕者有田의 원칙이 제론되
고, 토지를 국유화한 후 농업생산을 村落단위로 集團化 共同化함으로써 일체
의 중간수탈을 제거하려는 閭田論이 제기되고 있었던 점,[25] 井田制에 상업적
농업을 도입하여 전국의 農業生産을 6科(九穀·百果·百菜·布帛·百材·六畜)의
전업적 농업으로 계획화하고, 그러한 농업경영에서 우수한 성과를 올린 농민
을 정치권력에 참여시키려는 특별한 井田論이 나오고 있었음은 이 시기 토지
개혁론의 한 특색이었다.[26] 어느 경우나 社會的 分業으로서의 商工業이나 기
타의 직업이 전개되는 것이었음은 말할 것도 없었다.[27]

이 밖에 이 시기에는 屯田論이 있었는데 이는 전국 각 지역에 大小의 屯田
(農場)을 무수히 설치하고 明農者로 하여금 이를 관리 경영케 하되, 이를 통해
井田制도 실현하고 지주경영도 개량하며 좋은 농법을 전국적으로 보급시킴으
로써 농업생산을 증진시키려는 것, 그리고 우수한 경영자(典農官)를 政治에
참여시킴으로써 사회개혁도 기하려는 견해였다.[28] 그리고 이와는 각도를 달

사람들은 대개 井田論·均田論·限田論 등으로써 제언하는 것이 일반적이었다. 減租
論에 대해서는 磻溪는 비판적이었다(『磻溪隨錄』 卷 2, 田制 下, 14장).

25) 鄭奭鍾, '茶山 丁若鏞의 經濟思想'(『李海南博士華甲紀念史學論叢』).
    愼鏞廈, '茶山 丁若鏞의 閭田制土地改革思想'(『奎章閣』 7, 1983).
    註 13)의 拙稿.
26) 朴宗根, '茶山 丁若鏞의 土地改革思想의 考察'(『朝鮮學報』 28, 1963).
    愼鏞廈, '茶山 丁若鏞의 井田制土地改革思想'(『金哲埈博士華甲記念史學論叢』, 1983).
    朴贊勝, '丁若鏞의 井田制論 考察'(『歷史學報』 110, 1986).
    註 13)의 拙稿 및 『朝鮮後期農業史硏究』 Ⅱ, 증보판, 제Ⅳ편 참조.
27) 金泳鎬, '丁茶山의 職業觀'(『千寬宇先生還曆紀念 韓國史學論叢』, 1985).
    鄭奭鍾, 註 25)의 논문.
28) 유봉학, '徐有榘의 學問과 農業政策論'(『奎章閣』 9, 1985).
    註 13)의 拙稿.

리해서 私的 地主經營에 국가가 개입하여 그 貸與地를 作人에게 均分케 하려는 均作·均貸田論도 있었는데, 이는 借耕地에서의 경영확대와 농민분해를 조정하려는 견해였다.[29] 전자와 함께 토지개혁론에 있어서는 하나의 타협안이 되는 것이었다고 하겠다.

어떤 형태의 토지개혁론이든 그 개혁론을 실현시키기는 어려웠다. 土地改革論을 추진할 경우 대타격을 받게 되는 것은 大土地所有者·兩班地主層이었는데, 정치권력을 장악하고 있는 것은 바로 이들이기 때문이었다. 그리고 토지개혁론에서는 그 실현을 國王權을 강화함으로써 그 영단으로써 兩班支配層을 누르고 이를 단행케 하려는 것이었는데, 이 시기의 國王은 이 같은 토지개혁에는 소극적이었다. 兩班支配層을 누를 힘이 없었다. 더욱이 국왕권이 강화되는 것은 원하는 바였지만, 그 자신의 토지마저도 개혁의 대상이 되는 것은 바라는 바가 아니었다. 그뿐만 아니라 이 시기의 思想界는 朱子學에 의해서 주도되고 있었는데, 그 朱子學에서는 土地改革 難行論을 朱子土地論의 定論으로 보고 이를 따르고 있었다.[30] 그러므로 朱子學者나 그를 따르는 사람들은 토지개혁론이 나올 때마다 朱子의 說에 의거하여 이를 반대하는 것이 일반이었다. 그들에게 있어서 토지문제는 그들의 신분계급적 이해관계를 지키는 마지막 線이었고, 따라서 그 개혁론에 반대하는 것은 거의 무조건적이었다. 토지개혁론은 그만큼 농민적 입장에 서는 토지제도를 지향하는 것이었다.

開港 전에 있었던 농업문제 해결방안은 이같이 두 계통으로 제시되고 있었으며, 그것은 농민경제를 안정시킴으로써 農民抗爭을 해소시키려 하였다는 점에서 공통되는 바가 있었다. 그러나 그러면서도 이 두 개혁방향은 그 발상의 기저에 서로 다른 의도가 깔려 있었다. 즉 賦稅制度 改革論은 결국 지주층의 이익을 보장하는 가운데 문제를 수습하려는 것이었고, 土地改革論은 지주제의 해체를 통해 小農經濟를 근원적으로 안정시키려는 견해였다. 농업생산의 관점에서 보면 地主的 商品生産과 農民的 商品生産의 대립을 반영하는 것이기도 하였다.[31] 이같이 이 두 견해는 신분계급적 이해관계를 달리하는 것이

---

29) 李潤甲, '18세기 말의 均並作論'(『韓國史論』9, 1983).
30) 拙 稿, '朱子의 土地論과 朝鮮後期 儒者 ― 地主制와 小農經濟의 問題'(『延世論叢』 21, 1985 ; 『朝鮮後期農業史研究』 II, 증보판).

었으며, 따라서 어느 한 방안으로써 농업문제를 해결한다고 할 때, 그 위에
성립될 經濟制度나 國家형태는 크게 달라지지 않을 수 없는 것이었다고 하겠
다. 그러므로 이 시기에는 農民抗爭이 아무리 광범위하게 일어나고, 土地改革
論이 아무리 강조되고 있었다 하더라도, 집권층에서는 이것만은 받아들이려
하지 않았다. 三政釐整策이나 大院君의 內政改革은 그러한 예이었다.

3. 開港과 農業問題의 深化

개항 전까지에서 볼 수 있었던 농업에서의 사회문제는 개항이 되면서 한층
더 심화되고 있었다. 그것이 발생할 수 있었던 상황이 크게 개선되지 못한 가
운데, 개항이라고 하는 새로운 변수가 작용하게 된 까닭이었다. 물론 1862년
의 농민항쟁이 있은 후에는, 大院君의 내정개혁이 있어서 나름대로 당시의 농
업문제를 해결하려 하였지만, 그러나 그것은 賦稅制度의 부분적 改革을 중심
으로 한 것으로서 완전한 均賦 均稅를 이루는 것이 아니었고, 따라서 조선왕
조의 신분제에 기초한 봉건적인 경제제도, 조세제도는 아직 그대로 존속하고
있었다. 그러므로 농업문제는 종전과 마찬가지로 여전히 발생할 수밖에 없었
는데, 개항에 따르는 제반 여건의 변동은 이를 더욱 촉진시키게 되고 있는 것
이었다. 농촌사회는 이제 급속하게 分解 再編成되고 신분계급간의 대립관계
는 종전보다도 한층 더 심각하게 전개되지 않을 수 없었다. 그리하여 그 결과
로서는 마침내 1894년의 農民戰爭이나 그 후의 活貧黨 활동 및 여러 곳에서
많은 農民抗爭을 발생하지 않을 수 없게 하였다.
  개항에 따르는 여건의 변동이 종전부터 있어 온 농업문제를 한층 더 심화시
키고 있었다는 사실은 두 가지 면에서 이해할 수 있다. 그 하나는 開港通商에
따르는 경제상의 변화, 즉 분해의 촉진이고, 다른 하나는 身分階級간 갈등의
식, 평등의식의 팽창이다.
  개항이 농촌사회의 분해를 촉진시키게 되는 것은 開港通商의 성격상 필연

---

31) 註 8)의 이윤갑 논문 참조.

적이었다. 開港通商을 통해서 조선이 수출하는 것은 米·豆·牛 등 농산물이었
으므로, 조선에서는 갑자기 그 판로가 국제적으로 확대되고, 따라서 농업에서
의 商品生産이 종전에 비하여 급속하게 더 발전하고 穀價가 날로 앙등하였기
때문이었다. 그러나 通商貿易에서 수입하는 것은 綿布 등 공산품이었으므로,
이러한 무역을 통해서 조선인으로서 이익을 보고 성장할 수 있는 것은 특정인
에 한할 수밖에 없었다. 그것은 어떤 방법으로든 미곡무역에 참여하고 있는
兩班官僚, 米穀商人이나 農産物을 판매하고 있는 並作地主·經營地主(地主型
富農)層이었으며, 經營型富農은 다음으로 유리하고, 小·貧農層은 많은 경우
궁박판매를 통해 몰락의 길을 걷게 되는 것이 일반이었다. 土布商人·船運業者
도 같은 운명에 있었다.[32] 農業生産의 관점에서 말한다면, 이 시기에는 地主
的 商品生産은 한층 성장하고, 農民的 商品生産은 經營型富農의 그것이 희망
적일 뿐, 小·貧農層의 그것은 더욱 쇠퇴하는 것이 그 시대적 추세로 되어 있
었다. 商品生産을 위요한 분해의 촉진인 것이었다.

　　그런데 이 시기에는 이러한 통상무역이 해마다 계속적으로 수행되고 그 무
역량 또한 점점 더 늘어나고 있었다. 그것은 점차 開港場의 수가 늘어나는 것
과도 관계가 있었다. 그리하여 貿易量이 증가하는 만큼 농촌사회에 미치는 바
영향 또한 거기에 비례하여 커지지 않을 수 없었다. 부자는 더욱 富裕해지고
소빈농층은 더욱 가난해지고 몰락하게 되고 있는 것이었다. 그것은 무엇보다
도 米穀貿易이 土地集積을 촉진했기 때문이었다.

---

32) 姜德相, '李氏朝鮮開港直後에 있어서의 朝日貿易의 展開'(『歷史學研究』 266,
　　1962).
　　　韓沽劤, '米穀의 國外流出'(『韓國開港期의 商業構造』, 1970).
　　　　　　'船運과 轉運使의 문제'(同上書).
　　　梶村秀樹, '李朝末期(開國後)의 綿業의 流通及生産構造'(『朝鮮에 있어서의 資本主
　　義의 形成과 展開』, 1977).
　　　宮嶋博史, '朝鮮甲午改革以後의 商業的 農業'(『史林』 57의 6, 1974).
　　　　　　'土地調査事業의 歷史的 前提條件의 形成'(『朝鮮史研究會論文集』 12,
　　1975).
　　　吉野 誠, '朝鮮開國 후의 穀物輸出에 대하여'(『朝鮮史研究會論文集』 12, 1975).
　　　　　　'李朝末期에 있어서의 米穀輸出의 展開와 防穀令'(『朝鮮史研究會論文集』
　　15, 1978).
　　　　　　'李朝末期에 있어서의 綿製品輸入의 展開'(『朝鮮歷史論集』 下, 1979).

개항 후의 근대화기에 富를 소유하고 있는 사람들이 投資할 수 있는 가장 안전한 곳은 土地였다. 미곡수출은 늘어나고 穀價는 앙등하고 있었으므로 재력이 있으면 누구나 買田買土를 하였다. 高官大爵이나 豪富의 경우 개항장 부근에 일시에 많은 농지를 매입하는 경우도 있었으나,[33] 많은 경우의 사람들은 여기저기 소빈농층이 방매하는 농지를 1필지, 2필지 사들였다. 그들은 米穀貿易에 참여하여 이윤이 얻어지는 대로 그것을 점진적으로 土地에 투자하는 방법을 택했으며, 20~30년이 지나는 사이에 大地主로 성장했다. 이 시기에는 이렇게 해서 성장하는 사람이 한두 사람이 아니었다. 米穀貿易이 늘어나는 만큼 그것을 통해서 대지주가 되는 사람도 늘어났다. 개항 전부터 地主였던 사람들은 말할 것도 없지만, 개항 후 米穀貿易을 적절하게 이용함으로써 새로이 지주층으로 등장하는 사람도 많았다. 미곡무역은 日本人들에 의해서 주도되고 있었으므로, 이들과 긴밀한 관계를 갖는 朝鮮人들은 한층 손쉽게 성장할 수가 있었다. 土地集積은 조선인에 의해서만 행해지고 있지 않았다. 淸日戰爭 이후에는 일본인들도 그들의 한국침략을 전망하면서 土地買占에 열을 올렸으며, 露日戰爭 무렵부터는 農場을 차리고 지주경영을 하였다.[34] 이리하여 개항에서 한말에 이르기까지 지주제는 확대되고 農民沒落은 촉진되었다.

농촌사회가 어느 만큼 심각하게 분해되고 있었을까 하는 것은, 土地集積이 어느 만큼 성행하고 지주경영이 얼마나 성장하고 있었는가 하는 문제의 반대현상으로서 파악할 수 있다. 우리는 근년의 연구를 통해서 그러한 예를 구체적으로 살필 수 있다. 江華島의 金氏家는 10여 대에 걸쳐 이 고장에 살고 있는 小地主였는데, 그 지주경영에 성쇠가 있기는 하였지만, 1876년에서 1896년에 이르는 사이에 그 경영규모를 5結 77負 4束(393斗落)에서 12結 93負 5束

---

33) 拙 稿, '光武年間의 量田·地契事業'(『韓國近代農業史研究』下, p.302, 註 221) 참조.

34) 李在茂, '이른바 「日韓併合」=强佔前에 있어서의 日本帝國主義에 의한 朝鮮植民地化의 基礎的 諸指標'(『社會科學硏究』9의 6, 1957).
  淺田喬二, 『日本帝國主義와 舊植民地地主制』, 1968.
  裵英淳, '韓末·日帝初 日本人大地主의 農場經營 — 水田農場을 中心으로'(『人文研究』3, 1983).
  拙 稿, '高宗朝 王室의 均田收賭問題'(『韓國近代農業史研究』下).

(1,086.5斗落)으로 늘리고 있었으며,[35] 같은 江華島의 洪氏家도 이 고장에 10
여 대를 世居해 오는 가문이었는데, 1869년에서 1898년에 이르는 사이 畓 3
結 77負 1束에서 畓 14結 15負 1束과 田 59負 2束으로 그 토지를 증대시키고
있었다.[36] 어느 경우이거나 開港場(仁川) 부근에 위치하여, 지주경영을 米穀
貿易과 관련하여 잘 함으로써 富를 축적하고, 몰락한 처지에 있는 농민들의
토지를 1필지, 2필지 점진적으로 매입한 것이었다.

　　古阜지방의 金氏家는 이 시기에 성장한 지주의 전형적인 예가 되겠다. 金氏
家는 후에 湖南財閥로 불리어지게 된 가문인데, 그 재벌로서의 기반은 개항
전후에서 韓末에 이르는 사이에 확립되고 있었다. 이 재벌의 시조는 妻家에서
준 약간의 田畓을 근거로 하여 개항 후의 통상무역을 이용함으로써 小地主로
발돋움하고, 이어서는 계속 성장하여 그가 죽을 때(1909)에는 1,200石을 추
수하는 大地主가 되고 있었다.[37] 古阜지방은 바로 농민전쟁이 발생한 지역으
로서, 이는 開港通商으로 농촌사회의 分解(土地喪失과 土地集積)가 촉진되고
賦稅制度가 불합리하게 운영되는 가운데 身分階級간의 모순이 심화됨으로써
발생하였던 것인데, 金氏家는 바로 이러한 시기 이러한 지방에서 토지를 集積
함으로써 대지주가 되고 있는 것이었다. 이 밖에 海南지방의 尹氏家는 1886
년에서 1916년에 이르는 사이 18結 74負 5束의 농지를 36結 32負 3束으로
늘리고 있었으며,[38] 羅州지방의 李氏家는 韓末 극빈한 상태에서 출발하여
1915년(土地調査時)에는 25町步의 지주가 되고 있었다.[39] 米穀貿易의 호경기
에 편승 致富하면서 몰락하는 농민들의 토지를 매입한 것이었다.

　　이는 개항 후 근대화기에 있어서의 兩班官僚·地主·米穀商人 등에 의한 土

---

35) 拙稿, '韓末·日帝下의 地主制, 事例 1 : 江華 金氏家의 秋收記를 통해서 본 地主經
　　營'(『東亞文化』 11, 1972 ; 本書, 제Ⅱ편 제1논문).
36) 洪性讚, '韓末·日帝下의 地主制研究 — 江華 洪氏家의 秋收記와 長冊分析을 中心으
　　로'(『韓國史研究』 33, 1981).
37) 拙稿, '韓末·日帝下의 地主制, 事例 4 : 古阜金氏家의 地主經營과 資本轉換'(『韓國
　　史研究』 19, 1978 ; 本書, 제Ⅱ편 제3논문).
38) 崔元奎, '韓末·日帝下의 農業經營에 관한 研究 — 海南尹氏家의 事例'(『韓國史研
　　究』 50·51, 1985).
39), 拙稿, '韓末·日帝下의 地主制, 事例 3 : 羅州 李氏家의 地主로의 成長과 그 農場經
　　營'(『震檀學報』 42, 1976 ; 本書, 제Ⅱ편 제2논문).

地集積. 따라서 農民層의 토지상실현상을 반영하는 몇몇 예이지만, 이때에는 그 토지집적이 이같이 정상적인 買田買土에 의해서만 행해지지 않았다. 정상적인 買田買土로 표현된 것이라 하더라도 고리대적인 수탈일 경우가 흔히 있었다. 그리고 경우에 따라서는 권력으로, 폭력적으로 수탈하는 일도 없지 않았다. 왕실에 의해 자행되었던 均田收賭 문제는 그 표본적인 예로서, 이는 全北平野의 농지 중에서 연년의 水災旱災로 陳田化된 곳을, 왕실이 出資하여 소유주로 하여금 개간케 하고 均賭를 징수하되, 그 賭額을 점점 인상하고 마침내는 所有權마저 뺏으려 한 사건이었다.[40] 그리고 이 밖에 新田을 개발함으로써 대토지를 소유하는 경우도 있었는데, 이것도 농민에게서 농지를 개간 소유할 수 있는 기회를 박탈한다는 점에서 土地集積, 농촌분해의 주요한 수단이 되고 있었다.

그뿐만 아니라 개항 후에는 지주경영이 재정비되고 강화되는 추세에 있기도 하였다. 米穀貿易을 통해 수입을 증대시키려 하는 지주층의 입장에서는 응당 취할 수 있는 조치였다. 王室에서는 宮庄土에서의 中畓主를 제거하고 그 몫을 지주가 차지하려 하였으며,[41] 큰 庄土를 소유하고 있는 어느 지주가에서는 여러 가지 방법으로 抗租하는 時作農民을 추방(奪耕移作)하고, 일반 作人들은 그 경작지를 그들의 주거지 부근으로 재조정, 재배치하기도 하였다.[42] 地主나 兩班官僚들이 水利를 독점하고 水稅를 징수하는 경우도 있었다. 合德蓮堤池에서의 이 고장 지주가의 水稅강요나 古阜萬石洑에서의 군수의 수세징수 사건은 그러한 예이었다.[43] 지주층이 성장을 위해서 그 경영을 강화하게 되면 일반농민들은 반대로 피해를 입게 마련이었다.

身分階級간의 갈등, 농민층의 양반지주층에 대한 대항의식은 농촌사회의 분해와 표리관계가 되면서 전개되고 있었다. 開港通商 후의 양반지주층은 농민층의 몰락과 土地喪失을 바탕으로 성장하고 있었기 때문이었다. 그들은 정

---

40) 註 34)의 拙 稿.
41) 朴贊勝, '韓末 驛土·屯土에서의 地主經營의 강화와 抗租'(『韓國史論』 9, 1983).
　　拙 稿, '韓末에 있어서의 中畓主와 驛屯土 地主制'(『韓國近代農業史研究』 下).
42) 『勸農節目』.
43) 久間健一, '合德百姓一揆의 研究'(『朝鮮農業의 近代的 樣相』, 1935).
　　「全瑋準供草」(『東學亂記錄』 下).

치적 사회적으로 혜택을 받고 賦稅制度에서도 아직 身分的 特權을 누리고 있었으므로, 그 성장은 결국 常民 賤民이나 농민화한 沒落兩班의 희생 위에서 얻어지는 것이었다. 그러므로 몰락하게 되는 농민층이 성장하는 양반지주층을 적대관계로 보게 되는 사회현상은 자연스럽게 일어나고 있었다.

더욱이 개항 후에는 개항 전에 비하여 농민층의 사회의식이 더욱 성장할 수 있도록 분위기가 조성되고 있었다. 이 시기에는 身分制의 동요가 더욱 심화되는 가운데 常·賤民의 兩班身分에로의 상승이 더욱 늘어나고,[44] 兩班도 軍役을 일부 지는 戶布制가 시행되는 가운데, 상·천민이 양반층에 대하여 신분적 차등을 부정하는 平等意識이 고조되고 있었다.[45] 그뿐만 아니라 이 시기에는 西敎가 공인되고 서양의 근대 평등사상이 알려졌으며, 東學의 인간존중(事人如天) 사상이 급속히 확산되고 있었으므로, 常民 賤民은 이제 양반지배층에 대하여 지배예속관계, 上下關係에 놓일 것을 거부하고 身分解放을 주장하게도 되었다. 그러므로 開港 後 近代化期에 있어서의 농민층의 양반지주층에 대한 대항의식은 그 이전에 비해 더욱 철저한 것이 되지 않을 수 없었다.

4. 政府의 改革政策과 農民運動의 指向

앞에서 지적했듯이, 개항 후의 조선왕조는 서구의 근대국가와 접촉하고 그 세계질서에 편입하게 되었으므로, 그러한 열강에 대처할 수 있는 體制를 갖추지 않으면 아니 되었다. 그것은 근대화, 곧 사회개혁의 문제였다. 이때 여기서 개혁의 대상이 되는 것은 국가개혁 전반에 걸치는 것이지만, 本稿의 주제와 관련해서 말한다면, 그것은 당시의 조선사회가 안고 있는 農業問題가 아닐 수 없었다. 이 시기에는 사회모순이 개항 이전보다도 더 심화되었는데, 그것이 바로 이 농업문제에 집약되고 있었기 때문이었다. 그리고 이 경우 그 개혁을 위한 방법이 開港 後의 일이라고 해서 갑자기 달라질 수는 없었다. 그것은 개항 전에 있었던 개혁론의 전통 위에서 전개되는 것일 수밖에 없었다. 정치를

---

44) 「尙州事例」.
45) 註 5)의 논문, pp.295~297.

담당하는 주체에 변화가 있었던 것도 아니고, 西洋思想이 수용되기는 하였으나 그들이 지니고 있었던 儒敎思想을 불식하고 있는 것도 아니기 때문이었다.

그리하여 이 시기의 농업문제 타개를 위한 改革方案도, 개항 전부터의 개혁론의 전통에 따라 많은 사람들에 의해서 제론되고 있었으며, 따라서 그 논의의 내용도 종전과 마찬가지로 크게 두 계통으로 정리될 수 있는 것이었다. 그하나는 賦稅制度를 개혁함으로써 사태를 수습하려는 견해였으며, 다른 하나는 賦稅制度는 말할 것도 없고 土地制度까지도 개혁해야만 문제가 해결될 수 있다고 보는 견해였다.

賦稅制度를 개혁함으로써 농업문제를 타개하려는 견해는 政府·支配層의 입장에서 제기되고 있었다. 그것은 開港 전과 마찬가지였다. 조선왕조의 부세제도는 封建的인 身分制 및 地方制度와 직접 간접으로 밀접하게 연계되고 그 기초 위에 수립되고 있었으므로, 이를 개혁한다는 것도 쉬운 일이 아니었지만, 조선후기의 정부·지배층은 완만하나마 이 방향에서 사회모순 타개의 기본 방략을 추구하고 있었다. 말하자면 그것은 조선왕조의 改革政策의 傳統이었으며, 따라서 개항 후의 정치담당자들이 이 전통에 따라 그들 시기의 농업문제를 해결하려 하는 것은 자연스러운 일이었다. 그러나 그러면서도 개항 전과 개항 후에는 그 개혁의 자세에 있어서 큰 차이가 있었다. 전자에서는 그것이 단지 당시의 사회모순을 해결하는 데 목표를 두는 것이었음에 대하여, 후자에서는 그것이 사회개혁, 근대국가수립, 농업에 있어서의 商品生産을 資本主義的 生産으로 연결시켜야 한다는 대전제하에서 추진되고 있는 것이었다.[46]

근대국가의 수립을 전제로 한 賦稅制度 改革이 정면으로 제기되는 것은 甲申政變에서부터였으며,[47] 그 정책은 甲午改革, 光武改革 등으로 이어졌다.[48]

---

46) 『金玉均全集』『朴泳孝上疏』『兪吉濬全集』 기타 등에 보이는 방향은 바로 그러한 것이었다.

47) 金錫亨 외(渡部學 編譯), 『金玉均의 研究』, 제6장 開化派의 政綱에 대하여, 1968.
  姜在彦, '開化思想·開化派·甲申政變'(『朝鮮近代史研究』, 1970).
  安秉珆, '1884年 甲申政變의 社會經濟的 基礎'(『朝鮮近代經濟史研究』, 1975).
  愼鏞廈, '金玉均의 開化思想'(『東方學志』 46·47·48, 1985).

48) 度支部司稅局, 『韓國稅制考』, 1909.
  水田直昌, 『李朝時代의 財政 — 朝鮮財政近代化의 過程』, 1968.
  金大濬, 『李朝末葉의 國家財政에 관한 研究』, 1974.

재정제도 전반을 개정하는 가운데 三政을 이정하려는 것이었다. 田政은 量田을 통해 소유권을 확인하고 地契(地券)를 발행하며, 納稅는 結價를 새로 책정하여 金納으로 하였다. 그러나 이때에는 아직 量田에서 봉건적 세법의 기반인 結負制를 완전하게 폐기하지는 못하고 있었으며 그 作業이 진행되고 있었다. 軍布制는 大院君 治下에서 이미 戶布制로 개정 시행되고 있었으나, 그것은 신분적 차등을 완전히 불식하지 못한 것이었으므로, 이때에는 신분제를 전면적으로 폐기(人民平等)하는 가운데 모든 戶에서 戶稅·家屋稅를 받도록 하였다. 還穀制는 罷還歸結(結稅 편입)과 社倉制를 지향하되, 이 제도도 大院君治下에서 이미 일부 시행되고 있었으므로, 이때에는 還穀과 社倉을 통합하여 '社還條例'로 법제화하고 시행해 나갔다. 어느 경우나 신분·직역에 따르는 賦稅不均을 제거하고 均賦 均稅의 원칙을 확립하려는 것이었다. 물론 그들은 그 賦稅制度 개혁을 이에서 그치려는 것은 아니었다. 그들은 이러한 개혁을 추진함과 아울러, 세제 전반을 西歐 近代國家에서 시행하고 있는 바와 같은 近代的 稅法으로 개편해 나갈 것을 구상하고,[49] 이를 추진하고 있었다.

甲申政變 이후의 정부의 근대화정책에서는 이와 같이 賦稅制度改革에는 열을 올리고 있었지만 그러나 土地制度改革에 대해서는 냉담하였다. 토지문제는 종전의 私的 土地所有關係를 그대로 인정하고, 그것을 그대로 근대사회의 토지소유관계로 전환시키려 하였다. 지주자본을 기초로 하여 資本主義를 성립시키려 하는 것이었다.[50] 甲午改革에서는 지주제가 그대로 인정되고, 光武量田에서는 토지의 所有權者를 확인하고 그들에게 地契를 발행하고 있었다.[51]

개항 후에 있어서의 朝鮮王朝의 근대화정책은 兩班地主層이 주체가 되는 가운데 사회를 개혁하려는 것이었으므로, 그 經濟政策이 이같이 취해지는 것

金仁順, '朝鮮에 있어서의 1894年의 內政改革의 硏究'(『國際關係論硏究』 Ⅲ, 1968).
裵英淳, '韓末驛屯土調査에 있어서의 所有權紛爭'(『韓國史硏究』 25, 1979).
拙 稿, ① '甲申·甲午改革期 開化派의 農業論'(『韓國近代農業史硏究』 下).
　　　② '光武年間의 量田地契事業'(同上書).
49) 『兪吉濬全書』 Ⅵ, 稅制議, 財政改革.
50) 註 48)의 拙 稿, ① 논문.
51) 註 48)의 논문 및 拙 稿, ② 논문.

은 당연하였다. 그들은 통상무역을 하는 것이 근대화의 첩경이라고 생각하고
商業立國을 꾀하고 있었는데, 이 시기에는 지주층이 米穀貿易을 통해 크게 성
장하고 있었으므로, 그렇게 생각하는 것은 자연스러운 일이었다. 물론 그런
가운데서도 혹 개인적으로 地代의 輕減(減租)을 말하는 사람이 있었으나,[52]
이를 制度化시키는 데까지는 이르지 않았다. 그 개혁의 주역들은 토지개혁에
는 반대였다. 혹자는 富者가 있어야 貧者도 의존해서 살아갈 수 있고, 자본주
의도 이들에 의해서 성립될 수 있다고 봄으로써 護富論을 주장했으며, 혹자는
근대자본주의 국가에서의 사유재산권 보호와도 관련하여 이를 반대하였다.
그리고 土地改革을 하게 되면 한편으로는 富裕層의 원한을 사고, 다른 한편으
로는 농민들에게 倖心을 주게 되어 大混亂이 있을 것도 염려하였다.[53] 그들은
이 시기에 이미 유럽의 社會黨이 社會經濟的 平等(齊貴賤 均貧富)을 내세우고
體制變革을 기도함으로써 혼란이 일어나고 있음을 見聞하고 경계하고 있었
다.[54] 그들은 농업문제는 다른 각도에서 해결되어야 할 것으로 생각했다. 그
것은 앞에서 언급한 바와 같이 賦稅制度를 개혁하고, 이와 함께 農業을 振興
시키는 일이라고 생각했다. 이 같은 자세는 그 후 獨立協會運動이나 한말의
啓蒙運動에도 그대로 이어졌다.

　地主的 입장의 근대화론에서는 農業振興에 관하여 큰 관심을 보이고 적극
적이었다.[55] 그것은 그 근대화론의 주체가 政府支配層이기 때문에 언제나 있
을 수 있는 농정책으로서도 추진되는 것이었지만, 이때 그들은 특히 토지제도
의 개혁이 요청되는 상황하에서 이를 거부하고 있었으므로, 그 토지개혁론에
견줄 만한 경제정책을 내놓을 필요가 있었다. 그것은 농업진흥론이었다. 그들
은 각종 산업과 함께 농업이 발달해야 商業이 번창하고, 그래야만 국가가 富
强해질 수 있다고 확신하고 있었다. 그들의 그러한 農業振興策은 서양의 근대
농학을 도입하는 것과 아울러, 농지개발을 추진함으로써 농업생산전반을 향
상시키려는 것이었다. 전자를 위해서는 農務學堂을 설치하고 영국에서 農學

---

52) 『兪吉濬全書』 Ⅳ, 地制議.
53) 註 48)의 拙 稿, ① 논문.
54) 同上.
55) 同上.

教師를 초빙함으로써 近代農學을 교육하기도 하고, 일본을 통해 여러 가지 農書를 수입·번역함으로써 農業技術을 향상시키려고도 하였다.[56] 그리고 후자를 위해서는 특히 자금을 모아 회사를 설립함으로써 新田·陳田을 개발할 것을 강조하였다.

賦稅制度는 물론이고 土地制度까지도 改革해야 농민경제가 안정되고 농업문제가 해결된다고 생각하는 것은 농민층과 농민적 입장에 서는 진보적인 사람들의 견해였다. 農民層은 賦稅制度의 수탈성으로 인하여 剩餘의 축적이 어렵고 몰락하게 되는 것이 사실이지만, 그러나 보다 근원적으로는 봉건적인 土地制度(地主制)가 그들을 억누르고 있는 것이 문제였다. 그러한 상황하에서는 賦稅制度를 이정한다 하더라도 農民經濟가 안정되기 어려웠다. 그러므로 그들은 朝鮮後期 이래로 무수히 많은 농민항쟁에서 賦稅制度의 불합리를 말하며 抗稅運動을 하고, 地主수탈을 규탄하여 抗租運動을 전개하였다. 전자는 課稅者(官)에 대하여 불합리한 稅를 거부하는 항쟁이었으므로, 경우에 따라서는 納稅를 해야 하는 地主層이 농민들과 보조를 같이 할 수도 있었으나, 그러나 그러한 抗爭이 격화되어 社會矛盾의 근원을 문제삼게 될 때는 兩者는 대립하고 항쟁하게 마련이었다. 그러한 근원적인 문제는 身分制와 土地制度의 문제였다. 그런데 개항 후에는 米穀貿易과 관련하여 土地集積, 農民沒落이 심화되고 있었으므로, 토지를 위요한 矛盾, 抗爭 또한 한층 더 심각해지지 않을 수 없었다. 그리고 그 결과로서는 농업문제에 관하여 농민과 농민 입장에 서는 많은 儒者들에 의해서 土地改革論이 정면으로 제기되게 되었다.[57] 朝鮮後期 實學者들의 土地改革論의 전통을 계승하되 새로운 차원에서 제기하기도 하였다.

농민층이 토지개혁을 정면으로 내세우게 되는 것은 1894년의 農民戰爭에서였다. 그리고 그 후에도 그들의 항쟁에서는 이것이 구호로서 내세워졌다. 농민전쟁에서는 여러 가지 부당한 세의 시정을 요구하는 것과 함께, 土地改革도 말하여 '土地는 平均으로 分作케 할 事'[58]라는 개혁목표를 내세우고 있었

---

56) 李光麟, '農務牧畜試驗場의 設置에 대하여'(『韓國開化史研究』, 1970).
　　　'安宗洙의 農政新編'(同上書).
57) 拙稿, '韓末 高宗朝의 土地改革論'(『韓國近代農業史研究』 下).

다. 이때는 甲午改革이 진행되는 때로서 이 개혁에서는 지주제를 바탕으로 근
대화 작업을 전개하고 있었는데, 農民軍은 토지개혁을 구상하고 이를 요구하
고 있는 것이었다. 그들은 전략상 士族·富裕層·能文之士도 그들 편에 서 줄
것을 바라고 있었으므로,[59] 弊政改革을 말할 때 열거하는 것은 주로 賦稅에
관한 것이었지만, 그러나 그들에게 있어서 궁극적인 목표가 되는 보다 중요한
것은 土地改革이었다. 土地改革은 그들의 생존을 위해서 절실한 문제였다. 그
리하여 이 주장은 그들의 그 후의 항쟁에 있어서도 계속 내세워졌다. 活貧黨
이 내세운 私田革罷論은 그 한 예이었다.[60]

　이 시기에는 識者層 가운데도 농업문제에 관하여 農民層과 인식을 같이하
는 사람이 많았는데, 이들은 農民層과 마찬가지로 토지개혁을 열렬하게 주장
하고 있었다. 農民戰爭과 같은 혁명적인 사태가 수습되기 위해서는 그것을 발
생케 한 근본 원인을 제거함으로써 농민경제가 안정되어야 한다고 보는 까닭
이었다. 그들은 그 방법을 토지개혁으로 생각했으며, 전통적으로 널리 알려져
있는 井田論·均田論·限田論이나 절충론으로서의 減租論 등으로 제론하였다.
前三者는 土地所有權 자체에 제약을 가하려는 견해였으며, 減租論은 토지소
유에는 제약을 가하지 않고 地代만을 법적으로 경감함으로써, 小作農民에게
보다 많은 배분이 돌아가도록 하거나 地主層의 土地投資를 되도록 억제하려
는 견해였다.[61] 그러므로 이 개혁론은 減租의 정도에 따라 혹은 타협안이 될
수도 있고 혹은 간접적 토지개혁론이 될 수도 있었다.[62]

　이같이 주장되는 土地改革論은 그 논자의 학문적 성향에 따라, 그것을 단지
復古論 또는 현실타개를 위한 한 방법으로서 말하는 사람도 있었으나, 그러나
이 시기의 시대상황을 정확히 인식하고 있는 사람은 이를 근대화를 위한 개혁

---

58)　吳知泳, 『東學史』, 1940, p.127.
59)　『梧下記聞』 2 筆, 甲午 8月條.
60)　吳世昌, '活貧黨考'(『史學研究』 21, 1969).
　　　姜在彦, '活貧黨鬪爭과 그 思想'(『近代朝鮮의 變革思想』, 1973).
　　　朴贊勝, '活貧黨의 活動과 그 性格'(『韓國學報』 35, 1984).
61)　註 57)의 논문 참조.
62)　同上 논문에서 地代를 三分取一하라 한 것은 전자의 예가 될 것이고, 什一制·九一
　　　制로 하라 한 것은 후자의 예가 되겠다.

의 일환으로서 제론하고도 있었다. 그러한 사람은 近代社會를 獨立自營農·自立的 小農經濟에 기초한 사회이어야 할 것으로 보는 것이었으며, 그러한 근대사회는 商業이 발달하는 가운데 성립될 수 있으므로, 그 상업을 발달시키기 위해서는, 地主層으로 하여금 토지집적을 해도 이익이 나지 않도록 토지제도를 개혁하게 되면(이 경우는 減租), 그 자본이 자연적으로 상업자본으로 전환할 것이라고 생각하였다.[63] 그뿐만 아니라 日帝下까지 살면서 토지개혁을 近代化와 관련하여 논한 사람들 가운데는, 그들이 살고 있는 시대를 共和政 共産主義를 주창하고 世界同胞論을 말하는 시대라는 점을 지적하고, 따라서 一國의 군주가 그 국민에게 그 나라의 土地를 均分하는 것이 어려운 일일 수 없다는 점을 말하기도 하였다.[64] 그들은 근대·현대사회를 의식하면서도 그들이 잘 알고 있는 전통적 토지론으로써 그 개혁을 제론하고 있는 것이었다. 이는 농업생산이 農民的 商品生産으로서 정착할 것을 바라는 것이 아닐 수 없었다.

이같이 살피면, 政府支配層의 개혁정책과 農民層의 개혁방안은 어느 것이나 이 시기의 사회모순, 농업문제를 해결하려는 것이었다는 점에서 공통되나, 그러나 그 내용, 그 성격은 전혀 다른 것이었다고 하겠다. 전자가 地主制·地主的 商品生産을 바탕으로 농촌경제를 안정시키고 근대화시키려는 것이었음에 대하여, 후자는 地主制를 해체시키는 가운데 農民經濟·農民的 商品生産의 안정과 근대화를 추구하고 있는 것이었다. 양자는 身分階級的인 이해관계를 단적으로 반영하고 있는 개혁방안이 아닐 수 없었으며, 따라서 이 두 改革方案은 궁극적으로 크게 대립하지 않을 수 없었다. 그러한 대립이 절정에 달하는 것은 1894년의 相反된 두 개혁운동이었다.[65] 이 해에는 후자적인 改革方案

---

63) 同上 논문, 李沂의 見解.
64) 同上 논문, 金濟惠의 見解.
65) 이 무렵의 동향을 이 같은 시각으로 고찰한 연구로는 다음의 논고가 참고된다.
　　梶村秀樹, 註 32) 논문.
　　馬淵貞利, '甲午農民戰爭의 歷史的 位置'(『朝鮮歷史論集』 下).
　　　　　　'近代朝鮮에서의 變革主體·抵抗主體의 形成과 展開'(『歷史學研究』 別冊
　　　　　　特輯, 1975).
　　趙景達, '東學農民運動과 甲午農民戰爭의 歷史的 性格'(『朝鮮史研究會論文集』 19,
　　1982).
　　이윤갑, '18·19세기 경북지방의 농업변동'(『韓國史研究』 53, 1986).

의 요구로서 농민전쟁이 전개되고, 전자적인 方案으로서 甲午改革이 추진되고 있었다. 甲午年의 開化派 政權은 근대국가의 수립을 위해서 農民軍과 협력할 필요가 있었으나 사정은 그렇게 되지 못하였다. 사회 내적인 신분계급간 이해관계를 조정하는 문제도 어려운 일이었지만, 甲午改革이나 농민전쟁은 단순히 사회 내적인 문제만으로 발생하고 있는 것이 아니기 때문이었다. 이 두 역사적 사건은 내적인 이해관계의 대립과 함께, 日本과의 관계에 있어서 서로 상반된 입장을 지니면서 전개되고 있었다.

이때의 일본은 明治維新 이래로 자본주의국가, 제국주의국가로의 발전을 지향하고 있었으며, 그 과정에서 절실하게 요청되고 있는 것은 朝鮮侵略이었다. 그들은 개항 전부터 征韓論을 말하고 있었지만, 開港을 不平等條約으로 강제하고, 通商貿易을 통해 큰 이익을 보면서도 온갖 방법으로 朝鮮侵略을 준비했다. 甲申政變 때에는 조선에 親日政權을 수립하여 그들의 침략기반을 마련하려 하였으며, 그것이 淸軍의 개입으로 실패하게 되자 조선침략을 위해 淸國과의 전면적인 전쟁도 준비하게 되었다. 그리하여 농민전쟁이 발생하고 정부요청에 따라 淸軍이 들어오게 되었음을 계기로 하여서는, 日本도 出兵하여 조선을 장악하기 위한 淸·日간의 전쟁을 도발하게 되었다.

그러나 일본이 조선에 出兵 駐屯하기 위해서는 명분이 있지 않으면 아니 되었고, 여기에 日本은 조선에 대하여 淸에 대한 宗屬, 獨立의 여부를 추궁하고 內政改革을 강요하게 되었다. 그리고 그 개혁을 추진하기 위한 방법으로서는 병력으로 王宮을 점령한 후 反日閔氏政權을 구축하고 親日開化派政權을 수립함으로써, 이들로 하여금 일본의 지휘에 따라 개혁을 추진토록 하였다.[66] 이른바 甲午改革으로서, 일본이 이 개혁을 통해서 성취하려는 것은 경제적으로 조선을 침략하려는 것은 말할 것도 없지만,[67] 정치적으로도 조선을 '屬國化'[68]

    鄭昌烈, 「甲午農民戰爭研究」, 연세대 대학원, 1991.
66) 田保橋潔, 『近代日鮮關係의 研究』下, 1940.
       '近代朝鮮에 있어서의 政治的 改革'(『近代朝鮮史研究』, 1944).
    朴宗根, 『日淸戰爭과 朝鮮』, 1982.
67) 趙璣濬, '李朝末期의 財政改革'(『學術院論文集』, 人文科學篇 5, 1965).
    姜德相, '甲午改革에 있어서의 新式貨幣發行章程의 연구'(『朝鮮史研究會論文集』 3, 1967).

또는 '保護國化'하려는 것이었다.[69] 그러므로 그들은 이 사업에 저해요인이 되는 세력은 절대로 용납하지 않았으며, 反日勢力이면 그것이 王妃(閔妃)라 하더라도 이를 除去(弑害)하는 데 주저하지 않았다. 갑오개혁은 내적으로 社會矛盾 타개와 近代國家 수립을 위한 開化派政權의 개혁운동이었지만, 그러나 그것은 동시에 일본에게 있어서는 조선침략의 과정인 것으로서, 開化派政權은 일본의 압력과 지배를 벗어날 수가 없었고, 따라서 그 개혁정치 또한 그들의 조종하에 수행되지 않을 수 없었다.

開化派政權의 일본에 대한 이 같은 자세와는 달리, 農民軍은 일본을 侵略者로 규정하고 적대시하고 있었다. 애초에 農民戰爭이 발생하게 되는 배경도 일본의 對朝鮮貿易과 적지 않은 관계가 있었지만, 9월에 있어서의 전면봉기는 일본군의 王宮占領, 政權交替, 개혁강요, 경제침탈, 기타 등등을 침략행위로 보고, 이에 대한 반침략운동으로서 전개하는 것이었다. 일본과 농민군은 침략 대 반침략의 관계로 타협의 여지가 없었으며, 조선침략을 목표로 하고 있는 일본이 農民軍을 그대로 두고 그 뜻을 이룰 수 없는 것과 마찬가지로, 農民軍도 日本兵을 그대로 두고서는 국권을 유지하기 어렵다고 생각하지 않을 수 없었다. 그것은 동시에 開化派政權과 일본과의 유착관계와도 관련하여, 開化派政權과 農民軍이 서로 용납할 수 없는 요인이기도 하였다. 양자의 개혁정책은 내적으로 身分階級的인 이해관계를 달리하고 있었는데, 대외문제에 관해서도 그들은 그 자세를 이같이 달리하고 있는 것이었다.

그러므로 甲午年의 開化派政權과 農民軍은, 그들의 정책대결을 정책차원에서 해결하지 못하고, 마침내 전면 충돌로까지 몰고 가지 않을 수 없었다. 그리고 그 결과는 일본군이 지원하는 정부측에 유리하였다. 정부군은 일본군과 연합하고 在地有力者들과 협력하는 가운데 농민군을 섬멸하고 있었다. 이를 近代化過程에서의 개혁정책의 대결이라는 관점에서 보면, 地主制·地主的 商品生産의 개혁방안과 農民的 土地所有, 農民的 商品生産의 改革方案의 충돌이

金正起, '甲午更張期 日本의 對朝鮮經濟政策'(『韓國史硏究』 47, 1984).
朴宗根, 前揭書.
68) 中塚明, 『日淸戰爭의 硏究』 第3章, 1968.
69) 朴宗根, 前揭書.

었다고 하겠으며, 그 결과는 外勢와 연합하고 있는 전자에게 승리가 돌아가는
것이었다. 이는 우리나라 近代化過程에 있어서 지극히 중대한 사실이 아닐 수
없었다. 이 사실로 인해서 농민적 입장의 近代化方略은 좌절되고, 地主的 입
장의 近代化方略이 정착할 수 있었기 때문이었다. 그 후에도 韓末에 이르기까
지 농민운동이 없지 않았지만, 그러나 이제는 그 힘이 농민전쟁에서의 위세를
만회할 수 없었으며, 兩班地主層의 近代化政策 내에 반목과 대립이 없었던 것
도 아니지만(獨立協會의 改革運動과 大韓帝國의 改革政策), 그러나 그들의 견해
가 모두 지주적 기반 위에 서는 것이었다는 점에서는 공통되고 있었다.

물론 地主的 입장의 改革論이, 甲午年의 東學亂·農民戰爭 진압을 통해 農
民的 입장의 그것에 승리함으로써, 그 후 大韓帝國政府의 近代化方略으로 정
착하게 되었다 하더라도, 이것이 地主層으로 하여금 時作農民을 무제한 수탈
할 것을 保障하는 것은 아니었다. 甲午 이후에도 時作農民層의 對地主 抗租運
動은 계속되고 있었으므로, 당시의 政府나 支配層은 그들이 중심이 되어 운영
하고 있는 地主制에는 地代수탈을 위요하여 여러 가지 문제점이 있고, 이것이
이 시기의 주요한 社會矛盾이 되어 農民鬪爭을 야기시키고 있다는 사실을 분
명하게 인식하고 있었다. 그러므로 地主層의 이익을 지키면서도 이 같은 사태
를 저지하기 위해서는, 최소한 時作農民의 권리, 즉 그 耕作權을 法的·制度的
으로 일정하게 保護하지 않으면 아니 된다고 보고 있었다.

政府에서는 그것을 두 계통으로 단계적으로 추진하고 있었다. 그 하나는 量
案의 起主欄에 起主의 姓名과 함께 時作의 姓名을 기재함으로써 그 耕作權을
일정하게 보호하고자 하는 일이었는데, 이는 甲午改革 이전부터 이미 부분적
으로 시행되고 있었으나,[70] 그 후 光武量田에서는 이를 전국적 규모로 그와
같이 할 것을 量田事目에 규정하고 있었다.[71] 다른 하나는 不動産權所關法을
제정하고 그 가운데서 賃借權登記制를 의무화함으로써, 일정한 범위 내에서
地主層을 견제하고 時作農民의 耕作權을 보호하려 한 일이었는데, 이는 露日
戰爭 후에 日帝가 統監府를 설치하고 日本의 地主 資本家階級으로 하여금 韓

---

70) 高宗 16·己卯年『溫陽郡東山面量案』, 이 자료에 관해서는 王賢鍾, 「甲午改革과 近
代國家의 形成」, 1998에서 고찰하고 있다.
71) 註 48)의 拙稿, ② 논문.

國殖民에 참여하여 地主經營을 하도록 장려하고 있는 상황하에서 추진되고 있었다.[72] 이로써 時作農民을 보호하기에는 그 내용이 너무나 미흡한 것이었지만, 그러나 政府가 생각하기에, 이 制度로 하여금 資本主義 先進國家에 있어서의 '小作法'과 같은 機能을 갖도록 하면, 地主層은 일정하게 견제되고 時作農民은 어느 정도 보호되리라는 것이었다. 그리고 그같이 되면, 時作農民의 不滿과 社會不安을 다소나마 해소시킬 수 있어서, 政府가 구상하는 바 地主制를 중심으로 한 近代化를 안정적으로 추진할 수 있으리라는 생각이었다.

5. 結 語

이상에서 우리는 開港 후의 근대화과정에서 볼 수 있었던 개혁정책의 성격을 이해하기 위하여, 封建末期 이래로 제기되고 개항 후의 개혁에도 그대로 계승되었던 농업문제해결을 위한 두 개혁방안을 살폈다. 그 하나는 兩班·地主層에 의해서 주장되었던 것으로서, 地主制·地主的 商品生産을 기초로 하고 賦稅制度만을 개혁함으로써 농업문제를 타개하려는 견해였으며, 다른 하나는 農民層이나 進步的 兩班層에 의해 제기되었던 것으로서, 農民的 土地所有, 農民的 商品生産의 안정을 확보하기 위하여 토지제도까지도 개혁하자는 견해였다. 전자를 兩班·地主層의 身分階級的 이해관계를 보장하려는 것이었다는 점에서 지주적 코스의 농업근대화론이라고 한다면, 후자는 農民層의 경제안정을 확보하기 위하여 봉건지주제를 타도하려는 것이었으므로 농민적 코스의 농업근대화론이라고 할 수 있는 것이었다.

개항 후의 근대화과정에서는 이 같은 두 개혁론 중에서도 전자적인 改革論만이 제도로서 정착하고 있었다. 후자는 甲午年의 開化派政權이 조선을 침략하고 '屬國化' '保護國化'하려는 日帝와 유착 체결하는 가운데 이를 압살하고 있었다. 開化派政權에서는 토지개혁 없는 부르주아 혁명을 시도하고 있는 것

---

72) 金正明, 『日韓外交資料集成』 6 上, pp.342~348에는 당시 韓國政府에서 작성한 '不動産權所關法'이 수록되어 있다.
　　崔元奎, 「韓末 日帝初期 土地調査와 土地法 硏究」, pp.153~154 참조.

이었다. 그러므로 이 시기에 있어서의 근대화를 위한 改革政策은, 어느 시점에 이르면 진정한 부르주아 혁명의 과정을 거치기 위하여, 그 정책이 재조정되지 않으면 아니 되는 것이었다고 하겠다.

〔『韓國資本主義性格論爭』, 1988. 揭載〕

日帝의 初期 農業殖民策과 地主制

1. 序　言

　앞에서 우리는 開港 전에서 韓末에 이르기까지, 近代化와 地主制의 문제가
한국정부의 개혁과정 내에서 어떻게 관련되면서 정착하고 있었는지 살폈거니
와, 韓末 日帝下의 地主制를 이해하기 위해서는, 이러한 전제 위에서 日帝가
한국을 침략하고 强占하는 초기 과정에서는 그 農業政策이 地主制와 어떻게
관련되면서 수행되고 있었는지에 관해서도 언급해 둘 필요가 있겠다. 우리는
여기에서 이 문제를 장황하게 언급할 여유가 없지만, 그러나 본서에서 논하게
되는 지주제의 문제를 이해하기 위해서는, 그 요점만이라도 지적해 두는 것이
필요하리라고 생각된다. 그것은 요컨대 日帝强占下에 있어서는 韓末에 비하
여 地主制가 더욱 擴大 發展하고 또 强化되고 있었다는 사실로서 지적할 수
있는 것이지만, 이는 日帝下의 지주·자본가계급의 지주경영방침이 그러하였
음에서만 연유하는 것이 아니라, 동시에 그것은 日本帝國主義의 韓國農業 수
탈의 방향이 처음부터 그와 같이 세워지고 있었음에서 연유하는 것이기 때문
이었다.

　주지하는 바와 같이 日本에서는 明治維新의 개혁사업이 殖産興業을 표방하
는 가운데 産業資本을 육성하고, 그 地租改正사업을 수행하는 가운데 地主制
와 地主資本을 등장케 함으로써, 産業資本과 地主資本에 기초한 그 특이한 日
本資本主義를 성립시키고 있었다.[1] 資本主義는 그 본질상 이 두 자본이 공존

---

1) 日本資本主義와 地主制와의 관련문제는 日本史연구에 있어서 최대 과제의 하나로
　서 많은 연구가 있지만, 본고와 관련하여서는 특히 다음의 논저를 참고하였다.
　　山田盛太郎, 『日本資本主義分析』, 1934.
　　楫西光速 外, 『日本資本主義의 發展』 Ⅰ·Ⅱ·Ⅲ, 1957~1959.
　　大內 力, 『日本資本主義의 農業問題』, 1961.

할 수 없는 것이지만, 그러나 일본의 초기 자본주의화 과정에서는 그 **資本蓄積**을 위하여 이 같은 개혁방안을 취하고 있는 것이었으며, 따라서 그 후 당분간 일본자본주의는 이 두 자본의 기반 위에서 이 두 자본이 상호 보완하는 가운데 발전하게 되고 있었다.

그러한 점에서 明治維新 이후의 일본정부의 농업정책은, 그 자본주의체제를 확립하고 그것에 기초한 국가를 발전시키기 위해서, **地主制**를 보호하고 그것을 중심으로 한 농업기구를 유지 발전시키지 않으면 아니 되었다. 그리고 그러한 정책목표는 성공할 수 있어서, **産業革命**을 달성하여 자본주의를 성립시키는 것과 아울러 **淸日戰爭·露日戰爭** 등 침략전쟁에도 승리함으로써, 국가를 일약 **東洋**의 **覇者**·제국주의 국가로 끌어올릴 수가 있었다. 그들은 그 승리를 체제의 승리로 구가하였으며, 따라서 국내적으로는 이미 **小作地·小作農**을 기초로 한 과소 **零細農經營**의 확대 및 **勞動爭議 社會主義運動**의 발생 등 사회모순이 크게 드러나고 있었지만,[2] 그것을 그 기구와 체제개편을 통해서가 아니라, 침략지역·식민지개발을 통해서 해결하려 하였다. 침략지역·식민지에 그들 본국의 과밀한 농업인구를 **移民**시켜, **小貧農層**은 토지를 소유한 **自營農** 나아가서는 **地主層**으로 육성하고, **有産者**는 지주로서 **大農場**을 설치하고 일본자본주의의 한 기구로서의 **地主經營**을 함으로써, 현지 농민을 경제적으로 예속 지배하는 가운데 수탈을 위한 농업기반을 확고히 하려는 데서이었다.

2. 殖民을 위한 農業調査와 地主制

일본제국주의의 **韓國農業**에 대한 침략은 대단히 주도하였다. 그들은 한국농업에 대한 예비지식 없이 일거에 토지를 수탈함으로써 일본농업에서 볼 수

古島敏雄, 『資本制生産의 發展과 地主制』, 1963.
安良城盛昭, '日本地主制의 體制的 成立과 그 展開'(『思想』 574·582·584·585, 1972~1973).
中村政則, 『近代日本地主制史硏究』, 1979.
金容德, 『明治維新의 土地稅制改革』, 1989.
2) 楫西光速, 『日本資本主義發達史』(補訂版), 1969, pp.268~277.

있는 것과 같은 農業經營·地主經營을 하고 있는 것이 아니었다. 그들은 甲午改革(保護國化)에 실패한 후, 다시금 한국에 대한 전면적 침략을 진행시킴과 아울러, 세밀하게 韓國의 상공업·농업 등 산업을 조사함으로써, 이를 기초로 하여 일본인들이 農業經營·地主經營을 수행하도록 지도하고 있었다.

일본인들은 개항 이래로 韓國을 다녀갈 경우 많은 기록을 남기고 있었지만, 韓國農業에 대한 침략과 지배를 목적으로 하여 政府나 個人이 본격적인 農業調査 — 기후, 土性, 기간지와 미간지, 수리시설, 農具, 主要作物(穀物, 綿, 煙草, 人蔘)의 재배법, 地稅, 地價, 土地賣買의 관습, 地主小作制, 地主經營을 통해서 얻을 수 있는 이윤, 노동력과 노임, 교통운수, 기타 등등 — 를 하게 되는 것은 淸日戰爭 이후 1900년(光武 4년, 明治 33년)경부터의 일이었다. 義和團사건을 계기로 帝國主義 열강의 中國 분할이 확실시됨에 따라 일본에서도 이에 대비하게 된 것이었다. 더욱이 일본에서는 곧 뒤따라 1902년에 英日同盟을 체결하게 되었는데, 이를 계기로 하여서는 그들의 韓國 침략에 대한 전망이 확실해짐으로써, 일본은 이때를 놓치지 않고 그 농업지배의 준비를 본격적으로 추진하게 되었다. 이 무렵은 日本資本主義가 産業革命을 수행하고 있는 가운데, 인구증가의 압력을 받고도 있었으므로, 모든 경제문제를 중심으로 하여 필연적으로 식민지를 요청하게 되고 있었으며, 따라서 농업분야에서도 農業殖民을 위한 그러한 대책이 절실한 문제가 되고 있었다.[3]

그 첫 조사는 日本政府의 農商務省이 그 技師 加藤末郎을 한국에 파견하여 그 農商工業을 시찰시키고 있는 일이었다(1900). 그는 농업전문가로서 한국의 산업을 시찰하고 그 보고서인 『韓國出張復命書』를 農商務大臣에게 올렸는데, 이 보고서에서 그는 그가 조사한 바 농업사정 전반을 중심으로 외국무역, 교통운수, 화폐 등을 논하되, 이 農業調査에서 얻은 확신, 즉 韓國農業 侵略의 유용성을 분명하게 기술하고 있었다. 그것은 요컨대 日本은 인구증가가 급격하고 농업인구도 많으므로, 이를 타개하기 위해서는 해외에 농업식민지를 형성하는 것이 긴요한 일이라는 것이었으며, 그럴 경우 그 대상이 될 수 있는 지역으로서는 韓國 南方지역 말고 달리 이만한 곳이 없다는 것이었다.[4]

---

3) 大石嘉一郞 編, 『日本産業革命의 硏究』, 1975. 특히 村上勝彦 씨의 第10章 '植民地' 참조. 당시인의 자료로서는 註 4)의 書 등 참조.

이를 계기로 日本農商務省에서는 다시 實業調査(1902), 森林調査(1903,
1905), 棉作調査(1905), 水利調査(1905), 農業調査(1906) 등 여러 가지 분
야의 정밀조사를 하고 그 보고서를 내게 되거니와,[5] 이 같은 작업들을 기초로
하여서는 여러 명의 농업전문가를 동원하여『韓國土地農産調査報告』(전 5책,
1906)와『朝鮮農業槪說』(1910)을 편찬하게도 되었다. 그리고 加藤도 그의
復命書를 더욱 충실히 증보하여 그의 저서로서의『韓國農業論』(1904)을 간행
하기에 이르렀다. 어느 것이나 일본인들의 한국에 대한 농업식민을 장려하고
그 농업경영에 차질이 없도록 하려는 지침서가 되고자 하는 것이었다.

물론 韓國農業에 대한 조사가 이에서 그치는 것은 아니었다. 이때에는 이외
에도 일본의 地方官廳, 經濟團體, 識者層 중에서 농업식민문제에 관심을 가지
고 있는 사람이 많아서, 그들은 각각 한국농업을 조사하고 농업식민에 관한
의견을 기술한 보고서나 저술 등을 남기고 있었다. 이를테면 岡 庸一『最新韓
國事情 — 韓國經濟指針』(1903), 谷崎新五郎 등『韓國産業視察報告書』(大阪
商業會議所, 1904), 吉川祐輝『韓國農業經營論』(大日本農會, 1904), 小島喜作
『韓國之農業』(大分縣, 1905), 辻 重忠『韓國農事視察復命書』(高知縣, 1905),
永松茂州 外『滿韓實業視察報告』(福岡縣, 1905), 加藤政之助『韓國經營』
(1905), 菊池 捍『韓國實業調査復命書』(島根縣, 1906), 香川靜一『韓國農業
視察復命書』(京都府, 1908), 山本庫太郎『最新朝鮮移住案內』(1904), 靑柳南
冥『韓國殖民策』(1908), 佐村八郎『渡韓의 장려』(1909), 神戸正雄『朝鮮農業
移民論』(1910) 기타 등등은 그 중에서도 당시의 日本人들에게 널리 참고되고
있는 저술이었다.

그뿐만 아니라 日帝가 統監府를 설치하고 한국을 지배하게 됨에 따라서는,
이 통감부에서도 그들의 農業殖民者를 유치하기 위하여 한국농업에 관한 여

---

4) 加藤末郎,『韓國出張復命書』, 序說, 1901.
　　여기서는 年年 增加하는 人口를 40萬 내지 50萬으로 보고 있었으며, 따라서 이 人
　　口문제를 해결하기 위해서는 海外에 殖民地를 형성하여 이들을 수용해야 할 것으로
　　보고 있었다. 이러한 견해는 이때의 또다른 대표적 調査書의 하나인 吉川祐輝,『韓
　　國農業經營論』自序, 1904에서도 마찬가지였다.
5) 이때의 이 같은 조사자료는 櫻井義之,『明治年間朝鮮硏究文獻誌』(1941)에 잘 정
　　리되어 있다.

러 가지 조사를 하고, 이로써 홍보활동을 하고도 있었다. 統監府에서 農林課長 中村彦으로 하여금 직접 편찬케 한『韓國에 있어서의 農業의 經營』(1906, 1907)과 한국정부 명의로 편찬 간행한『韓國의 土地에 관한 調査』(1907), 『韓國通覽』(1910) 등은 그 중에서도 널리 읽혀지고 참고된 책자였다.

　이 같은 여러 사람들의 농업조사는 그 조사자의 식견이나 관심의 방향에 따라 조금씩 조사의 시각에 차이가 있었다. 그러나 그럼에도 불구하고 그 내용은 日本人이 내한하여 농업경영을 할 때에 대비하여 필요한 여러 가지 문제를 제시한다는 점에서 모두 공통되고 있었다.

　그러한 가운데서도 우리의 관심을 특히 끄는 것은 두 가지 점이었다. 그 하나는 앞에서 언급했듯이 그 조사자들이 한국의 地主制를 소상하게 조사하고, 그것을 ① 韓國農業에서는 기후 土性이 좋아서 농업생산의 전망이 밝고, ② 현재 농법이 유치하므로 앞으로 그 增收가 가능하며, ③ 地價가 저렴한 데다 일본인이 그것을 구입하기 용이하며, ④ 토지에 대한 公課金(租稅)이 일본에 비하여 지극히 헐하며, ⑤ 현재의 地主小作慣例상 수익분배는 지주에게 유리하다 등등으로 판단하는 것이었으며, 이를 통해서 한국에 대한 그들의 農業殖民을 희망적인 것으로 보고 있는 점이었다.[6] 그리고 그들은 이 같은 한국의 地主制에 비추어, 일본인이 내한하여 地主經營을 하면 큰 이윤을 얻을 수 있을 것임을 공통적으로 지적하고 있었다.[7]

---

6) 위의『最新韓國事情 — 韓國經濟指針』, pp.61~69(以下 同).
　　『韓國之農業』, p.110.
　　『韓國通覽』, p.8.
7) 조사자에 따라 그리고 조사지역 및 농지의 비척에 따라서는 地主經營의 利率 파악에 차이가 있었지만, 그러나 대체로 그 利率은 높은 것으로 조사되고 있었다. 몇몇 예를 들면 다음과 같다.
　　『韓國土地農産調査報告』(慶尙·全羅道), pp.527~537.
　　　利率 예：1割 6分~2割 5分 8厘, 보통 1割~2割
　　『韓國農業論』, pp.259~270.
　　　利率 예：1割 8分~3割 1分
　　『韓國産業視察報告書』, 52~56장.
　　　利率 예：2割~2割 5分
　　『韓國農業經營論』, pp.144~148.
　　　利率 예：1割 8分 1厘~2割 5分 7厘
　　『韓國經營』, p.89, 179.

그들은 그러한 사정을 韓國은 일본에 비하여 지가가 대단히 저렴하므로 地主經營의 利率 계산에 있어서 韓國農事는 유리하다라든가, 韓國에서 전답을 매수하여 한인에게 소작시키더라도 평균 年 1割 2, 3分의 이익을 얻을 수가 있으므로 日本에 비하여 훨씬 더 이익이 되는 것이 분명하다고도 하였으며,[8] 또 가령 한국에서의 지주의 이익은 평년의 경우 2割 2分 4厘이고 豊凶을 통산하면 1割 7分 4厘이므로, 日本 島根縣의 地主利益(平均 6分 5厘)을 한국의 지주이익과 대조하면, 韓國의 지주이익은 평년에는 3倍 5分, 豊凶平均일 경우에는 2倍 7分이나 된다든가,[9] 또는 한국에서의 地主經營의 年利率은 1割 8分 정도에 상당하므로, 이를 日本의 그것이 4分 3厘인 데 비하면, 한국의 米田은 일본의 그것보다 1割 3分 7厘나 이익이 더 많다고 계산하고도 있었다.[10] 더욱이 앞으로 한국의 농법을 日本農業의 집약적 농법으로 개량하면 그 이윤은 더욱 커질 것이라고 생각하였다.[11] 그러나 그들은 현시점에서는 농업개량은 앞으로 점진적으로 수행해야 할 것으로 보고 있었다.

그들은 地主經營의 방법에 관해서도 세심한 배려를 하고 있었다. 그것은 그들이 한국에 정착하여 지주로서 농업경영을 할 경우, 우선은 한국인 小作農民

　　　利率 예 : 2割 전후
　　『韓國實業調査復命書』, p.259.
　　　利率 예 : 2割 2分 4厘
　　『韓國의 土地에 관한 調査』, p.21.
　　　利率 예 : 年 平均 1割 2, 3分
　　『最新韓國事情―韓國經濟指針』, p.69.
　　　利率 예 : 1割 5分~1割 8分 7厘 5毛
　　『最新朝鮮移住案內』, pp.90~91.
　　　利率 예 : 2割 4分~3割 4分 2厘 5毛
　　『韓國之農業』, p.110.
　　　利率 예 : 2割 5分 8厘~3割 1分
　8)『韓國産業視察報告書』, 52장.
　　『韓國의 土地에 관한 調査』, p.21.
　9)『韓國實業調査復命書』, p.260.
　10)『韓國農業論』, p.265.
　　地主經營에 이익이 많다는 사실은 현지에 나와 있는 日本公館員들의 보는 바로서도 마찬가지였다(『日本公使館記錄』明治 33年, 機密馬山領事館來信).
　11)『韓國農業論』, pp.251~252, 258~259.
　　『韓國之農業』, p.110.

과 한국의 **地主小作慣行** 및 한국의 농법을 따라 행하라는 것이었다.[12] 그들은 한국인 소작농민을 이용하는 것이 **日本人 小作農民**을 이주시켜 농장농민으로 정착시키는 것보다 경비가 절약되므로 유리하다고 생각하였으며, 한국의 농법은 조방하나 한국의 자연조건 속에서 오랜 경험을 통해 이루어진 것이므로 나름대로 이익이 있다고 판단하고 있었다. 그리하여 그들은 한국에서의 **地主經營**은 그 이윤이 대단히 큼을 강조하고 지주나 자본가들이 **農業殖民**에 과감히 나설 것을 촉구하였다. 이 시기의 한국의 **地主制**는 일본의 그것과 기본적으로 같은 것이었지만, 그들은 그 **地主經營**에서 얻을 수 있는 이익이 일본의 그것에 비하여 훨씬 크다는 점에 특히 주목하고 있는 것이었다. 그러한 지주 경영은 일반적으로 대자본을 소유하고 있는 **大地主**일 것을 전제로 하였지만, 그러나 **中小地主**이어도 좋고, 자작농으로서 **小地主**로 발돋움하는 지주이어도 좋았다.[13]

그리고 다른 하나는 그들이 애초에 한국에 대한 **農業殖民**을 계획할 때에는, 일본 내의 농업문제해결이라는 관점이 표방되었고, 따라서 그 후 그러한 뜻으로 이 사업을 추진하려는 논자들은, 일본 내의 **中産的 自營農**의 이주나 **小貧農層**의 이민 정착과 그들의 독립 자영농으로서의 안정화를 희망하고도 있었지만,[14] 그러나 현실은 그렇게 전개되고 있지 않았다는 점이다. **中産的 自營農**이 한국에 올 경우 자영농으로서 만족할 수는 없었고, 그들이 **雇用勞動**으로서 농장을 경영하는 것 또한 쉽지 않을 것이라고 보고 있었다.[15] 그리고 **農業殖民**을 위해서는 그 규모가 크건 작건 간에 막대한 자금이 소요되는데, **小貧**

---

12) 『韓國農業論』, pp.251~252.
　　『韓國之農業』, p.76.
　　『韓國의 土地에 관한 調査』, pp.19~20.
　　『韓國農業視察復命書』, pp.97~98.
　　式田淸三, 『朝鮮農業要覽』, pp.151~161.
13) 『韓國農業論』, p.258.
　　『韓國農業經營論』, pp.134~135.
　　『渡韓의 장려』, p.27.
14) 『韓國農業視察復命書』, pp.100~101.
　　『韓國産業視察報告書』, 51장.
　　『朝鮮農業移民論』, 緒論.
15) 『韓國農業視察復命書』, p.97.

農層에게는 그럴 만한 여유가 없었고, 국가적 지원이 없는 한 地主層이 그렇게 하기도 쉽지 않았다. 그뿐만 아니라 小貧農層의 입장에서는 가령 일본에서 소작농인 자가 韓國에 와서도 여전히 소작농이 될 수밖에 없다면 마음이 내킬 수가 없었다. 그들은 도시로 나가 商業에 종사하는 것이 유리하고, 임금노동자가 되더라도 도시로 나가는 것이 유리하다고 판단되었다. 그런 점에서 殖民 문제를 논하는 논자들 가운데는 일본의 小作農民을 한국에 小作農民으로 이주시키려는 발상에는 비판적인 사람도 있었다.[16]

그러므로 中産的 自營農이나 小貧農層의 농업이민은 地主制적인 農業殖民, 말하자면 地主層이나 資本家階級의 한국농업침략의 테두리 안에서 전개되는 데 불과하였으며, 따라서 이들은 대개의 경우 그러한 범위 내에서 정부나 사회단체 자본가계급의 지원하에 中小地主나 최소한 中産的 自營農으로 정착하게 될 것이 기대되고 있었다. 말하자면 일제의 한국에 대한 농업식민은 그들의 地主·資本家階級을 중심으로 하고, 그들이 한국농민을 소작농민으로서 지배할 것을 목표로 전개되고 있는 것이었다. 당시에는 그러한 사정이 '日本人으로서 토지를 매수하여 자작하는 자는 극히 적고, 혹 있다 하더라도 小部分'[17]이라든가, 또는 '朝鮮에서의 일본인 농업자는 地主, 특히 大地主가 가장 隆昌하고 小地主나 小獨立農民은 대단히 부진하다'[18]고 말해지고 있었다.

3. 韓國 土地法制의 改正과 地主制

日帝가 韓國農業을 조사하는 것은 한국을 침략하고, 이를 장악하기 위한 것이었으므로, 그들은 이러한 조사와 병행하여 일본인이 자유롭게 渡韓하여 한국 내에서 자유롭게 농지를 소유할 수 있도록 법적 조치를 취하지 않으면 아니 되었다. 그것은 韓國은 日本에 대하여 외국이었으므로 그동안 일본정부는

---

16) 同 上.
17) 『韓國의 土地에 관한 調査』, p.19.
　　『韓國農業視察復命書』, p.88.
18) 『朝鮮農業移民論』, p.46.

그 국민의 自由渡韓을 일정하게 통제하고 있었으며, 한국에서는 外國人의 土地所有를 開港場 부근에 한정하고 내륙지방에서는 그 소유를 법적으로 禁하고 있었기 때문이었다.[19] 전자는 日本에서 해결하고, 후자는 韓國에서 해결하지 않으면 아니 되는 문제였다.

日本에서 그 국민의 自由渡韓 문제를 법적으로 해결한 것은, 日本 第16帝國議會(明治 34年, 1901)에서 '移民保護法中改正法律案'을 통과시킴으로써였다.[20] 그 내용은 종래에 그 이민에 대하여 가하고 있었던 통제규정을 완화하여, 앞으로는 그 商民의 自由渡韓과 不動産占有를 인정한다는 것이었다. 이 시기의 일본에서는 정부에서도 한국침략을 위하여 이미 농업조사를 하고 있는 터이었으므로, 이 무렵의 국제정세와 관련하여 분출하고 있는 그 국민들의 한반도·대륙진출의 의욕을 막을 필요가 없었다. 그러한 점에서 이 改正法律案의 통과는 對韓 侵略政策의 議會 승인이기도 하였다. 그리하여 이로부터는 일본인 來韓者가 늘어나는 가운데 일본의 한국에 대한 農業殖民정책이 점차 구체화되기에 이르렀다.

日本人들이 농업경영을 목표로 來韓할 경우 그들은 무엇보다도 먼저 농지를 매입하지 않으면 아니 되었다. 그들은 그들의 農業殖民 指針書에 의해서 얻은 지식이나 또는 知人에 의해서 얻은 정보에 따라 농업 요충지에 자리를 잡고 토지를 매입하여 농장을 개설하는 것이 일반이었다. 韓國의 지가는 일본의 그것에 비하여 대단히 헐하여서 비싼 지역이라 하더라도 5分의 1 내지 8分의 1이고, 일반적으로는 이보다 훨씬 더 헐하여서 10分의 1, 30分의 1 정도로 저렴하였으므로 토지매입 그 자체는 어렵지 않았다.[21] 그러나 이 같은 殖民과정이 그렇게 순탄할 수만은 없었다. 그것은 여러 가지 사정에서였지만, 그러한 가운데에도 최대의 난점이 되고 있는 것은, 그들이 내륙지방에서 매입하고

---

19)『現行韓國法典』, 1910, p.2623.
　　『法規類編』, p.212, 建陽元年.
　　『議政存案』, 開國 503년 8월 26일.
20)『大日本帝國議會誌』第5卷, p.1246, pp.1254~1255, 1259~1260 참조.
21)『韓國殖民策』, p.61.
　　『韓國農業論』, p.258.
　　『韓國農業經營論』, p.131.

있는 土地는 그 所有權이 법적으로 인정될 수 없다는 점이었다. 앞에서 지적한 바와 같이 韓國의 法은 외국인의 내륙지방에서의 토지소유를 불허하고 있었기 때문이었다.

그러므로 그들의 토지매입은 불법이었고, 따라서 매매가 성립되었다 하더라도 그들은 법적으로 인정되는 완전한 所有權者가 되기 어려웠다. 그들은 그것을 잘 알고 있었으며,[22] 따라서 그 所有權문제를 統監府에 문의하기도 하였다.[23] 그것은 潛買로서 한국정부에 의해서 언제든지 규제될 수 있는 것이었으며, 이 시기의 韓國政府에서는 실제로 이를 저지하기 위하여 무던히 노력하고 있었다. 하지만 이때에는 統監府에서도 이에 대한 충분한 대책을 세우고 있었다. 收穫豫買나 使用權 매수를 금하는 명문은 조약상에 없으므로, 日本人이 토지를 매수할 경우 그 대장상의 명의는 한국인으로 하되, 그 土地文券과 장기간의 수확을 倂買하는 것으로 하면, 일본인의 권리행사에 위험이 없을 것이라고 지시하는 것이 그것이었다.[24] 그리하여 일본인들은 한국의 법규에 구애되지 않았으며, 불원한 장래에 그들 제국의 軍이 한국을 점령할 것임을 전망하는 가운데 토지의 潛買를 강행해 나갔다. 그러한 潛買현상은 활발하여서 그들이 露日戰爭 이전에 농장의 설치를 위해서 매입한 이 같은 토지는 이미 적지 않은 양에 달하고 있었다.[25]

그러나 日本人들이 아무리 힘을 배경으로 토지를 매입하여도, 이같이 潛買한 토지는 韓國法에 의해서 그 소유권이 인정될 수 없었다. 그러므로 이는 그들에게 대단히 곤란한 일이 아닐 수 없었다. 그들이 한 지역에 정착하여 農場經營을 하기 위해서는 그 소유권이 절대적으로 보장될 필요가 있었기 때문이었다.

日本이 한국에 農業殖民을 하기 위해서는 이 같은 문제를 법적으로 해결하지 않으면 아니 되었다. 이는 그들에게 있어서 아주 중대한 문제였다. 그러므로 그들은 統監府를 설치하고 한국정부를 지배하는 가운데 그 强占을 위한 정

---

22) 『韓國經營』, p.161.
23) 『最新朝鮮移住案內』, pp.209~210.
    『最新韓國事情 ― 韓國經濟指針』, pp.156~158.
24) 同 上.
25) 拙 著, 『韓國近代農業史研究』 下, p.307, pp.475~485.

책의 기초를 다져나가게 되었을 때, 무엇보다도 먼저 처리한 것은 이 문제였다. 한국정부로 하여금 '土地家屋證明規則' 및 '同施行細則'(光武 10년, 1906)[26]을 반포케 한 것은 바로 그것이었다. 외국인에게도 한국인과 마찬가지로 土地, 家屋 등의 不動産을 소유할 수 있는 권리를 인정하는 법령이었다(第8條). 그리고 이에 이어서는 '土地家屋所有權證明規則' 및 '同施行細則'(隆熙 2년, 1908)[27]을 반포케 함으로써, 이를 더욱 보완하였다. 그뿐만 아니라 '土地家屋證明規則'을 반포케 한 다음에는, 다시 한국정부로 하여금 '國有未墾地利用法' 및 '同施行細則'(光武 10년, 1907)[28]을 반포케 함으로써, 일본인들이 이를 대여받아 대대적인 개간사업을 할 수 있게 하였다(施行細則 第22條). 그리하여 이러한 조치를 거침으로써 일본인들은 이제, 법적으로도 土地所有權을 보장받는 가운데, 마음껏 토지투자를 하고 大地主로서 農場經營을 할 수 있게 되었다.

日本이 統監府를 통해서 한국정부로 하여금 이 같은 법령을 제정 반포케 한 것은, 요컨대 그들의 한국에 대한 農業殖民을 보장하기 위해서였다. 그리고 그것은 한국의 농업을 일본인들이 경제적으로 지배하는 가운데, 일본자본주의 농업체제에 예속시키고, 이를 통해서 그 잉여를 최대한으로 수탈하려는 것이었다. 그러므로 그 정책은 결국 地主制를 중심으로 한 殖民이 되지 않을 수 없었으며, 실제로 내한하여 농업을 경영하는 일본인들의 현실도 그와 같이 전개되고 있었다. 식민사업에는 막대한 자금이 소요되기 때문이었다. 그러므로 統監府에서는 일본인들의 對韓 殖民을 적극 장려하고 있으면서도, 일본에서 中産的 自營農家가 이주해 오리라고는 기대하지 않았으며,[29] 따라서 이주자는 大小의 각종 농업자가 되기는 하였으나, 이럴 경우 취해질 수 있는 정책은 地主·資本家階級을 위주로 하는 殖民策일 수밖에 없었다. 統監府에서는 한국에서의 일본인의 地主經營이 대단히 유리함을 조사 홍보하며, 地主·資本家階級의 殖民者를 유치하기에 열을 올렸다. 그 후 總督府의 정책이 또한 그러하

---

26) 『現行韓國法典』, p.670.
27) 同 上, p.692.
28) 同 上, p.1415, 1418.
29) 『韓國에 있어서의 農業의 經營』, p.17.

였음은 말할 것도 없었다.

日本資本主義가 한국농업을 지배하고 수탈하는 방식이 地主制를 기축으로 하는 것이었다면, 殖民者로서 내한하는 일본인에 대해서만 地主·資本家階級일 것을 요구할 수는 없었다. 그들이 한국농업 지배를 위한 정책을 그와 같이 세우기 위해서는, 농업의 場인 한국에서의 農業制度도 또한 그와 같이 정리하지 않으면 아니 되었다. 그런데 이 문제는 그렇게 힘드는 일이 아니었다. 앞에서도 지적했듯이 韓國에는 본시 토지의 사적 소유권에 기초한 地主制가 발달하고 있었으며, 또 그 근대화를 위한 개혁과정에서는 地主制를 중심으로 한 농업개혁의 방향을 택하고 있었기 때문이었다. 일제의 농업정책은 다만 이를 그대로 인정하면 되었다. 이는 한국을 침략하려는 일제에게 있어서 대단히 편리하고 중요한 일이었다. 그것은 그들이 韓國農業을 효율적으로 지배하고 수탈하기 위해서는, 그들 日本帝國에 협력하는 한국인 사회계급 및 日本人 地主·資本家階級과 보조를 같이 할 동반자가 필요하였기 때문이었다. 일제는 다만 그러한 한국의 종래 토지제도를 그들의 資本主義 農業體制와 일체가 되고 예속될 수 있도록, 그리고 수탈을 강화할 수 있도록 몇몇 제도적인 정리작업을 하면 되었다.

그러한 정리작업으로서 먼저 들어야 할 것은, 統監府 지배하에서 있었던 일련의 國有地整理와 驛屯土調査 및 總督府지배 초기의 朝鮮土地調査事業(1910~1918)을 들 수 있을 것이다.[30] 전자는 驛土·屯土·宮庄土 등 이른바 국유에 속하는 토지의 조사와 그 地代改正 사업이었으며, 후자는 民有地를 포함한 모든 토지의 실제를 測量하여 地籍圖와 土地臺帳을 작성하고, 그 面積과

---

30) 이 같은 문제에 관한 몇몇 기본 자료로서는 다음과 같은 것이 참고될 것이다.
　　度支部, 『臨時財産整理局事務要綱』, 1911.
　　統監府, 『韓國財政施設綱要』, 1910.
　　朝鮮總督府, 『驛屯土實地調査槪要報告』, 1911.
　　度支部, 『土地調査綱要』, 1909.
　　度支部, 『韓國土地調査計劃書』, 1910.
　　度支部, 『土地調査參考書』 1호-5호, 1909~1911(4·5호는 土地調査局에서 발행).
　　朝鮮總督府, 『朝鮮土地調査事業報告書』, 1918.
　　朝鮮總督府, 『朝鮮土地調査 특히 地價設定에 관한 說明書』, 1918.
　　和田一郎, 『朝鮮의 土地制度及地稅制度 調査報告書』, 1920.

所有主를 확인함으로써 그들에게 그 所有權을 새로이 인정하며, 地稅부과의 기준을 새로 정하여 근대적인 地稅制度를 확립시킨 사업이었다.[31] 물론 이들 사업이 목표로 하는 것은 地主制 내에서의 地主·小作人간의 생산관계를 변혁하려는 것, 즉 농업개혁을 구상하는 것은 아니었으며, 이와는 정반대로 土地所有權者에게 그 토지의 지배에 관하여 근대적 土地所有權의 이름으로 專權을 주고, 그 토지를 보다 효과적으로 지배하도록 하려는 것이었다.

　이 같은 정리작업과 관련하여 다음으로 들어야 할 것은, 地主 時作·小作의 利害關係를 地主層의 입장에서 조정하여 이를 地主制의 내용으로서 규정하는 일이었다. 이에 관해서는 두 가지 중요한 사실을 들 수 있겠는데, 그 하나는 앞에서 언급한 바 不動産權所關法 중의 賃借權登記制의 법제화를 저지하는 일이었고,[32] 다른 하나는 종래의 地主制 내에서 성장하고 있었던 時作農民의 제반 權利를 제거하는 일이었다.[33] 전자는 당시 韓國政府가 法制化하고자 하는 '小作法'을 거부하는 것이었고, 후자는 종래의 農業慣行에서 이미 성립되어 있는 時作農民의 제반 권리를 부정하는 것이었다. 이 같은 정리작업을 통해 그 후 地主權은 강화되고 時作·小作權은 法的 制度的으로 더욱 약화되지 않을 수 없었다.

　그리하여 이상에 열거한 세 계통의 정리작업으로 인해서, 日本人 地主層의 土地所有는 이제 안전하고, 그 土地兼併은 더욱 편리하고 용이하게 되었으며, 그 地主權은 더욱 강대해지지 않을 수 없도록 되었다.[34] 그리고 그 결과로서

---

31) 日帝의 土地調査事業에 대해서는 논자에 따라 몇 가지 점에서 견해가 갈리고 있으나, 다음과 같은 연구가 있어서 그 전모를 파악할 수 있다.
　　朴文圭, '農村社會分化의 起點으로서의 土地調査事業에 대하여'(京城大, 『朝鮮社會經濟史研究』, 1933 ; 『朝鮮土地問題論考』에 改題수록, 1946).
　　印貞植, 『朝鮮의 農業機構 分析』, 1937.
　　李在茂, '朝鮮에 있어서의 土地調査事業의 實體'(『社會科學研究』 7의 5, 1955).
　　林炳潤, 『植民地에 있어서의 商業的 農業의 展開』, 1971.
　　愼鏞廈, 『朝鮮土地調査事業研究』, 1979.
　　裵英淳, 『韓末·日帝初期의 土地調査와 地稅改正에 관한 研究』, 1988.
　　宮嶋博史, 『朝鮮土地調査事業史의 研究』, 1991.
32) 金正明, 『日韓外交資料集成』 6 上, pp.342~348.
　　崔元奎, 앞의 논문.
33) 愼鏞廈, 註 31)의 書, 제Ⅲ장을 참조.

日本資本主義의 한국농업 지배를 위한 農業體制는 收奪的인 强力한 地主制를
기반으로 하게 되었다.

4. 結　語

이상에서 우리는 日帝가 韓國을 침략하고 이를 强占하게 되는 초기에, 對韓
政策으로서 취하고 있었던 바 農業殖民策을 그 調査報告書를 통해서 살폈다.
그 내용은 요컨대 두 가지 점으로 요약될 수 있는 것이었다.
　그 하나는, 그들의 農業殖民策은 그들이 韓國農業을 침략하기 위하여 日本
人 農業者를 渡韓시켜 이를 장악 지배토록 하려는 것으로서, 이를 위해서는
政府에서는 말할 것도 없고, 地方官廳(縣), 農會, 이 방면 專門家, 學者들이
경쟁적으로 來韓하여 農業調査를 하고, 이를 報告書로서 본국에 보고하고 또
간행함으로써 農業移民의 渡韓을 권장하였으며, 현지의 統監府에서도 이 같
은 殖民策을 적극 홍보 장려하고 있었다. 그런데 이 같은 農業殖民이 표면상
으로는 그 農業人口의 팽창과 관련하여 小貧農層의 移民을 제론하는 것이었
으나, 실질적으로는 農業殖民의 資金문제와도 관련하여 地主·資本家階級의
渡韓과 그들의 대단위 農業경영을 통한 韓國農民 지배에 있었던 것으로서, 그
결과로서는 대부분의 農業調査가 小貧農層의 소규모 자영농경을 장려하는 것
이 아니라, 地主經營의 유리함을 다각적으로 제시하는 가운데 大地主 大資本
家의 地主經營 農場經營을 권장하는 것이 되고 있었다. 그들의 農業殖民策은
말하자면 많은 日本人 地主·資本家階級을 韓國에 정착시키고 地主經營을 하
도록 함으로써 韓國農業 韓國農民을 經濟的으로 지배하고자 하는 것이었다.
　다른 하나는, 그들이 地主經營을 하기 위해서는 土地를 매입해야 하는데,
韓國에는 본시 土地의 私的 所有權이 발달하고는 있었으나, 그 法律이 外國人
의 土地所有를 불허하고 있었으므로, 日本政府에서는 農業殖民者들로 하여금
안심하고 土地를 매입하여 地主經營을 할 수 있도록 어떤 대책을 세우지 않으

---

34) 鮮于 全, 『朝鮮의 土地兼併과 其對策』, 1923.

면 아니 되었다는 점이었다. 이 문제를 위해서 日帝는 크게 두 단계로 대책을 세우고 있었다. 그 첫 단계는 아직도 韓國政府에게 內政의 실권이 남아 있는 동안의 일로서, 비록 日本人이 법적으로는 土地의 所有權을 인정받지 못한다 하더라도, 우선 토지를 매입하고, 그 매입한 토지의 대장상의 명의를 韓國人으로 그대로 두되, 그 土地文券과 장기간의 收穫을 併買하는 형식을 취함으로써, 실질적으로 地主로서의 권리행사를 하라는 것이었으며, 다음 단계는 그들의 統監府가 內政문제에도 실질적인 지배권을 발휘하게 되었을 때의 일로서, 外國人(日本人)들도 法的으로 土地의 所有權을 가질 수 있도록 土地家屋證明規則 등 일련의 韓國의 土地法制를 개정토록 한 일이었다. 그 이전에 非合法的으로 매입한 토지가 合法的인 것으로 추인되었음은 말할 것도 없고, 이를 통해서 農業殖民者들의 토지매입이 日本 내에서의 土地거래와 마찬가지로 자연스럽게 수행되고, 따라서 그 地主經營이 한층 더 활발하게 전개되도록 되었음은 말할 것도 없었다. 그뿐만 아니라 이 단계에 있어서는 土地測量을 함으로써 日本人 地主層의 土地兼併을 편하게 하고, 韓國人 時作·小作農民이 안정적으로 성장하는 데 필요한 權利를 부정함으로써, 地主權을 강화하고도 있었다.

　그리하여 결국 日帝의 農業殖民策은 韓國 내에 일본인 地主와 한국인 小作農으로 구성되는 地主制를 대대적으로 형성하고, 그 地主經營을 활발하게 전개하는 가운데, 한국농업과 한국농민을 그들 日本人이 지배해 나가도록 하고 있었다. 東洋拓殖株式會社 등 國策會社를 비롯하여 전국의 요충지에 수많은 會社와 地主·資本家階級의 농장이 설치되고 있었음은 그러한 정책의 단적인 증거요 구체적 산물이었다. 그 수는 실로 많아서 總督府 조사에 의하면 1922년 현재 30町步 이상에서 數千 町步에 달하는 일본인 大地主와 巨大地主의 농장이 전국적으로 보면 150處 이상이나 되고 있었다.[35] 이 밖에 中小地主의 농장이 각처에 수없이 산재하고 있었음은 말할 것도 없었다.

〔新稿, 1990〕

---

35)『朝鮮農會報』19의 7, 1924, 附錄 : 內地人農事經營者調(1922, 總督府調査).
　　여기서는 東拓農場을 제외하고 148處를 들었는데, 東拓農場은 大型農場만 들어도 전국에 9개 단지가 되고 있었다.

Ⅱ. 地主經營의 成長과 變動

江華 金氏家의 地主經營과 그 盛衰

1. 序　言

　韓末에서 日帝强占期에 걸치면서 전개되는 地主制의 변동을 우리는 여러 가지 면에서 살필 수 있지만, 이곳에서 우리가 먼저 관심을 갖게 되는 것은, 韓國農業이 전체로 日帝의 資本主義 經濟體制에 흡수되고, 그 강점기의 수탈적 농업정책으로서 운영되는 상황하에서, 거기에 편승하지도 못하고 유착하지도 못하는 소극적 자세의 地主層은 어떻게 변모하고 있었을까 하는 점이다. 이들은 사회적으로 여러 계층의 사람으로 구성되었겠지만, 아마도 韓末에 있어서의 봉건적 양반층으로서 그 농지를 並作地主制로 경영하고 있었던 사람들은 그 중심이 되었을 것으로 생각된다.

　우리가 이러한 계층의 地主經營에 관심을 갖게 되는 것은, 韓末이거나 日帝强占期이거나를 막론하고 그 농업경제가 地主制에 기반을 두는 것이라는 점에서는 공통되지만, 그러나 양 시기를 이끄는 정치상황, 시대상황은 큰 차이가 있었으므로, 비록 같은 地主層이라 하더라도 日帝强占下에서는 그들의 일제에 대한 정치적 자세와 地主經營의 방식 여하에 따라, 그 성장과 쇠퇴에 차이가 나고, 따라서 地主層 중에서도 그 지주경영이 쇠퇴하는 가운데·몰락하는 자가 적지 않았기 때문이다. 이러한 현상은 특히 1920년대에서 1930년대에 걸치면서 현저하였으며, 따라서 이때에는 이것이 하나의 사회문제가 되고도 있었다(本書, 제Ⅲ편 제2논문 참조).

　이같이 쇠퇴 몰락하는 地主層 중에는 여러 유형의 사람들이 있었지만, 이 모든 경우의 사람들에게 공통적으로 지적될 수 있는 것은, 요컨대 그들의 地主經營은 이 시기의 새로운 시세, 즉 日本資本主義 農業體制에 적응하지 못하였거나, 거기에 적응하려고 노력하는 바가 부족하였다는 점으로서 지적할 수

있을 것이다. 日帝强占期의 地主層이 자기 자신을 地主로서 보존하기 위해서
는, 그러한 경영상의 조정과 노력이 필요하였는데, 그들은 그것을 하지 못하
였거나 아니면 하고 있지 않았다.

물론 여기서 우리가 이 쇠퇴 몰락하는 地主層을 검토하고자 하는 이유는 그
자체에서 어떤 의미를 발견하고자 하는 까닭은 아니며, 이를 통해서 이 시기
의 農業事情 및 歷史的 推移를 이해하고, 또 나아가서는 이러한 작업을 통해
서 이 시기의 상황하에서도 성장하고 있었던 지주층의 성격을 보다 분명하게
파악하고자 하는 데서이다. 이곳에서 우리는 그러한 地主層 地主經營의 사례
를 江華지방 金氏家의 경우를 통해서 소상하게 살필 수 있을 것이다.

2. 資料와 金氏家의 農業環境

우리는 江華島 金氏家의 지주경영을 그 經營文書인 『秋收記』를 통해서 살피
고자 하거니와, 그러기 위해서는 먼저 이 『秋收記』의 자료로서의 가치와 江華
地方의 지역적 특성이나 金氏家의 사회적 지위를 중심으로 한 農業環境에 관
해서 언급해 둘 필요가 있겠다. 金氏家의 地主經營은 이 시기의 經濟界의 동향
과 밀접하게 관련되고, 마치 경제계 동향의 축소형태라고 할만큼 時代思潮가
예리하게 반영되고 있는 것이었는데, 그것은 이곳 金氏家의 農業環境과도 관
련하여 이해되어야 할 것이기 때문이다. 그리고 그와 같은 시대사조는 『秋收
記』에 그대로 반영되고 있어서, 우리는 이 자료를 분석 검토하는 것으로써,
이 시기의 地主制 변동의 실태를 구체적으로 파악할 수 있을 것이기 때문이다.

金氏家의 『秋收記』에 관하여 특히 지적해 두고자 하는 것은 여러 가지이지
만, 우리는 무엇보다도 이 자료가 한 지주의 農地經營文書로서 80여 년간이나
계속되고 있는 것이라는 점을 들어야 하겠다. 地主가 농지를 경영할 때는 그
經營文書로서 『秋收記』를 작성하는 것이 보통이고, 따라서 봉건적인 地主層
이 하나의 사회계층으로서 존재하던 당시에는, 이러한 『秋收記』는 흔히 볼 수
있는 것이지만, 그러나 그러한 經營文書가 다년간에 걸쳐서 계통적으로 지속
되기란 쉽지 않은 일인데, 이 金氏家의 『秋收記』는 每年每年의 추수상황을 기

록하되 그것을 80여 년간이나 계속하고 있는 것이었다. 그것은 1851년(哲宗 2년)에서 1933년에 이르는 긴 과정으로서 開港 전으로부터 日帝의 强占期에 이르는 기간이었다. 金氏家에서는 이 83년간에 해마다 별책으로서 『秋收記』를 작성하였고,[1] 따라서 이 『秋收記』를 통해서는 19세기 중엽으로부터 20세기 중엽에 이르는 격동기에 있어서의 한 地主家의 농지경영의 盛衰를 살필 수 있도록 되어 있는 것이다.

그러나 그렇더라도 이 기간에는 農地把握上에 많은 변화가 있었으므로, 農地經營에 관한 자료의 정리방식에도 큰 변동이 있을 수 있고, 따라서 만일 그러하였다면 이것을 통해서 地主制의 변동관계를 논하기에는 여러 가지 제약을 받을 수 있는 것이지만, 다행히도 이 金氏家의 『秋收記』에는 그러한 기재원칙상에 변화가 없었음을 우리는 또한 지적할 수가 있다. 즉 이 기간에는 高宗 6년의 量田, 光武年間의 量田事業, 일제 강점하에서의 朝鮮土地調査事業 등 농지파악의 방식이나, 度量衡, 地稅制度 등에 많은 제도상의 변화가 있었지만, 金氏家에서는 시종일관된 원칙으로서 『秋收記』를 작성하고 있었던 것이다.

가령 高宗 6년의 量田에서는 新·舊臺帳을 모두 작성하고 舊量田과 新量田에 의한 농지파악의 내용을 모두 제시함으로써 新·舊臺帳이 서로 연결되어지도록 하였으며,[2] 光武量田은 전국적으로 시행되었던 것이지만, 이곳에서는

---

1) 金氏家의 『秋收記』는 第1冊으로부터 第83冊까지로 되어 있는데, 그 가운데서 1853년에는 어쩐 일인지 『秋收記』를 作成하지 아니하였고, 1869년(高宗 6년)에는 量田관계로 두 卷을 작성하고 있다.

2) 가령 『秋收記』第19冊(1869)의 舊量田과 新量田에 의한 臺帳을 比較하면 다음과 같다.

　舊臺帳　張化彙　辰田　十七斗落　賭地十一兩　〔新往〕
　　　　　黃德浩　崑畓　九斗落九夜　　　　　　〔新玉　二作〕
　新臺帳　張仁彙　往　三十二田　十七卜一束　　十七斗落　賭地十一兩
　　　　　黃德浩　玉　十四畓　三卜七束 ⎤
　　　　　奴艾毎　　　　　　　　　　　　⎬ 九夜九斗落　二百三十七束
　　　　　　　　二作　畓　　八卜七束 ⎦

舊量田까지의 『秋收記』에서는 結負를 記錄하지 않고 農地面積을 斗落으로만 表示하였는데, 新量田 이후의 『秋收記』에서는 結負까지도 記入함으로써 더욱 詳細하여지고 있다. 〔 〕는 新量田에서의 字號를 附註한 것이고, 例文末尾의 二百三十七束은 벼의 所出을 束으로써 表示한 것이다.

그 완성을 보지 못하여 舊量田의 대장을 그대로 사용하였으므로 光武 전후를
연결함에 있어서 지장이 없으며, 土地調査事業에서는 농지파악의 방식이 전
면적으로 달라지지만, 달라진 방식으로 별개의 帳冊을 작성하지 아니하고, 舊
來의 대장을 그대로 작성하고 거기에다 朱筆로서 새로운 地番과 坪數를 榜註
로서 기입하고 있어서, 토지조사사업의 전후를 비교하는 데 하등의 지장을 주
지 않고 있는 것이다.[3] 그리고 地代의 징수를 기입함에 있어서도 舊來의 斗로
서 20斗 1石의 원칙을 지키고, 또 화폐로서는 兩으로써 일관하고 있어서, 이
역시 前後를 비교하는 데 편리하도록 되어 있는 것이다.

　말하자면 金氏家에서는 시대의 변천이나 제도의 변동 특히 日帝下에 있어
서조차도, 地主經營을 위한 帳簿處理는 종래의 結負制下에서의 원칙을 그대
로 사용하고 있었으며, 또 後述하는 바와 같이 地主와 小作人간의 利益分配에
있어서도 대체로 동일한 원칙을 적용하고 있었다. 그러므로 우리는 이 자료의
분석을 통해서는 개항 전의 地主經營과 開港 이후의 그것 및 日帝下에 있어서
의 地主經營의 성장이나 쇠퇴의 문제를 동일한 기준 위에서 비교할 수가 있는
것이며, 그러기에 또한 이를 통해서는 金氏家의 地主經營에 작용하는 외적 조
건도 그만큼 예리하게 파악될 수 있는 것이라고 하겠다.

　그러면 이와 같은 자료를 남기고 있는 金氏家는 대체로 어떠한 가문이었을
까? 우리는 이러한 문제도 자료의 특성과 관련하여 좀더 언급해 두지 않으면
아니 될 것이다. 本稿를 통해서 볼 수 있는 이 시기 金氏家의 地主制의 변동관
계는 金氏家의 家系나 사회적 지위와도 긴밀하게 관련되고 있었기 때문이다.

　『秋收記』全 83冊의 後半部로 내려가면서 이것을 작성한 金氏家에서는 그
것이 金氏家의 대장임을 여러 곳에서 밝히고 있었다. 가령 대부분의 대장 표

---

3) 土地調査事業 이후의 『秋收記』第 73冊(1923)에 의해서 그 記載例를 표사하면 다
　음과 같다.
　　　　〔八三一 七百六十五坪 地稅 二圓五十五錢〕
　　　隷字 四十二畓 四卜七束 六斗落一夜 二百十七束 四石十斗
　　　　〔七三二 七百四十四坪 地稅 二圓四十五錢〕
　　　杜字 九畓 六卜 六斗落一夜 二百五十一束 四石十四斗
　　위의 例文에서 〔 〕內는 土地調査 이후의 地番·面積·地稅를 朱筆榜註로서 表記한
　것이고, 文尾의 束과 石·斗는 註 2)에서의 그것과 마찬가지로 벼의 所出을 表示한
　것이다.

지에 金淳泰라고 성명을 기입하고 거기에다 날인까지 하고 있는 일이라든가,
또는 간혹 ‘江華府內新門里 壬午生 金淳泰’(第76冊) ‘江華府內新門里 二二四
金淳泰’(第77冊)라고 住所, 姓名, 出生年度까지 기입하고 있는 것 등이 그것
이다. 第76, 77冊은 1926, 1927년도의 대장이므로, 이『秋收記』는 이때 江華
府內新門里에 거주하고 있었던 金淳泰家의 것임을 알 수 있는 것이다. 이러한
사실과 관련하여 이『秋收記』가 확실히 金淳泰家의 것임을 더욱 분명하게 말
하여 주는 것은, 金淳泰가 발행하고 있는 小作證書와 그가 附記해 두고 있는
附屬文書이다. 그는 1925년에 小作人 韓仲甫에게 그의 농지를 借耕시키는 증
서를 발행하고 있었는데, 同人과 그 농지는『秋收記』에 기록되고 있었으며,
1914년에는 仙源面의 男 19畓에 대해서 다른 소작인과 마찬가지로 새로운 作
人에 대하여 ‘地主 金淳泰 作 劉福連’이라는 符箋紙를 첨부하고 있었다.[4] 그뿐
만 아니라 이『秋收記』에는 金氏家의 조상들의 山所나 位畓도 기입하고 있는
데, 그것은 族譜를 통해서 볼 때 金淳泰와 연결되고 있었다. 말하자면 이『秋
收記』의 소유주인 地主 金氏家의 계보나 사회적 지위는 金淳泰를 통해서 확인
할 수 있도록 되어 있다.

　金淳泰가 작성한『秋收記』에 의하면 그 先代들의 생존시기가 명시되어 있
다. 이에 의하면 金淳泰의 家系는 曾祖父는 憲宗 3년(1837)까지, 祖父는 哲宗
14년(1863)까지, 그 先考는 光武 7년(1903)까지 생존하였으며, 그 이후는 壬
午(1882)生인 金淳泰 자신으로 되어 있었다.[5] 그러므로 金氏家의『秋收記』에
나타난 농지의 地主制的인 경영은 祖父·父·金淳泰의 3代에 걸치는 것이었으
며, 따라서 그 지주제의 변동과정은 시대의 변천과 더불어 그 家系의 변동에
서도 적지않이 영향을 받았을 것으로 생각된다.

　이와 같은 金氏家는『秋收記』의 墓所에 관한 설명(註 5 참조)에서 그 조부
를 가리켜 ‘祖父主 金海金氏’라고 한 데서 볼 수 있듯이 金海 金氏였으며, 또
‘先考參奉公’이라고 한 바에서 알 수 있듯이 金淳泰의 부친이 參奉을 지낸 바
있었던 兩班官僚層으로서의 지배층이었다.[6] 그러한 金氏家의 사정은 족보를

---

4)『秋收記』第64, 75冊 附屬文書, 그리고 註 87)의 小作人差定書도 같은 例證이 될
　수 있다.
5)『秋收記』第71, 76冊.

통해서 더욱 분명하게 파악할 수 있다. 金氏家는 金海 金氏 중에서도 安敬公
永貞派에 속하는데, 金淳泰의 선친은 金鐘協으로서 承訓郞(正6品)의 資品으
로 禧陵參奉(從9品)의 직을 맡고 있었다. 行職인 것이었다. 그리고 그 형제들
가운데 金鐘允은 무과를 거쳐 司果, 通政, 護軍을 지냈으며, 金鐘晃은 都事를
지냈다. 金淳泰의 조부는 과거를 하지 않았지만, 曾祖父는 金晋模로서 무과를
했고, 高祖父도 무과를 거쳐 嘉善同中樞를 지냈으며, 그 兄 金源植도 무과를
하고 있었다.[7] 金淳泰의 부친은 文官末職을 지내고 있었지만, 이 집안은 대대
로 무과를 치르고 있는 말하자면 武班系의 양반인 셈이었다.

　江華地方에는 여러 파의 金海 金氏들이 여러 대에 걸쳐서 世居하고 있었는
데 金淳泰家도 그 중의 하나였다. 金淳泰가 살고 있었던 新門里는 그와 같은
金氏門中의 한 世居地였다.『江華誌』에서는 그러한 사정을 다음과 같이 기술
하고 있었다.

　　貫金海者는 …… 一居府內官廳里(舊鄕校洞)하니 安敬公永貞의 七世孫 通政「瓊」
　이 始來하야 相承十餘世하고, 그 一派는 分居南山洞(今新門里)하고, 一派는 居倉里
　하나라.[8]

　이에 의하면 金氏家는 通政大夫 瓊이 이곳에 정착한 이래로 10여 代에 걸쳐
이곳에 世居하면서, 武班系의 양반으로서 그리고 봉건적인 지주로서 군림하
였던 것이라고 하겠으며, 그 마지막 3代의 地主經營에 관한 문서가 이곳에서
분석하게 되는『秋收記』인 것이라고 하겠다. 金氏家는 말하자면 江華地方에
토착하고 있는 武班系 兩班官僚層으로서의 在地地主인 것이었다.

　金氏家에서 地主經營을 행하고 있었던 江華島는 유통경제상의 요지였다.

---

6)『秋收記』第53冊(1903) 附屬文書에 의하면 金淳泰의 父親은 金氏家에서뿐만 아니
　라 他人들에 의해서도 參奉으로서 호칭되고 있었다. 이를테면 金氏家에 들어온 어
　느 贈與物의 封書에 다음과 같이 기록되어 있음은 그 한 例이다.
　　金參奉宅侍下人 入納
　　　　　　　　　　　　　　　　｜　　　　　　｜ 謹呈
7)『金海金氏大同世譜甲五編』全 38冊, 서울, 1915. 金寧君六世孫安敬公諱永貞派
　중의 江華項에서 金淳泰家의 系譜를 발췌하여 표시하면 다음과 같다. 이러한 내용
　은 金氏家와 적지 않은 인연이 있었던 康宇哲 교수의 말씀을 통해서도 확인할 수
　있었다.

朝鮮時期에는 육로이거나 수로이거나를 막론하고 유통로는 남북에서 漢陽으로 집중하고 있었으며, 그 중에서도 수로는 남북의 물자를 漢陽으로 대량 수송하는 데 있어서 중요한 기능을 하고 있었는데, 江華島는 바로 그러한 수로

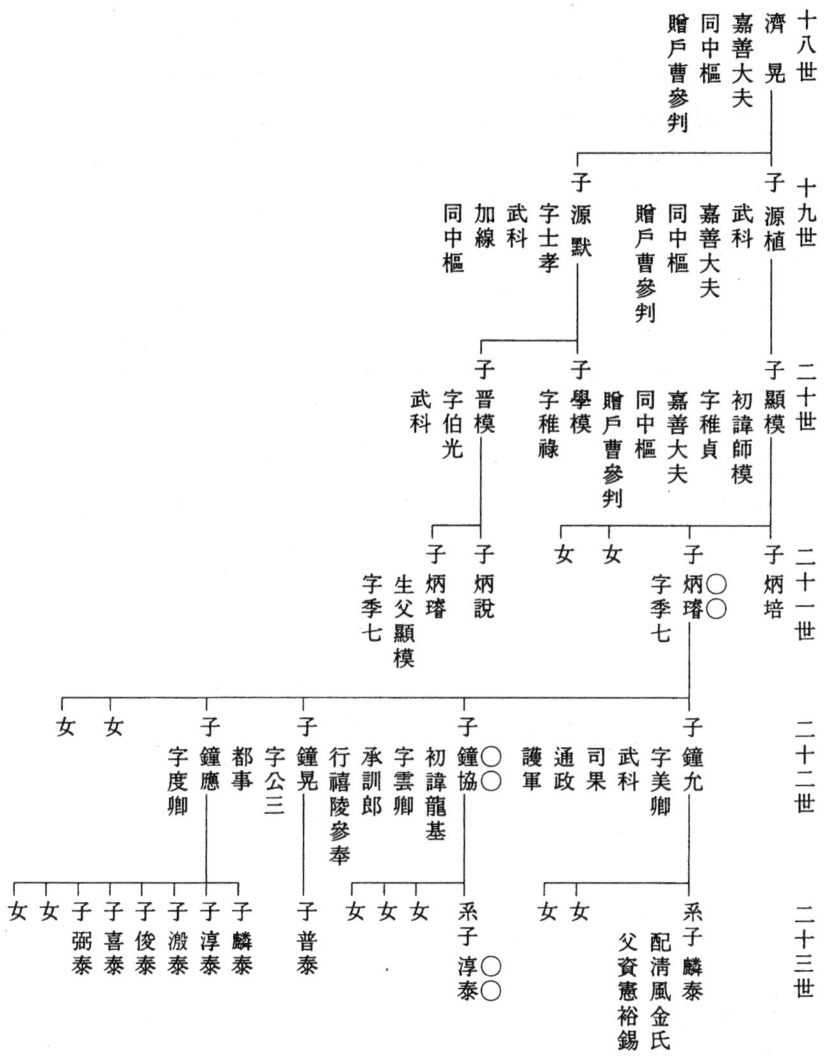

8) 『續修增補 江都誌』(以下 『江都誌』로 略) 下卷, 第3編, 42장, 서울, 1932.

의 要衝之地가 되고 있었다. 즉 漢江 河口는 大商들이거나 정부의 漕運船에게 있어서 반드시 거쳐야 하는 통로로서 경제상으로 큰 의미가 있는 곳이었는데, 江華島는 바로 이러한 한강 하구에 위치하고 있어서, 南北을 왕래하는 상인들이 서울에 이르려면 반드시 이곳을 통과하지 않으면 아니 되는 곳으로 되어 있었다. 그래서 이때 江華島는 漢陽水口의 羅星으로 통하고 있었다.[9]

國內經濟만을 생각하더라도 江華島는 이와 같이 유통경제상의 요지가 되고 있는 것이었지만, 이러한 사정이 개항이 된 후에는 더욱 가중하고 있었다. 江華島 東南端의 對岸에는 仁川이 있어서, 이곳은 元山에 이어서 개항된 이래로 우리나라 대외 무역의 한 중심지가 되고 있는 까닭이었다. 江華島는 국내경제의 유통면에서뿐만 아니라 외국무역과의 관계에 있어서도 요지가 되고 있는 것이었다. 그러기에 이곳의 農業生産이나 地主經營은 이와 같은 國內外의 유통경제의 발달과 무관할 수가 없었던 것이라고 하겠으며, 한걸음 더 나아가서는 그와 같은 流通經濟와의 관련 위에서, 비로소 이곳의 농업생산이나 地主經營은 번영할 수가 있었던 것이라고도 하겠다.

流通經濟의 발달을 배경으로 행하여지는 이곳에서의 농업생산은 米作을 중심으로 하는 것이 특징이었다. 高宗 32년(1895)의 조사에 의하면 이곳 농지는 總 3,618結 44負 2束 가운데서 田이 1,052結 96負 6束, 畓이 2,565結 47負 6束이었으며,[10] 1932년의 기록에 의하면 田畓 總 49,324,820坪 중에서 田은 13,306,601坪이고 畓은 36,018,219坪이었다.[11] 前者의 경우는 田畓의 분포비가 田은 약 29%, 畓은 약 71%이고, 後者의 경우는 田이 약 27%, 畓이 약 73%이므로, 이 지방의 농업은 水田농업이 중심인 것이며, 따라서 농가수입도 수전으로부터의 수입이 총수입의 대부분을 차지하는 셈이었다. 이 지방은 이른바 久間氏의 구분에 의한 稻作地帶로서는 京畿稻作地域(Ⅳ-1) 그 중에서도 南部地帶에 속하는 것이지만, 京畿稻作地域의 田畓의 분포대비가 40 : 60인데 대하여,[12] 이곳의 그것은 畓의 率이 좀더 높은 셈이었다. 그만큼 이 지방에

---

9) 『擇里誌』 八道總論 京畿.
10) 開國 504年 3月 『江華府田畓結摠結稅區別成冊』.
11) 『江都誌』 上卷, 第1編, 32장.
12) 久間健一, 『朝鮮農業經營地帶의 研究』, 1950, p.191, 381.

서의 농업생산은 다른 곳에 비하여 水稻作으로 통할 수 있는 곳이었다.

그러한 가운데서도 특히 金氏家의 地主經營에서는 수전농업에다 두드러지게 중점을 두고 있었다. 金氏家의 農地經營의 규모는 늘 伸縮이 있어서 일정치 않았지만, 地主로서 건재하고 있는 동안은 언제나 旱田에 대한 水田의 비가 압도적으로 큰 것이었다. 그것은 가령 〈表 1〉에 제시된 숫자에서 結負를 중심으로 계산해 보면 분명하다.[13] 이에 의하면 水田과 旱田이 총농지면적에서 점하는 비율은 대략 80 : 20 내지 90 : 10이었다. 이 지역 전체의 水田과 旱田의 분포대비는 結負를 중심으로 할 때 71 : 29였는데, 金氏家의 농지는 90 : 10 내지 80 : 20인 것이었다. 이는 金氏家의 地主經營이 江華地方이라고 하는 稻作地帶 가운데서도 특히 水田농업, 즉 米穀 생산에 치중하는 것이었음을 표현하는 것이었다고 하겠다.

이와 같이 살펴보면 金氏家의 地主經營은 말하자면 유통경제와 관련된 수전농업으로서 행하여지는 것이었다고 하겠다. 水田과 旱田에 대한 地主로서의 경영태도가 이러하였음은, 요컨대 수전농업이 그만큼 유리하고 미곡의 상품으로서의 가치가 그만큼 높은 데서 연유하는 것이었다. 그것은 개항 전이나 후를 막론하고 마찬가지였다. 개항 전에도 이곳은 최대의 쌀 消費市場인 서울을 지척에 두고 있는 데서 상품으로서의 米穀生産이 유리하였으며,[14] 개항 후에는 그러한 위에서 외국에 대한 米穀輸出이 있게 되는 데서 미곡생산은 더욱 유리해지고 있는 것이었다.[15] 그리하여 이 무렵의 地主層은 수익성이 높은 수

---

13) 江華府 전체의 田畓의 면적은 結負로써 표시되어 있으므로(註 10) 이와의 비교를 위해서는 結負를 중심으로 하는 것이 편리하다.

14) 開港前에 있어서의 米穀의 商品化過程 및 農民層의 商業的 農業에 관해서는 다음 論著를 참조.

　姜萬吉, '京江商人研究'(『亞細亞研究』 42, 1971).

　李世永, '18, 19세기 穀物市場의 형성과 流通構造의 변동'(『韓國史論』 9, 1983).

　拙 著, 『朝鮮後期農業史研究』 Ⅱ, 증보판, 제Ⅲ편의 논문.

15) 開港 후의 米穀貿易에 관해서는 다음의 연구를 참조.

　韓沽劤, '米穀의 國外流出'(『韓國開港期의 商業構造』, 1970).

　吉野 誠, '朝鮮開國후의 穀物輸出에 대하여'(『朝鮮史研究會論文集』 12, 1975).

　　'李朝末期에 있어서의 米穀輸出의 展開와 防穀令'(『朝鮮史研究會論文集』 15, 1978).

　宮嶋博史, '朝鮮甲午改革以後의 商業的 農業'(『史林』 57의 6, 1974).

전농업에다 그 地主經營을 집중하게 되고 그 결과는 그들의 地主로서의 성장을 더욱 촉진했다. 이곳 金氏家도 그러한 地主層 일반의 한 표본이었다.

金氏家의 地主로서의 경영규모는 그렇게 큰 것이 아니었다. 구태여 말하자면 中小地主인 것이었다. 金氏家의 자료가 보여주는 바에 의하면 맨 처음의 地主經營地는 472.5斗落이었다. 이것은 당시의 농지면적으로서는 6結이 좀 넘는 농지였다. 그 후 그 경영규모는 이보다 축소되기도 하고 또는 이보다 늘어나기도 하였지만, 최대로 확대되었을 때에도 약 1,100斗落 13結 정도이었다. 그러나 이만한 농지도 일반 농민에게는 좀처럼 기대하기 어려운 것이었다. 이 시기의 이곳 江華島에는 7,559戶 27,622口의 戶口와 3,600結 내외의 농지가 있었으므로 평균으로 쳐도 戶當 50負 미만인데,[16] 그러한 위에서 地主層의 토지집적과 농민층의 계층분화현상이 전개되고 있어서, 이를 계산에 넣으면 대부분의 농민들은 無田農民이나 零細小農層으로 되어 있었을 것이다. 그러므로 金氏家의 地主經營의 규모가 비록 큰 것은 아니지만, 그것을 일반 농민에게 다 비교할 수 있는 것은 아니었다.

3. 經營規模의 伸縮과 그 背景

金氏家는 中小地主이기는 하였지만 그 地主制的인 경영관계에는 이 시기의 시대성이 잘 반영되고 있었다. 그것은 다음의 〈表 1〉을 통해서 쉽사리 이해할 수 있다. 이는 金氏家의 垈田 5負 5束과 林野(柴場) 약 10町步를 제외하고, 家作田 17負 1束(17斗落)과 약간의 位田畓을 포합하는 金氏家의 全農地를 5년 간격으로 집계한 것인데, 家作田과 각 시기의 약간의 墓位田畓을 제외한 대부분의 농지는 地主制로서 경영되는 것이었다. 이러한 집계에 의하면 누구나 쉽사리 파악할 수 있는 일이지만, 金氏家의 地主經營의 규모는 시대를 따라 커다랗게 변동하고 있었음을 알 수 있다.

---

16) 光武 3年度의 『江華府邑誌』에 의하면 7,559戶 27,622口 3,599結 96負 7束이며, 高宗 32年의 『江華府田畓結摠結稅區別成冊』에 의하면 3,618結 44負 2束이었으므로, 前者의 경우는 戶當 평균 47負 6束, 後者의 경우는 戶當 평균 47負 9束이 된다.

〈表 1〉　　　　　　　　　　　　地主經營의 伸縮

年度	畓		田		計	
	結 負 束	斗落	結 負 束	斗落	結 負 束	斗落
1851	— — —	308.5	— — —	164	— — —	472.5
1856	— — —	354	— — —	198	— — —	552
1861	— — —	358	— — —	197	— — —	555
1866	— — —	347	— — —	208	— — —	555
1871	5—65—9	344.5	94—2	165	6—60—1	509.5
1876	5— 6—5	297	70—9	96	5—77—4	393
1881	7—40—8	437	91—7	123	8—32—5	560
1886	10—43—0	715	1—24—2	177.5	11—67—2	892.5
1891	10—92—1	771.5	1—30—6	194	12—22—7	965.5
1896	10—98—8	793	1—94—7	293.5	12—93—5	1,086.5
1901	10— 0—8	674	1—64—8	222	11—65—6	896
1906	7—66—7	516	1—29—2	185	8—95—9	701
1911	7—24—8	497	1—15—3	165	8—40—1	662
1916	6—47—3	424	1—38—3	192	7—85—6	616
1921	6—55—4	427	1—28—0	176	7—83—4	603
1926	4—75—1	314	1— 9—2	143	5—84—3	457
1931	5—5	5	35—7	41	41—2	46

　그것은 곧 이 시기의 정치·경제·사회·사상 등 시대사조나 日帝의 經濟政策
과 관련된 經濟界의 동향과도 表裏관계를 이루는 것으로서, 金氏家의 地主로
서의 성장과 쇠퇴를 표현하는 것이었다. 이와 같은 經營規模의 伸縮관계를 크
게 나누면 대체로 다음과 같이 네 시기로 구분할 수가 있다.

　　第 1 期 (1851~1876)
　　第 2 期 (1876~1896)
　　第 3 期 (1896~1911)
　　第 4 期 (1911~1933)

　金氏家의 경영규모의 위와 같은 단계구분은, 第1期는 大院君집권기를 중심
으로 한 개항 이전, 第2期는 개항에서 淸日戰爭이나 農民戰爭을 거쳐 建陽年
間까지, 第3期는 그 후로부터 露日戰爭을 거쳐 日帝의 國家侵奪時까지, 第4
期는 그 이후 金氏家가 地主隊列에서 탈락할 때까지로서, 이는 역사전반에 있
어서의 시기구분이나 시대적 변화와도 상응한다. 그러므로 金氏家의 地主制

의 盛衰를 정확하게 파악하기 위해서는, 이와 상응하는 각 시기의 시대사조와
도 관련하여, 이 네 시기에 관해서 經營規模 伸縮의 배경을 좀더 구체적으로
검토해야 할 것이다.

1) 第 1 期 : 經營規模의 萎縮

開港前, 즉 第1期의 시기적 특징은 地主經營의 일정 단계로부터의 萎縮過
程이었다. 그러나 물론 이 시기의 地主經營상에 있어서의 시기적 특징을 비록
그와 같이 규정하는 것이기는 하지만, 이 시기의 地主經營이 반드시 전시기에
걸쳐서 동일하게 萎縮되고만 있었던 것은 아니었다. 이 시기에는 대체로
1862년(壬戌)의 전국적인 農民抗爭을 고비로 해서 金氏家의 地主制에는 커다
란 旋回가 일어나고 있었다. 壬戌抗爭 이전에는 地主로서의 경영규모가 확대
되는 과정이었고, 그 이후에는 그 규모가 급속도로 축소되는 과정이었다. 封
建地主로서 농지를 집적해 가던 金氏家에서는 農民抗爭 이후 哲宗의 서거와
高宗의 등극, 따라서 大院君이 執權하게 되면서부터 그 토지집적행위를 중단
하게 되었을 뿐만 아니라, 이미 집적하였던 농지조차도 내어놓지 않으면 아니
되게끔 되었다. 〈表 2〉〈表 3〉〈表 4〉를 통해서는 그러한 상황을 구체적으로
살필 수 있다. 金氏家의 地主經營에 있어서 第1期의 전반은 地主로서의 成長
期였으며 후반은 萎縮期인 셈이었다.[17)

이와 같은 현상은 여러 가지 사정에서 연유하는 것이었겠지만, 아마도 한
地主로서의 金氏家에 직접 관련되는 이유로서는, 지주경영에 있어서의 經營
主의 교체를 생각해야 할 것이다. 기술한 바와 같이 金氏家의 지주경영은 祖
父인 金炳璿과 父인 金鐘協 그리고 그 子인 金淳泰의 3대에 걸치는 것이었는
데, 조부는 哲宗 14년(癸亥, 1863)에 사망하고, 그 다음을 이어서 地主로서
활동하게 된 것은 당시 아직 젊었던 父 金鐘協이었다. 그뿐만 아니라 祖父는
벼슬을 하지 않고 있어서 江華에 상주하면서 地主로서 농지경영에 충실할 수

---

17) 壬戌抗爭 직전인 1861년과 직후인 1866년은 같은 555斗落으로서 同一하다. 그러
　　나 이 경우도 엄밀히 말하면 역시 前者의 경우가 큰 것임을 알 수 있다. 金氏家의
　　農地에서는 동일한 1斗落이라도 그 實面積은 水田이 旱田보다 넓었고 收入도 컸는
　　데, 1866년에는 1861년에 비하여 水田의 斗落은 줄고 旱田의 斗落은 늘고 있었기
　　때문이다.

〈表 2〉　　　　　　　　1851년의 地主經營地

	畓	田	計
	斗落	斗落	斗落
府 內 面	91	114	205
長 令 面	36	1	37
內 可 面	136.5	33	169.5
席 毛 島	45	16	61
計	308.5	164	472.5

〈表 3〉　　　　　　　　1861년의 地主經營地

	畓	田	計
	斗落	斗落	斗落
府 內 面	103.5	134	237.5
長 令 面	36	1	37
內 可 面	153.5	41	194.5
三 海 面	56	20	76
松 亭 面	9	1	10
計	358	197	555

〈表 4〉　　　　　　　　1876년의 地主經營地

	畓		田		計	
	結 負 束	斗落	結 負 束	斗落	結 負 束	斗落
府 內 面	74—8	35	25—1	32		
長 令 面	93—4	53	15—8	16		
內 可 面	2—22—2	155	21—3	38		
三 海 面	23—5	13	—	—		
松 亭 面	64—4	29	2—7	1		
仁 政 面	14—7	7	4—0	7		
西 寺 面	13—5	5	2—0	2		
計	5— 6—5	297	70—9	96	5 —77—4	393

있었지만, 그 뒤를 이은 父는 관리가 되기 위하여 공부에 열중하지 않으면 아니 되었다. 祖父의 사망과 더불어 金氏家의 지주경영이 萎縮하게 되는 것은 무리가 아니었다.

그러나 金氏家의 地主經營에 차질이 오게 되는 것은, 이와 같은 사적인 사정과 아울러, 19세기 중엽에 있어서의 정치사정이 보다 더 중요한 이유가 되었을 것임은 말할 것도 없었다. 地主制的인 農業經營에 작용하는 이 무렵의 정치사정은 哲宗朝의 壬戌抗爭을 계기로 해서 크게 변모하고 있었기 때문이었다. 다시 말하면 農民層의 壬戌抗爭은 封建地主層의 농지집적과도 밀접하게 관련되는 것이었고, 따라서 이 같은 抗爭의 收拾을 위한 방안은 당연한 논리로서 地主層에 대한 일정한 통제로 나타나지 않을 수 없었던 까닭이었다.

農民抗爭 이전에 있어서의 농촌경제의 특징은 한마디로 말하여 農村社會分解, 農民層分化로 집약될 수 있을 것이지만, 그러한 분화현상을 촉진하는 작용으로서는 地主層의 農地集積이 큰 구실의 하나가 되고 있었다. 이 시기의 農村經濟에 관하여 언급하는 논자이면 地主層의 토지집적과 그로 인한 일반 농민층의 토지로부터의 배제를 논하지 않는 자가 없었다. 그리고 그러한 결과로서 農民抗爭이 惹起케 되었음을 지적하는 사람도 한둘이 아니었다.[18] 地主層의 그와 같은 토지집적은 물론 일반적으로는 매매를 통해서, 그리고 그것도 農民層 스스로의 願賣의 형식을 통해서 이루어지는 것이 보통이지만, 경우에 따라서는 土豪層의 무단행위로써 행하여지는 바도 없지 않았다.[19] 그래서 이 시기에는 정부에서 '場市浦口無名之稅 堤堰田畓勒奪之弊 陸海湊會之地規利無遺 陂澤灌溉之鄉怙勢圖占' 등의 현상을 중심으로, 土豪武斷의 禁戢을 명하기도 하였으며, 江華島에서는 이러한 令에 의하여 그 禁斷을 위한 조치를 취하고 그에 대한 보고를 올리고도 있었다.[20]

이와 같은 사실은 요컨대 이 시기에 있어서의 封建地主層의 농지집적현상을 말하여 주는 것으로서, 地主層의 경영규모는 신장하고 농촌사회의 분화는 이로써 더욱 촉진되었을 것임을 알 수 있는 것이다. 그리하여 이와 같은 地主層 일반의 동향과도 관련하여 이곳 武班系의 봉건지주인 金氏家에서도 1851년경부터 1862년의 農民抗爭期까지는 그 경영규모가 서서히 확대되어 가고 있었다. 이 10년간에 金氏家에서는 472.5斗落의 농지를 555斗落으로 증대시

---

18) a. 本書, 제III편 제1논문 참조.
　　　b. 拙稿, '18, 9세기의 農業實情과 새로운 農業經營論'(『韓國近代農業史研究』上).
19) 李世永, '18·19세기 兩班土豪의 地主經營'(『韓國文化』 6, 1985).
20) 『江華留營啓錄』 2, 同治 元年(1862) 4월 29일.

켰으며(17.46% 성장), 地主經營에 불편이 있는 席毛島의 농지는 이를 팔아서 江華島 本土內에다 새로운 농지를 사들임으로써, 經營地의 부분적인 집중을 기하기도 하였다. 金氏家의 地主經營은 언제부터 어떤 정도의 규모로서 출발하였는지 분명치 않지만, 農民抗爭전야에 있어서의 地主經營은 그것이 비록 소규모이기는 하였으나 그리고 완만한 것이기는 하였지만, 지속적으로 성장하고 있는 것이었다.

地主層의 經營規模 성장은 기본적으로 時作·佃作농민의희생 위에서 이루어지는 것이었다. 그러므로 地主層이 성장하면 할수록 時作농민층의 희생은 커지고 地主 時作간의 알력과 대립은 심각하여지지 않을 수 없는 것이었으며, 따라서 그러면 그럴수록 時作농민층의 地主層에 대한 대응태세도 다양해지지 않을 수 없었다. 朝鮮後期의 地主制는 朝鮮前期나 高麗時期의 그것에 비하여 질적으로 크게 변하고 있는 것이었지만, 그러나 그러한 가운데서도 地主 時作간의 모순은 격화하고, 또 19세기의 중엽, 즉 農民抗爭전야에 이르면 이를수록 그것은 더욱 심각해지고 있었다.[21] 그리고 그것은 마침내 民亂이라는 형태로 폭발하고야 말았던 것이다. 말하자면 哲宗朝의 農民抗爭을 地主制와 관련하여 생각한다면 그것은 결국 地主 時作간의 모순의 발로인 것이었다.

그러므로 農民抗爭이 비록 성공하지는 못하였지만, 封建支配層으로서도 이러한 상황을 방치할 수만은 없게 되었다. 그리하여 개중에는 봉건적인 地主制의 모순을 간파하여 토지소유관계의 전면적인 재편성을 提論하기도 하고, 이러한 革新的이고 근본적인 방안을 주장하지 못하는 論者는 三政運營의 개선을 통해서 支配層의 수탈을 제한할 것을 구상하기도 하였다.[22] 前者는 實學的인 전통을 계승하고 있는 진보적인 학자에 의해서 주장되는 것이었고, 後者는 執權層 자신에 의해서 이른바 三政釐整策으로서 제기된 것이었다. 그리고 實際 政策面에 반영될 수 있었던 것은 말할 것도 없이 後者의 방안이었던 것으로서, 農民抗爭의 수습책이나 三政運營의 개선책으로서는 지극히 미온적인 것이었다.

---

21) 註 18)의 b 논문 참조.
22) 拙 稿, '哲宗朝의 應旨三政疏와「三政釐整策」'(『韓國近代農業史研究』上).

그러나 일정한 한계가 있는 釐整方案이기는 하였지만 大院君治下에서의 그 운영은 철저한 바가 있었다. 大院君의 집권과 그 시책은 封建支配層의 농민수탈, 즉 地主로서의 성장에 큰 제약을 가하고 있는 것이었다. 그것은 農民收奪에 선봉을 서고 있는 貪官汚吏를 제거하는 일이라든가, 封建支配層의 지방적 근거로서의 書院을 撤毁하는 일, 支配層이나 富民의 재산을 願納케 하여 景福宮을 중건하는 일, 그리고 각종 세제를 개혁하여 兩班地主層의 부담을 늘리고 농민부담을 경감하는 일 등으로 나타났다. 그러한 가운데서도 景福宮 중건을 위한 願納錢의 징수는 큰 타격이 아닐 수 없었다. 그것은 명칭만 願納이지 실제에 있어서는 勒徵이었다. 封建支配層이나 富民이 그 대상이 되었음은 말할 것도 없는 일이었다.[23] 景福宮의 중건에 소요되는 노동력은 주로 一般農民層이나 工匠을 동원하는 것으로써 해결하였지만, 거기에 소요되는 재력은 주로 부호들로부터의 勒徵에 의존하는 것이었다. 그래서 이 공사가 畢하였을 때 國王은 '法宮營建 專賴民力'[24]이라고까지 하였었다.

물론 이러한 願納錢에 대하여는 혹 官爵이 시상되기도 하였지만, 그것이 모든 願納人에게 다 주어지는 것은 아니었으며, 또 願納者들이 그것을 바라거나 그것으로써 만족하는 것도 아니었다. 그래서 당시에는 이 願納錢은 천하의 부호들에게 부과되는 願納稅로서 불리어지기도 하였다.[25] 大院君의 치하에서는 부호들의 富力은 징세의 대상이 되고 있는 것이었으며, 따라서 願納錢은 부호를 통제하는 하나의 편법이 되고 있는 것이었다. 大院君의 이러한 방침은 貨幣政策에도 반영되고 있었다. 그의 治下에서는 격동하는 일련의 화폐정책이

---

23) 이때의 사정을 政府에서는 '非但庶民而已 上自卿宰 下至庶民 當擧皆出力'(『高宗實錄』卷 2, 高宗 2년 4월 30일, 上, p.183)이라든가 또는 '國有大役 必有徵調 成周以來定制也 …… 內而卿宰以下 外而藩梱守令以下 隨力捐補 卽道理也 雖以士庶言之 無論中外 如有願納之人 則酬以爵賞 亦前漢之所已有也'(同 上, 高宗 2년 4월 4일, 上, p.183)라고도 하였으며, 現代史家 鄭喬는 '經用窘絀 …… 遠近州郡督責饒民 捐財補役 至有自殺者 民甚苦之'(『大韓季年史』上, p.6)라고 記述하고 있었다. 願納은 자발적인 것이 아니라 전혀 他意에 의하여 강요된 것임을 알 수 있다.
　景福宮의 重建을 위요한 財政政策에 관해서는 張大遠, '景福宮 重建에 대하여'(『鄕土 서울』16, 1963) ; 成大慶, 「大院君政權性格研究」, 성균관대 대학원, 1984, pp. 87~91 참조.
24) 『高宗實錄』卷 3, 高宗 3년 10월 1일, 上, p.240.
25) 菊池謙讓, 『大院君傳』, p.39.

취해지고 있어서, 當百錢을 발행한 뒤에는 五錢通貨의 신법을 발포하게 되었
는데, '이 貨幣政策은 부자를 征하여 빈자에게 利를 주는 社會政策'이라고까지
말하여지기도 하였다.[26]

　말하자면 封建支配層이 탐관오리로서 농민을 수탈하면 극형으로써 처벌을
당하고, 富力이 있는 자는 願納의 이름으로 징세를 당하고, 일련의 貨幣政策
을 통해서는 富豪들의 이익이 억제를 당하며, 제반 稅制의 개혁을 통해서는
地主負擔이 가중하는 가운데, 이제 이 大院君治下에서는 地主層을 중심으로
한 모든 富豪層은 종래와 같이 자유롭게 성장하기가 어렵게 되고 있는 것이었
다. 이러한 사정은 전국의 어디에서나 마찬가지였으며 江華島의 경우도 예외
일 수가 없었다. 그리하여 이곳 金氏家에서도 그 地主經營의 규모가 성장하지
못하게 되었음은 말할 것도 없고, 도리어 축소되어 가지 않을 수 없게 되었으
니, 이는 시세에 의한 당연한 歸趣가 아닐 수 없었다.

　그뿐만 아니라 大院君治下나 개항 전의 江華島에는 여러 차례의 兵亂이 있
어서 정상적인 농업생산이나 지주경영이 어려웠다. 宣敎師나 天主敎徒의 탄
압을 계기로 일어나게 된 프랑스 함대의 來侵과 江華島에서의 전투, 大同江에
서의 셔먼호 사건을 계기로 일어나게 된 美國 함대의 來侵과 江華水路 및 江
華島에서의 전투, 그리고 日帝의 對韓 문호개방의 强請과 침략정책이 계기가
되어 일어나게 된 雲揚號의 江華島 침공과 砲擊戰 등은 그것이었다. 이른바
丙寅洋擾(1866), 辛未洋擾(1871), 雲揚號事件(1875)이었다. 이러한 諸事件
은 혹은 한때의 전투로 그치기도 하고, 혹은 단기간의 소규모 전쟁으로 그치
기도 하였지만, 이 지방이 받은 피해와 이곳 주민이나 농민들에게 미치는 영
향이 적을 수는 없었다.

---

26) 同上, p.33. 이러한 문제와 관련된 大院君의 경제정책에 관해서는 다음의 논고를
　　참조.
　　韓㳓劤, '大院君의 稅源擴張策의 一端 — 高宗朝 洞布·戶布制 實施와 그 後弊'(『金
　　　　載元博士回甲論叢』, 1969).
　　　　'東學亂 起因에 관한 硏究 — 그 社會的 背景과 三政의 紊亂을 中心으로'
　　　　(『韓國文化硏究叢書』 7, 1971).
　　藤間生大, '大院君政權의 歷史的 意義'(『歷史評論』, 1971. 10).
　　成大慶, 註 23)의 書.
　　拙 稿, '軍役制釐正의 推移와 戶布法'(『韓國近代農業史硏究』 上).

그것은 富豪層에 대한 제반 통제와 여러 차례의 兵亂이, 地主層에게는 地主
經營의 확대를 어렵게 하고, 農民層에게는 농업생산의 의욕을 상실케 하는 결
과를 가져오게 하였다는 점에서이었다. 이 시기는 金氏家의 全 4期의 地主經
營 속에서도, 水田의 농업생산력이 가장 낮았는데(〈表 11〉 참조), 이는 그와
같은 결과의 단적인 표현이 아닐 수 없었다. 金氏家의 地主經營은 田은 賭租,
畓은 打租였고, 그러한 가운데서도 중심이 되는 것은 수전의 경영이었으므로,
수전에 있어서의 생산력의 이와 같은 저하는 金氏家의 地主經營에 막대한 영
향을 미치지 않을 수 없었다. 부담은 늘고 있는데 수입은 줄고 있는 것이었다.
그리하여 地主經營上의 이와 같은 불황은, 결국 그 經營規模의 확대를 어렵게
한 것은 말할 것도 없고, 나아가서는 金氏家의 地主經營을 이 시기의 후반에
이르러서는 크게 위축하지 않을 수 없도록 하였다.

2) 第 2 期 : 經營規模의 成長

개항에서 淸日戰爭 및 農民戰爭을 거쳐 建陽年間까지의 시기는 金氏家의
지주경영에서 第2期를 이루는데, 이 시기는 경영규모가 급속도로 성장하고
地主로서 큰 성과를 올리는 것이 특징이었다. 즉 1876년에서 1896년경까지의
20년간에 金氏家에서는 그 경영규모를 斗落으로서는 393斗落에서 1,086.5斗
落으로, 結負로서는 5結 77負 4束에서 12結 93負 5束으로 확대시키고 있었는
데, 이는 어느 쪽으로 보거나 倍를 훨씬 넘는 규모인 것으로서, 地主로서의
金氏家가 크게 성장하고 있었음을 단적으로 표현해 주는 것이었다고 하겠다.
그 구체적인 내용은 〈表 5〉를 前揭 〈表 4〉와 비교하는 것으로써 파악할 수 있
다. 第1期가 地主經營의 萎縮期였던 것을 생각하면, 이 第2期는 그와는 정반
대로 양적으로나 지역적으로 그 경영규모가 크게 확대하는, 말하자면 地主로
서 비약적인 成長을 하는 시기였던 것으로 특징지을 수 있겠다.

이 시기에 金氏家의 경영규모가 이와 같이 확대될 수 있었던 것은 여러 가
지 사정에서 연유하고 있었다. 우선 생각할 수 있는 것은 金氏家 자체의 사정
이었다. 기술한 바와 같이 金氏家에서는 1863년에 경영주가 祖父로부터 父親
으로 교체됨으로써, 경영상에 차질이 오게 되고, 그것은 경영규모에 그대로
반영되었던 것인데, 第2期에 이르러서는 경영주는 10여 년간의 경험을 통해

〈表 5〉　　　　　　　　　1896년의 地主經營地

	畓		田		計	
	結　負　束	斗落	結　負　束	斗落	結　負　束	斗落
府 內 面	42—6	20	24—0	27		
長 令 面	54—9	24	—	—		
內 可 面	2—20—7	157	20—5	39		
松 亭 面	37—5	21	—	—		
仁 政 面	37—0	25	4—0	7		
西 寺 面	3—81—0	284	96—8	147		
北 寺 面	78—2	60	—	—		
仙 源 面	85—8	81	36—2	59.5		
艮 岾 面	1—20—1	95	13—2	14		
河 陰 面	41—0	26	—	—		
計	10—98—8	793	1—94—7	293.5	12—93—5	1,086.5

서 地主經營에 익숙해지고, 또 연령상으로도 壯年期에 들어서고 있어서 활동
적일 수가 있었다. 그뿐만 아니라 이때의 경영주 金鐘協은 이 시기에 承訓郎
으로서 禧陵參奉의 직책을 맡은 兩班官僚가 되고 있었다. 末職이기는 하였지
만 그는 정부의 관료로서 국가의 시책이나 개항을 중심으로 한 세계정세를 민
감하게 파악할 수 있는 처지에 있는 것이었다. 그러므로 金氏家의 이 經營主
는 개항 후의 정국의 동향이나 경제계의 동태를 민첩하게 관찰하면서, 그리고
그의 經驗을 살리고 官僚로서의 地位도 최대한으로 이용하면서, 그 家業으로
서의 地主經營을 확대해 나가기에 열중하였을 것임을 우리는 어렵지 않게 짐
작할 수 있다. 더욱이 이 시기에는 經營主의 형제들이 分家하여 재산의 일부
(158斗落, 2結 48負 4束)가 분할상속되었음에도 불구하고,[27] 그 경영규모가

---

27) 『秋收記』第36冊(1886)에 의하면, 第2代 地主인 金鐘協(字雲卿 初名龍基)의 兄弟
　　들에 대하여 分割相續한 土地는 158斗落(2結 48負 4束)으로서, 그 내용은 다음과
　　같았다.

	畓		田		計	
琓 基	55斗落	(結78負5束)	27斗落	(結21負6束)	82斗落	(1結 0負1束)
舜 基	40	(83 - 4)	1	(2 - 7)	41	(86 - 1)
衡 基	28	(58 - 5)	7	(3 - 7)	35	(62 - 2)
計	123	(2 -20 - 4)	35	(28 - 0)	158	(2 - 48 - 4)

　　『秋收記』第36冊에는 그 형제들이 美卿, 舜基, 衡基로만 되어 있는데, 美卿 앞으로
　　되어 있는 土地는 『秋收記』第31冊(1881)에서는 琓基名義로 되어 있다. 이로써 보

전기한 바와 같이 크게 늘어났던 것을 생각하면, 이때의 經營主의 경영확대를 위한 노력은 지대하였던 것임을 알 수 있다. 그것은 斗落으로 볼 때, 1876년의 규모에서 3배 이상으로 성장한 것이었다.

그러나 이러한 사정과도 관련하여, 金氏家의 경영규모가 확대되는 데 있어서 보다 더 근본적인 이유가 되고 있었던 것은, 말할 것도 없이 이 시기의 政治事情이나 經濟界의 동향이었다. 前者는 開港 직전으로부터 있게 되는 정권의 교체, 즉 大院君의 실각과 閔氏政權의 등장을 말하는 것인데, 이를 통해서는 大院君治下에서 취하여졌던 地主層이나 富豪層에 대한 일정한 통제가 해제되고 있었다. 大院君의 정치는 기본적으로 封建支配層에 대한 견제를 통해서 王權을 강화하려는 것이었으므로, 그의 실각은 封建支配層의 蘇生을 가능케 하고, 이어서는 壬戌抗爭전야에서 볼 수 있었던 바와 같은 土地集積의 성황을 다시금 초래하게 되었다. 그뿐만 아니라 그동안 억제되었던 데 대한 반동으로서 그 集積行爲는 더욱 극성하게 되었다.

後者는 개항 후에 있게 된 對外貿易 그 중에서도 日本에 대한 것을 말하는데, 이를 통해서는 막대한 양의 農産物이 수출되고, 이는 地主層에게 새로운 활로를 열어주는 바가 되고 있었다. 元山과 仁川이 개항되면서는 특히 더 그러하였다. 開港 후에 우리나라에서 수출할 수 있었던 상품의 대부분은 米·豆·皮革·金銀 등이었고,[28] 그러한 가운데서도 초기에는 牛皮와 豆類가 중요한 위치를 점하고 있었으나, 1890년경부터는 豆類가 米穀을 따르지 못하는 가운데, 드디어는 米穀이 第1位의 수출품이 되고 있었다.[29] 당시의 日本에서는

면 美卿은 鐘允의 字였으므로(註 7의 族譜 참조) 琓基는 이 美卿의 初名이었을 것으로 생각된다(이 형제들은 基字 돌림이다). 그리고 그렇게 보면 舜基는 弟 公三의 初名, 衡基는 弟 度卿의 初名으로 볼 수 있다. 『秋收記』에 기록된 순서상으로 보아도 그렇고 상속된 土地의 면적으로 보아도 그러하다.

28) 『梅泉野錄』, p.53.
   韓㳓劤, 『韓國開港期의 商業硏究』, 1970, pp.262~280.
   姜德相, '李氏朝鮮開港直後에 있어서의 朝日貿易의 展開'(『歷史學硏究』 266, 1962).
   趙璣濬, '韓國近代經濟發達史'(『韓國文化史大系』 Ⅱ, 1965, pp.778~780).
29) 劉敎聖, '李朝末葉의 三關貿易考'(『史學硏究』 18, 1964).
   韓㳓劤, 前揭書, pp.276~278.
   東邦協會, 『朝鮮彙報』, p.278.

1890년경까지는 주로 '日本資本主義의 半封建的 構造와 관련하여, 本源的 資本蓄積을 위해서 廉米를 〔朝鮮으로부터〕 수입하는 반면에, 日本米를 高價로 〔歐·美·濠洲 등의 米穀市場에다〕 수출하는 미곡의 이중교역을'[30] 하는 데 불과하였으나, 그 후에는 식량 자급이 어려워졌고, 外米의 수입을 통해서 그것을 해결하지 않으면 아니 되었던 까닭이었다.

米穀의 수출은 정상적인 수속을 거친 정당한 무역으로써만 행하여지는 것이 아니었다. 경우에 따라서는 潛貿가 또한 성행하기도 하였다. 甲午年의 農民戰爭에서 농민군이 제기한 요구사항 가운데, '各浦口私貿米嚴禁事'[31]라는 조항이 있었음은 그러한 사정의 반영이었다. 그리하여 米穀의 國外流出은 날로 증대하고, '1890년과 1891년에는 각각 87萬餘 石과 92萬餘 石으로 되어, 年産 7, 8百萬 石에 비하면 총생산량의 1할이 넘는 비율을 차지'하게까지 되었다.[32] 그리고 그와 같은 미곡의 대량 유출은 국내의 米價를 폭등시켰으며, 따라서 상품으로서의 米穀生産은 좋은 경기를 맞이하게 되었다. 1894년의 경우에서 보면, 江華地方의 穀價에 직접적인 영향을 미치게 되는 仁川港이 개항되던 무렵인 1883년에 비하여, 이곳 江華地方에서는 〈表 6〉에서 보는 바와 같이 穀價가 5.6배나 뛰고 있었다.[33]

그리고 이러한 好景氣에 자극되어서는 농업생산력이 또한 급속도로 상승하고 있었다. 金氏家의 地主經營 全 4期 가운데서도 생산력이 가장 높았던 것은 이 시기였다(〈表 11〉 참조). 米穀輸出의 증대에 따르는 穀價의 상승이 농민들에게 생산의욕을 촉구한 까닭이었다. 농민들은 穀價上昇에서 오는 혜택을 볼

---

30) 金敬泰, '對日不平等條約 改正問題發生의 一前提 ― 開港前期의 米穀問題에서 본 外壓의 實態'(『梨大史苑』 10, 1972).

31) 『大韓季年史』 上, p.86.

32) 韓㳓劤, 前揭書, p.277.
　　물론 이 경우 年産 7,8百萬 石이란 것은 釜山港의 日人商業會議所에서 推算한 것으로서 정확한 것은 아니었다(『朝鮮彙報』, p.279).

33) 『秋收記』 第21·22·33·44·45·53·54·55·59·60·64·65·68·70·73·74·77冊에서 작성한 것이다. 단 1871~2년은 賭地의 代錢納, 1882년은 長利條租의 代金納, 그 이후의 것은 當該年度販賣租의 1石當 평균 價格이다. 1990년대 이후에는 穀價는 더욱 騰貴하는데 이때의 이러한 상황은 貨幣整理에 따르는 兩貨(葉錢)의 貨幣價値 切下를 염두에 둘 필요가 있다. 이와 아울러 釜山港의 개항에 따르는 개항 직후의 米價 變動에 관해서는 金敬泰 씨의 前揭論文 참조.

〈表 6〉   『秋收記』상의 穀價變動

1871~2년	租 1石	12.5兩	1910년	租 1石	253.6兩
1883	〃	10	1914	〃	201.6
1894	〃	56.6	1915	〃	245.3
1895	〃	70.1	1918	〃	843.7
1903	〃	222.2	1920	〃	543.3
1904	〃	295.2	1923	〃	611.9兩 10.7圓
1905	〃	249.5	1924	〃	790.8
1909	〃	117.1	1927	〃	12.5圓

수가 있었고, 그것은 농민들로 하여금 농업생산에 전력을 다하게 하였던 것이었다. 그러나 물론 이러한 혜택이 農業生産에 종사하는 자에게는 누구에게나 균일하게 오고 있는 것이 아니었다. 農業生産에 관련된 자 가운데서도 특히 유리한 입장에 있는 것은, 일반농민층이 아니라 收奪者의 입장에 있었던 並作地主 經營地主層이었으며, 농민들 가운데서는 經營型富農層이 특히 덕을 보고 있었다. 그리고 그 밖에는 米穀商人들이 중간에서 큰 利를 보고 있는 것이었다.[34]

이와 같은 상황은 말하자면 地主層이나 經營型富農 및 米穀商人들에게 미곡무역의 개시와 더불어 새로운 활로가 열려지게 되었음을 의미하는 것이었다. 本稿에서 검토의 대상이 되고 있는 지주층에 관해서 살펴보면, 그들은 정치적 경제적 상황의 변동 속에서 米穀貿易을 목표로 새로이 농지집적에 열중하게 되고, 거기에서 추수되는 地代는 수출용으로 판매하게 되었다. 그러므로 米穀貿易이 성행하면 할수록 그와 병행해서는 農地集積이 또한 성행하고, 그 결과로서는 農民層의 분화와 토지로부터의 배제현상이 촉진되지 않을 수 없었다. 그리고 그러한 결과가 農民戰爭의 발발을 촉진시키고 있었음은 말할 것도 없었다.

---

34) 姜德相, '李氏朝鮮開港直後의 金流出에 관한 一考察'(『駿台史學』19, 1967). 姜氏는 이곳에서 農民層과 商人層의 움직임에 대하여, '日韓流通協會報告 第3號'를 이용하여 다음과 같이 정리하고 있다. "한편 日本側 金·米·大豆·牛皮·俵物에 대한 활발한 수요는, 富農層의 致富衝動을 자극해서 商品生産擴大로 점철되어 갔다. 稻의 作付面積의 증대, 新式農場의 개설, 大豆貿易의 利있음을 안 농민의 生産增强, 日本向黃色大豆의 생산량증가 등은 그 예의 몇 가지다."

農村經濟는 종래에도 이미 시장과 관련되어 있어서 農民層의 분화는 이를 통해서 촉진되고 있었지만, 開港 후의 미곡무역과 농지집적의 성행은 이를 한층 더 격화시키고 있는 것이었다. 甲午年에 農民戰爭이 일어났을 때 그 원인을 地主層의 농지집적으로서 파악하고, 따라서 그 수습방안으로서, 그와 같은 兼倂者의 토지를 無田失農의 농민들에게 균배케 하라는 의견이 나오고 있었음은, 바로 지주층의 그와 같은 동향을 말하여 주는 것이었다고 하겠다.[35] 그만큼 이 시기에 있어서의 지주층의 農地集積은 활발한 것이었으며, 그것은 農民抗爭전야에서 볼 수 있었던 바와 같이 武斷行爲로써 이루어지는 경우도 있었다. 그러한 武斷的인 土地集積은 물론 在地地主로서의 土豪層뿐만 아니라 卿宰朝官들에 의해서도 자행되고 있었다. 兩班官僚層이나 地主層이 모두 농지집적에 열을 올리고 있었던 한 표현이었다. 그래서 이 시기에는 농민층의 보호를 위하여 政令으로써 그들의 무단행위를 禁戢하고 있었으며, 江華島에도 그러한 令이 하달되고 있어서, 이곳 留守는 그 금령의 시행을 준수할 것을 보고하고 있었다.[36] 江華地方의 金氏家도 그와 같은 지주층의 한 구성원이었다. 이 地主가 시세에 편승하여 농지를 집적하게 되었음은 말할 것도 없는 일이었다. 仁川港이 개항된 후에는 더욱 그러하였다. 仁川港은 점차 미곡수출의 중심지가 되고 있었는데 江華島는 그 商圈內에 있었다. 金氏家에서는 秋收米의 상품화를 전망하면서 기회 있는 대로 농지를 사들였다. 혹 居間을 통해서 사들이기도 하였지만 경우에 따라서는 농민들이 願賣하는 것을 사기도 하였다. 商業資本의 농촌침투가 심화되면 될수록, 그리고 農民層分化가 격화되면 될수록, 農民層 가운데는 농지의 원매자가 늘어났다. 金氏家의 농지집적은 이 第2期에 있어서는 그러한 것이 많았다. 金氏家에서는 그것을 쉽사리 알아볼 수 있도록 『秋收記』상에다 명기하고 있었다.[37] 그리하여 이 기간에 金氏家에

---

35) 拙 稿, '韓末 高宗朝의 土地改革論'(『韓國近代農業史研究』 下).
36) 『江華留營啓牒錄』 光緒 7년(1881) 5월 20일.
37) 이를테면 다음과 같은 것이 그 例이다.
　　① 『秋收記』 第31冊.
　　　　崔淳錫 用 八十六 田 二卜六束 ┐
　　　　　　　八十九 田　　　九束 │ 十斗落
　　　　　　　八十二 田 七卜七束 ┘

서 매입 집적하게 된 농지는 앞에서도 언급하였듯이, 斗落으로 볼 때 개항 당시의 3배를 훨씬 넘는 것이 되었고, 이러한 集積過程을 통해서 金氏家는 보다 큰 地主로 성장하고 있었다

3) 第 3 期 : 經營規模의 沈滯

建陽年間에서 1911년경까지는 金氏家의 지주경영에 있어서 第3期를 이루는데, 이 시기는 第2期에 있어서의 경영규모의 성장에 일정한 한계가 오고 급격한 침체기로 들어가는 것이 특징이었다. 즉 앞에서도 보았듯이 1896년도의 經營規模는 형제간의 상속분을 제하고서도 1,086.5斗落 12結 93負 5束이었는데, 1911년도의 그것은 662斗落, 8結 40負 1束으로 축소되고 있는 것이 그것이다. 그것은 거의 30% 내지 40%의 감축이었다. 그러한 감축은 水田이나 旱田의 어느 경우에도 오고 있는 것으로서 金氏家의 地主로서의 성장은 1896년경이 고비였다. 그와 같은 減縮現像을 좀더 구체적으로 제시하면 〈表 7〉과 같거니와, 이를 前揭 〈表 5〉와 비교하여 보면 各面에 있어서의 감축현상도 소상하게 파악할 수 있다.

```
            九十七 畓 一卜六束 ┐
            九十八 畓 九卜八束 │
                             ├ 十二斗落
            九十六 畓    八束 │
            軍   一 畓 二卜二束 ┘
            辛巳十二月 崔淳錫來 價一百二十五兩
  ②『秋收記』第33冊.
        劉德玄 歸 十二 畓 七負 二束 一夜 九斗落
            甲申 四月初二日 同人來 錢一百六十兩 幷種租
      劉正三 羔  三十三 畓 六卜七束 ┐
                                 ├ 四夜味 十斗落
            二作 三十四 畓 一卜五束 ┘
            甲申 四月二十七日 仙冷井洞 劉正三來 價錢一百五十兩 幷種租
  ③『秋收記』第36冊.
        高達英 沙字 二 畓 九負 九束 五斗落 二夜
            價本 二百九十兩 丙戌十二月初一日 高達英來
```

위에 든 崔淳錫, 劉德玄, 劉正三, 高達英 등은 金氏家의 作人인데, 그들은 某年 某來 價幾兩이라고 한 바와 같이, 그들의 農地를 스스로 金氏家에 와서 賣渡하고, 그것을 그대로 作人으로서 借耕하고 있었다.

〈表 7〉   1911년의 地主經營地

	畓		田		計	
	結 負 束	斗落	結 負 束	斗落	結 負 束	斗落
府 內 面	33—0	14	17—1	17		
長 令 面	67—7	35	38—6	52		
內 可 面	2—21—7	166	10—8	28		
仁 政 面	14—7	8	4—0	7		
西 寺 面	86—2	58	40—0	54		
北 寺 面	61—5	50	—	—		
仙 源 面	4—2	5	—	—		
艮 岾 面	37—9	27	—	—		
河 陰 面	1—25—9	74	—	—		
三 海 面	72—0	60	4—8	7		
計	7—24—8	497	1—15—3	165	8—40—1	662

第3期에 이르러서 이와 같이 經營規模가 줄어들게 된 데는 金氏家로서 그럴 만한 이유가 있었다. 그것은 그간의 經營主였던 參奉 金鐘協이 사망한 일이었다. 그는 祖·父·子의 3代에 걸친 地主經營 가운데서도 가장 유능한 경영주였고, 그러기에 그의 代에는 3兄弟에게 분할상속한 농지만도 158斗落 2結 48負 4束이나 되었지만, 많은 농토를 집적하여 地主로서의 金氏家에 황금기를 맞이하게 하였었다. 그러한 그가 光武 7년(1903)에 세상을 떠나고 그 代를 이은 것은 養子인 金淳泰였다. 그는 壬午生으로서 아직 나이 젊었고 地主로서 익숙하지 못하였다. 그뿐만 아니라 이 시기는 舊來의 봉건적인 신분제가 해체되어, 그 혜택을 누릴 수 없게 되었으며, 金淳泰는 관리가 됨으로써 그 덕을 볼 수 있었던 것도 아니었다. 그리하여 이와 같이 經營主가 사망 교체되는 과정에서 金氏家에서는 1899년부터는 많은 농지를 放賣하게 되었고, 父가 사망한 후에는 그 家産이 더욱더 기울어지게 되었다.

金氏家의 이러한 사정과도 관련하여 이 시기의 政治的 정세는 金氏家의 對日 미곡판매를 전제한 地主制的인 경영확대를 어렵게 하고 있었다. 그것은 한마디로 말하여 日帝의 韓半島에 대한 일련의 침략행위와 그에 대결하는 民族 전체의 저항운동이었다. 그것은 벌써 甲午改革에 대한 압력이나 淸日戰爭으로도 나타났고 乙未年의 閔妃弑害로도 나타나고 있었지만, 그 후에는 한반도의 植民地化를 위하여 露日戰爭을 도발하기도 하고, 帝國主義 列强의 묵인하에 무력으로써 보호조약을 강요하기도 하였으며, 또 統監府를 설치하기도 하고 次官政治를 행하게도 하고 있었다. 그리고 그 밖에 열강과 더불어 각종 이권을 侵奪하기도 하였다.

이와 같은 侵略過程에 대해서 우리민족의 저항은 끊이지 않았다. 甲午年의 農民戰爭은 훌륭한 反帝國主義 民族運動이었고, 乙未年의 義兵運動을 계기로 하여서는 그 후 그와 같은 抗日鬪爭이 계속해서 더욱 더 치열하게 전개되었다.[38] 그리고 帝國主義의 침략에서 나라와 민족을 구하기 위하여서는 啓蒙運動이 여러 방면에서 일어나기도 하였다. 지식인들의 언론활동이나 각 지방에 있어서의 교육기관의 설치 등은 그 대표적인 사례였다. 그리고 이러한 情勢下에서도 사회개혁의 문제는 여전히 추진되어야만 하였는데, 日製의 개화이론은 그것이 植民地化의 길잡이가 되는 결함이 있었고, 또 乙未事變 이후에는 新·舊思潮가 또한 심각하게 대립하고 있어서, 建陽年間 이후의 정부시책은 對日 依存的이던 과거의 親日政權의 정책을 지양하고, '舊本新參'이라는 왕실 중심의 비교적 보수적인, 그러나 主體的 입장에서의 개혁이념을 내세우게도 되었었다.[39]

이러한 民族的 저항이나 排日의 분위기는 어디서나 마찬가지였지만, 이곳 江華地方에서도 다른 곳 못지않게 팽만하고 있었다. 光武 이후에 이곳 志士들이 二世 교육을 위한 사립학교를 여러 곳에다 세우고 있었음은 그 한 예이다. 이때 이곳에는 普昌學校, 中成學校, 光明學校, 合一學校, 興天學校, 大東學校, 集一學校, 啓明學校, 永生學校, 進明學校 등 많은 私學이 설치되고, 그 밖에도 많은 학원과 서당이 또한 설치되고 있었다. 이러한 교육기관의 운영은 물론 이곳 유지들의 喜捨에 의하였으며, 때로는 基督敎宣敎會의 지원을 받기도 하였다.[40] 그리하여 이때 이곳에서 이렇게 설립된 학교는 무려 37校나 되

---

38) 朴成壽, '1907~10年間의 義兵戰爭에 대하여'(『韓國史研究』 1, 1968).
    姜在彦, 『朝鮮近代史研究』, 1970, pp.205~339.
    國史編纂委員會, 『韓國獨立運動史』 1, 1965.
39) 光武改革期의 改革理念에 관해서는 拙稿, '光武年間의 量田·地契事業' 4절의 1항 改革事業의 方向調整과 量田의 法制化(『韓國近代農業史研究』 下) 참조.
40) 『江都誌』 上, 第2編 23~28장.

었으며, 가위 학교의 전성시대를 이루고 있었다. 이와 같은 동향은 곧 이 지방 민의 사상동향을 단적으로 표현하는 것이었으며, 民族意識이 고조되고 있었음을 표현하는 것이었다.

그뿐만 아니라 이 시기의 이 지방에는 私學의 설치와도 관련하여 義兵運動이 또한 대대적으로 일어나고 있었다. 고조된 민족의식이 폭발된 것이었다. 그것은 光武 11년(1907)의 일이었으며, 이곳 鎭衛隊의 해산과 무기의 압수를 계기로 하여 일어난 것이었다. 이때 해산당하게 된 군인들은 무기고를 습격하여 무기를 탈취하고, 시민과의 협조하에 郡守이자 一進會 會員인 鄭璟洙를 타살하고 江華城을 장악하였으며, 8월 9일에서 15일에 이르는 사이에는 日本軍과 전투를 하였다. 이때 이들 군인을 지휘한 것은 池弘允, 劉明奎 그리고 이 지방에 民族敎育의 필요성을 강조하고 그 스스로도 普昌學校를 세웠던 바 李東暉 등이었지만,[41] 이들에게 가담하여 일군과 싸운 600여 시민 중에는 이들과는 별도의 민간인 지도자가 있었다. 그들은 金東秀, 金永龜, 金南秀, 金根植 등이었다.[42] 이 시기 이 지방에는 民族意識이 팽만하고 있어서 이렇게 많은 민간인들이 무기를 들고 해산당하게 된 군인들과 協力하여 日帝에 대한 투쟁을 전개하고 있었던 것이다.[43]

이때의 抗日鬪爭은 결국 실패하고 말았지만 이 지방민의 가슴속에서 민족 의식이 사라질 수는 없었다. 의병에 참여하였던 집안에서는 더욱 그러하였다. 金氏家의 경우도 그러한 家門의 하나였다. 민간인 지도자 金東秀와 金永龜는 형제로서 金海 金氏였고 金南秀는 이들과 從兄弟간이었는데, 이들은 金淳泰 家와 派가 다르기는 하지만 같은 金海 金氏로서 각별한 사이였다. 그것은 이들이 동족이라는 점에서뿐만 아니라 金淳泰의 친형 金麟泰와 金永龜는 동서

---

41) 『江都誌』上, 第2編 23장에 의하면, 李東暉는 光武 9년에 參領으로서 解官되고 叫 昌敎育하야 始設 江華普昌學校하고 校長이 되었었는데, 이번 義兵鬪爭에서 指揮者 가 되었던 것은 前職將校였던 까닭이라고 생각된다. 그는 그 후에는 獨立運動에 참 여하여 활약한다.
42) 『江都誌』下, 第3編 36장. 이들은 이때 劉明奎(下士)와 더불어 被捉 殺害되었다.
43) 江華地方에서의 丁未 義兵鬪爭에 관하여는 다음 論著가 참고된다.
　　『江都誌』下, 第3編 歷代兵亂 중의 七, 丁未軍變.
　　國史編纂委員會, 『韓國獨立運動史』1, pp.255~256, 622~624.
　　崔翠秀, '1910年 前後 江華地域義兵運動의 硏究'(『한국민족운동사연구』2, 1988).

간이고 또 동업자이기도 하다는 점에서였다. 金東秀는 金命龜·金斗洙·金永龜와 더불어 4형제였는데 江華府內에서 木綿廛을 경영하고 있었으며, 金淳泰의 兄 金麟泰도 이들과 더불어 같은 木綿廛을 업으로 하고 있는 布木商人이었다.[44] 그뿐만 아니라 金淳泰家에서는 그 부친이 사망한 후에는 지주경영을 金斗洙에게 의뢰하고 그의 협조를 얻어서 그것을 유지해 나가고 있었다.[45]

이러한 관계에 있는 金東秀 형제들이 義兵鬪爭에 선봉을 서고 또 그로 인해서 희생되지 않으면 아니 되었던 것이었다. 사실 이 무렵의 木綿廛은 日本이나 자본주의 열강의 資本制生産에 의한 직물의 공세를 받아 土布市場을 침식당하고 있었으므로,[46] 이들이 義兵鬪爭에서 앞장을 서게 된 것은 지극히 자연스러운 일이 아닐 수 없었다. 이들은 경제적인 이해관계에 있어서 日帝의 자본가들과 심각하게 대립하고 있는 것이었다. 이는 어떤 면에서는 土布市場과 洋布市場과의 대항관계이기도 하였다. 그리하여 이들 형제는 江華에서 義兵이 일어나게 되자 江華市民을 장거리에 모아 놓고 日帝를 규탄하는 열변을 토하였으며, 또 이들을 인솔하고 義兵鬪爭의 대열에 참가하였다.[47]

金氏家 주변의 이와 같은 항일의 분위기와 江華地方에 고조되고 있는 민족의식은 金氏家의 지주경영을 순조롭지 못하게 하였을 것으로 생각된다. 第2期의 金氏家의 지주경영은 對日 米穀輸出을 전제로 크게 성장할 수 있었던 것이지만, 이제는 그와 같은 미곡수출을 전제한 地主經營이 적어도 金氏家의 경

---

44) 康宇哲 교수와 康교수의 父親 康興錫翁의 말씀에 의함. 康翁은 金永龜의 女婿이고 康교수는 그 外孫으로서 당시의 이 金氏家의 사정에 精通하다. 康氏宅이 金氏家와 이러한 인연을 갖게 된 것은 3·1운동 이후로서, 그것은 이 兩家가 모두 抗日鬪士라는 점에서였다. 康교수의 말씀에 의하면 康翁은 3·1운동 당시 培材學堂의 학생으로서 獨立宣言文을 仁川에 전달하고 그곳에서의 3·1운동 전개에 한 주도적 역할을 하였으며, 이로 인해서 日帝에 被捉 投獄되어 1년간을 복역하였다. 출옥 후에는 뜻한 바 있어 江華島로 '올라가' 合一學校의 敎師가 되었고, 金氏家와는 여러 가지로 인연을 맺게 되었다.

45) 그래서 1904년부터 1910년까지의 『秋收記』에는 그 作成者인 金斗洙의 署名과 主人인 金淳泰의 捺印이 있다.

46) 梶村秀樹, '李朝末期 朝鮮의 纖維製品의 生産及流通'(『東洋文化研究所紀要』 46, 1968).
　　吉野 誠, '李朝末期에 있어서의 綿製品輸入의 展開'(『朝鮮歷史論集』 下, 1979).

47) 康교수의 말씀에 의함.

우에는 良心의 문제가 되지 않을 수 없었다. 더욱이 지식인들은 米穀貿易이 국력을 쇠약케 하는 것이라고 하여 비판적이었다.[48] 그뿐만 아니라 乙未 이래로 전국적으로 번지고 있는 反帝國主義투쟁으로서의 義兵戰爭은 모든 외국인의 국내여행을 어렵게 하고 있었으며, 특히 日本商人들은 종전과 같이 內陸地方에까지 들어가서 米穀이나 豆類를 매입할 수가 없게 되고도 있었다.[49] 이 같은 상황 속에서 日帝와 싸우던 金氏門中의 일원이 日帝와 교역하여 致富를 할 수는 없었으며, 그것은 결국 米穀貿易을 전제로 한 地主經營의 성장을 어렵게 하지 않을 수 없었을 것으로 생각된다.

그러나 물론 金氏家의 地主經營의 침체가 이와 같은 정치정세에서만 기인하는 것은 아니었다. 이와 더불어 거기에는 이 시기의 경제사정이 더욱 심각하게 기능하고 있었다. 그것은 日帝의 農業資本家와 農業殖民者들이 대거 이민해 오고, 日本 본토에 있어서의 韓國米 輸入에 대한 일정한 통제가 있게 된 사실이었다.

農業資本家이거나 農業殖民者이거나를 막론하고 일본인들이 대거 來韓하여 농지를 매입하고 농업에 종사하게 되는 것은 淸日戰爭 이후 특히 露日戰爭을 전후한 시기로부터였다. 그들은 각 지방의 開港場 부근이나 河川유역의 평야지대에서 농토를 매입하여 스스로 경영하는 農場을 개설하기도 하고, 종래의 관행에 따라 韓國人에게 소작을 주기도 하였다. 이때의 우리나라의 법은 내륙지방에서의 외국인의 토지소유를 불허하였지만, 露日戰爭을 앞두고 또

---

48) 이를테면 梅泉은 開港 이후의 貿易을 논평하여 다음과 같이 말하였으며,

　　外貨入國者十 則人造居其九 我貨出國者十 則天産居其九 甚矣 我人之頑鈍也 盖其入國者 不過繪表緞鍾磘漆泩巧奇衰之物 而出國者 撼米豆皮革金銀 平常樸實之寶也 國欲不瘠 得乎(『梅泉野錄』, p.53)

　　量務監理 金星圭는 湖南地方에서의 貿易상황과 관련하여 다음과 같이 비판하고 있었다.

　　自各國通商各港開埠以後 生民之膏血日竭 國家之禍機莫邊 來頭之事將不知伊于胡底 此乃有心世道者 流涕而長太息者也 …… 現今國內有用之物盡輸外國 外國無用之物遍滿國內 曰洋布 曰石油 曰火柴 曰顔料 雖窮山絶滋 家有而戶用 …… 我民之用彼物 將何術而挽而止之乎 若不能挽而止之 坐見我民自枯盡斃 可乎(『草亭集』 卷 8, 28장)

49) 志賀重昻, 『大役小志』, 1909, pp.1300~1301.

　　李在茂, '이른바 日韓倂合=强佔前에 있어서의 日本帝國主義에 의한 朝鮮植民地化의 基礎的諸指標'(『社會科學硏究』 9의 6, 1957).

韓國侵略을 예정하고 있었던 그들은 그와 같은 韓國의 법률에 구애되지 않았다. 韓國政府에서는 그것을 막기 위하여 토지를 조사하고 禁令을 거듭 내리기도 하였지만 日本人들의 토지매입을 금지시킬 수는 없었다. 더욱이 封建支配層의 農民收奪이 격화되는 데 따라서는, 농민들의 日本人에 대한 農地潛賣 현상이 늘어나기도 하였다. 그리하여 日本人의 농장은 이미 露日戰爭 이전에 여러 곳에 설치되게 되었으며, 이 전쟁을 승리로 끝낸 후에는 1910년에 이르기까지 더욱 빠른 속도로 이를 증가시켜 나갔다.[50]

더욱이 이른바 保護條約을 체결하고 統監府를 설치하면서부터는, 그들은 韓國政府로 하여금 외국인의 토지소유를 공인케 하여 농장의 설치를 법적으로 보장하기도 하였다. 그리고 이러한 법의 개정은 그들의 農地買占을 더욱 자극하였고, 따라서 그들의 농장은 이제는 합법적으로 더욱 증설되기에 이르렀다. 그리하여 그러한 결과 1910년 末 현재로, 그들이 私的으로 매입하여 소유하게 된 농지는 田畓을 합하여 6萬 9千餘 町步에나 달하였다.[51]

日本人들이 소유하게 된 농지 가운데는 혹 零細農民으로서 식량자급을 목적으로 자작을 하는 것도 있었지만, 그 대부분은 大地主나 中小地主들에 의해서 소유되고 있는 것으로서, 그것은 小作料를 징수하여 시장에 상품으로서 내놓는 것을 목적으로 하는 것이었다. 日本人 農業資本家들은 商業的 農業을 목표로 농장을 설치하고 농업을 경영하는 것이었다. 그리고 그와 같이하여 상품화되는 米穀은 日本市場으로 수출되는 것이 또한 전제되고 있었다. 그러므로 日本人 농업자본가들이 들어와서 농장을 경영하고, 농산물의 상품화와 그 對日 수출을 수행하게 되었다는 사실은, 지금까지 경쟁자가 없이 米穀市場을 독점하다시피 해온 韓國人 地主層에게는 큰 타격이 아닐 수 없었다. 이때까지의 미곡수출은 그 대부분이 日本市場을 대상으로 하는 것이었으므로, 日本人 농

---

50) 이 무렵의 日本人의 農地買入 農場設置에 관해서는 다음의 論著들이 상론하고 있다.
   李在茂, 前揭論文.
   趙璣濬, 『韓國資本主義成立史論』 제2편 제7장, 1973.
   淺田喬二, 『日本帝國主義와 舊植民地 地主制』, 1968.
   拙 稿, '高宗朝 王室의 均田收賭 問題'(『韓國近代農業史研究』 下).
   당시의 日本人측의 자료에 관해서는 本書, 제Ⅰ편 제2논문 참조.
51) 李在茂, 前揭論文.

장에서 생산되는 상품의 양만큼 韓國人 地主들은 그 판로를 잃게 되는 까닭이
었다.

그뿐만 아니라 이렇게 해서 수출되는 미곡에 대해서도, 日本에서는 일본 자
체의 농업을 보호하기 위해서 일정한 통제를 가하고 있었다. 그것은 輸入米에
대하여 米穀關稅法을 실시한 일이었다. 그간 日本에서는 우리나라의 미곡을
수입해 가면서 농업개량에 힘쓰게 되고, 그 결과로서 그들의 稻作農業은 단위
면적에 있어서의 所出이 늘고, 經營關係도 地主와 米商을 매개로 하여 資本制
經濟體制로 재편성되어졌는데, 우리나라로부터의 저렴한 미곡의 대량 수입은
이와 같은 經濟體制下에서의 농업생산에 차질을 초래할 염려가 있었다. 여기
에 日本에서는 日本産米를 보호하고 그 가격의 폭락을 방지하기 위해서 米穀
關稅法의 실시가 필요하게 된 것이었다.[52] 1905년 7월 이후 非常特別法으로
서 輸入稅 15%를 과한 것이 그것으로서, 이는 우리나라에 있는 日本人 米穀
商이나 地主 그리고 우리 地主層에게는, 종전의 無關稅 米穀貿易과 비교할
때, 큰 타격이 아닐 수가 없었다. 그래서 당시의 경제계에서는 '日本에서 흉작
이면 또 몰라도 풍작이면 朝鮮米의 日本向 수출을 바라는 것은 곤란하였다'고
말하여지기도 하였으며, 日本人 米穀商人들은 在韓 日本人商業會議所聯合會
의 결의로써 본국에 대하여 該稅를 철폐하라는 청원서를 내기도 하였었다.[53]

물론 米穀貿易의 景氣後退는 상대적 일시적인 것으로서 곧 회복될 수 있는
것이지만, 그러나 다른 여러 가지 요인과도 관련하여 金氏家에게는 큰 영향을
미치고 있었다. 그것은 地主와 農民層의 생산의욕을 감퇴시키고 農業生産力
을 저하하지 않을 수 없도록 하고 있는 점이었다. 金氏家 地主經營에서의 농
업생산력은, 第1期의 結當 760斗에서 第2期에는 미곡무역의 好景氣에 자극되
어 結當 814斗로 증가하는 상승현상을 보여주고 있었는데, 이제 이 第3期에
는 結當 780斗로 감소하는 저하현상을 나타내고 있었다(〈表 11〉 참조). 그리
고 이에 따라서 地主의 수입도 이 시기에는 第2期에 비하여 줄어들지 않을 수
없었다(〈表 12〉 참조). 打租制下에서의 地主收入 증대의 일차적인 조건은 단

---

52) 須永重光編, 『近代日本의 地主와 農民』, 1966, pp.8~9.
53) 仁川府編, 『仁川府史』, 1933, pp.930~931.
　　 仁川商工會議所編, 『仁川商工會議所五十年史』, p.48.

위면적에 있어서의 소출의 증대일 수밖에 없는데, 이 시기에는 농업생산력이 크게 저하하고 있는 까닭이었다.

이와 같은 제반 사정 속에서 金氏家의 地主經營이 지속적으로 성장하고 그 경영규모를 계속 확대시켜 나가기는 어려웠다. 金氏家의 개인적인 사정도 그렇고, 정치정세 전반이나, 經濟界의 동향 및 농업생산력도 그러하였지만, 金氏家의 地主制적인 농업경영은 이제 벽에 부딪치고 있는 것이었다. 이 같은 조건하에서 金氏家가 성장을 계속해 나가려면 時勢에 편승하는 길밖에 없었는데, 그러나 金氏家에서는 그 길을 택하고 있지는 않았다. 그리하여 그 결과는 前揭한 表에서 볼 수 있는 바와 같이, 經營規模의 대폭적인 축소현상으로 나타나지 않을 수 없었다.

4) 第 4 期 : 經營規模의 衰退

1911년에서 본 자료의 마지막 연대(1933)까지는 金氏家의 地主經營에서 第4期를 형성하는데, 이 시기의 金氏家는 第3期에 이어서 계속 경영규모를 축소하고, 지주로서의 쇠퇴 零落過程을 밟는 것이 특징이었다. 第3期에 있어서의 경영규모의 축소가 비록 급격한 것이기는 하였지만, 그래도 1911년까지는 그 농지면적이 662斗落 8結 40負 1束이나 되었었는데, 第4期의 1926년에 이르러서는 457斗落 5結 84負 3束으로 축소되고, 1931년에는 다시 46斗落 41負 2束으로 쇠퇴하고 있는 것이 그것이었다. 1926년에서 1931년까지의 사이에 金氏家에서는 地主制로서 경영하던 농지의 대부분을 매각하고 이와 같이 소규모의 농지만을 유지하고 있었다. 金氏家의 지주경영은 말하자면 이 사이에 완전히 쇠퇴하고 있는 셈이었다. 물론 이러한 쇠퇴가 金氏家의 완전 몰락을 뜻하는 것은 아니었고, 資本轉換 또는 職業轉換에 의한 것이었지만, 그러나 그렇더라도 金氏家의 舊來의 지주경영 그 자체는 이 시기에 완전히 청산되고 있는 셈이었다. 그러한 내용을 좀더 구체적으로 제시하면 〈表 8〉〈表 9〉와 같다.

이 시기에 있어서의 經營規模의 이와 같은 쇠퇴현상도 여러 가지 사정에서 연유하고 있었다. 그러나 이때에는 金氏家의 經營主의 교체에서 오는 영향은 없었다. 金氏家의 마지막 경영주인 金淳泰는 이때가 되면 도리어 다년간 地主經營에 대한 경험을 쌓았고 또 연령상으로도 장년기에 들어서고 있어서, 그의

<表 8>　　　　　　　　1926년의 地主經營地

	畓		田		計	
	結　負　束	斗落	結　負　束	斗落	結　負　束	斗落
府　內　面	1— 0—7	49	55—7	69		
內　可　面	2—13—6	152	15—6	26		
佛·良　面	20—2	8	4—0	7		
兩　寺　面	1—38—6	102	33—9	41		
仙　源　面	2—0	3	—	—		
計	4—75—1	314	1— 9—2	143	5—84—3	457

<表 9>　　　　　　　　1931년의 地主經營地

	畓		田		計	
	結　負　束	斗落	結　負　束	斗落	結　負　束	斗落
府　內　面	3—0	3	26—7	31		
佛·良　面	—	—	4—0	7		
兩　寺　面	2—5	2	5—0	3		
計	5—5	5	35—7	41	41—2	46

개인적인 입장에서만 생각한다면 그의 가업은 한창 성장할 수 있는 시기이기도 하였다. 그런데도 이 무렵의 金氏家의 地主經營은 第3期에 이어서 그대로 부진했고 더욱더 쇠퇴해가고 있는 것이었다. 그것은 주로 이 시기의 정치적 경제적 사정에서 오는 영향이 컸던 탓이라고 하겠다. 이 시기의 우리나라는 완전히 국권을 상실하고, 日本帝國의 强占下에 그들의 자본주의 경제체제 속에 隷屬되고 있었던 까닭이었다.

日帝의 收奪을 위한 農政策은 여러 가지 면에서 조직적으로 전개되었지만, 1930년대까지의 경제정책은 기본적으로 한국을 그들의 食糧供給地로 규정하고 상품시장으로서 확보하려는 것이었다. 그것은 獨占資本主義 經濟體制下에서의 일본농업이 지니는 한계를 한국농업의 희생으로써 보완하고, 일본자본주의의 성장을 위해서, 그 침략지역에서의 공업화를 저지하는 한편, 그들이 제조한 상품으로써 그 침략지역에서의 수요를 충당한다는 정책인 것이었다.[54]

---

54) 三宅鹿之助, '朝鮮과 內地와의 經濟的關係'(『法學會論集』1, 京城大學, 1928).
　　細川嘉六, 『植民史』, 1941.

日帝는 일본 내에서도 寄生地主와의 유대하에 농민을 희생함으로써 獨占資本主義의 성장을 촉구하고, 그 목적을 달성한 후에는 寄生地主를 독점자본의 지배하에 隸屬시킨 위에서 農政策을 취하고 있었으므로, 韓國은 이제 그들의 침략지역으로서 그 농업은 그들의 獨占資本主義의 支配下에 들게 되고 또 일본 농업의 지배하에 들게 된 것이었다. 日帝의 農業政策은 이와 같은 기본전제 위에서 출발하고 있었으므로, 우리의 농업이 그 성장에 있어서 큰 제약을 받게 되는 것은 말할 것도 없고, 그 속에서의 地主經營도 이중 삼중으로 그 규제를 받게 되는 것이 이 시기의 실정이 아닐 수 없었다.

우리 농업이 日本農業 내지 日本 독점자본주의에 예속되는 현상은, 日本과의 經濟關係에 있어서도 그렇고, 그들의 收奪을 위한 農政策에 있어서도 그러하였지만, 여러 가지 면으로 나타나고 있었다. 그러한 가운데서도 前者의 경우에 관하여 특히 말할 수 있는 것은, 그들의 對韓 米穀政策이 日本에 있어서의 米穀의 수급계획과 관련하여, 그리고 日本內에 있어서의 米價의 조절, 따라서 일본 내의 地主層이나 미곡상인의 이익을 옹호하기 위하여 취해지기도 하고, 독점자본주의가 확립된 후에는 그 자본이 우리의 농업을 완전히 지배할 수 있도록 정책을 취하고 있는 점이었다. 그들은 우리의 농업을 그들의 필요에 의해서 그들의 이익에 배치되지 않도록 관장하고 있는 것이었다. 米穀關稅法, 米穀法, 米穀統制法 등의 법제는 모두가 그러한 것이었다.

日本에 있어서의 米穀輸入稅는 기술한 바와 같이 처음에는 從價 1割 5分의 稅로서 그 稅率은 每百斤 64錢 1厘의 비율이었는데, 그 후 그들은 그들의 필요에 따라 때로는 세율을 낮추기도 하고 면세를 하기도 하였으며, 또 때로는 원래의 세율을 개정하기도 하고 면세되었던 것을 원래의 稅로 복구 증액하기도 하는 가운데, 우리나라로부터의 그들의 이른바 移入稅는 1913년 7월 1일로서 이를 폐지하고 있었다.[55] 이는 日本에 있어서의 자본주의의 성장과 관련하여 米穀의 대량공급의 필요성이나, 제1차세계대전을 앞두고 軍用米의 대량수요를 예상한 조치이었다.

山邊健太郎, ‘日本帝國主義와 植民地’(『日本歷史』 19, 現代 2, 岩波講座, 1968).
55) 日本農林省農務局, 『米穀要覽』(1932. 3), p.48, 67.

그리고 그 후 제1차세계대전을 통해서, 일본의 자본주의는 戰爭期의 호황을 타고 空前의 번영을 맞이하였으며, 獨占段階에로의 성장이 가능하게 되었는데,[56] 이러한 성장과정이 일정한 단계에 도달한 후에는, 또한 그들의 독점자본주의에 적합한 농업정책이 취하여졌다. 즉 資本主義의 독점단계에로의 성장은 米穀의 수요를 격증시키고 있었는데, 地主制下의 농업생산력은 이 수요를 따르지 못하고 있었으며, 따라서 이와 같은 경제구조는 러시아革命에의 간섭문제나 1917년의 米作不況과도 관련하여 결국 '米騷動'이라는 경제파탄을 초래하지 않을 수 없게 되었음에서, 그에 대한 대책이 필요하게 된 까닭이었다. 그리하여 日本의 독점자본주의는 이를 계기로 농업에 더욱 깊숙이 개입하게 되고, 그들과 대등한 위치에 있었던 종래의 地主制를 이제는 그들의 隷下에 종속시키는 일련의 농업정책을 취하게 되었다.

1921년에 米價調節을 목적으로 제기된 米穀法은 바로 그것이었다. 이를 통해서 日本의 독점자본주의는 法으로 米價를 조절함으로써, 한편으로는 米價의 급락에 의한 地主와 上層農民의 손실을 방지하고 小農貧農의 급진화를 저지하며, 다른 한편으로는 독점자본주의 경제체제하의 저임금의 기초를 위협하는 高米價化를 방지하려는 것이었다. 米穀法에 나타난 일본정부의 米價政策은 기본적으로 低米價政策인 것으로서, 地主制의 이익을 무시하는 것은 아니었으나, 더욱 크게는 자본주의의 이익을 고려한 것이었으며, 종전의 米價政策의 기본이 米價의 폭락은 피하되 되도록 高水準으로 유지하려는 것이었음과는 그 방향을 달리하는 것이었다.[57]

이와 같은 米價調節〔第1條〕, 즉 低米價政策을 목표로 하는 米穀法은 日本의 국내시장뿐만 아니라, 外米의 수출입에 대해서도 일정한 통제를 가함으로써 그 목적을 달성하려는 것이었다. 따라서 그 米穀法이 不遠, 臺灣, 韓國 등의 침략지역에서도 시행하게 될 것임은 말할 것도 없었다. 그것은 그 지역의 農業에 대하여 日本의 농업을 보호한다는 의미에서도 필요한 것이었다. 그러한 커다란 목적을 달성하기 위해서는, 輸入米의 통제만으로써는 기대하기 어렵고,

---

56) 井上 清, 『日本帝國主義의 形成』, 1968, pp.383~384.
  '獨占資本主義의 確立'(『日本歷史』 19, 現代 2, 岩波講座, 1968).
57) 井上 清, 『日本帝國主義의 形成』, pp.387~388.

그 지역의 국내시장까지도 이 법으로 지배하지 않으면 아니 되었다.[58] 그리하
여 그들은 이 法을 前者에 대해서는 1926년에, 後者에 대해서는 1928년부터
점차 적용시행하였다. 低米價政策을 지향하는 독점자본주의의 농업정책은 이
제 本土에서뿐만 아니라 우리나라에서도 적용되게 된 것이었다. 그 후 그들은
이를 더욱 강화하여 1933년에는 米穀統制法을 시행함으로써, 米穀流通의 문
제를 완전히 국가권력 국가독점자본의 지배하에 두게 되었다. 그리고 그러한
위에서 그 침략지역에서는 다시금 그와 관련된 農業政策이 수행되었다.

收奪을 위한 農政策은 그들에게 필요한 미곡을 어떻게 효율적으로 그것도
싼값으로 수탈해 가느냐 하는 점에 집약되고 있었다. 그러한 목적을 달성하기
위해서 가장 기초적인 작업으로 행해진 것은 朝鮮土地調査事業이었다. 이 사
업을 통해서 그들은 신고제에 의한 소유권 조사를 행함으로써 막대한 토지를
약탈하였을 뿐만 아니라, 전국의 토지를 일목요연하게 파악함으로써 土地兼
倂을 더욱 용이하게 하였으며, 民有地 이외의 國有地나 無主地를 재확인함으
로써 이를 官有地化하고, 이는 日本人 농업자본가들에게 拂下하기도 하였
다.[59] 그리고 신고제에 있어서는 모든 토지를 法制上의 소유권만을 절대시하
는 데서, 구래의 地主制 속에서 다양하게 성장해 오던 時作농민들의 권리는
무시되었으며,[60] 따라서 해체과정에 있었던 봉건적인 地主制는 이제 법적으

---

58) 八木芳之助, 『米穀統制論』, 1934, pp.135~136 참조.
　　이와 관련된 米穀法 第2,3,7條는 다음과 같다(『米穀要覽』, p.73).
　　第2條 政府는 米穀의 數量 또는 市價를 調節하기 위하여 特히 必要하다고 인정하
　　　　는 때에는 勅令으로서 期間을 指定하여 米穀의 輸入稅를 增減 또는 免除할
　　　　수 있다.
　　第3條 米穀의 輸入 또는 輸出은 勅令에 別段의 定함이 있는 경우를 除外하고는
　　　　政府의 許可를 받지 아니하면 이를 行할 수 없다.
　　第7條 第3條의 規定에 違反하고 米穀을 輸入 또는 輸出한 者는 五千圓 以下의 罰
　　　　金에 處하고 그 米穀을 沒收한다. 만일 그 米穀의 全部 또는 一部를 沒收할
　　　　수 없을 때에는 그 價額을 追徵한다.
59) 鮮于 全, 『朝鮮의 土地兼倂과 其對策』, 1923.
　　朴文奎, '朝鮮農村社會分化의 起點으로서의 土地調査事業에 대하여'(『朝鮮社會經
　　濟史研究』, 1933).
　　印貞植, 『朝鮮의 農業機構分析』, 1937.
　　李在茂, '朝鮮에 있어서의 土地調査事業의 實體'(『社會科學研究』 7의 5, 1955).
　　愼鏞廈, 『朝鮮土地調査事業研究』, 1979.

로 재확인 강화되고, 舊來의 地主는 이제 日本資本主義 체제 내에서의 地主로 재편성되었다. 그리고 이 사업에서는 농지면적을 坪單位로 측량함으로써 地稅賦課를 위한 稅源을 늘리기도 하고,[61] 후술하는 바와 같이 地稅 그 자체를 증액함으로써 직접적으로 수탈을 강화하기도 하였다.

收奪을 위한 農政策으로서 다음으로 행하여진 것은 朝鮮産米增殖計劃이었다. 전 수탈농정의 第3段階를 이루는 이 계획은 1920년부터 1930년대 초까지 1차와 2차에 걸쳐서 실시되었는데, 이는 단위면적에 있어서의 소출을 증대시키는 것은 물론이고 米作農地를 확대시켜 나가는 것을 그 목표로 하고 있었다. 이를 위해서 그들은 農事改良을 위한 기술적인 문제에 여러 가지 새로운 시도를 하기도 하고, 土地改良을 위한 제반 조치를 취하기도 하였다. 그리하여 産米增殖이라는 문자가 말해 주듯이 부분적으로는 적지 않은 성과를 올리기도 하였다.[62]

그러나 이와 같은 정책의 시행동기는 말할 것도 없이 日本內에 있어서의 경제사정 특히 '米騷動'에 단적으로 표현되었던 바 모순을 해결하려는 데 있었던 것으로서, 그 증산이 한국인을 위한 것은 아니었으며, 産米增殖計劃 이후의 우리의 쌀은 더욱 많은 양이 일본으로 수탈되어 갔다.[63] 日本經濟에 있어서는 이러한 사실도 간단한 문제가 아니었다. 戰後(제1차세계대전)의 日本經濟가 번영의 극에 달하고, 이어서 공황 속에 허덕이게 되면서부터는, 침략지역에서의 産米增殖과 그 이입의 증대가 일본 본토의 농업을 위협하고 압박하게 되었기 때문이었다. 공황 속에 일본농업이 살아남기 위해서는 이 계획의 제거가 필요하였다. 그리하여 日本農業은 결국 침략지역에서의 産米增殖計劃에 압력을 가하게 되고, 그들의 정부로 하여금 기술한 바와 같은 米穀法을 우리나라

---

60) 愼鏞廈, 註 59)의 書, 제Ⅲ장 참조.

61) 李在茂, 註 59)의 논문, p.53.

62) 朝鮮總督府農林局, 『朝鮮米穀要覽』, 1940, p.22, 〈表 3〉.
　　　　『朝鮮産米增殖計劃의 實績』, 附錄 10, 1935.
　　朝鮮銀行調査部, 『朝鮮農業統計圖表』, 1944, p.27, 第15表.

63) 『朝鮮米穀要覽』, pp.70~71, 〈表 8〉.
　　朝鮮農會, 『朝鮮農業發達史』 發達篇, 1944, pp.365~366, 附錄 第21表.
　　趙璣濬, 前揭書, p.906.
　　吳海鎭, '日本의 朝鮮米收奪'(『大田大論文集』 1, 1962).

에 적용하게도 하고 또 마침내는 이를 중단케도 하였다.[64] 이른바 産米增殖計
劃은 그들의 필요성에 의해서 시행되고 그들의 필요성에 의해서 중단되었다.

　이와 같은 과정에서 産米增殖의 성과를 기하기 위해서는 반드시 농업생산
에 대한 일정한 연구와 지도가 따라야 할 것은 말할 것도 없는 일이었다. 여기
에 日帝 統治當局에서는 産米增殖計劃과 병행하여 農會法을 마련하기도 하고
(1922) 朝鮮農會令을 發하기도 하였다(1926). 이는 半官半民의 단체로서의
農會를 府·郡·島에다 府·郡·島農會로서 설치하고, 이를 道農會가 관장하며,
이는 다시 朝鮮農會가 전체를 관장함으로써 전국의 농업을 조직적으로 지도
하려는 것이었다. 그리고 이곳에서는 농업에 관한 사항을 行政官廳에 건의하
기도 하고, 행정관청의 자문에 응하기도 함으로써 수탈농정에 실효가 있게 하
려는 것이었으므로, 이를 위해서는 농업에 관한 연구와 조사 및 농업에 관한
분쟁의 조정이나 중재 등도 그 사업으로서 수행케 하고 있었다.[65]

　農會法 내지 農會는 日帝가 침략지역의 농업을 지배하는 데 있어서 큰 의미
를 지니는 것이었다. 이 시기의 半封建的인 地主制에 대해서는 더욱 그러하였
다. 舊來의 농업에 있어서는 農業生産은 일반 농민이나 地主層에게 일임되고
있었으며, 地主制的인 농업생산의 경우에 있어서는, 地主層이 소작농민을 지
배하는 가운데 농업생산의 전과정을 또한 지도하고 개량해 나가도록 하고 있
었던 까닭이었다.[66] 그러므로 일제 통치당국이 農會法과 農會를 마련하여 농
업생산 전반을 權力으로 장악 지도하게 되었다는 사실은, 日本의 독점자본주
의가 우리의 농업생산 전반을 조직적으로 지배하게 되었음을 의미하는 것이
며, 농업생산에 있어서의 地主層의 권한이 그만큼 제약되는 것이었음을 의미
하는 것이었다.

---

64) 久間健一, 『朝鮮農政의 課題』, 1943, pp.30~36.
　　須永重光, 前揭書, pp.307~308.
　　印貞植, 前揭書(增補版), p.334.
　　近藤康男, 『日本農業論』(上), 1970, p.106.
　　朱宗桓, '쌀이 없는 增産'(『韓國現代史』4, p.150).
　　이 무렵의 動向에 관해서는 『朝鮮農業發達史』 政策篇, pp.461~481이 참고된다.
65) 農會에 관해서는 朝鮮農會篇, 『朝鮮農務提要』(1933版), pp.31~107 참조.
66) 『朝鮮農務提要』(1929版), pp.694~695.

地主制에 대한 일정한 조정 통제를 목표로 하는 일제의 농정책은 또 다른 각도에서도 마련되고 있었다. 收奪農政 第4期의 自作農地設定(1932), 朝鮮小作調停令(1932), 朝鮮農地令(1934) 등의 정책은 그것이었다. 첫째는 이미 1912년과 1914년에 있었던 '自作農保護'나 '自作農民增加를 위한 方案'의 시달과 관련하여, 그리고 둘째는 1924년에 있었던 '地主小作人 관계에 있어서 地主나 小作人에게 실행케 할 사항'과 관련하여 제기된 것으로서,[67] 小作慣行의 개선에 관한 필요성이 커짐에 따라, 1928년부터는 이를 법제화하도록 노력하기에 이른 것이었다.[68] 그러나 물론 이러한 법제가 우리 농민을 진정으로 위하는 데서 마련되고 있는 것은 아니었다.[69] 원래 우리 농업은 피침략 이전에도 農民層分化가 심화되고 있어서 均田論, 限田論 등의 농업개혁론이 나오고 있었지만, 우리 농업이 日本의 자본주의 경제체제에 흡수되면서부터는 地主層의 농민수탈이 더욱 가중되어 농촌경제는 파탄하고, 小作爭議는 빈발하고 있었으므로 이 같은 정책이 나오게 된 것이었다.

그리고 이는 小作農의 家計를 풍족케 함으로써 농업생산을 증진시킨다는 경제적인 의도에서만 제기되고 있는 것은 아니었다. 후술하는 바와 같이 이 시기에는 농촌경제가 급격하게 파탄하고 있어서 地主 小作人간의 항쟁, 즉 小作爭議가 격화되고, 그것은 영세소작농을 새로운 社會主義思想으로 기울게 하는 동시에 日帝에 대한 抵抗·民族解放運動을 고조시키고 있었으므로, 日帝는 이러한 사회동태를 방지하기 위해서도 이를 적극 추진하지 않으면 아니 되었다.[70] 그리고 이것이 강력히 시행되면 될수록 地主層의 권한은 더욱 억제되

---

67) 『朝鮮農務提要』(1929版), p.1, pp.695~696 ; (1933版), pp.1~23.
68) 久間健一, 『朝鮮農業의 近代的樣相』, 1935, p.40.
　　『朝鮮農務提要』(1933版), p.5.
69) 自作農地設定의 虛構性에 관해서는 白南雲, '自作農創定計劃'(『東方評論』 1의 3, 1932) 참조.
70) 이 무렵의 우리 농민들의 農民鬪爭(小作爭議)의 意義를, 日本人들은 '小作爭議는 단순한 經濟爭議의 범위를 넘어서서, 思想的 民族的 鬪爭과 서로 연결되어, 극히 복잡하고 惡質化한 것으로서, 全鮮에 彌漫하게 된 것이었다. …… 朝鮮에 있어서의 小作爭議는, 그것이 組織的으로 움직이려 할 때는, 늘 民族的 運動을 그 배경으로 하고 있는 경향이 있었다'(『朝鮮農業發達史』 政策篇, pp.531~535)라든가, 또는 '이는 大正 8년 獨立騷擾事件 이후 급격히 대두하게 된 社會主義運動의 결과에 지나지 않는다'(朝鮮總督府, 『施政三十年史』, 1940, p.171)고 記述하였으며, 따라서 이에

지 않을 수 없었다.

그 중에서도 小作調停令은 1928년부터 논의에 논의를 거듭하고 또 당시의 소작관행을 광범하게 조사한 위에서 마련한 것이었는데, 요컨대 이를 통해서는 地主制가 법에 의해서 일정한 통제를 받게 되는 것이 특징이었다. 그러기에 이러한 法이 제정되는 과정에서는 地主層의 큰 반발을 사기도 하였다. 日本人 地主層의 경우에는 더욱 그러하였다.[71] 그러나 그러한 반대에도 불구하고 이 法은 제정되고 시행되기에 이르렀다. 地主制는 이제 완전히 제도적으로도 독점자본주의의 지배하에 들게 된 셈이었으며, 地主層은 과거와 같은 자의적인 농업경영을 할 수가 없게 된 것이었다. 더욱이 1932년 이후 産米增殖計劃이 실질적으로 중단된 후에는, '朝鮮農業은 큰 곤란에 직면하여 사회불안이 되고, 植民地統治上의 문제가 되어 朝鮮內部의 생산관계의 불합리를 제거 조정하지 않으면 아니 되었으므로, 이 법은 더욱 보완되어 朝鮮農地令(1934)으로서 발포되었으며'[72] 따라서 地主層에 대한 규제는 더욱 강화되었다.

이 시기의 地主經營에는, 이상과 같은 日本經濟에의 隸屬過程이나 收奪農政 이외에도, 보다 더 직접적인 저해요인이 있었다. 그것은 日本人 농업자본가가 더욱더 증가하고, 따라서 米穀 상품화에 있어서의 경쟁자가 많아지게 되었다는 사실이었다. 日本人 농업자본가는 한말에도 적지 않았지만, 그 후에는 그 土地兼倂者가 10萬을 넘게 늘어나고 있었다(뒤에 상론된다). 그들은 土地調査 産米增殖을 통해서, 國有未墾地의 불하를 통해서, 그리고 우리 농업의 일본경제에의 예속과정, 즉 商品流通過程에서의 유리한 지위를 통해서 지주로서 더욱 성장하고 그 수도 팽창하고 있었다.

가령 800町步 이상을 소유하는 대지주의 경우를 보면 1910년의 26戶에서 1931년에는 68戶로 증가하고 있었다.[73] 中小地主層의 경우에 있어서도 이러

대비한 自作農地의 設定에 관하여는, '小作農으로 하여금 土地를 所有케 함으로써 思想 經濟와 더불어 安定을 缺한 農村의 更生을 꾀하고 겸하여 離村浮浪의 弊를 防止한다'고 밝히고 있었다(『朝鮮農務提要』, 1933版, p.9).
　이 시기의 小作爭議의 성격에 관해서는 本書, 제Ⅲ편의 제2논문 참조.
71) 久間健一, 『朝鮮農業의 近代的樣相』, pp.42~45.
72) 近藤康男, 前揭書, p.106.
73) 淺田喬二, 『日本帝國主義와 舊植民地 地主制』, 1968, pp.83~86. 특히 第3·13表

한 현상은 마찬가지였다. 그들의 지주경영은 날로 성장해서 이제 그 규모에 있어서는 韓國人 地主에 육박하고 있었다. 1930년의 집계에 의하면 일본인과 한국인의 30町步 이상의 지주는 각각 870명과 4,162명이었으나, 그 소유면적은 216,704町步와 340,970町步이었다.[74] 日本人 地主는 그 수는 비록 적었지만, 그 經營地의 규모는 韓國人 地主 經營地의 3분의 2나 되는 거대한 것이 되고 있었다.

이러한 가운데서나마 日本에 수출되는 地主層의 미곡은 그곳에서의 穀價 불안정 때문에 불리한 입장에 놓이지 않을 수 없었다. 日本資本主義는 大戰이후 한때 번영하지만 戰時投機產業의 침체와도 관련하여 만성적인 공황에 휘말리게 되고, 그 타개책으로는 인플레정책으로써 그때그때 위기를 모면하였으므로, 穀價의 변동이 심한 바 있었으며, 1921년의 米穀法 이후에는 일관된 低米價政策으로 1920년을 정점으로 하여 점차 米價의 하락현상을 보이게 되었다. 그리고 특히 20년대의 후반에는 日本經濟가 전면적으로 世界恐慌 속에 휘말리게 되면서 급격한 米價의 폭락을 보게 되었다.[75] 그리고 그러한 현상이 그들의 强占下에 있는 우리나라에 직접 반영되었음은 말할 것도 없었다.[76]

참조.

74) 同 上, p.84, 第3·13表.
75) 日本農林省農務局, 『米穀要覽』(1932. 3), p.27 및 朝鮮總督府農林局, 『朝鮮米穀要覽』(1940. 2), pp.95~97에서 1920년부터 1931년까지의 日本東京의 米價指數·一般物價指數·米價率을 제시하면 다음과 같다.

年　度	米　穀　指　數	一般物價指數	米　價　率
1920	409.67	358.77	1.142
1921	249.58	265.47	0.937
1922	311.75	264.82	1.177
1923	267.92	257.98	1.038
1924	319.17	272.40	1.173
1925	356.17	270.86	1.317
1926	325.00	242.20	1.344
1927	302.83	225.15	1.345
1928	265.17	224.96	1.176
1929	246.00	223.39	1.102
1930	230.92	188.73	1.226
1931	155.50	155.13	1.004

76) 『朝鮮米穀要覽』(1940. 2), pp.89~91에서 1920년부터 1931년까지의 서울의 米

1920년대 후반에서 1930년대에 걸치는 이 공황은 日本經濟를 전면적으로 동요시키고 있었으므로, 농업과 농촌이 그 일환으로서 심각한 타격을 받게 되는 것은 자명한 일이었다. 低米價政策下에서이기는 하지만 그래도 1925년에는 1923, 1924년의 수재흉작으로 인하여 米價가 크게 뛰었었는데, 이 해를

價指數·一般物價指數·米價率을 제시하면 다음과 같다.

年 度	米 穀 指 數	一般物價指數	米 價 率
1920	444.67	322.16	1.371
1921	253.67	229.92	1.099
1922	336.25	234.10	1.435
1923	281.17	224.82	1.249
1924	342.92	240.98	1.421
1925	398.42	260.81	1.528
1926	348.17	237.85	1.465
1927	315.83	221.20	1.428
1928	260.83	214.10	1.218
1929	274.75	208.79	1.316
1930	247.67	187.56	1.322
1931	156.50	147.47	1.062

그리고 또 우리는 이 밖에 이 시기의 米價變動에 관하여 다음과 같은 表를 볼 수 있다.

年 度	서울의 米價變動*		仁川地方의 米價變動**	
	玄米〔石當〕	鮮白米〔百斤當〕	玄米〔1石〕	白米〔1石〕
	圓	圓	圓	圓
1910	9.35	—	—	—
1920	37.36	41.96	—	45.32
1921	25.56	28.04	—	30.21
1922	29.27	32.95	33.30	36.66
1923	27.17	30.44	28.37	32.32
1924	33.05	36.11	32.23	38.38
1925	36.56	39.69	38.83	41.16
1926	31.59	35.14	32.76	36.72
1927	28.37	35.52	29.32	33.17
1928	24.56	27.61	26.05	28.65
1929	25.48	28.47	—	—
1930	21.70	24.34	—	—
1931	14.74	15.25	—	—

* 朝鮮農會, 『朝鮮農業發達史』 發達篇, 附錄 第2表에서, 1944.
** 朝鮮總督府 殖産局, 『朝鮮의 米』, 附表 第14·15表에서, 1929.

정점으로 하여서는 일로 급락의 길을 밟았다. 1930년에는 예상외의 대풍을 맞이하였지만 이는 도리어 米價의 崩落을 초래하고 농촌을 무서운 파탄으로 몰아넣었다. 그뿐만이 아니었다. 농산물가격의 저락과 농촌수요의 공산품가격의 저락 사이에는 큰 鋏狀價格差(쉐레)가 있었다. 1930년 10월의 조사에서는 農村需要工産品의 하락률은 4년 평균 27.5%, 농산물의 그것은 47.2%로서 그 격차는 19.7%이었다.[77] 농촌경제가 破綻을 면치 못하고 상업적인 농업으로서의 지주제가 타격을 받게 되는 것은 무리가 아니었다. 日本經濟가 이와 같은 상태였으므로, 그들에게 예속되고 그 희생이 되고 있었던 우리의 경제가 또한 그 여파로서 큰 피해를 받게 되는 것은 필연한 일이었다. 그리고 그러한 곳에의 米穀輸出이 전제되고 있는 우리나라의 地主經營이 성장하기 어려웠을 것임은 당연한 일이었다.

이 같은 日帝, 日本資本主義의 수탈체제하에서, 金氏家에서는 비상한 대책을 세우고 난국을 돌파하지 않으면 아니 되었다. 金氏家에서는 그것을 그 門中의 사정과도 관련하여 단순히 地主制를 강화하여 小作農民을 수탈하는 것으로서가 아니라, 우리 민족이 민족의 생존을 위해서 대책을 세우는 것과 보조를 같이하는 것이 되지 않으면 아니 될 것으로 생각하였다. 그리고 그것은 비단 정치가들에 의한 정치운동으로서의 民族解放運動뿐만 아니라, 일반인들의 경제문제를 위요한 일상생활로서도 전개되는 것이어야 했다. 이 시기에는 그러한 항쟁이 여러 계급에 의하여 여러 가지 방법으로 제기되고 있었다. 勞農階級에 의해서 지속적으로 전개되었던 勞動爭議와 小作爭議, 그리고 資本家 및 地主階級에 의해서 전개되었던 物産獎勵運動은 그 대표적인 예이었다. 특히 이 후자는 이 시기의 민족경제의 위기상황을, 일본자본주의에 예속된 상태로부터의 탈피와, 그것을 民族資本의 형성을 통해서 달성하려는 것이었다.

이 운동은 地主·資本家階級에 있어서는, 勞動者階級이나 小作農民層이 전개하고 있었던 노동쟁의나 소작쟁의에 대한 대응조치이기도 하였으므로, 社會主義 진영 인사들과의 사이에 그 필요성 가능성 여부에 관하여 논란이 없지 않았지만, 그러나 이 운동은 日帝의 독점자본주의에 예속되고 經濟恐慌에 허

---

77) 山口和雄, 『日本經濟史』, 1968, p.253.

덕이고 있었던 국내 경제계에 있어서는 큰 반응을 일으키고 있었으며, 그것을
타개하기 위한 방안으로서도 많은 호응을 받고 있었다. 그리하여 1920년대에
는 지주·자본가계급에 의하여 京城紡織株式會社를 비롯하여 많은 대규모 생
산공장이 설립되고, '내 살림 내 것으로' '조선 사람 조선 것으로' 등의 구호 아
래 광범한 국산품 애용운동이 일어나게 되었으며, 또 그것을 판매하게 될 流
通組織에도 변화가 일어나게 되었다.[78]

　이러한 운동은 江華島의 경우에도 예외가 아니었다. 이곳에서는 벌써 1910
년대에 高成根·金東植의 양인에 의해서 새로운 織組工場이 설치되어 在來의
직조업을 크게 전환시키고, 이른바 '강화비단'(人造絹)을 생산함으로써 국산직
물의 보급에 크게 기여하고 있었는데, 그 후에는 物産獎勵運動에 지원되어 더
욱 많은 직조공장의 설립을 보게 되고, 그 생산고도 늘어나고 있었다.[79] 그리
고 이렇게 해서 생산된 '강화비단'은 이곳 布木商組合의 조직을 통해서 전국적
으로 판매되었다. 이 조합은 舊來의 綿布廛을 경영하던 사람들이 조직하고 운
영하고 있었는데, 이들은 이 조직을 통해서 그들의 고장에서 생산되는 새로운
직물을 판매함으로써 物産獎勵運動의 길을 트고 있는 것이었다. 그리고 이와
같은 직물의 판매를 위해서는 交通運輸機關의 발달이 수반해야 하는데, 이를
위해서는 前記 金·高 兩人이 직조공장을 설치한 3, 4년 후에 다시 森信商會
(후에 森信汽船株式會社로 改名)라는 汽船會社를 설립 운영함으로써 그 기능을
담당하고 있었다.[80]

　金氏家의 地主經營이 그 규모에 있어서 이 시기에 크게 쇠퇴하고 마침내 地
主經營을 청산하게 되는 것은 이상과 같은 제반 사정에서 연유하는 것이었다.
그리고 金氏家가 地主制를 청산하고 새로운 활로를 찾게 되는 것도 기술한 바
와 같은 物産獎勵運動의 일환으로서의 '강화비단' 販賣, 즉 布木商으로 전업하

---

78) 趙璣濬, '物産獎勵運動'(『韓國現代史』8. pp.312~334).
　　　'物産獎勵運動의 展開過程과 그 歷史的 性格'(『歷史學報』41. 1969).
　　尹海東, '물산장려운동의 이념과 그.전개'(서울대 대학원), 1991.
　　方基中, '1920·30年代 朝鮮物産獎勵會 硏究 ― 再建過程과 主動層 分析을 중심으
　　로'(『國史館論叢』67. 1996).
79) 『江都誌』上卷, 第2編, 29장.
80) 同 上 13, 30장.

는 것이었다. 金氏家에서는 日帝의 收奪農政 獨占資本主義지배하에서 있게 되는 지주경영의 불황을, 그 지주경영을 강화함으로써가 아니라, 그것을 청산하고 이때에 일어나고 있었던 物産獎勵運動에 참여함으로써 타개하고 있는 것이었다.

4. 地主經營上의 特徵과 變化

韓末에서 日帝下에 이르는 金氏家의 地主經營이, 이 시기의 시대사조나 日帝의 收奪農政과도 관련하여 신축하고 있었던 사정 및 그 배경은 前述해 온 바와 같거니와, 그와 같은 地主經營의 신축을 더욱 구체적으로 이해하고 그 성격까지도 파악하기 위해서는, 그러한 제반 사정 속에서 운영되는 地主經營의 특징이나 그 변동상황을 좀더 구체적으로 검토해야 할 것이다. 地主經營의 신축은 요컨대 변모하는 시대상황에 대처하는 대응조치였던 것으로서, 이 시기 地主制 地主經營의 핵심은 그와 같은 對應態勢로서의 經營上의 특징이나 그 변화 속에서 더욱 잘 파악할 수 있을 것이기 때문이다.

1) 貸與地의 經營

A — 貸與地의 경영에 관하여『秋收記』에서 두드러지게 드러나는 특징의 하나는 時作人·小作人대책이었다. 金氏家에서는 이 시기의 地主制 일반의 경향과도 관련하여 그 作人을 선정함에 있어서 그 신분에 구애되지 않고 있었다. 時作人·小作人으로서 성실하게 농지를 경영하고 충실히 地代를 납부한다면 그들은 常人이어도 좋고 兩班이어도 무방하였다. 그리하여 실제로 金氏家의 貸與地 경영에는 양반신분의 소유자들이 적지않이 참여하고 있었다. 朝鮮後期 이래로 농촌사회분해, 農民層分化가 심화되는 가운데, 경제적으로 몰락하는 양반층이 時作농민으로서 농업에 종사하게 됨은 이미 일반화되고 있는 일이었으므로,[81] 이 시기에 구래의 양반신분의 소유자들이 小作人으로서 농

---

81) 拙 著,『朝鮮後期農業史硏究』Ⅱ, 증보판, 제Ⅲ편 참조.

지를 차경하게 되는 것은 자연스러운 일이었다.[82]

　그리고 이와 같은 小作人을 선정할 때 金氏家에서는 그가 본래부터 알고 있는 어느 특정인만을 대상으로 하는 것은 아니었다. 가령 농지를 새로이 買得하여 지주경영을 위한 貸與地가 늘어날 경우, 이의 경영을 위해서는 반드시 그가 알고 있는 사람에게만 小作權을 위임하는 것이 아니라는 것이다. 이럴 경우 그 농지의 원래의 소유주가 농지를 賣渡하면서도 그것을 그대로 作人으로서 借耕하기를 원하면 金氏家에서는 그것을 허락하고 있었으며,[83] 또 소작인들에 의해서 경작되는 농지를 매입하였을 경우, 소유주 즉 地主가 교체된 후에도, 원래의 소작인들이 그대로 그 농지를 借耕하기를 원하면 이도 또한 그대로 인정해 주는 것이 慣例이었다.[84]

　金氏家에서 小作농민, 즉 소작인의 선정에 관하여 신경을 쓰고 있었던 것은 다만 그들이 농업생산에 충실한가 하는 점, 따라서 地主收入인 地代를 징수함에 있어서 손실을 초래하지 않으면 된다는 점이었다. 그래서 그러한 농민이면 金氏家의 地主經營에 있어서는 20년, 30년씩 代를 이어가며 농지를 借耕하여도 介意치 않았다.[85] 그러나 그러기에 借耕地의 경영에 불성실하여 충분한 생

---

82) 『秋收記』에서는 兩班이라는 것을 明記하고 있지는 않았다. 그러나 金氏家의 『秋收記』에서는 모든 作人을 姓과 名으로써 기록하는 가운데, 특히 黃德浩奴艾每(第19冊)라든가 또는 李聖心奴太萬(第19冊)이라고 한 것, 그리고 李宅基奴玉禮(第33冊)라고 한 것 등은 土地臺帳이나 『秋收記』의 記載例로 보아 兩班家로서의 作人으로 보아도 좋을 것이다. 그리고 姓名만 기록한 作人 가운데도 이를 附屬文書와 대조하면 兩班이 있음을 알 수 있다. 가령 金連模라는 作人은 『秋收記』의 作人欄에는 本人의 姓名만 기록하고 있어서 그 身分을 알 수 없지만(第37冊), 同人이 기입된 面의 符箋에서는 同人을 金生員으로 附記하고 있는 것이다.

83) 註 37) 참조.

84) 그래서 土地가 賣買될 경우, 어느 地主의 토지를 샀을 때에는 金氏家의 作人이 아닌 前地主의 作人이 새로운 作人으로서 이를 耕作하기도 하고, 金氏家의 農地를 放賣하였을 때에는 반대로 이를 경작하던 作人이 金氏家의 作人에서 탈락되기도 하였다.

85) 가령 金氏家의 高星元이란 作人에 관해서 살펴보면, 그는 路畓〔後의 英字 59〕7斗落을 1851년서부터 1872년까지 借耕하다가(『秋收記』第1~22冊), 이 해에 子 高春京이 이를 繼承하여 1905년까지 耕作하였으며(『秋收記』第22~55冊), 또 卿字 19田 10斗落도 아울러 借耕하였는데, 1905년에서 1916년까지는 高云西가 다시 繼承하여 耕作하다가(『秋收記』第55~66冊), 이 해부터는 卿字田만을 耕作하였다. 그리고 그 후 1920년에 가서는 高翊三이 다시 이를 계승하여 金氏家에서 1928년에 이 農地를 放賣할 때까지 이를 借耕하였다. 高氏一家는 4代 78년간에 걸쳐 金氏家

산고를 올리지 못하고, 따라서 地主取得分에 손실을 끼쳐주는 作人이 있으면, 何時를 막론하고 그 경작권을 취소하고 貸與地를 회수하고 있었다. 그러한 사실이 농지의 대여가 구두계약으로써 행하여지던 韓末에는 『秋收記』 상에 歷然히 나타나고,[86] 문서로 작성하던 日帝下에는 소작증서에 분명하게 기록되고 있었다.[87] 金氏家의 地主經營에서 소작계약은 韓末에서 日帝下에 이르면서 구두계약에서 문서계약의 형식으로 변하고 있었는데, 어느 경우나 이 점만은 분명하게 처리되고 있었다.

　金氏家의 小作人 대책은 이와 같이 농업생산에 충실할 것을 전제로 하는 것이었지만, 그러나 그러한 대책이 다만 小作人의 생산활동을 독려하는 것으로 그치는 것은 아니었다. 金氏家에서는 그러한 독려 위에서 소작인의 농가경제를 되도록 일정한 선까지 안정시킬 것을 염두에 두고 있었다. 小作人의 가계가 안정되지 않으면 그들의 생산활동이 충실할 수가 없는 것이고, 소작인의 생산활동이 충실하지 못하면 所出 또한 많을 수가 없는 것이어서, 地代 수입도 커질 수가 없는 까닭이었다. 그러므로 金氏家에서는 소작농의 가계를 안정

　　의 農地를 代를 이어가면서 借耕하고 있었음을 여기에서 볼 수 있다. 위에서 作人이 交替될 때 高春京은 분명히 高星元의 子로서 기록하였고(第22冊), 高云西와 高翊三에 관해서는 그 血緣관계를 表記하고 있지 않지만, 高氏가 稀姓임을 두고 생각하면, 아마도 모두 父子關係가 아니었을까 생각된다. 그리고 만일 父子관계가 아니라 하더라도 이들은 親族으로서 親族이라는 조건으로 해서 이를 계승 借耕하고 있었을 것이라고 생각된다. 이때의 이 같은 사정에 관해서는 『朝鮮後期農業史硏究』 I, 초판본, p.285 참조.

86) 예컨대 다음과 같은 경우가 그것이다.
　　初不付로 作人金長玉을 曺大吉로 代(『秋收記』 第6冊).
　　初不付로 作人史奉學을 金元祚로 代(『秋收記』 第16·17冊).
　　農作不況으로 作人鄭明西를 柳京在·黃儀哉로 代(『秋收記』 第52·53冊).
　　賭地一部不入으로 作人趙順老味를 趙致命으로 代(『秋收記』 第4·5·6冊).
　　賭地三年未捧으로 作人金伊仲을 柳京在로 代(『秋收記』 第51冊).
87) 『秋收記』 第69冊 附屬文書에는 그러한 내용이 다음과 같은 書式으로 기록되어 있다.
　　小作人差定書
　　江華郡 內河面鰲上里城頭坪所在○畓○斗落○夜를 本里居某로 差定홈
　　大正 七年 十一月 日
　　　　府內面 新門里 二二四
　　　　　　　　地主 金 某
　　　左 開
　　肥料나 移種을 不勤허난 境遇의난 農時라도 小作權을 移轉헐 事

시키는 방향으로 地主經營의 방침을 세우게 되고, 그러한 일련의 대책이 가장 성공적이었을 때 그 地主로서의 성장도 절정에 달할 수가 있었다.

小作農의 경제상태를 안정시키는 길은 地代率을 낮추는 것이 최선의 방법이겠지만, 金氏家에서 취하고 있는 것은 그러한 방법이 아니었다. 金氏家에서는 地代는 그대로 둔 채 소작인들에게 대여하고 있는 농지의 면적으로 이를 조정하려 하였다. 즉 많은 소작인에게 소규모의 농지를 분산 경작시키고 있었던 상태에서, 이를 점진적으로 수습하여, 되도록 적은 수의 小作人에게 보다 많은 農地를 집중 경작시킴으로써 그들의 생활을 안정시키려는 것이었다. 그러한 대책은 각 시기에 있어서의 小作農의 平均 耕作面積의 추세에 잘 드러나고 있었다. 〈表 10〉은 그러한 사정을 표시한 것이다.

表에서 보는 바와 같이, 각 시기에 있어서의 소작인의 평균 所耕面積은 1896년까지는 상승 일로에 있었고 그 후는 하강상태에 있었다. 1851년의 平均所耕이 9.6斗落이었는 데 비하면, 1896년에는 2.3斗落이나 증가하고 있는 11.9斗落이 되고 있어서, 소작인들의 평균 所耕面積은 적지않이 늘어나고 있었다. 이는 애초의 所耕面積에 대하여 24%가 증가하고 있는 데 불과하지만, 농지는 유한한데 인구는 증가하고 있었던 것을 생각하면, 가난한 소작농에게는 적지않이 도움이 되었을 것으로 생각된다. 뿐만 아니라 金氏家의 농지는 여러 면에 분산되고, 어느 특정한 소작인이 특히 많은 농지를 독점하고 있지 않았으므로 더욱 그러하였으리라 생각된다. 金氏家의 地主經營이 이와 같이 소작농의 경제적 안정을 추구하고, 그러한 가운데서 地主收入의 증대를 꾀하는 것이었다면, 그 경영방침은 일단은 성공하고 있는 셈이었다. 이 시기, 즉 소작농의 경제상태가 가장 안정될 수 있었던 第2期에 농업생산력은 가장 증

〈表 10〉　　　　　　　　　小作農의 平均借耕面積

年度	作 人 數	借 耕 地	同 上 平 均
1851	49	472.5 斗落	9.6 斗落
1876	37	393	10.6
1896	91	1,086.5	11.9
1911	56	662	11.8
1926	44	457	10.4

진하고 지주수입도 가장 많아지고 있었기 때문이었다(〈表 11〉〈表 12〉참조).

　물론 이 경우 金氏家 소작인들의 이 같은 借耕地의 증가 현상이, 이 시기 우리나라의 모든 소작농민들에게 있어서 다 그러하고, 따라서 朝鮮後期 이래의 時作·佃作농민들이 農民戰爭期에 이르면서는 모두 평균적으로 풍요해지고 있었음을 의미하는 것은 아니었다. 그것은 도리어 이와는 반대되는 현상인 것이었다. 이는 많은 소작인에게 분산 경작시키고 있었던 농지를 24%의 인원을 減縮한 소수의 소작인에게 집중 경작시키게 된 데서 일어나고 있는 현상이었으며, 또 零細小作農은 奪耕하고 비교적 넉넉한 소작인에게 더욱 많은 농지를 대여해 주고 있는 데서 일어나고 있는 현상이었다. 18, 19세기의 農村社會에서는 농업생산의 충실과 地代收入의 안전을 도모하는 뜻에서, 地主가 농지를 대여할 때 貧農層에게보다는 주로 富農層에게 대여하게 되는 것이 일반적이었는데,[88] 金氏家의 경우에 있어서도 그와 같은 일반적인 관행을 되도록 잘 적용하고 있는 것이었다.

　그러므로 이와 같은 소작농에게 있어서는 借耕面積이 늘어나고 경제정도의 향상을 보게 되는 것이 사실이지만, 그러나 이는 곧, 그들의 그와 같은 일정한 안정의 裏面에는 소작지의 借耕에서 조차도 밀려나게 되는 다른 많은 無田農民이 있게 되는 것임을 의미하는 것이었다. 朝鮮後期로부터 農民戰爭期에 이르는 시기의 우리나라 時作농민들의 경제상태는 대체로 그러한 형편이었다. 이 시기의 농촌사회에는 經營型富農層이 형성되어 自耕地나 借耕地를 廣占함으로써 農地借耕에서 배제되는 농민이 늘어나고 있었으며, 그러한 사회적인 모순을 해결하기 위한 방안으로서 새로운 貸田論 均並作論이 제기되고도 있는 것이었다.[89] 그리고 그와 같은 현상이 農民戰爭의 前夜에는 더욱 격화하여 종래의 時作농민으로서 賃勞動層으로 전락하는 자가 늘어나고 있었다.[90] 말하자면 이는 이 시기에 있어서의 농민층분화의 한 표현이었다.

　農民戰爭期 또는 淸日戰爭期까지에 보여지고 있었던 金氏家의 이와 같은 농지대여의 방침은, 요컨대 일정수의 안정된 時作농민을 토대로 함으로써 지

---

88) 註 18) b 논문 ;『朝鮮後期農業史研究』Ⅱ, 증보판, 제Ⅲ편 참조.
89)『朝鮮後期農業史研究』Ⅰ, 초판본, pp.25~29 ; 同書 Ⅱ, 증보판, 제Ⅳ편 제2논문.
90) 註 39)의 논문 제6절.

주경영을 성장시키려는 것이었고, 또 그렇게 함으로써 실제로 일단의 성과를 올릴 수가 있었던 것이지만, 그러나 金氏家에서는 이와 같은 經營方針을 끝까지 지속하지는 못하고 있었다. 그것은 農民戰爭의 발발이 기본적으로는 그러한 경제구조 즉, 農地所有 農地借耕을 중심으로 한 分解현상과 밀접하게 관련되는 것이어서, 戰亂期의 農民軍이나 이 시기 진보적 지식인들의 주장이 그것을 타파하는 데도 목표를 두고 있었던 까닭이었으며,[91] 또 日帝下에 이르러서는 일제의 수탈정책으로 많은 농민이 零落과 流離의 길을 밟는 상황 속에서,[92] 그와 같은 경영방침을 계속 추진하기가 어려워지고 있었던 까닭이라고 생각된다. 그리하여 表에서도 볼 수 있는 바와 같이 第3期, 第4期에 이르면서는 소작농민의 보유농지는 점점 그 규모가 적어지게 되었다. 이는 이 시기의 地主經營이 부진한 상태에 빠지고 있었음과도 관련되는 것이 아닐 수 없었다.

이러한 經營方針과도 관련하여 金氏家에서는 농지의 분포에 관해서도 일정한 원칙을 세우고 있었다. 이미 앞에서 제시하였던 바 表에서 볼 수 있듯이, 金氏家의 地主經營을 위한 농지는 府內面을 중심으로 長令·內可·仁政·西寺·北寺·仙源·艮岾·河陰·三海面 등에 분포되어 있었으며, 농지가 더 확대되었을 때에도 약간의 농지를 佛恩·良道面의 初入에다 소유하였을 뿐이었다. 江華島는 '南北百餘里 東西五十里'[93]였으므로, 金氏家의 지주제적인 경영지는 대략 府內를 중심으로 중부이북에 집중하고 있는 셈이었다.

그러나 물론 농지의 분포가 처음부터 그러하였던 것은 아니었다. 金氏家에서는 애초에는 江華島의 屬島인 席毛島에도 적지 않은 농지를 소유하고 있었다. 하지만 이렇게 교통이 불편한 원거리에다 농지를 두고 地主經營을 한다는 것은 쉬운 일이 아니었다. 관리는 소홀해지고 지대의 징수는 어려웠다.[94] 그래

---

91) 吳知泳, 『東學史』, p.127.
　　前揭, '韓末 高宗朝의 土地改革論' 참조.
92) 이에 관해서는 1920, 1930년대의 우리 農民의 窮乏化, 貧農의 累積, 그리고 離村과 國外流出 現象을 想起할 일이다.
　　久間健一, 『朝鮮農業의 近代的樣相』, 1935, pp.28~36.
　　金俊輔, 『農業經濟學序說 — 韓國資本主義와 農業問題』, 1967, pp.206~212.
　　金載珍, '日帝統治下의 韓國經濟', 『韓國史時代區分論』, 1970, pp.269~271.
　　本書, 제Ⅲ편 제2논문 참조.
93) 『擇里志』, 八道總論 京畿.

서 金氏家에서는 이를 처분함으로써 本島 北端의 三海面 일대에다 새로운 농지를 사들이고, 이를 중심으로 하여서는 그 주변에 있는 농지를 더욱 매입 확장함으로써 이와 같이 된 것이었다. 그리하여 金氏家의 거주지는 邑內였으므로, 이와 같은 농지의 集中化를 통해서 그 농지는 그 거처로부터 가까우면 1, 20里 내에, 멀어도 3, 40里의 거리 내에 있게 되었으며, 農地擴張이 절정에 달하였을 때에도 중부이남의 먼 곳에까지는 이르지 아니하고 있었다.[95] 이는 金氏家 지주경영의 한 특징이었다. 金氏家는 在地地主로서 그 농지를 모두 그 거처로부터 當日程內에다 집중하고 그 경영에 편의를 기하고 있는 것이었다.

農地를 거주지의 부근에다 집중할 것이면 더욱 가까운 곳, 이를테면 府內面 같은 곳에다 모을 수도 있지 않았을까 하는 의문이 생기지만, 金氏家에서는 그렇게는 하지 않았다. 거기에는 여러 가지 이유가 있었을 것이라고 생각된다. 邑內에서 가까운 곳일수록 농지의 가격이 고가였으리라는 점은 그 주요한 이유의 하나가 되었을 것이다. 읍내 농지에의 과다한 투자가 반드시 地主收入의 증가를 보장하는 것은 아니었을 것이기 때문이다. 그리고 같은 1日程의 거리에서라면 농지를 한 곳에다 집중하는 것보다 사방에다 분산시키는 것이, 風·水·旱害 등의 천재에 대비하는 데 유리하다는 사실도 그 주요 이유가 되었을 것이다. 농지를 한 곳에다 집결시키는 것이 農業經營에 편리하기는 하지만, 만일 災害를 당하였을 경우에는 그 피해가 크지 않을 수 없는 것인데, 이를 사방에다 분산시키면 그 재해는 최소한으로 막을 수 있기 때문이다.[96]

그러나 무엇보다도 農地經營의 기본원칙이 地主 小作關係였다는 점은 그 농지를 구태여 한 面 한 洞里에다 집결시킬 필요를 느끼지 않게 하였을 것이다. 자본가적인 地主로서 고용노동을 이용하여 농장경영을 하는 경우라면 아

---

94) 『秋收記』 第1冊(1851)에는 席毛島에서의 賭地 徵收의 부진에 관하여 '他人耕作 賭地冒錄'이라든가 '韓京大年年隱匿賭地二石' 또는 '桂月得年年隱匿賭地十三斗'라는 표현으로 附記하고 있었다.

95) 江華島의 南端인 吉祥面에도 일부 農地가 있었으나, 이는 地代收入이 목적이 아니라, 第2代 經營主인 參奉 金鐘協의 墓所에 따르는 位土였다.

96) 『秋收記』 第32冊(1882)에 의하면 이때(壬午年)의 이곳은 凶年이었는데, 金氏家 地主經營의 중심을 이루는 內可面에서는 거의 全災에 가까웠으나, 그러한 가운데서도 仙源面 西寺面 松亭面 三海面 등에 분산되어 있는 農地에서는 다소의 收入이 있었다.

마도 그렇게 하는 것이 유리하였을 것이지만, 그렇지 아니하고 並作半收를 목표로 하는 재래식 地主經營의 경우라면, 충분히 地主의 감독하에 들어가는 여러 곳에다 농지를 산재시키고, 그러한 가운데서 최소의 경비로 최대의 수입을 얻는 농업경영을 하는 것이 최선의 방법으로 생각되었을 것이다. 더욱이 시대를 아래로 내려오면서는 地代를 반드시 地主家로 반입하는 것이 아니라, 作人家의 현지에서 적당한 시기에 米穀商人에게 판매하는 것이었으므로 더욱 그러하였을 것이다.[97]

B — 金氏家에서는 이와 같은 몇 가지 원칙 위에서, 水稻作을 중심으로 한 農業改良에 힘쓰게 되는 것이 또한 地主經營에 있어서의 또 하나의 특징이 되고 있었다. 그것은 주로 일제하에 들어가서의 일이었으며, 한말까지는 舊來의 傳統的인 農法에 의거하고 있었다. 전통적인 농법은 付種法(直播)과 移秧法을 병행하면서 재래종으로서의 벼 品種을 재배하는 것이었다. 朝鮮前期까지는 우리나라의 수전농업은 주로 付種法에 의해서 행하여졌고, 후기에 이르면 점차 移秧法이 수도작의 중심적인 재배법으로 등장하는데, 그러나 그러한 가운데서도 이곳 江華地方에서는 韓末에 이르도록 아직 완전히 移秧法으로 전환하고 있지는 않았다.[98] 付種法은 旱災에 강하고 水播와 乾播를 모두 할 수 있는 까닭이었다. 그리고 이와 같은 水陸兼種의 농법에서는 오직 우리나라의 在來稻만이 적합한 까닭에, 이때에는 품종에는 근본적인 개량이 없이 재래종을 그대로 재배하면서 농업생산력의 향상을 추구하고 있었다.[99]

---

97) 가령 『秋收記』第73冊(1923)의 租任記에 의하면, 이 해(癸亥)의 小作料 가운데서는 48石 7斗가 小作人家의 現地에 任置되었다가, 11월과 12월에 放賣收入되고 있었으며, 개중에는 이를 仁川龍江町의 米穀商 姜鎭煥에게 搬出 賣渡케 하고도 있었다(第73冊의 附屬文書).

98) 『江華留營啓錄』2, 咸豊 9年(1859) 7月 初 10日條에 '本府境內農形 …… 各面任掌等所報內 今番之雨 幾近四犁 而田農豆太間或除草 稷黍粟木綿日盆茂盛 畓農早稻次第三除草 中晚稻間始三除草 移秧方張除草 ……'라 했고, 『沁營啓錄』, 光緒 5年(1879) 5月 12日條에는 '本府境內農形 …… 卽接各面任掌等所報 則麰麥已盡成熟間或刈穫 稷黍粟木綿初除草已畢 早稻方始再除草 晚稻乾播已盡初除草 移苗幾盡移種 ……'이라고 報告하고 있는 것으로써 보면, 이곳 水田農業은 水播 乾播를 겸하고 (水陸兼種) 있는 付種法과 移秧法이 병행되고 있었음을 알 수 있다.

99) 『秋收記』第46冊(1896)에 의하면 이때의 金氏家의 農地에서는 牟上租, 牟中租 등 牟租가 아직 많이 경종되고 있었다.

그러나 韓末〔第3期〕에 日本人 農業資本家들이 내한하여 농장을 설치하게
되면서부터는, 그들의 농업경영과 관련하여 勸業模範場을 설치하고 농업개량
을 계획하게 된 데서, 우리나라의 舊來의 농업에는 커다란 변화가 일어나게
되었다. 그들은 그들의 기호에 맞는 日本稻品種으로의 改良을 꾀하고, 우리나
라의 여러 곳에 설치한 시험장에서 이의 재배를 실험한 후, 이를 보급시켜 나
가게 되었다. 1910년대 이후에는 수탈농정의 일환으로서 이 사업은 관권으로
써 추진되었다. 그리하여 우리나라의 재래종과 移秧 및 付種이 병행되던 농법
은 日本稻品種과 완전한 移秧농법으로 대체되었다. 그리고 이러한 상황 속에
서 金氏家에서는 여러 차례의 시행착오를 거듭하면서, 그들의 이른바 우량종
으로 品種을 개량해 나가게 되었다. 실패를 할 때마다 농민들은 재래종으로
돌아가기도 하였으나, 대세는 점차 전면적인 개량의 방향으로 흘러갔다.[100]

  品種改良에 수반하여서는 施肥法이 또한 달라지지 않을 수 없었다. 舊來의
우리 농업에서는 化學肥料는 아직 사용되지 않았고 綠肥가 施肥의 중심이 되
고 있었으며, 그것도 우리나라의 在來稻는 과도한 施肥를 꺼리고 거의 無肥에
가까운 상태로서 재배되는 것이었는데,[101] 日帝下에 이르러 품종개량을 하게
되면서부터는 産米增殖과도 관련하여 販賣肥料의 多肥施用이 강요되었다. 그
리고 그것을 뒷받침하기 위하여서는, 日本의 獨占資本主義가 우리나라에 肥
料工場을 설치하여, 농업개량에 따라 수요되는 대량의 肥料를 공급하기도 하
고, 경우에 따라서는 이를 수입해다가 판매하기도 하였다. 품종개량에는 반드
시 적량의 施肥가 필요한 까닭이었다. 金氏家에서의 품종개량에도 이러한 多
肥施用이 따르게 되었음은 말할 것도 없는 일이었다.

  말하자면 품종개량 후의 우리의 농업생산은 이 肥料의 문제를 통해서도 이
제 완전히 日帝의 獨占資本에 예속케 된 셈이었다. 肥料가 없이는 농사를 지
을 수 없게 된 까닭이었다. 그뿐만 아니라 농업생산에 있어서의 이와 같은 변
화가 다만 그것으로 그치는 것은 아니었다. 이러한 변화는 지주 소작인의 관

---

100) 『秋收記』第68·73冊(1918, 1923)에는 改良品種으로서 公良租(穀良都?), 多馬金
     (多摩錦?), 日出租 등이 栽培되었음을 보여 주고 있다. 그러나 이와 아울러 牟租도
     栽培되고 있음이 기록되고 있다.
101) 盛永俊太郎, 『日本의 稻—改良小史』, 1957, p.137.

계를 硬化시키고 있었다. 그것은 金氏家의 지주경영에서도 歷然히 나타나고 있었다. 金氏家에서는 품종개량 이후, 그에 따라서 제기되는 移秧과 施肥의 문제를 농업생산에 있어서 반드시 지켜야 할 준수사항으로서 규정하고, 그것을 小作契約上의 절대적인 조건으로까지 삼게 되었다. 그것은 소작인들이 이를 지키지 않을 경우 小作權을 剝奪할 만큼 강력한 것이었다.[102]

品種改良이나 施肥法의 강화 등 이른바 농업개량은 요컨대 그 목적이 産米增殖에 있는 것이었다. 그러나 이곳 金氏家의 경우 그와 같은 농업개량에도 불구하고 그 결과는 반드시 기대와 같이는 되지 못하고 있었다. 金氏家의 농업개량에는 水利施設에 대한 개선이 따르지 않았고 舊來의 洑施設이 그대로 이용되는 데 불과하였으므로, 품질개량이나 농법 및 施肥의 개선이 충분한 성과를 올릴 수가 없었다. 더욱이 품종개량에서의 日本稻는 日帝 초기까지는 아직 이 땅의 풍토에 완전히 적응하지 못하고 있는 신종에 불과하였으므로 갑자기 큰 효과를 기대하기는 어려웠다. 그것은 同一農地에서의 所出을 각 시기별로 비교하여 보면 분명하여진다. 가령 金氏家에서 1851년에서 1927년까지 계속해서 소유하고 있었던 水田 100斗落(1結 62負 1束)에 관하여, 일정한 방법으로 각 시기별 연평균의 소출을 산출해보면 〈表 11〉과 같았다. 100斗落일 경우는 연평균소출이 第1期는 1,232斗, 第2期는 1,320斗, 第3期는 1,264斗, 第4期는 1,274斗였으며, 1結의 경우는 그것이 각각 760斗, 814斗, 780斗, 786斗였다.

이로써 보면 金氏家의 地主經營에서의 농업생산력은, 第1期는 지주경영의

〈表 11〉   各時期別 水田의 年平均 所出

	100斗落[1-62-1]	1結[61.7斗落]	備　　考
第 1 期	1,232 斗	760 斗	이곳에서의　斗는　재래斗이다.
第 2 期	1,320	814	『秋收記』상에서는
第 3 期	1,264	780	在來斗 20斗＝1石
第 4 期	1,274	786	在來斗 20斗＝大斗高峯9斗
			로 계산하고 있었다.

---

102) 註 87) 참조.

위축이나 거듭되는 전란과 관련하여 가장 낮았고, 第2期는 米穀貿易의 호황을 타고 크게 성장하였으며, 第3期는 地主經營의 침체와 더불어 다시 저하하였으며, 第4期는 농업개량의 결과로써 다소 만회하기는 하였으나, 그러나 그 개량을 위해서 投下한 資力의 정도에 비하면 그 결과는 결코 성공적인 것이 아니었다. 이때의 생산력은 第3期보다는 다소 성장하였지만 第2期에는 미치지 못하고 있었다. 新品種에 의한 農業改良의 결과가 재래종에 의한 농업생산력의 절정기를 따르려면 아직도 요원하였다. 더욱이 農業改良 이후의 농업생산에서는 많은 자금을 소요하는 金肥를 쓰고 있었으므로, 第4期에 있어서의 平均 所出의 증가가 엄밀히 말해서 생산력의 발전이 될 수는 없었다.

이러한 사실은, 기술한 바 地主經營 부진의 배경으로서의 일반적 정세의 硬化와도 관련하여, 金氏家의 지주경영에는 큰 위협이 아닐 수 없었다. 農業生産力은 第2期를 절정으로 第3期와 第4期에는 크게 저하되고 있었으므로, 地主의 수입은 그만큼 감소되지 않을 수 없는 것이었고, 地主收入의 감소는 결국 地主經營의 침체와 쇠퇴를 초래하지 않을 수 없었을 것이기 때문이다. 그리고 그러한 현상은 현실로 나타나고 있었다. 農地經營의 면에서 볼 때, 金氏家의 地主經營이 第3期 第4期에 이르면서 침체 쇠퇴하게 되는 것은, 바로 이러한 농업생산력의 저하에서도 기인하는 것이 아닐 수 없었다. 그러므로 金氏家에서는 무엇인가 대책을 세우지 않으면 아니 되었다. 金氏家에서는 그것을 農資를 위요한 수익분배과정에서 보충하려 하였다.

C ― 金氏家의 地主經營에서 地代(小作料)는 旱田은 賭租로, 水田은 일반적으로 打租로써 징수하였으나, 경우에 따라서는 賭租로써 하는 곳도 있었다. 賭租는 定額小作制이고 打租는 分益小作制였다. 그러므로 旱田에 있어서는 全 4期에 걸쳐서 收穫上에 증감이 있어도 地代에는 변함이 없었으며, 水田의 地代만이 打租일 경우 해마다 달라지게 되는 것이었다. 金氏家에서는 이러한 水田의 地代에서도 打租를 유리한 것으로 보고 賭租로 되어 있는 水田은 일찌감치 이를 정리해 버리고 있었다.[103] 더욱이 旱田은 처음부터 중점을 두지 않

---

103) 註 94)에서 보았듯이 席毛島에서는 作人들의 抗租로 賭地의 徵收가 어려웠다. 그래서 金氏家에서는 1855년에 이곳 農地를 '乙卯十二月 捧價二百五十兩 席毛島金哥處放賣'(『秋收記』 第5冊)라고 한 바에서 볼 수 있듯이 放賣하고 있었다.

고 있어서 전농지의 10~20%에 불과하였다. 그러므로 金氏家의 지주경영에서 그 수입의 증감을 결정적으로 좌우하는 것은 水田 打租의 경우였는데, 그와 같은 水田農業이 기술한 바와 같이 단위면적에 있어서의 생산고가 늘지 않고 있는 것은 말할 것도 없고 점점 줄어들고 있었다.

打租는 分半打作, 즉 작인과 지주가 所出을 반씩 나누는 것이지만, 金氏家의 경우 이러한 半分이 전 생산고를 완전히 반씩 나누어 갖는 것은 아니었다. 金氏家의 지주경영에서는 익년의 재생산을 위한 최소한의 農資와 추수에 소요되는 경비를 제외해 놓고 半分하는 것을 원칙으로 하고 있었다. 가령 種子·水稅·斗本 등은 그 주요 항목이었다. 이러한 농업자금은 적지않이 많아서 해마다 그때그때의 사정에 따라서 약간의 차이가 있기는 하였지만, 第3期까지는 대체로 落種面積, 즉 斗落數의 1.5培 정도가 되고 있었다. 가령 앞에 예시하였던 바 水田 100斗落의 경우에서 보면, 第3期까지는 약 140~160斗가 재생산을 위한 農資로서 先除되고, 나머지로써 지주와 작인이 半分하고 있는 것이었다. 말하자면 이 시기까지는 지주와 작인이 農資까지도 半負擔하고 있는 셈이었다.

그러나 이러한 農資의 부담관계가 第4期에 오면 달라지고 있었다. 金氏家에서는 所出의 저하, 즉 수익의 감축을 農資분담의 경감을 통해서 만회하려 하였다. 즉 100斗落의 농지일 경우 第3期까지는 평균 150斗 정도를 先除하고서 수익을 분배하던 것을, 第4期에 이르러서는 대략 60~100斗 정도만 선제하고서 半分하고 있는 것이었다. 이 경우 물론 농업자금이 실제로 이 두 수치의 차액만큼 덜 들게 된 데서 이렇게 先除額數가 적어지고 있는 것은 아니었다. 이는 주로 경영주측의 경영내용의 강화에서 연유하는 것이었다. 그리고 경영주가 地主經營의 내용을 그와 같이 강화할 수 있었던 것은 移秧法이나 후술하는 地稅令이 그 구실이 될 수가 있었다.

第3期까지는 移秧法이 중심이 되는 가운데서도 付種法이 또한 이와 더불어 병행하고 있었는데, 第4期에는 品種改良과 더불어 付種法의 병행이 불가능하게 되고 移秧法만이 전면적으로 행하여졌으며, 이에 따라 金氏家에서도 移秧法에로의 완전 전환을 소작조건으로까지 내세우고 이를 독려하고 있었다. 그러므로 第4期에는 落種하는 종자의 양이 반드시 直播와 移秧이 병행하던 第3

〈表 12〉   各時期別 水田의 年平均 地主收入

	100斗落〔1-62-1〕	1結〔61.7斗落〕	備　考
第 1 期	541 斗	334 斗	
第 2 期	585	361	〈表 11〉 備考 참조
第 3 期	557	344	
第 4 期	587	362	
76년간의 年平均	566	349	

期 이전과 같을 수가 없고, 따라서 第4期의 수익분배에서 선제되는 농자도 반드시 第3期 이전의 그것과 꼭 같을 수가 없는 것이었다. 移秧法은 直播法에 비하여 종자가 절약되는 까닭이었다.[104] 그리하여 이와 같이 先除農資가 절약되는 데 따라서는 농업생산력의 저하에서 초래될 수밖에 없었던 地主收入의 감축이 어느 정도 보완될 수가 있었다. 〈表 12〉는 그러한 사정을 표시한 것이다. 金氏家의 지주경영에서는 아래로 내려오면서 所出이 줄어들고 있었지만, 第4期에는 이 農資의 경감을 통해서 지주수입은 오히려 第2期의 그것을 넘어서기까지 하였다.

그렇지만 지주와 소작인의 공동부담으로 되어 있었던 先除農資의 이와 같은 변동이, 반드시 농법의 변화에 따라서 실제로 일어나고 있었던 절감량과 꼭 같은 것이었겠는지는 의문이 아닐 수 없다. 金氏家에서는 때로는 원래 農資의 3分의 1 또는 3分의 2씩이나 경감하고 있는데 이는 너무 큰 변화이기 때문이다. 그러므로 小作농민들이 이를 아무 조건없이 수락하였을까 하는 데는 적지 않은 의문이 가게 되는 것이다. 사실 실제 농자에 큰 변동이 있는 것이 아니라면, 지주와 소작농민의 수익분배에서 先除農資의 감소가 많으면 많을수록, 地主의 취득분은 늘어나고 小作농민의 그것은 줄어들게 되어 있으므로, 정당한 이유 없이 일방적으로 地主가 이를 강행하고 있는 것이었다면, 小作농민들은 이를 받아들이지 아니하였을 것이다. 그러나 金氏家의 지주경영에서는 이러한 변화가 소작농민들에 의해서 순순히 받아들여지고 있었다. 거기에는 그럴 만한 충분한 이유가 있었다고 보아야 하겠다. 그것은 地稅의 지

---

104) 『朝鮮後期農業史硏究』 Ⅱ. 증보판, 제Ⅰ편 제1논문 참조.

주부담에로의 전환이었다.

D — 地稅는 結에 부과되던 각종 稅, 즉 結稅를 개정한 것으로서, 이 結稅는 원래 토지소유권자 즉 地主에게 부과되는 것이었지만, 朝鮮後期의 지주제에 있어서는 이것을 점차 作人에게 전가하게 되고 있었다. 三南지방에서는 특히 더 그러하였다. 그러나 그럴 경우 애초에는 時作·佃作농민이 그들의 수입으로부터 結稅를 납부하는 것이 아니라, 지주가 지주수입 가운데서 結稅條로 내놓는 것을 時作농민들은 다만 官에다 반출 납부하는 노고를 제공하는 것이 일반이었으나, 時作농민의 借地競爭이 심해지는 데 따라서는, 地主 作人관계의 조건여하에 따라 時作농민이 그것을 완전히 자기부담으로서 수납하도록 되고 있었다. 이 경우 그 結稅가 단순히 田稅의 法定額만을 뜻하는 것이라면 그렇게 많은 것이 아니었지만, 그렇지 않고 附加稅와 각종 稅(雜役稅·還穀稅·軍役稅)의 結부과까지도 포함하는 것이라면, 그 액수는 적지 않은 것이어서 作人이 부담할 수 있는 것이 아니었다. 그리하여 金氏家의 地主經營에 있어서는 第1期까지는 이를 전부 지주가 부담하고 있었으나, 第2期에 이르러서는 時作人對策 地主經營 강화와 관련하여 수십 명의 作人 가운데 한두 건씩『秋收記』상에 '結卜作人擔當'이라는 조건이 붙게 되었다.

金氏家의 지주경영에서 結稅를 作人에게 전가하는 것이 일반화하는 것은 甲午改革 이후 結稅를 地稅로 개정한 후부터의 일이었다. 이 개정은 종래에 현물로써 結에 부과하던 세를, 地稅의 이름으로 개정하되 金納케 한 것으로, 그 액수는 종래에 비하여 대단히 적어진 것이었다. 이때 제정된 세액은 每結 최고가 30兩이었고 江華地方에 적용된 세액도 이것이었는데, 이는 종래의 세액과 비교할 때 대단히 헐한 것이었다. 朝鮮後期에는 定規稅와 附加稅를 합하여 1結에 보통 租 100斗가 부과되고 있었는데,[105] 甲午改革에서의 30兩은 이때의 穀價에 비추어 租 10斗 내외이었다. 이 무렵에는 米穀貿易으로 穀價가

---

105)『經世遺表』地官修制 田制 7.
　　　『萬機要覽』財用篇 田結條.
　　　그리고 開港 직후의 湖南地方에서는 좀 과장된 표현이기는 하겠지만, '一結之米殆近百斗'라는 報告가 있기도 하였다(『日省錄』高宗 15年 4月 4日 全羅左道暗行御史 沈東臣의 進言書啓別單).

폭등하고 있었던 까닭이었다. 그 후 光武 5년(1901)에는 50兩, 光武 7년 (1903)에는 80兩으로 그 세액이 증가하였지만, 이때에는 露日戰爭을 앞두고 또 이 무렵의 일련의 화폐정리와도 관련하여 穀價가 더욱 상승하고 있었으므로, 법제상의 세액증가가 실제로 농민부담을 가중시키고 있는 것은 아니었다.[106] 이때의 이곳 穀價에 비추어 80兩이란 세액은 오히려 租 10斗의 값에도 미치지 못하는 것이었다(〈表 6〉 참조).

結稅가 이와 같이 地稅로 바뀌는 시기는 金氏家의 지주경영에서는 第2期의 末에서 第3期에 걸치는 시기였으며, 이 무렵은 바로 金氏家의 지주경영이 한계에 달하고 1896년을 고비로 급격하게 침체되어 가는 때였다. 金氏家에서는 침체상태에 빠지고 있는 地主經營을 어떻게든 회복하지 않으면 아니 되었는데, 정상적인 방법으로써는 그것이 어려운 실정이었다. 그리하여 金氏家에서는 그것을 타개하는 한 방법으로서 地稅負擔을 作人에게 전가할 것을 생각하게 되었다. 1結(60餘 斗落)에 10斗 미만이라면 10斗落 정도를 借耕하는 농민들이 1, 2斗씩 분담하면 된다는 계산이었다.

이때의 地主와 作人간의 수익분배는 100斗落의 농지에서 150斗 정도, 1結의 농지에서 90여 斗 정도의 農資를 선제하고 分半하는 것이었으므로, 그만한 정도의 부담 전가가 작인들에게 큰 반발을 일으키지는 않고 있었다. 그리하여 地稅를 작인들이 부담하기로 하였을 경우에는 『秋收記』상에다 '結卜作人' 또는 '結卜作人納條'라고 단서를 붙이고, 地主가 부담하기로 하였으면 '結卜主人' 이라는 附註를 달기도 하였다. 그리하여 이러한 과정에서 地稅의 작인에의 전가는 점점 더 늘어나게 되고, 마침내 이 第3期에 있어서는 경영지의 대부분의 지세가 作人들에 의해서 담당되기에 이르렀다. 그리고 이때에는 정부에서도 이를 농촌관행으로서 그대로 묵인하기도 하였다.[107]

---

106) 이 무렵의 稅制改革에 관해서는
　　度支部, 『韓國稅制考』, 1909.
　　荒井賢太郎, 『韓國財政施設綱要』, 1910, pp.59~66.
　　金俊輔, 『韓國資本主義의 發展과 地代의 分化過程』, 1971, pp.21~27 참조.
107) 度支部, 『小作慣例調查』, 1909.
　　度支部, 『現行韓國法典』, 1910, pp.1272~1274.
　　地稅에 關혼 件 隆熙 2年 6月 29日 法律 第10號

그러나 이와 같은 세제가 露日戰爭 이후에 日帝가 우리나라를 실질적으로 지배하게 되면서부터 크게 달라졌고, 따라서 地稅負擔의 문제에도 변화가 오지 않을 수 없게 되었다. 즉 隆熙 2년(1908)에 元·兩貨를 圓貨로 환산(80兩=8圓)하여 납부케 하는 규정을 법제화하고 있는 것도, 화폐제도의 개정과 관련하여 이미 실질적으로는 地稅의 증액을 의미하는 것이었지만,[108] 隆熙 3년에는 또 '增明年度地稅 百分之五'가 계획되었고,[109] 그러한 위에서 1914년에는 地稅令을 발포하여 원래의 地稅를 8圓에서 11圓으로 인상하는 입장에서의 제도개정을 하게 되었다〔地稅令 附則〕. 그리고 土地調查事業이 끝난 1918년에는 이것을 다시 개정 강화하였으며, 또 1922년에도 이를 개정하여 세율을 더욱 높이게 되었다. 이와 같은 地稅令에서의 地稅는 요컨대 地價의 '千分之十七'을 賦課하는 것이었으나, 거기에는 附加稅 地稅割 農會費 學校費 등이 첨가되는 것으로서, 이것을 다 합하면 토지의 부담은 地價의 1,000分의 36 이상이나 되는 큰 것이었다.[110]

이는 농민의 부담을 증가시키는 것으로서 말하자면 地稅令을 통한 地稅制度의 개정은 농민수탈을 위한 제도개정인 셈이었다. 그것은 『秋收記』를 통해서도 분명하게 파악할 수 있다. 그것을 表로써 제시하면 〈表 13〉과 같다.[111] 이는 1923, 1924년의 경우인데, 이에 의하면 金氏家의 농지에서는 1結 99負 9束(134斗落)의 농지가 17,168坪으로 파악되고, 그에 대한 地稅는 62圓 44錢이

第一條 地稅는 結價에 依ㅎ야 土地所有者에게 此룰 徵收홈.
 　但 地方의 慣習 又는 契約에 依ㅎ야 小作人 其他 土地使用者가 納稅홈이 可ㅎ 境遇에 在ㅎ야는 爲先 其使用者로 붓터 徵收ㅎ고 其使用者가 滯納ㅎ 境遇에 在ㅎ야는 土地所有者로 붓터 此룰 徵收홈.

108) 『現行韓國法典』, p.1273. 이 무렵의 貨幣改革에 따르는 舊貨의 貨幣價値切下 및 이에 따르는 稅率에 관해서는 金洸鎭, '李朝末期에 있어서의 朝鮮의 貨幣問題'(『普專論集』 1, 1934)와 柳子厚, 『朝鮮貨幣考』 1940 참조.
109) 『梅泉野錄』, p.515.
110) 金漢周, '朝鮮地稅令硏究'(『學術』, 1946).
111) 이것은 日帝下에 있으면서도, 그리고 土地調查事業이 끝나서 地籍의 標示가 새로이 마련된 후임에도 불구하고, 舊來의 土地의 標示를 그대로 사용하고 그 위에다 新標示를 朱筆로 附記하여 양자를 확연히 볼 수 있도록 하고 있는 1923, 1924년의 『秋收記』(內可面과 河岾面의 一部)에서 작성한 것이다. 말하자면 이는 하나의 土地를 舊來의 地籍과 地稅로써도 파악할 수 있고, 새로이 개정된 地籍과 地稅로써도 파악할 수 있도록 작성된 臺帳을 一覽化한 것이다.

〈表 13〉   地稅令에 의한 地稅(1923·1924년)

| 地 番 | 面 積 | | | 地稅 |
	結 負 束	斗 落	坪	円 錢
隸 42	4—7	6	765	2.50
杜 9	6—0	6	734	2.45
聚 65	5—8	5	448	2.20
隸 28	12—1	10	1,412	3.50
英 57.59	21—2	12	1,521	6.45
鐘 47	10—6	10	1,267	1.96
槐 26.27	10—6	10	1,412	2.45
英 24	3—7	4	323	1.80
群 29.30	18—3	11	1,353	6.64
隸 30	7—0	4	568	1.86
群 25	3—9	2	240	1.17
群 33	10—1	5	532	4.15
蒙 11	7—7	4	619	2.20
杜 19	15—2	10	1,383	4.70
書 41	20—2	13	1,593	6.67
蒙 6	5—8	2	226	0.55
杜 20	5—4	3	420	1.40
壁 1	16—3	7	941	3.92
中 4.20	15—3	10	1,411	5.87
計	1—99—9	134	17,168	62.44

부과되고 있었다. 1結에 대하여는 31圓 22錢이 부과되고 있는 셈이다. 이는 地價의 1,000分의 17에 해당하는 國稅地稅와 그에 따르는 附加稅, 地稅割, 學校費를 포함하나 農會費는 이를 포함하고 있지 않은 액수였다. 그러므로 農會費까지를 포함하면 1結에 부과되는 세액은 이보다도 훨씬 많아질 것이다.

그런데 이와 같이 1結에 대하여 31圓 22錢 이상의 地稅가 부과되던, 1923년의 이곳 江華地方의 穀價는, 〈表 6〉에 제시된 바와 같이 租 1石當 10圓 70錢이었다. 그러므로 1結의 地稅를 납부하려면 租 2.9石, 즉 58斗를 팔아야만 하였다. 韓末에는 30兩에서 80兩으로 세액이 증가하면서도, 실제에 있어서는 租 10斗 내외로써 그것을 납부할 수가 있는 것이었는데, 日帝下의 地稅令에서는 세액이 대폭 증가하여 1923년에는 農會費를 제외하고서도 58斗나 되고 있는 것이었다. 그러므로 이곳 江華地方에서의 地稅는, 1908년에 地稅를 圓貨

로 환산하여 납부하게 되었을 때에 비하여도 4배나 오른 셈이지만, 그 이전에다 비하면 대략 6배나 증가하고 있는 셈이었다.

그뿐만 아니라 地稅는 金納이므로, 穀價가 상승하면 농민들의 부담은 가벼워지고 그것이 떨어지면 농민들의 부담은 무거워질 수밖에 없는 것인데, 기술한 바와 같이 1920년대에는 日本資本主義의 低米價政策으로 인하여, 穀價에 기복이 있기는 하였으나 대세는 저락의 방향으로 가고 있어서 농민부담이 유리하여질 수가 없었다. 특히 1920년대의 후반부터는 日本의 경제가 세계공황 속에 휘말리게 되면서, 농산물가격은 폭락을 거듭하고 있었으므로 농민들은 더욱 불리해지기에 이르렀다.

즉 1924년과 1925년에는 흉년으로 인하여 1923년보다 穀價가 다소 상승하였지만 그 후에는 계속 하락하여, 韓國米價를 좌우하는 일본시장에서 米價指數가 1923년의 267.92에서, 1925년에는 356.17, 1927년에는 302.83, 1929년에는 246.00, 1931년에는 155.50으로 되고 있었으며, 또 1石의 米價가 1927년에는 33圓 69錢이었는데, 1931년에는 17圓 17錢으로 崩落하고 있었다.[112] 그러므로 이와 같은 米價의 저락과 관련하여 地稅를 생각하면 농민부담은 더욱 무거워질 수밖에 없는 것이었다. 이 米價指數에서 보면 1931년도의 金氏家의 단위면적에 대한 地稅는 아마도 韓末의 8, 9배나 되었을 것이다. 이러한 현상은 地稅負擔者로서의 농민들에게는 실로 중대한 문제가 아닐 수 없었다.

金氏家의 지주경영에서는 이와 같은 地稅를 第4期, 즉 日帝下에 있어서도 그대로 作人들에게 부담시키는 예가 적지 않았다. 韓末에 작인들이 부담하던 농지에서는 日帝下에도 그대로 작인들이 이를 부담하고 있었다. 이는 第3期에 있어서의 관행이 第4期에 있어서도 그대로 계속되고 있는 것이었다. 이 시기에 있어서는 이러한 현상이 小作慣行의 중요한 일면으로서 널리 행해지고 있었으므로,[113] 그와 같은 地主 小作관계의 일반적인 추세에 따라 金氏家의 농

---

112) 註 75)의 表 및 同書, p.29.
113) 朝鮮總督府, 『朝鮮의 小作慣習』, 1929, pp.227~234.
　　『朝鮮의 小作慣行』(上), 1932, pp.558~568.
　　同 上書(下), 1932, pp.81~83.

지에서도 地稅의 作人전가가 계속되고 있는 것이었다. 그리하여 金氏家에서
는 그러한 지세 부담의 문제를 『秋收記』상에다 '地稅作人'이라든가 '地稅主人'
이라는 附註로써 구분하고 있었다.

그러나 日帝下의 地稅는 韓末의 그것과는 달리 크게 증가하고 있는 것이었
으므로, 이를 作人들의 부담으로 전가하기는 어려운 문제가 아닐 수 없었다.
小作農民들이 이를 납득할 리도 없고 실제로 능력이 있을 수도 없는 것이기
때문이었다. 地主가 이를 강행하려면 그만큼 강한 저항을 받지 않으면 아니
되었다. 더욱이 地稅令은 地稅의 擔稅義務者를 지주와 소작인과의 관계에 있
어서 토지대장에 등록된 토지소유권자, 즉 地主로서 규정하고 있었으며,[114]
同 施行細則에서도 이를 다시금 재확인하고 있는 것이었다.[115] 이는 이 시기의
地稅令이 地稅를 증가시키고 있었던 것과 더불어 또 하나의 특징이 되는 것이
었다. 그리하여 이와 같이 地稅令이 地稅의 納稅義務者를 地主로 규정하는 가
운데, 그 후 일제통치 당국자들은 이 원칙에 따라 地稅를 지주로부터 징수해
나가게 되었다. 그리고 그들의 이른바 小作慣行 개선에 있어서도 이것의 이행
이 하나의 중요한 조건이 되었다. 그들은 '小作地의 公課는 지주가 이를 負擔'
한다는 通牒을 지방관청에 시달하고 그 준수를 촉구했다.[116] 그리고 金氏家의
경우 규정에 의해서 실제로 面單位로 地稅分排記가 첨부되어 金淳泰 앞으로
地稅가 부과되어 나왔다.

이와 같은 일련의 움직임 속에서 金氏家에서는 地稅를 소작인에게만 전가
할 수가 없었다. 아직 농지의 많은 부분이 '地稅作人'으로 되어 있기는 하였지

朝鮮農會, 『朝鮮의 小作慣行』(時代와 慣行), 1930 등 참조.
114) 朝鮮總督府, 『朝鮮法令輯覽』 第11輯 第1章 第2款, 地稅令, 1936.
　　第6條 地稅는 左에 드는 者로부터 이를 徵收한다.
　　1)質權 또는 質의 性質을 有하는 典當權의 目的인 土地에 대해서는 質權者 또는
　　　典當權者
　　2)二十年以上의 存續期間의 定함이 있는 地上權의 目的인 土地에 대해서는 地上權者
　　3)前二號 以外의 土地에 대해서는 所有者
　　　前項에서 質權者, 典當權者, 地上權者, 所有者라 稱함은 土地臺帳에 質權者, 典
　　當權者, 地上權者, 所有者로서 登錄된 者를 말한다.
115) 同 上, 地稅令施行細則.
　　第22條의 2, 地稅는 納期開始의 날에 土地臺帳에 登錄된 者로부터 이를 徵收한다.
116) 『朝鮮農務提要』(1933版), 小作慣行의 改善에 관한 件(政務總監通牒), p.7.

만 점차 自擔의 방향으로 가지 않을 수 없었다. 그리하여 특정한 小作地 이외의 대부분의 농지에서는 이제 그 地稅를 지주가 직접 부담하게 되었다. 그러한 단서는 이미 地稅令이 제정된 이듬해인 1915년부터 시작되고 있었다. 그러한 농지에서는 面單位로 '結卜納稅人代理'를 두고,[117] 지세를 납부할 때 다만 지주가 취해야 할 납세상의 제수속을, 그들로 하여금 대행시키는 데 불과하게 되었다. 이러한 대리인은 地稅令施行細則에서 규정하고 있는 納稅管理人인 것이었다.[118]

이와 같이 地稅의 地主負擔이 강요되는 가운데서, 金氏家의 地主經營에서는 작인과의 공동부담으로 되어 있던 農資를 줄이고, 따라서 지주의 취득분이 늘어나는데도 작인들은 이를 묵인하였던 것이지만, 그러나 이와 같은 地稅負擔의 지주부담에로의 환원은 지주경영상에 있어서는 큰 고민이 아닐 수 없었다. 低米價政策 속에 地稅는 실질적으로 점점 더 늘어나고 있는 것이며, 그것을 해결하고 나면 지주수입은 전과 같이 윤택할 수가 없었다. 가령 앞에 제시하였던 바 表에서 볼 수 있듯이 第4期의 地主收入은 結當 362斗였는데, 1923년의 경우 지세는 結當 58斗 이상이나 되고 있어서 이를 제외하고 나면 남는 것은 300斗 정도인 것이었다. 그리고 이러한 경향은 앞으로 더욱 심하여질 수밖에 없는 것이기도 하였다. 金氏家의 地主經營에서는 이를 고심하지 않을 수 없었으며, 무엇인가 타개책을 강구하지 않으면 아니 되었다. 金氏家에서는 第4期에 들어오면서부터 벌써 그러한 문제에 대한 대비를 해가고 있었다.

2) 其他의 經營

A ─ 金氏家에는 농지 이외에도 몇 가지 수입원이 있었다. 그 중의 하나는 山坂이었다. 柴草를 공급해 주는 것은 이 山坂으로서 이는 지주수입의 중요한 한 원천이 되고 있었다. 그래서 金氏家의 『秋收記』에서는 山坂을 柴場으로 부르고 있었다. '柴場十馱廛'이라든가, '柴場八十馱落只' 등으로 기록하고 있는 것이 그것이었다. 그리고 이러한 곳은 柴草를 공급하는 山坂이기에 그 면적은 그곳에서 채취되는 柴草의 양으로써 표시되고 있었다. 이와 같은 柴場을 金氏

---

117) 『秋收記』第65冊 附屬文書.
118) 『朝鮮法令輯覽』第11輯 第1章 第2款, 地稅令施行細則, 第2條 8項.

家에서는 순전히 柴草收入을 목적으로 하여 매입하기도 하고 山所를 마련하려고 구입하고도 있었다.

　柴草의 징수를 목적으로 하는 柴場에서는 賭柴 또는 賭地柴를 받고 있었다. 柴場에 대한 지대이었다. 이와 같은 賭柴는 가령 '籠巖谷柴場八十駄麁 一百三十六束　每駄十七束'[119]이라든가, 또는 '籠巖谷柴場八十駄麁　賭柴一百五十束'[120]이라고 하였듯이, 대략 豫想 採取量의 10분의 1 정도를 받고 있었다. 80駄麁의 이 籠巖谷柴場은 金氏家의 柴場으로서는 중심이 되는 곳이었는데도, 그 賭는 이와 같이 10分의 1 정도였던 것으로 보면 아마도 다른 곳에서도 그러하였으리라고 짐작된다.

　그러나 이와 같은 賭柴가 반드시 잘 징수되고 있는 것은 아니었다. 柴場은 位畓을 경작하는 山所直이나 作人들이 관리하였는데, 관리를 잘못하면 제대로 수납이 안 되기도 하였다. 가령 위의 80駄麁의 柴場에서도

　　已往癸亥(1863)以後丁酉(1897)　至三十五年間　每歲末柴或二駄或一駄　塞責而來 計數除減　餘柴幾千餘束[121]

이라고 云謂될 만큼 徵柴가 잘 안되는 일이 일어나고 있었다. 농지에서의 地代도 작인들의 抗租로 징수키 어려운 경우가 있는 것이 이 시기의 지주 소작 관계였으므로, 柴地에서의 賭는 더욱 그러하였을 것이다. 柴場이 賭柴를 목적으로 하는 것이라면, 그 경영이 지극히 어려워지고 있는 것이었다. 그리하여 金氏家에서는 賭를 목적으로 하는 柴場은 이를 점차 정리해 버리고, 마지막까지 소유하게 되는 것은 山所에 따르는 柴場뿐이었다. 그와 같은 柴場이 1923년에는 대략 10町步가 되고 있었다.[122] 그리고 이 山坂만은 金氏家에서 지주

---

119) 『秋收記』 第50冊.
120) 『秋收記』 第68冊.
121) 『秋收記』 第51冊.
122) 『秋收記』 第73冊

曾祖父·曾祖妣山所	佛恩·良道面交界德伊峴山		6,399坪
祖父·母山所	兩寺面	盆　山	11,021 〃
先考山所	吉祥面	峰峴山	5,892 〃
前母主山所	仙源面	金后山	1,500 〃

제를 청산하였을 때도 산소로서 그대로 유지하고 있었다.

柴場과 더불어 金氏家의 地主經營에서 또 하나의 수입원이 되고 있는 것은 果樹였다. 江華地方에는 柿 栗 梨 棗 등이 주산물로서 생산되고 있었는데, 金氏家에서는 이러한 과수를 통해서도 수입을 보태고 있었다. 1896년의 경우 金氏家의 과수는 柿 15株, 栗 10株, 梨 5株였으며,[123] 1901년의 경우에는 柿 34株 이상, 栗 10株 이상, 梨 7株 이상이 되고 있었다.[124] 이는 물론 과수원으로서 또는 농장으로서 재배되는 것은 아니었으며, 각지의 山所墓家의 垈田에 따르는 것이었지만 그 수입은 적지 않은 것이었다. 가령 1901년의 경우 吉祥面에 있는 柿木 9株로부터는 '一百貼放價 一百五十兩入 四貼七十介摘入秋夕'이라고 하는 수입이 있었다.[125] 과수로부터의 수입은 일부 家用으로 쓰여지는 것 외에는 모두 상품으로서 판매되고 있는 것이었다.

B ― 牛는 金氏家의 중요한 동산이었다. 농민들이 농지를 起耕하는 데는 반드시 農牛의 힘을 이용하지 않으면 아니 되는데, 이 시기의 농민들은 누구나가 그와 같은 牛를 사육할 수 있는 것이 아니었다. 農牛를 사육할 수 있는 것은 많은 농민들 가운데서도 力農하는 부농이 아니고서는 불가능하였다. 가령 개항 전의 농촌사회에 관하여,

農民畊具專資一牛 而其中力農之家僅飼一牛[126]

라고 정부에서 말하여지고, 따라서 그에 대한 대책이 논의되고 있었음은 그와 같은 농촌사정을 말하여 주는 것이겠다. 그러기에 農牛를 소유한다는 것은 農業勞動이 雇傭勞動에 의존하던 이 시기에 있어서는 중요한 의미를 지니는 것이 아닐 수 없었다. 農牛를 1일간 借耕하려면 人力으로는 수일간의 노동으로써 보상해야 하고, 賃金을 지불해야 할 경우 그것을 마련하지 못하면 폐농이

生母山所	兩寺面	油溪山	4,785 〃
計			29,597 〃

123) 『秋收記』 第46冊.
124) 『秋收記』 第51冊.
125) 同 上.
126) 『江華留營啓錄』 2, 同治 元年(1862) 10월 18일.

되는 수밖에 없는 것이 이 시기의 농업생산의 실정이었으므로,[127] 農牛는 농가에 있어서 주요한 수입원이 되는 것이었다. 그뿐만 아니라 牛는 그 밖에도 식용으로서도 큰 수입이 됨은 말할 것도 없는 일이었다.

開港이 된 후에는 農牛는 또 다른 면에서 중요성을 띠게 되었다. 日本에 대한 수출품으로서 각광을 받게 된 것이었다. 日本에서는 淸日戰爭, 露日戰爭을 위해서 많은 군수물자가 필요하였고 그것을 충당하기 위해서는 많은 韓國牛皮의 수입이 불가피하였다. 그리하여 우리나라에서는 米·豆·金·銀과 더불어 牛皮가 또한 對日 수출을 위한 중요한 상품이 되었고,[128] 따라서 飼牛는 종래에 비하여 좋은 수입이 되고 있었다. 牛商들은 각지에 출몰하면서 牛의 매입에 열을 올렸고 牛皮의 값은 날로 등귀하였다. 이러한 상황이 당시의 기록에는 '挽近牟利輩假稱貢人 出沒各道私自買賣 則皮價高騰 利於私而害於公 莫重御貢 每有生梗之弊'[129]라고 기술되고 있었다. 飼牛는 호경기를 맞이하였고 좋은 산업이 되고 있었다.

金氏家의 飼牛는 그렇지만 목장이 마련되고 그곳에서 사육되고 있는 것이 아니었다. 金氏家에서는 그것을 농민들에게 대여하여 사육시키고 있었다. 이는 한편으로는 農牛를 농민들에게 貸與 使役케 함으로써 牛賭를 징수하기도 하고, 다른 한편으로는 牛價의 시세가 좋아서 이를 放賣하고 싶을 때에는 언제든지 팔아버릴 수도 있다는, 두 가지 목적을 다 달하기 위한 방법이었다. 그러기에 가령 농민들이 그 노동력을 이용할 수 없는 雛牛를 사육할 경우에는, 牛賭를 받을 수 있는 것이 아니라, 사육비를 제공하지 않으면 아니 되었다. 金氏家의 飼牛는 이런 경우가 많았다. 그래서 金氏家에서는 飼牛經營의 내용을 '喂牛各人'이란 제목으로 置簿하고, 喂養人에게는 사육비, 즉 喂養價를 지불하고 있었다. 雛牛나 小牛를 농민으로 하여금 사육케 하여 大牛가 되면 농경에 이용하기도 하고 상품으로 판매하기도 하려는 것이었다.

이와 같은 飼牛에 있어서 喂養價는 헐치가 않았다. 金氏家에서는 大牛 1頭

---

127) 『朝鮮後期農業史研究』 I, 초판본, p.63 ; 同書 II, 증보판, p.335.
128) 註 28), 29) 논문.
　　　前揭 『朝鮮農業發達史』 發達篇, pp.394~408 참조.
129) 『江華留營啓牒錄』, 辛巳(高宗 18年, 1881) 9月 日.

에 450兩으로 사던 해에, 1년생의 송아지를 喂養價 40兩을 지급함으로써 키우게도 하고,[130] 1년생 송아지를 2년간 사육하기 위해서는 '二十四朔所喂後 雛牛一匹買給次言約'이라고 하였듯이, 그 대가로서 젖소(송아지) 한 마리를 사주기로 약속하기도 하였다.[131] 말하자면 송아지를 大牛로 성장시키기 위해서는 많은 자금과 공력이 드는 것이었다. 그러기에 이와 같은 農牛를 사육한 바 농민에게서 牛賭를 받을 때는 전액을 다 받을 수가 없었다. 경우에 따라서는 米 9斗를 받기도 하고 또 경우에 따라서는 米 25升을 받기도 하였다. 이 시기의 牛賭는 대개 租 2石이었으므로 헐가인 셈이었다.[132] 그러나 그렇더라도, 飼牛經營에는 많은 이익이 있었다. 牛價는 穀價와 마찬가지로 계속 등귀하고 있었기 때문이었다.[133]

飼牛經營은 농지경영에 있어서와 마찬가지로 기복이 있었다. 1862년의 農民抗爭前까지만 해도 金氏家에서는 大小牛를 합하여 15頭나 喂養시킨 때가 있었는데, 大院君 집권하에서는 농지의 축소와도 병행하여 전부 放賣하고 있었다. 아마도 농지에서의 경영규모의 위축을 農牛의 매각으로써 막아보려는 노력이 아니었을까 생각된다. 그러나 개항 후에 地主制의 경기가 회복되면서부터는 飼牛經營도 다시 활발하여질 수가 있었다. 第2期에는 한때 大小牛를

---

130) 『秋收記』 第42冊.
131) 『秋收記』 第24冊.
132) 『朝鮮後期農業史硏究』 Ⅰ, 초판본, p.282.
133) 『秋收記』 第10·35·42·44·53·56·60·62·69冊에서 牛價를 표시하면 다음과 같다. 但, 같은 해에 같은 牛(雌·雄)로서 값이 다른 두 例가 있으면 高價인 경우를 例示하였다. 1900년대의 騰貴에 관해서는 註 33) 米價騰貴의 경우 참조.

牛價의 騰貴狀況

1858년	黃雌牛	27兩 5錢
1886년	〃	180兩
1892년	〃	450兩
1895년	〃	500兩
〃	黃雄牛	530兩
1904년	黑雄牛	1,750兩
1906년	大黃牛	1,750兩
1911년	〃	2,020兩
1912년	大 牛	2,858兩
1919년	〃	5,100兩

합하여 16頭를 喂養시킨 때도 있었다. 그리고 第3期와 第4期에 이르면서는 농지의 규모가 축소하는 것과 때를 같이하여 飼牛의 수도 점차 줄어들었다. 1910년에는 5頭가 남아 있었고, 1921년에는 마지막 1匹을 放賣하였다. 이 경우도 地主經營의 위축을 이로써 막으려는 셈이었겠지만, 그러나 이로써 기울어지는 地主經營을 만회할 수는 없었다.

　C — 高利貸業은 金氏家의 지주경영에서 빼놓을 수 없는 중요한 사업이었다. 그리고 이 고리대는 金氏家의 지주경영에서 처음부터 마지막까지 남는 기능이었다. 이러한 고리대를 이때에는 長利라고 불렀는데, 이는 춘궁기에 租 1石을 대여하면 추수기, 즉 約 6개월 후이면 元利를 합하여 1.5배인 租 1石 10斗를 받고, 1년이 지나면 2배인 租 2石을 받는 것이었다. 復利는 아니었으나 엄청난 고리였다. 長利를 얻어가는 것은 金氏家의 농지를 借耕하는 小作人만이 아니었으며, 小作人일 경우에는 추수시에 그 해의 打租와 함께 長利條를 징수하고 있었다.

　金氏家의 고리대업이 특히 성하였던 것은 第2期였다. 第1期에는 斗單位로 貸借함을 볼 수 있을 뿐이었는데, 第2期에는 數十石씩 분급하는 해가 있었다. 가령 1884년의 경우 23명에게 48石 15斗를 長利로서 분급하고 있는 것이 그것이다. 그리고 그 후에는 79石을 宋聖玄家에 任置하고서 이를 長利條로 대여케 하고 있었다.[134] 이때의 金氏家에서는 長利條로 들어오는 수입도 적지 않은 셈이었다. 第2期는 地主經營이 크게 성장하여 그 경영규모가 절정에 달하는 시기였는데, 바로 이러한 시기에 고리대업도 가장 활발하고 수입이 많은 것이었다. 이는 이 양자가 밀접한 관계에 있었음을 말해주는 것으로서, 아마도 고리대로써 벌어들인 부가 다시 토지의 집적에 투자되었음을 반영하는 것이 아닐까 생각된다. 이 시기에는 기본적으로 米穀貿易의 성행과 관련하여 地主制的인 농업경영이 성장할 수 있었던 것이지만, 그와 아울러서는 고리대가 또한 그 성장을 위해서 크게 기능하고 있는 셈이었다.

　金氏家의 고리대업은 長利가 중심이지만 그와 아울러서는 典當이 또한 있었다. 농지나 기타의 재물을 담보로 고액의 금전을 대부해 주는 것이었다. 穀

---

134) 『秋收記』 第34·35·36冊.

物의 長利가 주로 영세민을 대상으로 한 것이라면, 아마도 이 典當은 무엇인
가 사업을 하는 사람에 대한 대부였을 것으로 짐작된다.

이와 같은 典當의 사례는 여러 경우가 있었다. 가령 1902년에 金氏家에서
는 田 11斗落, 畓 1斗落을 담보로 하여서는 李浩成에게 1,000兩을 대부하고
있었으며, 같은 해에 草家 12間, 垈田 12斗落, 蒲田 1斗落 및 柿木 25株를 담
보로 하여서는 韓呼允에게 1,200兩을 대부하고 있었다.[135] 그리고 1892년에
는 畓 7斗落과 매년 春鹽 10隻, 秋鹽 10隻을 받을 수 있는 鹽賭地를 담보로
하여서는 李仁守라는 사람에게 600兩을 대여하였었다.[136] 이러한 담보는 물
론 본전을 상환하지 않으면 해제될 수가 없었다. 前記 李仁守의 鹽賭地 담보
는 1919년에야 해제되었는데, 그간 金氏家에서는 매년 春秋鹽 각 10隻씩을
약속대로 받아들이고 있었다.

金氏家의 지주경영 성장에 작용하는 기능으로서는 高利貸付業이 큰 비중을
차지하고 있었지만, 이러한 대부업이 지주경영이 쇠퇴하는 第4期에 들어서면
서는 갑자기 규모가 작아지고 있었다. 金氏家에서는 지주경영이나 고리대를
통해서 얻은 수익을, 이제는 점차 그 자신의 새로운 사업에다 투자하게 된 까
닭이었다.

D — 金氏家에서 第4期에 들어서면서 경영하게 되는 새로운 사업은 布木商
이었다. 기술한 바와 같이 金氏家는 韓末에서부터 이미 布木廛을 경영하고 있
는 상인이어서, 이 상업은 金淳泰家에 있어서는 결코 생소한 것이 아니었다.
그리하여 金氏家에서는 이 사업을 한 때는 지주경영과 병행하는 부업으로서
경영하기도 하였으며, 이어서는 지주경영을 청산한 위에서 專業으로서 경영
하게도 되었다.

副業으로서 포목상에 손을 대게 되는 것은 日帝의 수탈농정으로 인하여 여
러 가지 면에서 지주경영이 어렵게 되면서부터였다. 그렇게 되기까지에는 주
위 사람들의 권유가 있었겠지만, 金氏家에서 이 일을 직접 맡아 하기로 용단
을 내린 것은 金淳泰의 母親이었다. 金氏家에서는 이 일을 위한 자금으로서

---

135)『秋收記』第52冊.
136)『秋收記』第42·46冊.

수년간을 해마다 모친 앞으로 30여 石씩을 내놓았다.[137] 그리고 金淳泰는 이로 인해서 江華郡商業會議所의 임원으로서 관계하게도 되었다. 이때의 이곳에는 布木商組合과 米穀商組合이 있었는데, 商業會議所는 이를 연결하는 기구였던 것으로 생각된다. 金淳泰는 지주로서 米穀商組合과도 무관할 수 없고, 포목상으로서 포목상조합과도 인연이 없지 않았으므로, 이 기구에도 관계를 갖게 되었을 것이다.[138]

布木商의 兼營은 1920년대까지 계속되었지만, 이 무렵이 되면 기술한 바와 같이 지주경영이 더욱 어려워지고 又 物産獎勵運動의 일환으로서 이곳에서는 人造絹産業이 발달하게 됨으로써, 金氏家에서는 이제 점차 포목상 경영에 더욱 큰 비중을 두게 되었다. 그리고 마침내는 조상대대로 이어온 地主制를 청산하고 전적으로 布木商에만 전념할 것을 생각하게 되었다. 오랫동안의 심사숙고를 거쳤겠지만, 그 결단을 내린 것은 經濟恐慌·農業恐慌과 農民鬪爭·小作爭議의 격화로 지주경영이 난국에 부딪치게 되는 1920년대 후반, 특히 1928, 1929년의 일이었다. 이 해에는 家作田 일부와 山所位畓만을 남겨 놓고 地主制로서 경영되던 모든 농지를 放賣하였으며, 여기에 완전히 金氏家의 地主制는 청산되기에 이르렀다.[139] 그리고 지주제를 청산함으로써 얻은 자금을 布木商 경영의 확장에다 투자하게 되었음은 말할 것도 없었다. 金氏家에서는 이때 崔尙鉉이 경영하던 布木商을 인수 확장하였고,[140] 이로써 專業的인 布木商人이 되었다. 金氏家에서는 일제의 수탈적 농정책 속에서 지주경영의 난국을 布木商에로의 전환을 통해서 타개하고 있는 것이었다.

---

137) 『秋收記』 第62-68冊.

138) 그래서 한때 金氏家의 『秋收記』(第62-64冊)에는 版心 부분에 商業會發行이라는 印이 찍히고, 또 『秋收記』 최말미의 확인란에는 江華郡商業會議所의 職印이 찍히기도 하였다.

139) 거의 대부분의 農地는 1928년에 放賣하였고(『秋收記』 第78冊), 남은 부분도 그 이듬해에는 대부분 처리되었다(『秋收記』 第79冊).

140) 康宇哲 교수에 의하면 崔尙鉉은 이때 合一學校의 校監이었다가 校長이 되고 있었으며, 학교가 經營難에 빠지게 되자 教師 康興錫翁의 권유에 따라 家業인 布木廛을 처분하여 학교재단에 희사하였었는데, 金氏家에서는 이때 이것을 인수하여 그 業을 확장하였다고 한다.

5. 結　語

　　이상에서 우리는 韓末에서 日帝下에 이르는 地主制 변모의 한 사례를 江華地方의 한 지주였던 金氏家에 관해서 살폈다. 金氏家는 이 지방에 世居해 오는 土着地主로서 그 사회적 지위는 武班系의 지배층에 속하는 것이 특징이었으며, 그 地主로서의 규모는 큰 것이 아니었으나 그 움직임은 이 시기의 지주제 일반의 그것을 반영하는 것이었다.

　　開港前의 金氏家는 1862년의 農民抗爭 전까지는 그 사회적 지위에 주어지는 여러 가지 혜택 특권과도 관련하여, 그리고 전국적 유통기구의 요지에 위치하여 농산물의 상품화가 특히 유리하였던 점과도 관련하여, 封建地主로서의 성장을 지속할 수 있었으나, 1862년의 農民抗爭을 계기로 하여서는 이것이 어려워지고 있었다. 農民抗爭은 봉건적인 地主制와 賦稅制度의 모순에 그 근본적인 원인이 있었던 것으로서, 그 후에 있게 되는 抗爭 收拾策으로서의 諸政策이 그 원인을 근본적으로 제거하는 데까지는 미치지 못하였으나, 地主層 및 그 대변인으로서의 양반·관료층의 農民收奪에는 일정한 제동이 걸리게 된 까닭이었다. 大院君의 정치는 바로 그것이었다. 더욱이 大院君 治下의 이곳에서는 여러 차례의 戰亂이 거듭되고 있어서 농업생산력은 저하되고 地主收入은 줄어들고 있었다. 경영주가 교체된 것도 타격이었다. 수입은 줄고 있는데 富豪層에 대한 통제는 가중하고 있어서 金氏家에서는 農牛를 팔고 田畓을 팔지 않으면 아니 되었다.

　　大院君의 실각과 개항은 이 시기의 地主 일반에게 새로운 활로를 열어 주고, 金氏家에서도 이 물결 속에서 地主로서의 재기가 가능하였다. 地主層에게 가해지던 통제는 해제되었으며 日本에 대한 米穀貿易이 또한 성행함으로써, 地主層은 수입이 증대하고 더욱 많은 토지의 집적이 가능하게 되어 地主로서의 성장이 보장되었다. 대대적인 高利貸도 이 시기 地主層의 큰 수입이 되었고 이는 또 토지집적에 기여했다. 好景氣의 물결을 타고 지주층이나 농민들은 농업생산에 열을 올리게 되어 농업생산력을 크게 향상시켰지만, 이는 時作·佃

作農民보다는 地主層에게 더욱 유리하게 작용하고 있는 것임에서, 地主層의 수입은 이로써도 더욱 증대되었다. 그리하여 金氏家의 地主制는 이 시기에 가장 크게 성장하였고 그 경영규모는 절정에 달하였다.

그러나 地主層의 눈부신 성장은 곧 自作農이나 時作農民 일반의 급격한 몰락과정을 의미하는 것이었다. 농민들 가운데는 토지로부터 배제되는 자가 늘어났고 地主制를 위요한 사회적 모순은 더욱 격화되었다. 그리고 그러한 분위기는 마침내 農民戰爭의 배경과 요인으로 釀成되어 갔다. 金氏家에서는 이러한 농민경제의 파탄에 대처하여 시작농민들의 생활안정을 강구치 않을 수 없었고, 그래서 이 무렵의 시작농민들의 평균 경작면적은 다른 어느 때보다도 늘어나게 되었다. 이는 일부의 농민이 作人으로서 안정될 수 있는 반면 다른 일부의 농민은 時作地에서 조차도 몰려나게 되었음을 의미하는 것이었다. 이 시기의 地主制는 그가 안정시켜준 이와 같은 일부 時作農民을 기반으로 해서 성장하고 있는 것이었으나, 이는 또한 農民層分化의 격화와 몰락농민의 토지로부터의 철저한 배제를 의미하는 것임에서, 그 자체 農民戰爭의 배경과 요인이 되는 것이었다.

地主의 성장은 淸日戰爭 이후 크게 제약을 받게 되었다. 日本人 農業資本家들이 각지에 農場을 개설하여 米穀生産에 열중하고 그것은 日本으로 수입되어 갔다. 이러한 농장이 露日戰爭을 전후해서부터 1910년에 이르기까지 무수히 설치되었다. 米穀貿易의 量이 상대적으로 늘어나기는 하였지만, 韓國人 地主層의 米穀貿易은 이제는 독주할 수 없게 되고, 강력한 경쟁자를 만나게 된 것이었다. 더욱이 日本內에서는 그들의 농업을 보호하기 위하여 무거운 關稅를 부과하기도 하였다. 우리나라 地主層의 米穀貿易의 경기는 이제는 전과 같이 좋을 수가 없었다. 그뿐만 아니라 이 무렵에는 日帝의 침략에 대한 위기의식이 고조되어, 그것은 여러 가지 면으로 배일의 분위기를 조성하였으며, 그것은 또 이곳 江華뿐만 아니라 전국 각 지방에서의 義兵투쟁으로 폭발되어, 對日수출을 전제로 한 米穀商人의 활동을 어렵게 하기도 하였다. 적어도 日帝에 대하여 저항적 자세에 있는 사람이면 日帝侵略에 편승하여 致富를 할 수는 없었다. 金氏家는 江華義兵을 주도한 家門의 하나이기도 하였다. 그리고 설상가상으로 金氏家에서는 봉건적인 地主로서 가장 유능하였던 第2代 經營主를 잃게 됨으로써 地主經營에 차질이 오기도 하였다. 그리하여 金氏家의 地主經營은 이와 같은 일반적인 政治정세나 私的인 사정으로 인하여 크게 침체되지 않을 수가 없었고, 그것은 곧 농업생산력의 저하로 반영되었다. 이를 만회하기 위해서는 作人들에게 地稅를 전가해 보기도 하였으나 大勢를 돌이킬 수는 없었다.

日帝가 우리나라를 완전히 수탈지역으로 强占한 후에는, 地主制는 일정한 절차를 거쳐 제도적으로 그 資本主義 農業體制의 기반이 되었으므로, 외관상으로 본다면 지주제는 日帝 統治當局의 보호하에 무한히 발전하고 성장할 수 있을 것으로 기대되었다. 그리고 사실상 그러한 점이 없지 않았다. 가령 地主와 小作人간에 문제가 있을 경우 당국자는 地主의 편에 서서 지주를 옹호하는 것이 일반이었다. 그러나 地主制가 그 資本主義 農業體制의 기반으로서 제도화되었다고 하는 사실은, 다른 한편으로는 그것이 日本資本主義의 農業機構에 제도적으로 편입되었음을 뜻하는 것으로서, 그것은 앞으로 일본자본주의의 강한 통제를 받지 않으면 아니 되도록 되었음을 의미하는 것이기도 하였다. 더욱이 이 시기에는 일본자본주의가 점차 발전 성장하여 獨占資本主義 단계로 접어들고 있었으며, 또 日本帝國主義 당국은 그 독점자본주의를 육성하여 장차 國家獨占資本主義를 확립하려는 입장이었다. 그러므로 地主制 地主經營은 이제 종전과 같이 자유롭고 유리할 수만은 없었다. 이 단계가 되면 일본자본주의는 地主資本을 産業資本의 동반자로서가 아니라 예속자로서 그 지배하에 두게 되고 있었다.

日帝의 韓國에 대한 농업정책은 米穀生産을 위한 일련의 계획도 그렇고, 米穀收奪(移出)을 위한 정책도 그렇고, 米穀市場에 대한 대책도 그러하였으며, 또 地主 小作관계의 개선문제도 그러하였지만, 그들의 농업정책은 모두가 우리의 농업을 그들 위주로 그들을 위해서 존재케 하려는 것이었다. 그러한 가운데서도 지주층에 대한 일정한 통제는 日本資本主義와 그 獨占資本主義의 우리 농업 지배를 위해서 필요한 것이었고, 小作農民의 自作農化 계획은 농민과 농업생산에 대한 地主層의 中間介入을 차단 견제하고, 권력과 독점자본에 의한 그것의 직접적인 지배나 효율적인 수탈을 위해서 필요한 것이었다. 그리고 우리 사회가 내포하고 있는 사회적 모순, 階級的 對立의 일정한 打開는 그들의 침략지역에 대한 統治上의 문제로서도 필요한 것이었다.

말하자면 그들의 韓國에 대한 농업정책은, 그들의 농업과 그들의 독점자본주의의 성장을 위해서 취하여졌고, 그러한 속에서 우리의 농업은 개편이 되고 희생이 되고 있는 것이었다. 이와 같은 큰 움직임 속에서 地主層이라고 예외일 수는 없었다. 이 무렵의 地主層은 많은 경우 아직 半封建的인 地主 時作의 관계를 그대로 온존하고 농민들을 부단히 수탈하고 있었지만, 그러나 米穀의 생산과 유통 그리고 소작조건 등에 관하여 보다 높은 차원에서의 통제가 가해지고, 그것을 움직이는 데 우리의 의지가 작용할 수 없는 경제기구 속에서, 地主層이라고 여전히 그 경영을 成長시켜 나갈 수는 없는 것이었다. 地主層의 成長은 그와 같은 日帝의 농업정책 내에서의 일이었으며, 그러기에 그들 地主層이 이 시기에도 여전히 舊來와 같은 지주로서 成長하려면, 日帝의 農業政策에 편승하여 그 地主經營방침을 개선하거나 그들에게 기생하여 더욱 가혹한 농민수탈을 강행하는 수밖에 없었다. 이 시기에는 실제로 그러한 地主가 많았으며, 그렇지 못한 지주는 점차 그 地主隊列에서 쇠퇴 탈락하는 수밖에 없었다.

農業改良 이후에는 소출이 늘고 수출이 늘기도 하였으나 그것이 우리 農業의 성장과 번영을 뜻하는 것은 아니었다. 더욱이 金氏家의 경우에는 농업개량이 있은 후에도 소출은 늘지 않고 있어서, 第4期의 農業生産力이 第2期의 그것에 미치지 못하고 있었다. 1920년대에서 1930년대에 걸치는 低米價政策과 農業恐慌은 사태를 더욱 악화시켰다. 그리고 地稅의 고율화와 그 납세의무의 地主規程은 地主로서의 金氏家의 부담을 증대시키는 것이 되지 않을 수 없었다. 그리하여 金氏家의 지주경영은 이제 더욱 쇠퇴하지 않을 수 없도록 되었으며, 마침내는 그것의 유지가 어려워지기에 이르렀다. 收奪的 農政策下에서의 地主經營의 위기였다.

金氏家에서는 이러한 상황 속에서 그 위기를 타개하는 길을 布木商에로의 資本轉換으로써 찾고자 하였다. 그리하여 처음에는 이를 兼營으로서 시작하였으나, 地主經營이 더욱 어려워지는 데 따라서는 物産獎勵運動에 힘입으면서, 완전히 地主制를 청산하고 布木商으로 職業을 轉換하기에 이르렀다. 오랜 세월에 걸친 金氏家의 地主制는, 말하자면 日帝의 韓國에 대한 농업정책, 獨

占資本主義 國家獨占資本主義의 농업정책 속에서 무너지고, 韓國人 지주·자본가계급이 전개하는 物産獎勵運動의 일환에 참여함으로써 겨우 새로운 활로를 찾을 수가 있었다.

〔『東亞文化』 11, 1972. 揭載〕

羅州 李氏家의 地主經營의 成長과 變動

1. 序　言

　韓末에서 日帝强占期에 걸치면서 구래의 地主制가 변모하는 사정에 관하여, 다음으로 우리가 관심을 갖게 되는 것은, 종전의 經營地主나 經營型富農에게서 볼 수 있었던 바와 같은 농업경영, 그 중에서도 특히 전자적인 農業經營은 日帝下에 이르면서 어떻게 변모하고 있었을까 하는 점이다. 종전의 農業生産·農業經營에서 資本主義農業과 연결될 수 있는 가장 가능성이 있는 것은 위 두 계층의 농업생산·농업경영이었으며, 그 중에서도 전자는 일면 농업생산자이면서 다른 일면으로는 지주이었기 때문이다. 말하자면 그들은 地主層이면서도 농업생산에 직접 참여하고 있어서, 역사의 진전 여하에 따라서는 그 經營地主적인 농업생산방식이 經營型富農적인 그것을 매개로 하여, 企業農的이고 資本主義的인 농업생산방식으로 발전할 수 있는 것이기 때문이었다.[1]

　이 같은 관심에서 우리가 韓末의 격동과정을 거쳐 日帝下에 이르게 되었을 때의 농업생산에서 주목하게 되는 것은, 韓國人 地主層 가운데는 日本人이 설치하고 운영하는 농장과 그 경영내용이 다른, 그러나 日本人의 농장과 기본적으로 그 성격이 같은, 영리를 목적으로 한 자본가적인 기업농으로서의 農場經營者가 적지않이 있었다는 점이다. 우리는 日帝下의 그 같은 기업농을 구래의 經營地主 經營型富農의 농업경영의 전통 위에서 성립되는 것으로 보는 바이지만, 이를 통해서도 韓末에서 일제하에 걸치면서는 종래의 地主經營이 변동 발전하고 있었음을 발견하게 된다. 이곳에서는 그러한 지주경영의 문제를 羅州 李氏家(李啓善, 1878~1940)의 농장경영을 구체적 사례로서 분석·검토함

---

1) 經營地主 經營型富農에 관해서는 『朝鮮後期農業史研究』Ⅱ, 증보판, 제Ⅲ편의 제1, 제2논문 참조.

으로써 확인해 보고자 한다.[2]

2. 韓末의 李氏家

日帝下에 있어서 李啓善은 대지주로서 큰 농장을 경영하고 있었다. 그러나 그것은 조상전래의 농지를 상속받은 것이 아니라, 韓末에서 日帝下에 이르는 격동과정에서, 그 가문의 農業經營樣式이나 새로운 농업환경과 관련하여 성취한 것이었다. 그러므로 그의 농업경영을 이해하기 위해서는 그리고 地主로의 성장과정을 이해하기 위해서는, 그에 앞서 韓末에 있어서는 그 가문의 경제상태가 어떠하였는지 살펴 둘 필요가 있다.

李氏家는 湖南地方 굴지의 대성(咸平 李氏)으로서 본시 咸平地方이 고향이었으나 朝鮮初期 이래로 이곳 羅州地方으로 이사하여 몇 백년을 살아온 양반가였다. 그러한 가운데서도 후기에 이르러서 그들이 정착하여 살게 된 곳은 水多面 草洞(現 多侍面 永洞里)마을이었다. 한 마을에 累百年을 살아오는 사이에 韓末에 있어서는 주민의 3분의 2가 李氏門中人으로써 구성되었으며, 따라서 이 마을은 李氏家의 동족부락으로서 李氏門中에서 지배하는 마을이 되고 있었다. 그러한 草洞마을이 水多面 중에서는 최대의 촌락이었다. 그리하여 이 마을은 水多面의 행정의 중심지가 되고, 草洞場(場市)이 개설됨으로써 물산유통의 중심지가 되었으며, 寶山祠書院이 건립되어 교육문화의 중심지가 되고도 있었다.[3] 그러므로 李氏家는 草洞마을을 중심으로 水多面을 이끄는 水多

---

2) 다만 李氏家에는 현재 이러한 문제를 論文으로서 전개할 수 있을 만큼 충분한 資料가 남아 있지 않다. 그러므로 本稿에서는 이를 現存하는 몇 가지 資料와 당시 李氏家의 農場經營에 참여하였던 몇 분의 述懷, 그리고 李氏家門의 子孫으로서 이곳 사정에 정통한 李公範, 李載槼 兩 교수의 李氏家門에 관한 술회 및 兩 교수가 目睹한 바 李氏家의 農業經營에 관한 설명을 통해서 많은 示唆를 받으며 작성하게 된다.

3) 李載槼 교수의 술회에 의함. 水多面은 日帝 초기의 地方行政區域 改編에서 이웃 侍郎面, 竹浦面과 합하여 多侍面이 되었고(越智唯七, 『新舊對照朝鮮全道府郡面里洞名稱一覽』, 1917, p.366), 따라서 그 후 이 고장의 중심지는 多侍邑이 되었다. 그리하여 草洞마을에 설치되었던 場市는 폐지되고, 교육의 중심지도 多侍邑으로 옮겨졌다. 草洞場은 이곳 邑誌(『湖南邑誌』羅州)나 其他 地誌에도 보이고, 書院은 지금도

面 최대의 가문이 되고 있는 것이며, 나아가서는 羅州地方 有數의 가문이 되고도 있는 것이었다.

그러나 이와 같은 李氏家도 권력에 참여하지 못한 대부분의 양반층이 그러하였듯이, 朝鮮後期의 마지막 단계, 즉 19세기에 이르러서는 크게 零落해 있었다. 勢道政權下에서 정치적으로 그러하였음은 말할 것도 없고 경제적으로도 그러하였다. 그것은 朝鮮後期의 농업변동, 사회변동과 관련하여 어쩔 수 없는 추세이기도 하였다.

이 시기에는 농법이 전환하는 가운데 農業生産力이 크게 발달하고, 流通經濟가 발달하는 가운데 농업생산이 상업화해 가고 있어서, 이러한 물결에 편승할 수 있었던 전진적인 자세의 力農的 營農계층은 부를 축적할 수도 있었으나, 그렇지 못한 많은 農民層은 몰락에의 길을 걷는 農民層分化가 전개되고 있었다. 더욱이 그러한 가운데서도 일부 地主層의 토지겸병은 성행하고, 권력의 집중화(勢道政治)에서 오는 정치의 부패는 三政紊亂·農民收奪을 가중시키고 있어서 農村社會의 분화는 한층 더 촉진되고 있었다. 이러한 농촌사회의 분화는 이 시기 鄕村社會 구성원의 대다수를 점하는 생산계층으로서의 平民層이나 賤民層을 중심으로 먼저 일어났지만, 그러나 兩班層이라고 예외일 수는 없었으며, 이들 가운데서도 많은 沒落兩班을 배출하고 있었다.

경제적으로 零落하게 되는 兩班層은 대개 타인의 토지를 借耕하는 時作·佃作농민이 되지 않을 수 없었다. 그뿐만 아니라 家勢가 더욱 궁박한 양반층은 직접 手作을 하는 農業勞動에 종사하지 않으면 아니 되었으며, 또 경우에 따라서는 賃勞動으로써 생계를 이어가지 않으면 아니 되는 자가 있기도 하였다.[4] 봉건적인 社會身分制와 經濟制度는 이제 농민층분화와 더불어 무너지고, 농촌사회는 새로운 농민계급으로써 재편성되고 있는 것이었다.

李氏門中의 경우에도 이와 같은 鄕村社會의 일반적 추세 속에서 예외일 수

이곳 名所로서 남아 있으나, 草洞場의 장터는 水田으로 개간되어 李氏家의 農場에 편입되었다.

4) 兩班層의 分解에 관해서는 다음 논문을 참조.
　　拙 稿, a. '18, 9세기의 農業實情과 새로운 農業經營論'(『韓國近代農業史硏究』上), pp.25~29 ; b, 『朝鮮後期農業史硏究』 II, 증보판, 제III편의 제1논문.

는 없었다. 韓末에 이르러서는 李氏門中의 중심가인 宗家집에서도 겨우 160여 斗落을 소유하는 데 불과하였고, 나머지 門中諸家는 이제 신분상으로만 兩班層임을 면치 못하게 되고 있었다. 李啓善의 경우도 마찬가지였다. 이 李氏家는 그 曾祖代에 종가에서 분가하였으며, 그 조부는 세 아들을 두고 그 중 둘째 아들 李邦憲이 분가하여 일가를 이루고 啓善을 출생하였는데, 李邦憲이 분가할 때의 分財는 겨우 畓 4斗落只였다. 그리하여 李邦憲은 직접 농업노동에 종사하지 않으면 아니 되었고, 그것으로도 생계를 이어가기가 어려워서, 이 고장 특산물인 竹物細工에 종사하지 않으면 아니되기도 하였다.[5]

이러한 실정 속에서 李氏門中에서는 기우는 家運을 재건하고 양반으로서의 체모를 유지하기 위해서 무엇인가 대책을 세우지 않으면 아니 되었다. 그 하나는 문중의 자제를 철저히 교육하는 일이었다. 宗家집에서는 넓은 사랑채와 정자를 서당으로 개방하고 門中의 청소년을 모아 엄한 교육을 시키게 되었다. 과거에 응시하여 합격하고 관리가 되게 하려는 데서였다. 그 열성은 대단하였다. 어떤 학생은 鄕試에 합격한 후 12번씩이나 文科에 응시하기도 하였다. 그러나 19세기의 勢道政權下에서 才藝만으로써 과거에 합격하기는 어려웠다. 그러한 가운데서 門中書堂은 오래 계속되었다. 韓末에는 李啓善도 18세까지 이 門中書堂의 학생으로서 과거응시를 목표로 공부를 하고 있었다. 그는 체구가 다부진 데다 성격이 豪放하여서 武科에 응시할 생각이었으며, 합격한 후에는 北兵使를 지내는 것이 희망이었다.[6]

다른 하나는 零落한 가세를 만회하기 위하여 경제대책을 세우는 일이었다. 李氏門中에서는 농업에 종사하는 동족에게 농업생산에 성의를 다하는 篤農家가 됨으로써 열세한 토지소유에서 오는 빈곤을 극복토록 하였다. 그것은 門中諸家에만 요구되고 있는 일이 아니었다. 李氏一門을 이끄는 종가에서도 그 토지경영의 방침을 고쳐가고 있었다. 分半打作의 竝作制 地主經營을 최소한으로

---

5) 李氏門中人인 李啓式(字는 海同, 1976년 현재 75세)翁의 술회에 의함. 李翁은 이 곳에서 출생하여 이곳에서 성장하였고 지금도 이곳에 살고 있다. 그러한 가운데 日帝下에 있어서는 이 農場의 借地 借家의 農民이었고 李邦憲, 李啓善의 2代에 걸친 農場經營에서 한때 執事의 일을 맡고도 있었다. 그래서 이분은 현재 李氏家의 農場經營에 관해서는 가장 소상하게 잘 알고 있는 분 중의 한 사람이 되고 있다.

6) 李載槧 교수의 술회에 의함.

줄이고 많은 부분을 自作經營으로서 행하고 있었음은 그것이었다. 經營地主의 경영형태로 전환하고 있는 것이었다. 竝作制를 自作經營으로 전환하면 힘은 들지만 그만큼 수입이 늘게 된다. 韓末·日帝初期의 이 집의 농업경영은 전 160여 斗落 가운데서 82斗落을 자작으로서 경영하고, '戶外집' 소작농민 7세대에게 5, 60斗落, 門中人 소작농민 數世代에게 25斗落을 대여함으로써 地主로서 경영하는 것이었는데, 이러한 경영방식은 수대에 걸쳐 행해지고 있었다.[7]

물론 李氏家 종갓집의 이와 같은 경영전환은 단순히 소득을 늘린다는 점에서만 이루어지지는 않았을 것이다. 18, 9세기의 地主制를 중심으로 한 농업생산에 있어서는, 일반적으로 地主와 時作농민간의 갈등 대립 항쟁이 격심하게 전개되고 있어서, 지주경영은 쉬운 일이 아니었다. 그러한 항쟁은 통상 不納·滯納·拒納 등의 抗租運動으로 전개되었지만, 경우에 따라서는 폭력화하여 收租者를 구타하기도 하고, 또 심할 경우에는 집단화하여 농민항쟁으로 확대되기도 하였다. 19세기 중엽의 농민항쟁이나 그 말엽의 농민전쟁은 그러한 항조운동의 확대 강화현상이기도 하였다. 이러한 항쟁에 대하여 지주층은 일반적으로 지대를 경감하는 양보를 하기도 하고, 奪耕移作을 하는 강경책을 쓰기도 하였지만, 그러나 地主制를 그대로 유지하면서 地主와 時作농민간의 대립관계를 근본적으로 해소시킬 수는 없었다.[8] 그러한 마찰이 해소되기 위해서는 竝作 地主制的인 농업경영이 청산되지 않으면 아니 되었다. 그리고 그 방법의 하나로서 取擇된 것은, 자작경영을 확대하여 經營地主와 같은 경영형태를 취하는 일이었다. 自作經營이 확대되면 그만큼 時作농민과의 대립 마찰을 피할 수도 있고 소득도 늘릴 수 있는 까닭이다.

李氏家 종갓집의 이만한 自作經營規模는 조선후기에 있어서의 經營地主 經營型富農層의 경영규모와 같은 것이었으며, 또 그 경영내용도 그와 흡사한 것이었다. 이 시기의 經營地主 經營型富農層은 혹 3, 4石落只에서 혹 7, 8石落

---

7) 李啓式 옹의 술회에 의함. 李옹은 바로 이 宗家집의 後孫으로서 李啓善의 農場經營뿐만 아니라 李氏門中의 宗家집 사정에 관해서도 정통하다. 그런데 그가 어릴 때 들은 바에 의하면 그 宗家집의 經營規模나 그 經營形態는 數代에 걸쳐 동일하였다고 한다.

8) 註 4)의 a 論文, pp.29~72 참조.

只의 농지를 경작하되, 이를 奴婢勞動이나 '품앗이' 및 雇傭노동으로 경영하거나(전자), 雇工과 일시에 많은 노동력을 고용함으로써 경영하고(후자), 이렇게 해서 얻은 농산물은 시장의 시세를 보아 적당한 시기에 판매하는 商業的 農業으로서 경영하고 있었는데,[9] 李氏家 종갓집의 自作經營은 이와 유사하였다. 李氏一門의 종갓집에서 이용하는 노동력은 수명의 雇工과 '戶外집' 노동 및 그 밖의 賃勞動이었다. 일반적 의미에서의 經營地主와 다른 점이 있다면 경영지주의 노비노동이 李氏家에서는 '戶外집' 노동으로 교체되고 있는 점뿐이었다. 이는 身分制社會의 해체와 더불어 필연한 추세가 아닐 수 없었다. 그러한 점에서 李氏家 종갓집의 농업경영은 竝作地主制의 난점을 經營地主制로 전환함으로써 타개하되, 시대의 추세를 따라 주로 임노동으로 농업을 경영하는 經營型富農의 농업경영원리를 받아들여, 노비노동력을 '戶外집' 노동력으로 대체함으로써, 그 농업생산을 여러 가지 형태의 임노동으로써 수행하고 있는 것이었다고 하겠다.

이 경우 '戶外집'은 封建制下에서는 권세가로서의 兩班支配層 土豪層이 그 저택의 행랑채나 이웃에 집을 짓고, 거기에 그 노비나 役과 稅를 피하려는 몰락한 농민층을 입주케 하고, 또 농지를 대여하여 경작케 함으로써, 이들을 그 예하에 庇護 服屬시키고 그 대가로서 각종 勞役에 종사케 하는 '戶底집'이었는데, 신분제가 해체된 후에는 신분적인 예속관계를 떠나서, 단순한 경제관계에서 이들의 노동력을 이용하는 농촌관행으로 전화하고 있는 것이었다.[10] 그러

---

9) 註 1)의 논문 참조.

10) 가령 政府에서 亂廛의 弊端을 말하는 가운데 '士夫家廊底奴僕 若被捉亂廛 則毆打 禁吏而奪去'(『新補受敎輯錄』 刑法禁制)한다고 한 것이라든가, 富戶丁壯의 避役 현 상을 말하는 가운데 '托於士夫廊底'(『正祖丙午所懷謄錄』, p.37)한다고 한 것, 茶山이 軍役과 賦稅의 弊端을 말하는 가운데 '豪戶所庇 其奴屬 宜充束伍 其良丁 宜充良役'(『牧民心書』 卷 27, 簽丁) 또는 '今也廣取客戶 庇爲率屬 使不得視爲齊民'(『牧民心書』 卷 16, 平賦)이라고 한 것, 그리고 哲宗朝의 知識人들이 軍弊를 말하는 가운데 '豪勢家之墓村·廊底'(姜晋奎, 『櫟菴稿』 卷 10, 三政策) 또는 '勢家廊番'(朴熙典, 『酉澗集』 卷 7, 三政策)이 모두 頤役한다고 한 것 等等에서의 士大夫나 豪勢家의 '所庇'戶 '廊底'戶 '廊番'戶는 主家 主戶에 隷屬되는 '戶底집'이었다. 이 '戶底집'은 보통 '호제집', 全北地方에서는 '호지집'이라고도 부르는데 ― 全北地方의 '호지집'에 관해서는 김광언, '정읍김동수씨집'(『古文化』 7), p.25 참조 ― 本稿에서는 옛 '戶底집'과 區別하는 뜻에서 '戶外집'으로 稱하기로 한다.

므로 이들 '戶外집'농민은 借地 借家의 小作農民인 동시에 賃勞動層의 기능도 겸하고 있는, 이른바 勞動小作 農民인 것이었다. 그러므로 이들 農民의 성격을 小作農民으로 볼 것인가, 아니면 農業勞動者로 볼 것인가 하는 문제는 그 小作條件에 달려 있었다.[11]

말하자면 李氏門中의 종갓집에서는 봉건적인 사회관계가 시대를 따라 변동하는 것을 기반으로 하면서, 봉건적인 地主經營을 부분적으로나마 청산하고 있는 것이었으며, 中世社會의 해체과정 속에서 등장하는 經營型富農層의 농업생산의 방식을 부분적으로 도입하여 그 경영을 개선하고 있는 것이었다. 그리고 이러한 경영전환을 통하여 韓末·日帝下에 이르기까지 기술하였던 바와 같은 규모의 농지를 유지할 수도 있었다. 이는 變轉하는 세태에의 적응인 것으로서, 이 가문에서는 그 농지의 유지를 時作·佃作농민을 일방적으로 탄압하는 데서가 아니라, 변동하는 세태에 자기 자신을 적응시키는 것으로써 찾고 있는 것이었다.

그러나 이러한 대책에도 불구하고, 그 본래의 經營規模를 유지할 수 있었던 것은 李氏門中에서도 그 종갓집에 한하고, 나머지 門中諸家는 점점 더 零落함을 면할 수가 없었다. 개항 이후에는 그러한 현상이 더욱 심화되었다. 開港으로 덕을 보는 것은 米穀商人, 地主, 富農層이었으며, 一般農民層은 그 그늘 속에서 희생이 되는 수밖에 없었다. 그러므로 그러한 실정 속에서 李氏門中의 諸家들이 경제적으로 윤택해지기 위해서는 성실한 篤農家가 되는 것만으로써 족할 수가 없었다. 그들은 새로운 세태에 직면하여 보다 더 합리적인 새로운 활로를 찾지 않으면 아니 되었다. 그리고 실제로 그러한 일을 수행한 것은 18세까지 종갓집 서당에서 北兵使가 될 것을 꿈꾸며 漢學을 공부하던 젊은 李啓善이었다. 그는 역사의 새로운 사태에 직면하여, 그 생의 방향을 바꾸고 治産에 열중함으로써, 羅州地方 굴지의 企業農 나아가서는 大地主로 성장할 수가 있었다.

日帝强占期의 '戶外집' 유사농민에 관해서는 『朝鮮의 小作慣行』上, 第19章 第4節 從屬 小作의 慣行, pp.816~821 참조.

11) 이 시기의 勞動小作에 관해서는 澤村康, 『農業政策』上卷, 1932, pp.239~246, 274~277 참조.

3. 農業環境과 地主로의 成長

李啓善은 1878년에 출생하여 1940년에 사망하였고, 따라서 그가 그의 零落한 가세를 재건하여 小規模의 企業農으로 발돋움하고, 나아가서는 大規模의 企業農·經營地主로까지 성장하게 되는 것은, 韓末에서 日帝下에 이르는 시기였다. 그간에는 근대적인 諸改革이 있어서 양반층을 중심으로 한 봉건적인 사회체제가 제도적으로 해체되고, 資本主義 列強에 대한 문호개방과 통상조약이 맺어지게 된 데서 우리나라 경제가 世界資本主義 經濟體制에 연계되어지는 가운데, 특히 日本에 대하여는 미곡수출이 성행하고 있었다. 그러므로 그가 이 시기에 地主로 성장할 수 있었던 것은 바로 이와 같은 시대의 변천과도 관련하여, 官人이 되려 하였던 그 자신의 꿈을 새로운 시대에 적응시켜 治産에다 두고, 이 시기 이 지방의 경제조건을 적절히 이용할 수 있었던 데서였다. 그는 이때 治産을 목적으로 商業에 종사하게 되고, 木浦港의 開港(1897)을 계기로 한 이곳 유통경제의 비약적인 발전에 편승하고 있었다. 그러므로 李啓善이 地主로서 성장하는 사정을 이해하기 위해서는 이 지방의 경제사정에 관하여 살펴 둘 필요가 있다.

羅州郡은 韓末에 있어서는 호구 1萬 6千餘 戶, 토지 2萬 5千餘 結에 달하는 大郡으로서,[12] 한때 觀察使가 留하는 全南地方의 행정의 중심지였다. 그 후 관찰사는 비록 光州로 옮겼지만, 이 郡은 榮山江流域에 전개되고 있는 羅州平野의 중심부에 위치하고 있어서, 全南地方에 있어서는 그 경제적 비중이 대단히 큰 고을이었다. 羅州平野에는 여러 郡이 위치하지만, 특히 羅州郡을 중심으로 한 평야지대에서는 米·綿이 대량으로 생산되고 있어서, 이 郡은 羅州平野 나아가서는 全羅南道 전체에 있어서의 주요한 농업지대를 이루고 있는 것은 말할 것도 없고, 경지의 이용도도 가장 높은 곳이었다.[13] 또 이 郡은 榮山

---

12) 『湖南邑誌』羅州, 1871. 이 邑誌는 『歷史學硏究』Ⅳ(全南大學校 文理科大學 史學科)에 閔賢九 교수 解題로 影印 收錄되고 있다.
13) 久間健一, 『朝鮮農業經營地帶의 硏究』, 1950, p.208.

江下流에 위치하고 南海灣에 연하고 있어서 船運에 의한 교통이 발달하고, 따라서 해상교통을 통한 유통경제와 밀접하게 관련되고 있었다. 말하자면 이 지역은 유통경제와의 관련하에 농업생산이 발달하고 있는 곳이었다.

이러한 사정은 고금을 통해서 동일하였다. 朝鮮初期에는 이곳 풍속이 '居人淳朴…… 力田爲業…… 列肆交易'이라고 지적되고 있었다.[14] 농업생산이 활발하고 유통경제가 발달하고 있음을 이름이었다. 그 후 朝鮮後期에 이르러서도 이러한 사정은 마찬가지여서, 韓末의 地誌에서는 이곳 농업사정을 위의 기록과 동일하게 표현하고 있었다.[15] 그리고 이곳 사정을 세심히 조사하고 있는 地理學者들은 유통경제와 관련된 농산업의 발달을 후술하는 바와 같이 더욱 소상하게 기술하고 있었다.

朝鮮後期에 농산업이 발달하는 사정은 이미 널리 알려져 있는 바이지만, 그러한 가운데서도 水田농업은 현저하였다. 그것은 농법이 전환하는 데 따라 생산력이 크게 발달하였던 까닭이었다. 즉 朝鮮前期까지는 대체로 수전농업이 直播法 중심으로 행해졌는데, 후기에 이르러서는 이것이 移秧法 중심으로 전환 보급됨으로써, 노동력은 덜 들고 水田種麥 등 所出이 많아지게 된 것이었다. 이러한 농법의 전환은 三南地方에서 발단하여 전국적으로 확대되었으므로, 농업의 발전은 전국적인 현상으로서 일어나는 것이지만, 三南地方은 특히 더 그러하였다. 이 지방은 수전지대인 까닭이었다.

農法轉換, 즉 移秧法이 보급되기 위해서는 반드시 水利施設이 갖추어지지 않으면 아니 되었다. 移秧法은 勞少功多한 장점을 지니고 있지만, 그러나 그 반면에 이앙기에 물이 없으면 失農을 하게 된다는 단점도 있어서, 이 농법이 보급되기 위해서는 그 전제조건으로서 수리문제를 해결하지 않으면 아니 되는 까닭이었다.[16] 그리하여 현실적으로 移秧法이 보급되는 데 따라서는 수리시설이 더욱 확대되었으며, 수전지대에 있어서는 특히 더 이 시설에 유의하게 되었다.[17] 三南地方이 그러하였음은 말할 것도 없었다. 徐有榘는 호남지방에

---

14) 『新增東國輿地勝覽』卷 25, 羅州牧(古典刊行會 影印本), p.615.
15) 『湖南邑誌』羅州.
16) 拙稿, '朝鮮後期의 水稻作技術 — 移秧과 水利問題'(『朝鮮後期農業史研究』Ⅱ, 증보판 所收) 참조..

서의 그러한 堤堰施設의 보급사정에 관하여 '地多稻田 務灌漑'한다고 말하고
있었다.[18] 그러므로 이 시기에 각 지방에서 수전농업이 어느 만큼 발달하였는
가 하는 것은, 그 지방에 있어서의 수리시설의 보급정도를 통해서도 이해할
수 있다.

그런데 湖南地方에서 이와 같은 수리시설이 가장 잘 갖추어진 곳은 羅州地
方이었다. 正祖朝의 조사에 의하면 이곳에는 다른 곳에 비하여 월등히 많은
堤堰이 설치되고 있어서 그 수는 106개나 되고 있었다.[19] 그 후 이곳의 堤堰施
設을 조사한 金正浩는 高宗 元年에 완성한 그의 저서에서 '堤堰一百七'이라 하
였고,[20] 高宗 8년에 정부에서 편찬한 이곳 읍지에서는 112개의 堤堰名을 들고
있었다.[21] 羅州地方에서는 이와 같이 수전농업을 위한 기본시설이 시대를 따라
더욱 잘 설치되는 가운데, 그 농업생산력이 한층 더 발전하고 있는 것이었다.

農業의 발전은 流通經濟의 발전을 수반하였고 그 결과는 상업적인 농업을
더욱 촉진시키게 되었다. 그것은 단적으로 농산물을 교역하게 되는 場市의 확
장으로 나타났다. 19세기 초에 이루어진 자료의 이곳 사정에 의하면, 이곳에
는 장시가 모두 5개소였는데,[22] 開港直前에 이르러서는 그것이 10개 處로 늘
어나고 있었다.[23] 상품의 교역이 그만큼 왕성해지고 있는 것이었다.

이곳에서 生産 販賣되는 농산물은 이곳 농촌사회의 빈농층이나 賃勞動層의
수요에 응하는 바가 되기도 하였지만, 그러나 주로 米穀商들에 의해서 수집되
어, 인구가 많은 消費都市나 旱田地帶의 장시로 반출되어 판매되었다. 그러한
무역이 이곳에서는 榮山江과 海路를 통해서 행하여졌다. 이를 통해서는 남북
으로 왕래하는 상인과 상선이 취집하고 물화가 교역되었다. 그러한 선상 중에
서도 중심이 되는 것은 서울 漢江에 거점을 둔 江商이었다. 그들은 대자본을
가지고 전국의 상권을 지배하고 있었다.[24] 말하자면 이 지방의 농산물 교역은

---

17) 李光麟, 『李朝水利史研究』, 1961, pp.26~27 및 同 上 논문.
18) 『林園經濟志』 倪圭志 3, 貨食 八域物産.
19) 『度支志』 卷 3, 版籍司 堤堰(서울大影印本), pp.99~100.
20) 『大東地志』 卷 12, 羅州(漢陽大影印本), p.264.
21) 『湖南邑誌』 羅州.
22) 『林園經濟志』 倪圭志 4, 貨食 八域場市.
23) 『湖南邑誌』 羅州.

船商을 통해서 전국에 공급되는 것이기도 하였다.[25] 그리하여 이러한 경제적 기반 위에서, 이곳 羅州邑은 마치 한양과도 흡사한 湖南地方의 雄都가 되고 있었다.[26] 開港前夜에 있어서도, 이곳 농업은 유통경제와의 관련 위에서 생산되고 있는 것이었으며, 상업적 농업으로서 경영되고 있는 것이었다.

이러한 사정이 개항 후 日帝下에 이르면서는 더욱 현저해지고 있었다. 榮山江流域의 이 곡창지대에서는 개항 후 상업적 농업의 발전을 위한 입지조건이 한층 더 좋아진 까닭이었다. 榮山江河口에 위치한 木浦港의 개항(光武 元年, 1897)과 湖南線의 개통(1914)은 그것이었다. 이로 인해서는 이 지방으로 하여금 內陸貿易을 용이하게 하고 海外貿易과 깊은 관련을 갖게도 하였다. 그러한 가운데서도 木浦港을 통한 해외무역은 이 지방의 면목을 일신시키고 있었다. 당시 우리나라의 대외무역은 주로 米·豆·綿·牛 등 농산물의 수출과, 선진 자본주의 국가의 일용 생필품이나 기타 공산품의 수입이 주였으므로, 이 지방에서는 이제 內陸地方에 대한 농산물 판매 외에도 외국에 대하여 이를 대량으로 판매할 수 있게 된 것이었다. 그리고 이를 통해서 이 지방에서는 농업생산이 한층 더 상업화하고 유통경제도 더욱 발달하게 되었다.

木浦港의 개항이나 湖南線의 개통이 이 지방의 유통경제를 발달시키게 되었음은 당연한 귀결이지만, 그 중에서도 몇 개의 도시는 그 중심이 되고 있었다. 당시의 地誌에서는 그것을 木浦를 비롯해 羅州, 榮山浦, 南平, 咸平, 光州 등으로서 들고 있었다.[27] 이들 諸都市는 목포항과 밀접한 관련을 가진 도시로

---

24) 姜萬吉, '京江商人과 造船都賈'(『朝鮮後期 商業資本의 發達』, 1973), pp.59~97.

25) 『大東地志』 卷 12, 羅州條에서 金正浩는 이곳에서의 船商의 활동을 '榮山江 通潮而 聚商船'(影印本, p.264)이라 하였으며, 李重煥은 『擇里志』 卜居總論 生利條에서 전국을 누비는 船商들의 활동과 관련하여, 이 지방의 交易上의 利點을 '羅州之榮山江 靈光 之法聖浦 興德之沙津浦 全州之沙灘 水雖短 皆以其通湖而聚商船'이라든가, 또는 八道 總論 全羅道條에서 '羅州 …… 西南江海輸會之利 與光州竝稱名邑'이라고 말하였다.

26) 『擇里志』 八道總論 全羅道.

27) 가령 日韓書房編, 『最新 朝鮮地志』(1912), pp.397~398에서는 全羅南道의 重要 都邑을 光州 羅州 榮山浦로 들었고, 原田彦熊·小松天浪, 『朝鮮開拓誌』(1913), p. 198에서는 全羅南道의 주요 상업도시를 열거하되 '羅州 榮山浦 南平 咸平 光州'라 하였으며, 農商工部, 『韓國通覽』(1910), p.85 및 山口豊正, 『朝鮮之研究』(1914, 增訂二版), p.433에서는 여기에 '木浦'를 첨가하였다. 그리고 그 후의 地誌에서는 여기에 다시 '麗水 順天 濟州'를 더하고 있었다(釋尾春芿, 『最新朝鮮地誌』上篇, 1918,

서 木浦를 중심으로 한 商圈을 이루었으며, 木浦港의 수출무역이 번영할 수 있는 배경을 이루고 있었다. 그리고 그러한 가운데서도 羅州와 榮山浦는 그 심장부를 이루고 있었다. 羅州나 榮山浦가 상업도시로서 크게 발달할 수 있었던 것은, 무엇보다도 이들 두 도시가 모두 羅州平野의 중앙에 위치하고 있어서 상품으로서 판매할 수 있는 농산물이 풍부한 데다, 육로·수로·철로 등 교통이 편리하여서 각 지방의 산물이 집산하는 중심지가 되고도 있었던 까닭이었다. 그러한 사정은 이 시기의 여러 地誌에 소상하게 기술되고 있다.[28]

말하자면 韓末·日帝下에 있어서 木浦를 중심으로 한 榮山江流域의 농업지대에서는, 개항전야에 비하여 농산물의 상품화가 한층 더 발달하고, 그것이 해외로까지 수출되는 가운데 유통경제는 비약적으로 발전하고 있었다. 그리고 그러한 상황하에서 농산물의 수출과 관련된 상인층은 급속하게 성장할 수가 있었다. 그러한 상인층 가운데는 日本人도 있고 韓國人도 있었으며, 거대한 자본을 가지고 수출업을 업으로 삼는 貿易商도 있었으나, 각 지방에서 소규모로 농산물을 매입하여 무역상에게 전매하는 仲介商 또는 小商人層도 있었다. 개항 초기에는 일본인들이 주로 전자에 속하는 상인인 데 비하여, 한국인은 주로 후자에 속하는 상인이었다.[29]

木浦港을 중심으로 한 상인들의 경우도 예외일 수는 없었다. 이 항구의 개항 초기에 日本人 貿易商들은 木浦에 거점을 두고 각 지방에 사람을 파견하여

<p.384 및 日高友三郎, 『新編朝鮮地誌』, 1924, p.221).

28) 吉田英三郎, 『朝鮮誌』, 1911, p.436, 452 ; 日韓書房, 前揭書, p.396 ; 釋尾, 前揭書, 中篇, pp.162~165 ; 日高, 前揭書, pp.548~549. 더욱이 日本人들은 일찍이 榮山江에 대하여 榮山浦까지의 蒸氣船航行을 試驗한 後(加藤末郎, 『韓國農業論』, 1904, p.279), 定期航路로서 木浦榮山浦線을 開設 運行하고 있었으므로, 旅客 貨物의 運輸는 대단히 便한 바가 있었다(山口, 前揭書, p.541 ; 日高, 前揭書, p.78 ; 山口精, 『朝鮮産業誌』中, 1911, p.442).

29) 姜德相, '李氏朝鮮開港直後에 있어서의 朝日貿易의 展開'(『歷史學研究』 265, 1962).

吉野 誠, '朝鮮開國 後의 穀物輸出에 대하여'(『朝鮮史研究會論文集』 12, 1975). 또 『韓國誌』에서는 그러한 사정을 '開港 後 겨우 2년이 지나지 않았는데 輸出入業은 모두 日人의 수중에 들어가고 韓商은 日本人이 곡물 등을 매점할 때 그 仲買者에 불과하다'(p.134)라든가, 또는 '米穀輸出商은 대부분 日本人으로서 일본인은 이를 大阪에 輸送하여 工場에 공급하고 그 일부는 日本의 粗惡한 米를 섞어서 歐米에 輸出하기도 한다'(pp.144~145)고 記述하고 있다.

농산물을 매입하고 있었는데, 이러한 日商들의 농산물매입과 연결되는 것은 韓商들이었다. 이 지방에서의 당시의 商去來事情은 '米穀類 其他 모든 생산물은 (日商들이 出張)滯在中 村民들이 가져오는 데 따라 매수하고, 상당량에 달함을 기다려 유일의 운송기관인 苦船에 적재하여 木浦로 보낸다'고 말하여지고 있었는데,[30] 이 경우의 村民은 韓國人 중개상이나 소상인층인 것이었다.

이 지역에서 이때 日商들이 농산물을 매입하기 위하여 출장 체재하는 곳은 말할 것도 없이 榮山江유역의 諸浦口이었다. '榮山江유역의 出穀地로서 잘 알려진 곳은 右岸南部에서는 務安郡의 沙浦 進禮 鶴橋 古幕院, 左岸南部에서는 靈岩郡의 德津 都浦 臥牛浦, 좀 북상하여서는 羅州郡의 石海 烟洞浦 離別岩 潮海 榮山浦 등지이고, 就中 榮山浦 石海의 兩地는 그 最盛期에는 매일의 出穀玄米 數十 石에 달하여 다른 浦港이 어느 곳이나 10俵 內外였음과 각별한 차이가 있었다.'[31] 이 지역에서의 미곡매출의 중심지는 말하자면 羅州郡의 榮山浦와 石海인 것이며, 이곳을 근거로 활동하는 韓商들은 경우에 따라서는 매일 수십 석의 玄米를 매입하여 日商에게 전매하게 되는 것이었다.

李氏家의 젊은 청년 李啓善이 治産에 뜻을 두고 상업에 투신하게 되는 것은 바로 이때의 이러한 상황하에서의 일이었다. 木浦港의 개항이 기정 사실로서 확정되고 준비되어 가던 建陽 元年(1896)에 그는 19세의 청년이었는데, 이때 그의 家勢는 零落할 대로 零落해 있어서 생존을 위해서는 새로운 활로를 찾지 않으면 아니 되었다. 손쉬운 것은 時作·佃作으로서 지주층의 농지를 借耕하는 것이었다. 그러나 농촌사회가 급격하게 분해되어 나가는 속에서 가난한 농민은 地主層의 농지를 借耕하기도 어려웠다.[32] 李氏家에서는 가난한 自·時作

---

30) 木浦府, 『木浦府史』, 1930, p.544.
　　물론 日商과의 거래형태가 늘 그러하였던 것은 아니었다. 후에는 중간에 客主와 朝鮮勸業社 穀物協會를 거쳐서 米穀輸出業者에게 販賣되어졌다(日韓書房, 『最新朝鮮地誌』, pp.322~323).
31) 『木浦府史』, p.544.
32) 註 4)의 a 論文, pp.52~72 및 b 書, pp.277~278에서는 이러한 현상의 일반적 경향에 관하여 논술하였다.
　　李公範 교수의 술회에 의하면, 李氏家에서는 韓末의 貧困하였던 시기에 宗家집으로부터 農地를 借耕하려고 무척 애를 썼으나 안 되었고, 따라서 李邦憲이나 李啓善은 후일 大地主가 된 후에도 이때의 서운하였던 사실을 기회 있을 때마다 술회하였

農과 같은 처지로 생계를 이어가지 않으면 아니 되는 가운데, 그는 무엇인가 새로운 돌파구를 찾지 않으면 아니 될 것으로 생각하였다. 그리고 그는 그것을 商業에 종사하는 것으로써 찾게 되었다. 羅州地方은 본시 상업이 발달한 지역이고, 개항 후에는 外國貿易과의 관련에서 이것이 한층 더 발전하고 있었으므로, 治産을 목표로 할 때 그의 그러한 결정은 자연스러운 판단이 아닐 수 없었다.

兩班家門의 李啓善이 상업에 종사한다는 것은 물론 용이한 일이 아니었다. 李氏家의 문중에는 年老한 어른들이 많았고 宗家집 서당에는 엄한 선생님도 있었다. 그들은 양반가문에서 장사하는 것을 반대하고 있었다. 그가 장사하는 것이 공인되기까지에는 수년이 걸렸고 그간에는 여러 개의 '갓'을 망쳐야만 하였다.[33] 하지만 그것도 수년간의 일이고, 얼마 후부터는 門中의 어른들도 이를 용납하게 되었다. 그것은 露日戰爭 전후의 일이었다.

이때에는 木浦開港 이후 벌써 여러 해가 되고 있어서 수출무역이 궤도에 오르고, 따라서 榮山江유역의 농업지대는 그 농업의 상업화가 한층 더 심화되고 있었다. 그리고 그러한 가운데서 이 지역의 商權을 장악하고 이곳 농민들을 경제적으로 지배하게 되는 것은 일본인 商業資本家들이었다. 이러한 현상은 날이 갈수록 심화되었고, 지식인들은 이러한 결과를 초래하고 있는 開港貿易 그 자체를 비판하기도 하였다.[34] 그리고 獨立協會의 商權守護운동 이래로 新知識을 체득한 지식인들은, 외세의 이권침탈과도 관련하여 그러한 사태를 극복하는 길을, 산업의 발전 상공업의 진흥에서 찾아야 할 것으로 보고 이를 계몽시키고도 있었다.[35] 그리하여 李氏家의 故老들도 이제는 그의 상업활동을

으며, 그래서 李啓善 父子는 그 宗氏들이 借耕을 원할 때는 조금씩이나마 分耕시키고 있었다고 한다.

33) 李公範 교수에 의하면, 李啓善이 처음 장사를 시작하였을 때, 正月에 衣冠을 갖추고 집안 어른들께 세배를 드리게 되면, 으레 엎드려 절하는 그의 머리 위에 '이놈' 하는 호통과 함께 長竹이 사정없이 내리쳐졌으며, 그럴 때마다 갓은 망가졌다고 한다.

34) 『梅泉野錄』, p.53.
   『草亭集』 卷 8, 28장.

35) 愼鏞廈, '獨立協會와 皇國中央總商會의 商權守護運動'(『獨立協會研究』 所收), 1976, pp.529~576.
   姜萬吉, '大韓帝國期의 商工業問題'(『亞細亞研究』 50, 1973).

부인할 수만은 없게 되고 있었다.

더욱이 隆熙 2년(1908)에서 同 3년에 걸치면서는 全南地方이 의병전쟁의 한 중심지역이 되고 각처에서 의병들의 치열한 항쟁이 전개되고 있었는데, 李啓善은 이때 이들에게 비밀리에 군자금을 지원하고 있어서, 日本憲兵隊에 끌려가 심문을 받고도 있었다.[36] 이는 그의 商業活動이 단순한 상행위가 아니었음을 뜻하는 것이기도 하여서, 李氏門中의 故老들로서는 이제 그러한 李啓善의 상업활동을 부정할 수만도 없는 형편이었다. 그리하여 그의 상업활동은 서서히 그 문중에서 公認되기에 이르렀다.

李啓善이 상업활동에 종사하게 되는 것은 주로 米穀商·綿商이었다. 처음에는 몰락한 양반층으로서 큰 자본 없이 장사를 하게 되었으므로 이것저것 형편 닿는 대로 하였지만, 차차 안정이 되면서부터는 米穀商과 綿商에 전념하게 되었다. 木浦港에서의 수출무역은 米穀과 綿이 중심이 되고 있어서, 이 시기 이곳에서의 상업활동에서 가장 이윤이 많은 것은 이 부문인 까닭이었다. 그리고 그는 榮山江유역의 농업지대에 정착하고서 상업을 하는 것이었으므로 이보다 좋은 분야가 있을 수도 없었다. 그리하여 그는 木浦港에서의 米穀수출이나 綿수출에 편승하면서, 榮山江유역 일대에서 이를 수집 판매함으로써 점차 財富를 축적하였다. 이와 같이 그가 米穀商과 綿商을 통해서 어느 정도 富를 축적할 수 있었던 것은 벌써 韓末에 있어서의 일이었다. 의병들에게 자금을 지원하였던 사실은 그러한 사정을 반영하는 것이다. 그리고 그 후 그의 富力은 더욱 커졌다.

앞에서도 언급하였듯이 開港初期의 미곡무역에서 韓商들은 각지의 농촌에서 미곡을 수집 전매하는 소상인이나 중개상인으로서 활동하는 것이 일반적이었으므로, 그의 경우에 있어서도 처음에는 그러한 예에서 벗어날 수가 없었다. 그러나 木浦港에서의 수출무역이 성장하는 데 따라서는 점차 그 사업이 번성하고 大商人으로 성장해 나갔다.[37] 日本은 韓末에서 일제하에 이르면서

---

36) 李公範 교수에 의하면, 이때의 이러한 일은 이로써 그쳤지만, 李氏門中에는 이 일이 李啓善의 武勇談으로서 傳해 온다고 한다.

37) 木浦港에서의 米穀과 기타의 輸出貿易 성장과정은 그 수출액의 증가현상을 통해서 파악할 수 있다. 그것은 다음 表에서 보는 바와 같이 지속적으로 증가하는 것이었다.

우리 미곡의 수입이 절대적으로 필요하였고, 또 綿紡績 紡織을 위해서는, 榮
山江유역의 諸郡에다 陸地綿을 재배하여 이를 수입해 가는 실정이기도 하였
으므로,[38] 米商과 綿商의 前途는 탄탄대로였으며,[39] 따라서 그의 富力은 日進
月步할 수가 있는 것이었다.

그러나 그가 상업에 종사함으로써 財富를 축적하는 것은 단순히 부유한 상
인이 되는 데 목표가 있는 것이 아니었다. 그의 궁극적인 목표는 토지를 매입하
여 農地所有者 나아가서는 地主가 되는 일이었다. 그것은 모든 몰락농민층의
꿈이기도 하였다. 사실 당시는 대외무역이 주로 米穀輸出을 위주로 하는 것이
실정이었으므로 이는 가장 안전한 기업이기도 하였다. 개항 후에 米穀輸出을
통해서 성장하는 것은 米穀商人이었지만, 동시에 미곡생산에 종사하는 계층으

木浦港 輸出額 累年表

年度	米穀輸出額	輸出總額	年度	米穀輸出額	輸出總額
1897		7,256圓	1914	955,628	2,429,012
1898		246,011	1915	1,510,498	2,967,853
1899		412,805	1916	1,365,928	3,093,035
1900		575,826	1917	1,912,468	5,495,150
1901		732,548	1918	3,240,986	7,144,489
1902		731,868	1919	8,884,350	16,447,295
1903		1,030,542	1920	6,661,558	12,033,849
1904		664,747	1921	4,697,638	9,870,355
1905		480,089	1922	5,885,017	11,017,297
1906		425,881	1923	7,800,509	15,550,982
1907		1,311,333	1924	9,888,039	20,355,223
1908		860,732	1925	11,295,790	21,676,593
1909		1,203,186	1926	17,833,398	23,769,495
1910		1,334,625	1927	15,459,976	21,132,772
1911		1,151,958	1928	14,895,183	21,693,437
1912	348,801圓	1,075,131	1929	15,408,157	22,873,027
1913	669,949	1,953,578	1930		

① 輸出總額은 木浦商工會議所,『統計年報』, 1930, pp.22~23.
② 米穀輸出額은『木浦府史』, pp.580~581.

38) 小早川九郎,『朝鮮農業發達史』政策編, 1944, pp.49~55, 150~159, 217~232.
『木浦府史』, pp.732~747.
39) 木浦港에서의 수출품은 米穀과 綿이 중심이었다. 가령 1929년도의 경우를 보면 輸
出總額 22,873,027圓 중 米는 15,408,157圓, 綿은 5,195,131圓으로서 米 綿의 輸
出額은 전체의 약 90%나 되었다(前揭『統計年報』卷頭圖表).

로서는 富農層과 地主層이 또한 크게 성장하고 있었다.[40] 그러므로 大農經營을 하거나 地主가 될 수 있는 가운데 미곡상을 겸한다면 그 수입은 이중으로 있게 되는 것이기도 하였다. 수출무역 또는 그와 관련된 업에 종사하는 기업인들이 이러한 理財의 방안을 놓칠 리는 없었다. 榮山江유역의 농업지대는 木浦港에서의 輸出米를 공급하는 배경이 되고 있었으므로 더욱 그러하였다.

이러한 점은 물론 李啓善에 앞서서 벌써 진작부터 외국인들에 의해서 착안되고 있었다. 러시아人의 보고에 의하면 그들은 영산강유역의 농업지대를 매우 유망한 곳으로 보고 있었으며,[41] 露日戰爭 이전부터 우리나라에 대한 農業殖民策을 계획 추진하고 있었던 바 日本人들의 각종 보고서에서도 이곳은 대단히 유망한 곳으로 판단되고 있었다. 그리하여 일본인 조사관들은 농업경영을 목적으로 來韓하는 농업자본가나 농업이민들에게 다른 몇 곳의 유망한 지역과 함께 이곳에도 정착할 것을 권유하고 있었으며, 또 그렇게 되고 있었다.[42]

사실 榮山江유역의 평야지대는 본시부터 농산물이 풍부하고 교통이 편하였던 데서 封建地主層의 土地兼倂의 대상이 되기도 하고,[43] 이어서는 기술한 바와 같이 商業的 農業이 발달하고도 있었으므로, 이곳 농업은 새로운 기업자들의 주목의 대상이 되지 않을 수 없었다. 그리하여 전기한 조사보고와도 관련하여, 개항에서 日帝强占下에 이르는 사이의 이 지방의 농업에는, 새로운 커다란 변화가 일어나게 되었다. 그것은 무엇보다도 日本人 農業資本家들에 의

---

40) 開港 이후 富農層이나 地主層이 성장하는 사정에 관해서는 다음 논문 참조.
　　姜德相, '李氏朝鮮開港直後의 金流出에 관한 一考察'(『駿台史學』 19, 1967).
　　吉野, 前揭論文.
　　宮嶋博史, '朝鮮甲午改革以後의 商業的 農業'(『史林』 57의 6, 1974).
　　　　　'土地調査事業의 歷史的 前提條件의 形成'(『朝鮮史研究會論文集』 12, 1975).
　　拙 稿, 本書, 본편의 1, 2, 3 논문.
41) 『韓國誌』, p.125.
42) 加藤末郎, 前揭書, pp.277~280.
　　吉川祐輝, 『韓國農業經營論』, 1904, pp.145~149.
　　日本農商務省, 『韓國土地農産調査報告』 慶尙·全羅道, p.530, 549.
43) 麻生武龜의 조사한 바에 의하면 榮山江유역의 羅州郡, 務安郡, 靈岩郡, 咸平郡에는 內需司 壽進宮 毓祥宮 明禮宮 등의 免税結 宮房田(有土)만도 581結이나 되고 있었다(『朝鮮田制考』, 附錄 免税道表). 이 밖에 有税結이 또한 더 있었을 것이고, 또 個人地主로서의 大地主가 있었음은 말할 것도 없었다.

해서 토지가 매수되고, 따라서 일본인 大地主가 등장하여 이곳의 농업생산과
그 상품화를 좌우하게 된 일이었다. 그들은 토지를 매수하여 그들의 이른바
농장을 설치하고 이를 地主 小作制로서 경영하였으며, 추수한 소작료는 搗精
하여 日本으로 수출함으로써 이중으로 그 수입을 올리고 있었다.

그와 같은 日本人들이 이곳에 적극적으로 토지를 매입하게 되는 것은 木浦
港이 개항된 후, 특히 光武 5년(1901)에서 同 6년에 걸치면서 日本議會가 그
들의 移民保護法을 개정하여 그 상민의 自由來韓과 부동산점유를 결의하게
되면서부터였다. 그때까지의 日本人들은 우리나라의 법에 의해서 居留地 外
에서의 부동산소유에 일정한 제약을 받고, 또 내륙지방에의 여행도 부자유스
러운 것이었는데, 日本은 이제 이러한 법을 무시하고 그 自由來韓과 부동산점
유를 강행하려는 것이었다. 그리하여 이로부터는 농업경영을 목적으로 來韓
하는 자도 늘어나고 토지를 潛買하는 자도 증가하게 되었다.[44]

이렇게 來韓하는 日本人들이 매점하는 토지는 말할 것도 없이 남해안의 島
嶼나 내륙지방 長江流域의 곡창지대가 중심이었다. 농지를 매점하여 농업을
경영하려는 데서였다. 그리고 그러한 지대 가운데서 榮山江유역의 농업지대
가 주요한 위치를 차지하고 있었음은 말할 것도 없었다. 그들은 이 지역에서
닥치는 대로 토지를 매입하고 있었다. 그것은 群山港背後의 萬頃平野에서의
현상과 흡사하였다. 그리하여 정부에서는 日本人들의 이러한 土地潛買를 특
별히 조사하지 않으면 아니 되게까지 되었다. 光武 8년(1904)의 일이었다.[45]

露日戰爭을 승리로 이끌게 되면서부터 日本人들의 土地潛買는 더욱 심해졌
다. 韓半島侵略에 있어서의 최대의 경쟁자를 물리치게 된 데서 土地買占과 農
業經營에 대한 전망이 한층 더 밝아진 까닭이었다. 전국적으로 경제적 요지에
대한 그들의 매점은 늘어났으며, 榮山江流域의 農業地帶도 그 중의 한 곳이
되었다. 그리하여 光武 9년(1905)에는 벌써 이곳의 농지는 그 대개가 日本人
들의 수중에 들어가는 형편이 되고 있었다.[46] 이 무렵에 있어서의 그들의 토

---

44) 拙 稿, '光武年間의 量田·地契사업' ; '高宗朝 王室의 均田收賭問題'(『韓國近代農業
    史硏究』下) 참조.
45) 『梅泉野錄』, p.318에는 이때의 사정이 '全北觀察使李容植 査檢群山·木浦港 倭之
    買庄我境者'라고 기록되어 있다.

지매점은 실로 거칠 것이 없는 傍若無人한 것이었다. 그들은 무장을 하고 農地買收를 위하여 답사하고 다녔다. 어느 農場經營者는 다음과 같이 회고하고 있었다. '당시 이 全南에 개척을 위하여 와 있었던 日本人農場의 공기는 지금 滿洲의 武裝移民을 생각케 합니다. 우리들이 土地買收를 위하여 나갈 때는 허리에 권총과 망원경을 차고 20里, 30里의 시골에 출장하여 농장으로서 유망한 토지가 어디에 있는가를 찾아다녔습니다.'[47]

또 이때 日本人들은 이 전쟁을 통해서 열강의 공인을 얻어 統監府를 설치하는 등 우리나라를 植民地로서 실질적으로 지배하게 되었는데, 이를 계기로 하여서는 한반도에 있어서의 不動産占有를 위요한 그들의 이권을 법으로써 보장하게(土地家屋證明規則) 만들었다. 그리고 이로 말미암아서는 그들은 이제 土地買占을 합법적으로 수행할 수 있게 되고, 따라서 그들의 소유지는 그 후 계속해서 늘어나게 되었다. 그리하여 韓末에서 日帝下에 이르면서 榮山江流域의 곡창지대에는 日本人 地主들이 새로운 농장을 세우고 이곳 농업을 지배하게 되었다.

羅州地方은 그와 같은 日本人 地主層이 농장을 설치하는 중심지의 하나가 되고 있었다. 본시 宮房田이 많았던 데서 東拓農場이 들어서게 되었음은 말할 것도 없고, 그 밖에도 대규모의 농장이 許多히 설치되었다. 1911년 현재 이곳에는 東拓農場, 東山農場, 朝鮮實業農場, 鎌田農場, 黑住農場, 今西農場, 馬淵農場, 青木農場 등의 대지주의 농장 일부가 개설되고 있었으며,[48] 특히 이곳에 근거를 둔 큰 농장으로서는 1922년 현재 黑住農場(445町步), 杉本農場(305町步), 北御門農場(81町步), 西見農場(195町步), 東山農場(5,453町步), 그리고 特殊農場으로서의 東拓農場 등이 세워져 있었다.[49] 그 밖에도 많은 중

---

46) 『續陰晴史』下, p.136에서 金允植은 이때의 이러한 사정을 다음과 같이 기술하고 있었다.
　　外邑亦處處買土設農事試驗所 羅州·靈光沿榮山江一帶地 皆歸日人 一望無際
47) 『朝鮮農會報』9의 11, 農事回顧座談會號, 1935, p.42.
48) 山口豊正, 前揭書, pp.183~192.
　　또 山口精編, 『朝鮮産業誌』下(1911), 第11編, p.548에서는 이때의 중요한 農業園을 '旭農場 興業協會 蜂農場 佐久間農場 今西農場 浦上農場 東山農場 守山農場' 등으로서 들기도 하였다.
49) 『朝鮮農會報』第19卷 第7號, 附錄 : 內地人農事經營者調(1922), 1924.

소지주가 있어서 지주경영을 하고 농민을 지배하였음은 말할 것도 없었다.

　이러한 동향 속에서 韓國人이라고 예외이지는 않았다. 변동기의 경제사정에 밝은 사람들은 이 시기의 시대사조 속에서 富를 축적하고 地主로서 성장해 갈 수가 있었다. 李啓善은 그러한 인물 중의 하나였다. 그는 수출무역과 관련하여 米穀商과 綿商을 경영함으로써 돈을 벌어가면서는 이를 점차 토지에다 투자하게 되었다. 물론 처음에는 자본이 충분치 못한 가운데 장사를 하였으므로 토지투자를 할 만한 여유가 없었다. 이때 李氏家의 家産은 조그만 가옥과 그 부친이 分家할 때 상속받은 4斗落只의 농지뿐이었으므로, 처음에는 식생활의 해결을 위하여 5斗落只의 농지를 매입하는 것이 고작이었다. 그러나 未久에 그의 상업활동이 궤도에 오르고 어느 정도 치부를 하게 되면서부터는 점차 土地買入에 열을 올리게 되었다.

　李啓善이 토지에 투자하기 시작하는 것은 25, 26세경, 즉 光武 6, 7년 (1902, 1903)경부터였다.[50] 기술한 바와 같이, 이때에는 일본의 移民法改正에 따라 그들의 自由渡韓과 不動産買占이 그 국가의 지원 아래 행해지고, 따라서 이 고장에서도 日本人 농업자본가들이 토지매입에 열을 올리게 되는 때였다. 그리하여 이러한 상황 속에서 젊은 李啓善은 전력을 다하여 商業활동에 종사하고, 이를 통해서 얻은 富는 토지의 매입에다 투자하였으며, 점차 富農으로 성장하여 自作經營을 하면서는, 식량과 翌年의 農資를 제외한 나머지를 상품으로서 판매하게 되었다. 이 같은 과정에서 집에서 農業生産을 전담한 것은 그의 부친 李邦憲이었다. 그리고 이러한 商業的 農業과 米穀商經營을 통해서는 더욱 많은 富를 축적할 수 있었고 이는 다시 土地買入에 투자되었다. 그 후 自作農地의 규모가 커감에 따라서는 토지의 매입을 반드시 그 자신의 名義로만 하지는 않았다. 장남과 차남의 명의로도 하였다.[51] 그렇더라도 그가 생존하는 동안 그러한 農地가 그 자신의 管理經營下에 있었음은 말할 것도 없었다.

---

50) 李啓式 옹의 술회에 의함.

51) 李氏家에 남아 있는 『地稅名寄帳』이나 『小作人名簿』에는 長男 李東範, 次男 李夏範 앞으로 된 농지가 적지 않은데, 이러한 農地는 羅州郡所藏의 『土地臺帳』에도 이들 名義로 되어 있다.

　그는 이러한 土地買入을 계획을 세워서 수행하였다. 그것은 그러한 토지를 이곳저곳에다 산발적으로 매입하는 것이 아니라, 그가 거처하는 草洞마을을 중심으로 多侍面 일대에다 집중적으로 매입하는 것이었다. 그러한 활동은 오랜 세월에 걸쳐 계속되었고, 이를 통해서 그는 마침내 한 지역 내에 큰 농지를 소유한 企業農, 나아가서는 大地主로 성장하고, 통칭 '觀國의 땅'으로 불리는, 말하자면 '觀國農場'(觀國은 李啓善의 字)을 세울 수 있게 되었다. 그리고 그렇게 농장을 소유하게 된 후에도 그의 상업활동은 계속되고, 그의 농장은 상업과 연결되는 가운데 경영되어 나갔다.

4. 農場의 規模와 그 經營

1) 農場의 規模

　李氏家가 地主로 성장하고 농장을 형성하게 되는 과정이, 韓末에 있어서 어떠하였는지는 구체적으로 알 수 없다. 이 가문에서는 이 시기의 사정을 자료로서 남기고 있지 않다. 그러나 1908년경까지는 그 富力이 인근에 알려질 만큼 커지고, 따라서 이미 자작농의 경영규모를 넘어설 만큼 큰 규모의 土地所有者가 되고 있었던 것은 확실한 것 같다. 이 가문에 李啓善의 武勇談으로서 전해오는 항일의병군에의 資金支援說은 바로 그러한 사정을 반영하는 것이겠다.

　地主로의 성장과정이나 農場의 형성과정을 구체적으로 파악할 수 있는 것은 1915년 이후이다. 이때에는 日帝에 의한 토지조사가 전국적으로 진행되고, 모든 農地의 소유권을 査定하여 이를 『土地臺帳』에다 기재하고 있었는데, 이곳 羅州郡 多侍面에서의 査定은 1915년에 있었고, 이때 작성한 『土地臺帳』은 지금도 羅州郡廳에 남아 있는 까닭이다. 그리고 그 이후의 토지소유의 擴大過程도 이 가문에 보존되어 있는 몇 가지 자료와 위의 『土地臺帳』을 통해서 확인할 수 있다. 현재 李氏家에 남아 있는 그와 같은 자료로서는 다음과 같은 것이 있는데, 이를 『토지대장』과 대조하면 그 農地所有의 확대과정이나 농장의 형성과정을 파악할 수 있다.

① 『地稅名寄帳』(1930年代 初)
② 『小作人名簿』(1941)
③ 『土地所有權移轉登記申請書綴』(1941)

①의 『地稅名寄帳』은 本文과 添附文書로 되어 있다. 本文은 1930년대 초의 多侍面內의 농지를 기록한 것이고, 添附文書는 1940년경까지의 文平面 및 靈光郡 新北面, 咸平郡 嚴多面 내에 산재한 농지와 多侍面 및 新北面의 임야를 수록한 것이다.[52] ②의 『小作人名簿』는 농장주 李啓善의 사망으로(1940) 그 토지를 여러 아들들이 상속하게 되었던 1941년에, 그 상속을 위하여 당시까지 소유하고 있던 농지를 정리한 것이다.[53] 다만 이 臺帳은 전소유지에 대해 조사하고 있는 것이 아니라 多侍面 所在의 농지에 한하고 있다. ③의 『土地所有權移轉登記申請書綴』은 李氏家의 장남이 그 몫으로 상속케 된 토지를 移轉 手續한 문서이다. 이 밖에 和順郡과 長城郡에도 농지를 매입했으나 이에 관한 문서는 현재 남아 있지 않다.

그러므로 李氏家의 농지소유의 규모는 대략 이들 자료를 통해서 파악할 수 있다. 이제 이러한 자료를 『土地臺帳』과 대조함으로써,[54] 그리고 和順과 長城 의 농지는 李氏家에 전해오는 바에 따라서, 李啓善이 그 一代를 통하여 토지를 매입하고 소유하게 되는 과정과 그 농지의 규모를 정리하면 〈表 1〉〈表 2〉〈表 3〉〈表 4〉와 같다.[55]

----

52) 『地稅名寄帳』은 納稅者의 姓名과 그 앞으로 된 農地의 每筆地에 대하여 里名, 地番, 地目, 地積, 地價를 기록한 것이다. 多侍面 내 農地의 納稅者는 李啓善, 李東範, 李夏範의 3父子로 되어 있으며, 그 면적은 總 168,121坪이 되고 있다. 이 農地面積 은 〈表 1〉에서 볼 수 있는 바와 같이 1930년대 初의 상황을 표시하는 것이다.

53) 『小作人名簿』는 農地의 每筆地에 관하여 里名, 地番, 地目, 地積(坪, 斗落), 自作 地, 小作人(住所姓名), 摘要 등을 정리한 것이다. 李啓善의 사망 후 그 長男이 親舊 柳某氏를 시켜서 정리한 것이라고 한다. 이 臺帳에는 年代가 표기되어 있지 않지만, 이들 農地의 取得年度의 下限이 대부분 1941년으로 그쳐 있는 것으로 보아(『土地臺 帳』 대조), 그리고 이 해에 所有權移轉登記가 있었던 것으로 보아(資料 ③) 그 整理 는 1941년이었던 것으로 생각된다. 『土地臺帳』에 의하면 해방 후에 取得한 것으로 기재된 것도 있는데, 이는 누락되었던 것이 추후 登記된 것으로 생각된다.

54) 『土地臺帳』과의 對照는, 羅州郡 財務課 尹成根技士에게 의뢰하여 全農地의 取得年 度를 조사함으로써(1976년 2월) 이를 利用하였다.

55) 〈表 1〉은 『小作人名簿』에 記載된 多侍面 내의 농지를 그 取得年度別(『土地臺帳』에

李氏家의 農地所有의 확대과정이나 그 규모를 이와 같이 정리하고 보면, 李氏家에서는 韓末에서 日帝初期(1915, 土地所有權査定)에 이르기까지 그 소유

〈表 1〉　　　　　　　　　　農地의 規模(田·畓·垈)

取得年度 地域	~1915	~1920	~1925	~1930	~1935	~1940	未 詳	計
	坪	坪	坪	坪	坪	坪	坪	坪
多侍面								
永洞里	33,107	3,737	3,955	15,814	25,522	9,911	1,386	93,432
新石里			5,853	4,866				10,719
竹山里	1,501		1,009		351			2,861
松村里	1,487	26		383	2,087			3,983
佳興里	11,896	973	5,734	3,830	12,200	877	2,487	37,997
文洞里	12,601	599	2,921	2,027	4,085	816	889	23,938
東堂里	1,262			586	1,384			3,232
月台里					4,040			4,040
佳雲里					462			462
東谷里	9,391	4,395		5,919	5,030	456	1,068	26,259
伏岩里	4,481	1,755	208		10,750	571		17,765
計	75,726	11,485	19,680	33,425	65,911	12,631	5,830	224,688
累計		87,211	106,891	140,316	206,227	218,858	224,688	

〈表 2〉　　　　　　　　　　農地의 規模(田·畓·垈)

取得年度 地域	~1915	~1920	~1925	~1930	~1935	~1940	未 詳	計
	坪	坪	坪	坪	坪	坪	坪	坪
文平面		1,487	2,036			2,754	1,214	7,491
新北面							3,194	3,194
嚴多面							598	598
計		1,487	2,036			2,754	5,006	11,283

의거)로 5년 단위로 끊어서 집계한 것이다. 『土地臺帳』에는 취득년도가 1940년 이후로 된 것도 있으나, 이는 李啓善 생존시에 매입한 것이므로 ~1940란에 넣었다. 農地 가운데는 혹 農地整理 및 기타의 사정으로 그 취득년도를 알 수 없는 것이 있는데, 이는 미상으로 하였다.

〈表 2〉, 〈表 3〉은 『地稅名寄帳』의 첨부문서에서 文平面의 農地와 多侍面의 林野를 그 취득년도별(『土地臺帳』 의거)로 集計한 것이다. 타지역의 것은 조사가 안 되어 未詳으로 하였다.

〈表 4〉는 李公範, 李載槃 兩 교수의 술회에 의거하였다. 和順 長城 것은 1935년에, 光州 것은 1938년에 매입하였다고 한다.

〈表 3〉　　　　　　　　　　農地의 規模(林野)

地域＼取得年度	~1915	~1920	~1925	~1930	~1935	~1940	未詳	計
			町　步	町　步	町　步	町　步	町　步	町　步
多侍面								
東谷里			4,3200	3,8200	3800	6,3300	1200	14,9700
永洞里			5500			2,2800	0400	2,8700
文洞里				1,1900		9100	8100	2,9100
竹山里					0500			0500
佳興里						1800		1800
月台里					2,5100			2,5100
佳雲里					1,6900			1,6900
新北面								
鶴洞里							6300	6300
計			4,8700	5,0100	4,6300	9,7000	1,6000	25,8100

〈表 4〉　　　　　　　　　　農地의 規模(田·畓)

地域＼取得年度	~1915	~1920	~1925	~1930	~1935	~1940	未詳	計
					坪	坪		坪
和順郡					80,000			80,000
長城郡					40,000			40,000
光州市						1,060		1,060
計					120,000	1,060		121,060

지를 급속하게 확대시켜 25町步의 큰 地主로 성장하였음을 알 수 있다(〈表 1〉). 그리고 그 후 지주경영이 어려워지는 1920년대에서 1930년대에 걸치면서도 그러한 확대과정은 여전히 진행되었음을 알 수 있다. 1920년경까지는 그 農地의 규모가 약 30町步였는데, 1930년대의 最末期에서 1940년대의 初期에 이르면 약 120町步, 임야까지를 합하면 약 145町步가 되고 있었다. 1920년을 기준으로 할 때,[56] 李啓善은 그의 전반기의 治産活動에서는 약 30

---

56) 이 연대는 李氏家의 입장에서도 그 農場經營에 큰 변화가 있게 되는 시기이고, 시대 환경도 또한 그러한 시기였다. 李氏家에서는 李啓善이 주로 商業에 종사하는 동안 직접 農場을 경영해온 것은 그 父親인 李邦憲이었는데, 그 李邦憲이 이 무렵에 사망하고, 따라서 이때부터는 李啓善이 직접 이를 경영하지 않으면 아니 되게 되었다.

町步의 토지소유자로 성장하였으며, 그 후반기에는 그 4배나 되는 120町步의 大地主로 성장하고 있는 것이었다. 李氏家의 農地所有가 이와 같이 이 시기에 있어서도 급격하게 팽창할 수 있었던 것은, 이 시기의 시대상황과 관련하여 그럴 수 있는 객관적 사정과, 李氏家의 農業經營과 관련하여 그럴 수 있었던 주관적 사정이 있었다.

客觀的 事情이란 日帝의 對韓 농업정책하에서 결과하는 현상이었다. 일제의 한국에 대한 농업정책은 韓國農業을 日本農業에 예속시키되, 그러한 가운데서도 우리의 농업체제를 日本資本主義와 직결되는 地主制 中心으로 정착시키고, 또 그 침략지역에 대한 수탈을 효율적으로 수행할 수 있도록 제반정책을 地主制 中心으로 전개하는 것이었다. 이른바 土地調査事業, 産米增殖計劃, 一連의 米穀政策, 農地改良事業, 가혹한 小作條件 기타 등등은 모두가 그러한 것으로서, 이로 인해서는 일반농민층의 몰락이 촉진되고 있었다. 자작농민층은 말할 것도 없고 中·小地主層의 경영유지도 어려워지는 실정이 되고 있었다. 그리하여 그 결과로서는 중소지주와 농민층이 소유하였던 많은 농지가 放賣케 되고, 이는 시세에 잘 적응 편승하고 재력 있는 大地主層의 수중으로 흘러들어 갔다.[57]

그러나 이와 같은 農業政策의 결과는 후술하는 바와 같이(제Ⅲ편 제2논문), 未久에 그 체제의 유지를 어렵게 하는 '社會不安', 즉 地主 小作人간의 사회적 모순의 심화, 다시 말하면 小作農民層의 항쟁을 초래하고 있었다. 그러므로

---

57) 淺田喬二, 『日本帝國主義와 舊植民地 地主制』第3章, 특히 pp.77~106.
　　東畑精一·大川一司, 『朝鮮米穀經濟論』, 1935, pp.77~82.
　　그리고 그러한 사정을 나타내는 統計로서는 다음 문헌의 表 '地主·自作·自作兼小作·小作農戶數累年表' '全鮮總農家總戶數에 對한 小作農家戶數' 등을 참고하는 것이 필요하다.
　　朝鮮總督府, 『朝鮮의 小作慣行』下, 續編, pp.74~75.
　　　　『朝鮮에 있어서의 小作에 관한 參考事項摘要』, 1932, p.10.
　　朝鮮總督府農林局, 『朝鮮小作年報』第2輯, 1938, p.141.
　　　　『朝鮮農地年報』第1輯, 1940, p.139.
　　이에 의하면, 1916년에서 1932년까지 自作農과 自·小作農은 激減하고 小作農民은 激增하고 있으며, 地主層(地主甲)은 서서히 증가하고, 地主兼自作農(地主乙)은 1927년까지는 증가하지만, 이 해를 절정으로 그 다음부터는 감소하고 있었다. 本書, 제Ⅲ편 제2논문 참조.

日帝는 1920년대에서 1930년대에 걸치면서는 그러한 '社會不安'을 제거하기 위한 일련의 조치를 취하지 않으면 아니 되었다. 小作調停令(1928)과 朝鮮農地令(1934)은 그것으로서, 이는 그들의 수탈체제 내에서 그리고 地主制의 유지라는 대전제 위에서, 地主層에 대하여 일정한 제약을 가함으로써 小作農民層의 항쟁을 부분적으로나마 해소시키려는 것이었다.[58] 그리하여 이러한 조치로 인하여서는 일반적으로 지주층의 농지경영이 종전과 같이 그들 위주로만 되기는 어려워지고 있었다.

그런데 바로 이와 같은 시기에 있어서도 李氏家의 農地소유는 여전히 확대되고 있었다. 그것은 李氏家의 地主로서의 성장이나 그 경영규모의 확장이 그것을 가능케 하는 객관적 정세와만 관련되는 것이 아니었음을 뜻하는 것이겠다. 李氏家의 경우에는 그러한 객관적 정세를 배경으로 하면서도 그 밖에 그렇게 될 수 있는 이유를 자체 내에 지니고 있었다. 그것은 李氏家의 全 農業經營 가운데서도 그 핵심을 이루는 農場經營의 특이한 합리적 운영(후술)이었다. 이는 李氏家의 농지소유의 규모가 확대되는 데 있어서 기본이 되고 있었다.

그리고 이와 아울러서 주목해야 할 것은 그 시대배경과도 관련하여 農地를 확대할 때의 방법이었다. 李氏家에서는 처음부터 값비싼 沃土를 매입하여 농장을 형성하고 있는 것이 아니라, 廢土가 되다시피 한 값싼 땅을 넓게 매입하여 이를 沃畓으로 만들고 있었다. 多侍面 내의 많은 농지는 그러한 예이었다. 즉 多侍川邊에는 본시 황폐한 토지와 척박한 농지가 많았는데 李啓善은 이를 매입하고 있었으며, 이 고장에 수리시설이 갖추어지게 됨을 계기로 하여서는, 多侍邑에서 榮山江에 이르는 장장 4㎞에 걸친 多侍川邊에 제방을 쌓고 수리시설을 갖춤으로써 이를 沃畓으로 만들고 있었다. 이러한 기업적인 開墾事業이나 農地改良事業은 그 후에도 있었다. 和順地方에서의 농지확장은 바로 그러한 것으로서, 그는 값싼 旱田을 사들여 제방을 쌓음으로써 이를 수전으로 作畓하고 있었다.[59]

---

58) 久間健一, '朝鮮小作令을 위요한 諸運動의 展望'(『朝鮮農業의 近代的樣相』所收, 1935), pp.39~60.
　　　'農地令과 耕作分散의 諸問題'(『朝鮮農政의 課題』所收, 1943), pp.99~126.
　　靜田 均, '朝鮮農地令과 小作農保護問題'(『農業과 經濟』第3卷 10號), 1936.

農地改良이나 開墾事業은 규모가 컸고, 따라서 이를 매입하여 沃畓으로 만들기 위한 사업에는 막대한 자금이 필요하였다. 李啓善은 그것을 私財로써만 충당하지는 않았다. 그의 기업심은 融資를 통한 농지확장을 구상하게 되고, 殖産銀行의 木浦支店으로부터 10여 萬圓의 장기저리융자를 받아 이를 실천해 나갔다. 和順地方과 長城地方의 농지는 이렇게 해서 매입된 것이었다.[60] 당시는 産米增殖計劃과도 관련하여 農地改良事業이 강행되고 있었으므로, 이러한 계획은 예정대로 수행될 수가 있었으며, 따라서 농지는 확장될 수가 있었다. 이러한 農地擴張의 방법은 농지를 開墾 또는 改良한 후에는 수입이 늘고 또 水稅를 징수하게 되어 있었으므로, 조건이 좋은 곳이라면 수년 내로 투자한 자본을 회수할 수 있으면서도, 원하는 지역에 넓은 비옥한 農地를 얻을 수 있는 방법이었다.

2) 農場의 經營

李氏家의 농지는 永洞里를 중심으로 한 羅州郡 多侍面과 文平面 그리고 靈光郡, 咸平郡, 和順郡, 長城郡 등의 여러 곳에 있었다. 그러나 그러한 여러 지역의 농지 가운데서 李氏家가 성장하는 데 있어서 경제기반이 되었던 곳, 그리고 그 全 農業經營에서 중심이 되었던 곳은 羅州郡 多侍面 내의 농지, 즉 '觀國農場'이었다. 和順郡과 長城郡의 농지도 그 규모가 적지 않았지만, 그것은 李啓善의 末年, 따라서 多侍面 내의 농지경영을 통해서 얻은 富와 은행융자를 통해

---

59) 朝鮮總督府農林局, 『朝鮮土地改良事業要覽』(1932), p.9, pp.16∼19에 의하면 羅州郡에는 平洞水利組合, 本良水利組合, 鶴山水利組合, 多侍水利組合, 大村水利組合 등이 있었는데, 李氏家의 農場經營과 직접 관계가 있는 것은 多侍水利組合이었다. 이는 産米增殖計劃에 의한 土地改良低利融資로 이곳 黑住農場의 主人 黑住猪太郎(多侍面 月台里)이 설치한 것이었다. 그는 1930년 12월부터 수년간에 걸쳐 多侍川上流에 댐을 건설하여 白龍池(貯水池)를 축성하고 水路를 이끌어 蒙利面積 612 町步에 달하는 灌漑施設을 완성하였다. 그의 農場은 그 안에 있었다. 李氏家에서는 多侍川의 水源이 막히게 되는 데서 黑住와는 옥신각신 분쟁이 있었으나 결국 어쩔 수 없었고, 이를 계기로 하여서는 그도 그 대책으로서 多侍川邊의 陳廢田을 매입하여 堤防을 쌓고 또 水路를 이끌어 水利施設을 갖춤으로써 그 주변의 瘠畓을 沃畓으로 改良하게 되었다. 靑少年시절을 李氏家에서 성장하고 李氏家의 일을 거들었던 李敏列氏(59세)는 이러한 李氏家의 사업을 그 규모로 보아 郡이나 道의 建築課에서 할 수 있는 大事業이었다고 설명하기도 한다.

60) 李公範 교수의 술회에 의함.

서 매입한 것이었다. 말하자면 李氏家의 全 農業經營에서 중심이 되고 또 그
특징을 가장 잘 나타내는 것은 多侍面 내의 농지였다. 그러므로 이곳에서는 李
氏家의 농업경영의 특징을 이 多侍面 내의 농장을 중심으로 살피기로 하겠다.

  多侍面 내의 농장은 두 가지 형태로 경영되고 있었다. 일부는 自作經營으로
서 경영하는 것이고, 다른 일부는 이와 밀접하게 관련되면서 地主經營·勞動小
作制로서 경영하는 것이었다. 이러한 사정은 前記『小作人名簿』에 잘 명시되
어 있다. 이에 의하면 모든 농지의 경영관계는, 이 臺帳의 小作人欄에다 毛筆
로서 '自家'(垈地), '自作'(李氏家의 自作經營地), '李某', '金某'(小作人에 의한 耕
作地) 등으로 표시하고 있으며, 이 밖에 공란으로 비워둔 곳, 공란으로 비웠다
가 후에 펜으로 小作人名을 기입한 것 등으로 구분되고 있다. 공란으로 된 곳은
원래 李啓善 생존시의 경영에서는 자작이었던 곳으로서, 李啓善이 사망한 후
그 경영관계를 정리(自作地 축소)하게 됨에 따라[61] 그 일부를 地主經營으로 돌
리게 된 것이며, 따라서 1941년 현재로 공란에 小作人名이 기입된 것은 小作經
營으로 전환한 것이고 그렇지 못한 것은 그대로 자작으로 남아있는 농지였다.

  이제 이러한 구분에 따라 이곳 農地를 집계하면 '自作'이 명기된 것(自家 포
함)은 65,029坪, 小作人에게 대여한 것은 111,653坪이며, 공란으로 된 것은
19,713坪, 공란이었다가 小作人名이 기입된 것은 28,293坪이다. 그러므로 李
啓善의 사망으로 그 경영관계를 정비하고 있었던 1941년 현재로서는 自作이
84,742坪(垈 포함), 地主經營이 139,946坪이었지만, 그의 생존시의 自作地는
113,035坪(垈 포함), 地主經營地는 111,653坪이었던 것이라고 하겠다.[62] 自

---

61) 農場主 李啓善이 사망한 후에는 그가 벌여 놓은 대규모의 사업을 그대로 계승하여
    경영할 적당한 人物이 없었다. 형제들간에는 分財도 있어야만 하였다. 戰爭末期의
    戰時統制經濟하에서 地主經營은 어려워지고 10여 萬圓의 負債(銀行融資)의 압력도
    컸다. 李氏家의 형제들은 經營을 정리하기로 하였다. 和順과 長城의 농지는 賣却하
    여 負債를 청산하고(1943), 多侍面 내의 自作經營地는 규모를 축소하여 최소한으로
    줄이게 되었다. 또 더 나아가서는 多侍面 내의 農地도 일부는 이를 朝鮮信託株式會
    社에 위탁하여 경영하기도 하였다.
62) 李啓式 옹과 李敏烈 씨는 이때의 사정을 그들의 기억에 남아 있는 自作經營地 중에
    서 畓을 每筆地에 관하여 지적하되 總 443斗落이 되는 것으로 말하고 있다. 畓의
    坪數에서 換算되는 斗落數(90,412坪~451斗落)와 다소 差가 나지만, 이는 한쪽은
    坪數로써 계산하고 한쪽은 斗落數로써 계산한 데서 오는 誤差에 불과하다. 이러한
    自作地에는 田이 또한 많은데 李公範, 李載槃 兩 교수에 의하면 이는 거의 荒蕪地에

作經營과 地主經營은 약 半半이 되는 셈이었다. 이 같은 농지의 里別 分布狀況과 그 규모를 제시하면 〈表 5〉〈表 6〉과 같다.

〈表 5〉   多侍面 農場의 自作經營地

	田	畓	垈	雜 種 地	計
	坪	坪	坪		坪
永　　洞	906	27,989	⑥　2,284		31,179
新　石　山		7,779			7,779
竹　山　村					
松　村		2,908			2,908
佳　　興	531	23,554		606	24,691
文　　洞	4,227	13,177			17,404
東　　堂	418	1,262			1,680
月　　台	1,962				1,962
佳　　雲					
東　　谷	11,689	13,743			25,432
伏　　岩					
計	19,733	90,412	2,284	606	113,035

* 垈란의 ⑥은 筆地數임.

〈表 6〉   多侍面 農場의 地主經營—勞動小作地

	田	畓	垈	雜 種 地	計
	坪	坪	坪		坪
永　　洞	574	57,931	⑮　3,748		62,253
新　石	2,127	813			2,940
竹　山	351	2,046	②　464		2,861
松　村	1,038	37			1,075
佳　　興		12,871	②　435		13,306
文　　洞	3,398	2,640	②　496		6,534
東　　堂		1,552			1,552
月　　台		2,020	①　58		2,078
佳　　雲		462			462
東　　谷	453		①　374		827
伏　　岩		17,765			17,765
計	7,941	98,137	㉓　5,575		111,653

* 垈란의 ⑮…㉓은 筆地數임.

―――――――――

　가까운 瘠田으로서 큰 收入이 없었으며, 大豆·綿 등의 家用과 燕麥을 재배하여 食用 또는 飼料로서 이용하였다고 한다.

自作經營 ― 自作經營은 〈表 5〉에서 보는 바와 같이 큰 규모였지만, 그러나 李啓善의 생존시라고 늘 그러하였던 것은 아니었다. 그리고 어느 시기까지는 이를 地主制로써 경영하다가 어느 시기에 이르러서 갑자기 이를 자작으로 경영하게 된 것도 아니었다. 그것은 農地의 확대과정과 더불어 점차 늘어난 것이며, 1930년대 末에 이르러서는 이러한 규모에까지 달하게 된 것이었다. 李啓善의 農業經營下에서는 李氏家의 自作經營의 규모는 늘 변동 증대하고 있었으며, 그 농지확장은 바로 이 自作經營地의 확대를 위해서 취해지고 있는 것이었다.

李啓善이 治産에 뜻을 두게 되었을 때 李氏家의 自作地는 4斗落只(800坪)였으므로, 무엇보다도 급한 것은 食生活을 해결하기 위한 自作地의 확보였다. 그가 상업활동에 종사하는 동안 李氏家의 농업생산을 담당한 것은 그의 부친 李邦憲이었는데, 李邦憲은 篤農家로서 모든 생산활동에 스스로 종사하고 있었으므로 自作地의 필요성은 강조되었다. 그리하여 그 아들이 상업활동에 투신하여 돈을 벌고 농지를 매입하게 되었을 때, 무엇보다도 먼저 해결한 것은 식생활을 충족시킬 수 있는 自作地였으며, 그것이 해결된 후에는 篤農家로서의 經營(自作) 擴大를 위해서 농지를 매입하는 일이었다.

經營을 확대시키기 위해서는 노동력을 확보해야 하는 문제가 따랐지만, 李氏家에서는 이러한 문제도 적절히 처리하면서 이를 더욱더 확대시켜 나갔다. 그리하여 李邦憲 생존시의 그의 농업경영의 전성기에는 그 自作經營의 규모가 200斗落(40,000坪)으로 확대될 수가 있었다.[63] 1920년경의 일이었다. 그리고 그 후 李啓善이 그의 상업활동을 계속하면서도 직접 그 자신이 농장을 경영하게 되면서는 이를 더욱 확대시켜 나갔다. 1920년대에서 1930년대에 걸치면서는 일반적으로 地主經營이 어려워지고, 따라서 地主經營의 自作經營에로의 전환현상이 일어나고 있었는데,[64] 그도 이러한 상황하에서 自作經營의

---

63) 李啓式 옹의 술회에 의함.

64) 朝鮮總督府, 『朝鮮의 小作慣行』 下, 1932, 續編 '其他 小作에 관한 重要事項', pp.14~20에서는 이 무렵의 地主層의 自營農業으로의 轉換現象을 例示하고 있으며, 그렇게 되는 이유로서 ① 土地賣却으로 인한 土地減少 ② 農村及私經濟生活의 自覺 ③ 小作紛議의 廢除 ④ 採種圃·模範作圃에의 充當을 위한 것 등을 들고 있다. 그러한 가운데서도 특히 日帝當局이 관심을 갖게 된 것은 사회적 원인에 관한 것으

확대에 전력을 다하였다. 그리하여 1930년대末, 즉 그의 말년에 이르러서는 앞에서 제시한 바와 같이, 全農場의 반이나 되는 113,035坪(550餘 斗落·37.7 町步~垈地 포함), 水田만 치더라도 90,412坪(451斗落·30町步)에 달하는 광대한 農地를 자작으로써 경영하게까지 되었다.

　李氏家의 農地擴張은 이와 같이 自作地를 중심으로 한 經營擴大와 관련하여 수행되었기 때문에, 그 농지는 반드시 李氏家가 위치하는 永洞里 草洞마을에서 근거리에 있지 않으면 아니 되었다. 농지가 타향에 있게 되면 자작으로써는 경영하기가 어려운 까닭이었다. 그리하여 李氏家에서는 農地를 확대하되 이를 지방에다 분산 매입하는 것이 아니라 한 지역에다 집중 매입하고 이를 계획성 있게 경영하게 되었다. 永洞里를 중심으로 한 多侍面 일대에다 75 町步에 달하는 농지를 매입하여 농장을 형성하고, 그 일부는 自作으로써 다른 일부는 地主制로써 경영하였음은 그것이었다. 이 전지역은 草洞마을에서 어느 곳이나 半日程의 行動半徑에 드는 근거리였다.

　이와 같이 가까운 곳에다 농장을 설치하고 이를 경영한다는 것은 원거리에 산재하는 농지를 경영할 경우에 비하여 월등히 효과적이지 않을 수 없었다. 自作經營의 경우에는 말할 것도 없고 地主經營의 경우에도 그러하였다. 필요할 때 수시로 농지를 살피고 작황을 살피기 위해서는, 農地는 절대로 근거리에 있을 필요가 있는 것이며, 그렇게 함으로써 所出은 증대될 수가 있는 것이었다. 그래서 地主經營을 합리적으로 잘 하려는 地主層은 진작부터 최소한 그 作人만이라도 농지에서 가까운 곳에 있는 농민으로서 이를 선정하고 移作시키고도 있었다.[65] 하물며 李氏家의 이 多侍面 農場에서는 지주경영이 자작경

로서, 그들은 이에 관하여, '그 ② ③의 경우는 近年의 實例로 보아야 할 것 같다. 各道調書의 기하는 바는 …… 겨우 近年의 사례를 든 것 같다. 그러나 地主의 農業 自營에의 轉向은 점차 증가하는 경향이 있는 것 같다'고 지적하고 있다. 이때의 一連의 小作慣行 調査는 地主小作制 중에서 지주와 소작농민의 생산관계를 조사하는 데 치중하였고, 따라서 地主層 자체의 동향에 관해서는 크게 관심을 두지 않고 있었다. 그러므로 여기에 언급되는 地主層의 동향도 그 全貌를 제시하고 있는 것은 아니었으며, 그 全貌의 一端을 표현한 것에 불과하였다.

65)『勸農節目』7項, 高宗 24年(1887).
　田地至近 自然朝夕看檢 故所收之時 其穀超勝 此所謂事半而功倍也……田土相遠 自然稀潤看檢 故所收之時 其穀漸減 此所謂徒勞而無益也……此庄所農之田畓 或有相距

영과 분리되어 있는 것이 아니라, 그 일환으로서 경영되는 것이었으므로 더욱 그러하였다.

그러나 自作經營의 규모가 이와 같이 커지면 가족노동만으로는 이를 경영하기가 어려운 것이며, 따라서 自作經營을 확대시켜 나감에 따라서는 그 규모에 상응하는 勞動力의 문제를 해결하지 않으면 아니 되었다. 그것은 賃勞動層을 고용하는 문제인 것으로서, 李氏家에서는 이를 雇主家에 상주하면서 노동을 하는 머슴(雇工)을 고용하고, 일정한 조건하에 농번기의 農業勞動에 동원되는 '戶外집'(勞動小作農民)을 설치하는 것으로써 해결하였다. 農業勞動은 工業勞動과는 달라서 시간에 구속되지 않는 상주하는 農業勞動者를 필요로 하는 까닭이었다. 이는 그 宗家집에서의 경영방식을 그대로 따른 것이었다. 경영규모가 아직 크지 않았을 때는 머슴을 두는 것만으로도 족하였지만, 그 自作의 규모가 커지는 데 따라서는 머슴만으로는 부족하였으며, 따라서 '戶外집'의 설치가 필요하였다. 그리고 그 수도 경영규모의 확대와 병행해서 점점 더 늘어나지 않을 수 없었다. 그리하여 경영규모가 최대로 늘어났을 때 李氏家에서는 통상 머슴 5명, '戶外집' 6, 70세대를 두고 있었다.[66]

일정한 조건하에 '戶外집'을 설치한다는 것은, 그들이 안정된 농민으로서 이곳에 定住하며 李氏家의 自作經營에 노동력을 제공할 수 있도록, 農地와 家屋을 대여하는 일이었다. 말하자면 自作經營에 필요한 專屬된 노동력을 확보하기 위해서, 그들이 생계를 유지할 수 있도록 농지를 대여하여 小作農民이 되게 하고, 또 안정된 거처를 가질 수 있도록 무료로 주택을 제공하는 일이었다. 그리하여 이 '戶外집' 농민은 借地에 대하여는 이를 그 자신의 생산활동으로서

十里之遠者 次第移作于田畓相近之處 以此遵行事

66) 李啓式 옹과 李敏烈 씨의 술회에 의함. 이 시기에는 일반적으로 地主家에서 家屋을 借用하는 小作農民이 적지 않았다. 家屋貰가 有料일 경우도 있고 無料일 경우도 있었다. 1930년도의 조사에 의하면, 전자의 農民은 전국에 765,120戶나 있어서 總小作農民의 34.3%를 이루고 있었으며, 이 밖에 後者의 농민은 전국에 77,819戶가 있어서 總 小作農民의 3.5%를 이루고 있었다. 그러므로 有料 無料의 借家小作農民은 전체의 37.8%가 되는 셈이었다. 이러한 借家小作農民 가운데서 本稿에서의 '戶外집'과 관련되는 것은 後者인 것이다. 이러한 농민이 이때 羅州郡에는 기록상으로 193戶가 있었다(前揭『朝鮮의 小作慣行』下, 續編, pp.99~111 ; 朝鮮總督府,『朝鮮에 있어서의 小作에 關한 參考事項摘要』, 1932, pp.25~27).

경영하여 地代를 납부하고, 借家에 대하여는 李氏家의 自作經營에 소요되는
농번기의 농업노동(起耕 播種 移秧 中耕除草 施肥 秋收 등등)에 우선적으로 동
원됨으로써 이를 보상토록 하였다. 借地 借家의 '戶外집' 농민은 말하자면 경
제적으로 李氏家에 의존하는 소작농민인 동시에, 그 노동력을 李氏家에 판매
해야 하는 農業勞動者, 즉 勞動小作農民인 것으로서, 이 농장의 自作經營은
이들의 노동력을 주축으로 경영되어 나갔다.[67]

　우리나라 農民層은 이 시기에 있어서뿐만 아니라 朝鮮後期에 있어서도 여
러 가지 계기로 크게 분화되고 있었으며, 이로 인해서는 몰락농민이 증가하고
토지에서 밀려나 賃勞動層으로 전락하는 자가 늘어나고 있었는데, 이 시기에
이르러서는 일제의 수탈농정으로 인하여 그것이 더욱 촉진되고 있었으며, 이
에 따라서는 몰락하는 農民層이 한층 더 증대하고 있었다. 그리하여 이와 같
이 몰락한 農民層은 산중으로 들어가 火田民이 되거나, 北韓 內陸地方에서의
日本人 新開發地域으로 들어가 小作農民이 되기도 하였으나, 그러나 그 대부
분은 日本, 滿洲, 시베리아, 中國 등지로 流移하게 되는 것이 실정이었다.[68]
그러므로 이러한 실정하에 있는 몰락농민들이 그들이 生長한 고향에서 조건
이 좋은 地主制下의 소작농민이 된다는 것은 그래도 다행스러운 일이 아닐 수
없었으며, 따라서 그러한 地主制下의 소작농민이 될 경우에는 비교적 성의를
다하여 농작에 임하게 되지 않을 수 없는 것이기도 하였다. 李氏家에서 借地
借家하게 되는 농민들은 바로 그와 같은 몰락농민들이었다.

　借地 借家의 농민이면 그 經濟狀態가 최저의 가난한 농민이지만, 그러나 이
들은 李氏家의 농장경영에서는 대단히 중요한 존재였다. 그러므로 李氏家에
서는 이들을 위하여 주택을 마련하고 이들을 보호하는 데 최선을 다하였다.

---

67) 이 시기의 小作農民은 그 많은 부분이 賃金勞動을 겸하는 가운데 살아가지 않으면
　　아니 되었다. 그러한 소작농민은 전국에 775,106名으로서 總小作農의 3.7割이었으
　　며, 全南地方은 더욱 심각하여서 4.7割이나 되고 있었다(前揭『朝鮮의 小作慣行』
　　下, 續編, p.112 ;『朝鮮에 있어서의 小作에 관한 參考事項摘要』, p.25). 本稿에서
　　의 '戶外집' 農民은 바로 이와 같은 비율에 속하는 농민이었다.
68) 久間健一, '農民移出의 必然性'(『朝鮮農政의 課題』所收).
　　李如星·金世鎔, '農民의 離散狀態'(『數字朝鮮硏究』1, 1931), pp.50~64.
　　高承濟,『韓國移民史硏究』, 1973 등 참조.

이는 이 시기의 일반적인 현상이기도 하였다.[69] 〈表 6〉에서 보는 바와 같이 各里에 적지 않은 수의 대지를 확보하고 있음은 그 한 표현이었다. 李氏家에서는 草洞마을에만도 자택[70]을 위한 垈地 외에, 15筆地 3,748坪의 대지를 구입하고 여기에다 '戶外집' 농민을 위한 주택을 세우고 있었다. 혹 기존의 가옥이 있는 대지를 구입하여 새로운 가옥을 더 건축하기도 하였다. 面內에다 확보한 25町步의 임야에서 목재가 공급되었음은 말할 것도 없었다.

그리하여 李氏家에서는 自宅垈地의 울타리 밖과 15필지의 대지에 都合 30棟의 '戶外집'을 지었으며, 이러한 주택에는 호당 평균 2세대의 '戶外집' 농민을 입주시켰다. 그러므로 永洞里의 草洞마을에만도 自作經營의 전성기에는 借地 借家의 '戶外집' 농민이 5, 60세대나 되었다. 이러한 '戶外집'은 물론 草洞마을에만 한하는 것이 아니었다. 多侍面 내의 他里에도 '戶外집'을 위한 대지 8필지 1,827평과 주택이 마련되어 있었으며, 이웃 面인 文平面에도 1필지 75평에 가옥이 마련되고 있었다.[71] 그러므로 李氏家에서 언제나 자유로이 동원할 수 있는 노동력은 草洞마을의 '戶外집'과 面內各里의 '戶外집'을 합하여 통상 6, 70名이 되는 것이었으며, 이 밖에 머슴 5명이 또한 있는 것이었다.

'戶外집' 농민은 借地 借家를 하고 있는 것이기에 농번기에는 地主家의 자작노동에 우선적으로 동원되는 것이지만, 그러나 그러한 賃勞動을 무보수로서 행하는 것은 아니었다. 1930년경 이 고장의 농업노동은 男子 壯丁의 경우 그

---

69) 前揭 『朝鮮의 小作慣行』 下, 續編, p.106에서는 이러한 借地·借家農民의 地主와의 관계를 '이러한 小作人은 이를 (有料)借用하는 小作人에 비하여 地主에 대해 한층 더 從屬的 關係를 갖지만 그러나 지주의 보호를 받는 바 두터움을 특징으로 한다'고 記述하고 있다.

70) 李氏家는 애초에 조그만 주택에 살고 있었으나, 財富를 축적하게 됨에 따라 새로운 垈地를 구입하여 큰 邸宅을 짓게 되었다. 그것은 벌써 韓末·日帝初期의 일이었다. 그 대지는 6筆地 2,284坪이나 되었는데, 이는 이미 土地調査에서의 所有權査定 이전에 購入되고 있었다(『土地臺帳』). 李氏家에서는 이러한 넓은 垈地上에 안채, 사랑채, 행랑채, 장남의 집, 창고, 외양간, 변소, 정미소 등 數 10間에 달하는 瓦家建物을 세웠으며, 1930년대에는 改修를 하기도 하였다. 그리고 李啓善의 末年에는 郡內의 선비(漢學者)들이 모일 수 있는 정자(南莎亭)를 짓기도 하였다. 이러한 垈地內에서의 空地는 봄 여름철에는 垈田으로서 이용되었고, 가을 겨울철에는 秋收穀의 露積地로서 이용되었다.

71) 李啓式 옹과 李敏烈 씨의 술회에 의함.

雇價가 日當 50錢이 보통이고, 晝食 제공시는 25錢을 지불하는 것이 관례였는데,[72] 이 농장에서의 雇賃支給은 대략 이를 기준으로 하고 있었다. 壯丁 1人의 1食이 25錢으로 계산되고 있는 것이었다. '戶外집' 농민들은 그러한 雇賃을 가족들이 地主家에 와서 식사를 같이하거나 또는 그날 분의 식사를 배급받는 것으로써 대신하고 있었다. 그래서 李氏家에서는 농번기에는 보통 150 또는 160명분의 음식을 마련하고 배급용 특제 食器로써 이를 분배하였다.[73] 구태여 말한다면 그들의 雇價는 '戶外집' 賃貸料와 食事제공으로써 상쇄되고 있는 것이었다. 평상시의 賃勞動에 대하여는 이렇게 雇價를 해결하였지만, 이와는 별도로 이 농장에서는 1年에 두 번 秋夕이나 정월을 맞이하는 年末에 情表의 뜻으로 약간의 상여금을 지급하기도 하였다. 이럴 때는 농장의 주인인 李啓善이 직접 '戶外집' 농민들의 아이들을 불러서 주거나(年末), 동구밖 다리목에 나가 앉아서(秋夕) 장에 가는 '戶外집' 농민들에게 돈을 쥐어 주었다.[74]

自作에 의한 농업경영이 30餘 町步에 달할 정도로 대형화하면, 노동력의 문제는 人力 외에도 畜力을 또한 해결하지 않으면 아니 되었다. 李氏家에서는 그것을 자가에서 보통 4~7頭의 農牛飼育하는 외에도, 各里의 소작농민들에게 '씨앗소' 30餘 頭를 喂養시키는 것으로써 해결하였다. 喂養價를 지급하지는 않

---

72) 朝鮮農會, 『農家經濟調査』(全羅南道), p.32에서는 1930년도 羅州郡 羅州面 松村里의 農家經濟를 조사하면서, 이 고장의 槪況으로서 農業勞動者 雇入의 상황을 다음과 같이 기술하고 있었다.
　　가. 雇入의 難易 : 마을 안에 貧農이 많으므로 勞力過剩이 되어 勞動者의 雇入이 대단히 쉽다.
　　나. 勞賃 : 年雇(男)는 最高 年額 50圓, 最低 20圓 外에, 飮食費 及 被服費 80圓 정도. 日雇는 도시락 支給하는 者 男 25錢, 女 15錢, 도시락 支給하지 않는 者 男 50錢, 女 25錢이다.
　　물론 이 경우 勞賃은 지역에 따라, 연도에 따라 차이가 있었다. 이 무렵의 그러한 사정에 관해서는 李勳求, 『朝鮮農業論』(1935) 第8章 第4節이 참고된다.
73) 李敏烈 씨에 의하면 밥을 배급하기 위한 그릇은 특별히 제조되었다고 하며, 李公範 교수에 의하면 이것을 배급하는 것은 李氏家의 主婦였다고 한다. 이 농장에서는 그 바깥 主人이 직접 勞動者들의 활동상황을 살피면서 농장을 경영하고 있었던 것과 마찬가지로, 안主人은 직접 백 수십 명분 식사의 炊事를 감독하고 이를 배급하였다고 한다.
74) 李敏烈 씨의 술회에 의함. 또 李公範 교수에 의하면 이럴 경우 평소의 作業上의 誠實性을 보아서 더 주기도 하고 덜 주기도 하였다.

았으나, 그 대신 牛睹를 징수하지도 않았다. 農牛를 喂養하는 농민들은 이를 자유로이 사용할 수 있었으나, 그러나 李氏家의 농장경영에서 農牛의 사역이 필요할 때(起耕, 穀物其他의 運搬)는 언제나 10~15頭씩 동원하여 사용하였다.

自作經營을 위한 시설로서는 이러한 農牛와 관련하여 언제나 쟁기(犁)를 7, 8臺 마련하고 있었으며, 牛車는 5臺를 갖추고 있었다. 車庫와 倉庫 喂養간의 시설이 갖추어진 것은 물론이고, 喂養간에 이어서는 대규모의 堆肥場이 만들어졌다. 그리고 추수시에는 일반적으로 2인용의 소형 탈곡기를 사용하는 것이 보통이지만, 이 農場經營에서는 작업을 능률적으로 수행하기 위하여 혹 5, 6人用의 대형 탈곡기를 제작 사용하기도 하였다.[75]

李氏家의 농장경영에서 자작경영이 대규모였음은, 농지를 起耕할 때 農牛를 10~15頭씩 동원하였던 것으로써 짐작할 수 있지만, 이러한 현상은 그 밖의 노동에 있어서도 마찬가지였다. 이 농장에서는 여름철에는 잡초를 堆肥하고, 겨울철에는 喂養간에 볏짚을 줌으로써 많은 두엄을 받았으며, 봄이 되면 이를 田畓으로 반출하여 施肥하고 있었는데, 이럴 때 동원되는 인부는 100여 명에 달하고 있었다. 100여 명의 인부가 지게를 지고 일렬로 줄을 지어 이를 반출함으로써 田畓에다 施肥를 하게 되는 것이었다. 또 移秧期나 제초작업 및 추수시 등에는 8, 90명의 인부가 동원되어 여러 날에 걸쳐 작업을 하였다. 머슴과 '戶外집' 小作農民＝勞動小作農民 그리고 문중의 小作農民들이 그 구성원이었다.[76]

이러한 自作經營의 활동에서 소소한 일은 주인의 지시를 받은 '큰 머슴'(首雇工)이 이를 수행하였지만, 많은 인부를 동원하는 어려운 작업에는 농장의 주인인 李啓善이 직접 나서서 진두지휘를 하기도 하였다. 豪傑風의 당당한 체구에 쩌렁쩌렁한 목소리의 소유자인 그는 사전에 계획을 세워 조직적으로 작업을 진행시켰다.[77] 그의 農業經營에 대한 식견은 뛰어났고 많은 인부를 다루는 지휘능력은 탁월하였다. 그리고 그의 經營活動에는 아무도 이견을 제기할

---

75) 李啓式 옹과 李敏烈 씨의 술회에 의함.

76) 同 上.

77) 李公範·李載槃 兩 교수의 술회에 의함. 1920, 1930년대의 '큰 머슴'은 辛仁善이란 사람이었으며, 그는 해방 후에 사망하였다.

수 없는 정확함이 있었다. 그는 통이 큰, 그러나 대단히 치밀한 企業農으로서 농장을 경영해 나갔다.

地主經營 — 李氏家의 농장경영은 이와 같이 雇傭勞動·勞動小作人에 의한 기업적인 자작경영이 주축이 되는 것이지만, 그러나 이와 관련하여서는 地主經營(勞動小作)을 또한 병행하고 있었다. 기술한 바와 같이 자작경영에는 많은 노동력이 소요되는데, 이러한 노동력을 확보하기 위해서는 그들에게 생활안정을 보장해야 하며, 그러기 위해서는 최소한 그들에게 農地를 대여함으로써 가계를 유지할 수 있는 방법을 마련해 주어야 하는 까닭이었다. 그뿐만 아니라 李氏門中에도 경제적으로 零落한 농민들이 많았고, 이들은 宗氏인 李啓善에게서 농지를 借耕하지 않으면 안될 실정이 되고 있어서, 李啓善은 이를 외면할 수 없는 형편이었다. 그리하여 李氏家에서는 자작경영과 병행하여 늘 이와 비등한 규모의 농지를 '戶外집'이나 門中의 小作農民에게 대여함으로써 지대를 징수하는 地主經營을 하게 되었다. 앞에서 〈表 6〉으로 제시한 농지는 바로 그것이다.

이 경우 '戶外집' 소작농민과 門中소작인이 他姓人과 宗氏로써 劃然이 구분되는 것은 아니었다. 李氏家의 宗氏 중에는 자기 주택을 가진 일반소작인도 있었지만 '戶外집' 小作農民도 많았다. 그들 가운데도 경제적으로 완전히 몰락하여 借地 借耕을 해야 할 처지의 농민은 많았고, 그들은 李氏家의 '戶外집' 소작농민이 되는 수밖에 없었다. 그와 같은 小作農民이 李啓善 생존시의 多侍面의 농장에는 〈表 7〉에서 보는 바와 같이 總 109명이나 되었으며, 따라서 '戶外집' 小作農民은 全小作農民의 3분의 2가 되는 셈이었다. 그러한 점에서 '戶外집' 小作農民은 全小作農民 중에서 주축을 이루는 것이며, 따라서 이들은 이 농장의 地主經營에 있어서 중요한 존재이었다.

多侍面의 농장에서 小作農民에게 대여하는 농지는 총 111,653坪이나 되었으므로 그 규모가 큰 것이었으나, 이는 109명의 농민에게 借耕시키는 것이었으므로 농민 개개인으로서의 경작면적은 많지 않았다. 〈표 7〉은 그러한 소작농민의 耕作規模를 정리해 본 것인데, 이에서 보면 농장에서는 그들에게 耕作面積을 과다하게 배정하고 있지 않았다. 이는 이 시기 소작농민의 일반적 경작규모에 미치지 못하는 것이었다.[78] 농장의 입장으로서는 이들의 경작지가

〈表 7〉   小作農民의 借耕規模

借耕地	小 作 人 數	同上 百分率
3,001~3,500坪	1	0.9%
2,501~3,000	3	
2,001~2,500	7	21.1
1,501~2,000	13	
1,001~1,500	18	
501~1,000	40	78.0
1~ 500	27	
計	109	100.0

지나치게 커지면, 地主家의 自作經營에 소요되는 勞動에 참여할 시간이 없어
지는 까닭이었다. 그러므로 이들 가운데서도 一般小作人일 경우에는 이 밖에
자작지를 소유하거나 他地主로부터 더 借耕을 함으로써 궁핍을 면할 수가 있
었지만,[79] 地主家에의 경제적 의존도가 큰 '戶外집' 소작농민은 이것으로써 생
계를 이어가지 않으면 아니 되었다. 그리고 그러기 위해서는 賃勞動을 통해서

---

78) 全羅南道, 『農村經濟調查成績』, 1934, p.4에 의하면 이 무렵 이 고장의 농민들의
   '耕作地의 廣狹別 戶數'는 다음과 같았다.

	1段步 미만	3段步 미만	5段步 미만	1町步 미만	3町步 미만	3町步 이상	無作者	計
戶 數	171戶	696	1,054	2,267	1,734	112	187	6,221
同 上 百分比	3%	11%	17%	36%	28%	2%	3%	100%

그리고 前揭 『朝鮮에 있어서의 小作에 관한 參考事項摘要』, p.22에 의하면 1923
年度의 全羅南道 小作農民들의 '農地經營別戶數'는 다음과 같았다.

		小作農戶數	同上 百分比
大	3町步 이상	3,179	3.06%
中	1~3町步	20,300	19.56
小	3段~1町步	43,335	41.74
細	3段 이하	36,997	35.64
	計	103,811	100.00

79) 이 시기에도 일반적으로 小作農民은 평균 2人 이상의 地主로부터 農地를 借耕하고
   있었다(前揭 『朝鮮의 小作慣行』 上, 前編, pp.63~71 ; 『朝鮮에 있어서의 小作에
   관한 參考事項摘要』, p.23).

그 부족분을 보충하지 않으면 아니 되었으며, 그럴 경우 그들은 이 농장의 自作經營地의 농업노동에 우선적으로 참가해야 하는 것이었다.

小作農民들에게 貸與한 農地로부터의 地代의 징수는 執租의 관행을 따르고 있었다. 그러므로 그 수입은 年事의 풍흉에 따라 크게 차이가 나는 것이지만, 평균으로 치면 대략 斗落當 8斗(大斗)가 되었다. 수리시설을 갖춘 후 이를 이용하는 수전에서는 水稅條로서 1~2斗를 더 징수하였다. 그러므로 水利田의 地代는 보통 斗落當 9~10斗가 되는 셈이었다.[80] 地稅는 지주가 부담하였다.

李氏家에서는 이와 같이 농장의 일부를 '戶外집'을 이용한 地主經營으로서 하고는 있었지만, 그러나 그것은 그 自作經營에서의 勞動力을 해결하기 위해서 마련한 것이었다. 그러므로 그 관리와 경영의 원칙은 全農場經營의 대원칙을 그대로 따르도록 하였다. 그것은 地主經營을 自作經營과 밀접하게 관련시키면서 기업적인 입장에서 이를 직접 관리 경영한다는 점이었다. 李氏家에서는 地主經營을 自作經營과 별개의 문제로서 분리 경영하는 것이 아니라, 企業的인 農場經營이라는 입장에서 이 양자를 연결시켜 경영하고 있는 것이었다. 그러기 위해서는 地主經營·勞動小作制로서 경영하는 농지, 즉 小作農民에게 대여하는 농지를 自作經營하는 농지와 떨어진 다른 지역의 농지로서 대여하여서는 아니 되었다. 이 양자는 한 지역 내에 서로 인접한 농지로서 있는 것이 바람직하였다. 자작경영과 지주경영을 통일적으로 파악하고 하나의 원칙으로서 經營해 나가기 위해서는 그렇게 하는 것이 편리하였다. 또 '戶外집' 小作農民의 노동력을 이용하기 위해서도 그것은 필요하였다. 그리하여 실제로 '戶外집' 소작농민이나 門中人 소작농민에 대한 貸與地는 자작지와 이웃한 한 地域內의 농지로써 분급되었다.

이 시기의 지주층은 대개 不在地主로서 도시에 거주하고, 농업을 모르는 가운데 관리인(舍音)을 두고 그 농지를 관리 경영하며, 그러면서도 地代의 징수는 이를 철저하게 하는 것이 일반적이었는데, 李氏家의 農場經營 속에서의 지주경영은 그러한 것이 아니었다. 농장주·지주로서의 李氏家는 在地地主로서 농촌에 거주하고 있었으며, 스스로 농업을 숙지하고 실천(自作經營)하면서 지

---

80) 李敏烈 씨의 술회에 의함.

주경영을 이와 관련된 하나의 기업으로서 행하고 있는 것이었다.

이러한 經營上의 차이는 그 결과에 있어서도 큰 차이를 가져오지 않을 수 없었다. 관리인에게 경영을 위임하지 않으면 經費가 절약되는 것은 말할 것도 없지만, 이를 직접 관리 경영하게 되면 自作經營과의 관련하에 小作農民의 생산 활동을 지휘 감독할 수 있는 데서 農業生産力을 한층 더 향상시킬 수가 있었다.

또 이 시기의 地主制에서 늘 크게 문제가 되는 것은, 관리인의 부당한 처사로 인해서 地主 小作人간에 불화가 발생하는 일이었는데, 이를 직접 경영하게 되면 그러한 폐단이 제거되고, 따라서 농장은 평온한 가운데 번영할 수가 있었다. 地主經營이 어려워지는 1920, 1930년대에 있어서도 李氏家의 농장 규모가 확대될 수 있었던 것은, 이를 경영면에서 보면, 自作經營이라는 점과 아울러 바로 이와 같은 地主經營上의 특징이 그 배경이 되는 것이었다고 하겠다.

다만 李啓善이 그의 말년에 和順·長城地方에다 매입한 농지의 경영에서는 이러한 원칙을 적용할 수가 없었다. 이 지역은 直營을 할 만한 거리가 아니었다. 그리하여 이 양 지역에는 각각 관리인(舍音)을 두고 이를 竝作制로써 경영하지 않으면 아니 되었으며, 따라서 多侍面의 농장에서는 企業農으로서 資本家的인 농업경영을 하면서도, 이 양 지역에서는 다른 지주층과 마찬가지로 不在地主로서 재래적인 낙후한 방법으로 경영을 하지 않으면 안되었다. 그러한 점에서 이 양 지역에서의 地主經營은, 일반적으로 볼 수 있는 不在地主層의 농업경영에서와 마찬가지로, 많은 경영상의 난점을 내포하지 않을 수 없었으며(長城에서는 小作爭議가 있었다), 따라서 李啓善이 사망한 후 이 양 지역의 농지는 곧 처분하게 되었다.[81]

秋收穀의 販賣 — 이상과 같은 경영을 통해서 얻어지는 수입은 해마다 대략 2,000石 정도였다. 自作經營에서 들어오는 수입이 약 1,000石, 地主經營(和順·長城 포함)으로부터 들어오는 수입이 약 1,000石이었다.[82] 李氏家의 農場經營에서 수행되는 마지막 작업은 이러한 秋收穀을 적절히 처분하는 일이었다. 이는 翌年의 再生産을 위한 농업자본과 양곡을 제외하고, 그 밖의 대부분

---

81) 註 61) 참조.
82) 李啓式 옹과 李敏烈 씨의 술회에 의함.

의 곡물을 상품으로서 판매하는 일이었다. 李氏家에서는 그것을 外地의 추수
곡은 그 고장에서 舍音으로 하여금 적기에 판매토록 하고, 羅州地方의 농장으
로부터의 秋收穀은 집 주변에 露積하였다가 봄철에 접어들어 판매하는 방식
을 취했다. 그런 점에서 李氏家의 농업생산은 완전히 상품생산이었으며, 그
農場經營은 상품생산을 위한 기업활동인 셈이었다.

　곡물을 상품으로 판매하는 방법은 여러 가지였다. 皮穀을 露積해 두면 일본
인 米穀商人들이 來訪하여 흥정을 하고, 따라서 秋收穀의 일부는 皮穀 그대로
판매되기도 하였다. 그러나 대개 대부분의 皮穀은 精米로 搗精하여 米穀으로
서 판매하는 것이 일반이었다. 日帝下에 있어서의 곡물생산은 이를 정미로 搗
精하였을 때 비로소 완전한 상품으로서의 가치를 발휘하는 까닭이었다. 이때
이와 같은 상품은 대개 日本으로 판매되고 있었다. 日本向의 곡물수출은 미곡
으로써 행해지고 있는 것이었다. 그리하여 이때에는 미곡의 상품화와 관련하
여 搗精業이 중요한 산업으로서 각광을 받게 되고, 따라서 農業資本家나 商業
資本家들이 이에 투자하여 각지에 대규모의 정미소가 늘어나고도 있었다.[83]
榮山浦나 羅州에 그러한 큰 정미소가 있었음은 말할 것도 없고, 木浦市內에는
日本向 수출미곡의 搗精을 목표로 대자본가의 큰 정미소가 10여 개나 설치되
고 있었다.[84]

　李氏家의 農場經營에서 미곡이 상품화되는 데 있어서는 처음에는 이들 정
미소가 이용되기도 하였다. 그러나 이러한 정미소를 이용하여 搗精하게 되면
상품으로서의 미곡을 시세에 맞추어 적시에 내놓기가 어려웠다. 추수기가 끝
나면 겨울철에서 봄철에 걸치면서 搗精業界는 대단히 바빠지는 까닭이었다.
또 搗精料 3%도 歇한 것은 아니었다. 農業生産을 商品生産으로서 행하고 있
는 李氏家의 농장경영에서는 이러한 난점도 해결하지 않으면 안되었다. 이를
해결하는 방법은 皮穀을 오랫동안 보존하다가 필요할 때 즉시 搗精할 수 있도
록 스스로 精米所를 갖는 길밖에 없었다.

---

83) 搗精業者의 資本家로서의 성격에 관해서는 다음 著書가 참고된다.
　　久間健一, ‘朝鮮農業經濟序論’(『朝鮮農業의 近代的樣相』), pp.17~19.
　　東畑精一·大川一司, 『朝鮮米穀經濟論』, 1935, pp.108~122.
84) 木浦商工會議所, 『統計年報』, 1930, pp.236~239.

多侍面의 이 농장에서는 이리하여 그 상품생산의 마지막 마무리를 잘하기 위해 농장의 한 시설로서 精米所를 설치하게 되었다. 李氏家의 2천여 평 대지 내에서 李啓善의 자택 바로 이웃에 정미공장이 세워졌다. 動力은 8마력의 발동기를 사용하였으며, 稼動時에는 기술자와 인부를 5명 고용하고 있었다. 정미공장은 농장의 秋收穀을 搗精하여 상품으로 만들거나 家用으로 사용하기 위해서 가동되었으며, 對外用으로 사용되지는 않았다. 이러한 작업은 겨울철에서 봄철에 걸치면서 계속되었다. 수십 석씩 米穀이 搗精되면 이를 5臺의 牛車에 적재하여 榮山浦로 반출하였다. 그곳 米穀商(특히 모로사기 精米所)에 판매하거나 木浦의 미곡상으로 수송하기 위해서였다.[85] 이렇게 해서 판매되는 미곡은 해마다 6, 7백 石에 달하였다. 그리고 이러한 판매가 끝남으로써 당해 연도의 農場經營은 끝나는 것이었다.

5. 結　語

이상으로 우리는 羅州地方의 李氏家가 지주로 성장하는 사정과 그 農場經營의 실태를 살피었다. 그것은 요컨대 영세한 자작농으로서 출발한 李氏家가 그 經營規模를 점진적으로 확대시켜 農場을 형성하고, 이를 商品生産을 목적으로 雇工이나 '戶外집' = 勞動小作農民의 勞動力을 중심으로 이용하여 경영하는 資本家的 기업농으로서의 농업경영 그것이었다.

이러한 農業經營의 양식은 李氏家가 韓末부터 소규모의 자작경영을 점진적으로 확대시켜 나가는 가운데 이루고 있었던 데서 알 수 있듯이, 그리고 그 宗家집에서는 벌써 韓末에 이러한 방식의 농업경영을 하고 있었던 데서 알 수 있듯이, 韓末까지도 농촌사회에서 慣行하고 있었던 구래의 經營地主 經營型 富農層의 경영양식을 그대로 도입 계승한 것이었다. 조선후기에는 농법이 전환하여 생산력이 발전하고, 流通經濟가 발달하여 농업생산이 시장과 연결되며, 農民層分化가 촉진되어 賃勞動層이 형성되는 가운데, 自作農이건 時作農

---

85) 李敏烈 씨의 술회에 의함.

民이건 賃勞動을 이용하여 경영을 확대하고 농업을 상업적으로 경영하는 經
營型富農層이 대두하며, 또 經營地主가 그 農業生産 農業經營에 經營型富農
層의 農業生産 農業經營 방식을 도입하여 질적인 변화를 보여주고 있었는데,
李氏家의 농장경영은 이들 經營地主 經營型富農層의 그것을 계승 발전시키고
있는 것이었다.

　이 시기 이 고장에는 日本人 농업자본가들이 농장을 개설하고 이를 경영하
고 있었으므로, 李氏家의 농장경영은 日本人 地主層의 경영방식을 모방할 수
도 있었으나, 그러나 李啓善은 그렇게는 하지 않고 있었다. 일본인 지주층의
이른바 농장경영은, 처음에는 그 대부분이 구래의 竝作地主制를 중심으로 한
농업관행을 그대로 계승하여 地主小作制로서 경영하는 것이 일반이었다. 더
욱이 그는 日本人을 혐오하고 있었다. 그는 장남을 교육시키는 데 있어서도
漢學을 교육시키고, 또 이를 위하여 經學院에 입학시키고도 있었으며, 草洞마
을의 아동들을 위하여는 그 자택의 사랑채를 書堂으로 개방하고 훈장을 초빙
하여 漢學敎育을 시키기도 하였다.[86] 新敎育의 필요성을 인정하게 되는 것은
자녀들의 주장에서였으며 그것도 겨우 그의 말년의 일이었다.

　李氏家의 農業經營 農場經營을 이와 같이 살피면, 그 地主制는 이미 구래의
봉건적인 地主制는 아니었으며 資本家的인 企業農으로서의 地主制였다. 地主
라고 하는 외형에 있어서는 구래의 그것과 같았으나, 그 내용이나 성격에 있
어서는 큰 변화를 보여주는 것이었다. 그것은 구래의 地主制－經營地主制를
바탕으로 하기는 하였으나, 資本家的인 企業農으로 전환 성장하고 있는 지주
제인 것이었다. 그리고 그렇게 전환할 수 있었던 것은 이 시기의 시대상황 속
에서, 구래의 經營地主制의 바탕 위에 經營型富農層의 생산방식을 도입하고,
또 이 시기의 자작농이나 소작농민의 企業的 農業經營의 양식을 도입한 데서
비롯되고 있었다. 그것은 마치 經營雇農·契約雇農(Instleute)을 주축으로 운

---

86) 李載槃 교수에 의하면, 李氏家에서는 韓末까지 그 宗家집에서 담당하였던 교육기
　　능을 日帝下에서는 이 李氏家에서 맡고 있었으며, 草洞마을('戶外집' 포함)의 少年들
　　이 이 書堂을 거쳐 나가게 되어 있었다. 그리고 때로는 他鄕의 宗氏 중에서 이 書堂
　　으로 遊學을 오는 사람도 있었다. 뿐만 아니라 李啓善은 또 다른 한편으로는 그 스스
　　로 이 지방의 鄕校運營에 幹事로서 참여하기도 하였다. 李氏家의 생활환경이나 李啓
　　善의 思惟방식은 말하자면 非日本的인 것이었다.

영되는 獨逸의 융커경영과 흡사한 바가 있었지만, 그러나 그 地主權이 융커경영과 같이 강대한 것이 아니라는 점에서, 융커경영과는 크게 차이가 나는 것이기도 하였다. 이러한 성격의 地主層은 농촌사회에 적지 않았을 것으로 생각된다.[87] 여기에 韓末 日帝下의 지주제나 농업체제는 일률적으로 봉건성으로 규정할 수 없는 所以가 있으며, 그것을 바탕으로 하면서도, 이 시기 農業體制에는 近代로의 전환과정을 전제로 하는 半封建性 近代性이 지적될 수 있는 生産樣式上의 한 근거가 있는 것이었다고 하겠다.[88]

〔『震檀學報』 42, 1976. 揭載〕

87) 日帝下의 農村에 '戶外집' 勞動小作農民(名稱은 農幕人·挾幕人 등 다양)을 이용하고 있는 自作經營의 地主가 얼마나 되었겠는지는 분명치 않다. 다만 이때의 當局에서는 '戶外집' 農民에 속할 수 있는 農民을 전국에 걸쳐 約 4萬戶 내외로 추산하고 있었으므로(註 10의 자료 참조), 이들을 이용하였던 地主의 수가 이보다는 적었겠지만, 그러나 그 '戶外집'을 이용하는 地主의 自作經營의 규모에는 大小의 차이가 있었을 것이므로, 그 地主의 수가 그렇게 적은 것은 아니었을 것으로 생각되며, 또 이 경우의 그러한 地主는 당연히 이 시기의 이른바 地主(乙), 自作兼地主에 속하였을 것으로 생각된다. 이들은 본시 구래의 經營地主의 전통을 계승하여 발전하고 있는 階級이기 때문이었다. 그뿐만 아니라 이들 地主層의 '戶外집' 이용은, 본시 小作農民으로서의 이용에서 점차 農業勞動者로서의 이용으로 변모하고 있었던 것이 아닐까 생각되며, 그러하였다면 그들의 農業經營은 自作農으로서 많은 雇傭人을 거느리고 대규모의 耕作을 하고 있었던 企業農과 그 성격에 있어서 크게 다르지 않았을 것으로 생각되며(前揭『朝鮮의 小作慣行』下, 續編, pp.89~90, 表 참조), 그러한 점에서 當局에서는 1933년 이후의 農業統計에서는 地主(乙)를 삭제하여 自作農에 포함시켰을 것으로 생각된다(註 57의『朝鮮小作年報』,『朝鮮農地年報』 참조). 이 같은 문제는 政治的 필요성에서도 그렇게 할 수 있는 것이지만, 기술적으로는 그렇게 해도 좋을 수 있는 현실적 조건이, 그 기반으로서 갖추어져 있었음과 깊은 관련이 있었을 것이기 때문이다.

88) 이러한 문제와도 관련하여, 舊來의 韓國人 地主制가 資本家的인 地主制로 전환하고 있는 事情에 관해서는 이미 日帝下에 있어서도 지적된 바 있었다. 本稿에서는 그것을 李氏家의 農業經營을 중심으로 生産樣式上의 전환이라는 점에서 파악하는 것이다.

　　姜鋌澤, '朝鮮에 있어서의 生産시스템의 分化'(『農業經濟硏究』 15의 3, 1939).
　　久間健一, '朝鮮에 있어서의 小作問題의 展開性 — 特히 地主와 農民의 性格을 中心으로'(『農業과 經濟』 4의 6, 1937).
　　'農業機構의 基底를 흐르는 것'(『朝鮮農政의 課題』, 1943, pp.3~27).
　本書, 제Ⅲ편 제2논문 참조.

古阜 金氏家의 地主經營과 資本轉換

1. 序　言

　구래의 地主制가 日帝强占下에 들면서 새로운 성격의 지주제로 변동하고 있었던 사정에 관하여, 이곳에서 우리가 관심을 갖게 되는 것은, 地主制를 중심으로 근대화를 추구하던 사람들의 地主經營—주로 竝作地主制를 중심으로 한 지주경영은, 이 시기의 시대상황과 관련하여 어떻게 변모하고 있었을까 하는 점이다. 그것은 기술한 바와 같이, 韓末의 지배층이나 정부에서는 地主層이 주체가 되는 근대화를 구상하고, 그것을 정책으로서 추진하고 있었는데, 그러한 近代化 方略이 이 시기의 상황하에서는 구체적으로 어떻게 실현되고 있었을까 하는 것이 궁금하고, 또 日帝가 韓國農業을 침략한 후에는 한국농업이 전체로 日本資本主義의 近代的 産業資本 金融資本 地主資本에 의해서 지배되고 있었는데, 韓國人 地主層은 이러한 일본자본주의와 구체적으로 어떠한 관계하에 있으면서 성장할 수 있었을까 하는 것이 궁금하기 때문이다.

　이는 결국 韓國資本主義의 성립과정의 문제인 것으로서, 이러한 변동과 관련하여서는 여러 지방에서 여러 사람의 地主層을 중심으로 한 사례를 볼 수 있을 것이지만, 이곳에서는 그것을 특히 古阜지방의 金氏家(金性洙氏家)의 경우를 중심으로 살피고자 한다. 이 金氏家가 한국자본주의의 성립과정에서 어떠한 위치에 있었으며, 또 어떻게 기여하고 있었는지에 관해서는 이미 잘 알려져 있는 바이지만,[1] 그러나 바로 그러한 金氏家는 자본가이기 전에 地主였

---

1) 高承濟, 『韓國金融史研究』, 1970.
　　趙璣濬, 『韓國企業家史』, 1973 ; 『韓國資本主義成立史論』, 1973.
　　高麗大學校, 『六十年誌』, 1965.
　　京城紡織株式會社, 『京城紡織五十年』, 1969.
　　三養社, 『三養五十年』, 1974.

음에도 불구하고, 그 지주로서의 측면에 관해서는 별로 연구된 바가 없기 때문이다. 그러므로 이 같은 金氏家의 地主經營을 해명하게 되면, 자본가로서의 金氏家의 성격은 말할 것도 없고 韓國資本主義의 성격을 이해하는 데도 도움이 될 것으로 생각된다.

古阜지방(現 高敞郡, 井邑郡, 扶安郡에 편입)의 이 金氏家는 그 祖(金堯莢), 父(金祺中, 金暻中), 子(金性洙, 金秊洙, 金在洙)의 3代에 걸쳐 이곳에서 지주경영을 하고 있었다.[2] 이 지방은 주지하는 바와 같이 1894년의 農民戰爭이 발발한 곳으로, 地主와 時作·佃作農民의 대립관계가 격심하게 전개된 곳이었다. 金氏家에서는 바로 그와 같은 지역에서 韓末에 지주로 성장하고, 日帝下에는 그 地主制를 더욱 발전시키고 있었다. 그리고 그러한 地主制를 재래적인 地主經營에서 자본가적인 農場經營으로 개편하기도 하고, 한걸음 더 나아가서는 이와 병행해서 일부의 地主資本을 産業資本으로 전환시키고도 있어서, 韓末의 지배층이 택하였던 바 근대화의 방안, 즉 地主制를 기반으로 한 근대화의 방안으로서는 한 표본이 되는 것이었다.

仁村紀念會, 『仁村 金性洙傳』, 1976.
秀堂紀念事業會, 『秀堂 金秊洙』, 1971.
東亞日報社, 『東亞日報史』 1, 1975.
2) 金氏家는 蔚山金氏로서 備邊郎公派(莘坪派)에 속하며, 그 家系를 소개하면 다음과 같다(『蔚山金氏族譜』 乙編, 1977, 長城). 金性洙는 生父가 金暻中이지만 養子로서 伯父의 代를 이었다.

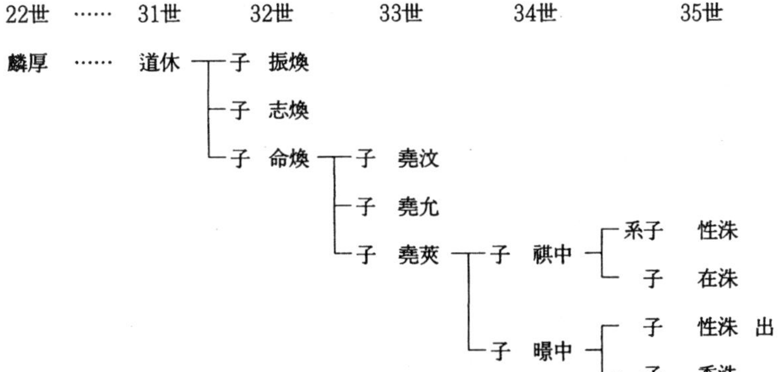

2. 韓末의 金氏家와 그 農業環境

金氏家가 日帝强占下에서 대지주였다는 점과 그것을 바탕으로 수행한 사업이 어떠한 것이었는가 하는 점은 주지의 사실로 되어 있다. 그러나 金氏家에서 볼 수 있는 그와 같은 地主制도 祖上傳來의 유산을 계승함으로써 이루어진 것은 아니었다. 그것은 19세기 중엽 이후의 일이었던 것으로서, 金氏家에서는 이 시기로부터 日帝下에 이르는 격동과정 속에서, 새로이 전개되는 농업환경에 적절히 적응함으로써 이를 성취하고 있었다. 그러므로 金氏家의 地主經營의 성격을 이해하기 위해서는 韓末에 있어서의 金氏家와 이를 위요한 農業環境 및 思想形態에 관하여 살펴둘 필요가 있겠다.

金氏家는 湖南地方 굴지의 명문가로서 조선초 이래로 長城地方에 정착하여 4, 500년을 살아온 양반가였다. 특히 그 중엽에는 性理學者 河西 金麟厚를 배출하고, 그는 후에 이곳 長城의 筆巖書院, 南原의 露峰書院, 玉果의 詠歸書院 등에 配享되고 있어서,[3] 전국적으로도 명문 선비가로 널리 알려졌다. 金氏家의 후손들은 그 후 여러 지방으로 확산하였으며, 19세기 중엽에는 全羅道 西海岸의 古阜郡으로 생활근거를 옮기는 사람도 있게 되었다. 그것은 金堯莢(號 樂齋, 1833~1909)이었다. 그리고 그가 古阜地方에 정착하게 된 바로 이 사실은 그 후의 이 가문의 추세로 보아 대단히 중요한 의미가 있었다. 그것은 경제적으로 성장할 수 있는 길이 여기에서 트이게 된 것은 말할 것도 없고, 儒敎家門의 이상인 정치권력에의 참여도 이곳에 온 후 순탄하게 전개된 까닭이었다.

그가 이곳으로 옮기게 된 것은 이 지방의 鄭氏家(延日 鄭氏)에 장가를 든 데서였다. 鄭氏家는 이곳에 오랜 세월을 토착해서 살아온 兩班地主家였다. 그러므로 金氏家와 鄭氏家의 결합은 말하자면 선비가와 지주가의 결합인 셈이었

---

3) 仁村紀念會, 『仁村 金性洙傳』, 1976, p.42.
　　『增補文獻備考』 卷 212, 學校考 11, 下(影印本), p.464, 468.

다. 그는 그의 부친 金命煥의 3男으로 태어났으며, 그의 父命에 따라 이곳 鄭
氏家의 규수를 아내로 맞이하게 되었는데, 鄭氏家에서는 그 딸을 출가시킨 후
에도 그 딸과 새 사위를 이웃에 두고 싶어하였다. 그리하여 그는 그 요청에
따라 茁浦灣 남쪽 연안의 古阜郡 富安面 仁村[4] 마을로 이주하게 되고, 이곳을
근거로 하여 金氏門中의 새로운 一家를 이루게 되었다.

　　樂齋가 地主로 성장하는 데는 本家보다도 妻家에 힘입은 바가 컸었다. 그의
부친은 재산가는 아니었고, 더욱이 그는 3男으로서 分家하였기 때문에 많은
유산을 받을 수가 없었다. 그에게 경제적인 도움을 준 것은 딸을 생각하는 처
가였다.[5] 처가인 鄭氏家는 통칭 萬石君으로 불리는 대지주로서 이 고장의 유
수한 富豪였다. 鄭氏家는 대지주로서 이 지방에 군림하고 있는 것이며, 이 지
방의 많은 농민들은 그 경제적인 지배하에 있었다. 그러므로 鄭氏家에서는 새
사위 樂齋가 이곳에 정착한 후 그 생활에 지장이 없도록 얼마간의 田畓을 급
여할 수가 있었다. 樂齋의 아내 鄭氏夫人은 이를 자본으로 근검절약하여 가산
을 경영해 나갔다. 이 경우 친정 鄭氏家의 위력이 鄭氏夫人의 가산경영에 힘
이 되었을 것임은 말할 것도 없는 일이겠다.

　　鄭氏夫人의 근검절약하는 가산경영은 철저하였다. 그것은 젊은 시절에서
노년기에 이르기까지 마찬가지였다. 金氏家에 전해 오는 바에 의하면 鄭氏夫
人의 이 같은 생활태도는 金氏家를 대지주로 성장시키는 원동력이 되었다. 그
리하여 樂齋가 중년기에 접어들 때부터는 점차 中小地主로 성장하고 末年에
이르러서는 千石君이 될 수가 있었다. 그는 그가 사망할 때(1909) 그의 장남

---

4) 富安面은 원 富安鄉으로서 古阜郡에 속하기는 하지만 古阜郡域 내에 있지 않았다.
　　그것은 '富安鄉在郡西南四十六里　越入興德沙津浦'(『東國輿地勝覽』卷 23, 古阜郡,
　　p.588)라든가, '富安面越興德界　西距五十里'(『輿地圖書』下, 全羅道 古阜郡邑誌,
　　p.1092), 또는 '富安本富安鄉　西初三十終五十　越在扶安西南界興德西北界'(『大東地
　　誌』卷 11, 全羅道 古阜)라고 하였듯이, 興德郡과 茁浦灣을 건너서 있는 飛地였다.
　　본시는 興德 高敞도 古阜郡에 속해 있었으므로 飛地가 아니었지만, 이들이 독립된
　　郡縣으로 分離케 됨으로써, 富安만이 越界한 상태로 古阜郡에 속하게 된 것이다. 이
　　面은 후에는 행정구역의 개편에 따라 古阜郡南端 및 興德과 함께 高敞郡에 편입되었
　　다.
5) 『仁村 金性洙傳』, pp.43~44.
　　『秀堂 金秊洙』, 1971, pp.50~51. 이러한 사정은 이 地方사람들에게는 널리 알려
　　져서 전해 오고 있다.

에게는 千石, 차남에게는 2百石을 秋收할 수 있는 토지를 물려주었다.[6]

이렇게 큰 地主로 성장한 金氏家에서는, 韓末에 다시 한번 그 주거를 이동함으로써 地主經營을 보다 크게 발전시킬 수 있는 계기를 마련하고 있었다. 그것은 樂齋의 末年의 일로서 그의 두 아들에 의해서 주도되었다. 古阜郡 富安面 仁村마을에서 茁浦灣 건너편으로 건너다 보이는 扶安郡 乾先面의 茁浦로 이주하였음은 그것이었다. 1907년의 일로서 이 해에는 장남인 金祺中(號 圓坡·同福, 1859~1933)이 이곳으로 옮겨 앉고, 1909년에 그 父親이 별세한 후에는 그 동생 金暻中(號 芝山, 1863~1945)이 또한 옮겨 왔다. 이렇게 주거를 옮기게 된 데는 한두 가지 큰 이유가 있었다.

그 하나는 이 시기 이 지방은 日帝에 항쟁하는 義兵활동의 한 중심지가 되고 있었으며, 兩班官僚層의 수탈과 地主와 時作농민간의 모순이 심화되는 가운데 일어나고 있는 農民抗爭 火賊의 항쟁이 또한 심하였으므로, 財産家와 地主層은 군경의 보호가 필요하였다. 그러기 위해서는 都市로 移住하는 것이 편리하였다.[7] 그런데 茁浦에는 그러한 기관, 특히 日兵도 파견되고 있어서 그 보호를 받을 수가 있었다는 점이었다.[8] 그리고 다른 하나는 이 시기의 급격한

---

6) 同 上書.
　　金暻中, 『芝山遺稿』 卷 1, 德天齋記(1909)에는 鄭氏夫人의 근검절약하는 생활태도가 그 아들에 의해서 다음과 같이 記述되어 있다.
　　先府君 一以澹泊持身 勤儉治家 而先妣 奉以周旋 艱難楛柱 內外井然 裙布鈹荊 數十年未改 先府君 嘗作宰州縣 先妣隨處內衙 猶不廢女紅 吏民相謂曰 內衙之有紡績聲 殫綿響 吾邑創建後初有事 此處儉約 守勤苦之道也
7) 『仁村 金性洙傳』, p.58.
　　『秀堂 金秊洙』, pp.62~64.
　　또 地主層 一般의 그러한 동향에 관해서는 朝鮮總督府, 『小作農民에 관한 調査』(1912), 第2章 第9節 45장에 잘 지적되고 있으며, 이 시기 이 지방에 있어서의 義兵活動이나 火賊의 활동에 관해서는 다음 資料에서 그 實相을 推知할 수 있다.
　　『大韓每日申報』 光武 10년(1906) 9월 20일 2面記事
　　　　　　　隆熙　2년(1908) 9월　5일　〃
　　　　　　　隆熙　3년(1909) 3월　4일　〃
　　　　　　　　　　　　　　　　3월　24일　〃
　　　　　　　　　　　　　　　　4월　7일　〃
　　　　　　　　　　　　　　　　4월　13일　〃
　　　　　　　　　　　　　　　　6월　12일　〃
　　　　　　　　　　　　　　　　6월　13일　〃

변동 속에서 商業的인 地主經營을 더욱 합리적으로 수행하기 위해서는 富安面보다 苗浦에 그 근거를 잡는 것이 유리하였다는 점이었다. 富安面에는 농산물의 수출을 위한 좋은 포구가 없었다. 그리하여 金氏家의 두 형제는 이곳에 移徙한 후 이 항구를 거점으로 治産에 열중하고, 이를 통해서 그들은 1920년대까지에는 2萬 石 이상을 추수하는 大地主가 되었다.

韓末에 있어서 金氏家의 성장은 단순한 地主로의 성장, 즉 경제적인 성장으로 그치는 것이 아니었다. 이와 병행하여서는 정치권력에의 참여가 또한 있었다. 즉 樂齋가 중년기에 접어들면서부터는 점차 경제적으로 안정을 보게 되었는데, 그는 이를 기반으로 官界에도 진출하고 있었다. 그의 나이 40이 되던 1872년(高宗 9년)부터의 일로서, 이는 大院君執權期의 마지막 무렵이었다. 그는 과거를 보지 않았으나 이 해에 繕工監 監役으로 임명되는 것을 계기로, 개항 후의 閔氏政權下에서는 義禁府都事 寧陵參奉 尙瑞院別提 司饔院主簿를 거쳐, 農民戰爭과 甲午改革을 전후한 시기, 즉 1888년 이후부터는 和順·鎭安·軍威郡守 등 지방수령을 역임하였으며, 大韓帝國의 光武 2년(1898)에는 中樞院議官으로 임명되었다. 그리고 그 후 그는 秘書院丞, 侍從院副卿에 임명되기도 하였다.[9]

---

8) 『大韓每日申報』隆熙 3년(1909) 4월 7일 記事에는 이곳에 주둔한 日軍이 義兵을 방어하고 있음을 기술하고 있다. 이 日軍은 古阜守備隊에서 파견된 軍人일 것이다. 古阜에는 일본군이 의병을 토벌하기 위하여 騎兵隊를 포함한 守備隊를 주둔시키고 있었다(朝鮮駐箚軍司令部, 『朝鮮暴徒討伐誌』, p.138, 168 附表). 그러한 古阜는 富安에서보다 苗浦에서 근거리였다.
　물론 苗浦라고 절대로 안전한 것은 아니었다. 1908년 9월 2일에는 義兵이 苗浦에 출동하여 親日團體로 지목한 이곳 大韓協會支會를 습격하고 그 總務 金永寅을 砲殺하기도 하였다(『大韓協會會報』第7號, p.59. 下(影印本), p.63). 그러나 이곳은 未久에 古阜警察署 苗浦巡査駐在所가 들어서기도 하고(『舊韓國官報』4669號, 隆熙 4년 5월 4일, 22冊, p.543), 곧이어서는 苗浦警察署가 설치되고도 있었으므로(統監府『公報』號外, 1910년 8월 5일, 下, 亞細亞文化社本, p.1407) 장차는 비교적 안전할 수가 있었다.
9) 『蔚山金氏族譜』乙編, 備邊郎公派, p.112.
　『舊韓國官報』1012號, 光武 2년 7월 27일, 6冊(亞細亞文化社本), p.455.
　　　　　　　　1051號, 光武 2년 9월 10일, 6冊, p.574.
　　　　　　　　3052號, 光武 9년 2월 2일, 14冊, p.98.
　　　　　　　　3358號, 光武 10년 1월 24일, 16冊, p.90.

짧은 기간이었으나 두 아들의 官運도 순조로웠다. 同福은 1888년에 進士가된 후, 甲午 이후의 大韓帝國에서 懿陵參奉을 거쳐(1897), 1900년에서 1907년에 이르는 사이에 龍潭郡守 平澤郡守 同福郡守를 역임한 후 1907년에 官界를 辭하였으며,[10] 芝山은 1898년 이후 敬陵參奉 秘書院丞 奉常寺副提調를 거쳐 1905년에는 珍山郡守로 임명되었다가 未久에 이를 辭하고 官界를 떠났다.[11]

金氏家의 3父子는 이와 같이 개항을 전후한 무렵부터 日帝에게 침략당하고 强占될 때까지 정치에 참여하고 있었는데, 이는 이 가문이 이 시기에 경제적으로 성장하여 큰 地主가 될 수 있었던 정치적 배경이 되는 것이었다고 하겠다. 이 시기는 바로 우리나라의 支配層中心 地主層中心의 近代化과정이 진행되는 가운데, 사회적 혼란과 支配層의 수탈이 자행되는 때였으며, 또 농산물의 수출을 통해서 地主層이 급속도로 성장하는 시기였으므로, 이 시기에 政府官吏 地方守令으로서 농민을 다스리는 입장에 있었다는 것은 대단히 중요한 의미가 있었다. 官人이 되면 일반적으로 권력을 통해서 收奪的인 致富가 가능하다는 점에서도 그렇고, 가령 그러한 收奪者가 되지 않는다 하더라도 수탈의 대상에서 면제되는 것은 말할 것도 없고, 地主로서 성장하는 데도 여러 가지 혜택을 누릴 수가 있는 까닭이었다. 이 시기에는 지배층의 稅政運營이 문란하고 수탈이 심하였으므로, 직접간접으로 官權과 연결되지 않고서는 그 수탈에서 제외되기가 어려웠다.[12]

---

10) 『蔚山金氏族譜』乙編, 備邊郞公派, p.112.
　　『舊韓國官報』1553號, 光武 4년　4월 20일, 8冊, p.396.
　　　　　　　　2019號, 光武 5년 10월 16일, 10冊, p.821.
　　　　　　　　2142號, 光武 6년　3월　8일, 11冊, p.211.
　　『同福邑誌』卷 1, 官案條, 1915.
　　宋鎭禹,『故圓坡金祺中先生記念銅像志』, 1935, p.11.
11) 『蔚山金氏族譜』乙編, 備邊郞公派, p.115.
　　『舊韓國官報』2909號, 光武 8년　8월 19일, 13冊, p.725.
　　　　　　　　3255號, 光武 9년　9월 27일, 15冊, p.1047.
　　　　　　　　3277號, 光武 9년 10월 23일, 15冊, p.1125.
　　『芝山遺稿』卷 4, 先考芝山府君家狀.
12) 韓末에 있어서의 支配層의 收奪狀況은『大韓每日申報』나『皇城新聞』등을 통해서 읽을 수 있으나, 이러한 문제는 稿를 달리해서 論해야 할 것이다.

그러나 金氏家가 地主로서 성장하고 발전해 가는 데 더욱 중요한 배경이 되었던 것은, 말할 것도 없이, 地主經營에 유리하게 작용하였던 바 경제적 여건의 변동이었다. 개항에서 日帝强占期에 이르는 사이, 茁浦港 및 群山港의 背後 農業地帶 —全北平野에서, 개항통상에 의한 米穀貿易이 계기가 되어 地主經營을 중심으로 한 상업적 농업이 급격하게 성장하고, 그 産米의 수출이 늘어나고 있었음은 그것이었다. 群山港과 茁浦港은 바로 그러한 농업지대에서의 미곡수출의 關門이었으며, 金氏家는 바로 그 같은 농업지대와 그 관문의 하나인 茁浦港을 거점으로 지주경영을 하고 있는 것이었다.

全北平野는 錦江 이남 蘆嶺山脈 이북의 黃海에 沿한 평야지대이며, 남북 200里, 동서 120里에 달하는 광활한 지역이다. 錦江 萬頃江 東津江 古阜川 井邑川 등이 東西南北으로 貫流하고 있어서 水源이 풍부하고, 토지가 비옥하며, 기후가 또한 온난하여서 우리나라 굴지의 稻作地帶 米産地가 되는 곳이다. 그러므로 古來로 이 지역에 대해서는 공적으로나 사적으로 이 지역을 稻作地帶로서 발전시키기 위한 시책이 마련되어 오고 있었다. 碧骨堤를 비롯하여 이곳 여러 郡縣에서 볼 수 있는 堤堰이나 洑施設은 그것이었다. 그리고 그 결과로서 이 지역은 三國時期 이래로 국가의 府庫가 되어 왔으며, 또 王室을 비롯한 封建支配層의 토지겸병 농민수탈을 위한 중심지가 되기도 하였다.[13]

개항 후 稻作地帶로서의 이 지역은 더욱 주목되었다. 개항의 경제적 의미는 열강과의 通商貿易인데, 우리나라가 외국에 대하여 輸出販賣할 수 있는 상품은 농산물이 주이고 그 가운데서도 중심이 되는 것은 米穀인 까닭이었다. 그리고 그러한 미곡을 생산하는 지역으로서는 다른 몇 지역과 아울러 이 지방이 또한 그 중심이 되는 까닭이었다. 米穀의 상품화는 이미 開港 前부터도 활발하였지만, 開港 후에는 그 판로가 해외로 확대되고, 따라서 그 상품으로서의 가치가 높아지고 있어서 商業的 農業經營에 대한 필요성이 커지고, 그러한 목적을 達하기 위해서는 농업생산력의 보다 큰 발전이 요청되기도 하였다.

그리하여 특히 日帝强占下에 이르면서는 日帝 統治當局이나 農業資本家들

---

13) 예컨대 近年의 일로서 王室에 의해서 야기되었던 均田收賭문제는 그 표본이 되는 것이겠다. 이에 관해서는 拙 稿, '高宗朝 王室의 均田收賭問題'(『韓國近代農業史研究』下)에서 詳論한 바 있다.

에 의해서 농업생산력을 발전시키기 위한 여러 가지 조치, 예컨대 品種改良
施肥 水利施設 등에 대한 개선이 적극적으로 취해지기도 하였다. 그 중에서도
수리사업은 중요하였다.[14] 이는 단순한 수리사업으로 그치는 것이 아니라 農
地改良을 수반하고, 따라서 수전농업의 생산력을 크게 향상시키는 바가 되었
다. 그리고 이러한 生産力發展의 여건 구비와 관련하여서는, 농산물의 상품화
와 그 수출을 목표로 하는, 새로운 日本人 地主層의 등장과 地主經營의 확대
를 재래하게도 되었다.[15]

　全北平野에서 농산물을 중심으로 한 商品流通은 각 고을마다 개설되는 場
市를 통해서 행해졌지만, 그 중에서도 몇몇 도시는 상품의 집산지로서 중심이
되고 있었다. 韓末에 있어서는 그러한 도시로서 群山 全州 茁浦 南原 등이 꼽
히고 있었다.[16] 群山은 錦江河口에 위치하여 본시 漕倉이 있었던 곳으로 漕運
船과 아울러 商船의 내왕이 잦았고,[17] 茁浦는 그 항만 내의 沙鎭浦를 중심으
로 상선이 湊集하는 곳이었으며,[18] 全州는 生薑의 특산지인 데다 監司의 소재

---

14) 全羅北道編, 『全羅北道要覽』, 1933, pp.120~121에 의하면, 全北平野에는 1931
　　년까지 沃溝西部 臨益 全益 古阜 益沃 龍進 東津 王宮 永元 助村 廣石 望雨 등 12개
　　의 水利組合이 시설되고 있었다.
15) 이 지방에 日本人이 農場을 설치하게 되는 사정이나 地主經營에 관해서는 다음 論
　　著가 참고된다.
　　李在茂, ‘日本帝國主義에 의한 朝鮮植民地化의 基礎的 諸指標’(『社會科學硏究』 9의
　　6, 1957).
　　趙璣濬, 『韓國資本主義成立史論』, pp.139~156.
　　拙 稿, 前揭 ‘高宗朝 王室의 均田收賭問題’.
16) 山口精, 『韓國産業誌』 中, 1910, p.797.
17) 『擇里志』卜居總論, 生利條(光文會本), p.46에는 이곳 일대의 商況을 ‘白馬以下鎭
　　江一帶 皆通船利’라 하고 있다. 江을 좀 위로 오르면 恩津의 江景이 있는데, 이곳은
　　‘恩津江景一村 居忠全兩道陸海之間 爲錦南野中一大都會 海夫峽戶皆於此出物交易 每
　　春夏間漁採時 腥臭滿村 巨舫小艓日夜如堵墻排立於汉港之間 一朔六大市 而委輸遠近
　　之貨物’(同上)이라든가, 또는 ‘恩津居熊川下流 商船簇聚 民多積貨 號爲國中利窟之
　　最’(『林園經濟志』 倪圭志 卷 3, 貨殖 八域物産)라고 할만큼 商業이 발달하고 있는
　　곳이었으며, 또 이 江의 左岸은 舒川 韓山 林川 등 地인데, 이곳은 ‘舒川韓山林川 臨
　　鎭江 地宜苧 苧利甲一國 居江海間 舟船之利不下漢陽’(『擇里志』 八道總論 忠清道,
　　p.25)이라고 운위될 만큼 商業이 발달한 곳이었다. 그러한 商船의 來往이 모두 錦江
　　을 통해서 행해졌으며, 그 河口에는 群山이 위치하고 있는 것이었다.
18) 『擇里志』卜居總論 生利條에 茁浦灣 내의 한 浦口(沙津浦)를 羅州 榮山江이나 靈岩
　　法聖浦와 同格으로 설명하되 ‘興德之沙津浦 …… 以其通湖 而聚商船’(p.46)이라고

지로서 이 지방 산업·상업의 중심지가 되고 있었으며,[19] 南原은 湖南 산간지
방에 四通八達하는 요지로서 토지가 비옥하고 물산이 풍부하여 이 지방 物産
流通의 중심지가 되고 있었다.[20] 그리고 日帝下에 들어서는 이 밖에 金堤 裡
里 井邑 등이 또한 주요 상업도시로 성장하고 있었다.[21] 全北平野의 농산물이
群山港을 통해서 대량 수출됨을 계기로 급성장한 도시였다.

이 같은 여러 상업도시 중에서도 金氏家가 위치한 茁浦港은 그 主港인 群山
港과 더불어 全北地方의 2대 항구이며, 群山 法聖浦 木浦 仁川 등지에 定期汽
船으로 연결되고, 그 배후의 扶安 古阜 興德 井邑 高敞 등지에는 육로로 연결
되는 요충의 地였다. 그래서 그 배후지역에 수요되는 상품이나 이 지방이 산
출하는 상품은 주로 이 항구를 통해서 집산되며 따라서 茁浦港은 항구이면서
도 이를 중심으로 상업이 발달하고 있는 商業都市인 것이었다.[22]

그러한 가운데서도 이 항구를 통해서 群山港으로 수송되는 상품은 주로 그
배후지방에서 산출되는 다량의 米穀과 약간의 實綿이었는데, 그 米穀은 日帝
초기에만도 年額 5萬 石에나 달하고 있었다.[23] 그리고 그 후에는 群山港에서
의 米穀輸出의 증대와도 비례하면서 더욱 늘어났을 것이다.[24] 그러한 점에서

한 것은 그 例이다. 이 밖에도 이곳의 流通經濟에 관하여는 '沙津浦濟安浦有鹽盆漁
箭 商船湊集'(『大東地志』 卷 11, 全羅道興德, 漢陽大影印本, p.262)이라든가, 또는
'沙津浦 在縣西六里 商船泊處'(『東國輿地勝覽』 卷 34, 興德縣, 影印本, p.601)라고
기록된 바도 있다. 그러므로 이곳에 대해서는 封建支配層의 관심이 집중하고 특히
王室에서는 客主旅閣을 설치함으로써 稅를 徵收하기도 하였다(『全羅道興德縣沙浦·
後浦·牛浦·石湖等 四浦口都旅客主人節目』 高宗 27年 明禮宮).
19) 『林園經濟志』 倪圭志 卷 4, 貨殖 八域場市條에서 徐有榘는 이곳 상황을 '東門外北
    通燕貨 東輸倭産 商旅湊集 百物殷盛 號爲國中鉅市'라 하였고, 同上書 倪圭志 卷 3,
    貨殖 八域物産條에서는 '全州爲監司所治 商賈所聚 百貨走集 薑蒜最饒 今域中用薑 皆
    全之流溢也'라고도 하였다.
20) 『擇里志』 八道總論 全羅道, p.22 ; 卜居總論 生利, p.44.
21) 釋尾春芿, 『最新朝鮮地誌』 上篇, 1918, p.348.
    藤戶計太, 『朝鮮地誌』, 1918, p.125.
    田內竹葉, 『新朝鮮成業銘鑑』 全羅北道, 1917, p.8.
22) 『全羅北道要覽』, p.35.
    吉田英三郎, 『朝鮮誌』, 1911, p.397.
    藤戶計太, 前揭書, p.400.
23) 保高正記·村松祐之, 『群山開港史』, 1925, p.113.
24) 群山府, 『群山府史』, 1935, pp.191~193에서 이 港口에서의 商品輸出의 발전상

茁浦港은 米穀輸出港인 셈이었으며, 따라서 이 도시는 이 지방 地主層의 미곡
판매와 관련하여 발달하고, 또 이 지방 地主層은 茁浦港이나 群山港에서의 米
穀輸出의 증대와 더불어 번영하고 있었던 것이라고 하겠다.

　米穀의 수출과 관련하여 이와 같이 地主層이 번영할 수 있었던 사정은 지주
경영의 양적 확대를 초래하고 있었다. 그것은 여러 가지 형태로 이루어지고
있었다. 즉, 群山港의 開港 前부터 이 지방에 土着하여 地主經營을 하던 사람
들이 개항을 통해서 더욱 번영하는 가운데 토지를 집적하여 大地主로 성장하
게 됨은 흔히 볼 수 있는 예이었다. 本稿에서 검토의 대상이 되고 있는 金氏家
는 그러한 예이거니와, 그러한 지주는 많았을 것이다. 米穀商人으로서 농촌에

황을 표시하면 다음과 같다.

群山開港以來　累年貿易額　　　　　　　　（단위 : 圓）

年　度	輸移出額	年　度	輸移出額	年　度	輸移出額
1899	8,198	1911	1,453,376	1923	32,815,010
1900	74,811	1912	1,771,927	1924	35,959,057
1901	259,011	1913	4,199,064	1925	37,738,706
1902	311,124	1914	6,177,233	1926	47,328,375
1903	842,192	1915	7,288,737	1927	45,119,786
1904	417,330	1916	5,169,774	1928	44,517,736
1905	362,911	1917	6,762,891	1929	34,223,289
1906	641,255	1918	13,782,374	1930	24,330,444
1907	1,917,262	1919	26,537,999	1931	30,496,993
1908	1,833,392	1920	19,805,631	1932	33,853,927
1909	2,049,530	1921	20,159,165	1933	37,594,918
1910	2,210,156	1922	27,103,093	1934	55,950,904

　이 경우 輸出品의 대종을 이루는 것은 米穀이었다(同上書, p.194). 그것은 앞의
輸出額을 다음의 米穀輸出額과 비교해 보면 분명하다(同上書, p.179).

群山港輸移出米　10個年貿易額　（數量 단위 : 石, 價格 단위 : 圓）

年度	數　量	價　格	年度	數　量	價　格
1925	998,769	36,753,717	1930	1,055,144	23,623,818
1926	1,373,453	41,808,470	1931	1,856,599	30,251,721
1927	1,471,942	44,748,028	1932	1,627,427	22,994,413
1928	1,611,358	44,193,575	1933	1,785,539	36,977,001
1929	1,250,963	33,373,946	1934	2,285,114	55,018,549

　그러므로 이와 같은 貿易表를 통해서 볼 때, 群山港은 米穀을 중심한 輸移出을 통
해서 번영한 都市임을 알 수 있고, 따라서 이 지방에 地主層의 農場經營이 발달하였
던 사정도 이해할 수 있겠다.

서 많은 미곡을 수매하여 이를 群山港의 무역상에 전매함으로써 治産을 하고,
다시 토지에 투자함으로써 大地主가 되는 경우도 적지 않았을 것이다.[25] 그리
고 日本人 농업자본가들이 韓國에의 殖民, 商業的 地主經營을 목적으로, 우리
사회의 사회적 모순을 틈타, 露日戰爭을 전후한 무렵부터 토지를 潛買하여 대
지주가 되고 농장을 경영하게 되었음은, 이 고장 農場制 地主經營의 한 특징
이었다.[26] 그리고 그 밖에도 농지개간을 통한 地主의 형성이라든가,[27] 기타 여
러 가지 경우가 있었다. 金氏家는 바로 그와 같이 하여 번영하고 있었던 地主
隊列 중의 일원이었다.

土地集積을 통한 地主經營의 확대는 農民層의 토지로부터의 배제와 몰락을
의미하는 것이었다. 이는 農民層 내에서의 分解現象과 병행하여 일어나고 있
었다. 이러한 현상은 이미 개항 전부터 일어나고 있었지만, 개항 후에는 앞에
서 언급해 온 바와 같이 상업적 농업의 발달, 농산물의 해외 수출, 地主經營의
가일층의 확대 등으로 한층 더 심화되고 있었다. 그러므로 개항 후에는 농촌
사회의 분해의 심화에 따라 社會階級간의 알력과 대립이 또한 더욱 심화되지
않을 수 없었다. 그리고 그러한 계급간의 모순은 哲宗朝의 農民抗爭 이래로
오랜 세월에 걸쳐 누적되고, 이는 마침내 古阜地方을 중심으로 한 甲午農民戰
爭으로 집약되고 있었다.[28] 그러므로 이 시기의 地主經營이 결코 쉬운 일은

---

25) 朴榮喆, 『五十年의 回顧』, p.12, 616에 의하면 全州의 朴榮喆家는 그러한 例였다.
  그의 父 朴基順은 小商人으로서 全州平野의 米를 群山 仁川 등지에 輸送販賣함으로
  써 巨利를 취하였고, 이를 토지에 투자함으로써 萬石君의 地主가 되었다. 그리고 이
  를 기반으로 하여서는 銀行(三南銀行)을 경영하기도 하고, 기타의 企業體에 관여하
  기도 하였다.
    朴基順의 企業活動에 관해서는 高承濟, 『韓國金融史研究』, pp.239~244 참조.
26) 註 15)의 論文, 특히 '高宗朝 王室의 均田收賭問題' 참조.
27) 『大韓每日申報』 光武 10년 11월 16일, 12월 7일, 光武 11년 2월 19일, 金彰漢의
  全州地方 開墾記事 참조.
28) 19세기는 農民抗爭의 세기였다. 大小 무수한 抗租운동은 고사하고, 1811년 平安
  道地方의 農民戰爭, 1862년 三南地方의 農民抗爭과 그 후 계속되는 '民亂' 및 火賊
  의 발생, 그리고 1894년의 農民戰爭 등은 그 두드러진 例였다. 이 같은 農民抗爭
  의 성격은 反封建으로 통하지만, 그 반봉건의 경제적 의미는 봉건적인 경제체제—
  賦稅制度와 土地制度(地主制)—에 대한 抗爭이었다. 이 경우 農民抗爭이 봉건적인
  賦稅制度의 矛盾—三政紊亂에서 緣由함은 당시부터의 견해로서 널리 인정되고 있었
  지만, 봉건적인 土地制度의 矛盾—地主와 時作·佃作農民간의 갈등에서 緣由하는 것

아니었으며, 더욱이 그것을 확대시켜 나간다는 것은 용이한 일이 아니었다. 그러나 주지하는 바와 같이 이 같은 계급간의 대립, 農民層의 항쟁은 이 시기 支配層의 地主層 중심의 근대화 방안에 의해서, 그리고 開化派政權 守舊鄕村 勢力 日帝의 軍事力 등 연합세력에 의해서 진압되고 있었으므로, 그 地主經營 은 農民戰爭 후 권력과 무력의 庇護下에 더욱 성장할 수가 있었다.

韓末에 있어서의 社會的 矛盾에 대한 지주층의 입장이 이렇기는 하였지만, 그러나 그들이 생각하는바 社會意識, 歷史意識이 모두 동일하였던 것은 아니 었다. 그 가운데는 혹은 구래의 社會經濟體制를 그대로 유지하는 가운데 그 자신의 경제적 지위도 그대로 유지해 나가려는 사람이 있기도 하고, 혹은 그 와 반대로 소수이기는 하지만 사회적 모순을 심각하게 느끼고 그 자신의 토지 를 농민들에게 分給해 주거나 公共機關에 기증하는 예도 있었다.[29] 그리고 또 그 가운데는 地主制를 발전시켜 나가되, 일정한 범위 내에서 西歐文明을 수용 함으로써 自强과 近代化를 기하고, 半植民地化 상태로부터 국권을 만회하려 는 이른바 愛國啓蒙的인 입장에 서는 사람도 있었다. 古阜지방의 金氏家는 그 러한 諸類型 중에서 제3의 유형에 속하고 있었다.

韓末 사상계의 격동 속에서 金氏家가 취하고 있었던 사상적 자세는 분명하

임에 대해서는 외면하는 경향이 있다(安秉珆, 『韓國近代經濟史硏究』 第5章 1884年 甲申政變의 社會經濟的 基礎, p.192). 그러나 이는 事態를 직시하지 못한 소치이 다. '民亂'은 三政紊亂에서뿐만 아니라 抗租운동의 연장으로서 발생하고, 따라서 근 원적으로 地主制의 矛盾, 봉건적인 地主層과 時作農民, 大土地所有者와 無産者의 계 급적 대립으로서 발발한 것임에 유의해야 할 것이다(拙 稿, '18, 9세기의 農業實情 과 새로운 農業經營論' 및 '哲宗朝의 應旨三政疏와 「三政釐整策」'(『韓國近代農業史 硏究』 上, 증보판). 그리고 農民戰爭이 또한 그러하였음은 말할 것도 없었다. 이때 에는 農民軍이 土地均分(均作)을 주장하기도 하고, 王室의 均田收賭에 抗爭을 벌이 기도 하였다. 農民戰爭의 發端은 바로 여기에 있었다(吳知泳, 『東學史』; 註 13의 '高宗朝 王室의 均田收賭問題'). 農民戰爭이 진압된 후에도 이 같은 傳統은 계속되고 있었다. 草賊·活貧黨의 抗爭은 그 한 例이었다. 그들은 부자 지주층을 습격하기도 하고, 土地均分을 주장하기도 하였다(活貧黨에 관해서는 吳世昌, '活貧黨考(1900~ 1904)', 『史學硏究』 21, 1969 ; 姜在彦, 『近代朝鮮의 變革思想』 第1部 第2章 '活貧 黨'鬪爭과 그 思想, pp.80~109 ; 朴贊勝, '活貧黨의 활동과 그 성격', 『韓國學報』 35, 1984 등 참조).

29) 『大韓每日申報』 隆熙 2년 5월　7일, 淸○ 尹基瑞에 관한 記事.
　　　 隆熙 2년 6월 26일, 堤川 李熙直에 관한 記事.
　　　 隆熙 3년 3월 24일, 陰城 朴奭鉉에 관한 記事.

였다. 그것은 性理學 朱子學的인 유교사상을 바탕으로, 그 위에다 서구문명을 도입함으로써 近代社會를 형성하되, 이를 점진적으로 달성해 가려는 입장이었다.

金氏家의 그러한 입장은, 그 血統과 學統이 河西 金麟厚에 이어지고 있는 점과, 甲午 이후 光武改革期의 政府官吏였다는 점에서 그 대략을 이해할 수 있지만, 그러나 무엇보다도 그것을 분명히 파악케 하는 것은 金氏家의 차남인 芝山의 저술이라고 하겠다. 그가 저술한 『吾道入門』과 『朝鮮史』(全 17卷), 특히 前者는 그 예이었다. 전자는 10년간 공력을 기울인 끝에 1899년(光武 3년)에 완성한 것이고,[30] 후자는 그가 官界를 떠난 후 오랜 세월에 걸친 研鑽과 6, 7회에 걸친 改稿 끝에 1934년에 완성을 본 것이었다.[31] 전자는 개항 이후 西洋思想, 西敎가 팽창하는 데 대항하여 이를 막기 위한 방법으로 저술한 것으로서, 우리의 전통사상인 유교사상을 이해하고 공부하는 방법을 제시한 것이며, 후자는 日帝强占下에서 우리 역사의 보존을 목적으로, 儒敎的 歷史認識態度와 한자로써 서술된 전통적인 편년체의 史書이었다.[32] 그러므로 前者를 통해서는 韓末의 芝山 나아가서는 金氏家의 사상기반을 이해할 수 있으며, 後者를 통해서는 그러한 사상과 관련된 그의 歷史意識의 특징을 파악할 수 있는 것이다.

『吾道入門』은 그 제목 자체가 표현하고 있는 바와 같이, 우리(儒敎)의 道를 學하기 위한 입문서 또는 지침서이다. 道는 道理·理로서 성리학·주자학에서는 이를 대단히 중시하고, 그 학문은 바로 이 道를 탐구하는 것, 즉 道가 학문의 대상이 되고 있었다. 芝山은 바로 그러한 입장에서 이 학문의 연구방법을 말하였다. 그 내용을 요약하면 다음과 같다.

그는 道·道理는 天下萬事의 운영에 있어서 唯一絶對的인 것이며, 이를 理

---

30) 『芝山遺稿』 卷 3에 수록되어 있는데, 全 36面에 달하는 大論文이다.
31) 『朝鮮史』 卷 1, 『芝山遺稿』 卷 1, 朝鮮史序.
　　　『芝山遺稿』 卷 4, 先考芝山府君家狀.
32) 芝山의 『朝鮮史』 서술에서 歷史認識의 태도는 그 序文에 단적으로 드러나 있다. 이는 곧 儒敎的 歷史認識의 태도 그것이었다.
　　夫史 所以記當時之善惡 而垂勸懲於後代者也 史之作 不其難乎 先王 惟是之故 必重其職而愼其人 記之必實而當 而書之必公與是 使一時之治亂興衰 邪正賢否 無得以遁其情 千百世之後 瞭然若目覩而耳聞 善者以興 惡者以懼 史之關於世 其重顧何如哉

會하고 연구하는 것이 바로 학문인 것으로서, 이러한 학문 이외의 다른 학문은 모두 異端이므로 보지 않아도 좋다고 생각하였다. 이 경우 이러한 道는 朱子學 일반에서와 같이, 우주의 理法으로서의 道와 人倫의 道(社會를 上下관계로 秩序化하려는 三綱五倫의 원리)로서의 道가 있는데, 후자는 전자의 理法에 근거하므로 같은 것이지만, 그가 특히 강조하고자 하는 것은 후자였다. 그것은 그가 본서를 저술하게 된 목적이, 외래사상의 전래로 人事 人間界의 理法, 즉 도덕규범이 日非해가고 있음을 막으려는 데 있었던 까닭이었다. 그리하여 그러기 위해서는 人間界의 理法, 도덕적 규범이 정착할 수 있도록 그 학문을 人事에 관련된 문제에서부터 행하되, 이를 성현의 말씀에 따라 행해야 할 것으로 보았다. 그리고 또 그렇게 하기 위해서는 그 연구의 방법을 일상생활에 관련되는 문제에서부터 道의 原理的인 문제로, 평이한 문제에서 심오한 문제로, 卑近한 문제에서 高遠한 문제로, 작은 문제에서 큰 문제로 접근하되, 순서를 따라 格物致知해야 할 것임을 강조하였다.

芝山의 이러한 사상은 바로 性理學 朱子學 그 자체인 것이며, 집권적 봉건국가로서의 朝鮮王朝에 의해서 國定敎學이 되고, 國家와 社會는 이 사상에 의해서 지탱되고 있었던 바 바로 그 사상이었다. 다시 말하면 이 사상은 왕실과 양반사대부 계층의 사상으로서 발달하고 있었던 中世思想인 것이며, 사회경제적으로는 身分制와 地主佃戶制를 바탕으로 하고 있었던 사회사상이었다. 그런데 芝山은 그러한 사상의 재건을 통해서 새로운 서구사상의 전파를 막으려 하는 것이며, 그러한 가운데서 근대화의 문제를 생각하고 있는 것이었다. 그 후 그의 생각은 다소 달라지지만, 그러나 그렇더라도 그것이 유교적인 사상에 바탕을 두고 있었음에는 변함이 없었다. 1934년에 『朝鮮史』를 간행할 때까지도 그는 아직 中世的인 歷史意識 속에 있었다.

그 후 그의 생각이 좀 달라지게 된다고 하는 것은, 그와 그의 兄 同福이 官界를 떠나고, 전국적으로 日帝의 침략(보호국화)상태로부터 국권을 만회하려는 운동이 전개되는 때였다. 그러한 운동은 한편으로는 義兵戰爭으로써 전개되고, 다른 한편으로는 교육운동과 언론 학회를 통한 啓蒙運動으로써 전개되었는데, 金氏家에서는 後者의 대열에 가담하고 있었다. 그러므로 이 운동은 前者와 더불어 애국운동이지만, 그러나 이 운동은 그것을 政治 經濟 社會 思

想 敎育 등 모든 분야의 近代化, 일정한 범위 내에서의 西歐文明의 수용을 통해서 달성하려는 것임에서, 동시에 근대화운동이기도 하였다. 그러한 운동에 있어서 그 指導層이 그 근대화의 이념으로서 택한 것은 대체로 그에 앞서서 있었던 개화파의 그것과 같았다. 開化派에서 세워놓은 근대화의 방향은 대체로 이 운동에서도 그대로 계승되고 있는 것이었다. 이와 같이 이 시기의 敎育 啓蒙운동은 근대화운동의 성격을 뚜렷이 지니는 것인데, 金氏家에서는 그것을 性理學的인 바탕 위에서 동조하고 전개하고 있었다.

그러한 운동으로서 金氏家에서 참여한 것은 두 가지였다. 그 하나는 新式學校를 설립하고 신교육을 실시한 일이었다. 이를 추진한 것은 이 가문의 장남인 同福이었다. 이때 金氏家는 千石君이 넘는 큰 지주로 성장해 있었으므로 이는 어려운 일이 아니었다. 그는 1907년에 古阜郡 富安面에서 扶安郡 茁浦港으로 이사하고, 곧이어 관직을 辭하였는데, 이를 계기로 1908년에는 이곳에 永信學校(現 茁浦國民學校의 前身)를 설립하고 있었다.[33]

이 학교를 설립하고 육성해 가는 데 있어서는 大韓協會와 일정한 관련이 있었던 것 같으며,[34] 따라서 그는 이 협회와도 관련이 있었을 것으로 생각된다. 그러나 물론 그의 學校設立이 이 협회의 운동의 하나로서 그리고 전적으로 그 권유에 의해서만 이루어진 것은 아니었다. 당시 이 같은 신교육에 대한 필요성은 널리 인식되고 있어서, 각종의 新式學校가 전국적으로 무수히 세워지고

---

33)『仁村 金性洙傳』, p.45 및 附錄年表.
　　『秀堂 金秊洙』, p.67 및 附錄年表.
　　『故圓坡 金祺中先生記念銅像志』, p.12, 17.
34)『大韓協會會報』第12號, 1909년 3월, p.56에는 永信學校와 관련된 同會 扶安支會의 활동상황을 '十一月七日 評議會에 永信學校基本金에 對ᄒ야 有文券旅閣을 會社로 組織ᄒ기로 議決ᄒ다'라고 記載하고 있다. 이로써 보면 永信學校는 金同福이 設立하기는 하였으나, 同會에서 旅閣會社를 설립함으로써 基金을 마련 補助하였던 것으로 생각된다. 이때 大韓協會에서 설립한 會社는 '建業社'였던 것 같다. 이 會社는 辛聲錫과 朴京三이 代表로서 設立經營하고 있었는데(『大韓每日申報』隆熙 3년 12월 18일), 辛은 이곳 支會의 副會長이었기 때문이다(『大韓協會會報』7, 1908년 10월, p.71).
　　이 밖에도 이 고장에는 同協會에서 설립한 學校가 또 있었는데(『大韓協會會報』6, p.60. 7, p.59), 이로써 보아도 永信學校와 大韓協會 사이에 일정한 관계가 있었음은 확실하였던 것으로 보인다.

있었다. 그뿐만 아니라 金氏家의 주변에도 벌써 이 방면의 선각자가 있어서 학교를 설립하고 신교육을 실천하고 있는 사람이 있었다. 그것은 그 사돈인 昌平 高氏家의 高鼎柱(아들 仁村의 丈人)였다. 그는 이미 일찍부터 昌興義塾과 英學塾을 개설하고 있었으며, 仁村은 1906년부터 이미 이 英學塾에 입학하여 신교육을 받고 있었다.[35] 同福은 이러한 환경 속에서 그 스스로도 신교육운동의 대열에 참여하게 되고, 그것을 大韓協會와의 일정한 관련하에 전개하였던 것으로 생각된다.

다른 하나는 學會活動에 참여함으로써 民衆啓蒙에 기여하는 일이었다. 이를 담당한 것은 차남인 芝山이었다. 이때 민중계몽의 선봉에 선 것은『大韓每日申報』『皇城新聞』등 언론기관이었으며, 이와 병행해서는 계몽성을 띤 월간의 학회지가 또한 큰 구실을 하고 있었다. 그러한 학회지는『大韓自强會報』『大韓協會報』를 비롯해서, 各地方 人士들이 지방단위로 구성한 학회에서 발행하는 학회지가 여러 종류 간행되고 있었다.

그러한 가운데서 芝山이 관련된 것은 湖南學會와 그곳에서 발행하는『湖南學報』였다. 이 학보는 다른 여러 학회지와 그 취지를 같이하는 것으로서, 湖南地方의 인사들이 우리나라의 근대화를 위한 계몽운동으로서 발행한 잡지였다. 芝山은 이 학회와 대단히 긴밀한 관계에 있었다. 그는 기술한 바와 같이 朱子學者였으므로 직접 글을 써서 민중을 계몽할 수 있는 형편은 아니었지만, 이 학회의 취지에 찬동하고 이 학회가 성립하는 데 크게 기여하고 있었다. 그는 그 사돈 高鼎柱와 더불어 이 학회가 성립될 때부터 관련하였고, 학회가 성립된 후에는 회장인 高鼎柱와 더불어 총회의 결의에 따라 評議員으로 선출되기도 하였다. 그리고 학회의 운영을 위해서는 적지 않은 돈을 기부함으로써 경제적으로 이를 지원하기도 하였다.[36]

이 같은 敎育 啓蒙운동은 흔히 애국계몽운동으로 불리는데, 그 운동의 본질

---

35)『仁村 金性洙傳』, p.49.
　　『秀堂 金秊洙』, p.61.
36)『湖南學會月報』1, pp.51~59의 本會記事欄에는 古阜 金暻中이 이 학회의 評議員으로서 1百圓을 贊助한 사실이 보인다. 第1號에는 金暻中이 金璟中으로 표기되었으나, 第5號, p.47에서는 이를 金暻中으로 바로잡고 있다.

은 日帝에 의한 被侵略 상태로부터의 해방, 國權회복을 목표로 하는 부르주아
계몽운동, 부르주아개혁운동이었다. 그리고 그러한 개혁을 성취하기 위한 방
법으로서는, 혁명이 아니라 新教育의 보급과 産業의 발전을 통한 국력의 배양
이었다. 이 경우 이 산업의 발전은 農業 工業 鑛業 林業 水産業 등 모든 분야
에 亘하며, 이를 근대적인 산업으로 발전시키되, 그러기 위해서는 이와 관련
된 商業을 또한 발전시키려는 것이었다. 그리고 농업에 있어서는 이를 특히
종래의 開化派의 농업론이나 光武改革의 농업정책에 있어서와 마찬가지로,
地主層 위주 地主制를 바탕으로 하여 수행하려는 것이었다.[37]

1905년에서 1910년에 이르는 被侵略 保護國化의 단계에서, 이로부터 탈
피하여 國權을 회복하려는 교육 계몽운동은 대체로 大韓自强會·大韓協會의
주도하에 여러 언론기관과 학회를 통해서 전개되었는데, 어느 단체 어느 기관
에 있어서나 그 주장하는 바는 대략 동일하였다. 그리고 정치단체로서의 성격
을 띤 大韓自强會나 大韓協會의 경우 그것을 日帝의 정치인 大垣丈夫의 지도
하에 성취하려 하였다. 이는 近代化의 모형을 日本의 그것에서 택한 데 연유
하는 것으로서, 한편으로는 日帝의 침략으로부터 國權을 회복하려 하면서도,
다른 한편으로는 그 정치인을 고문으로 추대하고 그 운동을 전개하고 있는 것
이었다. 이는 그 운동의 방법상 오류가 아닐 수 없었으며, 따라서 國權회복의
前提가 봉쇄될 때는 日本型의 近代主義로만 흐르게 될 위험성이 있었다.

그러나 그러면서도 이 自强會나 協會가 주는 영향은 막대하였다. 각 지방에
는 이 會의 지회가 설치되고, 地方有志의 참여를 받아 그 운동은 전국적으로
확대되어 나갔다. 新教育의 이념에 찬동하는 교육기관은 늘어나고 산업의 발

---

37) 이 무렵의 教育 啓蒙運動에 관해서는 近年에 『韓國開化期學術叢書』와 『韓國開化期
   教科書叢書』(亞細亞文化社)가 刊行되고, 『大韓毎日申報』(韓國新聞研究所), 『皇城
   新聞』(韓國文化開發社) 등이 刊行됨으로써 그 전모를 파악할 수 있게 되었다. 本稿
   와 관련하여서는 다음 論著가 특히 참고된다.
      姜在彦, 『近代朝鮮의 變革思想』, 第2部 第3章 李朝末期의 實力培養＝自强運動,
   pp.208~251.
      李鉉淙, '大韓自强會에 대하여'(『震檀學報』 29·30, 1966).
          '大韓協會에 관한 研究'(『亞細亞研究』 8의 3, 1970).
      愼鏞廈, '朴殷植의 教育救國思想에 대하여'(『韓國學報』 1, 1975).
          '新民會의 創建과 그 國權恢復運動'(『韓國學報』 8·9, 1977).

전을 위한 기업활동은 여러 방면으로 활발히 전개되었다.

특히 이 운동이 확대되는 데 따라서는 젊은 청년들이 감명을 받고 호응하는 바가 많았다. 金氏家의 경우도 예외는 아니었다. 金氏家의 第3世代인 仁村은 大韓協會의 계몽운동에 감화되고, 특히 그 群山支會의 총무인 韓承履로부터는 직접 많은 지도를 받아 日本으로 유학을 가게도 되었다.[38] 早稻田大學에서 政治經濟學을 전공하였다. 그리고 그 후에는 그의 生家 아우 秀堂이 또한 유학하여 京都大學에서 經濟學을 공부하였으며, 이어서는 養家막내인 尤松도 유학을 하였다. 그리하여 樂齋가 地主로 성장한 이래로 이제 이 第3世代에 이르러서는 부르주아개혁에 관한 보다 철저한 사상형태를 지니게 되었으며, 이들은 그러한 사상을 바탕으로 1910년대에서 1920년대에 걸치면서 새로운 활동을 전개하게 되었다.

3. 1910~1920年代의 地主經營과 그 變動

金氏家의 地主經營은 祖 父 子의 3代에 걸쳐서 성장하고 있었다. 그러므로 이 가문의 地主制를 이해하기 위해서는 그 전과정에 걸친 토지 및 기타 업종에 관한 經營內容이 분석될 필요가 있다. 그러나 우리는 현재 이 가문의 지주경영을 그 전과정에 걸쳐 소상히 밝힐 만한 많은 자료를 갖고 있지 못하다. 이 家門에서는 그것을 자료로서 정리하여 보존하고 있지 않다. 우리가 이곳에서 검토하게 되는 것은 1918년에서 1924년에 이르는 짧은 기간의 賭租簿(『秋收記』)이며, 그것도 同福 芝山 두 형제의 全農地經營에 관한 것이 아니라, 前者와 그 두 아들 仁村 尤松에 관한 것이다. 그러므로 이 자료만으로써 金氏家의 地主經營을 전체적으로 논하는 것은 시간적으로나 공간적으로 일정한 한계가 있음을 전제로 한다.[39]

---

38) 『仁村 金性洙傳』, pp.65~66.
　　大韓協會 群山支會의 總務 韓承履의 활동에 관하여는 『大韓協會會報』 第2號, p.59, 69 ; 第5號, p.59 ; 第11號, p.52에서 그 槪略을 살필 수 있다. 그는 同協會의 理念에 따라 열렬하게 계몽운동을 전개하고 있었다.

金氏家의 同福 仁村 尤松은 父子이지만 그『賭租簿』는 각각 개별적으로 작성되고 있다.[40] 두 아들은 이미 성년이 되어 그들의 가정을 이루고 있었으므로, 재산도 그들 앞으로 分財를 하고 또 地主經營도 그들 명의로 하였던 것이다. 그러나 그렇더라도 그 토지의 관리가 아직 그 父親의 주관하에 있었음은 말할 것도 없었다.[41] 金氏家에서는 그러한『賭租簿』를 1918년에서 1924년에 이르는 사이 매년 별책으로 작성하였으며, 1921년과 1922년, 1923년과 1924년에는 2년分을 합해서 작성하기도 하였다. 그러므로 金氏家의『賭租簿』는 3父子가 각각 5冊으로서 全 15冊이 되며, 이 밖에 尤松에게는 1923. 1924년도분만의 별책이 한 권 더 있다.

『賭租簿』에는 농지의 所在地域別로 管理人이 정해지고, 그 관리하에 있는 농지에 관하여 그것을 경작하는 小作人의 姓名과 田畓의 地番 地目 地積 地代 (小作料) 등을 기입하고 있는데, 이는 1918년을 전후해서 그 표기방법이 조금 달라지고 있다. 이 해에는 日帝의 토지조사가 끝나고, 따라서 토지의 標記法에 변화가 있게 된 까닭이다. 이『賭租簿』에서는 그것이 地番 地價 地積 등에서 두드러지게 드러나고 있다. 즉 地番의 경우 1918년까지는 舊地番으로써 기록하고, 1919년부터는 토지조사에 의해서 새로 정해진 新地番으로써 기록하고 있으며, 地稅賦課의 기준이 되는 地價의 경우 1919년까지는 이것이 기입되지 않고 있으나, 1920년의 臺帳부터는 이를 새로이 기입하고 있다.

---

39) 한정된 資料이기는 하지만, 그러나 이것을 분석하는 것만으로써도 金氏家의 地主經營은 그 本質이 파악될 것으로 생각된다. 그것은 金氏家 地主經營의 특징이나 성격은, 그 資本轉換과도 관련하여 이 시점에서 잘 드러나는 까닭이기도 하고, 또 이때의 金門에서는 第2世代의 활동에서 第3世代의 活動期로 넘어가고 있었고 그 중심인물은 仁村이었는데, 그의『賭租簿』는 이곳에서의 검토의 대상에 들어 있는 까닭이다.

40)『賭租簿』의 標題가 다음과 같이 되어 있음은 그것이다.
『主 金同福 大正七年 戊午秋 賭租簿』
『主 金性洙 大正七年 戊午秋 賭租簿』
『主 金在洙 大正七年 戊午秋 賭租簿』
여기서 金同福은 金祺中의 別號이다. 이는 그가 同福郡守를 지낸 데서 연유하는 것으로 보인다. 이 資料는 모두 高麗大學校 中央圖書館에 所藏되어 있다.

41) 金氏家에서는 이때 長男은 서울에서 활동하고 있었고, 次男은 20대의 靑年으로서 日本에 留學中이었으며, 鄕里에는 父 同福만이 잔류하여 3父子의 田庄을 모두 地主制로서 관리 경영하였다.

地積은 1918년까지는 斗落만으로써 표기하였으나 1919년부터는 새로 측정한 坪數를 병기하고 있다.

이 밖에 이『賭租簿』에는 다른 地主家의 경우에서와 마찬가지로 山坂 牛賭 貸穀 鹽賭 등 기타 收入관계가 기록되기도 하고,[42] 地代의 징수와 수납에 따르는 결산서를 관리인별로 別紙로 작성하여 첨부하고도 있다. 그리고 農地經營에 관한 약간의 자질구레한 文記를 참고문서로서 첨부하고 있다.

1) 田庄의 規模와 管理

金氏家 3父子의 田庄은 韓末까지 金氏家의 거주지였던 富安面(茁浦灣南岸)과 이때의 거주지였던 乾先面(茁浦面-茁浦灣北岸)을 중심으로 부채꼴 모양으로 넓은 지역에 확산되고 있었다. 그것은 이때의 행정구역인 高敞郡 扶安郡 井邑郡 沃溝郡 金堤郡 長城郡 和順郡 論山郡 大田郡 등에 걸치는 것이었다. 그러한 가운데서도 장남인 仁村 명의의 토지는 元 興德郡과 元 古阜郡 富安面을 포함한 高敞郡 일대에 집중해 있었고, 그 父親 同福 명의의 토지는 扶安郡 井邑郡 長城郡, 그리고 次男인 尤松의 토지는 扶安郡 井邑郡 高敞郡 기타 등지에 산재해 있었다. 元 古阜郡은 행정구역의 조정에 따라 여러 구역으로 분리되어 井邑郡 扶安郡 高敞郡 등에 편입되고 있었는데, 同福 尤松 父子가 소유한 井邑郡 내의 토지는 주로 元 古阜郡 소속의 토지였다. 그리고 이 밖에 高敞郡 扶安郡 淳昌郡 長城郡 등에는 山坂이 또한 있었다.[43]

〈表 1〉　　　　　　　　　　　　　田庄의 規模　　　　　　　　　　　(단위 : 斗落)

年度	1918	1920	1922	1924	備考
父	3,044.5	3,009.6	3,006.6	2,870.20	果 庄 園
長 男	5,605.3	5,832.2	5,883.3	5,840.28	⌈ 33,224坪
次 男	3,057.2	3,058.5	3,145.0	4,895.35	⌊ 約170斗落
計	11,707.0	11,900.3	12,034.9	13,605.83	
增加分		193.3	134.6	1,570.93	

---

42) 이러한 秋收記의 기재방식은 대개 공통된다. 예컨대 江華 金氏家의『秋收記』에서 우리는 그러한 事例를 볼 수 있었다. 本書, 本編 제1논문 참조.

43) 金氏家 3父子의 농지의 소재지를 郡別로 표시하면 다음과 같다.

A — 그러면 이와 같이 여러 郡에 산재해 있는 金氏家의 田庄은 그 규모가 얼마나 되었을까? 1918년도에서 1923·1924년도에 이르는 여러『賭租簿』에서 隔年으로 그 소유지를 정리하면 앞과 같이 〈表 1〉을 작성할 수 있다.

이에 의하면 1918년의 경우 金同福과 차남 尤松의 소유지는 각각 3,000餘 斗落, 長男 仁村의 그것은 5,600餘 斗落으로서, 金氏家 3父子의 총소유지는 11,707斗落이었다.[44] 이를 坪으로 환산하면 大略 2,243,674坪(斗落當 平均

	父	長男	次男
扶安郡	乾先面·保安面·山內面·上西面		東津面·幸安面·下西面·扶寧面·乾先面·上西面·保安面·山內面·舟山面
井邑郡	梨坪面·雨順面·德川面·古阜面·淨土面	井邑面	七寶面·淨土面·古阜面·梨坪面·雨順面
高敞郡		富安面·碧沙面·高敞面·新林面·星內面·五山面·雅山面·古水面·茂長面·石谷面·海里面·心元面·上下面	興德面·碧沙面·新林面·星內面·雅山面
長城郡	西三面·黃龍面·北二面·北一面·北三面·北上面·北下面·長城面	北一面	北下面·北三面·北上面·長城面
和順郡 潭陽郡 金堤郡 論山郡 大田郡 沃溝郡	二西面·內北面·外北面 南　面		外北面·同福面 竹山面 豆磨面 鎭岑面 舊邑面
備　考 (山坂)	扶安面·雅山面·乾先面·山內面·北下面		雙置面·豐山面(淳昌郡)

44) 金氏家의 『賭租簿』에서 地積은 斗落과 坪으로 表記되는데, 斗落은 地域이나 地目에 따라 그 實面積에 차이가 있다. 斗落이란 본시 1斗의 種子를 播種할 수 있는 면적을 표시하는 단위이므로, 파종의 疎密여하에 따라서는 그 實面積이 넓을 수도 있고 좁을 수도 있다. 그러므로 斗落은 농지의 면적을 표시하는 정확한 방법일 수 없으며, 따라서 金氏家의 경우도 그 田庄의 규모를 정확히 파악하기 위해서는 斗落과 坪의 관계를 알아둘 필요가 있다. 1923·1924년도의 『賭租簿』를 통해서 金氏家 3父子의 田畓을 각각 斗落과 坪別로 總計하고 그 斗落당 平均坪數를 계산하면 다음과 같다.

191.652坪)이 되며,[45] 따라서 町步로서는 747.89町步가 된다. 이러한 토지의 규모는 韓末에 비하면 엄청나게 커진 것이었다. 한말에 金同福이 그 부친으로부터 상속을 받은 것은 平均 1,000石을 추수할 수 있는 토지였는데, 이 토지는 평년작으로 치면 대략 1,600斗落(약 100町步) 내외가 되었을 것이다.[46] 그러므로 한말에서 1918년에 이르기까지의 짧은 기간, 즉 日帝의 토지조사가 진행되는 기간에 金同福은 그 토지를 7倍 이상으로 확대시키고 있는 셈이었다.[47]

1918년 이후 金氏家의 토지는 더욱 확대되었다. 1920년에는 11,900.3斗落, 1922년에는 12,034.9斗落, 1924년에는 13,605.83斗落으로 늘어났다. 表에서 보는 바와 같이 1924년도의 金同福의 소유지는 2,800餘 斗落, 차남의 것은 近 4,900斗落, 장남의 것은 5,800餘 斗落으로서 總 13,605.83斗落이 되고 있었다. 이는 坪으로는 총 2,605,951坪이고(〈表 5〉 참조), 町步로서는 868.65町步가 되는 面積이었다. 1918년보다 약 120町步가 더 늘어난 셈이었다.

金氏家 3父子의 이 같은 토지소유에 있어서, 父 金同福의 토지는 1918년에 비하여 1924년에는 그 규모가 좀 줄고 있었지만, 장남과 차남, 특히 차남의 토지는 크게 늘고 있었다. 金同福은 이 무렵 적지 않은 면적의 농지를 차남에

斗落當 平均坪數

	父	長　　男	次　　男	全　　體
畓	188.69坪	197.26坪	191.92坪	193.66坪
田	164.41	169.06	160.78	163.74

田畓의 어느 경우를 막론하고 地主(地域)에 따라 조금씩 차이가 있고, 田畓간에는 斗落當 平均坪數에 약 30坪의 差가 있다.

45) 〈表 3〉 참조. 地目을 구분하지 않고, 〈表 5〉에 보이는 1924년도의 農地전체의 斗落當 平均坪數(2,605,951÷13,605.83＝191.5319)로서 1918년도의 坪數를 환산해도(191.5319×11,707＝2,242,263.953) 대략 비슷하다. 兩年度의 농지의 構成이 비슷하기 때문이다.

46) 1918년에서 1924년까지 이어지는 農地 9,717.2斗落을 택해서 그 收入狀況을 조사하면 〈表 21〉과 같아서, 7년간의 연평균수입은 121,365.274斗이며, 따라서 斗落當 평균수입은 12.4897斗였다. 그러므로 이 수치로써 韓末의 秋收穀 1,000石(20,000斗)을 제하면 그 농지면적은 대략 1,600斗落이 된다.

47) 이러한 수치는 秋收穀의 量으로 보아도 인정될 수 있다. 1918년도의 秋收穀(租와 雜穀)은 管理人收納과 家捧을 합하여 약 7,300石이었다(〈表 16·17〉 참조).

게 물려주고 있었으며,[48] 또 이때의 金氏家의 자본전환과도 관련하여, 그는
다른 사업에도 투자를 하고 있었다(제4장 참조). 그리고 그는 이때 토지확대
를 농지로써 하지 않고 '果庄園'으로써 행하고 있었다.[49] 그것은 1919년도부
터의 일로서 1924년도의 『賭租簿』에서 볼 수 있는 果庄園의 면적은 33,224
坪, 약 11町步나 되는 면적이었다. 이를 斗落으로 환산하면 170餘 斗落이었
다(〈表 1〉備考 참조). 그러므로 1924년도의 金同福의 토지는 약 3,000餘 斗
落이고, 金氏家의 토지는 총 13,775斗落이 되는 셈이었다. 이는 한말의 약

〈表 2〉　　　　　　　　　田庄의 構成(1918)　　　　　　　　(단위 : 斗落)

	父	長 男	次 男	計	同上百分比
畓	2,608.6	5,413.3	2,767.9	10,789.8	92.17
田	419.0	170.6	243.3	832.9	7.11
垈	16.9	21.4	43.5	81.8	0.72
芹·芦田			2.5	2.5	
計	3,044.5	5,605.3	3,057.2	11,707.0	100.00

〈表 3〉　　　　　　　　　田庄의 構成(1918)　　　　　　　　(단위 : 坪)

	父	長 男	次 男	計	同上百分比
畓	492,220	1,067,819	531,218	2,091,257	93.21
田	68,886	28,841	39,117	136,844	6.10
垈	2,898	3,435	8,767	15,100	0.69
芹·芦田			473	473	
計	564,004	1,100,095	579,575	2,243,674	100.00

* 1918년도의 『賭租簿』에는 坪數를 기록하지 않고 있다. 그러므로 이것은 1924년도
　의 각 地主의 地目別 斗落當 平均坪數를 1918년의 각자의 地目別 斗落에 곱하여 작
　성한 것이다.

---

48) 예컨대 忠南 論山이나 大田 등지의 鄭致先(鄭錫源)管理下의 농지 및 全南 和順의
　　丁秉變管理下의 농지 등이 처음에는 父의 『賭租簿』에 기재되고 있었는데, 후에는 전
　　부 次男의 『賭租簿』로 移記되고 있었음은 그 例이다.
49) 果庄園은 牛東里에 있었으며, 그 地目은 林·垈·田 등으로 되어 있었다. 果樹園과
　　田庄이 합해진 農園이었다. 果庄園의 명칭은 여기에서 붙여진 것 같다.

〈表 4〉　　　　　　　　田庄의 構成(1924)　　　　　　　（단위 : 斗落）

	父	長 男	次 男	計	同上百分比
畓	2,526.9	5,625.3	4,440.25	12,592.45	92.55
田	327.9	183.9	402.9	914.7	6.72
垈	15.4	23.88	46.7	85.98	
祭閣垈		7.2		7.2	
芦 田			2.0	2.0	0.73
雜 種 地			3.5	3.5	
計	2,870.2	5,840.28	4,895.35	13,605.83	100.00

〈表 5〉　　　　　　　　田庄의 構成(1924)　　　　　　　（단위 : 坪）

	父	長 男	次 男	計	同上百分比
畓	476,238	1,109,638	852,178	2,438,054	93.56
田	53,909	31,090	64,777	149,776	5.75
垈	2,641	3,833	9,412	15,886	
祭閣垈		1,201		1,201	
芦 田			377	377	0.69
雜種地			657	657	
計	532,788	1,145,762	927,401	2,605,951	100.00

1,600斗落보다 약 8.6배나 늘어난 수였다.[50]

　이 같은 田庄의 확대는 果庄園의 경우를 예외로 한다면 주로 畓을 중심으로 행하여졌다. 그것은 〈表 2〉〈表 3〉, 〈表 4〉〈表 5〉의 田庄의 구성을 통해서 분명히 파악할 수 있다.

　1918년의 경우도 그렇고 1924년도의 경우도 그러하였지만, 斗落과 坪의

---

50) 金氏家에서는 1915년에 中央學校를 인수경영하게 될 때 金同福의 토지 3,000斗
　落을 내놓았다고 하는데(『仁村 金性洙傳』, p.102), 이 토지가 本稿에서 검토되는
　『賭租簿』상의 농지 이외의 토지로서 1915년에 寄附된 것인지, 또는 1929년에 財團
　法人 中央學園이 설립될 때 本稿의 『賭租簿』상의 金同福의 토지가 기부된 것인지는
　분명치 않다. 만일에 前者의 경우가 옳다면, 韓末에서 1924년까지의 사이에 확대된
　농지면적은 더 컸던 셈이 된다.

어느 쪽으로 계산하더라도, 畓은 전토지의 92%를 넘고, 田은 전체의 5~7%
에 불과하였다. 이를 田畓의 비로써 보면 더욱 뚜렷하다. 坪으로써 볼 때
1918년의 경우 畓과 田의 비율은 전답 전체의 93.86%와 6.14%였으며,
1924년에는 각각 그 전체의 94.21%와 5.79%였다. 이 지역(全北地方의 平野
地帶)은 본래 그 자연조건상 畓이 많고 田이 적어서 畓과 田의 비는 77 : 23이
며, 따라서 이 지역은 畓偏向의 稻作지대인데,[51] 金氏家에서는 그러한 가운
데서도 특히 畓을 중심으로 농지를 확대하고 있었다. 그 지주경영은 철저하게
畓偏向의 稻作經營을 중심으로 하고 있는 것이었다.

　金氏家의 이와 같은 농지확장은 말하자면 그 지주경영이 '單純穀作'的인 地
主經營 또는 '米穀單作'的인 지주경영의 성격을 띠는 것으로서, 이는 이 시기
日帝의 對韓收奪農政과 밀접하게 관련되고 있었다.[52] 日帝의 韓國에서의 收
奪農政의 목표는 우리나라를 그들의 식량공급지로 만들고, 여기서 생산되는
농산물, 주로 米穀을 상품화하여 日本 本土로 移出해 가는 것이었는데, 이 같
은 米穀의 상품화와 이출을 주도하는 것은 지주층이었다. 地主層은 小作農民
에게서 징수한 지대를 판매하게 마련이었고, 이는 米穀商人에 의해서 日本으
로 유출되고 있었다. 그리하여 이 같은 수탈적 농업기구 속에서 地主層은 田
作보다는 畓作, 즉 米作이 유리하였고, 따라서 지주경영은 주로 米作을 중심
으로 확대되어 나갔다.

　B ― 金氏家에서는 그 광대한 농지를 약간의 家作地 直土 其他를 제외하고
모두 地主制로서 경영하였다. 家作地는 자작하는 농지이고, 直土는 山直 등에
게 지대없이 경작시키는 농지이며, 기타는 金氏家와 연고관계가 있어서 地代
의 징수가 없었던 농지이었다. 1918년도의 『賭租簿』에는 그러한 家作이 田
21.5斗落이었으며, 直土는 畓 34斗落과 田 24.4斗落이었다. 그리고 기타로
볼 수 있는 농지는 畓이 12斗落, 垈田이 7.4斗落이었다. 그러므로 金氏家의
田庄에는 지대의 징수가 없이 경작되는 토지가 都合 99.3斗落이었으며,[53] 그

---

51) 久間健一, 『朝鮮農業經營地帶의 硏究』, 1950, p.393, 399.
52) 久間健一, 『朝鮮農業의 近代的 樣相』, 1935, pp.337~366.
　　林炳潤, 『植民地에 있어서의 商業的 農業의 展開』, 1971, pp.261~328.
53) 그 내용을 표시하면 다음과 같다.

밖의 모든 농지는 小作農民에게 대여되어 지대를 징수하는 이른바 地主小作
制적인 경영방식을 취하고 있었다.

이 같은 농지를 借耕하는 小作農民은, 그 田庄의 규모가 큰 정도만큼 많았
다. 1923, 1924년도, 즉 田庄의 규모가 최대로 확대되었던 시기의 小作農民
은 소수의 借垈者를 포함하여 그 수가 총 1,978명이나 되었다. 父의 농지를
借耕하는 농민은 455명, 長男의 것을 借耕하는 농민은 980명, 次男의 농지를
借耕하는 농민은 656명이었지만, 그 중에는 중복되는 者가 113명 있어서 金
氏家 3父子의 小作農民은 총 1,987명이 되고 있었다. 이들 가운데는 한때는
정부관료였던 사람도 있어서 小作人으로서는 특별한 대우를 받기도 하였으
나,[54] 대부분은 一般農民層으로서 이들은 이 시기 地主小作關係에 있어서의
일반적인 관행에 따라 지배되고 있었다. 이들 가운데는 5명의 日本人도 있었
다. 이들은 茁浦邑 내에서 대지를 賃借하여 주택이나 상점을 마련하고 있었다.

小作農民은 大農經營을 하는 농민보다는 零細小農層이 많았다. 大農 가운
데는 혹 4, 50斗落을 넘는 것은 말할 것도 없고 80斗落을 넘는 농민도 있었
다. 그러나 그것은 극히 일부에 지나지 않았고 대부분은 영세농이었다. 金氏
家의 田庄은 800町步가 넘는 광대한 것이지만, 소작농민의 수 또한 많았으므
로, 그들의 借耕規模가 클 수는 없었다. 〈表 6〉에서 볼 수 있는 바와 같이,
거기에는 3町步(46~50斗落) 이상의 농지를 借耕하는 大農도 있기는 하였지

| | 家作·直土·其他 | | | (단위 : 斗落) |
	父	長　男	次　男	計
家作(田)	15.0		6.5	21.5
直土(畓)	12.5	21.5		34.0
〃 (田)	1.7	22.7		24.4
其他(羅山宅畓)	12.0			12.0
〃 (卜金垈田)		7.4		7.4
計	41.2	51.6	6.5	99.3

54) 『金性洙 賭租簿』의 金在錫管理下(元茂長郡一東面)에 들어 있는 小作人 金正燮家
　　의 경우는 그 한 例이다. 이 金氏家에는 過去에는 中樞院議官을 지낸 사람이 있었던
　　것 같은데, 이때에는 金氏家로부터 18斗落을 借耕하는 소작인이 되고 있었다. 決算
　　書를 살피면 金氏家(地主)에서는 그 小作人家를 金議官으로 호칭하고, 가끔 地代가
　　滯納되면 이를 면제해 주기도 하고, 또 때로는 특별히 糧穀을 贈與하고도 있었다.

만 과반수(57.33%)는 약 3段步(5斗落) 미만의 영세농이었다. 이는 이 시기 소작농민의 일반적 借耕規模에 미치지 못하는 것이었다.[55] 이들은 아마도 自作地를 일부 경작하거나, 또는 金氏家가 아닌 다른 地主로부터 농지를 더 借耕하고도 있었을 것이다. 그리고 그렇지도 못한 농민은 賃金勞動으로써 부족한 생계비를 보충하였을 것이다.

그러므로 영세농민들에게는 金氏家에서 借耕하는 농지가 비록 규모는 작지만 그 생계의 유지를 위해서 절대로 필요한 것이었다. 그러나 小作農民들이 그러한 借耕地를 유지하려면 地主經營에 관한 地主家의 요구나 원칙을 잘 준수하지 않으면 아니 되었다. 이 시기에는 日帝의 收奪農政과 地主層의 土地兼

〈表 6〉   小作農民과 借耕規模

借 耕 規 模	人 員 數	借 耕 規 模	人 員 數
斗落		斗落	
51 -	4	21 - 25	30
46 - 50	2	16 - 20	81
41 - 45	4	11 - 15	141
36 - 40	4	6 - 10	555
31 - 35	10	1 - 5	1,134
26 - 30	13	計	1,978

---

55) 朝鮮總督府農林局, 『朝鮮에 있어서의 小作에 관한 參考事項摘要』, 1932, p.22에 의하면, 1923년도의 全羅北道 小作農民들의 '農地經營別戶數'는 다음과 같았다.

	小作農戶數	同上百分比
大　3町步 이상	2,645	2.37%
中　1~3町步	15,939	14.26
小　3段~1町步	48,105	43.04
細　3段 이하	45,076	40.33
計	111,765	100.00

또 山田龍雄, '全羅北道에 있어서의 農業經營의 諸相'(『農業과 經濟』8의 8, 1941), p.45, 第1表를 통해서는 다음과 같은 '耕作面積別農家戶數'를 볼 수가 있다(1939년도 現在).

	3段步 미만	5段步 미만	1町步 미만	3町步 미만	3町步 이상	計
小作農戶數	45,202	42,421	39,356	27,113	1,851	156,355
同上百分比	28.91	27.13	25.17	17.34	1.45	100.00

倂의 확대로 농지에서 배제되는 농민이 늘어나고, 따라서 소작지를 얻는 것도 힘이 들었다. 이러한 사정은 지주층이 그 地主經營을 강화시키는 조건이 되고도 있었다. 맘에 맞지 않는, 지주가의 요구를 듣지 않는 小作農民으로부터는 그 耕作權을 박탈하여 쉽사리 다른 小作農民에게 移作을 시킬 수가 있는 까닭이었다. 그리고 실제로 그러한 예는 이 시기 지주층에 의해서 널리 행해지고 있었다. 小作權의 박탈은 이 시기 지주제에 있어서의 최대의 폭력행위였고, 따라서 地主 小作農民간에 야기되는 사회문제도 많은 경우 이를 계기로 발생하고 있었다.[56]

金氏家의 地主經營에서도 小作權이 이와 같이 하여 이동되는 경우가 적지 않았다. 『賭租簿』를 살피면 해마다 교체되는 小作農民은 상당한 수에 달하였다. 그러한 사정은 1918년에서 1924년에 이르는 사이에 일정한 農地에서의 小作權의 이동상황을 조사하면 더욱 분명하여진다. 〈表 7〉은 그것을 정리한 것이다. 金氏家의 全貸與地 중에서 1918년에서 1924년까지 이어지는 농지(畓) 2,053筆地의 小作權者를 조사하면, 이 6년간에 변동이 없었던 것은 845筆地에 불과하고, 대부분은 1회, 2회, 3회 또는 그 이상씩 변동하고 있었다. 이 짧은 기간에 변동이 없었던 것은 41.16%에 불과하였고, 1회 이상의 변동

〈表 7〉		小作權의 移動狀況			(단위 : 筆地)
變動回數	父	長 男	次 男	計	同上 百分比
無變	130	504	211	845	41.16
1回	171	503	190	864	42.08
2回	69	139	72	280	13.64
3回 이상	22	17	25	64	3.12
計	392	1,163	498	2,053	100.00

56) 朝鮮總督府農林局, 『朝鮮小作年報』 第2輯, pp.28~32.
　　朝鮮總督府農林局, 『朝鮮農地年報』 第1輯, pp.20~24에 수록된 '小作爭議 原因別 表'에 의하면, 1927년에서 1929년까지는 여러 가지 원인 중에서 小作權의 移動이 그 원인으로 되어 있는 것은 全體의 47.3%를 점하였으며, 1930년에서 1932년까지는 小作權移動 또는 小作權關係가 그 원인의 58.3%, 1933년에서 1936년까지는 그것이 78.8%나 되고 있었다. 그리고 그러한 移動이 전국에서 가장 심하였던 지방은 全羅北道와 忠淸北道였다(前揭 『朝鮮에 있어서의 小作에 關한 參考事項摘要』, 1932, p.83).

이 있었던 것은 58.84%나 되었다.

이러한 변동은 요컨대 地主經營의 강화를 목적으로 하는 것으로서, 小作權의 변동에는 왕왕 지대의 인상이 따르고 있었다.[57] 地代의 인상에 응하지 않는 농민은 교체되고 있는 것이었다. 그리고 낯선 농민에게 소작권을 줄 때나, 또는 특히 지대를 올리면서 作人을 교체할 때는 보증인을 세우게도 하였다.[58] 이러한 현상들은 地主權이 강대하였던 한 표현이었다.

C — 農地面積에서나 이를 借耕하는 농민의 수에서 이만한 규모의 田庄을 유지하려면 적지 않은 수의 人力, 즉 管理人이 필요하였다. 김씨가의 전장은 전적으로 이들에 의해서 운영되고 있었다. 그러므로 金氏家에서는 이들 관리인에 대하여 각별히 유의하고 대책을 세우고 있었다.

田庄의 관리를 위한 인원은 혹 舍音으로 부르기도 하고 農監으로 부르기도 하였으나, 일반적으로는 管理人으로 칭하고 있었다. 『賭租簿』에 첨부된 결산서에 의하면 많은 경우 그들은 관리인으로 기록되고 있으며, 舍音이나 農監으로 기록된 것은 한두 예에 불과하였다.[59] 이들 관리인은 구래의 地主制에서 볼 수 있었던 舍音인 것으로서 그 기능을 그대로 계승하고 있었으나, 이때의 일반적인 호칭에 따라 이렇게 부르고 있는 것이었다. 이러한 관리인은 農地의 분포상황과 지리적 조건에 따라, 혹은 많은 농지를 관리하기도 하고 혹은 적은 농지를 관리하기도 하였다. 가령 1918년도의 경우 曹永贊은 地主家의 소

---

57) 가령 『金在洙 賭租簿』의 郭成守管理地域(高敞郡興德面)은 水利施設이 갖추어지면서 執租制에서 元定制로 변동하는 바가 많았고, 따라서 地代가 引上되는 바가 많았는데, 이 지역에서의 小作人의 변동은 〈表 7〉의 전체평균의 경우보다 그 변동비율이 월등 컸었다. 즉 郭成守 管理下의 農地는 51筆地가 1918년에서 1924년까지 이어지는데, 그 중에서 小作人의 변동이 없었던 것은 11筆地로서 21.57%이고, 변동이 있었던 것은 40筆地로서 78.43%였다.

58) 『金性洙 賭租簿』第1冊(1918), 徐源玉 管理(高敞郡山外面)下의 朴成道의 경우, 그는 保證人으로서 李行夾을 세우고 있었다.
   『金性洙 賭租簿』第4冊, 吳國卿 管理(高敞郡新林面)下의 小作人 李鳳雨는 租로써 7石 혹은 6石 15斗 받던 地代를 元定으로 8石씩 받게 될 때, 金用起를 대신해서 小作人이 되었는데, 그는 保證人으로서 金舜明을 세우고 있었다.

59) 『金同福 賭租簿』第3冊, 朴光文管理下(井邑郡雨順面)의 決算書에는 農監으로 되어 있고,
   『金同福 賭租簿』第4冊, 全相萬管理下(扶安郡山內面)의 決算書에는 舍音으로 되어 있다.

재지로서 농지가 많이 집중하고 있는 곳을 담당하여 600餘 斗落이나 관리하였는데,[60] 丁秉燮은 농지가 적은 곳을 담당하여 겨우 12.5斗落을 관리하는 데 불과하였음은 그 예이었다.[61]

金氏家에서는 이와 같이 농지의 분포와 지리적 조건에 따라, 그 관리규모가 다른 많은 관리인을 배치하고 田庄을 경영하였는데, 그 수는 1918년의 경우 金同福所管이 14명, 長男所管이 13명, 次男所管이 11명으로서 도합 38명이었다. 그리고 1923~24년의 경우에는 金同福所管이 10명, 長男所管이 13명, 次男所管이 21명이었으나, 그 중에는 同福所管 관리인으로서 차남의 관리를 겸한 자가 4명, 장남의 관리인으로서 차남의 그것을 겸한 자가 2명 있어서 역시 실제로는 38명이었다. 이 밖에도 金氏家에는 茁浦邑內에 田秩이나 垈秩이 있었는데, 이것은 金氏家에서 家捧으로서 직접 관리징수하고 있었다. 그리고 기록상에는 보이지 않지만, 이 모든 관리인을 지휘 통솔하고 장부를 정리하기 위해서는, 아마도 본부인 金氏家에 상주하는 都舍音 또는 都管理人이 한두 명 더 있었을 것으로 생각된다. 그리하여 金氏家의 지주경영에 있어서는, 總帥인 金同福의 명령하에 이들 40명 내외의 관리인이 적절히 활용됨으로써, 그 田庄이 일사불란하게 운영되어 나갔다.

管理人은 대개의 경우 小作農民 중에서 선발되고 있었다. 구래의 地主制에서와 마찬가지였다. 1923~24년의 경우 38명의 관리인 중 23명은 소작농민이었다. 그들 중에는 金氏家로부터 80斗落 이상을 借耕하는 大農도 있었고 5斗落을 借耕하는 零細農도 있었다. 아마도 이렇게 영세한 농지를 借耕하는 관리인은 대개 自己土地를 소유하고 있는 自·小作農民이었을 것으로 생각되며, 借地大農經營을 하는 관리인의 경우도 가옥을 비롯한 자기소유의 부동산이 있었을 것으로 생각된다. 그리고 소작농이 아니면서 관리인이 되고 있는 경우는 특히 일정한 규모의 부동산이 있거나, 金氏家와 특별한 친분관계가 있어서 신임을 얻고 있는 사람이었을 것으로 생각된다.

管理人은 이와 같이 소작농민이거나 아니거나를 막론하고 임명될 수 있었

---

60) 『金同福 賭租簿』 第1冊, 扶安郡乾先面 一圓의 管理人.
61) 『金同福 賭租簿』 第1冊, 和順郡 一圓의 管理人.

지만 거기에는 하나의 條件이 있었다. 그것은 관리인으로서의 임무를 충실히 이행하여 田庄經營에 손실을 끼치지 않아야 한다는 점이었다. 그러한 점에서 管理人은 그 임무를 수행하는 데 있어서 큰 탈이 없는 한 그 직책을 그대로 유지할 수 있었다. 그러나 金氏家의 管理人은 많은 경우 대단히 빈번하게 교체되고 있었다. 그러한 관리인은 많았다. 1924년도의 관리인을 살펴면, 金同福의 관리인은 10명 중 1명, 장남의 관리인은 13명 중 4명, 차남의 관리인은 21명 중 7명(이 가운데 1명은 父의 管理人으로서 移動)이 겨우 1918년 이래로 그 직을 유지할 수 있었다. 그것은 38명 중 12명으로서 겨우 31.6%에 불과하였으며, 나머지는 1회 또는 2회씩 교체되고 있었다.

교체되는 관리인은 본인의 사정에 따라 자의로 사임하는 경우도 있었겠지만, 많은 경우 地主家에 의해서 해고 교체되었을 것으로 생각된다. 관리인의 보수는 비교적 좋았기 때문이다. 관리인이 田庄의 경영에 손실을 끼쳤을 경우에는 교체되는 것은 말할 것도 없고, 손실을 본 만큼 배상을 시키고도 있었다. 次男 尤松의 관리인 梁致淑의 경우는 그 한 예이겠다.[62] 金氏家의 地主經營에서는 관리인에게 비교적 후한 대우를 하는 대신 그 관리만은 철저하게 시키고 있는 것이었다. 이러한 점으로 보아 관리인으로 선발되는 데에는 일정 정도의

---

62) 『金在洙 賭租簿』第3冊, 梁致淑管理(高敞郡碧沙面)條의 附屬文書에는 다음과 같은 證書가 있다.

    禾租賣渡證書

一. 禾租七百四拾六束也
一. 賣渡價格은 正租貳拾貳石拾斗也
一. 賣渡年月日 大正拾年 陰辛酉拾月拾九日
一. 賣渡人은 買收人의 任置ᄒᆞᆫ租貳拾貳石拾斗을 犯用ᄒᆞᆫ所以로 右禾租을 前記犯用ᄒᆞᆫ 租代로 賣渡ᄒᆞᆷ바 以後 打租ᄒᆞᆫ時에 右價格本租貳拾貳石拾斗에 對ᄒᆞ야 不滿함이 有ᄒᆞᆫ시는 本面五湖里坪 〇番田參斗落과 〇番田壹斗落과 同里本人居住ᄒᆞᄂᆞᆫ 草家(朝鮮裁)四間及行廊貳間貳棟과 垈地 〇番壹斗五升落을 幷ᄒᆞ야 全部引渡ᄒᆞ기로 成證事

    大正拾年 陰辛酉 拾月 拾九日

                高敞郡興德面五湖里
                    禾租賣渡人 梁　致　淑 (指章)
              同郡 同面 同里
                    證　　人 金　舜　明 ㉞
              扶安郡乾先面苗浦里
                    證　　人 金　判　順 ㉞

재산이 있어야 했을 것으로 생각된다.

管理人의 임무는 地主家의 지시에 따라 田庄의 경영에 관한 일체의 일을 수행하는 것이지만, 그 중에서도 주된 것은 무엇보다도 모든 소작농민으로부터 元·租를 막론하고 규정된 地代를 징수 보관하였다가 처분 상납하는 일과, 牛賭나 기타 貸穀의 이자를 수납하는 일이었다. 金氏家의 地主經營에서는 1925년까지, 관리인들이 징수한 지대를 地主家(茁浦)에 반출하지 않고 관리인가에 임치하였다가, 적당한 시기(穀價가 상승하거나 돈이 필요한 시기)에 이를 판매하기도 하고, 또는 필요한 경비를 직접 현지에서 지출하고도 있었다. 그러므로 소작농민에게서 징수한 地代가 관리인처에 보관되는 기간은 길었고, 地主家의 지시에 따라 관리인이 이것저것 지출해야 하는 경비도 많았다. 그 기간 동안은 그 모두가 관리인의 置簿 처리로서 수행되었다. 그리하여 관리인의 사무는 오래 계속되었고, 그 이듬해 추수기에 가서야 地主家와의 결산서가 작성됨으로써 그 1년간의 임무는 끝이 나도록 되어 있었다.

管理人의 노고에 대해서는 일정한 규정에 따른 보수가 지급되고 있었다. 그것은 이 문서의 초기에 있어서는 地代의 10%에 해당하였다. 100石의 추수가 있는 곳에서는 10石을 지급하는 것이었다. 金氏家에서는 그것을 '十一條計算'으로서 표시하고 있었다.[63] 관리인의 보수로서는 적은 것이 아니었고, 따라서 이는 地主家의 수입에 적지 않은 영향을 미칠 수 있는 것이었다. 그러나 이것은 불변의 규정이 아니었으며, 따라서 地主家의 사정에 따라서는 얼마든지 변동될 수가 있었다. 그리고 그러한 변동은 구체적으로 있었다.

그것은 대략 1920經營年度부터의 일로서 地主家에서는 이때 관리인의 보수를 30% 인하하려고 하였다. 金氏家에서는 그것을 '十七條計算'이라고 부르고 있었다.[64] 종래의 秋收穀의 10% 보수에서 3%를 감한 7% 보수로 개정하려는 것이었다. 그리고 실제로 그렇게 지급한 예도 있었다.[65] 하지만 이러한 개정이 그대로 통할 수는 없었다. 아마도 관리인들 사이에서는 많은 반발이 있었던 것으로 보인다. 그리하여 地主家에서는 처음에는 '十七條'로 계산하려

---

63) 『金同福 賭租簿』 第1冊, 朴光文(朴奇東)管理(井邑郡雨順面)條 決算書.
64) 『金同福 賭租簿』 第2冊, 朴光文(朴奇東)管理(井邑郡雨順面)條 決算書.
65) 註 66)의 表에서 管理人 1, 3의 1919년도의 報酬는 그 例이다.

하였으나, 이를 다소 완화하여 '十八條'로 지급하게 되었다. 약 20%를 감한 秋收穀의 8% 보수로 개정하게 된 것이었다.[66] 그리고 이 밖에 관리인이 小作農民일 경우에는 그 보수를 그 소작료로써 相殺하는 수도 있었다.[67] 이러한 제규정은 그 후 1924년까지 계속되었다.

2) 田庄의 經營과 地主收入

地代의 形態 — 地主經營에서는 그 지대의 징수방법에 두 가지 형태가 있었다. 그 하나는 定額制이고 다른 하나는 執租制였다. 전자는 『賭租簿』의 地代欄에 '元' 또는 '元定'으로 표시한 것이고, 후자는 '租'로 표시한 것이다. 租로 표시한 것만으로는 이를 執租로 보아야 할 것인지 또는 打租로 보아야 할 것인지 분명치 않지만, 金氏家에서는 추수시에 監坪(看坪)을 하여 문서를 작성하고 있었으므로, 이는 執租를 표시하는 것이라고 하겠다.[68] 그뿐만 아니라

---

66) 그러한 사정은 『賭租簿』의 결산서에서 管理人의 地代收納과 報酬支給狀況을 비교하면 쉽사리 파악할 수 있다. 다음 表는 그러한 사례를 몇 건만 발췌하여 예시한 것이다. 이에서 보면 1920년도 이후의 報酬는 대략 收納租의 8%에 해당한다.

管理人의 地代收納과 報酬

年度 管理人		戊 午 1918	己 未 1919	庚 申 1920	辛 酉 1921	壬 戌 1922	癸 亥 1923	甲 子 1924
		石斗升	石斗升合	石斗升	石斗升合	石斗升	石斗升合	石斗升合
1. 徐世煥	收納	269· 3·3	311· 3·3·2	265· 0·9	281· 3·8	314· 2·8	379· 2·6·5	244·15·0·4
	報酬	26·18·3	21·16·3·2	21· 4·0	22· 9·8	25· 2·8	30· 6·6·5	19·11·0·4
2. 金洛兼	收納	61· 7·0	76·12·0	52· 3·0	71· 0·0	71· 9·0	71·12·0	55·15·0
	報酬	6· 2·0	7·13·0	4· 3·0	5·14·0	5·14·0	5·14·0	4· 9·0
3. 朴處中	收納	454·12·9	323·10·7	370·14·5	467· 2·3·5	445· 1·4	458·16·3	253· 7·4
	報酬	45· 8·9	22·12·7	29· 2·5	37· 6·2	35·15·4	36·14·3	20· 7·4
4. 陳士俊	收納	335· 5·6	284· 0·1	276·14·1	334· 0·0	334·16·1	357· 7·1	166· 5·5
	報酬	33·10·6	28· 8·1	22· 3·1	26·15·1	26·16·1	28·11·1	13· 5·5
5. 盧秉玉	收納	272· 3·2	195·17·0	271· 2·2	305·16·2	282· 7·2	310·13·7	213·16·7
	報酬	27· 4·2	19·11·0	27· 1·2	24· 9·2	22·12·2	24·16·7	17· 1·7
6. 金永西	收納	362· 5·0	324·15·1	315·16·9	380· 7·3	370·18·3	398·14·3	266· 0·4
	報酬	36· 5·0	32· 9·1	25· 4·9	30· 8·7	29·13·5	31·17·3	21· 5·4

* 管理人 1·2는 父. 3·4는 長男. 5·6은 次男에 屬한다.

67) 『金同福 賭租簿』 第4冊 및 第5冊, 金成讚管理(扶安郡乾先面)條 決算書內 金在洙管理人車治重件.

68) 『金性洙 賭租簿』 第4冊, 陳士俊管理(高敞郡富安面)條 決算書에는 租 4石 4斗를 '作人處의 監坪時文書相左로 日後更計홀次保留ᄒ고'라든가, 租 1石 10斗를 '作人處 監坪文書相左條로 日後更計홀次保留ᄒ고'라고 하여 會計決算을 보류하고 있음이 보

1930년도의 조사이기는 하지만, 湖南地方에서의 소작관행은 주로 定租制와 執租制가 중심이었으므로,[69] 『賭租賦』상의 租는 執租를 나타내는 것이라고 하겠다. 金氏家에서는 지대징수에 관한 이러한 원칙 중에서 田에 대해서는 대부분 '元定'制를 채택하고, 畓, 즉 稻作經營에 대해서는 '元定'과 '租'의 두 가지 형태를 병용하고 있었다.

　그러면 稻作經營에서 이와 같은 지대(元定과 執租)의 비율은 어느 정도이고, 단위면적에서 그 각각의 지대의 징수액은 얼마나 되었을까? 1918년도의 『賭租簿』에서 金氏家 3父子의 畓에서 元·租別 斗落數를 분류하면 〈表 8〉과 같이 정리할 수 있다.

　金同福의 경우 이 해에 小作農民에게 대여하고 있는 畓은 총 2,671.6斗落이었는데, 그 중 元定은 1,202.1斗落, 執租는 1,469.5斗落으로서 元定과 執

〈表 8〉　　　　　　　　　元·租別 地代의 構成(1918 畓)　　　　　　（단위 : 斗落）

	元·租의 構成			同上 百分比		
	元	租	計	元	租	計
父	1,202.1	1,469.5	2,671.6	45.00	55.00	100.00
長 男	1,094.7	4,185.9	5,280.6	20.73	79.27	100.00
次 男	909.5	1,770.9	2,680.4	33.93	66.07	100.00
計	3,206.3	7,426.3	10,632.6	30.16	69.84	100.00

인다. 이는 地主側과 作人側의 監坪時의 文書, 즉 收納할 地代의 기록내용과 실제로 收捧하고 있는 지대의 액수에 차이가 있는 데서 취해진 조치였다. 이렇게 착오가 있을 때에는 監坪人의 證書에 따라 이를 시정하기도 하였다. 가령 同書 金在錫 管理(高敞郡茂長面·石谷面)下의 小作人 金致凡의 경우는 그 한 例이겠다. 그에게는 1922년도의 地代로서 7斗落에 5石 15斗가 賦課되었었는데, 이것이 잘못되었으므로 '會計時監坪人言으로 一石十五斗減'하여 4石으로 訂正하고 있었다. 그러므로 이에서 보면 이 『賭租簿』상의 監坪은 곧 看坪이었던 것으로 보인다. 音이 비슷한 데서 일어난 誤記일 것이다. 이러한 錯誤는 흔히 있었다. 本『秋收記』의 標題인 『賭租簿』도 '賭租簿'로 기록하고 있는데 이는 『賭租簿』의 誤記인 것이다. 좀 뒤의 일이지만, 小作契約書에서는 執租로 명기하고 있었다(附錄 참조).

69) 朝鮮總督府, 『朝鮮의 小作慣行』上, 1932, 前編 '朝鮮의 現行小作慣行', p.117에서는 畓의 定租, 執租, 打租의 比率을 全北은 4.5, 4.9, 0.6割, 全南은 3.6, 5.1, 1.3割로 보고하고 있다. 또 1929년도의 조사에서는 畓의 執租가 全北은 9.2割, 全南은 7.6割로 보고 있어서, 역시 租는 대부분 執租를 가리키는 것이었다(朝鮮總督府, 『朝鮮의 小作慣行』, 1929, pp.71~72).

租의 비는 45 : 55였으며, 그 장남은 총 5,280.6斗落의 대여지 중 元定은 1,094.7斗落, 執租는 4,185.9斗落으로서 양자의 비는 20.73 : 79.27이었다. 그리고 차남의 경우는 총 2,680.4斗落의 대여지 중에서 元定은 909.5斗落, 執租는 1,770.9斗落으로서 양자의 비는 33.93 : 66.07이었다. 3父子의 畓 전체로 보면 그 비는 30.16 : 69.84로서 元定은 전 대여지의 약 3분의 1이 되고 있었으나, 이러한 비율은 그 후 地主經營이 강화됨에 따라 변동되어 나갔다.

이와 같이 金氏家의 地主經營에서는 3父子의 田庄이 모두 父의 관리하에 있으면서도, 父子間에는 地代의 수취형태에 차이가 있었는데, 이는 주로 그 農地의 遠近이나 농업생산을 위한 施設, 예컨대 水利施設 등의 유무와 관련이 있었다. 『賭租簿』를 검토하면 金氏家에서는 苗浦로부터 근거리에 있는 농지로부터는 주로 執租制로서 지대를 징수하고, 원거리에 있는 농지로부터는 元定制로서 지대를 징수하고 있었다. 그런데 金氏家 3父子 중에서도 원거리에 가장 많은 농지를 소유하고 있는 것은 그 父였으며, 그 다음은 次男이고, 가장 근거리에 많은 농지를 소유한 것은 장남이었다. 金同福은 그 농지를 두 아들에게 分財할 때, 地主經營이 용이한 近方 농지는 장남에게, 그리고 다음으로 편리한 곳의 농지는 차남에게 내주고, 그 자신은 조건이 좋은 농지라 하더라도 遠方에 있거나, 近方이라 하더라도 조건이 좋지 않은 농지를 경영하고 있었다. 그리하여 농지가 먼 곳에 있어서 일상적인 감독과 관리가 어려운 곳이거나, 근방 농지라 하더라도 수리시설이 갖추어져서 그 생산이 비교적 안정된 곳에서는 그 지대를 元定制로써 징수하였다.[70]

---

70) 『金同福 賭租簿』나 『金在洙 賭租簿』上의 長城地方의 地代가 대부분 元定으로 되어 있는 것, 註 57)에서 이미 언급한 바와 같이, 金在洙의 管理人 郭成守가 담당하는 지역(興德)이 '入于水利' 區域케 됨에 따라(『賭租簿』第3冊) 執租制를 元定制로 변경하고 있었던 것은 그 例이다.
　　이러한 사정은 일반자료에서도 볼 수 있다. 즉 朝鮮總督府, 『小作農民에 관한 調査』(1912), 第3章 第2節 小作의 종류에서는 賭地法(定額制)이 행해지는 곳으로서 다음과 같이 기술하고 있다. '이 방법은 주로 驛屯土及宮土에서 행해지며, 民有地의 경우는 地味良好하고 灌漑·排水·交通의 便이 있어서 旱水害의 염려없고 年年 收穫量에 大差없는 곳, 소위 上畓으로 칭해지는 곳에서 행해지며, 일반의 토지에 대해서는 이 방법에 의하는 바가 드물다' 賭地法은 全羅道에 가장 많이 채용되고, 慶尙道가 그 다음이며, 기타 지방에서는 주로 遠隔의 地에 거주하는 大地主에 있어서 이를 채용하는 외에 이 방법에 의하는 者 적다' 그리고 朝鮮總督府, 『朝鮮의 小作慣習』,

地代의 형태상에서 볼 수 있는 이러한 차이는 단지 형태상의 차이로만 그치지 않았다. 元定과 執租 사이에는 지대의 양에 있어서 적지 않은 차이가 있었다. 가령 1918년도의 『賭租簿』에서 金氏家 3父子의 元·租別 지대징수상황을 정리하면 〈表 9〉〈表 10〉〈表 11〉〈表 12〉에서 볼 수 있는 바와 같이 큰 차이

〈表 9〉　　　　　元·租別 地代 徵收狀況(1918 父)　　　　　(단위 : 斗)

	斗 落	小 作 料	地 稅	斗落當 小作料	斗落當小作料 (地稅包含)	備　考
畓 元	1,202.1	16,906.4	334.35	14.064	14.342	
租	1,469.5	15,210		10.350		
計	2,671.6	32,116.4	334.35	12.021	12.147	

〈表 10〉　　　　　元·租別 地代 徵收狀況(1918 長男)

	斗 落	小 作 料	地 稅	斗落當 小作料	斗落當小作料 (地稅包含)	備　考
畓 元	1,094.7	15,841.6	1,129.4	14.471	15.503	
租	4,185.9	54,644		13.054		
計	5,280.6	70,485.6	1,129.4	13.348	13.562	

〈表 11〉　　　　　元·租別 地代 徵收狀況(1918 次男)

	斗 落	小 作 料	地 稅	斗落當 小作料	斗落當小作料 (地稅包含)	備　考
畓 元	909.5	14,020	794.2	15.415	16.288	
租	1,770.9	23,631.4		13.344		
計	2,680.4	37,651.4	794.2	14.047	14.343	

〈表 12〉　　　　　元·租別 地代 徵收狀況(1918 全體)

	斗 落	小 作 料	地 稅	斗落當 小作料	斗落當小作料 (地稅包含)	備　考
畓 元	3,206.3	46,768	2,257.95	14.586	15.291	
租	7,426.3	93,485.4		12.588		
計	10,632.6	140,253.4	2,257.95	13.191	13.403	

1929, p.67에서도 '灌漑排水가 완비된 良畓의 경우가 아니면 이 법에 의하지 않음을 普通으로 한다'고 그 실태를 기술하고 있음이 그것이다.

가 있었다. 〈表 9〉 父의 경우 元定은 지대가 斗落當 평균 14.064斗(지세를 포함하면 14.342斗)이고 執租는 10.35斗이며, 전체로서는 斗落當 평균 12.021斗(지세를 포함하면 12.147斗)였다. 그리고 〈表 10〉 장남은 元定이 斗落當 평균 14.471斗(지세포함이면 15.503斗), 執租가 13.054斗이고, 〈表 11〉 차남은 元定이 斗落當 평균 15.415斗(지세포함이면 16.288斗), 執租가 13.344斗이어서 元定과 執租의 차이는 컸다. 그것을 〈表 12〉 金氏家 3父子의 전체로 보면 元定은 斗落當 평균 14.586斗(지세포함이면 15.291斗)이고 執租는 12.588斗이어서 元定과 執租간의 차는 1.998斗였으며, 지세까지를 포함하면 2.703斗나 되었다. 元定制의 지대는 執租制의 그것에 비하여 월등히 많은 것이었다.

　여기서 한 가지 주목되는 것은 元定·執租이건 斗落當 징수액이 3父子간에 조금씩 차이가 나는 점인데, 이는 지역차와 농지의 비옥도에서 연유하는 것으로 생각된다. 그것은 3父子의 농지가 본시는 모두 그 父의 것이었고, 장남과 차남에게 일부를 分財한 후에도 그 경영만은 그 부친이 일괄해서 하나의 원칙으로서 운영하고 있었다는 점에서 그렇게 이해될 수 있다. 이러한 점은 3父子 개개인의 농지 내에서도 마찬가지였다. 그들이 징수하는 소작료는 지역에 따라, 즉 농지의 비옥도에 따라 큰 차가 있었다. 가령 金同福의 경우 井邑郡 梨坪面(元古阜郡 梨坪面)에서는 斗落當 소작료가 元定으로 평균 10.7103斗일 때 長城郡 西三面에서는 元定으로 평균 18.4993斗였으며, 차남의 경우 論山郡 豆磨面에서는 斗落當 소작료가 租로 평균 11.8057斗일 때 高敞郡 碧沙面(元興德郡 二西面)에서는 租로 평균 14. 2727斗였음은 그 예이다. 말하자면 金氏家의 지주경영에서는 지역에 따라, 그리고 농지의 비옥도에 따라 단위면적당의 지대에 차이를 두되, 특히 이를 元定과 執租로 구분하고, 비옥한 농지 수리시설이 갖추어진 농지로부터는 元定制로서 더 많은 지대를 징수하고 있는 것이었다.

　金氏家의 지주경영에서는, 이와 같이 元定制가 執租制보다 그 수입이 많았으므로, 되도록 元定制를 택하려 하였다. 元定과 執租는 所出을 일정비례로 분익하는 제도로서, 처음에는 元·租를 일정범위 내에서 고정시키고 있었지만, 그러나 元定은 執租에 비하여 그 수입이 많았으므로 地主家에서는 이를

늘려나가게 되었다. 1918년도의 臺帳에 기재된 元定과 執租는 불변의 약속이
나 규정이 아니었다. 金氏家에서는 1920년대에 접어들면서 수입이 감소하고
지주경영이 어려워짐에 따라, 執租制로 징수하던 지대를 점차 元定制로 전환
시키는 바가 많아졌다. 水利施設이 갖추어짐에 따라 定額制의 경영이 가능하
게 된 농지는 말할 것도 없고, 그렇지 못한 곳에서도 그러한 변동은 있었다.
그와 같은 변동들은 짧은 기간에 대규모로 전개되었다. 〈表 13〉을 통해서는
그러한 상황을 엿볼 수 있다. 이것은 1918년에서 1924년까지 이어지는 농지
(畓) 9,717.2斗落에 관하여 그 변동상황을 조사한 것이다. 이에서 보면 1918
년에는 이 9,717.2斗落 가운데 元定이 2,830.3斗落이고 執租가 6,886.9斗
落으로서 그 比는 29.13 : 70.87이었는데, 1924년에는 전자가 4,187.6斗
落, 후자가 5,529.6斗落으로서 그 비는 43.09 : 56.91이 되고 있었다. 이는
그 사이에 1,357.3斗落의 執租가 元定으로 변동한 것이며, 1918년도의
29.13%에서 1924년에는 43.09%로 그 元定이 13.96% 늘어난 것이었다.
執租를 元定으로 변동시키는 것은 결국 地代의 증가를 뜻하는 것이므로,[71]
地主家에서 꾀하는 바가 일방적으로 통할 수는 없었다. 이러한 변동이 있을

〈表 13〉   元·租別 地代의 變動狀況(1918~1924 畓)   (단위 : 斗落)

	元·租의 構成			同上 百分比		
	元	租	計	元	租	計
1918	2,830.3	6,886.9	9,717.2	29.13	70.87	100.00
1924	4,187.6	5,529.6	9,717.2	43.09	56.91	100.00

* 1924년의 元定 4,187.6斗落은 1924년 현재 元定인 것이다. 1918년의 元定으로서
破元된 것, 執租에서 元定으로 변동하였다가 다시 執租로 還元한 것은 포함되지 않
는다.

---

71) 『朝鮮의 小作慣行』上, 前編 '朝鮮의 現行小作慣行', p.116에서는 地代의 형태가
변동하는 이유를 다음과 같이 설명하고 있다. '그 定租·打租·執租小作의 變改理由
는, 地主側에서 드물게는 그 變改를 통한 소작료징수의 편의와 소작인보호의 목적을
가지고 행하는 자도 있으나, 그 대부분은 地主의 小作料 수익확대를 꾀하는 결과에
서 연유하는 것 같다. 단, 畓에서 종래의 定租를 打租로 變改하는 것 가운데는, 종래
의 定租額이 高率이고 또 定租는 小作地作物이 災害를 입어도 減免의 率이 적어서
소작인의 불평이 있고 요구가 있은 데서 연유하는 것도 있다.'

〈表 14〉   元·租別 地代의 構成(1924 畓)   (단위 : 斗落)

	元·租의 構成			同上 百分比		
	元	租	計	元	租	計
父	1,026.2	1,470.2	2,496.4	41.11	58.89	100.00
長 男	2,125.2	3,487.4	5,612.6	37.86	62.14	100.00
次 男	2,461.4	1,978.85	4,440.25	55.43	44.57	100.00
計	5,612.8	6,936.45	12,549.25	44.73	55.27	100.00

때는 소작농민의 반발이 따르게 마련이고, 그럴 경우는 元定制를 강행하기가 어려웠다. 1919년 이후 元定으로 변동한 위의 1,357.3斗落 이외에 변동을 시도하였던 농지는 그러한 예이겠다. 즉 위의 농지에서 執租를 元定으로 변동시키려고 結稅까지 부과하였으나 끝내 元定으로 하지 못하고 執租로서 지대를 징수한 것이 그러한 예이겠는데, 그러한 농지는 72斗落이나 되었다. 뿐만 아니라 소작농민은 旣往의 元定에 대해서도 川破 기타 등의 사유로 定額制의 지대수납이 어려울 경우에는 이의를 제기하지 않을 수 없었고, 이럴 경우에는 지주가에서도 자가이익만을 고집할 수가 없었다. 그리하여 그런 농지에 대해서는 이를 破元하여 執租로 환원시키고 있었는데, 1918년에 元定이었던 위의 농지에서 그 후 파원된 것은 54斗落이었다.

그러나 그러한 저항이 있기는 하였지만 대세는 지주측에 유리하였고, 따라서 執租에서 元定으로의 변동문제는 지주가의 뜻대로 움직여졌다. 그리고 그 결과 執租는 줄고 元定은 늘어났다. 그것은 위의 〈表 13〉을 통해서도 알 수 있지만, 1924년도의 全 貸與地(畓)를 검토하는 것으로써도 분명하다. 〈表 14〉는 그러한 사정을 정리한 것이다.

이에서 보면 그러한 변동은 次男과 長男의 경우 특히 현저하였다. 表에서 볼 수 있는 바와 같이 全 대여지 중에, 元定은 金同福이 41.11%, 次男이 55.43%, 長男이 37.86%이었으며, 전체로서는 44.73%가 되고 있었다. 이를 〈表 8〉의 1918년도의 경우와 비교하여 보면, 1918년에서 1924년에 이르는 6년간에, 元定의 비율은 전반적으로 14.57%가 늘어나고 있었음을 알 수 있다.

地 稅 — 元定制의 지대가 執租制의 그것보다 많았던 것은 지대 자체만으

로서도 그러하였지만, 그 위에다 地稅가 소작인 부담으로 전가되고 있는 데서
도 연유하고 있었다.『賭租簿』의 地代欄에 '元十四石 結十九斗五升'이라든가,
'元四石 結六斗'라고 기록한 것에서,[72] 結 19斗 5升, 結 6斗라고 한 結은 結卜
稅 또는 結稅를 略한 것으로서 이는 바로 地稅였는데, 元定制에 있어서는 많
은 경우 이 지세가 小作農民負擔으로 되어 있었다.『賭租簿』에서는 이 지세를
地代欄에 혹 地代와 함께 '結○○斗'로 병기하기도 하고, 또는 지대 밑에 '並結'
이라고 표시하여 지대 속에 포함시키기도 하였으며, 혹은 結稅에 관하여 아무
것도 기록치 않는 경우도 있는데, 이 제3의 경우는 이미 실질적으로 지대 안
에 結稅부분을 포함시키고 있어서 별도로 이를 징수치 않았던 것으로 생각된
다(p.219 참조).

　地稅는 본시 土地所有權者, 즉 지주가 부담해야 하는 것이지만, 定額制의
지주경영에서 지세가 小作農民負擔으로 전가되는 것은 일반적인 농업관행으
로서 널리 행해지고 있었다.[73] 그것의 기원은 朝鮮後期 이래의 일로서 이미
오랜 전통을 지니는 것이었지만, 특히 日帝强占期에 이르러 지주경영이 강화
되면서는 더욱 심화되고 있었다. 金氏家에서도 그러한 관행에 따라 이를 소작
농민에게 자연스럽게 부과시키고 있었다.[74]

　그러한 사정이『賭租簿』에는 '結小作人家納'[75] '結金小作人負擔'[76] '結金은
小作人이 負擔事' '地稅金은 小作人이 負擔事'[77] '元十石七斗 …… 元八石八斗
右를 并結作定事'[78] 등 다양하게 기록되고 있다. 그리고 '元一石七斗 結八斗'로

---

72)『金同福 賭租簿』第1冊, 金尙權管理(長城郡北三面)條.
73)『小作農民에 관한 調査』第3章 第1條에 '地稅及種子의 負擔은 …… 賭地法에 있어
　　서는 小作人이 이를 負擔하고, 打作法에서는 地主가 이를 負擔하지만'이라고 한 것,
　　朝鮮農會,『朝鮮의 小作慣行』(時代와 慣行), 1930, p.296에 '定額法 …… 地租는
　　通常 小作人이 이를 負擔한다'(本書는 朝鮮總督府,『朝鮮의 小作慣行』下에 參考編
　　으로도 수록되어 있다)고 한 것에서 우리는 그러한 사정을 엿볼 수 있다.
74) 金氏家에서는 地稅 외에도, 이 시기의 일반적인 地主經營의 관습에 따라, 水稅를
　　또한 轉嫁하고 있었으며, 이 밖에도 元·租의 구별없이 附加稅로서 斗稅를 징수하기
　　도 하였다. 그러나 이러한 문제는 本稿에서는 논하지 않기로 한다.
75)『金性洙 賭租簿』第1冊, 家捧(樓洞田)條.
76)『金性洙 賭租簿』第2冊, 朴處中管理(高敞郡富安面)條 附屬文書.
77)『金性洙 賭租簿』第2冊, 徐源玉管理(高敞郡五山面)條.
78)『金性洙 賭租簿』第3冊, 徐明植管理(高敞郡雅山面)條 附屬文書.

기록하여 元定 1石 7斗 이외에 結稅 8斗를 징수키로 하였다가, 結稅를 元定
속에 포함시켜 ‘元一石九斗’로 更定하고서는 ‘結八斗’를 지우고 ‘幷結’로 정정하
기도 하였다.[79] 또 元定制의 지대를 정하면서 結稅가 그 안에 포함되지 않았
을 경우에는 ‘辛酉秋二石十斗로 定元 結不入’[80]이라고 단서를 붙이기도 하고,
元定이되 특히 結稅를 소작농민에게 부담시키지 않을 경우에는, ‘結四斗五升’
이라고 부기하였던 것을 지우고 지주부담, 즉 ‘地主結當’이라고 정정 표기하기
도 하였다.[81]

　小作農民에게 전가 부담시키고 있는 지세는 동일 지번에 대한 것이라 하더
라도 해마다 그 세액에 차이가 있었다. 그것은 본시 土地所有權者에게 부과되
는 세액이 가변적이기 때문이기도 하지만, 그러한 세액은 화폐로써 수납하도
록 되어 있었는데, 金氏家에서는 그것을 그때그때의 穀價를 參酌하여 소작농
민으로부터 현물로 환산 징수하고 있었던 까닭이었다. 金氏家에서도 물론 농
민들이 스스로 賣穀하여 현금으로 수납하는 경우가 없었던 것은 아니지만, 대
개는 지대와 함께 현물로써 징수하고 있었다. 농민들에게 지세를 부과할 때
는, 당국이 土地調査에서 필지 단위로 査定한 地價에 의하여 책정한 稅額으로
써 單位斗落當의 세액을 환산하고, 이를 기준으로 소작농민들이 借耕하는 元
定의 경작규모(斗落)에 따라 가감 부과하였으며, 또 그것을 그때그때의 穀物
時勢에 따라 현물로 환산 징수하였다.[82] 그러므로 穀價가 내리면 농민들의 부
담은 그만큼 더 무거워질 수밖에 없었는데, 1920년 이후 穀價는 현실적으로
폭락하고 있었으므로 농민부담은 점점 더 늘어났다.[83]

---

79)『金性洙 賭租簿』第3冊, 陳士俊管理(高敞郡富安面)條.
80)『金性洙 賭租簿』第3冊, 徐明植管理(高敞郡五山面)條.
81)『金性洙 賭租簿』第1冊, 崔處圭管理(元茂長郡吾里洞面)條.
82) 그러한 사정은 當局이 土地所有權者에게 結稅(地稅)를 賦課할 때는 본시 貨幣額數
　　로써 通知하는데〔例 :『金同福 賭租簿』第2冊, 曹永贊管理條(井邑郡古阜面)의 附屬
　　文書〕, 金氏家에서 농민들로부터 그것을 징수할 때는 現物로써 행하고 있었던 것으
　　로서 그와 같이 이해할 수 있다.
83)〈表 15〉의 A項을 통해서 우리는 그러한 사정을 구체적으로 파악할 수 있다. 1923
　　년부터는 地稅가 거의 없어지므로 1923·1924년을 제외한다면, 斗落當 平均地稅額
　　은 1918년도에는 1.48斗, 1919년도는 0.92斗, 1920년도는 1.53斗, 1921년도는
　　1.47斗, 1922년도는 2.72斗여서 해마다 변동하고 있으며, 특히 1922년도에는 대
　　폭 증가하고 있음을 볼 수 있다.

또 地稅는 어느 특정 筆地에 부과(轉嫁)하기로 한 후에는 계속 그 농지에 대해서만 부과하는 것이 아니었다. 金氏家에서는 필요에 따라 수시로 되도록 많이 그 부과의 농지를 넓혀나가고 있었다. 가령 〈表 15〉에서 보는 바와 같이 1918년에서 1924년까지 이어지는 元定관계의 농지 4,313.6斗落을 살피면 그것은 분명하여진다. 이 기간에 처음부터 계속해서 지세를 징수한 것은 1,408.4斗落이었고, 나머지에 대해서는 모두 지세를 더 징수치 않고 있었는데(幷結), 1919년 이후에는 이러한 농지에 대해서도 연차적으로 조금씩 그 전가면적을 늘려가고 있어서, 1922년도에는 새로이 늘어난 것만도 1,004.3

〈表 15〉　　　　　　　地稅의 徵收狀況(1918~1924)　　　　　　(단위 : 斗)

區分\年度　斗落	A	B	C	D	計
斗落	1,408.4	1,004.3	196.3	1,704.6	4,313.6
1918	2,084.35				2,084.35
1919	1,288.7	129.7	196.3		1,614.7
1920	2,154.6	850.9			3,005.5
1921	2,071.2	1,209.65			3,280.85
1922	3,835.6	2,401.0			6,236.6
1923	22.5	96.0			118.5
1924	31.4				31.4

*구분　A : 1918년부터 계속 地稅를 徵收한 農地
　　　B : 1919년 이후 地稅의 징수가 점진적으로 확대된 農地
　　　C : 1919년에만 地稅의 징수가 있었던 農地
　　　D : 地稅를 별도로 賦課하지 않은 農地

또 이를 어느 특정 筆地에 관해서 살피면, 아래 表에서와 같이, 그 변동상황을 좀 더 선명하게 파악할 수 있기도 하다〔『金在洙 賭租簿』 金永西管理(高敞郡興德面) 條〕. 이러한 경향은 대체로 당시의 穀價와 반비례하는 현상이라고 하겠다.

結稅額의 變動狀況　　　　　　　　(단위 : 斗)

年度\斗落	7	6	4	4	9	8	5	3	5	6	計 57	斗落當 平均
1918	10.5	9	6	6	13.5	12	7.5	4.5	6.7	9	84.7	1.49
1919	7	6	4	4	9	8	5	3	4.5	6	56.5	0.99
1920	14	8	8	8	18	16	10	6	10	12	110	1.93
1921	10.5	9	6	6	13.5	12	7.5	4.5	7.5	9	85.5	1.5
1922	21	18	12	12	27	24	15	9	15	18	171	3.0

斗落이나 되었다. 그리고 이 밖에 1919년도에만 이를 징수하였다가 중지한 것도 196.3斗落이 있었다.

그리하여 地稅의 징수는 地稅 그 자체의 증가와 地稅賦課 농지의 확대로 더욱더 늘어났다. 地主側의 입장에서는 수입의 증대였으나 小作農民의 입장에서는 수탈의 가중이었다. 그러한 增徵狀況은 〈表 15〉를 통해서 쉽사리 파악할 수 있다. 1918년도에는 2,084.35斗를 징수하였는데, 1922년도에는 6,236.6斗를 징수하고 있으므로, 그 增徵은 4, 5년 사이에 3倍나 늘어난 셈이었다. 그러한 점에서 元定制는 명목상으로는 定額制였지만 실제로는 정액제일 수가 없었다.

그러나 元定이 실질적으로 定額制가 아니었음은 이러한 점에서만이 아니었다. 元定은 농업관행상으로는 定額制였지만, 年事의 풍흉에 따라서는 지대의 징수에 다소간의 가감이 있었고, 수리시설이 갖추어지는 데 따라서는 기왕의 定額이 개정되기도 하였다. 減徵은 소작농민의 주장에 의해서 취해진 조치였으나, 增徵은 지주가의 강요에서 오는 것이었다. 그리고 그러한 지대의 增徵에 있어서는 많은 경우 元定의 액수를 更定하는 현상으로 나타났다.『賭租簿』에서는 그러한 사실을 도처에서 볼 수 있다.

가령 金同福 畓의 경우 9斗落에서 元定으로 4石 15斗를 받던 것을 '庚申爲始ᄒ야 元定八石式 收入次'라고 한 것이라든가,[84] 5斗落에서 元定으로 2石 10斗 받던 것을 '己未爲始 三石十斗更定'이라고 한 것,[85] 그리고 4斗落에서 3石 1斗 받던 元定을 '己未爲始 三石十斗'할 것으로 개정하고 있는 것 등은 그러한 예이다.[86] 이러한 更定의 예는 金氏家 3父子의 어느 경우에도 허다하게 있었다. 특히 수리시설이 완비될 경우에는 더 하였다. 가령 차남의 관리인인 郭成守 관리지역(興德의 一部)에서 볼 수 있듯이, 이런 경우에는 執租制를 元定制로 개정하면서 그 지대를 갑자기 고액으로 인상 증가하기도 하였다.[87] 元定의

---

84)『金同福 賭租簿』第1冊, 金明彦管理(井邑郡梨坪面)條.

85)『金同福 賭租簿』第1冊, 徐文玉管理(井邑郡雨順面)條.

86)『金同福 賭租簿』第1冊, 金尙權管理(長城郡北上面)條.

87) 註 57)에서 들었던 郭成守管理下의 農地는 그 두드러진 例이겠다. 이 지역은 새로이 '入于水利'(『金性洙 賭租簿』第3冊)하고 있는 지역으로서, 生産條件이 변동하게 되자, 地主側은 地代收取의 형태를 변경하고 그 量을 증가하게 된 것이었다. 그 변동

定額制로서의 의미는 다만 짧은 기간 동안 정액일 수 있다는 점이었으며, 그
것은 執租나 打租와 마찬가지로 변동하고 있었다.[88] 그러므로 元定이 定額制
이기 때문에 농민경제가 성장할 수 있는 것은 아니었다.

結稅와 地代가 결합되고 있는 이러한 元定制는 1923경영년도부터는 크게
변동 개정되었다. 그것은 小作農民에게 별도로 부과하던 結稅를 폐기한 일이
었다. 앞에서도 언급하였던 1918년에서 1924년까지 이어지는 농지를 통해
서 볼 때, 〈表 15〉에서 볼 수 있는 바와 같이, 1922년도에는 結稅徵收가 절정
에 달하여 6,236.6斗(311石 16斗 6升)를 징수하고 있었는데, 1923년도에는
118.5斗(5石 18斗 5升), 1924년도에는 31.4斗(1石 11斗 4升)로 줄어들고 있
었다. 이는 結稅의 이름으로 별도로 징수하던 세가 消滅되고 있음을 뜻하는
것이겠다.

그러나 물론 이 경우 이는 結稅賦課의 실질적인 폐기나 소멸을 뜻하는 것이
아니었다. 그것은 結稅의 항목과 명칭은 폐기되었으나, 그 명목으로 수납하던
실제의 세액을 本地代에 첨가함으로써 元定의 지대를 증가하고, 따라서 前에
는 두 항목으로 징수하던 지대를 이제는 한 항목으로 그대로 징수하고 있는
데 불과한 것이었다.[89] 1922년도에는 結稅의 전가가 절정에 달하여 그 농민
부담이 가장 많았는데, 그 結稅額을 지대에 편입시켜 그것을 지대의 이름으로
그대로 징수하게 되었으므로, 1923경영년도부터는 元定制에서의 지대의 징

---

88) 의 정도는 다음의 表를 통해서 쉽게 이해될 수 있다. 이는 1921년까지 執租制로 경
영되던 31筆地 219斗落의 농지가 1922년부터 元定制로 변경되면서 地代額이 달라
지게 된 상황을 표시한 것이다. 備考는 1918년도를 100으로 할 때의 指數이다.

地代의 變動狀況　　　（단위 : 斗）

年度	地 代	備 考	年度	地 代	備 考
1918	2,923	100.00	1922	3,548	121.38
1919	2,838	97.09	1923	3,590	122.82
1920	2,250	76.98	1924	3,450	118.03
1921	2,993	102.39			

88) 山田龍雄, ‘全羅北道에서의 農業經營의 諸相’(『農業과 經濟』 8의 8, 1941, pp.67～
68)에는 이 지방에 있어서의 定租制의 운영실태, 특히 地主側에 의해서 그 액수가
架空의 收量으로써 정해지고, 또 打租나 執租의 定租化傾向이 地代의 引上을 隋伴하
고 있음을 지적하고 있다.
89) 가령 父 長男 次男의 농지에서 한 筆地씩 예시하면 다음과 같다.

수가 더욱 많아지게 되었다. 結稅는 元定制에 있어서 지대를 증가시키는 방법이 되고 있었다.[90]

金氏家의 지주경영에서 소작농민에게 전가하던 地稅의 항목을 그 명칭이나마 폐기하게 된 것은, 이 시기 농민층의 동향과 관련이 있었을 것으로 생각된다. 이 시기에는 日帝의 收奪農政의 强化와 日本人 地主·資本家 및 韓國人 地主層의 農民收奪의 강화로 농민층의 광범위한 항쟁이 야기되고 있었다. 小作爭議는 바로 그것이었다.[91] 더욱이 結稅는 본시 지주부담이어야 하는 것으로서, 日帝 統治當局에서도 이로 인한 '社會不安'을 해소시키기 위하여 그 농민

(단위 : 斗)

年度	父 5斗落		長男 4斗落		次男 6斗落	
	地 代	地 稅	地 代	地 稅	地 代	地 稅
1918	90	7.5	69	6	95	9
1919	110	5	69	4	95	6
1920	110	12.5	50	8	95	12
1921	110	8.5	69	6	95	9
1922	110	15	69	12	95	18
1923	123		81		113	
1924	123		81		113	

90) 元定制에서의 地代引上의 방법이 이와 같이 地稅와 관련되고 있는 점으로 보아서, 1918년도 이래로 元定이되 별도로 結稅를 징수치 않고 있는 농지도 실제에 있어서는 그 안에 이미 結稅條의 稅穀을 元定의 이름으로 포함 징수하고 있는 것이라 하겠다. 定額制에서는, 기술한 바와 같이, 일반적으로 地稅를 소작농민에게 轉嫁하고 있었기 때문이다.

91) 前揭『朝鮮의 小作慣習』, pp.59~60에 의하면 地稅 및 公課金의 轉嫁는 1920년에서 1927년에 이르는 사이에 발생한 小作爭議의 중요한 원인의 하나가 되고 있었다. 이 사이에 발생한 爭議로서 조사된 것은 總 456件이었는데, 그 중 ① 小作權移動으로써 일어난 것은 272件, ② 小作料過多로써 일어난 것은 82件, ③ 地稅 및 公課金에 관련된 것으로써 일어난 것은 28件(地主負擔要求 26件, 徵收한 것 返還要求 2件), ④ 그 밖의 여러 가지 이유로서 일어난 것 74件이었다. 그러므로 ③ 地稅 및 公課金의 轉嫁로써 일어난 것은 전체의 6.14%나 되고 있었는데, 그러한 가운데서도 이러한 爭議가 가장 집중적으로 발생한 해는 1923년이었다. 28件 중 13件은 이 해에 발생하고 있었다.
  물론 여기 제시된 분류와 그 수치가 반드시 정확한 것이라고 말하기는 어렵겠다. 아마도 ② 小作料過多로써 일어난 爭議 중에는 실제로는 ③ 地稅 및 公課金에 관련하여 발생한 쟁의가 적지않이 포함되었을 것으로 생각된다. 그것은 지금까지 검토해 온 바에서 알 수 있듯이, 小作料 地代의 증가는 일반적으로 地稅 公課金의 轉嫁를 통해서 이루어지고 있었기 때문이다.

전가의 불합리를 지적하고, 그 지주부담을 제도화하고 있는 터였다.[92] 그리하여 金氏家에서는 이러한 추세 속에서 地稅의 농민전가를 외형상 개정하게 되고, 그것을 지대에 포함시킴으로써, 실질적으로는 그 징수를 그대로 유지해 나갔던 것이라고 하겠다.

田庄의 收入 ─ 그러면 위에서와 같은 방법으로 지대를 징수할 때 金氏家의 田庄에서는 그 총수입이 얼마나 되었을까? 金氏家의 지대징수는 管理人이 징수하여 수납하는 부분과 직접 地主家에서 家捧의 이름으로 징수하는 부분이 있었는데, 이를 1918년도의 『賭租簿』에서 매필지에 관하여 조사 정리하면 〈表 16〉, 〈表 17〉과 같이 된다.

前者에는 주로 畓의 지대로서 징수하는 租(稻)를 중심으로 田·垈·家·果樹· 牛 등의 稅穀으로서 징수하는 租 및 結稅條로 징수하는 租가 포함되며, 後者에는 田에서 징수하는 租(苫浦附近)와 각종 잡곡 및 綿·苧·楮 그리고 果實·鹽稅·津船稅 등이 포함되고 있었다. 『賭租簿』에는 小作人들에게 貸穀을 하였을 경우 그 이자의 징수상황도 기록하고 있지만 이는 이 계산에는 넣지 않았다.

이 表에 의하면 金氏家의 지주경영에서 관리인들이 수납하는 지대의 총액은, 畓의 경우만으로도 元·租를 합하여 租 7,012石 13斗 4升이 되었으며(備考), 田租 및 기타를 합하면 7,104石 1斗 5升 1合과 현금 6圓(備考), 地稅가지를 합하면 7,218石 17斗 9升 6合이 되었다(備考). 그리고 이 밖에 家捧으로서 田에서 징수하는 것은 租(稻) 24石 15斗 9升과 雜穀이 도합 58石 16斗 4升(備考), 木花가 337.5斤, 苧 109.3斤, 楮 72斤이 있었다. 그리고 그 밖의 수입으로 鹽 213斗, 津船稅 160兩, 약간의 果樹稅(柿 700枚와 租 2斗) 등이 있었다. 그러므로 金氏家 3父子는 1918년 현재, 이 해는 비록 풍년이기는 하였지만, 7千 石君이 넘는 거대한 지주였다. 金氏家에서는 이 수입으로써 地稅를 부담하고, 管理人의 報酬를 지급하고, 施設物을 보수하고, 家計費를 지출하고 있었으며, 그 나머지는 土地集積이나 他事業의 자금으로 투자하였다. 그러므로 金氏家의 地主經營에서 현물로 지출하는 것을 제외하고 판매할 수 있는 곡물은 방대한 양에 달하였다.

---

92) 本書, 本編 제1논문 ; 제Ⅲ편 제2논문 참조.

〈表 16〉   地代 및 其他收入(1918 管理人收納條)   (단위 : 斗)

	父	長 男	次 男	計	備 考
畓 元	16,906.4	15,841.6	14,020.0	46,768.0	] 7,012石 13.4斗
租	15,210.0	54,644.0	23,631.4	93,485.4	
田 租	854.4	23.6	48.56	926.56	
垈 租	104.1	127.0		231.1	＋ 4圓
牛 賭	147.0	115.0	50.0	312	＋10兩
家稅租	30			30	
果樹稅	328.45			328.45	
小 計	33,580.35	70,751.2	37,749.96	142,081.51	7,104石 1.51斗
地 稅	334.35	1,167.9	794.2	2,296.45	
總 計	33,914.7	71,919.1	38,544.16	144,377.96	7,218石 17.96斗
	(1,695石 14.7斗)	(3,595石 19.1斗)	(1,927石 4.16斗)		

* 備考의 垈租 4圓과 牛賭 10兩은 租로 徵收한 것 이외에 現金으로 받은 것이다. 이 해
의 圓과 兩은 1 : 5, 즉 1圓이 5兩으로 計算되었다.

〈表 17〉   地代 및 其他收入(1918 家捧條)

	父	長 男	次 男	計	備 考
田 租	斗	斗	495.9斗	495.9 斗	24石 15.9斗
太	293.95	155.5	141.0	590.45	]
米 牟	278.95	39.5	137.0	455.45	
赤 豆	29.0		18.0	47.0	58石 16.4斗
眞 荏	56.5		18.0	74.5	
野 荏	9.0			9.0	
木 花	202.5斤		135.0斤	337.5斤	
苧	24 斤	85.3斤		109.3斤	
楮		72.0斤		72.0斤	
果 樹 稅			柿 700 枚	700 枚	＋ 2斗
鹽 稅		鹽 213.0斗		213.0斗	
津 船 稅		160 兩		160 兩	

金氏家의 수입은 이와 같이 관리인이 수납하는 것과 地主家에서 家捧으로
직접 징수하는 것이 있었는데, 그 중심이 되는 것은 말할 것도 없이 前者였다.
전자는 水田經營을 중심으로 한 것이고 후자는 旱田經營을 중심으로 한 것인
데, 앞에서도 언급한 바와 같이, 金氏家의 지주경영은 水田經營을 중심으로

하고 있었으며, 旱田經營은 극히 적은 비중을 점하는 데 불과하였다. 그러므로 金氏家의 지주경영에서 특히 유의되고, 地主經營의 성패를 가늠하는 것으로서 중시한 것은 前者, 즉 수전경영이 아닐 수 없었다. 그리고 또 그럼으로 해서 本稿에서 金氏家 지주경영의 특징으로서 파악할 수 있는 것도, 관리인들에 의해서 수전을 중심으로 한 농지로부터 지대가 징수되는 사정이 아닐 수 없었다.

　管理人들이 地代를 징수하여 수납하는 사정은, 각 년도『賭租簿』各管理人條의 말미에 첨부한 결산서를 통해서 살필 수 있다.[93] 이에 의하면, 각 관리인

---

93)『金同福 賭租簿』第1冊, 第1管理人인 曺永贊의 경우에서 決算書의 내용을 例示하면 다음과 같다.

決　算　書
地　主　金　同　福
管理人　曺　永　贊

　　右當事者間 賭租決算홈이 如左홈
一. 戊午年賭租及牛稅租合四百拾五石拾斗八升內
　　　　租五石은金汝日垈稅租地主宅收入홈
　　　在租四百拾石拾斗八升內
　　　　租四拾壹石八升管理人報酬料除之
　　　實在租參百六拾九石拾斗
一. 租參石朴昌鎭條中戊午年金亨彬租로捧
一. 租貳石吳國卿條中戊午年金亨彬租相換入
　　　……………………
共計租四百五石○八升內
　　租五斗은 戊午 十一月三日 李二順賭租減下
　　租五斗은 戊午 十一月二日 家用次入用
　　租貳石은 己未 七月四日 家用次永植便入來
　　租貳石은 己未 五月廿一日 瑞山宅貸給條
　　租拾石은 己未 四月廿日 苗浦警察署出給
　　　……………………
　　用合租貳拾參石五斗八升除之
在租參百八拾壹石拾五斗內
　　租 四百五石四斗二升(己未 七月 日 辛東根出給ᄒ엿난듸 本是 租五百八十石을 放賣홀 中 四百五石四斗二升은 曺永贊租로 計給하고 餘一百七十四石十五斗八升은 車治重坪中計給홀事)
　　右租를 除之
實餘加用租貳拾參石九斗貳升 每石百兩式作ᄒ니
　　合價金貳千參百四拾六兩 以下計在金中除去次
一. 金貳千七百五十七兩四錢四分 丁巳年租會計後計在金移來

들은 그들이 관리하는 농지로부터 지대를 징수하면 지정된 곳에 보관하였다
가, 이듬해에 穀價의 시세를 보아 그리고 地主家의 지시를 따라, 이를 일부
또는 전부를 판매하여 수시 또는 일시에 수납하며, 또 지출할 경비가 있으면
이를 또한 지출하고서, 지정된 시기에 1年에 한차례씩 地主家와 會計상의 決
算을 하도록 되어 있었다. 그러므로 이 決算書를 통해서 관리인들이 수납하
는 지대를 검토하면, 金氏家의 각 년도의 실제의 수입상황을 파악할 수 있으
며, 따라서 1918년에서 1924년에 이르는 地主經營의 성쇠도 파악할 수가 있
다. 〈表 18〉은 관리인들의 그러한 地代수납상황을 집계한 것이다.[94]

 이에 의하면 金氏家의 地代收入은 1918년도의 7,216石餘를 정점으로
1919·1920년도에는 흉작으로 약간 감소하고, 1921년도부터 조금씩 증가하
여 1923년에는 8,327石餘로 늘어났다. 그리고 1924년도에는 전년도에 비하
여 약 58%로 격감하고 있었다. 1923년에는 소유지의 규모가 1918년에 비하
여 100町步 이상이나 확대되고, 경영도 강화하고 있었으므로 이와 같이 수입

〈表 18〉   管理人의 地代收納狀況—A

年度	父	長　男	次　男	計
1918	1,693石 5.2斗	3,593石 12.7斗	1,929石 2.36斗	7,216石 0.26斗
1919	1,608　19.12	3,010　7.8	1,974　13.56	6,594　0.48
1920	1,501　15.5	3,057　12.9	2,094　14.0	6,654　2.4
1921	1,666　6.2	3,605　10.9	2,245　7.12	7,517　4.22
1922	1,701　11.4	3,643　13.6	2,313　3.7	7,658　8.7
1923	1,785　8.85	3,932　12.5	2,609　2.6	8,327　3.95
1924	1,219　19.24	1,702　4.0	1,880　13.5	4,802　16.74

　　　右丁巳年計在金額內에　金貳千參百四拾六兩　以上戊午租會計後剩餘條除給ᄒ니
實餘給次金四百拾壹兩四錢四分　未完
入計于庚申十月二日己未條會計中
大正八年陰己未十月十一日
　　　　　右計主　曺　　永　　　贊 ㊞
地　　主　　宅

94) 이 表에서 볼 수 있는 計數는, 每筆地에 관하여 계산상으로 집계한 計數(表 16)와
　　약간의 차이가 있으나 문제삼지 않기로 한다. 실제로 地主家에 收納된 것은 이 表에
　　서 볼 수 있는 計數이며, 따라서 地主家의 收入은 이 表를 기준으로 계산될 수 있기
　　때문이다.

이 늘어난 것이며, 1924년에는 大凶年으로 그 수입이 줄어든 것이었다. 7년간의 연평균 수입은 6,967石餘가 되므로, 金氏家의 수입은 관리인이 수납하는 것만으로도 평균 약 7,000石이 되는 셈이었다.

金氏家의 地主經營에서는 앞에서도 언급하였듯이 이렇게 징수한 지대의 많은 부분을 판매하고 있었다. 그러므로 이러한 수입이 어느 만한 규모의 富力인가 하는 점과, 그 地主經營이 어느 만큼 성장 또는 쇠퇴하고 있었는가 하는 점은, 이를 貨幣로 환산할 때 더욱 분명하여진다.

金氏家에서는 판매한 곡물의 가격을 언제나 정확하게 기록하고 있는 것은 아니지만, 그러나 『賭租簿』에 管理人別로 작성된 결산서에는 그때그때의 판매가격이나 환산(作錢)가격을 기록하고 있어서, 金氏家에서 판매할 수 있었던 穀價의 시세를 대략 파악할 수가 있다. 그러한 시세에 의하면 和順이나 論山 등 농지규모가 작은 외지의 것을 제외하면, 전지역의 穀價가 대략 동일한 경향을 보인다. 그러므로 이 두 지역을 제외하고, 전지역의 시세를 지주별로 그리고 그 전체를 종합하여 最低價格 最高價格 平均値를 정리하면 〈表 19〉를 작성할 수가 있다.[95]

그런데 表에서 보는 바와 같이, 金氏家에서 판매한 穀價는 1919경영년도를

〈表 19〉　　　　　『賭租簿』상에 보이는 穀價(稻 石當)　　　　　(단위 : 圓)

年度	父		長 男		次 男		全 體		同上 平均	同上斗當 平 均
	最低	最高	最低	最高	最低	最高	最低	最高		
1918	17.0	~20.90	15.80	~20.20	15.34	~20.0	15.34	~20.90	18.12	0.906
1919	16.30	~22.0	16.30	~22.50	16.30	~26.0	16.30	~26.0	21.15	1.0575
1920	9.0	~13.0	10.0	~13.60	10.60	~13.20	9.0	~13.60	11.30	0.565
1921	13.0	~17.0	13.0	~14.80	13.0	~15.0	13.0	~17.0	15.0	0.75
1922	12.50	~16.47	13.0	~14.50	10.20	~16.47	10.20	~16.47	13.335	0.66675
1923	14.0	~17.0	15.0	~16.0	15.0	~16.0	14. 0	~17.0	15.50	0.775
1924	16.0	~20.0	16.0	~18.0	15.70	~19.30	15.70	~20.0	17.85	0.8925

---

95) 이 表에서의 年度는 『賭租簿』상의 年度, 즉 經營年度를 의미하며, 그 經營年度는
　　稻의 栽培에서 이것을 秋收하여 販賣할 때까지의 기간을 가리킨다. 그러므로 가령
　　1919년도의 穀價는 1919년 가을부터 1920년 가을까지의 사이에 있었던 販賣價格
　　을 의미한다.

〈表 20〉   管理人의 地代收納狀況—B   (단위 : 圓)

年度	最　低	最　高	平　均	備　考
1918	110,693.44	150,814.40	130,753.92	100.00
1919	107,482.20	171,444.00	139,463.10	106.66
1920	59,886.90	90,495.76	75,191.33	57.51
1921	97,723.60	127,792.40	112,758.00	86.24
1922	78,115.68	126,133.848	102,124.764	78.10
1923	116,580.80	141,562.40	129,071.60	98.71
1924	75,403.96	96,056.00	85,729.98	65.57

* 計算은 斗單位까지 하였다.
* 備考는 1918년도의 收入(平均)을 100으로 할 때의 指數이다.

정점으로 점차 하락하고 있었다. 이 시기에는 1920년의 日本資本主義의 공황과 그 후의 불황 및 低米價政策으로 日本 전체, 따라서 그 강점하에 있는 한국서도 米價가 전반적으로 폭락하는 경향에 있었으므로,[96] 金氏家의 販穀가격이 저락하는 것은 당연한 일이었다. 이제 이러한 각 연도의 시세에 의해서 현물로 징수한 地代全體(〈表 18〉)를 화폐로 환산하면, 관리인들에 의해서 수납된 지대의 연도별 총액이 파악된다. 그것을 最低 最高 平均値로써 계산하여 표시하면 〈表 20〉과 같이 된다.

金氏家의 地主經營은 징수한 現物地代를 판매하는 것으로써 그 해의 경영은 끝이 나는데, 1918년에서 1924년에 이르는 그러한 경영의 결과는 만족스러운 것이 아니었다. 表에서 보는 바와 같이, 金氏家의 田庄經營에서 들어오는 수입은 1919경영년도를 정점으로 1920경영년도에는 갑자기 격감하고, 그 후에는 다소 만회되어 1923경영년도에는 1918년도의 수준에 미치는 듯하지만, 그러나 1924경영년도에는 다시 대흉작으로 그 수입이 격감하고 있어서, 전체적인 경향은 그 수입이 계속 감소하는 추세 속에 있었다. 그것은 備考欄에 표시한 指數를 통해서 명백히 파악할 수 있다. 1918년도의 수입을 100으로 할 때, 1919년도만이 이를 넘어섰고, 그 후에는 계속 이에 미치지 못한 상태에 있었다.

물론 1923경영년도에는 그 수입이 비교적 좋아서 1918경영년도의 수입에

---

96) 朝鮮總督府, 『朝鮮米穀要覽』, 1937, pp.90~93 참조.

접근하고 있음을 볼 수 있지만, 그러나 이것도 실상은 이때 농지면적이 100餘 町步 이상이나 확대된 데서 연유하는 것이므로, 그 수입이 실질적으로 늘어나고, 그 경영이 실질적으로 호전하고 있는 것은 아니었다. 金氏家의 지주경영에서는 穀價의 하락으로 인한 수입의 격감을 土地를 兼併하는 것으로써 다소나마 만회하고 있는 것이었으나, 그러나 농지를 100餘 町步 이상이나 확대하고 있는데도, 그 수입은 오히려 감소하고 있는 것이었다.

이러한 현상은 1918년에서 1924년까지 이어지는 일정면적으로부터의 수입이 어떠하였는가를 조사하면 더욱 분명하여진다. 그것은 1918년에서 1924년까지 金氏家에서 계속 경영하였던 총 2,053筆地 9,717.2斗落의 농지(畓)로부터의 지대의 징수상황을 조사 집계하는 것으로써 이해될 수 있다. 그것을 우리는 〈表 21〉과 같이 작성할 수 있다.

이 농지는 1918년도의 소유지 전체는 아니지만, 1918년에 소유하고 있었던 것을 1924년까지 계속 소유하고 있는 것이므로, 이때의 金氏家의 지주경영에서는 중심이 되는 농지였다고 하겠다. 金氏家에서는 이 농지를 중심으로 하면서 그 地主經營을 더욱 확대해 나가고 있는 것이었다. 그런데 이러한 농지로부터의 지대를 집계한 표에 의하면, 金氏家의 地代(現物) 收入은 지대자체의 증가와 결세의 증가 및 그 轉嫁의 확대 등으로 흉년이 아닐 경우 1921·

〈表 21〉　　　　　　　　　地代徵收狀況(1918~1924)

斗落 / 年度	父 2,122.0	長 男 5,033.1	次 男 2,562.1	計 9,717.2	同上價格	備 考
	斗	斗	斗	斗	圓	
1918	25,940.65	67,968.90	36,801.90	130,711.45	118,424.57	100.00
1919	25,255.90	56,587.00	33,929.70	115,772.60	122,429.52	103.38
1920	24,522.50	57,663.00	32,566.70	114,752.20	64,834.99	54.75
1921	27,324.65	67,758.85	38,728.25	133,811.75	100,358.81	84.74
1922	28,566.00	67,649.90	38,863.30	135,079.20	90,064.06	76.05
1923	30,830.35	72,352.30	41,430.00	144,612.65	112,074.80	94.64
1924	20,264.57	30,649.30	23,903.20	74,817.07	66,774.23	56.39

* 價格은 〈表 19〉의 平均値로써 계산하였다.
* 備考는 1918년도의 收入을 100으로 할 때의 指數이다.

1922·1923년에서 볼 수 있듯이 1918년을 기점으로 늘어나는 경향을 보이고
있었다. 그것은 앞에서 본 〈表 18〉 全 地主經營에서의 경향과 같았다. 그러므
로 이러한 경향만으로써 본다면 地主經營은 一應 성장하고 있는 것으로 이해
될 수도 있다.

그러나 金氏家의 지주경영은 그 地代의 商品化, 商業的 地主經營을 전제로
하는 것이므로, 그 성장 여부는 이를 貨幣化할 때 비로소 확실하여지는 것이
라고 하겠다. 그리고 그것은 〈表 21〉 左半에서 볼 수 있는 地主家의 현물수입
을 앞에 제시한 판매가격(平均値)으로 환산함으로써 명백해지는 것이라고 하
겠다. 〈表 21〉 右半의 가격은 그것이다. 이에서 보면 金氏家의 수입은 확실히
1919경영년도(그 販賣는 1920년 가을까지 繼續된다)를 절정으로 감소하는 경
향에 있었다. 그것은 1918경영년도의 수입을 100으로 잡을 때, 1919경영년
도에는 103.38로서 약간의 성장이 있었으나 그 이후에는 격감하고 있으며,
1923경영년도와 같이 현물수입상으로는 1918경영년도에 비하여 695石이나
증가한 해에도, 판매가격상으로는 그 95%에도 미치지 못하고 있었다. 金氏
家의 지주경영은 이제 이 시기의 日本資本主義의 농업기구, 한국에 대한 수탈
적 농업정책 속에서 그 성장에 제동이 걸리고 있는 것이었다.

지금까지 우리는 金氏家 중에서도 同福系의 지주경영에 관해서 살펴왔지
만, 이러한 내용의 地主經營은 그 아우 芝山系에서도 마찬가지였으리라 생각
된다. 그것은 다음과 같은 이유에서이다. 즉 이들은 형제간의 의가 좋아서 늘
이웃에 살고 있었으며, 문중에 일이 있을 때는 大小事를 모두 의논 협력해서
처리하고 있었다.[97] 그리고 兄 金同福의 지주경영은 이 시기 지주제의 일반적
인 경향과 같은 것이었는데, 이때까지는 아우 金芝山의 地主經營도 일반과 다
른 특별한 방법을 취하고 있는 것이 아니었다. 그도 이때까지는 그 농지를 '마
름(舍音)을 통해서 간접적으로 관리'하고, 그 田庄을 '半封建的 생산양식에 의
한 토지관계로 방치'하는 在來式 지주제로써 경영하고 있었다.[98]

---

97) 여기서 우리는 그들이 富安에 살 때나 苗浦에 살 때를 막론하고, 한울타리 안에 담
　　하나 사이를 두고 살았으며(『仁村 金性洙傳』, p.47, 58), 中央學校의 引受經營이나
　　京城紡織 및 東亞日報社의 設立, 그리고 普成專門學校의 引受經營 등 큰 일이 있을
　　때는 같이 協力하여 이를 遂行하였음을 상기하면 좋을 것이다.

다만 다른 점이 있다면 그 地主經營이 형의 그것보다 더 철저하였으리라는 점이겠다. 그것은 그 지주경영의 규모에 잘 나타나고 있다. 그의 田庄의 규모는 본시(韓末)는 형의 그것보다 작아서 그 5분의 1밖에 안 되었으나, 1924년경까지에는 兄의 약 2.5倍로 커지고 있었다. 즉 그는 韓末에는 겨우 200石을 추수하는 田庄을 경영하고 있었는데, 1923·1924년경까지에는 이를 15,000 내지 18,000石을 추수하는 田庄으로 확대시키고 있었다.[99] 이는 韓末에서 1923·1924년에 이르는 사이에 그 규모를 80 내지 90倍로 늘린 것으로서, 형에 비하여 그 지주경영이 더 철저하였음을 뜻하는 것이라고 하겠다. 물론 이 경우 芝山의 富의 축적에는 貸金業이 또한 중요한 역할을 하였음은 주지의 사실이다.

그러나 그러한 芝山의 지주경영에서도 그 수익률이 좋았던 것, 地主經營이 성장할 수 있었던 것은 1919경영년도까지였을 것이고, 그 후에는 그 이전에 비하여 그 실수입이 점차 감소하였을 것으로 생각된다. 그것은 1920년을 절정으로 日本經濟의 호경기와 성장은 1920년의 공황으로 둔화되고, 여기에 이어서는 만성 불황이 계속되고 있었기 때문이다. 그리고 이와 병행해서는 日本資本主義와 日帝 統治當局의 미곡정책이 계속 低米價政策을 취하고 있었기 때문이었다.

3) 經營變動과 農場制의 導入

地主經營에서 그 수익률이 줄고 그 수입이 감소하는 데 대하여는 대책을 세우지 않으면 아니되었다. 金氏家에서는 그것을 여러 가지 면으로 강구하고 있었다. 그것은 구래의 地主制의 테두리 안에서 소극적으로 취해지기도 하고, 그것을 넘어서서 적극적으로 전개되기도 하였다. 地主經營을 强化함으로써 그 수입을 증대시키려 한 것은 말할 것도 없지만, 地代의 징수 판매를 중심으로 한 田庄의 經營方針을 변경하고 있었던 것은 前者의 예이고, 在來式의 地

---

98) 三養社編, 『三養五十年』, 1974, p.80, 92.
99) 芝山의 田庄의 規模에 관해서는 『仁村 金性洙傳』, p.46 및 『秀堂 金秊洙』, p.53에서는 15,000石, 『秀堂 金秊洙』, p.154에서는 18,000石을 秋收할 수 있는 農地로, 『三養五十年』, pp.74~75에서는 200石의 100倍에 가까운 規模로 表現하고 있다.

主制를 변혁하여 이를 日本人 農業資本家들이 하고 있는 農場制로 개편함으로써 수입을 증대시키려 한 것은 後者의 예이었다. 어느 경우나 1919경영년도 이후의 수입감소와 경영부진을 극복하려는 노력으로서 일정한 성과를 거두고 있었다. 그리고 이와 병행하여서는 더욱 적극적이고도 근본적인 대책으로 地主資本을 일부 産業資本으로 전환함으로써 새로운 활로를 타개하기도 하였다.

收入減少에 대한 대책으로서 地主經營을 강화하고 있었던 사정에 관하여는 이미 앞에서 기술한 바와 같이 다양하였다. 1918년에서 1924년에 이르는 동안, 기회 있을 때마다 수입이 많은 元定制를 늘림으로써 地代를 인상한 것, 지주가 自擔해야 할 地稅와 水稅 등 공과금을 小作農民에게 전가하되 이를 점점 늘려간 것, 소작농민에 대하여 그 경작권을 빈번히 교체한 것은 말할 것도 없고, 관리인에 대해서도 그 보수를 대폭 인하하거나 그 직책을 자주 교체하고 있었던 일 등등은 모두 그러한 예이었다.

地主經營이 이같이 강화되고 있었음은 이 시기 지주제의 일반적 추세였다. 많은 지주층은 공황과 불경기, 米價의 폭락 등에서 오는 수입의 경감을 농민수탈을 强化함으로써 만회하게 되고, 따라서 1920년대 이후의 地主經營에서는 그 경영강화—농민수탈이 더욱 심화되어 나가고 있었다. 그러나 지주층의 농민수탈이 일방적으로 통할 수는 없는 일이었다. 그것이 가중하는 데 따라서는 小作農民層의 저항이 또한 발생하고 있었다. 1920년대에서 1930년대에 걸치면서 발생하고 격화되는 小作爭議는 바로 그러한 배경 위에서 전개된 것이었다. 그러므로 地主層이라고 무작정 地主權·地主經營을 강화할 수만은 없었다.

金氏家의 경우는 특히 더 그러하였다. 金氏家에서는 이때 우리 문화와 경제를 선도하는 입장에 있었고, 언론기관(東亞日報社)을 가지고 이를 계발시키고 있었기 때문이었다. 그리고 경우에 따라서는 이 기관을 통해서 악덕지주를 비판 규탄하기도 하고, 小作農民들에게 그 생존을 위한 권익을 확보하기 위하여 항쟁을 계속하도록 촉구하고도 있었기 때문이었다.[100] 그러므로 金氏家에서는

---

100) 예컨대 다음과 같은 社說은 그 몇몇 例이다.
　　『東亞日報』 1922년 7월 8일, 小作人과 小作地 : 『東亞日報社說選集』 第1卷,

그 地主經營을 보다 합리적으로 개선할 필요가 있었다. 金氏家에서는 그것을 구래의 地主制內에서 추구하기도 하고, 이를 새로운 農場制로 개편하는 것으로써 찾으려고도 하였다. 地主的 입장, 資本家的 입장에서의 수입증대를 위한 합리적 경영의 모색이었다.

구래의 地主制內에서 그 경영방법을 개선하게 되는 것은 1925년경부터였다. 그리고 이 방법을 택한 것은 同福, 芝山 두 형제 중에서도 前者의 庄土에서였다. 이때 그는 두 아들이 서울에서 활동하고 있었고, 그 자신도 서울로 이사하고 있어서(1923), 田庄의 경영을 종래대로만 할 수도 없었다. 在地地主로서 경영할 때와 不在地主로서 경영할 때의 방법에는 차이가 있어야 했으며, 여기에 金氏家에서는 지대의 징수와 그것의 판매방법을 개선하게 되었다. 그것은 金氏家 형제가 공동으로 茁浦港에 自家의 茁浦精米所를 설치하고, 이곳을 본부로 하여 小作農民에게 기한부 고지서를 발행함으로써, 그들 小作農民으로 하여금 이곳 정미소까지 지대를 운반해다가 直納토록 하는 일이었으며,[101] 그것을 그 정미소에서 搗精하여 自家 船舶으로 群山에 반출 판매하는

---

p.233.
1922년 3월 13일, 東洋拓殖會社撤廢를 論하노라 :『選集』, p.215.
1922년 10월 23일, 우리도 살아야 할 것이 아닌가—東拓移民을 廢止하라 :『選集』, p.255.
1922년 10월 24일, 權利와 鬪爭—東拓小作人아! :『選集』, p.257.
1923년 3월 20일, 大田小作人總會—地主의 橫暴를 制拒 :『選集』, p.288.
1924년 7월 13일, 岩泰島事件 :『選集』, p.437.

101)『金性洙 賭租簿』第4冊, 金善謙管理(高敞郡碧沙面)條의 附屬文書에서 우리는 그 러한 사정을 알 수 있다.

　　通　　知　　書
今年賭租之收入場所을 移定于茁浦精米所ᄒ고 每石頭에 金參拾錢式各作人處에 分給後에 其領收證을 受取ᄒ야 可考케 할 터이니 自貴所 別定一人ᄒ야 各作人處에 開捧日及終捧日까지 ○先指導ᄒ되 此送告知書用紙에 期限을 分明히 書送ᄒ고 所謂 斗稅은 自昨年爲始ᄒ야 已爲革破者卽 今年亦不捧케할 事
　　再
作人處 每石頭參拾錢式 捧租時 分給할次로 金壹百拾五圓을 此便付送ᄒ니 査收後 領證을 書送할 事
　　乙丑 九月 卄五日
　　　　金　　同　　福
이 경우 전지역의 地代를 모두 茁浦로 搬出케 하지는 않았다. 茁浦는 그 중심지이

것이었다.[102] 물론 이는 農民負擔(運搬費)의 가중을 의미하는 것이므로 간단한 문제가 아니었다. 그래서 管理人에게 보낸 아래 通知書(註 101 참조)에서 볼 수 있는 바와 같이, 金氏家에서는 종래에 부가세로서 징수하던 斗稅를 폐기하기도 하고, 小作農民들이 茁浦港까지 지대를 운반해 오는 運賃을 지급함으로써(每石 30錢) 그 불만을 해소하려고도 하였다.

이러한 經營方法의 변동에 관하여 前註의 자료 외에 우리는 구체적인 사료를 더 볼 수가 없지만, 그 내용으로 보아 管理機構상에 커다란 변화가 있었을 것으로 보인다. 小作農民이 지대를 地主家에 직납하게 되면 종래의 管理人제도는 무의미하게 되는 까닭이다. 종래의 관리인들은 대부분 해임되었거나 그 기능이 대폭 축소되었을 것이며, 그러한 기능의 축소에 따라서는 그 보수도 다시 더 감소되었을 것이다. 前註에 인용한 通知書를 보면 관리본부에서 別定一人하야 地代收納을 지도하라고 하였는데, 이 일을 담당하는 것은 아마도 구래의 관리인들이었을 것이다. 그러한 점에서 이때의 경영개선은 田庄經營을 위한 관리기구를 재정비함으로써, 중간에서 허비되는 경비를 줄이고 地主家의 수입을 늘리려는 것이었으며,[103] 또 그 상품화를 보다 합리적으로 운영해 나가려는 것이었다고 하겠다.

舊來의 地主經營을 변혁하여 이를 새로운 農場制로 개편한 것은 同福과 芝山 두 형제 중에서도 후자의 田庄에서였다. 그리고 그것을 실천에 옮긴 것은 芝山의 둘째 아들인 秀堂이었다. 그는 이때 日本에서 經濟學을 전공하고 돌아와 있었고, 1920년대 전반기의 우리 농촌에서 발생하고 있는 農業問題와 金氏家의 지주경영의 실태를 目睹하고 있었다. 그리고 群山港 배후의 곡창지대인 이 고장에 日本人 農業資本家들이 農場을 설치 경영하고 있음을 관찰하고

─────────────

기는 하지만, 金氏家 兄弟(同福 芝山)는 이 밖에 長城地區에도 별도로 精米所를 설치하고(『三養五十年』, p.90, 97), 地代를 收納하여 이를 搗精販賣하였다.

102) 『三養五十年』, pp.97~98.

103) 小作農民에게 운반비로서 1石에 30錢씩 지급하면 관리인을 두고 報酬를 지출하는 것보다 유리하였다. 관리인들에게는 이때 地主收入의 8%, 즉 1石에 대하여 1.6斗를 지급하지 않으면 아니 되었는데, 1924~1925년의 穀價(平均値)를 기준으로 할 때 이는 142.8錢이나 되는 것이므로, 농민들로 하여금 이를 自作運搬케 하면 그 經費가 數分의 1로 절약되는 셈이었다.

있었다. 그리하여 그는 이 시기의 현실 속에서 地主經營을 성장시키는 방법
은, 日本資本主義 農業機構 속에서의 日本人 農業資本家의 경우와 마찬가지
로, 資本家的인 農場制經營의 방식으로 개편하는 데 있는 것으로 보았다.[104]
그러한 農場은 이 고장에 얼마든지 있었으므로, 그는 그것을 표본으로서 택할
수 있었다.

　在來式 地主經營을 새로운 農場制로 개편하게 된 것은 1924년부터였다. 이
해 10월에 그는 三水社(三養社의 前身)를 설립하고, 회사의 이름으로 농장을
개설 경영해 나갔다. 농장제로의 개편은 쉬운 일이 아니었으므로 개설이 가능
한 지역부터 점진적으로 수행하였다. 맨 처음으로 개설된 것은 長城農場이었
다(1924). 이 지역의 田庄은 농장으로 개편될 수 있는 제반 조건이 잘 갖추어
져 있었다. 그리고 이에 이어서는 茁浦農場(1925) 高敞農場(1926) 新泰仁農
場(1926) 鳴古農場(1926) 法聖農場(1927) 靈光農場(1931) 咸平孫佛農場
(1937) 海里農場(1938) 등이 차례로 개설되었다.[105]

　農場을 개설하기 위해서는 사전에 철저한 농지조사를 행하였으며, 農場經
營에 편리하도록 농지를 한 곳에 밀집시키는 작업을 행하였다. 편편이 산재해
있는 농지를 가지고서는 경영의 합리화를 기하기가 어려웠다. 농지를 밀집시
키기 위해서는, 혹 自家農地와 他人農地를 교환하기도 하고, 혹 타인의 농지
를 特請하여 매입하기도 하였다. 그리고 한 지역에 대단위의 농지를 얻기 위
해서는, 産米增殖計劃을 수행하고 있는 日帝 統治當局의 권유를 받아,[106] 간
척사업을 벌이기도 하였다. 이런 경우에는 그들의 막대한 자금지원이 있었음
은 말할 것도 없었다.[107] 이러한 방법으로 개설된 농장은 孫佛農場과 海里農場

---

104) 이 경우 資本家的인 農場制 農業經營에로의 改編이란, 生産者(農民)의 입장에서의
　　資本主義農業生産 내지는 資本主義農業機構에 적합한 농업생산으로 改革함을 뜻하
　　는 것이 아니었다. 여기서는 舊來의 지주층이 日本資本主義農業機構에 적응하기 위
　　해서, 地主制를 그대로 유지하는 가운데, 그 收取關係, 生産關係, 管理機構를 改善
　　強化하고 그 農場을 資本家的으로 운영하게 됨을 뜻한다.
105)『三養五十年』, pp.88~131, 150~160에는 이때의 農場設置事情이 소상히 記述
　　되어 있다. 金氏家에서는 이때의 이러한 농장설치와 병행해서, 日帝가 滿洲를 침략
　　한 후에는, 후술하는 綿織物의 판매와도 관련하여 만주로 자본을 진출시켰고, 그곳
　　에서도 몇 개의 農場을 설치하고 경영하였다(同書, pp.133~149, 162~171).
106)『三養五十年』, p.117, pp.128~129.

이었다. 金氏家의 농장제에로의 개편은 일제와의 일정한 협력 속에서 추진되고 있었다.

農場이 설치된 후 이를 경영하기 위해서는 小作農民을 새로 선정하고 이들에게 경지를 재분배하는 작업을 행하였다. 小作農民은 농장경영에 적합한 자로서 선발하였고, 농지는 2町步 이상씩을 분배하였다. 專屬 小作人으로 삼는 것이었다. 선발조건으로서는 農場內 居住者라고 하는 것이 내세워졌지만,[108] 아마도 그들은 地主家의 농장경영에 잘 협력이 되고, 따라서 地主家에서 믿을 수 있는 온건한 농민이었을 것이다. 그리하여 이렇게 선발된 농민은, 2町步 이상을 경작할 수 있었으므로, 비교적 안정된 생활을 할 수 있었을 것이다.[109] 그러나 그 반면 종래의 地主經營에서 零細小作農으로서 농지를 借耕하던 많은 농민들은, 그 농장제로의 개편과 경지재분배에서 탈락하고 구축되고 있었다.[110] 이 시기의 농촌사회나 地主經營에서의 사회문제는, 小作農民에게서 그 소작권을 박탈하는 이른바 奪耕移作 문제가 중심이 되는 것이었는데, 金氏家의 農場설치는 그러한 문제를 도외시하고 강행되고 있었다.

이렇게 개편된 農場을 運營하기 위해서는 농장단위로 본부(事務所)가 마련되고, 거기에는 그 책임자로서 總代를 임명하였으며, 그 농장은 그 총대의 책임하에 철저하게 운영되어 나갔다. 그것은 三養社가 그 農場經營을 위해서 마련한 小作契約書에 잘 드러나 있다. 이는 同 회사의 전 농장에서 공통으로 이용되는 것이었는데, 이에 의하면 同 회사의 농장경영은 日本人 회사나 자본가들의 농장경영과 동일하였다. 作物의 재배, 수확, 農事改良, 農資대부, 小作料의 책정, 징수, 소작인의 계약조건, 해약조건 등 農場經營에 관한 모든 규정

---

107) 『三養五十年』, p.122, 131.

108) 『三養五十年』, p.96, 102.

109) 『三養五十年』, p.94, 96, 102.

110) 그 數는 얼마나 되었을까? 농장설치 당시의 芝山의 田庄은 15,000~18,000石을 추수할 수 있었으므로, 이는 同福의 그것보다 약 2~2.5倍 넓은 것이며, 따라서 小作農民도 그만큼 더 많았다고 보아야 하겠다. 그렇다면 芝山의 田庄은 이때 대략 1,600~2,000町步가 되고, 그 小作農民은 대략으로 4,000~5,000명이 되었을 것으로 볼 수 있겠다. 그런데 그러한 田庄을 農場으로 改編하고, 농민을 새로 선정하여 그들에게 1戶當 2町步 이상씩 재배정하였다면, 800~1,000명만이 救濟되고 나머지 소작농민은 농지를 잃게 되었을 것이다.

을, 근대법적인 계약의 이름으로 마련하는 가운데, 小作農民을 철저하게 예속
시키고, 농장을 日本人 地主 자본가들의 그것과 마찬가지로 운영하는 것이었
다. 그것은 마치 雇傭小作 그것이었다(附錄의 小作契約書 참조).

　그리고 그 본부에는 精米所를 설치하고 船舶을 구비하기도 하였다. 그리하
여 地代가 농민 자신에 의해서 본부에 수납되면, 이것을 그 정미소에서 搗精
하여 自家 선박으로 群山으로 이송하여 판매토록 하였다. 농장으로 개편된 후
地代의 징수, 도정, 수송, 판매에 이르는 전과정이 보다 조직적으로 운영되고
있는 것이었으며, 이 같은 資本家的인 합리적 경영을 통해 그 地主收入은 증
대될 수가 있었다. 農場制로 개편된 후 그 농지의 규모가 더욱 커지고 있었음
은 그 단적인 證左가 되는 것이라고 하겠다.[111]

4. 資本轉換과 經濟運動

　金氏家는 개항통상을 전후한 시기로부터 해방 후 農地改革이 있게 될 때가
지 지주였으며, 그 地主經營을 확대하고 地主的 입장에서 그 경영을 개선하면
서 성장하고 있었다. 그것은 祖 父 子의 3代에 걸치는 과정이었다. 그러나 金
氏家는 이 기간에 지주로서만 성장하고 있는 것이 아니었다. 金氏家에서는 지
주경영과 병행하여 産業資本家로서의 활동도 하고 있었다. 地主經營을 근간
으로 그 자본의 일부를 산업자본으로 전환시킴으로써 産業資本家로서도 활동
하고 있는 것이었다. 그러한 전환이 있었던 것은 1910년대의 末에서 1920년
대의 초에 이르는 사이, 즉 前節까지에서 보아온 바와 같이, 지주경영의 호황
이 절정에 달하였다가 1920년의 공황을 계기로 그 수익률이 從前에 비하여
감소되어 가는 시기였다. 그리하여 그 후부터 金氏家는 지주이면서 동시에 産

---

111) 註 105)의 文獻 참조. 金氏家의 地主經營을 이해하기 위해서는 이 같은 農場經營
　　에 관해서도 그 내용을 구체적으로 분석해야 할 것이다. 그러나 현재 筆者는 이에
　　관한 1次史料를 갖고 있지 못하며, 따라서 이에 관해서는 앞으로 기회가 있으면 다
　　시 검토해 보고 싶다. 여기서는 다만 논문 말미에 그 小作契約書를 첨부하는 것으로
　　써 만족할 수밖에 없다.

業資本家이고, 산업자본가로서 활동을 하면서도 여전히 지주경영을 하고 있는, 이 시기 자본가의 성격을 규정하는 표본적인 존재가 되었다.

金氏家에서 他산업분야로 활동범위를 넓히고 資本을 轉換해 나가게 된 데는 아마도 여러 가지 이유가 있었을 것이다. 무엇보다도 韓末 이래의 우리나라의 여론은 그 배경이 되었을 것으로 생각된다. 韓末에는 日帝의 침략 상태로부터 國權회복을 쟁취해야 했고, 그러기 위해서는 모든 면에서 근대화되어야 한다는 주장이 여론화하고 있었으며, 志士들은 이를 교육 계몽운동으로써 전개하고 있었다. 그리고 그러한 近代化論에서는 産業을 발전시켜야 한다는 것이 강조되고 있었다. 그런데 金氏家에서는 바로 그와 같은 근대화론에 동조하고 이를 실천해 나가고 있었다. 茁浦邑內에 永信學校를 설립하고 신교육을 시행하였던 일과, 大韓協會나 湖南學會에 참여하여 계몽운동을 지원하고 있었던 일은 그것이었다.

金氏家의 이 같은 입장은 1910년대에 들어와서 새로운 차원으로 발전하였다. 金氏家 지주경영에서의 第3世代들이 日本에서 資本主義文明에 관한 고등교육을 받고 돌아온 까닭이었다. 長男은 政治經濟를 연구하고, 次男은 특히 經濟學을 전공하였다. 그리하여 그들은 그러한 이론에 의하여 교육운동(中央高普·普成專門)과 언론활동(『東亞日報』)을 전개하는 한편, 그들이 전공한 학문과도 관련하여 산업의 발전을 위한 계획을 세우게도 되었다. 더구나 그들 주위에는 日本에서 고등교육을 받은 인물들이 모였고, 그들은 金氏家의 지주자본을 산업자본으로 전환할 수 있도록 보좌하고 유도하였다.

그러나 1910년대에서 1920년대에 걸치는 바로 이 시점에서 金氏家가 일부분이나마 資本轉換을 하게 된 데는, 무엇보다도 이 시기의 경제사정—日本資本主義의 발전과 밀접한 관련이 있음을 배경으로서 이해해야 할 것이다. 1910년대는 日本資本主義가 第1次世界大戰의 발발로 크게 발전하는 시기였고, 따라서 각종 산업이 전쟁의 餘德으로 급속하게 성장하는 시기였다. 그러한 産業中에서도 紡織, 紡績 등 섬유산업은 그 중심이 되는 것 중의 하나였다.[112]

---

112) 日本資本主義의 이 같은 사정이 朝鮮에 있어서 紡織工業을 발생케 하는 사정은 朝鮮紡織과 관련하여 다음 論考에서 특히 지적되고 있다.
  朝鮮銀行京城總裁席調査課, 『朝鮮에 있어서의 大工業의 現在及將來』, 1933, pp.

大戰으로 日本資本主義가 급격하게 성장하여, 債務國家에서 債券國家로 전환하고, 마침내 獨占資本主義를 확립하게까지 되는 사정은 주지의 사실이다. 그것은 日本이 세계의 열강이 참여하고 있는 대규모의 전쟁에서, 군수품을 공급하게 되거나 열강이 장악하였던 시장을 확보함으로써, 각종 産業을 급성장시키고 수출을 증대시킬 수가 있었던 까닭이었다. 러시아, 英國 등에서는 戰爭物資의 주문이 있었고, 戰時中 유럽열강이 수출산업을 군수산업으로 전환하게 됨으로써, 東南亞 中國市場에의 상품수출이 두절됨에, 그들을 대신하여 이 지역에 상품을 공급하게 된 것은 日本이었다. 그리하여 日本의 전시산업은 급성장하고, 수출은 증대하였으며, 각종 산업에서의 수익률은 높아졌다. 그 중에서도 化學工業 海運 綿糸紡績 機械造船 등은 특히 그 수익률이 높았고, 따라서 이 분야의 산업은 그 발전이 비약적이었다.[113]

産業의 발달 중에서도 輕工業分野에서 두드러진 것은 紡績 紡織 등 섬유산업이었다. 日本은 이 분야에서 특히 두드러지게 전쟁의 덕을 보고 있었다. 그것은 앞에서 말한 바와 같이, 戰時中 전쟁에 참가한 교전국들의 이 방면의 생산이 감퇴하고, 그 동남아 및 중국시장에의 수출이 두절됨을 기회로, 일거에 이 지역들을 장악하게 된 까닭이었다. 1912년에서 1920년에 이르는 기간에, 日本의 綿糸輸出은 8千萬圓에서 1億 6千萬圓, 綿布輸出은 4千 3百萬圓에서 3億 5千萬圓으로 늘어날 만큼 시장은 확대되고 있었다.[114] 이 기간에 면제품의 수출은 제한이 없었고, 따라서 綿·綿糸·綿布 등 三品은 투기의 대상이 되기도 하였다. 섬유산업은 그만큼 기업으로서 유망하였다.

廣大한 시장에 상품을 공급하기 위해서는 기업의 확대가 요청되었다. 그것은 섬유산업의 수익률과도 관련되면서 사업의 신설과 확장을 촉진시켰다. 자본가들은 이 분야에서의 企業擴張에 혈안이 되었다. 그것은 타산업에 비하여 월등하였다. 1914년에서 1919년에 이르는 사이 각종 산업별 事業企劃資本 중에서 그 기획자본이 가장 크게 증대한 것은 紡織業이었다. 그것은 全體平均

　　15~19.
113) 楫西光速, 『續日本資本主義發達史』, pp.6~8.
114) 同 上, p.10.
　　楫西光速·加藤俊彦·大島淸·大內力, 『日本資本主義의 發展』Ⅲ, p.522.

이 16배로 늘어나는 가운데 방직업만은 97배로 늘어났을 정도였다.[115] 더욱 이 이 기간에 日本의 섬유산업은 紡績業 중심에서 紡織業 중심으로 전환하고, 따라서 방직업은 비약적으로 발전하였다.[116] 섬유산업, 특히 방직업은 수익이 좋고 전망이 밝은 산업이 아닐 수 없었다.

企業의 확장이나 신설은 日本內에서도 일어났지만 대대적인 것은 中國에서 일어났다. 중국에서는 세계대전의 발발로, 獨逸資本이 물러가고 英國 면제품 도 공급이 달렸으므로, 가격이 앙등하고 있었다. 日本은 이러한 中國에 대하 여, 한편으로는 山東省의 獨逸租借地와 철도이권을 접수하고, 21개조를 강요 하여 여러 가지 이권을 침탈했으며, 또 이른바 '西原'차관을 통해서 그 세력을 扶植하면서, 다른 한편으로는 기업가들의 자본수출을 촉구하였다. 그 중에서 도 두드러진 것은 紡績業이었다. 당시 日本內에서는 勞動爭議가 빈발하는 데 반하여, 中國에서는 노임, 기타 제조건이 모두 좋아서 생산비가 日本內에서의 반 정도밖에 안 들었다. 그러므로 방직업에 뜻을 둔 기업가들은 경쟁적으로 이 지역에 투자를 하게 되었으며, 1913년에서 1922년에 이르는 사이 紡錘數 는 5배 반, 織機數는 3배 이상으로 늘어나고, 工場의 수는 1915년에서 1921 년에 이르는 사이 25개나 새로 세워졌다.[117] 그리고 그러한 추세는 그 후에도 계속되어 나갔다. 帝國主義的 침략은 곧 資本輸出 市場確保였으며, 따라서 日 帝의 대륙침략이 심화되는 데 따라 방직업의 대륙진출도 활발하여졌다.

日本纖維産業의 대륙진출은 中國만을 대상으로 하는 것이 아니었다. 이와 병행해서는 韓國에 대해서도 본격적인 자본진출을 행하고 있었다. 韓國을 침 략 강점한 후 日帝 日本資本主義는 이곳에 다만 상품을 가져다 팔고 있었지 만, 이제는 직접 현지에 공장을 세우고 제품을 만들어서 팔게 된 것이었다. 三井 콘체른系의 朝鮮紡織株式會社는 그 한 예였다. 이는 1917년에 資本金 500萬圓으로 설립하고, 1922년부터는 이미 그 사업이 본격화하여 紡機

---

115) 『續日本資本主義發達史』, pp.6~8.
116) 同 上, p.10.
117) ① 中國近代經濟史研究會譯編, 『中國近代國民經濟史』下, 1972, p.20.
　　 ② 『續日本資本主義發達史』, p.66.
　　 『日本資本主義의 發達』 Ⅲ, p.593.

15,000錘, 織機 500臺, 종업원수 1,600명을 갖추고 綿布를 대량 생산하고 있었다.[118] 그리고 그 후 1924년에는 繰綿會社인 朝鮮棉花會社가 紡織兼營으로 확장하고, 1933년부터는 東洋紡績, 1934년부터는 鍾淵紡績 등이 여러 곳에 지사로서의 대공장을 설치하였다.

그러므로 이러한 시대적 추세로 보아, 金氏家에서 산업분야에 투자를 하려고 할 때, 특히 관심이 미치게 되는 것은 방직공업이 아닐 수 없었다. 방직공업은 英國에 있어서나 日本에 있어서 산업자본을 확립시킨 중심이었으며, 면직물은 생활필수품이므로 그 제조업은 기업으로서의 안전도가 높은 데다, 이시기에는 日本資本主義가 이 산업을 대대적으로 확대시키고 있는 까닭이었다. 본시부터 자본전환을 하려고 하였던 金氏家로서는 이 시기는 실로 절호의 기회가 아닐 수 없었다. 더욱이 世界大戰의 발발로 中國에서 獨逸資本이 후퇴하고 英國企業이 부진한 틈을 타서는, 우리와 비슷한 입장에 있었던 中國人들이 民族企業을 활발히 전개하고 있어서, 그들의 紡績 紡織의 능력(紡錘數와 織機數)은 1913년에서 1922년에 이르는 사이 3배 이상으로 늘어나고, 그 工場數는 1915년에서 1921년에 이르는 사이 도합 37개나 더 세워지고 있었다.[119] 이는 金氏家에게는 큰 자극이 아닐 수 없었을 것이다.

이리하여 金氏家에서는 섬유산업으로 자본을 전환하게 되거니와, 그러한 과정에서 먼저 손을 대게 된 것은 京城織紐株式會社의 인수였다. 日本人의 朝鮮紡織이 설립된 1917년의 일이었다. 이 회사는 1910년에 설립된 製紐회사로서 방직회사는 아니지만, 이를 확대 개편하면 방직을 할 수도 있었다. 그러한 판단 위에서 이의 인수를 권유한 것은 李康賢이었다. 그도 日本留學生이었다. 그는 東京高工에서 방직을 전공한 과학도로서, 中央에서 교편을 잡고 있었으나 방직산업에 종사하는 것이 꿈이었다. 金氏家에서는 그의 의견을 받아들였고, 이를 인수한 후에는 이를 소규모의 직포회사로 개편하였다. 日本에서 小幅 力織機 40대를 구입하여 근대적 직조공장을 시설한 후, 瓦斯織, 瓦斯緞

---

118)『朝鮮에 있어서의 大工業의 現在及將來』, p.16.
　　　朝鮮綿糸布商聯合會,『朝鮮綿業史』, 1929, p.226.
119)『中國近代國民經濟史』下, pp.11~13.
　　　註 117)의 ② 참조.

이라고 하는 혼합사직과 모시대용으로 漢陽木, 漢陽紗를 짜내게 되었다.[120]

그러나 日本資本主義의 대기업들이 제조한 廣幅의 면포가 쏟아져 들어오고, 한반도 안에서도 日本人의 朝鮮紡織이 설립되어 廣幅綿布를 대량생산하고 있는 때에, 小幅의 혼합사직이나 모시 대용직을 짠다는 것은 별로 큰 의의가 있는 것이 아니었다. 의생활의 주축을 이루는 것은 綿布였으므로, 그것이 섬유산업 전체에서 점하는 비중으로 보아도 그렇고, 우리나라의 산업발전을 선도한다는 점에서도 그러하며, 日本資本主義의 독점자본과 경쟁을 하여 民族資本을 확립한다는 점에서도 그러하였다. 그것은 섬유산업의 여러 분야 가운데서 너무나도 枝葉的이고 그 규모에 있어서도 너무나 영세하였다. 資本轉換이 민족산업의 발달이나 그 자본주의화 및 기업인으로서의 성장을 목표로 하는 것이라면, 보다 적극적으로 규모가 큰 섬유산업, 방직공업으로 확대될 필요가 있었다. 京城紡織株式會社가 설립된 所以였다.

京城紡織은 金氏家의 仁村 주도하에 1919년 10월에 자본금 100萬圓(第1回 納入金 25萬圓)의 中小企業으로 발족하였으며, 장차는 紡績業도 겸할 예정이었으나, 우선은 방직을 업으로 하는 기업체로서 출발하였다.[121] 처음에는 親日貴族인 朴泳孝 영도하에 朴容喜, 李康賢이 실무를 맡고 있었으나, 1922년부터는 경제전문가인 秀堂이 상무로 취임하여 실질적으로 이 회사를 운영해 나갔다. 永登浦에 공장을 세우고 日本에서 織機 100臺를 구입하여 시설하였으며, 日本의 대기업인 大日本紡績株式會社와의 유대하에 그 明石工場의 綿絲를 大阪의 八木商店을 통해 공급받아 직조를 하였다. 공장이 준공된 것은 1923년 3월로서 이 달에 시운전을 하고 조업에 들어갔다. 그러나 이러한 조업이 곧 순탄한 앞날을 약속하는 것은 아니었다. 그간에 三品투기로 큰 타격을 받았던 것은 고사하고, 1925년에는 이른바 乙丑年의 大洪水로 큰 피해를 입었다. 그 조업이 궤도에 오른 것은 겨우 1926년경부터였으며, 기업으로서의 안정을 찾게 되는 것은 좀더 뒤의 일이었다.[122]

---

120)『京城紡織五十年』, pp.49~50.
121)『京城紡織五十年』, pp.52~53의 創立趣旨.
122) 京城紡織의 設立事情에 관해서는 다음을 참조.
    『京城紡織五十年』.

金氏家에서는 이와 같이 그 地主資本을 産業資本으로 轉換함으로써, 우리 나라의 근대산업을 선도하게 되었지만, 그러나 그 기업활동이 그렇게 용이한 것은 아니었다. 日帝의 침략하에서 後發한 기업이라는 것을 고려에 넣지 않더라도 그러하였다. 그것은 다음과 같은 두 가지 이유에서이다.

그 하나는 金氏家의 방직공장이 조업을 개시하기도 전에, 日本資本主義의 戰時好況은 끝이 나고, 1920년대에 들어서는 모든 산업이 심각한 공황 속에 휘말리게 된 점이었다. 이 공황의 심각성은 그 호황이 異狀的이었던 정도만큼 반비례로 충격적이었다. 상품가격은 폭락하고 기업은 도산하게 되었다. 그것은 重工業, 輕工業, 金融業, 農業 등 全 경제계에 亘하는 것이었으며, 따라서 정도의 차이는 있었지만 紡績·紡織業에서도 마찬가지였다. 공황은 日本政府의 구제정책으로 收拾되지만, 그러나 그것이 근본적인 해결책일 수는 없었으며, 그러기에 그 후 日本經濟는 만성적인 불황으로 시달리지 않으면 아니 되었다.[123]

다른 하나는 恐慌과 이에 따르는 만성적 불황을 극복하는 日本資本主義의 대책이, 産業合理化와 資本集中에 의한 獨占강화로 나타난 점이었다. 공황 및 만성적 불황의 시기에 전개된 日本産業 日本資本主義의 성장은 바로 이러한 이유에서 가능하였다. 大企業 獨占資本은 中小企業 弱小經營과의 경쟁에서 이를 희생시키는 것으로써 스스로는 살아 남았다. 많은 中小企業은 해산하거나 대기업에의 병합을 면할 수가 없었다. 獨占資本은 中小企業 弱小經營을 매수 병합하면서 集中을 진행시키고 점점 더 강대해졌다.[124] 그 중심이 되는 것이 財閥이었음은 말할 것도 없었다.

纖維産業에서도 예외는 아니었다. 大戰 중 또는 그 후의 호경기 속에서 우

『仁村 金性洙傳』, pp.48~67.
　『秀堂 金秊洙』, pp.101~124.
　趙璣濬, 『韓國企業家史』, pp.239~267.
　　『韓國資本主義成立史論』(全訂版), pp.486~501.
123) 楫西光速·加藤俊彦·大島淸·大內力, 『日本資本主義의 沒落』Ⅰ, pp.17~72.
　『續日本資本主義發達史』, pp.18~34.
124)『日本資本主義의 沒落』Ⅰ, pp.72~102.
　『續日本資本主義發達史』, pp.34~52.

후죽순격으로 발흥한 中小紡績이 공황으로 받는 타격은 심각하였는데, 大紡
績들은 이를 희생시키면서 獨占과 集中을 강행해 나갔다. 東洋紡績, 大日本紡
績, 鍾淵紡績, 富士紡績, 日淸紡績, 大阪合同紡績 등 이른바 6대 방적은 대표
적인 예이다. 이들 대기업은 차례로 중소방적을 희생시키고 매수 병합하면서
더욱 강대한 기업이 되어 갔다.[125] 그리고 그러한 운동의 일환으로서 전술한
바와 같이 中國에의 자본 수출도 강행하고 있었다.

그러므로 中小企業으로서 출발한 京城紡織이 이러한 여건을 뚫고 성장해
나가기 위해서는 특별한 대책이 필요하였다. 日本人 상호간에도 中小企業은
불리하였는데, 하물며 피침략지역의 企業으로서 日帝의 獨占資本 大企業과
경쟁해서 살아 남고 또 성장해 나가려면, 단순한 상술로써는 아니 되었다. 金
氏家에서는 그러한 난국을 그 매스컴(『東亞日報』)을 통해서 대대적인 經濟運
動을 벌임으로써 타개하려 하였다. 한편으로는 第1의 運動으로서 日帝의 우
리나라에 대한 經濟政策을 비판함으로써 그 지원을 얻어내고, 다른 한편으로
는 第2의 運動으로서 동포들에게 民族産業을 장려 육성할 것을 호소함으로써
販路·市場을 확보하였음은 그것이었다. 물론 이 양자는 별개의 문제가 아니라
하나의 문제인 것으로서, 後者는 前者에 대한 대응책으로서 민족의 생존을 위
해서 필요하다는 것을 강조하였다. 이 운동은 金氏家의 기업이 궤도에 오르고
안정될 때까지 여러 해에 걸쳐 계속되었다.

日帝의 우리나라에 대한 經濟政策은 말할 것도 없이 우리나라를 식량·원료
공급지와 상품시장으로 만드는 데 있는 것이지만, 『東亞』에서는 이를 다른 측
면으로 파악하여, 그것은 우리 민족에 대하여 經濟淘汰政策을 취하는 데 있는
것으로 비판하고 있었다. 日帝 統治當局은 그 意圖的인 經濟政策을 통해서 우
리 경제를 지배하는 것은 말할 것도 없고, 日本人 大資本이 韓國人 小資本을
자유경쟁을 통해서 압도함으로써, 우리 富源을 장악하고, 우리 산업을 파멸시
키며, 우리 민족을 해체시키려 한다는 것이었다.[126]

---

125)『日本資本主義의 沒落』Ⅰ, p.76.
    『續日本資本主義發達史』, p.35.
126)『東亞日報』① 1924년 11월 11일, '朝鮮人의 貧困問題':『選集』, pp.467~468.
         ② 1922년 11월 12일, '經濟的淘汰':『選集』, pp.264~265.

여기서 意圖的인 經濟政策이란 요컨대 前註 ①의 논설에서 지적하고 있는 바와 같은 것으로서, 日帝 統治當局이 우리 산업의 기초가 되는 土地를 買收占奪하거나, 국내의 모든 利權을 占奪함으로써, 우리의 産業權을 제거 탈취하고 있는 것,[127] 韓日간의 무역에 있어서 1910년 이전 舊韓國政府가 무역의 보호를 위하여 마련하였던 關稅權을 철폐함으로써, 日本資本의 韓國浸透를 조장하고 우리 산업을 마비시키고 있는 것,[128] 그 人口政策에서 日本移民을 받아들이고 그들에게 우리 농민의 토지를 탈취 분급해 줌으로써, 우리 농민을 破綻으로 몰고 있는 것[129] 등등의 정책이었다. 사실 이러한 정책하에서 被支配民族의 경제가 건전할 수는 없는 일이었다. 그리하여 日帝의 이러한 經濟淘汰政策으로 인해서 우리 민족은 지금 民族經濟가 해체의 위기에 놓여 있으며, 역사상 그 유례를 볼 수 없는 大難을 겪고 있다는 것이었다.

그러므로 日帝의 이 같은 經濟政策을 그대로 두고서는 우리 민족의 경제적 再建은 불가능한 것이며, 따라서 民族經濟의 재건을 위해서는 日帝의 이러한 經濟政策이 제거되지 않으면 아니 된다는 것이었다. 우리 민족의 생존을 위해서 그들의 經濟淘汰政策이 제거되어야 한다는 것이었다. 이러한 정책은 또 社會公理上으로도 부당하다고 생각하였다. 그리하여 『東亞』에서는 기회 있을 때마다 日帝의 이러한 경제정책을 정면으로 비판하고 시정해 줄 것을 거듭 강조하였다. 東拓은 해체할 것, 日本人移民은 중단하거나 그들의 토지소유를 제한할 것, 利權占奪과 關稅撤廢를 중지할 것 등은 그 중심이 되고 있었다. 그리고 무엇보다도 중요한 것은 그 韓半島에서의 經濟政策의 근본방향이 韓國人

　　　　1925년　8월 15일, '經濟破滅의 原因 — 現狀及對策': 『選集』, pp. 525~528.
127) 『東亞日報』 1924년 2월 10일, '朝鮮의 土地와 朝鮮人': 『選集』, pp.400~401.
　　　　1924년 3월 20일, '産業權의 被奪': 『選集』, pp.401~402.
　　　　1925년 5월 29일, '日本資本과 朝鮮富源': 『選集』, pp.514~516.
128) 『東亞日報』 1920년 7월 10·11·12일, '關稅撤廢와 朝鮮産業': 『選集』, pp.73~78.
　　　　1923년 6월 26일, '死活의 岐路에 立하여': 『選集』, pp.307~308.
129) 『東亞日報』 1924년 6월 3일, '우리의 死活問題': 『選集』, pp.417~418.
　　　　1925년 6월 1일, '일본의 人口政策과 朝鮮의 生活不安': 『選集』, pp. 516~517.

本位의 産業政策이 되어야 하며, 韓國 내에서의 경제정책은, 現代政治의 원리 상으로 보아도 韓國人을 보호하는 정책을 취해야 한다는 것을 강조하였다.[130]

이 같은 비판에 대하여 日帝는 무관심할 수가 없었다. 『東亞』가 주장하는 대로, 모든 그들의 정책을 중지하거나 韓國人本位의 산업정책이나 韓國人을 보호하는 정책을 취할 수는 없었지만, 그러한 비판을 전적으로 무시해 버릴 수도 없었다.[131] 3·1운동 후의 일이었으므로, 한민족을 무마하기 위한 수단으로서, 가령 정치적으로 參政權·自治論을 검토하고 있었듯이, 경제적으로 그 러한 문제에 대한 일정한 배려가 필요하였다. 여기에 日帝는 1920년의 공황 이후 취해졌던 企業救濟政策과도 관련하여, 京城紡織을 경제적으로 지원할 것을 결정하고, 産業奬勵의 명목으로 事業補助費를 지급하게 되었다. 그리고 그 보조금은 1924년도분부터 당분간 매년 지급되었다. 그 액수는 적지 않았 다. 1925년도분은 28,000圓이었고, 1927년에는 27,008圓 72錢이 지급되 었다. 그것은 매년도분이 第1回 拂入資金의 11% 내외나 되는 것으로서 적은 액수가 아니었다. 1927년부터 京紡에서는 이로써 株主들에 대한 利益配當을 하게도 되었다.[132] 京紡은 어려운 시기에 日帝의 보조금 지원을 받고 있는 것 이며, 이를 통해서 기업은 어느 정도 안정되고 궤도에 오를 수가 있었다. 當局 의 경제적 지원을 받고 보면 그 경제정책을 비판하기는 어려웠다. 그리하여 그 후 金氏家의 경제운동은 日帝와의 대결 투쟁관계로서가 아니라, 일정한 맞 수 협력관계를 유지하면서 그 기업을 성장시켜 나갔다.

그러나 第1의 經濟運動으로서의 日帝에 대한 이러한 비판과 요구는 오히려 소극적인 것이었으며, 또 그 전적인 실현이 기대되는 것도 아니었다. 그러한 요구를 전부 받아들일 日帝라면 애초에 침략을 하지도 않았을 것이다. 『東

---

130) 『東亞日報』 1921년 9월 20일, '朝鮮人本位産業政策의 意義' : 『選集』, pp.164~ 165.
    1922년 1월 18일, '經濟的 特別保護의 意思가 無한가' : 『選集』, pp. 205~207.
131) 『齊藤文書』 3에 의하면, 당시 日帝 統治當局에서는 이 같은 『東亞』의 경제운동을 '朝鮮經濟破滅의 原因現象及對策'이라는 제목으로 종합정리하여 파악하고 있었다.
132) 『京城紡織五十年』, p.69.
    朝鮮銀行, 『朝鮮經濟雜誌』, 1925년 3월, p.22.

亞』, 즉 金氏家에서는 이와 병행해서는 보다 적극적이고도 현실적인 대책을 세울 필요가 있었다. 金氏家에서는 그것을 經濟的 自衛策, 즉 日帝의 經濟淘汰政策으로부터 우리 자신을 보존하기 위해서는, 우리 스스로가 우리의 산업을 장려 육성하고 발전시켜 나가야 한다는 것을 동포들에게 호소하는, 第2의 經濟運動으로서 전개하였다.[133] 우리 경제는 日帝의 도태정책으로 질식하고 파멸되어 가고 있으므로, 그 재건을 위해서는 日帝의 경제에 대항할 수 있는 經濟勢力(資本家階級)을 가질 수 있도록 산업을 장려 발전시켜야 하고, 그러기 위해서는 民族企業을 육성해 나가야 한다는 것을 강조하는 것이었다. 이 시점에 있어서 그러한 민족기업을 대표할 수 있는 것이 京城紡織임은 말할 것도 없는 일이었다.

『東亞』를 통해서 표현되고 있는 金氏家의 이러한 第2의 經濟運動은, 물론 日帝의 경제정책에 대한, 京城紡織과 관련된, 이때의 저항운동으로서만 착상되고 전개되고 있는 것은 아니었다. 그것은 金氏家 또는 그 계통 부르주아 민족주의에 있어서의 年來의 주장이었다. 金氏家에서 1917년 이후 산업자본으로 자본전환을 하고 있었던 사정이나, 그 이전에 中央高普를 인수하여 신교육을 실천하고 있었던 일은 그것을 말해 주는 것이었다. 그리고 그러한 관점에서의 운동의 전통은 韓末의 교육·계몽운동에 그 배경이 있었다. 뿐만 아니라 이 경제운동은 단순한 경제생활의 활로타개를 위한 운동이 아니라, 먼 앞날에 民族解放이 된다고 할 때의 經濟體制의 문제까지도 내다보고 전개하는 운동이었다. 1920년대 전반까지에서 볼 수 있는 『東亞』의 입장은, 現代는 資本主義時代라는 전제 위에서, 이 시대를 사는 국가는 産業을 발전시켜야 하며, 따라서 우리나라가 장차 독립을 하려고 한다면, 그러한 입장에서의 공업입국을 꾀해야 한다는 工業立國論을 펴고도 있었다.[134]

---

133) 가령 몇 件의 例로서 다음과 같은 社說을 들 수 있다.
　　『東亞日報』1922년 1월 4일, '經濟的 覺醒을 促하노라' : 『選集』, pp.182~183.
　　　　　　　　1922년 5월 17일, '産業運動을 提唱하노라' : 『選集』, pp.225~227.
　　　　　　　　1920년 9월 18일, '朝鮮富豪에게 바라노라' : 『選集』, pp.126~128.
　　　　　　　　1923년 5월 27, 28일, '朝鮮의 經濟的 運命' : 『選集』, pp.300~303.
134) 『東亞日報』1920년 6월 18, 19, 20일, '消費組合制度의 普及' : 『選集』, pp.62~68.

사실 이때의 産業育成문제는 어느 한 개인의 문제로 그치는 것이 아니라 民族 전체의 문제에 연결되고 있었다. 金氏家에서는 말하자면 自家企業을 民族産業의 육성이나 民族國家의 재건문제와 일치시켜 강조함으로써, 그 기업의 중요성과 그 의의를 재인식시킬 수가 있었다. 金氏家에서는 自家企業에 관해서는 한마디도 말하지 않는 가운데, 民族産業의 육성문제를 매스컴을 통해서 대대적인 운동으로 전개함으로써, 自家企業의 활로도 찾고 있는 것이었다. 이러한 운동은 이 시기에 전개되었던 이른바 物産奬勵運動과 궤를 같이하는 것이었다.[135]

民族産業을 장려 育成하기 위한 金氏家의 方案은 『東亞』가 창립되어 그 활동을 개시하는 1920년부터 이미 뚜렷하였다. 이때의 산업육성은 日本資本主義의 대기업 독점자본과의 경쟁을 전제로 하는 것이며, 그 경쟁에서 이겨 나가려면 여러 가지 면에서의 대등한 조건을 필요로 하는 것이지만, 金氏家에서는 이를 특히 民族內部에 있어서의 상품의 販路, 市場의 확보문제를 중심으로 그 육성방안을 내세우고 있었다. 被侵略지역의 韓國人 中小企業이 日帝의 대자본과 경쟁하면서 상품을 제조할 경우, 양자간에는 생산원가에 차이가 있고, 그것을 판매하는 데 있어서의 정치적 배경에 차이가 있어서, 그 경쟁에서의 우열은 이미 분명한 것이므로, 金氏家에서는 이와 같이 特定分野를 중심으로 한 각별한 방법을 생각하게 된 것이었다. 그리고 그 방안은 적중하고 있었다.

金氏家에서 이러한 방법을 택한 것은, 적어도 우리 민족에게 日帝에 대항하는 民族意識이 있고 그 표현으로서의 經濟意識이 고조되는 한, 韓半島 내에서의 상품의 판로와 시장의 확보문제는 日本資本主義에 앞설 수가 있다고 판단한 까닭이었다. 그러므로 여기에서 중요한 것은 동포들이 그 같은 민족의식과 경제의식을 갖는 일이었다. 그래서 『東亞』에서는 그 같은 의식을 여러 가지 방법으로 고취하였으며, 『東亞』의 모든 經濟論說은 여기에 집약된다고 할만큼 그 비중은 컸다.

金氏家에서 전개한 그러한 판로확보의 구체적인 방안은, 동포들이 필요한

1921년 5월 15, 16, 17일, '工業立國을 論하노라' : 『選集』, pp.154~160.

135) 物産奬勵運動에 관해서는 趙璣濬, 『韓國資本主義成立史論』, pp.529~553 참조.

상품을 매입할 때는 반드시 全民族이 단결하여 民族企業에서 제조한 것을 택하게 하자는 것이었다. 『東亞』에서는 그것을 제품도 朝鮮人製品을 사용하고, 매매도 朝鮮商人을 통해서 하자든가, 또는 土産을 보호하고 自作自用하자는 구호로써 내세웠으며, 또 이를 달리 표현하여서는 物産을 獎勵하자는 구호로써 강조하기도 하였다.[136] 그리고 이와 같이 판로를 확보하고 민족기업에서의 제품을 판매함에 있어서는, 특히 消費組合이나 産業組合을 전국적으로 계통적으로 조직하고(協同組合運動), 이를 통해서 그 상품을 매매함으로써, 外國人이나 外來商品이 발붙일 곳이 없게 해야 할 것임을 강조하였다.[137] 그렇게 되면 우리의 상권이 회복됨으로써 우리의 공업을 발흥시킬 수 있고, 따라서 民族經濟는 발전될 수가 있다는 것이었다.

물론 이 경우 金氏家의 이 같은 販路확보운동이 日本人 大資本家에 대한 정면도전을 뜻하는 것은 아니었다. 金氏家는 그것을 피하고 있었다. 즉 南鮮지방이나 中部지방은 한말 이래로 이미 東洋紡織의 판로였고, 또 朝鮮紡織이 釜山에 설치되고 있었으므로, 金氏家는 이 지역으로의 발전은 피하고 北鮮지방이나 滿洲방면으로 진출해 나갔다. 그것은 京紡의 창립 당초부터의 방침이었다.[138] 그러므로 日本人 資本家와의 경쟁은 일정한 협력관계 속에서의 일이었다.

이러한 운동은 물론 그대로 실현될 수는 없었지만, 그러나 큰 실효를 거둘 수가 있었다.[139] 京城紡織은 이를 통해서 그 격심한 불황 속에서도 1926년경부터는 그 생산과 판매가 정상화하고, 前述한 日帝의 보조금 지원과도 관련하여 그 기업활동이 궤도에 오를 수 있게 되었다. 그리고 그 후 그 기업은 日帝의 資本主義經濟機構 내에서 그와의 일정한 유대를 가지면서 대기업으로 성장해 나갔다.[140]

---

136) 『東亞日報』 1922년 1월 4일, '經濟的 覺醒을 促하노라'
  1922년 5월 17일, '産業運動을 提唱하노라'
  1923년 5월 28일, '朝鮮人의 經濟的 運命'
  1924년 1월 2, 3, 4, 5, 6일, '民族的 經綸' : 『選集』, pp.359~367.
137) 『東亞日報』 1920년 6월 18, 19, 20일, '消費組合制度의 普及'
  1923년 11월 3일, '大難에 處하는 道理' : 『選集』, pp.343~344.
138) 『京城紡織五十年』, p.53, 64, 68.
139) 『秀堂 金秊洙』, p.128.
140) 京城紡織은 처음 中小企業으로서 발족하였지만, 그 후 그 操業이 궤도에 오르게 되

『東亞』를 통해서 볼 수 있는 1920년대 전반까지의 金氏家의 경제운동의 골격은 대략 이상과 같은 것이지만, 이러한 운동이 반드시 순탄하게만 전개된 것은 아니었다. 그것은 두 가지 점에서였다.

그 하나는 金氏家나 『東亞』系가 취하고 있는 民族主義 民族運動의 자세에 관한 문제였다. 『東亞』에서는, 京紡이 日帝 統治當局으로부터 경제적 지원을 받게 되는 것과 때를 같이하여, 그 정치적 입장도 밝히게 되는데, 그것은 日帝와의 일정한 타협·맞수관계 속에서 먼 앞날의 독립을 위한 정치활동을 하자는 것이었다. 저 유명한 '民族的 經綸'에서의 주장은 바로 그것이었다. 그리고 이는 이 무렵에 활발히 전개되고 있었던 自治運動과 궤를 같이 하는 것이었다.[141] 金氏家·『東亞』系의 민족주의 민족운동은 말하자면 妥協的인 입장에서

면서부터는 점차 그 기업규모가 성장하였다. 資本金도 늘어나고 織機도 증설되었으며, 그 위에다 처음 목표대로 紡績業을 겸하게도 되었다. 그리고 여러 기업을 倂合하고, 傍系會社도 가지면서 1943년에는 總施設 紡機 30,200錘, 織機 1,129臺, 1944년에는 總資本金 1,300萬圓이 되는 大企業으로 성장하였다(『京城紡織五十年』 참조).

141) 『東亞日報』 1924년 1월 3일, 民族的 經綸(二)에서는 그러한 운동의 필요성을 다음과 같이 주장하고 있었다.
  '왜 지금에 朝鮮民族에게는 政治的 生活이 없나. 그 대답은 가장 單純하다. 日本이 韓國을 倂合한 以來로 朝鮮人에게는 모든 政治的 活動을 禁止한 것이 第一因이요, 倂合以來로 朝鮮人은 日本의 統治權을 承認하는 條件 밑에서 하는 모든 政治活動, 即 參政權, 自治權의 運動 같은 것은 勿論이요, 日本政府를 對手로 하는 獨立運動조차도 願치 아니하는 節介意識이 있었던 것이 第二因이다. 이 두 가지 原因으로 지금까지에 하여 온 政治的 活動은 전혀 日本을 敵國視하는 運動뿐이었었다. 그러므로 이런 種類의 政治運動은 海外에서나, 만일 國內에서 한다 하면 秘密結社的일 수밖에 없었다. 그러나 우리는 무슨 方法으로나 朝鮮內에서 全民族的인 政治運動을 하도록 新生面을 打開할 必要가 있다. 우리는 朝鮮內에서 許하는 範圍內에서 一大政治的 結社를 組織하여야 한다는 것이 우리의 主張이다. 그러면 그 理由는 어디에 있는가. 우리는 두 가지를 들려고 한다.
  (一) 우리 當面의 民族的 權利와 利益을 擁護하기 위하여
  (二) 朝鮮人을 政治的으로 訓練하고 團結하여 民族의 政治的 中心勢力을 作하여서 將來 久遠한 政治運動의 基礎를 成하기 위하여'
  이 같은 입장에서의 운동은 결국 1919년 전후로 많은 사람들에 의해서 提唱되고 그 후에도 계속되었던 自治論·自治運動과 통하는 것이었다. 그리하여 1923년경부터는 金氏系 東亞系에서도 이를 적극 추진하게 되었으며, 특히 1926년에는 이 문제를 가지고 日帝 統治當局의 要路와 협의를 하기도 하였다(坪江汕二, 『朝鮮民族獨立運動秘史』(改訂增補版), 1966, p.55 ; 梶村秀樹·姜德相 編, 『現代史資料』 29, 『朝鮮』 5, 1972, p.95). 自治운동은 그 후에도 계속해서 일어났으나 실현되지는 못하

의 민족주의이고 민족운동이었다. 그러므로 日帝에 대하여 非安協的인 입장
에서 독립운동을 전개하고 있는 애국지사들로부터는 비판의 대상이 되기도
하고, 또 이 같은 움직임을 막기 위해서 그들은 新幹會를 조직하여 독립운동
의 새로운 단계에 들어가기도 하였다.[142]

   다른 하나는 이 운동의 본질에 관한 문제이다. 이 운동은 결국 民族意識에
의지하면서 산업을 발전시키고 우리 경제를 자본주의화하려는 資本家的 經濟
運動인 것으로서, 일본자본주의와의 경쟁에 대비하여 민족의식이나 민족적
단결을 강조하기는 하였지만, 그러나 民族內部의 문제, 즉 이 시기의 사회가
안고 있는 經濟的 矛盾을 해결하려는 운동은 되지 못하고 있었다. 이 시기에
는 그러한 문제가 극도로 심각하여서 小作爭議, 勞動爭議, 社會主義운동 등이
광범위하게 전개되고 있었는데, 『東亞』를 통해서 표현된 이 경제운동에는 그
러한 문제에 대한 배려가 결여되어 있었다. 그러므로 이 같은 운동이 전 민중
적 국민적인 호응을 얻기는 어려웠으며, 社會主義 진영의 비판은 고사하
고,[143] 『東亞』의 論陣內에서도 이론을 제기하는 일이 있었다. 植民地支配下에
있어서는 피지배민족의 자주적 자본주의화는 원리상 불가능하며, 따라서 자
본주의화를 꾀하는 그 경제운동이나 그것을 바탕으로 한 민족운동의 방향이
잘못되어 있음을 비판하는 것이었다.[144]

   였다. 그러나 그러한 계통의 세력이 없어진 것은 아니었다. 그리하여 그 후 민족주의
   운동은 이 같은 安協的인 입장에서의 민족운동―親日的 政治운동과 이를 拒否하는
   非安協的 입장에서의 민족운동으로 사실상 갈리게 되었다.
142) 姜萬吉, '韓國獨立運動의 性格'(『亞細亞研究』 59, 1978).
      水野直樹, '新幹會運動에 關한 若干의 問題'(『朝鮮史研究會論文集』 14, 1977).
143) 註 135)의 논문 참조.
144) 『東亞日報』 1924년 11월 16일, '學理와 事實―部識者에게' : 『選集』, pp.470~
      472.
      殖民政策의 學理는 어떠한 것이며 또 殖民政策이 實行되는 殖民地의 實際事實은
   어떠하더뇨. 殖民政策의 學理는 母國의 利益을 爲하여 殖民地原住民의 勞動과 그의
   所有이던 天然富와 이것을 運轉利用하는 모든 生産機關을 奪取함에 있는 것이 아닌
   가. 이 事實은 英國의 그의 殖民地에서 分明히 發見된 바 아닌가. 또는 우리가 일찍
   이 體驗한 바요 現在 體驗하면서 있는 바이니 돌이켜 살펴보라. 그렇지 아니한가.
   우리는 다시 頑愚를 말하려 한다. 批難의 意味에서가 아니요, 自覺과 反省을 促하는
   意味에서 말하려 한다. 朦朧한 世界에서 헤매지 말고 態度를 決定하라는 見地에서
   말하려 한다. 特히 朝鮮人中 一部 識者間에 있는 反學理, 反事實임에 더욱 외치려

이 같은 두 가지 면에서의 비판이 있고 보면 그 경제운동이 순조로울 수만
은 없었다. 그러나 이 때문에 金氏家의 입장이 변동하지는 않았다. 그 입장은
더욱 확고하여졌다. 더욱이 第2의 經濟運動에 대한 비판의 소리가 높아질 때,
金氏家는 日帝 統治當局의 측면지원을 얻을 수가 있었다. 日帝 統治當局은 朝
鮮의 識者層이 이 문제를 중심으로 양분되어 대립하고 있을 때, 그들의 산업
정책과도 관련하여 '朝鮮産品使用獎勵'의 정책을 세우고 이를 시행하도록 地
方長官에게 官通牒으로써 시달하고 있었다.[145) 이리하여 『東亞』에서는 후자의
비판에 대하여, 사회문제는 민족문제의 테두리 안에 합류해야 한다는 것을 강
조하고 반비판함으로써 이를 일축하기도 하였다.[146) 이제 金氏家에게 남은 문
제는 그들이 생각해 온 입장에서 그 기업을 육성하고 資本家로서 성장하는 일
이었다. 그리고 그것은 실천되어 나갔다.

5. 結　語

이상으로 우리는 古阜地方의 金氏家가 祖 父 子의 3代에 걸쳐 米穀單作的
인 商業的 農業經營·地主經營을 통해서 대지주로 성장하고, 그 地主資本을
일부 産業資本으로 전환함으로써 大資本家가 되는 사정을 살피었다. 그것은
요컨대 구래의 地主制가, 그 半封建的인 생산관계를 청산하지 않은 채, 日本
의 자본주의경제체제로 재편성되는 과정이었으며, 地主制를 바탕으로 한 우

한다. 朝鮮에서 朝鮮人으로 産業을 振興시키자. 資本主義를 發達시키자. 이러한 學
理와 이러한 事實이 一部 識者間에서 盲人이 觀月하듯이 遊戱한다. 그러나 우리는
그의 必要는 말하지 아니하고 다만 可能이냐 不可能이냐를 말하려 한다. 생각하여
보라. 産業의 振興, 資本主義의 發達, 可能하냐 否하냐. 資本主義가 그 어떠한 條件
下에서 發達하더뇨. 첫째, 政權이며 次例로 勞動, 富源, 資本, 이것을 運用하는 機
關, 智識, 技術 이렇지 않느냐. 있는 바 무엇이뇨.
145) 朝鮮總督府, 『施政三十年史』, 1940, p.184.
　　朴榮喆, 『五十年의 回顧』, 1940, pp.574~576.
　　당시 江原道知事였던 이 著者는 이곳에서 이때의 이 정책을 '下岡總監의 名案' '安達
　　商工課長의 傑作'이라고 含蓄性있는 표현을 하고 있었다.
146) 『東亞日報』 1925년 9월 27일, '우리 運動의 方向':『選集』, pp.548~549.

리 경제의 근대화 과정·자본주의화 과정의 한 표현이었다. 그리고 그것은 韓
末 이래로 있었던 지배층 중심의 近代化論의 한 실현과정이기도 하였다.

韓末에 金氏家가 토지를 집적하여 대지주로 성장하기 시작하는 것은 그 地
主經營의 제1세대가 활동하는 개항에서 1909년까지의 기간이었다. 開港前夜
까지 처가의 지주경영에 지원되면서 소지주로 발돋움한 金氏家는 개항을 계
기로 급성장하여 100町步가 넘는 큰 지주로 성장하였다. 그간에는 대외무역
이 農産物, 특히 米穀을 중심으로 전개된 데서 地主經營은 그 수익이 좋았고,
支配層에 의한 近代化의 방향이 地主層을 바탕으로 한 데서 그 地主制는 보호
되고 있었으며, 봉건적인 체제적 모순에서 발생하고 있는 農民戰爭이 開化派
政權 守舊勢力 日本軍 등의 연합세력에 의해서 진압되고 있었으므로, 그 地主
經營은 안전하였다. 더욱이 金氏家는 이 기간에 단순한 지주가 아니라 政治權
力에 참여하여 地方守令으로서 농민을 지배하고 있었으므로 그 地主經營은
용이하였다.

그러한 金氏家는 그 제2세대가 활동한 日帝强占期에 더욱더 토지집적을 강
화하여 1924년경까지에는 2,000町步가 넘는 超大型地主로 비약하였다. 그
간에는 日帝의 韓國에 대한 農業政策이 地主制를 바탕으로 한 우리 농업을 그
들의 資本主義經濟機構에 그대로 예속시키고, 土地調査를 통해서 地主制를
근간으로 한 農民收奪의 정책을 재확인하고 있었으므로 地主經營은 보장되고
있었으며, 日本資本主義의 성장과 제1차세계대전의 발발로 日帝의 미곡수탈
(移出)이 더욱 강화되어 米價가 오르고 있었으므로 지주경영은 그만큼 호조
를 보이었다. 그리고 대전이 끝난 후의 恐慌과 不況은 농업에도 큰 타격을 주
었지만 大地主는 오히려 이 사이에 토지를 겸병하고 地主經營을 확대시킬 수
가 있었다.

이 같은 金氏家의 地主經營은 그러나 1919경영년도(1919~1920)를 절정
으로 그 성장에 제동이 걸리게 되었다. 日本資本主義는 제1차세계대전 후
1920년에 대공황에 직면하고, 그 후에는 계속되는 불황으로 타격을 받게 된
까닭이었다. 그리고 그 경제기구 속에 예속되어 있는 우리 경제는 교란당하게
된 까닭이었다. 物價 穀價는 폭락하고 기업은 도산하는 바가 늘어났으며, 그
地主經營에서도 이제는 그 수익이 종전과 같이 많을 수가 없었다. 金氏家는

이러한 위기를 넘기기 위하여 지주경영을 강화하지 않으면 아니 되었다. 地代는 올리고, 地稅의 農民轉嫁는 확대하였으며, 小作權은 빈번히 교체하였다. 그리고 管理人의 보수는 인하하였다. 地主經營의 강화―農民收取의 강화인 것이었다.

그러나 이러한 대응으로서도 그 경영의 收支관계를 종전과 같이 호전시킬 수는 없었다. 土地集積으로 그 田庄의 규모는 늘어났지만, 그 수입은 오히려 감소되어 갔다. 더욱이 이 시기에는 地主經營 강화의 일반적 추세와도 관련하여, 農民鬪爭―小作爭議가 광범위하게 발생하고 있었으므로 그 수취의 강화를 마음대로 할 수도 없었다.

金氏家의 제3세대들은 이 같은 위기를 그 經營機構, 管理機構를 改編하는 것으로써 타개하게 되었다. 1924, 1925년경부터의 일이었다. 그것을 한편으로는 종래의 地主制를 그대로 둔 채 地代의 徵收方法과 管理販賣機構를 개편하는 것으로써 해결하기도 하고, 다른 한편으로는 그 地主制를 日本人農場과 마찬가지로, 地主的 입장에서 그 農業生産의 企劃化를 전제로 하는 農場制로 개편하는 것으로써 해결하기도 하였다. 이 경우 後者의 개편에서는 많은 小作農民이 小作權을 剝奪당하고 농지에서 밀려나는 희생이 따랐다. 前者는 同福系의 田庄에서 취해지고 후자는 芝山系의 田庄에서 행하여졌다. 이러한 경영관리기구상의 개편은, 金氏家가 그 地主資本을 일부 産業資本으로 轉換하고 그 성취를 위하여 경제운동을 벌이고 있던 시기에, 그 일환(經營合理化)으로 취해진 것으로서, 요컨대 地主的 資本家的 입장에서의 地主經營의 합리화와 수입의 증대를 목표로 하는 것이었다. 그리고 그 결과 그 성장은 다시 촉진될 수 있었으며, 그러한 성장과정에서 日帝 統治當局으로부터의 경제적 지원이 있었을 때, 그것은 더욱더 촉진될 수 있었다.

地主經營을 변동시키는 것과 때를 같이하여 金氏家에서는 그 地主資本을 일부 産業資本으로 전환시켜 나갔다. 京城紡織의 설립은 그것으로서, 이는 1919년에 인가를 받아 1923년부터 조업을 개시하였다. 이에 앞서 1917년에는 京城織紐를 인수하여 소규모의 小幅織造經營을 하기도 하였으나, 본격적으로 섬유산업에 손을 대게 된 것은 京紡의 설립으로부터였다. 工業을 발전시켜야 한다는 것은 부르주아 民族主義에 있어서의 年來의 숙원이었으나, 이 시점에서

資本轉換이 있을 수 있었던 것은, 제1차세계대전을 계기로 한 日本資本主義의 성장과 그 중에서도 두드러진 紡織工業의 호경기가 있었기 때문이었다.

그러나 日本資本主義의 이 같은 호황은 1919년으로 끝이 나고 1920년에 접어들면서부터는 공황과 불황에 시달리게 되었으며, 따라서 金氏家의 産業資本으로의 전환은 공장의 설치와 조업에 들어가기도 전에 큰 위기를 맞이하게 되었다. 그것은 地主經營에 있어서의 經營危機보다도 더 심각한 것이었다.

金氏家에서는 이러한 위기를 經濟運動을 전개함으로써 타개하였다. 한편으로는 日帝의 한국에 대한 經濟淘汰政策을 비판하고, 다른 한편으로는 民族企業의 육성, 民族資本의 성립을 구호로 민족의식에 호소함으로써 상품의 판로를 확보하는 운동이었다. 그리고 그 결과는 효과적이어서 金氏家의 기업은 이를 통해서 궤도에 오를 수가 있었다. 즉 前者의 운동을 통해서 金氏家에서는 日帝로부터 막대한 補助金을 지급받아 그 기업을 정착시킬 수가 있었으며, 後者의 운동을 통해서는 日本의 大資本이 지배하는 시장 속에서 일정한 판로를 확보할 수가 있었다. 더욱이 後者의 운동에 있어서도, 識者層 내부에 被殖民의 조건하에서 자주적 민족자본의 성립의 가능성문제를 놓고 논란이 있었을 때, 日帝 統治當局의 측면지원이 있어서 金氏家에서는 그 주장을 관철할 수가 있었다. 그리하여 그 후 그 기업과 그 기업주는 韓國을 대표할 만한 大企業 大資本家로 성장할 수가 있었다.

金氏家는 이와 같이 地主制를 바탕으로, 그 자본을 産業資本으로 전환하여 대자본가가 되고 대기업을 이룩함으로써, 우리 경제의 産業化 資本主義化를 선도하고 있었다. 地主層이 중심이 된 産業化 資本主義化의 움직임은 韓末에서 日帝下에 이르는 사이에 없었던 것이 아니지만, 그 성공한 예는 흔한 것이 아니었다. 그러한 점에서 金氏家의 지주경영과 그 자본전환은 우리나라 資本主義經濟體制의 성립에 있어서 중요한 의미와 위치를 점하는 것이라고 하겠다.

다만 金氏家는, 이 같은 産業資本家로의 성장에도 불구하고, 아직 여전히 地主였으며, 또 그 地主經營을 기술적인 면에서 資本家的인 合理的 經營으로 개편하였다 하더라도, 그 地主制는 아직 구래의 半封建的인 落後한 資本主義의 생산양식을 全面的 根本的으로 청산하고, 새로운 완전한 資本主義的 농업 생산양식을 수립하고 있는 것이 아니었다. 그러한 점에서 그 산업자본가로서의 의미는 일정한 한계가 있는 것이며, 그 地主經營은 구래의 지주제를 資本主義經濟機構에 적응시키는 것으로 그친, 말하자면 地主的 대응으로서의 資本家的 地主經營 그것이었으며, 따라서 체제적으로는, 아직 '半封建的' '落後한 資本主義'의 地主制를 완전히 넘어서는 것이 아니었다. 또 金氏家는 紡織産業을 통해서 産業資本家로 성장하고 있는 것이기는 하지만, 農業生産이나 農業機構를 生産者의 입장에서 資本主義化하려는 방향제시를 하고 있는 것도 아니었다. 이는 韓末 이래의 支配層의 近代化—부르주아 改革의 방안이 地主制를 바탕으로 하였던 데서 연유하기도 하고, 우리 경제를 예속시킨 日帝의 資本主義 農業機構가 또한 그러하였던 데서도 연유하는 것으로서, 金氏家의 資本家로서의 性格이나 이 시기 農業機構 전반의 性格을 규정하는 한 조건이 아닐 수 없었다.

또 이와 아울러 金氏家가 産業資本家로 성장하는 것은 1920년대의 경제적 위기를 극복하는 데서 비롯되는데, 이를 극복하는 金氏家의 자세와 방법도, 그 資本家 政治家로서의 입장이나 그 民族主義의 성격을 규정하는 바가 되고 있었다. 日帝의 資本主義經濟機構·植民地支配의 農業體制 안에서 성장하는 것 자체가 이미 그 예속성을 전제로 하는 것이지만, 그 위에다 企業활동에 있어서 그 資金의 支援을 받고 보면, 그 자본의 예속화를 면하기 어려움은 고사하고, 民族運動에 있어서도 그들에 대한 적극적인 항쟁을 펴기 어려울 것임은 말할 것도 없었다. 여기에 金氏系의 民族主義에서는 日帝와의 一定한 對手·協力관계 속에서 政治 産業 教育운동을 모색하게 되고, 나아가서는 自治運動까지도 구상하게 되지 않을 수 없었다. 日帝가 허락하는 범위 내에서 政治 産業 教育 등 실력을 양성하고 먼 앞날의 독립을 기하자는 것이었다. 그러나 이 같은 立場—妥協的 民族主義의 民族運動이 自主的 獨立을 보장할 수 없는 것임은, 日帝의 對韓政策의 원리상 너무나도 분명한 것이었다. 여기에 金氏系 民族主義의 성격에는 非妥協的 民族主義와는 다른 特徵이 있는 것이며, 바로 그러한 점에서 그 民族運動에는 一定한 限界가 있는 것이기도 하였다.

〔『韓國史研究』 19, 1978. 揭載〕

〔附 錄〕

小作契約書[147]

今般 地主 合資會社 三養社(以下 甲이라 칭함)와 小作人 ○○○(以下 乙이라 칭함)와의 사이에 末尾 土地에 대한 小作契約을 아래와 같이 締結함.

第1條　① 小作契約期間은 昭和 13年 3月 21日부터 昭和 16年 3月 20日까지로 함.

② 前項의 期間中에 乙이 本契約의 본래의 취지에 따라 성실히 그 義務를 이행한 경우, 甲은 小作의 更新을 승낙하고 乙은 이 경우에 小作料 및 기타 일체의 改正에 동의하기로 함.

第2條　乙은 本 土地를 반드시 자기가 경작할 것이며 그의 小作權을 他人에게 轉貸, 讓渡할 수 없음은 물론 耕地 및 耕地의 境界, 水路, 畦畔의 管理와 保護 및 修繕의 義務가 있음.

第3條　乙은 農事에 충실히 노력함은 물론 種子, 耕作, 收穫, 調製 등 일체의 農事改良에 대하여 甲의 指導獎勵事項을 遵守實行함으로써 농산물의 품질을 개량하고 수확의 증식을 꾀함.

第4條　乙은 그 土地의 用法에 좇아 使用收益하여야 하며 甲이 지정한 이외의 作物을 栽培할 수 없음.

第5條　乙은 定租地에 있어서는 定租額을, 執租地에 있어서는 매년 檢見에 의하여 相互善意로써 협정한 小作料를 第12條 내지 第14條에 정한 바에 따라 납입함을 要함.

第6條　乙은 執租地의 檢見日程을 甲에게 일임하고 檢見時에는 乙 自身 또는 代理人을 立會시켜야 하며 만일 입회하지 않을 때에는 檢見에 관한 일체를 甲에게 일임한 것으로 간주함.

第7條　乙은 甲의 檢見 前에는 作物의 일부라 할지라도 刈取할 수 없으며 만약 위반한 경우에는 甲이 조사한 收穫豫想數量에 의하여 小作料를 결정하기로 함.

第8條　乙이, 甲이 檢見에 의해 결정한 執租地의 小作料額에 대하여 異議가 있을 때는 現場에서 異議를 제기한 경우에 한하여 坪刈에 의해서 小作料를 결정할 수 있음.

第9條　乙은 甲이 單獨 또는 他人과 共同으로 土地改良工事 및 農事改良과 같은 특별한 시설을 하기 위하여 土地의 使用目的 變更, 小作地의 返還 또는 小作料의 變更 등을 요구할 때는 小作期間中이라 할지라도 하등 異議없이 이에 응하기로 함.

---

147)　全羅北道農務課 編, 『全羅北道農事會社定款及小作契約書』, 1938.
　　이 자료의 원문은 日文인데, 『全羅文化論叢』 1(1986)에서는 이를 우리말로 번역하여 수록하고 있다. 여기서는 『全羅文化論叢』의 이 번역본을 이용하였다.

第10條 乙은 定租地가 불가항력에 의하여 현저하게 그 收穫이 감소되어 小作料의 감면을 신청할 때에는 농작물을 刈取하지 않은 9月 15日까지 書面으로 甲에게 그 내용을 통지하여야 하며, 이 期日을 경과한 후에는 특별히 情狀을 참작할 事由가 있는 경우에 한하여 농작물을 刈取하기 前에 신청할 수 있음.

第11條 乙이, 甲이 지정한 農事改良指導 獎勵事項을 위반하거나 故意 또는 怠慢으로 인하여, 耕耘·播種·植付·施肥·除草·刈取·稻扱 等 適期의 作業을 지체하든가 혹은 그러할 우려가 있다고 인정될 때에는, 甲이 乙 또는 保證人에게 그 내용을 통지하고 임의로 그 작업을 代行하더라도 乙은 異議를 제기할 수 없음. 이 경우에 甲은 當該收穫物로써 諸 經費 및 貸付·營農資金·肥料代金·種子·農具代·延滯利子 및 小作料에 충당하고 殘餘가 있을 때는 이것을 乙에게 交付함. 만약 부족한 경우에는 乙은 甲의 지시에 좇아 바로 이것을 決濟하기로 함.

第12條 乙은 甲이 지정한 기일에 小作料를 지정장소까지 運搬 納入하여야 하며 만약 指定기일을 경과하였을 때에는 그 다음날부터 完濟日까지 매일 100斤當 半斤씩의 과태료를 加算 納入하기로 함.

第13條 乙은 小作料를 그 土地의 생산물로써, 계약된 또는 甲이 지정한 품종을 精選 乾燥한 후 벼 檢査規則의 所定包裝을 하여 納入함을 要함. 만약 乙의 納入品이 本項에 위반되는 점이 있을 때에는 甲은 再乾燥·精選을. 요구하든가 혹은 代品 또는 代金으로 납입하도록 할 수 있음.

第14條 小作料는 모두 벼로써 斤量으로 납입하여야 하되 밭 및 垈地에 대해서는 甲의 승락을 얻어 보리 및 大豆를 斗量으로 납입할 수 있음. 만약 甲이 代金納入의 요구를 할 時에는 乙은 甲의 指定價格率에 따라 換算 납입하기로 함.

第15條 乙이 小作地의 耕作物에 대하여 他人으로부터 强制處分을 받는다든가 혹은 他地方에 이주한다든가 또는 기한 내에 債務를 이행하지 못할 우려가 있는 경우에는 甲은 前記 納入期限前이라 할지라도 乙에게 所定의 小作料, 肥料代 기타 諸 貸付金의 納入을 청구할 수 있음.

第16條 乙은 營農上의 필요에 따라 甲의 支援을 받은 營農資金, 肥料代, 種子, 農具代와 小作料 등의 납입 前에 小作地의 地上物 또는 收穫物을 他人에게 賣渡, 讓渡 또는 擔保 저당 등을 할 수 없음.

第17條 小作地의 地稅 및 기타 公課金은 地主의 負擔으로 함.

第18條 小作地가 洪水 또는 기타의 災害에 의하여 壞損되었을 때 또는 水路가 閉塞되었을 때에는 甲은 그 實地의 정도를 조사하여 종래의 관례에 따라 그 修繕費의 일부를 보조하기로 함. 단, 少額의 工費 또는 勞力을 필요로 하는 정도의 곳은 乙의 負擔으로 함.

第19條 乙이 아래의 各號 중 어느 하나에 해당하는 경우에는 甲이 하시라도 本 契約을 解約하여도 乙은 결코 異議를 제기할 수 없음은 물론 이에 대한 일체의 請求權이 없는 것으로 함.

(1) 小作地가 公共用地에 收用된 때

(2) 小作料를 怠納한 때

(3) 收穫物 또는 小作料에 대하여 欺瞞의 手段을 썼다든가 또는 不正行爲가 있었을 때

(4) 第2條, 第3條, 第16條를 위반했을 때 또는 第15條에 해당하는 事由가 있었을 때

(5) 小作地를 荒廢 또는 荒廢시킬 우려가 있다든가 또는 地目地形을 임의로 변경하였을 때

(6) 甲의 指導에 반항한다든가 또는 不穩行爲를 했을 때

(7) 기타 本 契約의 義務를 이행하지 않았을 때

第20條 甲은 아래 各號 중의 어느 하나에 해당하는 경우 외에는 本 契約의 更新을 거부할 수 없음.

(1) 乙이 第1條 第2項의 本旨를 위반했을 때

(2) 第19條에 해당할 때

(3) 기타 甲이 更新을 거부할 정당한 事由가 있을 때

第21條 各 連帶保證人은 乙과 連帶하여 本 契約의 義務履行에 책임을 짐.

第22條 本 契約에 관한 訴訟은 小作地 所在地를 관할하는 裁判所에서 행하기로 함.

위의 契約을 증명하기 위하여 本書 2通을 작성하여 地主 및 小作人이 각 1通씩 所持한다.

昭和 13年 3月 21日

京城府 南大門通 1丁目 115番地

地　主　　合資會社 三養社

위 代理人　　朴　秉　學

郡	面	里	番地	小 作 人
郡	面	里	番地	連帶保證人
郡	面	里	番地	連帶保證人
郡	面	里	番地	連帶保證人
郡	面	里	番地	連帶保證人
郡	面	里	番地	連帶保證人

小作 土地의 表示 및 小作料

土 地 所 在				地目	地 積	小 作 料	認 印	摘 要
郡	面	里	地番					
						千　　斤		

載寧 東拓農場의 成立과 地主經營 强化

1. 序　言

　　韓末·日帝下에서의 地主經營의 변동을 말할 때, 그 최대 핵심이 될 수 있는 것의 하나는, 이 시기에는 日本人 地主 資本家들이 日本帝國의 韓國에 대한 農業殖民策과 관련하여 來韓하고, 이어서는 한국 한국인의 토지를 약탈·매수하고 한국인을 지배하는 地主가 되어 지주경영을 하고 있었다는 점이 되겠다. 그러한 地主는 이미 露日戰爭 전후에 개인 또는 企業體·會社의 農場地主로서 등장하고, 그 후에는 그들의 韓國 强占이 확정되는 가운데 그 추세가 더욱 확대되었으며, 따라서 한국농업의 운영은 이제 한국인에 의해서가 아니라 일본인 地主 資本家階級에 의해서 주도되도록 되었다.

　　日本人의 地主經營은 처음에는 구래의 韓國人 지주경영의 관례를 따라 느슨하게 행해지고 있었지만, 점차 그들의 支配政策·收奪農政이 궤도에 오름에 따라서는 그 지주경영이 그들 日本資本主義의 지주경영방식으로 전환하고, 따라서 韓國人 小作農民에 대한 지배는 종전의 지주경영에 비하여 현저히 강화되고 있었다. 이는 지주경영에 있어서의 큰 변동으로서, 그들은 이러한 지주경영의 강화를 이른바 資本家的 農業經營의 이름으로 합리화하였으며, 일본자본주의가 그 産業資本과 地主資本의 관계를 재조정함으로써 그 지주경영이 어려워짐에 따라서는, 거기에서 받는 희생을 小作農民을 수탈하는 것으로써 만회하고도 있었다.

　　이러한 현상은 그들의 地主經營에 있어서 그 경영규모의 대소를 막론하고 공통으로 드러나는 현상이었지만, 우리 농업이나 우리 농민들에게 미치는 영향력이라는 면에서 보면 不二興業株式會社, 朝鮮興業株式會社, 朝鮮開拓株式會社, 東山農事株式會社 등 몇몇 巨大地主의 그것과 함께 東洋拓殖株式會社,

즉 東拓의 그것이 으뜸이었다. 그뿐만 아니라 東拓은 日本帝國主義의 國策會社로서 巨大地主 중에서도 最大 最惡의 地主였으며, 土地調査事業이 끝날 무렵에는 그 土地 總 74,000餘 町步를 所有하는 가운데 小作人 總 150,000명을 支配하고, 1920년대에 들어와서는 그 農地 其他를 더욱 확대시켜 84,000餘 町步를 所有하는 가운데, 그 小作農民을 혹독하게 수탈하고 있었으며, 그 후에는 林野 其他의 土地를 더욱더 集積하는 가운데 1941년에는 그 所有地가 176,000餘 町步에나 달하고 있었다.[1] 그것은 실로 이 무렵 日本人 地主經營 가운데서도 地主經營 强化의 한 典型을 이루는 것이었다. 그러므로 東拓의 地主經營을 중심으로 그 農民 수탈의 加重現象을 정리하면, 구래의 地主制가 이 시기에 이르면서 어떻게 변모 강화되고 있었는지 분명하게 이해할 수 있고, 또 이 시기의 日本人 大地主의 地主經營의 實狀이나 일제하의 農業機構의 본질을 보다 선명하게 파악할 수 있을 것으로 생각된다.

물론 이 같은 東拓의 地主經營은 그 先行形態는 고사하고, 그 자체만으로도 큰 문제이고, 따라서 本稿와 같은 小論으로써 그 전모가 해명될 수 있는 것은 아니지만, 하나의 事例研究라는 입장에서라면, 本稿로써도 충분히 그 핵심을 파악할 수 있으리라 생각된다. 여기에서는 그것을 黃海道 載寧지방의 경우에서 살피려고 한다.

이곳에는 日帝하에 東拓의 農場이 있어서 농민들을 지배하고 있었지만, 이곳이 東拓農場으로 편입되기 전에는 정부의 驛屯土, 王室의 宮庄土 등 封建支配層의 庄土로 되어 있어서, 농민들은 봉건지주층의 수탈의 대상이 되고 있었다. 말하자면 이 지역은 韓末에서 日帝下에 걸치면서 宮庄土—驛屯土—東拓農場 등 經營 主體를 달리하는 地主制하에 있었던 곳으로서, 이 경영 주체의 변동에 따르는 地主經營의 내용을 비교 검토하면, 이 시기에 있어서의 地主制의 變動상황을 비교적 분명하게 파악할 수 있도록 되어 있는 것이다. 그러므로 本稿에서는 韓末·日帝下의 地主制의 强化과정을 이해하기 위한 하나의 방법, 하나의 사례연구로서, 이 載寧地方에 있어서의 地主經營의 변동상황을 經

---

1) 東洋拓殖株式會社, 『東拓十年史』, 1918, pp.42~44.
　　　　　　　　『東洋拓殖株式會社 業務要覽』, 1927, p.6.
　　李貞求, '東拓論'(『朝鮮經濟』 1-2, 1946).

營主의 交替과정과 관련하여 고찰하고자 하는 것이다.

2. 宮庄土 시절의 地主經營

　載寧地方의 東拓農場은 同郡의 北栗面에 집중되어 있었는데, 이곳은 조선
후기에는 餘勿里(남을리)로 불리던 곳으로서 王室의 庄土가 발달하고 있었다.
이른바 餘勿里堰畓 餘勿坪庄土가 그것으로서 이 장토는 王室의 農莊으로서는
각별히 중요한 곳으로 되어 있었다. 그것은 이 장토의 규모가 크다는 점에서
도 그렇고 이곳 장토에서의 생산물의 용도가 다른 곳의 그것과는 다르다는 점
에서도 그러하였다. 이곳 장토는 그 면적이 3,000石落只 600結 내외나 되고
있어서 전국에 산재하는 왕실의 有土免税結 전체의 1할이 넘을 만큼 큰 것이
었고, 따라서 所出도 막대한 것이었는데, 그러한 가운데서도 그 생산물은 王
室의 內需之用이 되고 있는 것이었다. 그래서 당시 王室에서는 이곳 장토를

　　　餘勿里堰畓卽諸宮房大庄[2]
　　　餘勿坪所在堰畓 …… 所出 係是享需與內用之需 故所重餘他自別矣[3]

라고 말하여 다른 장토와 구별하고 있었다.[4]
　餘勿坪庄土는 王室에게 있어서 이와 같이 중요한 곳이었기 때문에, 이곳 庄
土에 대해서는 農業生産을 위한 두 가지의 중요한 기본시설을 갖추고 있었다.
그 하나는 이 지방의 지리적 조건과 관련하여 마련하게 된 築堰築垌의 시설이
었다. 이곳은 載寧江 河口의 평야지대에 위치하고 있어서, 장마철에는 홍수의
범람이 잦으며, 평상시에는 海水의 浸濕이 또한 있어서 農莊을 유지하려면 이
양자에 대한 대비가 필요하였다. 그리하여 왕실에서는 이에 대한 대책으로서

---

　2)『內需司黃海道庄土文績』.
　3)『壽進宮謄錄』洪.
　4) 筆者는『朝鮮後期農業史研究』I, 초판본, 1970, pp.346~393 ; 증보판, 1995,
　　 pp.428~476에서 이미 이곳 庄土에 관하여 詳論한 바 있었다. 本節에서는 本稿 전
　　 체와의 관련을 위해서 이를 要約 紹介하게 된다.

載寧江 연안에다 堤坊을 쌓음으로써 洪水의 범람과 海水의 浸濕에서 庄土를 보호하고 있었다. 이는 庄土 成立의 기본조건이었던 것으로서 애초에 이곳에다 庄土를 마련할 때에도 그러했고, 그 후 혹 大洪水로 堤防이 무너지고 庄土가 毁損되었을 때에도 그러하였다. 庄土를 유지하기 위해서는 이를 대대적으로 修補하지 않으면 아니 되었다. 이런 경우 그 資金은 王室에서 부담하는 것이지만, 그것이 부족할 경우에는 富民이나 時作農民으로 하여금, 時作으로서 庄土를 耕作할 경우 特惠를 줄 것을 전제로, 出資 出力케도 하였다.

다른 또 하나의 시설은 洑施設이었다. 이곳 庄土는 모두가 水田이었으므로 언제나 충분한 所出을 올리기 위해서는 水利施設이 필요하였다. 여기에 王室에서는 載寧江 상류의 한 支流인 箭灘으로부터 牛頭川里, 三支江里, 栗串里를 거쳐 餘勿里에 이르는 장장 80里에 걸치는 水路를 파고 이를 독점함으로써 이곳 庄土에서의 농업생산에 차질이 없도록 하고 있었다.

그리하여 이 두 시설로 인해서, 이곳 庄土는 여러 지방의 왕실의 장토 가운데서도 가장 훌륭한 農莊이 되고 있었다. 이 지방은 원래가 토질이 좋아서 美味의 쌀이 산출되는 곳인 데다, 築垌으로써 海水와 洪水를 막아 沃野를 일구었으며, 水利施設을 갖춤으로써 농업생산에 불편이 없게 된 까닭이었다. 더욱이 이곳 庄土는 한 지역에 數百結의 농지가 집결되어 있고, 또 大江의 河口에 위치하고 있어서 서울과의 교통이 자유로우며, 封建地主로서의 庄土經營이 지극히 편리하도록 되어 있는 것이었다. 地主인 王室에서 이곳 庄土를 다른 곳의 그것과 自別하게 생각하는 것은 무리가 아니었다. 말하자면 이곳 庄土는 封建地主層의 정상에 위치하고 있는 王室의 農莊 가운데서도 가장 훌륭한 것 중의 하나였으며, 따라서 地主로서의 이곳 庄土에 대한 경영과 관리에는 각별한 배려가 있게 되는 곳, 다시 말하면 우리나라 封建地主의 農莊經營으로서는 하나의 典型을 이루는 곳이기도 하였다.

王室에서는 이와 같은 農莊을 壽進宮 毓祥宮 明禮宮 그리고 그 밖의 여러 宮房에다 분담 관리시키고 있었다. 가까이에는 內需司庄土도 있었다. 각 宮房으로 하여금 이곳 庄土의 일부를 분담 경영함으로써 그 궁방 운영의 재원을 확보케 하려는 것이었다. 이는 王室 재정의 운영방식이었다. 王室에서는 그 거대한 기구를 움직이기 위해서 막대한 財源이 필요하였는데, 그것을 그 산하

제기관으로 하여금 각 지방에 산재하는 農莊으로부터 地代를 징수함으로써 해결하도록 하려는 것이었다. 그리하여 이곳에서는 여러 宮房이 地代의 징수를 목적으로 이곳 庄土를 분담 경영하고 있었는데, 그 중에서도 중심이 되는 것은 前記한 바 세 궁방이었다.

　이러한 궁방이 庄土를 경영하기 위하여 수립한 管理機構는 다른 지방의 그것과 마찬가지로 直營(宮差 - 監官 - 舍音)을 하는 경우와 委託(導掌 - 監官 - 舍音)을 하는 경우가 모두 있었으나,[5] 19세기에 이르러서는 전반적으로 후자적인 형태를 취하지 않을 수 없게 되고 있었다. 王室에서 農莊을 경영하는 목적은 地代를 수취하는 것이었는데, 地代收取에서 時作·佃作농민과의 이해관계의 相衝은 왕실의 直營制 地主經營을 어렵게 하고 있었던 까닭이었다. 그러므로 이 시기의 地主經營의 특징은, 바로 이와 같은 時作농민의 항쟁(抗租運動)을 여하히 조절함으로써, 다시 말하면 저항하는 時作농민에 대하여 어떻게 납득할 만한 시책을 세움으로써, 지대징수의 안전을 도모하느냐 하는 데에 집약되고 있었다.

　地主와 時作농민간의 이해관계를 대립시키는 근본 원인으로서의 地代는 처음에는 分半打作, 즉 分益制로써 행해지고 있었다. 이는 宮庄土가 설치된 이래로 관행된 地代의 收取形態로서 18세기 중엽(英祖 50년경)까지 계속되었다. 그리고 이때까지는 導掌制로써 장토를 운영하는 곳도 있었으나, 宮房에서 직접 宮差를 파견하여 이를 打作收取하고도 있었다. 그러나 제도상으로는 비록 그러하였지만 그러한 分半打作의 제도가 실질적으로 제대로 시행되고 있었던 것은 아니며, 18세기 말엽에 이르러서는 그러한 제도마저도 그대로 유지하기가 어려워지고 있었다. 時作농민의 抗租운동은 半打作을 불가능하게 하였던 까닭이었다.

　分半打作制下에서의 抗租운동은 여러 가지 형태로 드러나고 있었다. 抗租운동이라고 반드시 폭력으로써만 행하여지는 것은 아니었고, 비폭력으로써 그러나 지능적으로 행하여지기도 하였다. 그 흔한 방법은 몇 가지 있었다. 그들은 비옥한 畓에서는 早稻를 재배하여 宮差가 내려오기 전에 刈食하고, 瘠薄

---

5) 宮庄土의 管理機構 일반에 관해서는 註 4)의 書, pp.295~345 참조.

한 畓에는 晩稻를 재배하였다가 이것으로써 전농지의 생산고를 통산케 함으로써 그들 몫으로 남는 것이 많아지게 한다든가, 刈稻束禾時에 宮差가 내려와서 刈稻를 감시할 때는 볏단을 크게 묶기도 하고 작게 묶기도 하였다가 벼를 말릴 때 밤을 타서 큰 볏단을 分束하여 偸出하기도 하며, 이를 또 脫穀할 때에는 태질을 不精하게 하였다가 秋收上納이 끝난 다음에 更打를 하여 이를 그들의 수입으로 하기도 하였다. 그리고 宮·私畓이 인접한 곳에서는 해마다 宮畓을 浸蝕割耕함으로써 자기 소유의 民畓은 늘리고 宮畓은 좁혀 들어감으로써 반타작을 하더라도 실질적으로는 해마다 반타작이 못 되게도 하였다. 그뿐만 아니라 分半打作과 상납을 위한 제반 노동과정을 지연함으로써, 宮差로 하여금 未凍前 京江到泊을 어렵게 하여 왕실의 地代收取行政에 큰 차질을 초래하게도 하였다.

　이러한 농민투쟁으로 인해서 이곳 장토에 대한 왕실의 지주경영은 분반타작을 목표로 하는 것이었지만 실질적으로는 그렇게 될 수가 없었다. 농민들의 태업, 태납 등으로 인한 과다한 경비의 소요와 농민들의 偸穀으로 인한 적지 않은 見失로 말미암아, 규정은 비록 分半이었지만 실제로는 3분의 1에 불과한 형편이 되고 있었다. 이때 왕실에서

通計此等冗費及多般見失之數 則所謂打作 名雖分半 實不過三分之一[6]

이라고 개탄하고 있었음은 바로 그러한 사정을 말해주는 것이었다. 그래서 왕실에서는 어쩔 수 없이 새로운 대책을 세우지 않으면 아니 되었는데, 그것이 바로 賭租制의 시행인 것이었다. 이러한 제도는 타작제하에서 받던 양만큼을

每一斗落 每一石[7]

을 收捧하는 定額制로써 징수하려는 것이었다.

　그러나 이러한 대책이 현명하고도 시행 가능한 방안일 수는 없었다. 이는

---

6)『內需司黃海道庄土文績』.
7)『明禮宮啓下節目』, 明禮宮完文, 乾隆 39年 3月 日.

地代徵收의 강화인 까닭이었다. 그리하여 이곳 庄土에서는 이로 인해서 地主,
즉 왕실에 대한 투쟁이 조직화되기에 이르렀다. 즉 이때에는 全庄土的인 규모
로, 그리고 監官·舍音까지도 作人들과 和應해서 宮差의 地代收取를 저해하였
다. 監官·舍音도 이때에는 이곳 장토를 借耕하는 時作농민이었던 까닭이었
다. 더욱이 이들 중에는 庄土가 毁損되었을 때 出資 出力하여 그것을 修補함
으로써, 그에 대한 특혜로서 많은 耕作地를 얻고 있는 부유한 時作농민도 있
었으므로, 그들의 입장에서 볼 때 地代收取의 강화를 인정하기는 어려웠다.
　왕실에서는 이 같은 地代 拒納운동에 대하여 어느 정도 양보를 하지 않고서
는 이 대결을 수습할 수가 없었다. 그것은 요컨대 농민들의 주장을 받아들여
地代率을 인하하는 방법이었다. 왕실에서는 여기에 每 1斗落 每 1石 收納의
원칙은 그대로 두고 斗落數를 3분의 1을 감해줌으로써 상납액수도 3분의 1이
감해지는 방안을 마련하였다.

元落種減三分一　上納穀物亦減三分一[8]

이라고 한 규정이 그것으로서, 王室에서는 이때의 이 조치를 '近古所無之政'이
라고까지 선전하고 농민들의 순종을 바랐다. 英祖 50년(1774)의 일이었다.
　소출의 반액을 징수하던 데서 3분의 1을 감해 주고 3분의 2만을 징수한다
면, 그것은 전소출에서는 3분의 1을 상납케 하는 것으로서, 이때 이래로 이곳
장토에서의 지대는 대략 3分取1의 원칙이 시행되었다. 좀 후대로 내려와서
高宗朝에 이르면 王室에서는 이를

本坪有四分取一之支定[9]

이라고까지 선전하기도 하고, 또 일반에게도 이를

其宮納之　以所出中　四分一歇定者　必出於募集耕作　久遠不廢之意也[10]

---

8) 『明禮宮啓下節目』, 作人等佮音記.
9) 『明禮宮載寧堰畓節目』.

라고 운위하고 있어서, 4分取1하는 것으로 이해되고 있었지만, 실제로는 늘 그렇게까지 되지는 못하였다 하더라도, 3分取1에는 가까운 제도가 유지되고 있었다.

가령 이 비율은 1結에 부과되는 실제 액수로서는 평균 635.3斗(壽進宮), 481.4斗(毓祥宮), 637.3斗(明禮宮)였는데, 이곳 庄土에서의 1결의 소출은 豊年作이면 최하 1,270.8斗에서 최고 2,965.2斗까지, 平年作이면 최하 847.2斗에서 최고 2,541.6斗까지 생산되기도 하였으며, 中畓平年作일 경우에는 1,270.8~1,694.4斗가 생산되고 있었다. 그런데 이곳의 농지는 美畓이 많았으므로, 最下畓의 경우로써 보면 2分取1이나 되는 곳도 있었지만, 中畓 이상이 되면 3分取1에 가까워지고 또 경우에 따라서는 4分取1이 되는 수도 없지 않은 것이었다.

지대의 分半收取에서 3分取1에로의 減額과 그 제도화는 地主 時作농민의 대립관계에서 時作농민의 일단의 승리였다. 하지만 이것은 풍년작이거나 적어도 평년작일 경우에 한해서 농민들이 누릴 수 있는 혜택에 불과하였다. 흉년일 경우에는 제도상으로는 비록 3分取1, 4分取1이라 하더라도, 실제로는 分半打作이 훨씬 넘을 수도 있고, 따라서 농민들에게는 이것이 무거운 부담이 되는 경우가 있었다. 그래서 3分取1의 賭租制下에서 時作농민들의 對地主 투쟁은 災年拒納운동, 즉 從實收稅의 운동으로 전개되지 않을 수 없었다. 그리고 이러한 투쟁은 흉년의 일이므로 해서 극한적이고 폭력화하는 것이 일반적이었다. 純祖 3년의 경우는 그 하나의 예였다. 그리하여 이러한 從實收稅를 부르짖는 농민들의 주장은, 한때 성공하여 都定이라는 이름으로 災年에는 災結部分에 대한 면세가 허락되기도 하였었다.

그러나 이것을 제도화시키기는 쉬운 일이 아니었다. 憲宗 7년에 왕실에서는 반격을 가하여 都定을 혁파하고 原支定대로의 상납을 강행케 하였으며, 그 대신 王室 直營의 난점을 간파한 데서 庄土運營과 지대징수를 導掌에게 위임하고 왕실은 다만 측면으로부터 이를 지원하게 되었다. 그리고 현물수납이 어려워지는 데 따르는 대책으로서는 이를 代金納으로 전환시킴으로써, 時作농

____

10) 白榮洙, 『雲樵謾錄』, 宮庄屯庄魚鹽鐵下議事錄上草.

민들의 항거를 모면해 보려고도 하였다. 그리하여 그 후에는 地主측과 時作·佃作농민간에 이 從實收稅의 문제를 둘러싸고 一進一退의 대결이 계속되어 나갔다.

　이와 같은 대결 속에서 王室, 즉 地主측에서는 원래 時作농민에 대하여 일정한 통제를 가함으로써, 그 항거를 막고 庄土 운영에 차질이 없게 하며, 時作농민으로 하여금 농업생산과 지대수납에 충실케 하려 하고 있었다. 그것은 요컨대 時作농민에 대한 대책인 것으로서 왕실에서는 그것을 庄土운영을 위한 節目으로서 마련하고 있었다. 즉, 이곳 庄土의 執綱에게 '洞內官員'으로서의 자격을 부여하여,

> 執綱 …… 作人等懶農不勤者　自斷處決
> 執綱 旣是洞內官員　則不遵令甲者　自斷決笞懲治
> (執綱) …… 作人中尤無狀者　任自懲治　出入進退亦爲自斷

케 하고 있었음은 그것이었다. 이는 庄土의 現地 관리책임자 執綱으로 하여금, 懶農不勤하는 농민이나 庄土운영을 위한 제반규정을 준수하지 않는 농민을 처벌할 수도 있고, 그 경작권을 회수할 수도 있게 한 규정이었다. 그리고 地代수납에서는 時作농민을 5명 1注飛의 단위로 묶어서 首注飛에게 그 책임을 지게 하되, 注飛 내에서 遲滯不納하는 바가 있으면

> 秋收時 執綱 …… 其矣注飛內　遲滯不納是去等　當該首注飛　治罪督納

그 首注飛를 治罪督納케도 하고, 또 地代拒納이 심한 作人은

> 秋收時 執綱 …… 作人中拒納尤甚者　報于本官　嚴囚督納

本官에 보고하여 嚴囚督納케도 하고 있었다. 이는 注飛單位로 지대수납에 책임제를 지게 하는 것이었다.[11]

　하지만 이 같은 제 규정은 時作농민의 농업생산이 불성실하고 地代수납에

---

11) 『明禮宮啓下節目』, 明禮宮完文.

이상이 있을 때에 한해서 발동할 수 있는 것이었다. 그들이 이 양자에 모두 충실하다면 王室에서는 이러한 규정을 행사할 필요가 없었다. 더욱이 경작권을 회수한다는 것은 衆民이 납득할 만한 이유가 아닌 이상 어려운 일이 아닐 수 없었다. 王室에서는 이곳 농민들에게서 경작권을 회수할 때, 이를 다른 지방으로부터의 이주민에게 경작시킨다는 무슨 계획을 세우고 있는 것도 아니었다. 또 王室, 즉 地主측은 地代의 인하를 부르짖는 농민들의 抗租운동에도 밀리고 있는 형편이었으므로, 경작권을 몰수함으로써 더욱 큰 물의를 일으키는 어리석은 처사를 범할 수도 없었다. 그리하여 이곳에서는 時作농민들이 경작권을 代를 이어가며 보유할 수가 있었다. 그것은 가령 그 경작권이

居民輩 把作傳世之基業[12]

하는 것으로 일컬어지고 있었음에서 알 수 있다. 이곳 농민들은 이곳 庄土의 농지를 조상 대대로 傳世之基業으로서 耕食해 오고 있다는 것이었다.

그러한 한에서 이곳 時作농민들은 봉건적인 佃戶농민의 지위에서 점차 자유로워지고 있었으며, 경작권도 보장되고 있는 셈이었다. 그래서 이곳 庄土內에서는 時作농민에 의한 경영확장 또는 土地所有 富民에 의한 時作地 保有의 확장이 전개되고, 따라서 時作농민층 내에서의 농민층 분해가 촉진되기도 하였다.

가령 純祖 8년에 있어서의 壽進宮庄土의 경우 549명의 時作농민이 214結 69負 4束의 庄土를 時作하고 있었는데, 41명은 1結 이상(4町步 이상) 평균 1結 69負 9束, 84명은 50負 이상(2町步 이상), 158명은 25負 이상, 266명은 25負 이하 평균 12負 5束을 보유하고 있었으며, 憲宗 8년 明禮宮庄土의 경우 267명이 78結 10負 3束을 경작하고 있었는데, 5명은 1結 이상(4町步 이상) 평균 1結 91負 1束, 30명은 50負 이상(2町步 이상), 85명은 25負 이상, 147명은 25負 이하 평균 13負 2束을 보유하고 있었음은 그것이었다. 이곳 庄土는 모두 6等田으로 1結은 약 4町步의 넓이였으므로, 이곳에는 소수의 6, 7町

---

12) 『雲樵謾錄』.

步 또는 7, 8町步 이상의 농지를 경작하는 부유한 농민이 있고, 또 2町步 이상의 비교적 안정된 생활을 할 수 있는 농민이 壽進宮庄土의 경우 전체의 22.8%, 明禮宮庄土의 경우 13.1% 있었던 반면, 대다수의 농민은 5, 6段步 정도의 농지를 借耕하는 零細時作농민으로서 살아가지 않으면 안 되는 것이 었다.[13]

庄土內에 있어서의 이와 같은 농민층 분해현상은 庄土의 안녕과 불가분의 관계가 있었다. 농민층 분해는 농지로부터 배제되는 농민을 증가시키고 이는 사회불안을 조성하는 것이기 때문이었다. 그러기에 이 시기에는 지주층의 農地貸與에 일정한 원칙이 있어야 할 것임을 貸田論·分耕論·均耕論 등으로써 논하는 바가 여론화되고 있었다. 농민경제를 안정시키고 사회불안을 제거하려면 최소한 借耕地의 보유에 있어서나마 경제적 평등이 취해져야 한다는 데서였다. 그러나 왕실에서는 이러한 문제에도 신경을 쓰지 않았다. 그것은 地主經營의 목적이 농민경제의 안정에 있는 것이 아니라 地代징수에 있을 뿐이며, 또 토지의 재분배는 경작권의 박탈을 전제로 하는 데서 중대하고도 지난한 문제였던 까닭이었다.

이러한 사실은 時作·佃作농민층 내부의 일부 농민에게는, 地主로부터 일정한 견제를 받으면서도, 그 富力을 성장시켜 나갈 수 있는 기회가 주어지고 있었음을 의미하는 것이었다. 그들은 전기한 바 소수의 富農層이었다. 이곳에서는 1結 이상(4町步 이상)의 농민은 말할 것도 없고, 50負 이상(2町步 이상)의 농민 가운데도 그러한 농민이 있었다. 이 시기의 이러한 부농층은 대체로 賃勞動과 상업적인 농업을 전제로 한 企業農, 즉 우리의 經營型富農層인 것으로 이들은 새로운 사회의 성립에 있어서 主役이 될 수 있는 존재였다. 이들은 封建的인 地主層과 이해관계를 달리하는 속에서, 地主層에 대한 압력과 零細農에 대한 희생을 바탕으로 그 富力을 점점 늘려가고 있는 力農者들이었다. 封建地主로서의 王室에서는 이러한 농민들을 어떻게도 할 수가 없었으며, 地主制內에서의 反地主的 세력의 富의 성장을 묵인하지 않을 수 없었다. 地代징수라는 점에서는 오히려 그것이 유리하기도 하였다. 영세한 時作농민일수록 地

---

13) 註 4)의 書, p.358, 表 2·3 참조.

代의 수납이 어려운 까닭이었다.

그뿐만 아니라 이들은 勞動力이 부족하면, 3分取1 또는 4分取1이라고 하는
歇價의 地代에 편승하여, 中畓主가 됨으로써 기생적인 기능을 발휘하기도 하
였지만, 地主로서의 王室에서는 이도 또한 그대로 방임하지 않을 수 없었다.
中畓主는 지주인 왕실에 대해서는 時作농민이면서, 그가 借耕하고 있는 농지
의 일부 또는 전부를 직접 경작하지 않고, 實作人에게 다시 이중으로 대여함으
로써 二重時作의 관계를 맺고, 그 자신은 地主와 實作人 사이에서 中賭地主·
中畓主가 되어, 지대의 일종인 中賭地를 징수하는 계층이었다. 時作농민으로
서는 地主의 권익을 침식하는 가운데 성장하고 있는 존재였다. 그리하여 이
시기의 宮庄土에서는 中畓主·經營型富農層이 성장할 수가 있었으며, 그것은
또 봉건제 말기의 庄土經營에 있어서의 하나의 農業慣行이 되고 있었다. 封建
地主制의 해체과정 속에 새로운 사회 세력이 성립하고 발전하는 하나의 표현
이었다.[14]

3. 驛屯土 시절의 地主經營

甲午改革 이후 이곳 庄土의 경영에는 여러 가지 변화가 일어났다. 그것은
이때에 있었던 대대적인 政治制度上의 개혁의 일환으로서 宮中·府中財政의
정비와 그 후 日本의 침략이 강화되어 그들의 뜻에 의해서 財政整理와 統監政
治가 행하여지게 된 데서였다. 이러한 일련의 정치·경제상의 변동과 제도개
혁은, 이곳 庄土 운영상에도 크게 작용하여, 그 운영기구와 그에 따르는 지주
제의 내용을 종전에 비하여 크게 변모시키는 바가 되었다. 그리하여 이러한
변동과정을 통해서 이곳 庄土는 이른바 驛屯土制度에 포괄되어졌으며, 따라
서 그 지주경영은 종래의 宮庄土 중심의 지주제에서 驛屯土 중심의 지주제로
전환되기에 이르렀다.

---

14) 이곳 庄土에서 中賭地主·中畓主가 발생하게 되는 사정과 그 실태에 관해서는 都珍
   淳, '19세기 宮庄土에서의 中畓主와 抗租'(『韓國史論』 13, 1985) 및 註 35)의 拙
   稿 참조.

驛屯土는 驛土 屯土 宮庄土 陵園墓附屬地 등의 賭地 수입을 통해서 국고수입을 늘려 주고 있는 토지의 총칭이었다. 宮庄土를 이 명칭하에 포함시키는 것은 정확하지 않지만, 이상의 國有地를 하나의 제도로서 종합하려 할 때, 이 여러 종류의 토지 가운데서도 그 대부분을 차지하는 것은 驛土와 屯土인 까닭에, 宮庄土도 이 시기에는 驛屯土의 개념 속에 포함되고 있었다.[15] 그러나 宮庄土가 비록 이와 같이 驛屯土제도에 간단하게 편입되기는 하였지만, 그 地主經營상에 큰 변화를 일으키게까지 되는 데는 몇 단계의 과정을 거치고 있었다.

A ― 그 첫 단계는 甲午改革에서 光武 11년(帝室財産整理)경까지의 시기였다. 이 기간에는 제도개혁에 따라 정부기구와는 별도로 宮內府가 생기고, 宮內府 안에는 內藏院(처음에는 內藏司, 후에는 經理院)이 설치되어 王室寶物의 보존과 世傳莊園 기타의 재산을 관리하게 되었는데, 이 기구의 설치로 인하여서는 종래의 宮庄土는 두 계통으로 분리 운영되게 되었다. 즉, 한편으로는 宮庄土의 대부분을 여전히 각 宮房으로 하여금 종전과 같이 관리 운영토록 하되, 다른 한편으로는 종래에 각 宮房에서 운영하던 庄土의 일부분을 內藏院에다 직속시켜 이곳에서 관리하고 운영하게 하는 것이었다. 그리고 이 內藏院에서는 甲午 이후 改正된 제도에 따라 마련된 驛土와 屯土에서의 地代징수권도 인수하였는데(처음에는 農商工部 軍部에서 관리), 이로써 이 기관은 宮庄土의 일부와 함께 驛土 屯土 등 거대한 농지를 관장하기에 이르렀다.

이러한 기구개편에 따라서 이곳 載寧地方의 餘勿坪庄土에서도 그 관리운영상에 변화가 일어나게 되었음은 말할 것도 없는 일이었다. 그것은 무엇보다도 이곳 內藏院庄土의 節目에,

此坪田畓이 原是公土로 各宮納支正과 內院納賭租 各有定規[16]

라고 되어 있음에서 알 수 있다. 이곳 庄土는 각 宮房의 관할하에 있는 것과 內藏院의 직할하에 있는 것으로 구분하되, 이를 총괄적으로 內藏院에서 관할

---

15) 荒井賢太郎, 『韓國財政施設綱要』, 1910, p.11.
　　朝鮮總督府, 『驛屯土實地調査槪要』, 1911, p.1.
16) 光武 8年 2月 日 『載寧郡餘勿坪賭租收捧節目』.

하도록 하고 있는 것이었다. 內藏院 및 政府에서는 이와 같은 內藏院 관할하
의 庄土로부터의 賭地를, 宮庄土를 驛屯土에다 포괄하고 있듯이, 驛屯賭(또는
屯驛賭)에다 포함하여 징수하고 있었다. 가령 經理院에서 光武 10년도의 이
곳『驛屯賭收捧成冊』을 마련함에 있어서, 驛賭錢 葛山屯賭租 都監屯賭租 등
과 함께 餘勿坪中賭租도 驛屯賭의 이름으로 처리하고 있는 것이라든가, 또는
光武 8년의 內藏院에서 이곳 庄土의 節目을 마련함에 있어서 '內藏院所管 各
郡屯驛賭穀檢刷'사업에서의 檢刷의 대상에다 이곳 장토의 內院賭租를 또한 포
함시키고 있었음은 그러한 예라고 하겠다.[17]

　內藏院 직할하에 들게 된 이곳 餘勿坪의 장토는 壽進宮 明禮宮 毓祥宮畓의
일부와 順和宮 大宮 日宮 錦宮 竹洞宮畓 등을 전부 합친 것이고, 中畓主權도
탈취하여 그 賭支를 징수하려는 것이었다. 그 규모는 조사시기에 따라 다소
차이가 나지만, 光武 8년 이후에는 左右栗合賭가 租로 6,104石 2斗 2升인 것
이었으며, 例下條를 제한 實上納은 租 5,216石 19斗 3升이었다.[18] 그리고 光
武 11년도의 조사에 의하면 壽進宮 明禮宮 毓祥宮 소속의 餘勿坪 소재 庄土
는, 각각 壽進宮은 賭租 7,039石 2斗에서 例下條를 제외하고 實上納이 4,158
石 6斗, 明禮宮은 賭租 3,102石 實上納 2,377石 16斗, 毓祥宮은 賭租 4,221
石 15斗 8升 4合 實上納 2,770石 14斗 8升 6合이었으며, 이 밖에 明禮宮과
毓祥宮에는 芦田 6개소가 더 있었다.[19] 그러므로 이때 이곳 餘勿里를 중심한
載寧지방에 소유하고 있는 王室의 全庄土는 그 수입이 20,467石 4合이며, 例
下條를 제외한 實上納만도 14,523石 16斗 1升 6合이나 되는 것이었다고 하
겠다.

　庄土의 운영상에 이러한 변화가 있고, 王室에서는 그것을 계속 추구하고 있
기는 하였지만, 이 단계에 있어서의 이와 같은 변화는 地主經營의 강화, 즉

----

17) 光武 11년 2월 일『黃海道各郡 10年度驛屯賭租錢捧未捧區別成冊』 註 16)의 節目.
18) 註 16)의 節目.
　　이것이 光武 3, 4년에는 각각 다음과 같았다. 光武 3년 己亥 10월 일『黃海道載寧
　　郡餘勿坪中賭支上納成冊』에는 左右栗都合元賭租 6,168石 16斗 7升 : 光武 4년 庚
　　子 10월 일『載寧郡餘勿坪中賭支捧上都錄』에는 左右栗都已上兩合租 6,039石 8斗
　　3升.
19) 光武 11년 3월『黃海道各宮司所有田畓等 不動産調査表』載寧郡條.

時作·佃作농민에 대한 地代수탈 강화를 制度的으로 정착시키고 있는 것은 아니었다. 이곳 庄土의 경우, 諸宮房의 時作농민 대책은 종전과 다름없었으며, 內藏院의 그것도 아직은 제도적 정착이 안되고 있었다. 地代를 종전에 정한 바 賭地制로 그대로 받고 있었음은 그것이었다. 가령 明禮宮庄土의 경우 宮庄土 시절에 소유하고 있었던 농지에 대하여 정한 바 支定은 2,927石 14斗였는데, 그 농지에 대한 규정은 이때에도 그대로 적용되고 있어서 光武 3년, 7년, 11년도의 地代징수는 모두 이 액수로써 행하여지고 있었다.[20] 그리고 時作농민에 대한 통제도 종전의 원칙을 그대로 따랐으며 새로운 규정을 마련하고 있지 않았다. 그러한 사정은 光武 8년에 新規로 작성하고 있는 內藏院의 節目에 잘 드러나 있다.[21] 이 절목에서는 서울에서 파견되는 收租官이나 庄土의 관리인인 監官·監考 등이 중간에 作奸層生하는 폐단을 제거함으로써 賭地收捧에 정확을 기할 것을 목표로 하였으며, 時作·佃作농민에 대한 새로운 통제규정은 마련하고 있지 않았다. 中畓主權의 탈취도 잘 안되어 그들은 아직 많이 남아 있었다.

더욱이 이 단계에 있어서는 從實收稅에 관한 농민들의 주장이 반영되고도 있었다. 宮庄土 시절의 마지막 단계에 있어서의 이곳 庄民들의 對地主(王室) 투쟁의 목표는 從實收稅의 원칙을 제도화하는 일이었는데, 甲午改革 이후의 이곳 庄土에서는 內藏院 관할하의 農莊이거나 諸宮房 관할하의 그것이거나를 막론하고 從實收稅를 원칙으로서 받아들이고 있는 것이었다. 가령 內藏院의 節目이

每年 浦落陳廢間或有之 則收稅之節 從實踏驗 實浦實陳處 除給之[22]

라는 규정을 附則으로 마련하고 있는 것, 실제로 毓祥宮의 光武 9년조 賭地收捧에서 災減이 365石 9斗 3升 7合이었음과, 壽進宮의 光武 11년조 收賭에서

---

20) 光武 3년 己亥 10월 일 『載寧明禮宮支定上納成冊』.
    光武 7년 癸酉 10월 일 『明禮宮載寧支定上納成冊』.
    丁未 11월 일 『載寧前明禮宮支定成冊』.
21) 註 16)의 節目.
22) 註 16)의 節目 참조.

浦減이 328石 3斗 7升이나 되었던 것, 그리고 明禮宮의 光武 3년조 收賭에서의 今年陳減이 105石 9斗, 光武 11년조 收賭에서의 今災減이 93石 12斗 5升, 今灾追減이 26石 8斗 5升이었음은 그러한 예였다.[23]

그러나 그러면서도 이 단계에 있어서, 內藏院에서는 驛屯土 經營을 강화시켜 나갈 것을 방침으로 세우고 이를 실천에 옮기고 있었다. 이 시기는 지배층이 農民軍을 진압하는 가운데, 甲午改革을 통해 地主制를 바탕으로 한 근대화 방안을 정착시킨 후의 일이고, 더욱이 皇室의 권한이 강화되고 있는 시기였으므로, 그 地主經營은 필연적으로 강화될 수밖에 없었다. 王室에서는 그것을 혹 地代를 인상함으로써 달성하려고도 하였으나, 그러나 이때에는 주로 中賭地權 中畓主權을 탈취하는 것으로써 그 목적을 달성하려 하고 있었다. 그것은 光武 3, 4년경부터의 일로서, 이때 內藏院에서는 이곳 庄土의 中賭租量案[24]을 작성하고 그 中賭地權을 뺏으려 하였으며, 露日戰爭이 발발하고 大韓帝國의 정치가 日帝의 영향하에 들어가게 되는 光武 8년에는 그 소관하에 있는 전 驛屯土에 대하여 中畓主 제거의 原則을 천명하게 되었다.[25] 中畓主를 제거함으로써 그들이 차지하던 수입을 內藏院에 귀속시키려는 것이었다.

그렇지만 이때에는 內藏院의 이러한 기도에 대하여 中畓主層의 강한 반발과 저항이 있음으로 인해서,[26] 內藏院이 그 기도하는 바를 制度로서 확립하는 가운데 그 地主經營을 강화시킬 수는 없었다.

B — 다음 단계는 帝室財産이 정리되는 시기였다. 이는 光武 11년에서 隆熙 2년에 걸치는 짧은 기간에 불과하였지만, 이 기간에 이곳 庄土에서는 그

---

23) 乙巳 10월 일 『毓祥宮載寧餘勿坪上納成冊』.
　　隆熙 元年 丁未 11월 일 『前壽進宮載寧餘勿坪左右栗都聚秋收成冊』.
　　註 20)의 『載寧明禮宮支定上納成冊』, 『載寧明禮宮支定成冊』.
24) 光武 3년 己亥 10월 일 『黃海道載寧郡餘勿坪中賭支上納成冊』.
　　光武 4년 庚子 10월 일 『載寧郡餘勿坪中賭支捧上都錄』은 이때 작성된 것이었다.
25) 註 35)의 拙 稿, p.433, 437.
26) 鄭昌烈, 註 33)의 논문.
　　朴贊勝, ‘1865~1907년 驛土·屯土에서의 地主經營의 강화와 抗租’(『韓國史論』 9, 1983).
　　都珍淳, 註 14)의 논문.
　　拙 稿, 註 35)의 논문 등 참조.

經營主體와 經營方法에 실로 커다란 변화가 일어나고 있었다. 帝室財産의 정리는 韓末에 있었던 이른바 財政整理의 일환으로 제기된 것으로서, 帝室財産과 國有地를 정리하고, 帝室有地 중에서의 皇室及皇族의 재산과 帝室財産을 구분 정리함으로써, 帝室財産으로서의 諸土地를 國有化하는 작업이었다. 이러한 작업을 위해서 정부에서는, 統監府의 지배하에, 光武 11년 2월에는 宮內府에 各宮事務整理所, 同 6월에는 宮內部 制度局에 臨時整理部를 두었으며, 또 光武 11년 7월에는 정부에 臨時帝室有及國有財産調査局을 설치함으로써 사업을 추진하였는데,[27] 이러한 기구의 委員會의 결의를 통해서는 대략 다음과 같은 사항이 결정되었다.

1. 宮內府所管의 土地中 分明히 民有로 認定할 수 있는 것 40餘 件에 대하여는 이를 還給處分할 것.
2. 宮庄土의 導掌은 그 性質을 판정하여 投託導掌에게는 그 投託地를 還給하고 그 밖의 導掌에게는 그 純收入高의 三箇年分을 交付할 것.
3. 宮內府所管 及 慶善宮所屬의 一切不動産은 宮殿太廟의 基址 及 本朝陵園墓를 除外하고 이를 國有로 移屬할 것.
4. 漁礁 洑稅 其他 宮內府의 諸稅의 徵收權은 一切 國庫에 歸屬할 것.[28]

이는 요컨대 宮房田에 混奪入된 民田을 정리함이었고, 宮房田이나 王室의 諸般利權을 國有化함이었다. 前者의 정리는 너무나 분명하므로 당연히 그러해야겠으나, 후자 특히 宮房田의 國有化는 王室의 이해관계에 관계되는 것이었으므로 이렇게 간단하게 처리될 수 있는 문제가 아니었다. 하지만 高宗은 이미 일제에 의해서 왕위에서 밀려났고, 純宗은 이를 분별할 만한 판단력과 또 이를 거부할 만한 힘이 없었다. 純宗은 隆熙 2년 6월에 어쩔 수 없이 이 사실을 시인하고, 이를 법제화하는 勅令을 頒布하지 않을 수 없었다.[29] 그리하여 이러한 일련의 작업으로 인하여서는 지금까지 王室所管으로 되어 있었

---

27) 荒井賢太郎, ① 前揭書, pp.189~192.
　　　　　　② 『臨時財産整理局事務要綱』, 1911, pp.11~13.
　　和田一郎, 『朝鮮의 土地制度及地稅制度調査報告書』, 1920, pp.574~577.
28) 荒井賢太郎, 同 上 ①, p.192 ; ②, p.13.
29) 『勅令』 22, 隆熙 2년 6월 25일, 勅令 第39號.

던 이곳 庄土도 國有로 넘어가게 되고, 따라서 이곳 庄土의 經營主는 王室에서 政府 즉 度支部로 교체되기에 이르렀다. 그리고 이와 아울러서는 종래에는 宮內部에서 관장하던 驛屯土의 관리도 度支部로 이관함으로써,[30] 탁지부는 이제 제1단계에서 볼 수 있었던 驛屯土와 宮庄土의 이중적인 경영관계를 일괄 관리하게 되었다.

이와 같이 帝室財産이 정리됨으로써 宮庄土가 國有化되어 가는 과정에서는 地主經營상에도 커다란 변화가 일어나지 않을 수 없었다. 그것은 주로 庄土의 관리 운영상의 문제로서 宮庄土의 관리기구를 근본적으로 개혁하는 일이었다. 즉, 宮庄土 경영에 있어서 기본 특징의 하나는 庄土가 소재하는 현지에는 監官·舍音 등 관리인을 두고 租稅 請負人으로서의 導掌으로 하여금 이들을 통솔하여 地代를 징수 상납케 하는 것이었는데, 庄土 운영권의 政府移管은 이와 같은 관리기구를 필요로 하지 않게 된 것이었다. 그리하여 전기한 바 各宮事務整理所나 臨時帝室有及國有財産調査局에서는 導掌權의 처분 문제를 논의하고 그 기구의 解體를 의결하게 되었다.[31] 그리고 여러 지방 여러 宮房의 監官·舍音은 各宮事務整理所所管 宮庄監官으로 통합함으로써 全庄土 운영의 획일화를 꾀하기도 하였다.[32] 그러나 그러면서도 이때까지는 아직 庄民에 대한 대책에 있어서 하등의 根本的인 변화를 일으키고 있지 않았다.

C — 마지막 단계는 度支部에서 관장하게 된 종래의 驛屯土와 宮庄土를 모두 驛屯土의 이름으로 통합한 후, 새로운 驛屯土管理規程을 마련함으로써 地主權을 제도적으로 강화하게 되는 시기였다. 이를 위해서 정부에서는 隆熙 3년 6월에서 同 4년 9월에 이르는 사이에 전국의 驛屯土에 대한 驛屯土實地調査(土地調査)를 행하고 있었다. 그리고 이러한 토지조사를 통해서는, 종래의 宮庄土 지주제가 驛屯土 지주제로 전환하는 가운데, 그 地主經營의 내용이 여러 모로 변모하고 강화되어 나갔다.[33]

---

30) 『勅令』22, 隆熙 2년 6월 29일, 勅令 第40號.
　　韓國度支部, 『現行韓國法典』, 1910, p.1063.
31) 註 28)의 결정서 제2항.
　　和田一郎, 前揭書, pp.583~584.
　　裵英淳, '韓末司宮庄土에 있어서의 導掌의 存在形態'(『韓國史研究』30, 1980).
32) 隆熙 元年 8월 일 『各宮事務整理所宮庄監官規則』.

그 첫째는, 時作·佃作농민, 즉 小作人(이하 時作·佃作농민은 제도상 小作농민으로 표현된다) 통제를 위한 규정이 철저해지고 있는 점이었다. 즉, 度支部에서는 驛屯土의 관리를 각 지방의 財務監督局長 관할하에 두고, 농민들이 驛屯土를 借耕하려면 문서상으로 小作契約을 체결해야만 하도록 하였는데, 그러한 계약에 있어서는 借耕期間을 5년 이내로 하고 있었다. 이 기간은 갱신할 수도 있는 것이지만, 갱신을 안 해 주면 자동적으로 소작권을 잃게 되는 것이었다. 그뿐만 아니라 이와 관련해서는 小作權을 함부로 타인에게 讓渡·賣買·典當·轉貸치 못할 것을 명시하였고, 小作人이 小作料를 체납하고 納入의 가능성이 없을 때, 토지의 형상을 함부로 변경하거나 혹은 토지를 황폐케 했을 때, 驛屯土管理規程을 위반하였을 때, 그리고 정당치 못한 소행이 있을 때에는 정부는 언제든지 일방적으로 小作權을 파할 수 있음을 규정하고 있었다.[34] 이러한 사정은 宮庄土 시절에 비하여 小作기간은 전반적으로 단축되고 小作權은 약화되고 있는 반면, 地主權이 월등히 강화되고 있음을 표현하는 것이라고 하겠다.

둘째는, 中畓主, 즉 中間小作人의 農業慣行을 철저하게 배제하고 있는 점이었다. 宮庄土 官屯田 驛土 등은 그 성립 사정이나 그 경영상의 특수사정(장토 파괴시의 보수 出資) 때문에, 時作·佃作농민의 耕作權에 대하여 경우에 따라서는 일정한 特權을 부여하게 되고, 이는 마침내 경작권의 轉貸, 즉 二重時作 관계를 성립시키게까지 하였었다. 그리고 이러한 二重時作 관계는 농민층 분해가 촉진되고 時作농민의 地主層에 대한 항쟁이 격화되어 地代率의 저하가 있게 되면서 더욱 성장하였으며, 開港通商 이후 米穀貿易의 성행으로 米價가 등귀함에 따라서는 한층 더 현저해지고 있었다.

이들은 自己經營의 한도를 넘는 부분의 농지에 대해서는, 자기 명의로 된 借耕地를 이중으로 타인에게 대여함으로써, 高率의 지대를 받아 低率의 賭租

---

33) 朝鮮總督府,『朝鮮의 小作慣行』下卷 參考編, 從來의 朝鮮의 小作慣行調査資料, 1932, 第13章 驛屯土 小作慣行, pp.306~340 ; 朝鮮農會,『朝鮮의 小作慣行(時代와 慣行)』, 1930, pp.165~202에는 이 무렵의 驛屯土에서의 地主經營이 槪括的으로 서술되어 있으며, 최근의 연구로는 鄭昌烈, '韓末에 있어서의 驛屯土問題', 서울대 대학원, 1968이 있어서 참고된다.
34)『現行韓國法典』, 驛屯土管理規程, pp.1064~1072.
　　朝鮮總督府,『驛屯土實地調査槪要』附錄, 1911, pp.2~8.

를 납부하고 중간에서 그 차액을 착복하는 기생적인 존재였다. 그러기에 地主
側으로서 보면 地主의 이익을 중간에서 가로채는 존재였으며, 實小作農民의
입장에서 보면 그들의 수익을 부당하게 수탈하는 존재였다. 그렇지만 이들의
이와 같은 존재 형태는 地主時作制라고 하는 체제 속에서 時作농민이 反地主
的인 세력으로 성장하는 하나의 형태이고 과정이었다. 더욱이 이들은 甲午改
革 이후에는 지방의 유력자, 즉, 권세가나 舊吏屬 가운데서도 많이 발생하고
있어서, 地主로서도 마음대로 다루기 어려운 존재였다. 그러므로 地主層이 될
수 있는 한 그들의 지주경영에서 이들을 배제하고자 하는 것은 당연한 일이었
으며, 실제로 王室의 宮庄土에서는 앞에서도 언급한 바와 같이, 中畓主를 제
거하고 그 中畓主權을 탈취하기 위하여 무던히 고심하고 또 그 작업을 여러
차례 시도하고도 있었다. 그러나 과거에는 그러한 노력이 그렇게 쉽게 성취되
기 어려웠으며, 따라서 中畓主는 여전히 그대로 존속하는 수밖에 없었다.
  그런데 이때에 이르러서는 그러한 中畓主 문제에 대하여, 강한 權力이 法的
制度的으로 강한 통제 조치를 취하고 있는 것이었다.[35] 이때 政府나 日帝의
統監府에서는 그것을

  小作權의 安固를 期하고 농사의 개량을 도모하려면은 이들 中間小作人을 배제하
  고 實小作人에 접촉할 필요가 있다.[36]

는 이유로써 강행하였지만, 그러나 그 주목적이 小作농민의 안정을 위함이 아
니라, 地主수입의 증가에 있었음은 말할 것도 없는 일이었다. 그것은 中間小
作人이 취득하던 부분을 실제의 小作농민에게 돌려주는 것이 아니라 地主수
입에 가산시키고 있는 까닭이었다. 二重小作의 문제는 늘 논란이 되어 오던
중요과제였으나, 그것을 폐절시키는 데까지는 이르지 못하고 있었는데, 이때
에는 그것을 驛屯土調査, 驛屯土管理規程을 통해서 권력으로써 강행하고, 그
수입을 제도적으로 몰수함으로써 地主수입을 증대시켜 나가고 있었다.

---

35) 『驛屯土實地調査槪要』, p.8.
    拙 稿, '韓末에 있어서의 中畓主와 驛屯土地主制'(『韓國近代農業史研究』 下).
36) 『驛屯土實地調査槪要』, p.8.

셋째는, 地代 즉 小作料를 전반적으로 새로이 詮定하되 그 率을 높이고 있는 일이었다. 종래에는 驛土 官屯田 宮房田 등에 따라 농민의 부담이 다르고, 또 각각의 庄土內에서도 지역에 따라 차이가 있어서 사실상 형평을 잃고 있었으므로, 이제 이러한 농지를 모두 國有化하여 驛屯土로서 통합하고 정부에서 收賭하게 된 이상, 이와 같은 小作料의 불균형을 匡正함으로써 소작자의 부담에 厚薄이 없게 하고, 아울러 그 징수의 확실성도 기해야 한다는 데서였다.[37]

그런데 그와 같은 小作料의 詮定을 정부는 농민에게 유리하게 하는 것이 아니라 地主, 즉 정부에 유리하게 하고 있었다. 그리고 그와 같은 小作料의 개정에 있어서도, 驛屯土의 실제 소출을 정확히 조사한 위에서가 아니라, 民畓의 소출을 통해서 간접적으로 詮定하는 애매한 방법을 취하고 있었다. 즉 小作料를 개정함에 있어서는 원칙적으로,

　　每筆地의 收穫高에 비례되어야 할 것임은 말할 것도 없지만, 그러나 驛屯土 各 筆地에 대해서 收穫高를 조사하고 이에 의해서 小作料額을 算定한다는 것은 쉬운 일이 아니므로, 각 洞里에서 大約 驛屯土를 三級으로 나누어 이 各級과 地位品等을 같이하는 民有地를 撰定하여 그것의 收穫高, 小作料額, 그리고 그 地方의 小作慣行을 조사함으로써 이에 비준할 만한 驛屯土의 小作料額을 類推[38]

하는 것이었다. 그리하여 田畓別 每等 標準地의 小作料額을 조사 결정한 연후에는, (賭租의 경우) 그 1할을 공제한 액수로써 100坪當 소작료를 산출하여 이를 率로써 每筆地의 소작료를 산정하였으며, 표준지의 소작료가 打租일 경우에는 그 1할 9분을 공제한 것으로써 하고, 또 표준지의 小作人이 地稅를 납부하고 있는 것이면 그 地稅相當額을 소작료에 가산한 것으로써 계산하였다. 이와 같이 소작료를 결정함에 있어서 民間 小作料의 산출기준에서 1할을 공제한 것은, 民有地에 있어서는 지주가 種子의 給付, 金融의 편의를 제공하는 예가 있지만, 驛屯土에 있어서는 이것이 없음을 참작함이었고, 打租에 대해서 1할을 더 감하는 것은 장차 豐凶에 관계없이 年年定額으로써 징수할 것이기 때문이라는 것이었다.[39]

---

37) 同上 『槪要』, p.18.
38) 同上 『槪要』, p.19.

이러한 類推로써 정해지는 小作料는 全收穫高의 4~4.5할이 되는 것으로 서, 일반 民間에 있어서의 소작료보다 실질적으로 적을 것이 없는 것이었으며, 종래의 驛屯土로 통합되기 이전의 驛土 官屯田 宮房田 등의 그것보다 월등히 고율이 되고 있는 것이었다. 이곳 庄土에서는 3分取1이나 경우에 따라서는 4分取1의 비율로써 地代가 징수되고 있었으므로, 그 증가분은 실로 큰 것이 아닐 수 없었다. 政府에서는 이러한 小作料의 개정에 관하여, 농민들도 '얼마간 小作料의 增徵이 있을 것을 예상하였다'[40]고 표현함으로써 이때의 增率이 크지 않은 것으로 말하였지만, 이 개정은 얼마간 정도가 아니라 실로 엄청난 增率인 것이었으며, 또 地主수입의 강화인 것이었다.

넷째는, 隱結을 찾아냄으로써 地主수입을 더욱더 늘리게 된 일이었다. 이 隱結에는 舊吏屬이 私食하고 있었던 것과 時作농민이 欺隱하고 있었던 것이 있었는데,[41] 어느 것이나 地主수입의 증대를 위해서는 큰 의미가 있는 것이었고, 時作농민들이 欺隱할 수 있었던 농지가 발각되어 地代·小作料를 내게 된 것은 그들에게 큰 타격이 아닐 수 없었다.

그리하여 이 마지막 단계의 地主制 強化를 위한, 이상과 같은 驛屯土調査로 인하여서는, 실제로 地主수입이 크게 증대하고 있었다. 그것은 1906년(光武 10년)의 300,000원(推定)에서 1911년에는 1,306,821원으로 되었을 만큼 크게 증대한 것이었다. 이는 1906년에서 1911년에 이르는 5년간에 지주수입이 4배 이상으로 늘어났음을 보여주는 것이었다.[42] 이러한 수입의 증대는 물론 이상에 열거한 사정 이외에도, 종래에 지주가 지출하던 庄土經營을 위한 諸費用이 政府機構를 통하게 됨으로써 절약되었다는 사실이라든가, 그 밖의

---

39) 同上『槪要』, pp.20~21.
40) 同上『槪要』, p.16.
41) 同上『槪要』, p.10.
42) 同上『槪要』, p.32. 그 內容은 아래 表와 같다.

驛屯賭收入 增加狀況

年度	收入金額	年度	收入金額
1906	300,000圓	1909	1,034,043圓
1907	586,804	1910	1,130,251
1908	856,957	1911	1,306,821

여러 가지 사정이 배려되어야 하겠지만, 그러나 기본적으로는 역시 전기한 바 諸事情, 특히 地代의 인상과 中畓主權의 박탈이 그 이유가 되는 것이었음은 말할 것도 없었다. 그러한 점에서 이 驛屯土 시절의 마지막 단계에서는 地主經營의 강화가 법적 제도적으로 정착되고 있는 것이었다고 하겠다.

4. 東拓農場 시절의 地主經營

1) 農場의 設置

財政整理의 일환으로서 驛土 屯土 宮庄土 등이 통합되어 하나의 새로운 驛屯土機構로서 제도화되는 것과 때를 같이하여, 日帝는 이때 이 土地를 수탈할 수 있는 새로운 방안을 또한 모색하고 있었다. 國策會社인 東洋拓殖株式會社, 즉 東拓의 설치는 그 하나였다. 日帝는 露日戰爭 이후 이미 제국주의 열강으로부터 한반도 경쟁에 있어서의 정치적 패권을 인정받고, 또 이른바 그들의 保護條約을 강제로 체결함으로써 우리나라를 실질적으로 지배할 수 있게 되었으며, 그러한 점에서 이 무렵의 財政整理도 행해지고 있었던 것이지만, 그러나 우리나라는 아직 엄연히 하나의 國家로서 존재하고 있었으므로, 우리의 농지를 수탈하고 우리의 농업을 그들의 經濟圈에 예속시키기 위해서는 보다 더 효율적인 새로운 조치가 필요하였다. 여기에 그들은 우리나라에 대한 農業殖民을 구상하게 되고, 이를 통하여 우리 농업의 日本化를 꾀하게 되었으니, 韓國拓殖株式會社로서 구상되고 東洋拓殖株式會社로 설치를 보게 된 이른바 東拓은 그것이었다.

이와 같은 東拓의 설립 사정에 관하여는 이미 그 실상이 밝혀져 있는 터이지만,[43] 이때 그들은 벌써 이를 위해서 어떤 형태의 殖民事業이 되어야 할 것

---

43) 朝鮮農會, 『朝鮮農業發達史』 政策篇, 1944, pp.118~128.
　　權寧旭, '日本統治下의 朝鮮에 있어서의 所謂 驛屯土問題의 實體'(『朝鮮近代史料硏究集成』 3, 1960, pp.81~104).
　　青木香代子, '東洋拓殖株式會社의 設立'(『朝鮮近代史料硏究集成』 3, 1960, pp.105~153).
　　黑瀨郁二, '日露戰後의 朝鮮經營과 東洋拓殖株式會社'(『朝鮮史研究會論文集』 12,

인가에 관한 면밀한 조사와 계획을 세워놓고 있었다. 그것을 담당한 것은 東拓을 설치하는 데 주동하였던 桂太郎을 會頭로 하는 東洋協會의 한 회원이고, 東拓이 설립된 후에는 그 調査部長으로 취임하여 한국 농민을 수탈하고 한국 경제를 예속시키는 데, 狡知를 발휘하였던 法學者 嶺 八郎이었다. 그는 東拓 設立法案이 일본에서 提論되던 무렵에 벌써 그것을 완성하고 있었다.

그 조사에 의하면 그는 프러시아의 폴란드에 대한, 오스트리아의 보스니아에 대한 拓殖經營을 그 標本으로서 제시했고, 韓國經營을 위한 자료, 北海道 拓殖에 관한 자료, 日本帝國의 韓國經營의 불가피성을 설명하기 위한 여러 자료를 수집하여 수록하고 있었다.[44] 그뿐만 아니라 그는 또 일본에 있어서의 人口팽창과 食糧문제, 증가 인구에 대한 직업 및 거주지의 제공문제, 그리고 그것이 해결되지 못하였을 때의 사회적인 모순의 격화문제를 논함으로써, 韓國經營의 절대적인 필요성을 강조하기도 하였다. 그리고 그렇게 하는 것은 二大戰役(淸日·露日戰爭)을 통해서 겨우 이것을 취득한 日本帝國에게는 당연한 보상임을 덧붙이기도 하였다.[45] 그리하여 그들의 우리나라에 대한 拓地殖民은, 독일이나 오스트리아의 식민정책을 표본으로 하면서, 그들의 人口 食糧 문제의 해결과 한국민에 대한 同化政策도 겸하여, 우리의 토지를 수탈하고 우리의 농업을 지배하기 위한 계획으로서 세워졌고 이는 또 주도하게 실천에 옮겨졌다.[46]

東拓의 설치문제가 日帝에 의해서 우리나라에 제의되고 논의되었던 것은 隆熙 元年(1907) 12월의 일이었지만, 당시 이미 일제에게 괴뢰화되고 있었던 親日政權, 특히 總理大臣 李完用과 內部大臣 宋秉畯은 이를 즉석에서 동의하고 환영하였다. 아마도 그들은 韓日 兩國이 합작투자하여 한국의 산업을 개발한다는 데 현혹되었거나, 그렇지 않으면 사적인 이해관계가 이 문제에 얽혀 있었을 것이다.[47] 그리하여 隆熙 2년(1908) 8월에는 同 會社의 설립방안이

1975) 등 참조.
44) 嶺 八郎, 『韓國拓殖參考資料』, 1908.
45) 嶺 八郎, '國民經濟上에서 본 朝鮮經營의 根本義'(『朝鮮及滿洲之研究』, 1914, pp. 141~147).
46) 酒井鎭東, '朝鮮의 拓地殖民'(『朝鮮及滿洲之研究』, 1914, pp.148~154).
47) 靑木香代子, 前揭論文, pp.119~120 참조.

법으로 공포되고, 同 9월에는 日本측의 요구에 의해서 韓國의 出資額 300萬
圓을 土地로써 충당하는 문제가 결정되었으며, 同 10월에는 한국에 대한 拓
地殖民을 골자로 하는 同 會社의 定款을 정부가 승인함으로써 東拓의 설치문
제는 급진전하였다.

東拓의 설치에 대한 반응은 親日政權의 官邊側 人士나 신식학문을 하였다
고 하는 일부 인사가 이를 찬성하는 외에는 대체로 반대하는 것이 여론화하고
있었다. 大韓協會에서는 京鄕의 여론이 비등하는 가운데 新聞紙上에다 東拓
문제에 대한 對政府 公開質問書를 내고 그 眞意의 공표를 요구했으며,[48] 당시
의 義兵將 延起羽는 各郡 各面 大小人民에게 보내는 檄文에서 일제의 여러 가
지 侵略相을 열거하고 이에 비추어 拓殖施立도 斷無可望인 것임을 폭로하였
다.[49] 또 지식인들은 東拓의 설치 및 그 경영과 관련하여 운위되던, 賣買·貸
借·經營·管理·建築·移駐·分配 등속의 새로운 용어를 '拊背搤吭之術'이라고
하여, 한국인을 등치고 목조르는 술책으로 보고 있었으며,[50] 한국의 拓殖委員
은 그들의 토지 강매를 誓死力爭하여 저지하려 하였고,[51] 농민들은 그들의 小
作地까지도 탈취될 것을 염려하여 행동으로써 東拓의 土地買收를 방해 저지
하고도 있었다.[52] 또 그러한 분위기로 인해서, 결국 東拓이 설립되었을 때 신
문은 사태가 기왕 이렇게 된 이상 한국인이 그 株式 모집에 적극 참여함으로
써 그들의 침략에 대비해야 할 것임을 호소하기도 하였으나, 그러나 여기에
호응하는 사람은 많지 않았다. 이때 한국인이 응모한 株數는 皇室의 應募株數
까지를 포함하여 겨우 전체의 1.9%에 불과하였다.[53]

---

48) 『大韓每日申報』隆熙 2년 9월 17, 18, 24일.
　　『皇城新聞』隆熙 2년 9월 16, 22, 23일.
　　이때의 국내의 여론은 朴賢緖, '東拓設立에 대한 韓國民의 反應—當時의 新聞論調
　　와 大韓協會의 움직임을 중심으로'(『李海南博士華甲紀念史學論叢』, 1970)에 잘 요
　　약되어 있다.
49) 『暴徒檄文』第4輯, 1909.
50) 『梅泉野錄』, p.470.
51) 朴殷植, 『韓國痛史』第3編, 1946, p.113.
　　『大韓每日申報』, 隆熙 2년 10월 3일.
52) 東洋拓殖株式會社, 『東拓十年史』, 1918, pp.37~38.
53) 東洋拓殖株式會社, 『東洋拓殖株式會社 二十年誌』, 1928, p.132.
　　『東洋拓殖株式會社 三十年誌』, 1939, p.235.

그러나 그러한 가운데서도 이 會社의 설치는 추진되어 隆熙 2년 12월에는 同 會社의 창립을 보게 되었다. 그리고 이로 인해서는 마침내 우리 토지의 중요한 부분이 그들에 의해서 합법적으로 수탈되고, 우리 농업의 핵심지역이 그들의 國策會社에 의해서 지배 관장되기에 이르렀다.

東拓의 설립이 우리의 土地를 합법적으로 수탈할 수 있게 되었다는 것은, 拓殖이라는 美名下에 마음에 드는 土地를 强制로 歇價로 買入하거나, 田券을 담보로 貸付를 받고 기일 내에 상환하지 못하면 그 土地를 차압할 수 있게 된 점과, 政府가 出資한 同 會社의 株券 6萬株 300萬圓分을 대규모의 비옥한 농지로써 내놓게 된 점이었다.[54] 그리고 本稿와 특히 관련되는 것은 후자였다. 日帝는 日本政府가 同 會社에 대하여 매년 30萬圓씩의 보조금을 내는 정도만큼, 韓國政府도 그것을 土地로써 출자케 하고, 그 규모는 田畓 各 5,700町步로 예정하였다. 그리고 統監府의 지배를 받고 있었던 우리 정부는 이를 받아들여, 전국의 驛屯土 가운데서도 그 농지가 한 곳에 團聚하고 있어서 農場經營에 편리한 곳 9개 處를 선정하여 9,980町步를 出資地로서 내놓게 되었다. 즉 度支部大臣과 農商工部大臣이 連名으로 제청한 이 문제에 관한 請議를 賣國內閣의 회의에서는 전원 일치로 가결하였던 것이었다.[55]

東拓設立當時의 株式應募數

地方別	申 込 株 數	申込總株數에 대한 同上千分比
東　　　京	390,861	83.77
京　　　都	517,296	110.87
大　　　阪	2,220,425	475.92
名　古　屋	285,573	61.21
韓　　　國	88,545	18.98
其　　　他	1,162,921	249.25
計	4,665,621	1,000.00

54) 安秉珆 '東洋拓殖株式會社의　土地收奪에　대하여—全羅南道旧宮三面土地收奪事件'(『朝鮮社會의 構造와 日本帝國主義』, 1977).
　　『韓國痛史』, p.113에서 朴殷植은 이러한 상황을 다음과 같이 記述하고 있었다.
　　要以我國驛土宮土屯土　代股款出之而……我民之佃作爲生者　計以千萬　今將其土入於該會社　奪我民之作以予日民　則又不費一錢而取此廣土沃壤也　且日人掌握財權以後荒日甚　我人益困於生　不得已向該會社　要償質其田券　必調査測量　審其價値十倍於所要償額　方許給之　過期未償　遂爲其所有　則其購入民土　亦非給原價而得之者也
55)『經議不奏』第4에 收錄된 '東洋拓殖會社株券請入에 關한 請議書 第192號'는 다음

　그리하여 이러한 원칙에 따라서, 東拓에서는 '舊韓國政府와 周密한 협의를 한 결과, 그 所有에 속하는 驛屯土及 宮庄土 약 10萬町步 가운데서, 장래 東拓의 사업경영상 가장 유리하고 또 우량한 부분을 選定하여, 1909, 1911, 1912, 1913년의 全 4회에 걸쳐 이를 引受해 갔으며', '田은 管理經營上 畓과 교환하는 것이 편리한 것 적지 않으므로, 다시 同 政府와 협의하여 일정한 換算價格으로 畓과 교환함으로써'[56] 전국 각 지역의 9개 처의 驛屯土團聚地 가운데에서도 農場經營상 가장 유리한 田畓을 선택하여 東拓農場을 형성하게 되었다.

　이렇게 해서 東拓農場으로 편입된 농지는 문서상으로는 田이 2,793.8町步, 畓이 7,137.8町步로서 도합 9,931.7町步였으나, 이는 구래의 면적, 즉 結負斗落 日耕을 현금의 町步로 換算하였을 때의 수치이었으며, 이를 실제로 측량하였을 때는 7할 8푼 3리가 증가한 17,714町步가 되고 있었다. 그리고 政府出資地의 인수와 때를 같이하여서는, 이러한 농지를 중심으로 民間人으로부터 다시 많은 농지를 매입하여, 농장의 규모를 더욱 확대해 나갔다. 그리하여 東拓의 社有地는 64,862町步에나 달하게 되고, 이로써 東拓은 一朝에 한국

과 같다.
　東洋拓殖會社株券內 韓國政府에서 引受豫定額 約三百萬圓은 政府所有의 驛屯土로써 此에 充홀 計劃인 故로 此際에 右驛屯土의 出資面積을 算定홀 必要가 有ᄒ온바 從來 驛屯土에 關ᄒ여 面積收穫과 并所在 等에 對ᄒ야 精確ᄒ 調査를 缺ᄒᆷ으로 旣爲 各監督局에 訓電ᄒ야 該土의 團聚ᄒ 場所 九箇所에 在홀 中等의 畓과 及田에 對ᄒ야 實地調査를 爲케ᄒ 結果로 全國驛屯土의 平均小作料를 推算ᄒ야 該內에서 結稅及小作料徵收費를 控除ᄒ 者로써 地主(政府)의 純收入으로 ᄒ고 東洋拓殖會社의 出資內規에 從ᄒ야 其二十倍로써 出資價格으로 ᄒ지라 此를 據ᄒ즉 出資三百萬圓에 充當ᄒᆷ이 可홀 畓田의 面積은 九千九百八十丁步됨으로 此로써 政府出資額으로 ᄒ고 東洋拓殖會社에 對ᄒ야 政府持株의 請入ᄒ고져 ᄒ와 玆에 閣議에 提出事
　　　　隆熙 二年 九月 十五日
　　　　　　　　　　　度支部 大臣　　　任善準
　　　　　　　　　　　農商工部 大臣　　　趙重應
　　　內閣總理大臣 李完用 閣下
　그리고 이를 가결한 데 대한 回信은 隆熙 2년도의 『度支部去文』, 『農商工部去文』 隆熙 2년 9월 17일 起案 公文으로 나갔으며, 또 이 문제를 日本政府와 의논하기 위해서는 度支部次官으로서 이를 막후에서 조정하고 있었던 荒井賢太郎이 日本으로 떠났다(『皇城新聞』 隆熙 2년 9월 22일).
56) 『東拓十年史』, pp.34~35, p.39.

농업의 核을 지배하는 巨大한 地主로 등장하게 되었다.[57]

東拓으로 넘어가게 된 驛屯土의 9개 團聚地가 구체적으로 어떠한 곳이었는지 분명치는 않지만, 아마도 이때 東拓이 각 지방에다 설치한 9개소의 東拓出張所와는 밀접한 관계가 있었을 것으로 생각된다.[58] 그리고 그 중에서도 大同江 하류와 載寧江 하류에 위치하고 있는 數個郡은 그 으뜸가는 지역의 하나가 되었을 것이다. 이곳에는 黃州 鳳山 載寧 安岳 信川 등 5개 郡이 위치하고, 이 각 군에는 대규모의 宮庄土가 집결되어 있었던 까닭이었다. 가령 麻生武龜의 조사한 바에 의하더라도 이 5개 군에는 1,664結의 庄土가 있었다. 그리고 그 중에서도 중심이 되는 것은 載寧郡이었다. 同 조사에서는 이곳의 內需司 壽進宮 毓祥宮 明禮宮의 庄土만도 435결로 파악하고 있어서 5개 군 중에서도 으뜸이었다.[59] 더욱이 이곳에는 이 밖에도 다른 宮庄土가 더 있었고 또 驛土나 屯土도 있었다. 그리하여 嶺 八郎이 韓國經營을 위한 기초조사를 하였을 때에도 黃海道에서는 이곳 載寧江 유역을 그 중심지역으로서 선정하고 있었다.[60]

大同江과 載寧江의 하류지역은 이와 같이 驛屯土의 團聚地로서 규모가 큰 곳일 뿐만 아니라, 이곳은 교통이 발달하여 제반 農産物의 운수가 지극히 편리하도록 되어 있는 곳이었다. 그것은 이곳이 大同江과 載寧江을 중심으로 船運이 발달하고, 京義線을 비롯하여 海州와 沙里院 및 長淵과 沙里院을 잇는 鐵路가 이곳을 관통하고 있어서 陸運이 또한 至便한 까닭이었다. 이러한 점은 農場經營을 위해서는 절대로 빼놓을 수 없는 필수불가결한 조건이었다. 그러므로 농업경영을 목표로 하는 東拓이 이곳을 놓칠 리가 없었다. 그들은 黃州 鳳山 載寧 信川郡 등 이곳 載寧江 하류 일대를 東拓農場의 한 중심지역으로 선정하였고, 이곳 전지역의 農場의 경영과 관리를 위해서는 鳳山郡의 沙里院

---

57)『東拓十年史』, pp.35~36, p.39.
58)『東拓三十年誌』, pp.74~75에 의하면 東拓의 9개의 管理機構(出張所→支店)가 설치되었던 곳은 다음과 같았다.
　　① 京城(本社 → 支店 → 支社) ② 馬山(出張所 → 釜山支店) ③ 大邱(出張所 → 支店) ④ 榮山浦(出張所 → 木浦支店) ⑤ 金堤(出張所 → 支店 → 裡里支店) ⑥ 大田支店 ⑦ 元山(出張所 → 支店) ⑧ 沙里院(出張所 → 支店) ⑨ 平壤(出張所 → 支店)
59) 朝鮮總督府,『朝鮮田制考』, 1940. 附錄 第4表에서.
60) 嶺 八郎, 前揭書, pp.55~56.

에다 東拓沙里院出張所(후에는 沙里院支店)를 설치하였다.

이 같은 이곳 團聚地 가운데서도 東拓이 그 農場을 설치할 때 특히 중심이 되었던 곳은 載寧地方이었다. 韓國政府의 출자는 4회에 걸쳐 拂入하도록 되어 있었는데, 그 제1회 拂入時(1909)의 出資地는 서울方面 馬山方面 載寧方面의 세 곳이었으며, 이때 載寧地方에서는 水田 1,235町步가 拂入되고 있었다.[61] 그리하여 東拓에서는 이 해 5월에는 그 出資한 驛屯土를 인수하기 위하여 이곳에 調査委員을 파견하기도 하고 9월에는 출장소를 설치하기도 하였다.[62] 이 밖에 黃海道에는 제2, 3, 4회 拂入分으로 예정된 농지로서, 이미 제1회 拂入時부터 東拓에서 賃借經營한 것이 畓 2,423町步, 田 363町步가 더 있었는데,[63] 이 가운데 적지 않은 부분도 載寧地方에 있었을 것으로 생각된다.

이러한 과정에서 載寧郡 餘勿坪의 驛屯土 즉, 餘勿坪庄土가 또한 東拓農場으로 편입케 되었음은 말할 것도 없는 일이었다. 載寧地方의 驛屯土로서 東拓에 출자된 農地는 바로 餘勿坪庄土였다.[64] 載寧郡 所在의 驛屯土는 말할 것도 없이 그 대부분이 餘勿坪에 모여 있었으며, 극히 일부의 宮庄土와 驛土 屯土가 다른 面에 산재하고 있는 까닭이었다. 그리고 餘勿坪은 驛屯土의 團聚地로서는 표본이 될 수 있는 지역이었다. 庄土經營을 위한 지역으로서는 전국 어

---

61) 山口 精,『朝鮮産業誌』上, 1910, pp.711~712에 의하면 東拓 發足 당시의 韓國政府의 第1回 出資地는 다음과 같았다. 이는 곧 京畿道 慶尙南道 黃海道에서의 出資地였다(『東拓十年史』, p.35).

	畓	田	計
서울 方面	町	485町	485町
馬山　〃	594	119	713
載寧　〃	1,235		1,235***
計	1,829	604	2,433

　* 당초의 出資面積은 이와는 좀 다르다. 이것은 經營의 편의를 도모하여 交換 확정한 농지의 면적이다.
　** 表의 수치는 實測面積이 아니라 斗落·日耕數를 일정한 방법으로 환산한 것이었다. 東拓의 出資地는 1913년의 實測으로 전반적으로 이보다 7割 8分 3厘가 증가하고 있었다(『東拓十年史』, p.36). 註 63)의 面積도 마찬가지다.
　*** 이 面積은 實測이면 約 2,202町步가 된다.
62)『大韓每日申報』隆熙 3년 5월 30일, 5冊(韓國新聞研究所本), p.5452.
　　　隆熙 3년 9월 17일, 6冊, p.5808.
63) 山口 精, 前揭書, p.712.

느 곳의 그것보다도 조건이 좋은 곳이었던 까닭이었다.

그리하여 이곳 庄土는 1909년 이후 東拓의 農場이 되거니와, 그 규모는 실로 광대한 것이었다. 1911년 이곳 사정을 기술하고 있는 日本人의 기록에 의하면, 東拓은 이때 이미 이곳 載寧平野에다 東拓移民豫定地로서 3,000町步의 농지를 소유하고 있었는데,[65] 그 대부분은 餘勿坪에 있었다. 좀 후의 일이기는 하지만 이곳 餘勿坪, 즉 北栗面에는 東拓 농지가 6,891,690餘 坪 약 2,300町步나 되고 있었다.[66] 그 나머지는 아마도 이웃 南栗面에 있었으리라고 생각된다. 南栗面은 왕년에는 餘勿坪庄土의 일부였으며, 東拓이 이곳 農場에 그들의 移住民을 정착시킨 곳은 北栗面과 南栗面이기 때문이다.[67] 載寧地方에서 驛屯土가 團聚하고 있는 것은 餘勿坪庄土가 중심이었으므로, 團聚地를 중심으로 설치되는 東拓農場이, 이곳에서는 餘勿坪을 중심으로 하게 되는 것은 당연한 일이었다. 그리하여 구래의 餘勿坪庄土, 載寧郡 驛屯土는 이제 東拓의 載寧郡 北栗面農場이 되기에 이르렀다.

2) 農場의 經營

東拓農場으로 편입된 餘勿坪庄土에서는 그 후 東拓의 地主經營을 위한 일반원칙에 따라 그 운영기구가 개편되면서 地主經營이 더욱 强化되어 나갔다.

賃借地(第2, 3, 4回 出資豫定地)

	畓	田	計
京 畿 道	1,379町	996町	2,375町
忠淸南道	178	22	200
全羅南道	84	9	93
全羅北道	818	103	921
慶尙南道	22	25	47
慶尙北道	601	260	861
黃 海 道	2,423	363	2,786
計	5,505	1,778	7,283

64) 朝鮮總督府, 『小作農民에 관한 調査』, 1912, 第3章 第8節.
　　　『朝鮮의 小作慣行』下, 參考編, 1932, p.32.
65) 吉田英三郎, 『朝鮮誌』黃海道 載寧郡條, 1911, p.660.
66) 『東亞日報』1924년 11월 2일.
67) 東拓朝鮮支社, '東拓의 殖民事業'(『資料選集 東洋拓殖會社』, 1976), p.344.

그것을 종래의 지주경영과 비교하면 크게 두 가지 면에서 특징을 지니고 있었다. 그 하나는 이 農場이 전체로 東拓으로 상징되는 日本資本主義에 의해서 철저하게 조직적으로 운영되었다는 점이고, 다른 하나는 宮庄土나 驛屯土 시절에 비하여 小作權 小作料를 위요하여 地主經營이 현저하게 强化되고 있었다는 점이다.

(1) 運營·管理組織

東拓에서는 전국 9개 團聚地에 그 농지의 분포와 농민의 수 등에 따라 각각 여러 개씩의 농장을 분산 설치하고 있었다. 가령 1930년대 중반의 경우를 보면 전국 9개 支店 산하에 103개의 농장이 설치되고 있었다.[68] 그러므로 東拓에서 그 地主經營을 성장시켜 나가기 위해서는, 이 많은 농장을 지휘 통솔할 수 있는 일사불란한 運營體系 管理組織이 필요하였다. 東洋拓殖株式會社란 그 자체가 바로 그러한 체계이고 組織이었다. 이 會社는 株式會社였으므로 그러한 회사가 갖추어야 할 부서를 모두 갖추고 있었지만(秘書室·總務部·事業部·金融部·調査部), 그러한 가운데서도 農場의 경영과 직접 관련되는 것은 事業部와 金融部였다. 이 두 部는 調査部에서 조사 기획한 바를 회사 수뇌부에서 결재하면 이를 운영 집행하는 부서로서, 이를 위해서 事業部에는 특히 地所課 土木課 殖産課를 두어 일을 분담하고 있었다.[69]

農場의 운영을 위해서 會社본부에 이 같은 부서를 설치하고 있기는 하였지만, 그러나 전국의 농장을 모두 본부에서 관장 지도하는 것은 아니었다. 宮庄土 시절의 관리기구(導掌 - 監官 - 舍音)를 그대로 이용하는 것도 물론 아니었다. 東拓에서는 각 지방의 9개 團聚地에 각각 하나씩의 出張所(후에는 支店)를 설치하고, 그 출장소(支店)가 本部의 지시를 받아, 그 산하의 농장을 관장 운영하도록 하고 있었다. 그리고 그러기 위해서는 출장소나 지점에도 본부에서와 마찬가지로 농장을 운영할 수 있도록 일반행정을 담당하는 庶務係 외에, 事業係 金融係를 두지 않으면 아니 되었다.[70] 그리하여 각 지방의 農場은 그 지방

---

68) 『東拓三十年誌』, p.132.
69) 『東拓十年史』, p.119.
　　『東拓三十年誌』, p.250.
70) 同上.

出張所나 支店의 事業係와 金融係를 축으로 하여 운영되도록 편제되었다.

東拓의 地主經營을 위한 최말단 기구는 각 農場의 組織이었다. 이는 고정 불변한 것은 아니었으며, 東拓의 지주경영이 진전되는 데 따라, 점차 그것을 강화할 수 있는 방향으로 개편되고 있었다.

東拓의 農場經營이 아직 궤도에 오르지 않았던 처음에는, 농장에 農監을 두는 것이 일반이었다.[71] 宮庄土 정리기의 宮庄監官의 제도를 근본적으로 폐지하고, 驛屯土管理規程 이후의 정부의 國有地 직접 관리의 원칙을 좇아, 東拓이 직접 농장의 小作人과 契約을 맺고 사무를 보조하기 위하여 韓人(후에는 日人도 포함)으로서 農監을 배치하는 것이었다. 그렇지만 이들은 宮庄土 시절의 監官과 같은 존재는 아니었으며, 東拓의 농민지배를 사무적으로 보조하는 보조자에 불과하였다.

그러나 이러한 조직으로서는 農場經營을 효과적으로 수행할 수 없으므로, 東拓에서는 地主經營이 어느 정도 궤도에 오르게 되면서부터(1921), 농지가 團地를 이루는 곳의 支店을 단위로 하여, 점차 農場 내에 駐在員, 支店 내에 受持員(담당원) 등의 社員을 배치하고, 그 밑에 농민들을 점진적으로 小作人 組合으로 조직하여, 그 組合長이나 農監 및 世話人(指導員) 등의 업무 보조자를 두고 농장을 운영해 나갔다.[72] 그리고 社員駐在가 점차 집약화되고 小作人 組合의 조직이 확대되는 데 따라서는, 초창기의 農監기구를 점차 駐在員·담당원—指導員·小作人組合長 기구로 대체해 나갔다.[73] 이러한 현상은 1920년대에 접어들면서 급진전하였는데, 이는 이 시기의 만성적인 經濟恐慌, 米價暴落에 대한 地主로서의 대응책으로 마련되고 있는 것이었다.

이 경우 이 小作人組合은 農地 200町步 내외를 단위로 하는 것으로서, 이 것은 말할 것도 없이 小作農民들이 그들의 權益을 쟁취하기 위하여 組織한 團體가 아니라, 東拓이 小作農民을 관장하고 통제하기 위하여 설치한 최말단의 管理機構였다. 東拓에서는 1925년부터는 이를 農事改良區의 단위 구역으로 삼기도 하고, 農事增産區의 단위 區로 삼기도 하는 가운데, 이러한 農區의 수

---

71) 『東拓十年史』, pp.52~53에는 農監의 資格·機能이 要約 설명되어 있다.

72) 『東拓二十年誌』, pp.39~40.

73) 同 上 및 『東拓三十年誌』, pp.130~132.

를 늘려 나감으로써, 農業改良과 增産, 따라서 지주로서의 지대수입 증가를 꾀하고 있었다.[74]

이러한 과정에서 이곳 北栗面 農場에서도 1923년에는 農監기구가 駐在員—指導員·小作人組合長의 기구로 개편되는 가운데, 3(4)명의 日本人 駐在員이 임명되고, 농장이 전체로 15개 區의 小作人組合으로 조직되는 가운데 15명의 組合長이 임명되었다. 그리하여 이제 이곳 載寧 東拓農場의 운영 관리조직은 本社—沙里院出張所(支店)—農場駐在員—指導員·小作人組合長 등으로 官組織과 같은 吸盤組織의 체계화를 이루게 되었으며, 이 조직을 통해서 東拓에서는 事業部—事業係와 金融部—金融係의 사업활동을 전개하게 되었다. 東拓의 이곳 小作농민에 대한 통제조직 수탈조직은 이제 종전에 비하여 한층 강화되고 조직화되기에 이르른 것이었다.[75]

(2) 經營原則

東拓에서는 이와 같이 농장의 運營 管理組織을 개편함과 아울러서는 그 經營原則도 재정비하고 있었다. 그것은 日本資本主義의 農業生産 農場經營의 원칙에 입각하여, 그 농장의 농업생산에 관하여 小作農民과 새로운 小作契約을 맺고, 農業生産의 指針을 세우며, 小作料 즉 지대를 징수하는 데 관한 규정을 새로 마련하는 것이었다.

A — 小作契約은 東拓이 그 운영 관리조직을 통해서 小作農民과 직접 체결하였으며, 이를 통해서는 종래의 봉건적 竝作制하에서의 地主 時作농민의 관계를 日本資本主義 체제하의 이른바 근대적 地主 小作人관계로 전환시켜 나가고 있었다. 그것은 農場經營을 자본주의적인 이윤추구를 목적으로 하여 운

---

74) 同 上 『東拓三十年誌』.
　　山口正賢, '昭和 7年度 東拓會社의 土地經營大體方針'(『朝鮮農會報』 6의 1, 1932).
75) 『東亞日報』 1924년 11월 7일자 기사에서는 그러한 사정을 다음과 같이 전하고 있었다. 註 112) 〈第1次要求條件〉 ⑤ ⑥항도 참조.
　　본래 북률면 일원 동척회사 소유전답에 대하여는 종래로 조선사람 농감(農監)을 두어가지고 나려오던 중 작년부터는 그것을 변경하야 동척주재원(東拓駐在員)이라는 명칭 아래서 일본인 세 사람과 또다시 그 밑에는 그 지방을 15구로 난호운 뒤에 소작인조합장(小作人組合長)이라는 것을 15명이나 두었기 때문에 일반 소작인에게 대하야 여러 가지로 불미한 점이 많이 있을뿐더러 이자들은 무슨 큰 권리나 가지고 잇는 듯이 조끔만 자긔 마암에 맛지를 아니하면 곳 소작권을 함부로 이동을 식히는 등 여러 가지로 횡포한 행동을 하는 고로 소작인들은 이중의 악박을 바다……云云

영해 나가기 위해서는, 농장 내의 소작농민 또한 거기에 합당한 資本主義的 生産勞動者일 것이 요청되기 때문이었다. 구래의 竝作地主制하에서는 地主層은 토지를 제공하고 지대를 징수할 뿐 직접 농업생산에 간여하지 않는 것이 일반이었고, 封建末期에 이르러서는 時作·佃作농민이 그 地主制 내에서 그들의 권리를 성장시키는 가운데 地主權을 위협하고도 있었는데, 東拓의 농업생산 농장경영에 있어서는 종래 地主制 내에서의 그러한 현상을 그 어느 것도 용납할 수 없었다. 東拓은 資本家로서의 地主, 農業生産者 農場經營主로서의 地主였으므로, 地主權은 거기에 상응하도록 資本主義的으로 강화될 필요가 있었으며, 농장 내 小作농민의 존재형태 또한 그러한 資本家的 經營主의 농업생산 농장경영에 합당한 生産勞動者, 즉 勞動小作 雇傭小作制가 되도록 조종되고 재편성될 필요가 있었다.

구래의 地主經營을 이같이 개편하는 작업은, 그러나 東拓으로서도 그렇게 간단한 문제일 수가 없었다. 東拓이 이 작업을 제도적으로 완결하기까지에는 후술하는 바와 같은 우여곡절(農民鬪爭＝小作爭議)이 있었고, 따라서 그것이 마무리되는 것은 겨우 1920년대 후반에서 1930년대에 걸치면서의 일이었다. 그것은 東拓의 여러 자료, 특히 그 小作契約書(附錄 참조)에 잘 드러나 있다. 이에 의하면 그 契約書 3, 4는 1, 2보다 구체화되고 있는데, 이는 地主經營의 강화, 農民鬪爭에 대한 예방조치가 보다 철저해지고 있음을 뜻하는 것이었다.

이들 자료에 의하면, 東拓이 小作농민과 체결한 小作契約은, 요컨대 地主의 입장에서 小作條件을 강화하고 이를 소작농민에게 강요한 것으로서, 이를 통해서 東拓은 종래의 소작농민의 지위를 근원적으로 약화 변동시키고, 地主權의 강화를 법적으로 보장하려는 것이었다. 그리고 이를 통해서 地主인 東拓農場의 수입을 증대시키려는 것이었다. 그러므로 東拓에서는 이 같은 목적이 달성될 수 있도록, 小作條件을 강화함에 있어서는 특히 몇 가지 점에 유의하면서 그 규정을 조정하고 확정해 나가고 있었다.

그 첫째는 小作人을 6인조의 連帶保證制로 묶고 小作期間을 종전보다 단축하고 있는 일이었다. 전자는 누구나 東拓의 소작농민이 되려면 같은 東拓農場의 小作人 중에서 保證人을 세우되, 처음에는 2명으로 족하였는데(小作契約書

1, 2), 나중에는 5명의 연대보증인을 세우고, 각 보증인은 계약 당사자와 연대하는 동시에 보증인 상호간에도 연대하여 그 계약의 의무를 이행하도록 하며, 그 보증인 중에서 小作人자격을 상실하는 자가 있으면 10일 이내에 다른 사람으로써 代立하지 않으면 아니 되도록 하는 것이었다. 그렇지 않으면 그 계약은 무효가 되고 그 契約者는 자동적으로 소작권을 상실하게 마련이었다(小作契約書 4, 제19·25조). 이는 小作人을 상호 감시시키는 가운데 농장규칙을 잘 지키도록 하고, 또 小作人의 의무수행에 연대책임을 지도록 함으로써 소작농민의 저항을 저지 약화시키고, 그 地代를 철저하게 징수하려는 조치였다.

　그러나 東拓에서는 이같이 소작농민을 구속 통제하면서도 안심이 안되었고, 따라서 농장경영을 그들이 계획하는 대로 수행하기 위해서는, 소작인을 더욱 순종하는 농민으로 만들 필요가 있다고 생각하였다. 그 방법으로서는 小作契約의 期間을 단축하는 편법이 취해지고 있었다. 宮庄土 시절에는 借耕期間을 특별히 정한 바 없어서 時作농민들은 代를 이어가며 이를 경작할 수 있었고, 驛屯土 시절에는 小作契約의 기간을 5년간으로 하고 있었는데, 東拓農場으로 되면서부터는 農場經營 小作料징수를 더욱 효과적으로 하기 위하여, '한 계약기간을 3個年으로 하는 것'과 '계약 기간을 設하지 않고(이 경우 小作期間은 1年이 되기도 한다 — 小作契約書 3A 表記) 3년마다 소작료를 개정하는 것'의 두 종류를 두되,[76] 1934년에 朝鮮農地令이 공포된 후에는 이 令에 의해서(제7조) 모든 小作地의 계약기간을 3개년으로 개정하고 있는 것이 그것이었다.[77] 물론 東拓의 요구, 농장의 규칙을 잘 준수하면 그 3년간 小作權이 보장되는 것이지만, 그렇지 않을 경우에는 규정에 의해서(小作契約書 4, 제19조) 언제든지 小作權이 박탈될 수 있는 것이었음은 말할 것도 없었다.

　小作人을 6인조의 연대보증인제로 묶고 소작기간을 단축한다는 것은 지주층에게 소작인 통제, 小作權 박탈을 용이하게 하는 것이고, 소작농민의 영농생활을 어렵게 하는 것이 아닐 수 없었다. 설사 실제로 小作權을 박탈하지 않는다 하더라도, 이러한 연대책임제하에서의 단기 기한부의 영농은 소작농민

---

76) 『東拓二十年誌』, p.42.
77) 『東拓三十年誌』, p.134.

으로 하여금 항상 심리적으로 압박을 받게 하고, 그들을 農場主 地主에게 순종 복종토록 하며, 따라서 그러한 점에서 이 규정은 地主權을 강화하는 조건이 되지 않을 수 없었다.

둘째는 小作料率 引上을 올리고 있는 일이었다. 소작인을 6인조 연대책임제로 묶고 소작기간을 단축하고 있었던 것은 요컨대 小作料를 정확하게 받아내려는 것이었지만, 그들은 그 小作料도 종전과 동일하게 받는 것이 아니라 이를 더욱 증가시키고 있었다. 즉 東拓에서는 小作料를 定租法과 執租法으로 징수하였는데, 普通畓의 경우에는 어느 경우나 수확의 2分의 1을 표준으로 하고 있는 것이었다. 그들의 표현을 통해서 보더라도, 定租는 '旣往 5년간의 수확에서 豊凶 2년을 제한 평균액의 2分의 1을 표준으로 한다'거나 '旣往 3년간의 평균수확고의 2分의 1을 표준으로 한다'는 것이었으며, 執租는 '黃熟期에 그 作況을 조사하여 수확의 2分의 1을 표준으로 한다'는 것이었다.[78] 그리고 水利組合區域畓이나 改良工事를 필한 區域의 畓에서는 100分의 60, 또는 100分의 50 이상을 받을 수 있음을 규정하고도 있었다(小作契約書 2B의 제2조, 4의 제9·10조).

물론 이 경우의 평균수확고나 作況의 조사는 東拓이 그들에게 유리하도록 査定하는 것이므로, 실제의 小作料率은 2分의 1을 넘는 것이 보통이며, 경우에 따라 특히 凶作인 해에는 그 査定이 부당하여서, 그 率이 7~8割 또는 그 이상에까지 이르는 경우도 있었다.[79] 그뿐만 아니라 小作料의 사정은, 小作料

---

78) 『東拓二十年誌』, p.41.
　　『東拓三十年誌』, p.133.
79) 『東亞日報』1924년 10월 16일자 記事에는 沙里院面 大元里와 廣成里에서의 小作料賦課가 小作人 李興漸의 경우 3石 6斗 所出에 6石임을 예로서 들고 있으며, 『朝鮮日報』 1924년 10월 23일자 社說(『朝鮮日報名社說五百選』 收錄)에서는 이때의 沙里院 일대의 小作料率은 9할 가량, 全北 井邑郡에서는 5할 이상 7, 8할이었음을 지적하고 있었다.
　　日本人 巨大地主들의 농장경영과 高率小作料徵收의 일반적 경향 및 농민들의 대항에 관해서는 다음 論著가 참고된다.
　　印貞植, '朝鮮에 있어서의 農場型經營과 그 諸特徵'(『朝鮮의 農業機構』增補版, 1940, pp.289~317).
　　'우리나라 農業에 있어서의 經濟外的 强制의 問題'(『朝鮮農業經濟論』, 1949, pp.102~140).

總額을 전제로 하는 것이었으므로(小作契約書 4의 제24조), 공정하게 행해지기 어려운 것이었음은 말할 것도 없었다. 그러므로 東拓農場에서의 지주경영은 이러한 점에서 종전의 그것에 비하여 엄청나게 강화되고 있는 것이며, 그 농민수탈은 이곳 庄民이 경험한 어느 시기의 그것보다도 철저해지고 또 절정에 달하고 있는 것이었다고 하겠다.

　셋째는 소작농민을 實小作人으로 한정하고 中畓主는 이를 제거하고 있는 일이었다. 조선후기의 宮庄土에서 中畓主가 발생한 것은 庄土의 修補에 기여하는 등 그럴만한 사정이 있었던 것인데, 이때의 中畓主 정리에서는 驛屯土管理規程에서도 그렇고 東拓農場에서도 그러하였지만, 그러한 점이 배려되지 않고 있었다. 이는 驛屯土管理規程이거나 東拓農場이거나를 막론하고, 地主權을 강화하기 위한 방법으로서 이 조치를 취하고 있었기 때문이었다. 東拓이 이곳 王室庄土를 그들의 農場으로 개편하였을 때, 거기에는 中畓主 300여 명, 作人 1,200여 명이 있는 것으로 파악되고 있었는데, 그들은 이 中畓主層을 가차없이 잘라내고 있었다. 東拓에서는 1916년 이래로 이들을 不良分子로 규정 정리하고 그 소작지를 회수하였다.[80] 中畓主가 차지하고 있던 權利 收入이 實小作農에게 주어지는 것이 아니라, 東拓農場측에 귀속되었음은 말할 것도 없었다.

　그리고 이와 관련하여서는 小作農民 상호간의 小作權의 轉貸나 讓渡도 용납하지 않았다(小作契約書 1의 제4조, 2의 제5조, 3의 제7·9조, 4의 제19조). 이는 地主權을 침해하고, 中畓主의 발생소지가 될 수 있는 것이기 때문이었다.

　넷째는 耕作面積을 조정하고 있는 일이었다. 그들은 이것을 耕作能力에 따르는 耕作地의 재분배라는 미명하에 강행하였다. 그들의 농업경영을 위한 指針書에는 그것을 '小作面積은 小作人의 耕作能力과 地味의 肥瘠을 勘考하여

　　久間健一, '農民의 貧窮과 廢頹—巨大米作農場을 中心으로', '巨大地主의 農民支配—特히 그 小作條件을 中心으로'(『朝鮮農政의 課題』, 1943, pp.237~255, 283~329).
　　淺田喬二, '日本人大地主의 朝鮮人小作農民에 對한 支配構造', '財閥地主의 存在構造'(『日本帝國主義와 舊殖民地地主制』, 1968, pp.106~114, 146~166).
80) 註 64)의 書.
　　『東拓十年史』, pp.44~45.

自作할 수 있는 정도로 이를 配賦'하는 것으로 명시하고 있었다.[81) 耕作面積의
제한을 통한 集約的 農業의 강요인 것이었다. 한 농가가 자작할 수 있는 면적
은 일반적으로 1~2町步였으므로(東拓의 第1種 日本人移住民의 自作面積은 2
町步였다), 東拓農場 시절의 小作農民들은 이 규제로 인해서 이 이상의 농지
를 갖기가 어렵게 되고 있는 것이었다. 裡里지역의 東拓村에서 보면 그 원칙
은 잘 지켜지고 있었다.[82) 가령 그것을 2町步라고 한다면, 이 2町步 이상을
경작하는 농민은 과거에는 壽進宮庄土의 경우 125명으로서 전체의 22.8%,
明禮宮庄土의 경우 35명으로서 전체의 13.1%였으므로, 이들은 그 借耕地를
會社에 내놓지 않으면 아니 되었다. 그리고 그것을 1町步라고 한다면, 더 많
은 농민들이 농지를 내놓지 않으면 안되었다. 그리하여 이러한 경영원칙이 小
作契約을 통해서 실현되어 감에 따라서는, 종래에 부유하였던 바 時作·佃作농
민들은 東拓農場의 小作농민으로 재편성되는 가운데 점차 그 경제기반을 거
세당하게 되었다.

　이러한 사실은 종래의 宮庄土, 즉 封建地主制하에서 일어나고 있었던 時作농
민층 내에 있어서의 새로운 긍정적인 변화와 요인을 저지하는 것이 아닐 수 없
었다. 기술한 바와 같이, 당시에는 時作농민층이 抗租운동을 展開하고 地代率
의 저하가 있게 되는 가운데, 7~8町步 또는 10여 町步의 농지를 借地大農經
營으로 耕作하는 經營型富農層이 적지않이 형성되고 있었으며, 이들은 사회변
동의 한 주역을 담당하기에 이르고 있었는데, 이제는 그러한 농민들이 東拓과
의 새로운 小作契約을 통해서 그 대부분의 농지를 회수당하게 된 것이었다.

　물론 일제하에 있어서 借地大農經營者의 쇠퇴현상이, 東拓農場에서와 같이,
그 耕作面積의 조정에서만 일어나고 있는 것은 아니었다. 이때에도 일반 小作
농민들 가운데는 구래의 전통이 그대로 남아 있어서, 그 借耕面積이 5~6町步
에서 10餘 町步에까지 이르는 농민이 不少하였고,[83) 따라서 이들은 企業農으
로서 계속 성장할 수 있는 것이었으나, 小作料의 일반적 高率化와 日本資本主

---

81) 東拓, 『業務要覽』, 1927, pp.7~8.
82) 東拓裡里支店, '事業槪要(1924)'(『資料選集 東洋拓殖會社』, 1976), p.111.
83) 朝鮮總督府農林局, 『朝鮮에 있어서의 小作에 關한 參考事項摘要』, 1932, p.23,
　　表 10 참조.

義의 低米價政策 및 經濟恐慌으로 인한 米價의 저하는 그들의 존속을 어렵게 하고 있었다. 그러므로 이들 농민층의 쇠퇴가 반드시 耕地面積의 축소에서만 연유하는 것은 아니었지만, 그러나 그러한 가운데서도 東拓이나 日帝 統治當局의 農場에서는 소작권의 박탈, 경지재분배의 조정을 통해서 정책적으로 그들의 성장을 저지하고 있었다는 점에 우리는 특히 유의하게 되는 것이다.

더욱이 이 경우 문제가 되는 것은 그러한 耕作面積의 조정이나 富農層에 대한 小作權의 박탈이 韓國人 零細小作農을 위해서 취해지고 있는 것이 아니라는 점이었다. 그것은 뒤에 상론되듯이 그 주목적이 그들의 殖民, 즉 日本人 移住民을 위해서 취해지고 있는 것이었다. 그러므로 東拓의 地主經營은 地主수입의 증대를 위한 단순한 農場經營의 문제로서만이 아니라, 이 殖民事業의 문제를 위해서도 더욱 강화될 수밖에 없는 것이었다.

끝으로 小作條件의 强化와 관련하여 우리가 주목하게 되는 것은 小作契約書를 통해서 볼 수 있는 小作農民의 지위의 전반적 格下 현상이다. 그것은 두 가지 면으로 지적할 수 있다. 그 하나는 東拓農場의 小作人은 소작농민이기는 하되 엄격한 의미에서 자기 小作地에서의 농업생산의 주체가 될 수 있는 農民이 아니었다는 점이고, 다른 하나는 東拓農場의 소작농민은 의무만 있고 土地借耕者로서 權利다운 권리가 없었으며, 따라서 농장 운영상의 규정을 지키지 않으면, 아주 간단하게 소작지 借耕에서 추방될 수밖에 없었다는 점이었다.

전자는 東拓農場에서의 소작농민의 농업생산을 종래의 時作農民의 그것과 비교함으로써 그와 같이 이해할 수 있다. 즉 종래의 時作농민은 비록 地主層의 借耕地에 생계를 의존하고 있을 경우라 하더라도, 일반적으로 자기의 借耕地에 있어서는 자기 계획하에 비교적 자유롭게 농산물을 재배할 수 있는 농업생산의 주체였는데, 이 契約書에 있어서는 소작농민에게 그러한 권한이 부여되고 있지 않았다. 이 農場의 農業生産에서는 농작물의 재배나 생산활동의 전반에 관하여, 그것을 계획하고 추진하는 것은 地主·資本家인 東拓이었다(小作契約書 2A의 제5조, 3A의 제7조, 4의 제4·5조). 그러한 점에서 東拓農場에서의 농업생산의 주체는 東拓이고, 小作農民은 다만 회사의 지시에 따라 움직이는 勞動小作 雇傭小作(雇傭農家)에 가까운 존재, 小作地生産에서의 '管理者'的 존재일 따름이었다(小作契約書 4의 제2조).

후자는 小作契約書를 통해서 쉽사리 살필 수 있다. 小作契約이란 농장주(東拓)와 생산자(小作農民)가 농장에서의 농업생산을 위하여 체결하는 약속으로서, 이 경우 소작농민의 생산활동은 대단히 중요한 것이므로, 상식적 견지에서 판단한다면 그 계약내용은 互惠平等해야 할 것으로 생각되는데, 실제는 그렇지가 않았다. 이 契約書에서는 소작농민들이 지켜야 할 준수사항을 여러 가지로 상세하게 열거하는 가운데, 이를 준수하지 않았을 경우에는, 회사에서 그 계약을 일방적으로 해제한다는 것을 규정으로서 마련하고, 小作農民으로 하여금 이를 승낙케 하고 있을 따름이었다(小作契約書 1의 제4조, 2의 제5조, 3의 제7·9조, 4의 제19조).

그것은 ① 小作料를 怠納할 때, ② 각종 貸付金을 기한 내에 반납하지 않을 때, ③ 小作權을 轉貸·讓渡할 때, ④ 土地를 용법에 위배되게 사용하여 수익하거나 契約 외의 작물을 재배할 때, ⑤ 小作地의 地形·地目을 변경하거나 農事改良에 협력하지 않았을 때, ⑥ 小作地를 황폐시키거나 황폐시킬 우려가 있을 때, ⑦ 小作契約이나 小作料 납부에 부정행위가 있을 때, ⑧ 徒黨을 조직하여 회사의 지도에 반항하거나 不穩한 행위가 있을 때, ⑨ 耕作 또는 의무이행상 불편한 장소로 이사했을 때, ⑩ 連帶保證人을 교체해야 할 경우 10일 이내에 代立하지 못할 때, ⑪ 公序 良俗에 위배되는 행위를 하여 회사가 소작인으로서 부적당하다고 인정할 때, ⑫ 기타 계약상 의무를 이행하지 않을 때 등등 다양하였다. 이 규정에 의하면 소작농민들은 오직 농장의 규정이나 지시에 따라 움직일 수 있을 뿐, 農場 내에서 독자적인 그리고 자유로운 생산활동을 할 수 있는 것이 아니었다. 이는 契約이라고 부를 수 있는 것이 아니라 小作條件·農場規則의 강제라고 할 수 있는 것이었다.

小作農民의 權利는, 小作料 사정에 이의가 있을 때는 사정원(檢見員)이 현장에 있을 때 시정을 요구할 수 있고, 불가항력적인 사건이 발생했을 경우에는 일정 기간 내에 小作料 減免을 신청할 수 있으며(小作契約書 4의 제8·11조), 전기한 바와 같은 瑕疵나 회사에 대한 배신행위가 없으면, 그리고 會社측에게 정당한 사유가 없이는 회사가 契約更新을 거부할 수 없으며(小作契約書 4의 제22조), 소작농민은 訴訟을 제기할 수 있다는 점 등등이 고작이었다(小作契約書 2A의 제10조, 3A의 제11조, 4의 제27조).

B — 農業生産의 指針은 요컨대 所出增大 增産 및 米穀 상품화의 質을 높이
기 위해서 여러 가지 면에서 농업을 集約化하고 農業改良을 추진하는 것이었
다. 이를 위해서 東拓에서는 深耕을 장려하되 이를 改良犁를 지정하는 것으로
써 유도하기도 하고, 原·採種畓을 경영하는 가운데 稻品種을 개량하고 모내
기를 正條植으로 하도록 요구하며, 施肥를 강조하되 堆肥와 綠肥를 장려하고
金肥施用(大豆粕·過燐酸石灰·米糠·硫酸암모니아·石灰窒素 등)을 의무화하였으
며, 東拓이 지정하는 여러 가지 農具(犁·水車·製繩機·稻扱器·豆粕削器·發動機·
唐箕·除草器·籾摺機 : 玄米調製機 등)를 이용하도록 하였다. 그리고 농번기의
農時와 勞動能率을 효과적으로 이용하고 증진하기 위해서는 부락민의 共同炊
事를 시행케도 하였다.[84]

　　그리고 이러한 農業改良을 효과적으로 달성하기 위해서는, 수시로 농작물
재배에 관한 品評會·講習·講話會를 갖기도 하고, 농장 내의 한 마을을 특히
指導部落으로 정하여 社員 또는 指導員(移住民의 篤農者)으로 하여금 면밀히
그 농업기술을 지도함으로써 성과를 올리게 한 후, 인접 마을 농민들이 그 결
과를 보고 이를 따르도록 하고 있었다.[85]

　　그러나 이 경우 소작농민들은 모두 가난하였고, 따라서 그들은 항상 식량과
농업자본이 부족하여서 陰曆 正月이 되면 벌써 貯穀이 바닥이 나는 형편이었
다. 그러한 농민들에게 자금이 많이 드는 농업개량을 요구하는 것은 무리였
다. 그러므로 東拓에서 農業改良의 목적을 달성하기 위해서는, 이 같은 농민
들에 대하여 어떤 대책을 세우지 않으면 아니 되었다. 東拓에서는 그러한 문
제를 同社 金融部 金融係의 사업으로써 대처하고 있었다. 食糧과 種子 및 肥
料를 '低利'로 대부해 주고, 農具와 農牛 또한 '低利'의 사용료로써 대부해 주는
조치였다.[86] 이는 東洋拓殖株式會社法 및 同會社 定款 중의 '生産者에 대한 그

---

84) 『東拓十年史』, pp.69~73.
　　　『東拓三十年誌』, pp.135~140.
　　　註 1)의 『業務要覽』, pp.10~14.
85) 同 上 『東拓三十年誌』; 同 上 『業務要覽』.
86) 同 上.
　　　『東拓十年史』, pp.76~79.
　　　東拓, 『事業槪況』, 1917, p.9.

生産物을 담보로 한 1년 이내의 대부'[87]라고 한 法과 規程에 의한 것으로서, 東拓에서는 이 조치를 통해서 그들이 목표한바 農業改良과 增産을 충분히 달성해 나갈 수가 있었다.

東拓에서는 이 대책을 소작농민에 대한 '保護'라 하고, '低利' 대부라 하여 크게 내세우고 있었다. 그러나 이는 소작농민을 경제적으로 예속시키는 큰 족쇄가 아닐 수 없었다. 그것은 이 대부에 비록 低利 대부라는 단서가 붙고 있기는 하였지만, 그러나 그것은 生産物을 담보로 한 1년 이내의 대부라는 점에서 대단히 가혹한 것이었고, 또 이것은 法규정에 의해서 운영되는 것이었다는 점에서 지극히 엄격한 것이기 때문이었다. 소작농민이 貸付金을 기한 내에 상환하지 못하면 小作權이 박탈됨은 말할 것도 없고, 그가 차지할 수확물을 처분할 수도 없었다(小作契約書 4의 제17·19조). 그리하여 東拓의 소작농민들은 이 농업개량사업과 관련하여 이 자금을 이용할 경우, 同社에 대하여 해마다 貸付－生産－償還을 거듭하는 債務奴隷적 존재로 예속되지 않을 수 없었다.

C － 農場의 경영에서는 地代·小作料를 징수하여 그것을 상품으로서 판매하는 것이 그 궁극 목표가 되고 있었다. 그러므로 그 징수에 관해서는 日本人農場 특유의 收納규정을 마련하는 가운데 철저하게 징수하고 있었다. 小作契約에서 약속한 대로 정해진 地代가 한푼의 차질도 없이 수납될 것이 요구되었으며, 그동안 농업자금으로서 대부하였던 금액도 元利金을 합하여 환수되었다. 전국의 농장에 대하여 春夏 간에 투자하였던 모든 자본이 秋收期를 맞아 그 運營管理機構·收奪吸盤組織을 통하여 地代수납, 貸與金 상환의 이름으로 전부 회수되는 것이었다.

그 수납규정이란 당초에는 모든 생산물을 現物地代로써 상납하도록 하는 것이었으나, 점차 玄米·벼·大豆·雜穀·實綿·現金으로 한정하고, 그러한 가운데서도 벼는 특히 玄米로써 수납할 것을 장려하고, 會社가 지정한 代錢率에 의하여(小作契約書 4의 제13조), 現金代納도 허용한다는 것이었다.[88] 地代로

東拓, 『成規類纂』, 1937, p.1299, 耕牛貸付規程.
87) 東拓, 『成規類纂』, p.3, 21.
　　『東拓十年史』, p.125, 142.
　　『東拓三十年誌』, p.210, 227.

서 징수하는 농산물은 결국 시장에 판매하게 될 것이기 때문이었다. 벼로써 수납하는 바가 있으면 그 일부는 농장 현지에서 처분하고, 나머지는 玄·白米로 정미하여 일본의 大阪·東京·廣島 등 대대적인 米穀소비지로 移出 판매하였다.[89] 그리하여 소작농민지배를 기반으로 한 농장에서, 東拓은 자본을 투자하고 地代를 징수하여 이를 상품으로 판매함으로써 막대한 이윤을 올릴 수가 있었다.

東拓의 農業經營은 말하자면 資本家的 地主經營 그것으로서, 資本主義的 合理的 농업경영의 미명하에 韓國農民에 대한 수탈을 極大化하고 있는 것이었다. 이는 이곳 한국에 있어서의 日本人 資本家 企業家의 지주경영에서 공통적으로 볼 수 있는 경향으로서, 日本資本主義의 한국 농업지배의 기본 특징이 되는 것이기도 하였다. 어느 學者는 日本人 巨大地主의 이 같은 資本制的 농업지배를 당시의 朝鮮農業機構의 한 특징으로 규정하고, 그것이 농민을 어떻게 지배하고 收奪하였는가를 다음과 같이 요약 정리하고 있었다.

朝鮮農業에 있어서의 資本制的 지배의 가장 현저한 것은, 外來의 기업적 지주경제의 소작농민에 대한 資本支配 그것이다. 上層으로부터 注入된 다액의 자본이 최하층에서 毛細管的 접촉을 농민경제에 작용하면서, 다시금 이윤을 내포하고 上層에 復歸上昇해 가는 과정이야말로, 실로 우리의 주목을 필요로 하는 바이다.

이제 여기에 企業的 地主의 농민지배를 생각해 보자. 地主는 무엇보다도 먼저 所屬 小作人에 대하여, 극히 地主主義的인 精細嚴重한 경작방법을 강제한다. 그들은 먼저 농민에 대하여, 재배해야 할 품종을 지정한다. 이 품종의 지정은 물론 販賣市場에서의 有利性에 의해서 결정된다. 여기에 농민의 생활과정에 있어서의 資本支配의 第一步가 시작된다. 품종의 지정이 행해지면, 일체의 栽培技術은 끊임없이 질서 있게 명령되고 감시되며, 그 틀에서 벗어날 것이 용납되지 않는다. 농민은 다만 勞動者와 같이 柔順하지 않으면 아니 된다. 정해진 시기에 移植을 하고 정해진 때에 除草를 하며, 處方箋과 같이 肥料를 준다. 허락된 부분은 자본의 이익에 관계없는, 극히 경미한 감시와 명령할 만한 것이 못되는 些事에 한한다.

施用할 肥料의 종류나 용량도, 사용할 농구도, 모두 地主에 의해서 결정 배급되

---

88) 『東拓三十年誌』, p.134.
　　 註 1)의 『業務要覽』, p.11.
　　 東拓木浦支店, '小作料玄米收納事情'(『朝鮮農會報』19의 3, 1924).
89) 『東拓三十年誌』, p.134.

고, 여기에 따르지 않는 자는 不良小作人의 낙인이 찍혀 放逐된다. 地主는 이러한
생산기술과 수단을 모두 小作人을 대신하여 결정하고 배급한다. 이 때문에 多額의
低利資金이 관청에 의해서 地主經濟에 알선 공급된다. 曰肥料資金, 曰農具資金 ….
作物이 성숙기에 이르면, 수확의 시기가 제한되고, 地主는 단독으로 小作料를 결
정 통고한다. 打租制의 경우에는 刈取와 脫穀에 일일이 감시인이 따른다. 그리고 收
納 때가 되면 小作人이 운반한 小作稻는 건조·조제·용량·중량·포장 등의 細部에 걸
쳐서 엄중한 검사가 행해지고, 거기에 합격한 것만이 受領된다. 만일 품질이 불량하
면 계약에 의해서 再選이 命해지며 혹은 逆으로 補償金이 취해지는 수도 있다. 이리
하여 품종이 통일되고, 규격이 整一한 稻의 대량이, 地主의 창고에 쌓이고, 地主 자신
의 손에 의해서 製玄되거나, 혹은 시기를 보아서 精米業者와 대량으로 거래를 한다.
   그러나, 地主가 收得하는 稻는 단지 小作料稻만이 아니다. 小作料稻의 납입고지
서에는 이에 부수해서 여러 가지 前貸資本의 청구가 행하여진다. 曰肥料代 曰農具
代 曰貸付金 曰農糧稻 曰種子代 …… 등등. 이러한 것은 가을 秋收期에 환산되어 모
두 稻로써 남김없이 회수된다. 따라서 농민은 全收穫稻의 7할 내지 8할을 地主의
창고에 납입하지 않을 수 없게 된다. 이리하여 유통과정의 기점에 있어서 이미 자본
은 스스로의 지배를 迅速周到하게 완료하는 것이다.[90]

(3) 殖民事業

東拓의 農場經營은 그 社名을 拓殖, 즉 拓地殖民이라고까지 한 데서 볼 수
있듯이, 殖民을 또한 그 사업목표의 하나로 하는 것이었다. 日本 내의 社會問
題, 農業問題를 해결하는 한편, 우리나라의 농업을 개발하되, 農業開發·農業
改良의 한 방법으로서는 日本人 농민을 우리나라에 이주시켜 우리 농민으로
하여금 그들의 農法을 견학케 함으로써 그 목적을 달성하려는 것이었으며, 이
를 통해서 東拓 자체도 더 많은 수익을 올리려는 것이었다. 그리하여 1910년
에서 1926년에 이르기까지 17년간, 東拓은 17회에 걸쳐 4,000餘 戶 약
20,000餘 名에게 社有地 10,100餘 町步를 양도하여 11개 道 82郡 349개 邑
面에다 정착시켰으며,[91] 이로써 전국적으로 우리 농업의 要地를 점거하고 농
업개량에 시범을 보이려고 하였다.

---

90) 久間健一, '農業機構의 基底를 흐르는 것'(『朝鮮農政의 課題』, pp.17~19).
   이 같은 사실은 黃海道지역의 東拓을 포함한 5大 會社를 중심으로 하여, '巨大地主
   의 農民支配'(同上書, pp.283~329)로 좀더 구체적으로 분석 검토되고 있다.
91) 前揭 '東拓의 殖民事業'(『資料選集 東洋拓殖會社』, 1976) 제6장.
   『東拓三十年誌』, p.170.

　이러한 移民은 第1種과 第2種의 두 가지로 하였는데, 前者는 2町步의 토지를 할당하여 自作케 하는 것으로서, 토지대금은 5년据置 年利 6푼 25년 이내의 年賦拂入으로 하며, 後者는 10町步의 농지를 할당하여 일부(1町步)는 自作하고 나머지는 小作케 하는, 말하자면 移民의 中小地主化를 꾀하는 것으로서, 土地代金은 土地 引渡時에 4분의 1 이상을 불입하고 잔액은 年利 7分 25年 이내의 연부로 하고 있었다. 그러나 이 경우 第1種은 自作을 목적으로 함으로써, 우리 농민의 소작권에 지장을 주게 되므로, 1922년(13回) 이후에는 第2種 移民만을 割當地 10町步를 5町步로 낮추어서 모집하고 이주케 하였다.[92]

　그런데 이와 같은 日本人 移住民에게 할당하는 토지는 東拓이 새로이 개간하였거나 개간할 수 있는 토지가 아니라, 그 社有地로 되어 있는 熟田이었으며, 우리의 농민들이 조상대대로 경작해 오고 있는 비옥한 농토였다. 東拓에서는 이민을 모집할 때 '회사에서 양도하는 토지는 대개 鐵道沿線이거나 內地人部落의 부근이 많고, 그 토지는 종래 회사가 경작하던 熟田'이라는 점을 강조하였으며, 모집된 이민에게 농지를 할당할 때에는, '이주민 割當地는 교통·경제·교육·위생·기타 사회적 설비가 비교적 편리한 지방에서 社有開墾地로서 현재 鮮農이 소작하고 있는 토지 가운데 地位 中等 이상으로 旱水害가 비교적 적은 토지를 선정한다' '割當地는 특히 自作 小作地를 구별하지 않고, 그 所在는 시장으로부터 1里 내지 2里 정도의 장소에서 이주민의 경제를 고려하여 선정한다'는 등의 기준에 의거하여 이를 행하고 있었다.[93]

　東拓의 植民事業이란, 말하자면 우리 小作農民들의 小作權을 박탈하여 日本人 移住民에게 넘겨주는 것이었으며, 그러한 소작지도 농업을 경영하는 데 있어서 가장 조건이 좋은 지역에서의 비옥한 田畓이 대상이 되고 있는 것이었다. 그리고 그러한 지역을 東拓에서는 전기한 바와 같이 전국의 82郡 349邑面에다 선정하고 있는 것이었는데, 本稿에서 검토의 대상이 되는 載寧郡의 東拓農場이 그 가운데 포함되고 있었음은 말할 것도 없는 일이었다.

　黃海道에서의 東拓 移住民의 정착지역은 黃州 鳳山 載寧 信川 延白의 5郡

---

92) 『東拓三十年誌』, pp.170~175.
93) '東拓의 殖民事業', p.189, 209.

으로서, 이 5개 군에서는 1933년말 현재 第1種 386戶, 第2種 144戶, 도합 530戶가 정착하고 있었는데, 그 중심이 되는 것은 載寧江 유역의 4개 군이었고, 따라서 載寧郡은 특히 그 중심이 되고 있었다. 그리고 그러한 載寧郡에서도 日本人 移住民이 정착하게 된 곳은 北栗面과 거기에 인접한 南栗面으로서,[94] 1924년의 이곳 北栗面에서는 300餘 戶, 1,000餘 名의 日本人 移住民(전부 東拓의 移住民인지는 불명)이 집결하고 있었다.[95] 北栗面은 곧 왕년의 餘勿里이고, 南栗面은 餘勿坪庄土의 범위 내에 포함되던 곳으로서 왕년의 栗串里가 중심이 되는 곳이었다.

北栗面과 南栗面은 이와 같이 載寧郡 내의 유일한 東拓의 移住民 지역이고, 그것은 따라서 載寧江 유역 4개 군의 稻作地帶, 나아가서는 黃海道 내의 移住民 지역 가운데서도 중심이 될 수 있는 곳이었다. 그러므로 東拓에서는 이곳 北栗面 일대에다 模範的이고도 理想的인 移住民村을 건설하려 하였다. 그러한 사정이 당시에는 '載寧郡 北栗面 일원은 東洋拓殖會社에서 250,000圓의 예산으로 簡易水道를 놓고 도로를 확장하여 교통을 편리케 하고 日本人 理想村을 경영한다'고 운위되고 있었다.[96] 그리고 그것은 실제로 실현되어 나가고 있었다. 그러한 사례는 물론 다른 지방에서도 행하여지고 있어서, 가령 江原道의 鐵原과 平康地方은 이곳 載寧地方과 더불어 특이한 지역이 되고 있었다. 그래서 당시의 여론은 이를 '鐵原 平康 載寧에는 小日本이 생기고 있다'고 말하여,[97] 그들의 농촌 침투를 비판하고도 있었다.

東拓의 地主經營이 이와 같이 우리 小作農의 小作權을 박탈하여 日本人移住民에게 자작케도 하고, 또 우리의 소작농을 송두리째 그들 이주민의 소작인이 되게도 하는 정책을 취하는 가운데, 우리 농민은 날로 쇠퇴하는 반면 그들 이주민은 날로 더욱 성장해 나갔다. 그들은 토지 대금을 연부로 상환해 가면서도 여유가 있었고, 그것으로써 일반 민간인으로부터 더욱 많은 토지를 매입할 수가 있었다. 그것은 移住民 전체의 1戶당 평균 2.04町步에나 달하는 것이

---

94) 同 上書, p.331, 344.
95) 『東亞日報』 1924년 11월 2일, 12월 21일.
96) 『東亞日報』 1924년 11월 6일.
97) 『朝鮮日報』 1927년 5월 24일 社說.

었다. 그리고 그러한 이주민은 이주민 전체의 반수(49%)나 되었는데, 그러한 가운데서도 360명은 5町步 이상씩이나 매입하여 中小地主로 성장하고 있었다.[98] 그리고 자력으로써 토지를 매입하지 못하는 이주민 가운데는 (주로 第1種 이주민) 割當地 增貸를 위한 진정운동을 통해서 농지면적을 늘려가기도 하였다. 이럴 경우 增貸되는 농지는 물론 우리의 소작농민들이 경작하던 소작지였다. 이와 같은 이주민의 운동은 載寧江 유역의 鳳山지방을 중심으로 전개되었으며,[99] 載寧지방의 이주민에 대해서는 특히 그 理想村 건설과도 관련하여 회사측에서 1町 5段씩의 增貸문제를 자진하여 배려하고도 있었다.[100]

　이 같은 地主經營으로써도 東拓은 1920년대에는 큰 위기에 봉착하고 있었다. 그것은 당시의 日本經濟 전반의 사정과 관련되고 있었다. 즉 東拓에서는 제1차세계대전의 종식과 더불어 전개되는 日本資本主義의 성장과 보조를 같이하여 資本金을 5,000萬圓으로 증가하고 企業을 擴張하여 영업구역을 中國·東部시베리아·南洋 방면에까지 넓혀갔는데, 1920년대에 접어들면서는 日本經濟가 전면적으로 만성적인 恐慌에 휘말리게 된 데다, 關東지방에 大震災가 있어서 경제계에 심각한 타격을 주고, 또 滿洲 방면의 사업이 부진하여지고 있어서 東拓의 사업에도 악영향을 미쳐 주고 있었던 까닭이었다.[101] 그리고 이러한 상황을 타개하는 日本資本主義의 經濟政策이 低米價政策을 쓰고 있어서 地主經營은 전반적으로 불리하여지고 있었는 데다, 1920년대 후반부터는 世界的인 農業恐慌이 이곳에도 파급되어 米價의 폭락을 초래하게 된 까닭이었다.

　이와 같은 사정은 東拓의 수입에 심대한 영향을 주는 것이었다. 同社의 수익은 〈表 1〉의 累年損益槪況[102]에서 볼 수 있듯이, 1922년을 고비로 급격하게 줄어들고 있었으며, 1926년의 결산에서는 590萬여 원의 결손을 내게까지 되었다(表의 ＊표 부분 참조). 이는 東拓事業의 근본적인 정리와 점검을 통해서 일단 수습되었지만, 그러나 수익의 감소경향을 막을 수는 없었다. 東拓에서는

---

98)『東拓의 殖民事業』, p.369, 第22表.
99) 同 上書, pp.310~318.
100)『東亞日報』1924년 12월 21일.
101)『東拓三十年誌』, pp.11~12.
102) 同 上書, pp.265~266.

이러한 추세와 난국을 타개하기 위하여 무엇인가 대책을 세우지 않으면 아니 되었으며, 여기에서 안출된 것이 '業務를 刷新하고 經費를 절약하는' 것이었다.[103] 그리고 이 業務刷新이 그들의 農業經營과 관련하여 나타나게 되는 형태는 地主經營의 철저한 强化인 것이었으며, 당시의 産米增殖計劃에도 적극 참여함으로써 低米價에서 받게 되는 손실을 産米의 增殖, 따라서 小作料의 增收를 통해서 만회한다는 사실이었다. 그리고 그 地主經營의 강화를 위해서

〈表 1〉	累年損益槪況
1920년	3,432,000원
1921	3,578,769
1922	4,413,000
1923	3,012,000
1924	3,012,000
1925	3,295,098
1926	*5,904,669
1927	2,537,656
1928	1,943,155
1929	1,427,560
1930	1,046,460

*는 損

는, 地主經營을 일사불란하게 수행할 수 있도록, 農場組織을 改編하고 抵抗小作人을 제거하는 일이었다. 그리하여 그 후 東拓에서는 이러한 수습방안을 통해서 난국을 타개할 수가 있었으며, 이로 인해서는 우리 小作農民에 대한 수탈이 더욱 강화되고 그 희생이 더욱 커지게 되었다.

5. 東拓 支配下에서의 農民鬪爭

　韓末 이래로 載寧庄土 東拓農場에서는 小作料率의 증가, 小作權 박탈의 심화, 經營强化를 통한 농민수탈의 증대 등으로 그 時作·佃作─小作農民의 생활이 점진적 가속적으로 파탄되어 가고 있었다. 흉작이 들면 그것이 한층 더 심화되었다. 韓末에서 日帝下에 이르는 이곳 餘勿坪에 있어서의 그러한 地主經營 농민수탈은, 1920년대에서 1930년대에 걸치면서 極에 달하고 있었으며, 그것은 東拓 農場經營의 特質이 확립되는 전환기가 되고도 있었다. 농민들은 東拓의 수탈을 그대로 두고서는 이제는 생존할 수가 없게 되었으며, 생존을 위해서는 투쟁을 벌이지 않으면 아니 되었다. 그리하여 이곳에서는,

---

103) 同 上書, p.12.

1920년대의 對地主 농민투쟁의 광범한 물결 속에서, 東拓에 대한 투쟁을 전개하게 되었다. 1924년에서 1925년에 걸쳐 전개된 北栗面 東拓農場에서의 小作爭議는 바로 그것이었다.

이 小作爭議는 한마디로 말하여, 이곳 農場에서의 東拓의 地主經營刷新, 즉 農民收奪 강화와 그것을 위한 農場改編에 대한 투쟁이었다. 전자는 小作料의 부당한 高率徵收이었으며, 후자는 종래에 一般小作人에게 借耕시키고 있었던 농지를 박탈하여 日本人 移住民에게 줌으로써 그들의 理想村을 건설하고, 또 東拓의 어용단체인 拓殖青年團員이나 小作人向上會員에게 이를 줌으로써, 이들을 중심으로 한 이른바 模範農場을 설치하려는 활동이었다. 東拓은 말하자면 1920년대의 地主經營의 난국을 돌파하는 하나의 방법으로서, 그들에게 추종하는 御用小作人과 移住民을 중심으로, 절대 다수의 一般小作人을 희생시키는 가운데, 그 農場을 改編하고 收入을 증대시키려는 것이었으나, 이는 一般小作人의 生死問題와 크게 관련되는 데서 그들의 對地主 투쟁을 유발시키고 있는 것이었다.

小作料의 고율징수가 특히 이때에 문제가 된 것은, 1922년 이래로 이곳에는 水災·風災·虫災·旱災 등 거듭되는 재해로 인하여, 年年凶作을 면치 못하고 수확을 제대로 올릴 수 없었던 까닭이었다. 원래 東拓의 小作料는 2分의 1租를 전제로 한 定租와 執租로 하면서도, 늘 그것을 넘어서는 고율이어서 농민들이 이를 감당하기 어려웠으므로, 凶年이 들 경우에는 그 형편이 참으로 곤란하였다. 그러므로 東拓에서는 이런 경우 '水旱害 기타 天災를 당하면 技術員을 파견하여 善後策을 강구한다'거나 '심한 凶作이나 災害로 말미암아 수확이 감소하였을 경우에는 상당한 액을 감면한다'[104]는 원칙을 세우고도 있었다. 그러나 이 해에는 이 원칙에 따라 7,000石이나 감면하고 있기는 하였지만, 이를 이때의 수확고와 비교하면 적정한 감면 액수가 아니었고, 따라서 이때에 부과된 小作料는 실로 엄청나게 부당한 것이었다.

東拓에서는 減收가 심한 田畓에도 '平年과 같이 소작료를 내도록 한 것이 반이나 되고, 그 밖에 수확이 없는 곳에는 겨우 3~4할밖에 減'하지 아니하고

---

104)『東拓十年史』, p.46.
　　　『東拓三十年誌』, p.133.

있었다.[105] 그래서 1924년의 경우 東拓에서 부과한 대로 소작료를 납부키로 한다면은 '小作畓에서 수확한 것을 전부 납입할지라도 부족되는 小作人이 多有한' 형편이 되고 있었으며, 연년의 흉작으로 인한 社債(東拓)와 私債가 또한 不少한 형편이어서, 小作農民은 債權者의 독촉이 또한 극심한 가운데 自家에서 宿食을 할 수도 없는 지경이 되고 있었다. 그런데도 東拓駐在所에서는 移民을 앞세우고, '社員이 매일 출근하야 일반소작인에게 稻扱하는 穀石은 위협으로 꼬리票를 붙이며 혹은 강탈하야 組合長處에게 보관하며, 심하야는 위협으로 구타를 하면서 가혹한 횡포를 하고 作農한 穀石에는 일절 소작인에게 권리를 허치 아니'[106]하고 있었다. 이때의 이곳 小作農民들은 1년 내내 농사를 하고서도 최소한 그들의 생명을 유지할 수 있는 곡식을 자기 소유로 할 수가 없었다.

그뿐만 아니라 理想村이나 模範農場의 건설문제도 이와 때를 같이하여 진행되고 있었다. 즉 東拓의 이곳 沙里院支店에서는 理想村의 건설을 위해서 1924년의 이른봄부터 구체적인 계획을 실천에 옮기게 되었는데, 그 첫째 번 방법은 '땅 좋고 살기 좋은 곳에 있는 소작인을 차마 못살 무조건으로 토지가 좋지 못한 곳으로 이민과 교환을 시킨 것'[107]이었으며, 다음 방법은 이 해 연말에 沙里院支店長이 직접 이곳 北栗面에 출장하여 日本人 移住民 300여 명을 모아 놓고, 순량한 이민에게는 앞으로 1町 5段의 농지를 새로이 더 불하해 주겠다고 선언하고, 이의 실현을 위한 작업에 착수한 일이었다.[108] 이 경우 새로이 불하하겠다는 농지는 물론 未墾地가 아니라 우리 小作農民들이 차경하고 있는 熟田인 것이었다.

이 理想村의 건설문제와 더불어 제기된 模範農場은 이곳 東拓의 農場 전체를 재편성하려는 것으로서, 그 방법은 東拓의 地主經營 農民收奪에 절대로 복종할 拓殖靑年團이나 小作人向上會를 조직하여, 여기에 가입한 농민에게만 小作權을 부여함으로써 '나날이 빈발하는 소작쟁의를 미연에 방지하려는' 것

---

105) 『東亞日報』 1924년 10월 31일.
106) 『東亞日報』 1924년 11월 2일, 7일.
107) 『東亞日報』 1924년 11월 6일.
108) 『東亞日報』 1924년 12월 21일.

이었다. 그 중에서도 拓殖靑年團은 그들의 地主經營 농민수탈을 위하여 핵심이 될 基幹小作人인 것으로서 일정한 자격을 구비한 자로써 구성하였으며,[109] 이들에게는 '토지(畓) 3町步씩을 주어 그 중에 1町步는 영원히 日本人 移住民들에게 대한 것과 같이 불하를 시키고, 나머지 2町步는 그대로 小作을 시켜 그것을 몇 해만 지나서 순량한 團員이 되는 때에는 마저 拂下를 한다'[110]는 것이었다. 이들에게 이와 같이 불하할 농지도 말할 것 없이 一般小作人의 小作權을 회수함으로써 얻어지는 것이었다. 小作人向上會는 이곳 小作農民들의 단체인 小作組合에 대항하기 위하여 만들어졌으며, 東拓에서는 이 會에 가입하지 않은 농민에게는 '小作權을 탈환'할 것임을 공언하고 있었다.[111]

東拓이 北栗面農場에서 행하고 있는 小作料 징수나 理想村 및 模範農場의 건설은 농민들의 절대적인 희생을 전제로 하는 것이었다. 농민들은 연년의 흉작하에서 소작료의 감액을 戰取하지 않으면 아니 되었고, 농지로부터의 구축에서 벗어나지 않으면 아니 되었다. 그것은 생존을 위한 최소한의 조건이었다.

그리하여 처음에는 2,300명 또는 4,500명의 농민들이 沙里院支店에 이르러 연일 連坐示威를 하며 小作料의 減下를 호소했으나, 東拓이 이를 거부하고 日本人 移住民을 앞세워 小作料의 强制執行을 하게 되자, 마침내 小作料不納同盟을 맺고 서울支社와 總督府 당국에 陳情書를 내는 운동을 전개하였다. 그리고 理想村, 模範農場 등을 위한 小作權 박탈문제가 제기되면서부터는 농민들의 진정운동은 이를 중심으로 더욱 활발해졌다. 東拓 서울支社나 總督府 당국에 대한 그들의 진정과 담판은 1924년에서 1925년에 걸쳐 다섯 차례나 되풀이되었다. 그 내용은 小作料의 감액, 小作權 보장, 不正社員과 組合長의 철폐, 理想村이나 拓殖靑年團 설치의 연기, 그리고 그 밖에 小作人들의 생존을 위한 여러 가지 문제가[112] 그 골자가 되고 있었다. 그리하여 이러한 문제를 주

---

109) 『東亞日報』 1924년 12월 22일자 기사에 의하면, 團員의 資格은 二男, 旣婚, 普通 學校 이상 卒業, 滿 20~30세의 靑年으로서 各小作人組合長의 추천을 받아야만 하였다.
110) 『東亞日報』 1924년 12월 9일, 22일.
111) 『東亞日報』 1924년 12월 30일.
　　　 1925년　1월 11일.
112) 『東亞日報』 1924년 11월 7일, 12월 9일, 23일.

장하고 나선 그들의 투쟁은 해를 바꾸고 달을 거듭하며 우여곡절을 겪으면서 전개되었다.

이러한 과정에서 1924년 9월 이후의 수개월간에 걸친 농민들의 끈질긴 요구는 1925년에 접어들면서 일단 성공하는 듯이 보였다. 이해 정월에는 小作

〈第1次 要求條件〉

① 今秋發佈된 小作料納入告知書額數에 依하야 4割, 5割, 6割에 比例로 減除하고 其 以上은 免除할 件
② 一指高斗收納을 廢止할 件
③ 叺入收納을 廢止할 件.
④ 貸付된 食糧及肥料代金은 5年 年賦로 償케 할 件
⑤ 15區域 小作人의 組合長은 全部 廢止할 件
⑥ 東拓會社北栗駐在所 主任以下社員 4人을 全部 改選할 件

〈第2次 要求條件〉

① 今年度 苛酷한 坪刈와 社員들의 不公平한 見積錯誤로 高率의 小作料를 課하였음으로 更히 公平한 方法으로 査定한 後 平年小作料調停高에 準하여 5割範圍로 減免하여 줄 것. 若 前記事項을 聽許키 不能하면 今年度 本面에 減한 石數 卽 7千石으로 公平히 査定하여 納付케 하되 未納小作料는 5個年賦로 하여 줄 것
　　但 査定方法은 各里小作人들의 衆評에 依하여 今年度 洪水의 被害를 따라 各小作人들의 農形을 評定한 後 平年小作料에 準하여 減免할 事
② 高率의 小作料는 所出穀全部를 納付할지라도 오히려 未納되므로 小作料 未納者라도 絶對 小作權解除는 無케 할 事
③ 本面小作人들에 관한 一切를 東拓沙里院支店에서 直接管理케 하여 줄 것. 若 以上의 事項을 處理키 不能할 時는 現存한 不正社員은 卽速 改選하고 優良한 社員으로 管理케 하여 줄 것
④ 15區域組合長은 不正社員과 扶動하여 小作地를 無理하게 剝奪하며 社員들의 權利를 憑藉하고 不義의 賄物을 收受하는 等 그 弊가 極甚하므로 其 存在가 不必要한즉 斷然히 廢止할 事
⑤ 明年度 農資金, 食糧, 肥料, 種穀 등을 貸付하여 줄 것
⑥ 大正 11年(1922)度以來 吾等小作人의 社債는 5個年間 年賦로 할 것
⑦ 大正 11年으로부터 本年에 至하기까지 連 3年災害로 因하여 社債及私債가 太多하여 生活이 極難한 中 右를 辨濟함에는 現小作하는 耕作地가 絶對 必要하니 今後로 5個年 동안은 小作權을 變動치 말아 줄 것
⑧ 東拓에서 本面에다가 謂之 拓殖靑年團이라 하는 團體를 組織하고 團員은 38 人으로 하야 團員每 1人당 3町步의 畓을 耕作케 하기로 되었는데, 地主가 自意로 하는 데는 小作人된 者 等은 異議가 無할 터이나, 本面에는 連 3年災害에 債務가 多數하여 生活을 安定할 수 없는 小作人들의 小作地를 解除하야 靑年團으로 耕作케하면 90町步를 小作하던 小作人들은 流離四方하야 江原道鐵原不二興業會社 其他南北滿洲로 乞食케 되겠으니 拓殖靑年團은 5個年後에 設立하도록 하여 줄 것

〈第3次 要求條件〉

① 移民에게 1町 5反步 移作하는 것은 5個年後 實施할 事

組合의 농민대표 李蒙瑞가 組合員 1,000여 명의 위임장을 소지하고 상경하여
東拓當局과 결정적인 담판을 벌였고, 東拓은 그들의 요구를 일단 받아들이기
로 한 까닭이었다. 東拓의 解決條件이 보도된 대로였다면 北栗面 농민들의 투
쟁은 성공한 셈이었다.[113]

그러나 이는 東拓의 방침으로서 확실하게 결정된 사실은 아니었다. 현지의
沙里院支店에서는 서울에서의 그와 같은 양보와 일방적인 사태수습에 크게
반발하였으며, 未納小作料의 징수를 위해서 强制執行에 나서기까지 하였다.
그것은 2월 5일부터였다. 이곳 東拓에서는 이날 강제집행을 위해서 長河里에
나왔으나 300여 小作人에게 매를 맞고 돌아가게 되자, 그 익일에는 移民 40
여 명에게는 獵銃으로써 무장을 시키고 向上會員 15명에게는 몽둥이를 들리
고서 강제집행에 착수하였다. 그리고 이를 대기 저지하려던 400여 명의 소작
인과 충돌하게 되자 엽총을 발사하기까지 하였다.[114] 이른바 역사상 유례를 볼
수 없는 小作爭議에 있어서의 放銃事件이었다.

東拓의 현지 기관에서는 그 후 向上會를 강화하는 한편, 2월 13일부터는
재집행 계획을 세워 다시 이를 강행해 나갔다. 이때에는 3명의 執達吏가 載寧
警察署의 警官 6명과 東拓의 이곳 駐在員을 대동하고 소작료에 대한 假差押
을 시행하였다. 警官을 대동한 이러한 집행에 농민들은 어쩔 수가 없었다.[115]
이때에는 小作人 代表들은 모두 구속되고 소작료를 미납하고 있는 농민들은

---

113) 『東亞日報』 1925년 1월 24일
〈解決條件〉
① 未納小作料는 年賦로 되고 小作料未納者라도 小作權은 保障하기로 함
② 拓殖模範靑年團은 廢止함
③ 北栗東拓小作人에 限하야 未納小作料 3千餘石外에 食糧米 3千石을 貸付하되, 1回
　는 小作料 完納小作人中 極貧者에게 貸付하게 하고, 次回는 一般小作人極貧者에게
　貸付하기로 함
④ 大正 14年度부터 種子를 貸付하기로 作定하되, 石數는 未定
⑤ 東拓社債는 3, 4, 5個年으로 年賦償還케 함
⑥ 北栗日本移民 略 3百戶에 대하야 每戶 1町 5反식 加給한다는 것은 廢止함
⑦ 東拓移民은 當該地에 移民을 못하게 함
⑧ 不正社員의 措處는 年度에는 勿論이되 年度以內措處時日은 講究中
⑨ 不正組合長은 斷然措處하되 全部廢止는 講究中
114) 『東亞日報』 1925년 2월 7~9일.
115) 『東亞日報』 1925년 2월 14~16일.

남아 있는 곡물을 모두 내놓지 않으면 아니 되었다. 그러고서도 北栗面에서는 미납소작료가 아직 3,000石이나 되었다. 추수 없는 농지에 소작료를 부과하였으니 그럴 수밖에 없었다.

그러나 이것으로써 문제가 해결된 것은 아니었다. 이번 사건에 있어서의 東拓의 주목적은, 요컨대 非協助的이고 抵抗的인 농민의 소작권을 박탈하여 그것을 移住民이나 拓殖團員 및 向上會員에게 주려는 것이었으므로, 一般小作人에 대한 탄압은 계속되었다. 그것은 농사철이 되어서 小作契約에 불응하는 방법으로 나타났다. 그들은 向上會員에게는 소작료 미납자라도 소작계약을 해주고 東拓에 저항해 온 小作組合員에게는 소작료 완납자라도 제대로 응해주지 않았다. 小作組合員은 본인만이 아니라 그 친족까지도 계약에서 배제되었다. 이곳 농민들은 여기에 재기하게 되었다. 3월이었다. 그들 小作組合의 一般小作人들은 동맹하여 東拓의 이렇듯 부정한 사원 아래에서는 소작계약을 받지 않겠다는 것을 선언하고,[116] 서울에 代表를 파견하여 그것을 규탄하였다. 그리고 그들은 특히 小作權을 보장해 줄 것 등 요구조건을 제시하였다.[117]

北栗面 小作農民들의 東拓에 대한 투쟁이 계속되고 있었던 1924년과 1925년에는, 전국적으로도 허다한 小作爭議가 일어나고 있어서, 사회적으로 큰 물의를 일으키고 있었는데, 이곳에서의 小作料 징수를 위한 放銃事件은 이러한 여론을 한층 더 자극하는 바가 되고 있었다. 언론기관에서는 東拓의 그와 같은 地主經營을 규탄하기도 하고,[118] 東拓 그 자체의 철폐를 요구하기도 하였다.[119] 그러한 가운데서 北栗面 농민들은 農節을 맞이하여 재기하고 있는 것이

---

116) 『東亞日報』 1925년 3월 8~9일.
117) 『東亞日報』 1925년 3월 10~11일.
〈要求條件〉

① 小作權을 絶對 保障하여 줄 것
② 昨年度 未納小作料는 5年間의 年賦로 支拂케 할 일(前日 假差押은 全部 解除할 일)
③ 北栗東拓駐在所員을 全部 改選하여 줄 일
④ 從來의 組合長制를 撤廢할 일
⑤ 東拓社有地를 엇더한 形式으로든지 一般에게 拂下하여 줄 일
⑥ 拘檢中의 6名을 全部 釋放하도록 周旋하여 줄 일
118) 『朝鮮日報』 1924년 10월 23일, 11월 12일, 1925년 2월 5일자 社說.
119) 『東亞日報』 1925년 2월 8일, 12일, 16일, 18일자 社說.

었다. 東拓에서도 이제는 이 문제에 관하여 무엇인가 결말을 짓지 않으면 아
니 될 것으로 생각하였다. 여론에 구애되는 그들이 아니었지만, 그러나 이때
의 언론기관이 취하고 있는 東拓의 농민수탈에 대한 비판은 무서운 기세였고
맹렬한 것이었다. 더욱이 농절을 맞이한 全農民이 일시에 소작을 거부한다면
큰 차질이 올 수도 있었다.

　여기에 東拓에서는 농민들의 주장을 일부분 받아들이면서 새로운 타협안을
제시하였다. 그들은 北栗面의 東拓駐在所에다 300여 명의 소작인을 집합시키
고 警察署長 입회하에 다음과 같은 최종적인 〈解決條件〉을 발표하였다. 이는
東拓의 對農民宣言이었다. 이 조건으로써도 불만이면 물러나라는 것이었다. 그
리하여 이곳의 小作爭議는 이것으로써 일방적으로 매듭이 지어지게 되었다.

〈解決條件〉[120]

① 未納小作料는 年賦로 함
② 水害로 因하여 還償치 못한 社債도 年賦로 함
③ 肥料及食糧은 小作人이 필요한 한도까지(3千石 內外) 貸付함
④ 移民地廢止는 不可하나 그 移民地로서 朝鮮人小作人에게 小作케 함
⑤ 拓殖靑年團員을 廢止 云하나 社에 最初作定은 32人이든 것을 半分으로 하야
　 16명을 置함. 그리고 그 代地로 各里에 無用한 小作地가 多數한즉 此로 充함
⑥ 不正社員이라고 小作人들은 措處를 要求하나 社의 必要에 의하야 旣히 轉勤
　 케함
⑦ 各里로부터 煽動者라고 認定하는 者 18명의 小作地를 社는 引上(박탈)함
⑧ 小作人들이 말하는 各里組合長廢止는 當場에 實施는 곤란한즉 一部 3個所에만
　 實施하야 보고 追年實施할 豫定

〈追加補正條件〉

① 18명 중에도 直接衝突 기타 直接關係者外에 충분한 悔悟가 있는 者라면 警察
　 當局과 相議하야 3月末日內로 다시 小作케 함
② 小作人에게서 差押한 物品을 전부 解除해 줄 터이니 穀物만은 會社에 納付하라
③ 拓殖靑年團은 當局이 旣許한 바로 延期는 絶對 不可인즉 此代에 組合長을 4月
　 內에 단연 廢止함

　그렇지만 東拓이 제시한 이 解決方案은 이곳 농민들의 요구를 일부분 반영

---

120) 『東亞日報』 1925년 3월 27일.

하기는 하였으나, 근본적인 문제에 관해서는 하등 해결과 보장을 주는 것이
아니었다. 이 條件에서는 移民이나 拓殖靑年團에 관하여 但書를 붙이기는 하
였으나 小作權에 관해서는 보장이 없었다. 그러한 한에서는 小作權은 現地 東
拓職員의 재량에 따라 자유로이 조종될 수가 있는 것이었다. 그리고 사태는
실제로 그렇게 진전되었다. 東拓은 爭議의 해결을 선언한 후에도 一般小作人
의 小作契約에는 조건을 붙이어 農節을 놓치게 하고 있었다. 未納小作料를 납
부하라는 것이 그 이유였다. 그들은 '지금이라도 소작계약을 하려면은 미납소
작료를 가지고 와야 한다'고 내세웠다.[121] 또 계약이 된 소작농이라 하더라도
일반소작인에게는 完全絶糧의 상황 속에서 糧穀貸付를 거부하였다. '너이가
무슨 염치로 식량을 대부하여 달라고 하느냐'는 것이었다.[122]

이와 같은 사태의 진전 속에서 이곳 농민들은 東拓, 즉 日帝에 협력하는 자
가 아니고서는 살 수가 없음을 깨닫게 되었다. 하지만 日帝에 협력한다는 것
은 생리적으로 싫은 일이었다. 그들에게는 이제 조상대대로 살아온 이 땅을
떠나 새로운 농지를 찾는 일만이 남아 있었다. 그러한 농민은 벌써 1924년말
께서부터 나오게 되었는데, 爭議의 중반까지 이곳을 떠난 농민은 20여 호나
되었다.[123] 離村民은 그 후 더욱 늘어났다. 그리고 쟁의가 종결될 무렵과 그
후에는 사태를 분명하게 파악할 수 있은 데서, '男負女戴하여 江原道나 西北
間島 등지로 길을 떠나는 사람이 끊이지' 않았다. 그래서 당시의 여론은 확실
한 조사에 의하면 '현재(3월말) 먹을 것이 없는 사람이 350호, 보름 동안밖에
먹을 것이 없는 사람이 약 480호, 한달 식량만 가진 사람이 500호라는데, 지
금 형편을 보아서는 한 달 뒤에는 그곳에 조선 사람은 하나도 볼 수 없게 될는
지도 모른다'고 전망하였다.[124] 그리고 그러한 전망은 사실로 나타났다. 그 후
이곳에서는 '370여 명의 小作人이 滿洲로 이산하는 비참한 결과를 내'고서 마
침내 쟁의는 끝이 났다.[125] 남아 있는 일반소작인의 경우는 여전히 고통스러운

---

121) 『東亞日報』 1925년 3월 28일.
122) 『東亞日報』 1925년 6월 24일.
123) 『東亞日報』 1924년 12월 9일.
124) 『東亞日報』 1925년 3월 28일.
125) 李錫台 編, 『社會科學大辭典』 北栗小作爭議條, 1949, p.277.
　　　이곳에서의 370여 명은 370여의 小作地 耕作者, 즉 小作農家를 말한다. 이때에는

생활을 하지 않으면 아니 되었다.

北栗面 東拓農場 소작농민들의 小作爭議는 經濟鬪爭이라는 관점에서만 생
각하면 완전히 실패하고, 東拓으로서는 완전히 승리한 셈이었다. 저항적인 小
作人을 이곳 東拓農場에서 몰아내는 것은 東拓의 목표였기 때문이었다. 그러
므로 그 후 이렇게 해서 박탈한 小作地를 어떻게 하였으리라는 것은 너무나도
분명한 일이었다. 東拓은 이제 이곳 農場의 개편에 관하여 그들의 뜻대로 할
수가 있었고, 그리하여 이곳에는 앞에서도 언급한 바와 같이 1927년에는 '小
日本'이 생기기에 이르렀다. 그러나 이때 일반소작인이 전부 일소된 것은 아
니었으므로, 그리고 그들에 대한 小作條件이 호전되고 있는 것도 아니었으므
로, 농민투쟁의 불씨는 그 후에도 여전히 그대로 내연하지 않을 수 없었다.

6. 結　語

이상에서 살핀 바와 같이 載寧 餘勿坪에 있어서의 地主經營은 19세기로부
터 20세기에 걸치면서 커다랗게 변동하고 있었다. 이곳은 원래 우리나라 封
建地主層의 전형적인 庄土였고, 日帝下에는 日本帝國, 日本資本主義의 전형
적인 韓國農業지배를 위한 東拓農場이었으므로, 그 변동은 封建的인 地主制
에서 日本資本主義의 地主制에로의 변동이었다. 그리고 그것은 쇠퇴 몰락과
정에 있었던 封建地主制가, 國權을 상실하고 경제수탈을 무제한 받게 되는 日
帝强占下에 이르면서, 피침략지역의 地主制로써 강화되고 반동화되어 가는
과정이기도 하였다.

이러한 변동은 韓末까지의 宮庄土 시절, 일제가 통감부를 설치하고 전면 침
략을 준비하던 韓末의 驛屯土 시절, 그리고 일제하의 東拓農場 시절 등 세 시기

名과 戶가 混用되고 있었다. 가령 이곳에 移住할 日本人 移住民을 어떤 곳에서는
300여 명(註 108)이라 하고, 또 어떤 곳에서는 略 300戶(註 113의 6項) 또는 300
여 戶(註 95)라고 한 것, 小作組合에 가입된 소작농가를 組合員 1,000여 명으로 표
현하고 있는 것(註 113), 爭議의 主動이 된 소작농가에게서 小作地를 剝奪할 것을
말하면서 18명이라고 표현한 것(註 120), 그리고 새로운 농가를 이룰 拓殖靑年團員
을 32명 또는 16명(註 120) 등으로 부르고 있는 것은 그 例이다.

에 걸쳐 전개되고 있었으며, 그것은 小作料率, 소작기간, 소작지의 규모, 소작권 박탈, 小作人의 지위, 기타 등등을 통해서 특징적으로 나타나고 있었다.

小作料는 제1기에는 농민들이 對地主 농민투쟁을 통해 3分取1 내지 4分取1의 率을 제도화시키고 있었는데, 제2기에는 日帝(統監府)의 간접적인 압력으로 4할 내지 4.5할제로 강화되고, 제3기에는 日帝(總督府)의 직접 지배하에서 이것이 다시 5할 또는 6할(水利區域)로 제도화되나, 실제로는 7~8할 또는 그 이상을 징수하기도 하였다. 小作期間은 처음에는 특히 일정한 기간을 정하지 않아서 作人의 변동이 잦기도 하였으나, 반대로 대를 이어가면서 永小作을 할 수도 있었고, 현실적으로는 그러한 농민이 많았는데, 제2기에는 계약기간을 5년으로 규정하고, 제3기에는 그것을 더욱 단축하여 1년으로도 하다가 3년으로 法制化하였다. 契約條件을 어기면 小作權이 몰수됨은 말할 것도 없지만, 그러한 위에서 다시 3년마다 한 번씩 계약을 갱신함으로써 지주는 소작권을 자유로이 변동시킬 수가 있었다. 借耕地의 규모는 제1기에는 제한이 없어서 7~8町步, 10餘 町步를 넘는 借地大農經營者가 적지 않았고, 中畓主도 묵인되고 있었는데, 제2기와 제3기에는 中畓主가 제거되고, 특히 제3기에는 경지면적이 自作限度(1~2町步)를 넘지 않도록 제한함으로써 企業農의 成長素地를 제거하고 그 농지를 회수하였다.

이러한 조치는 그래도 小作契約을 통해서 일정한 명분이 내세워지는 가운데 취해지는 것이었지만, 때에 따라서는 小作人을 제거할 것을 목적으로 의도적으로 그것을 박탈하는 경우도 있었다. 그들에게 非協助的이거나 抵抗的인 小作人은 그 대상이 되었으며, 이들에게는 소작계약에 불응함으로써 祖上代代로 경작해 오던 借耕地에서 몰아내기도 하였다.

東拓은 우리 농민으로부터 박탈한 小作地를 단순히 經濟的인 의미에서만 재분배하지는 않았다. 그 농지는 政治性을 띠고 재분배되었다. 日本人 移住民에게 長期年賦償還으로 불하함으로써 그들을 中小地主로 육성하기도 하고, 自作農으로 자립시킴으로써 그들의 理想村을 건설하려 한 것이라든가, 또 나아가서는 拓殖靑年團이나 向上會 등 그들의 御用團體에 가입한 小作人에게만 대여함으로써 그들의 模範農場을 건설하려 한 것은 그것이었다. 이곳 농민들은 東拓의 이러한 처사에 항쟁을 벌였으나 허사였다. 그리고 마침내 그들 가운데 수백 명은 이곳 농장으로부터 구축당하게 되었었다.

地主 小作人關係에 있어서의 이러한 변화는 요컨대 地主經營과 農民收奪의 강화였던 것으로서, 이러한 상황하에서는 小作農民이 전반적으로 더욱더 몰락하게 될 것임은 말할 것도 없었다. 그것은 零細小作農뿐만 아니라 富農層에 있어서도 마찬가지였다. 그 중에서도 종래에 있었던 사회변동과 관련하여 주목되는 것은, 封建地主制하에서 볼 수 있었던 反地主的 세력의 핵심으로서의 借地大農經營者·經營型富農層이 그 성장을 저지당하게 된 일이었다. 高率小作料와 불안정한 小作權만으로써도 借耕地를 통한 富의 축적은 어려웠는데, 그 위에다 經營規模에 철저한 제한이 가해지고, 또 日本資本主義의 低米價政策으로 농산물 가격이 날로 급락하고 있었던 까닭이었다. 높은 地代와 낮은 穀價, 그리고 農地借耕으로부터의 배제 등등은 도저히 借耕地를 통한 資本家的 農業經營에로의 성장을 불가능하게 하고 있는 것이었다. 그리하여 우리나라 封建制 해체기의 전형적인 지주제였던 宮庄土에서 형성되고 성장하던 企業農으로서의 借地大農經營者·經營型富農層은 이제 日本資本主義下의 東拓農場에 이르러서는 전면적으로 그 存立基盤을 잃고 몰락하게 되었다.

이러한 현상은 물론 東拓 산하에서만 일어나고 있는 것이 아니었다. 東拓農場으로 편입되지 않은 驛屯土에서도 마찬가지였다. 東拓에 편입된 驛屯土는 전 역둔토의 1할 정도밖에 안 되었으므로, 驛屯土로서 남아 있던 농지는 그 규모가 대단히 큰 것이었는데, 그러한 驛屯土에서도 지주경영은 東拓과 마찬가지인 것이었다. 즉 驛屯土는 朝鮮總督府가 직접 이를 관리하고 있었는데, 1913년 이래로 小作契約을 갱신할 때마다 借耕地의 규모를 제한하여 平安南北道와 咸鏡南北道에 있어서는 소작인 1戶당 2町步, 기타의 道에서는 1町步로 규정하고 이를 초과치 못하게 하고 있었다.[126] 이는 企業農의 배제인 것으로서, 그들은 이로 인해서 東拓農場에서와 마찬가지로 그 성장의 근거를 잃게 되지 않을 수 없었다. 驛屯土는 기술한 바와 같이 그 이전에 있어서는 驛土屯土 宮庄土였던 것으로서 借耕地를 통한 企業農은 바로 이러한 곳에서 성립하고 또 발달할 수 있었는데, 日帝의 資本主義 농업체제하에서 그리고 收奪을

---

126) 朝鮮總督府, 『朝鮮의 小作慣行』 下卷, 參考編, 從來의 朝鮮의 小作慣行調査資料, p.338.

위한 農政策하에서는 그 성장이 저지되고 그 존립이 배제되고 있는 것이었다.

日本帝國의 國策會社 東拓의 地主經營, 따라서 日本資本主義의 우리나라에 대한 農業經營은 이와 같이 우리 농민의 희생과 우리 농업의 성장요인을 저지 제거하는 가운데 번영하고 있었다. 이는 그들의 우리나라에 대한 침략적 農業經營이, 日本資本主義의 특이한 성격과도 관련하여, 朝鮮의 時作·佃作농민이 100년, 200년의 對地主鬪爭을 통해서 쟁취한 時作權 小作權과 農業經濟의 성장, 그리고 農業生産樣式의 발전을 一朝에 무너뜨리고, 우리의 농업을 그들의 資本主義農業機構·地主制 하에 예속 재편성함으로써 농민수탈을 더욱 효율적으로 수행하게 되었음을 의미하는 것이었다.

〔『韓國史硏究』 8, 1972. 揭載. 1977, 1991. 補〕

〔附 錄〕

小作契約書 1[127]

契約條件

1. 小作人은 會社의 規則을 확실히 준수할 것.
2. 小作料는 小作人小作地에서 收穫한 것 또는
   會社가 지정한 것을 會社의 지휘에 따라 調製
   精選하여 會社指示日까지 指定場所에 지체없
   이 납입할 것.
3. 小作料는 會社의 指定에 의하여 斗量 또는
   斤量으로 납입한다. 단 會社에서 品質精選乾
   燥等 불충분하다고 인정하였을 때는 加斗量
   을 지정하는 일 있을 것이며 이 경우 小作人
   은 이의없이 그 요구에 응해야 한다.
4. 左의 경우 會社는 이 契約을 해제한다. 이
   경우 小作人은 즉시 그 요구에 응하며 이의
   를 말할 수 없다.
   (天) 小作料를 납입하지 않았을 때.
   (地) 小作地를 他人에게 轉貸하였을 때.
   (玄) 小作地를 황폐시켰거나 또는 황폐시킬
        염려가 있을 때.
   (黃) 임의로 小作地의 地形을 변경하거나 또
        는 地目을 變換하였을 때.
   (字) 會社의 規則에 위배할 때.
   (宙) 會社의 형편으로 인하여 小作地의 返還
        을 필요로 할 때.
5. 前項 天 내지 字號의 경우 會社가 損害를 입
   을 때는 小作人은 原狀回復 또는 損害賠償의
   責任을 질 것.
6. 保證人은 連帶責任으로써 本契約義務履行
   의 責任을 질 것.

小　作　契　約　證　書			
契約番號	第	號	
	租法品種數額	小作料	府郡
			面
			洞里
			地番
備　　考			地目
			面
			積
小作證書番號	第	號	
小作期間	┌自大正　年　月 └至大正　年　月		
連帶保證人	小　作　人		
			住所
			氏名
			印
			解約事由及年月日

東洋拓殖株式會社

---

127) 朝鮮農會, 『朝鮮의 小作慣行』, 1930, p.304.

小作契約書 2 A[128]

表記 小作人(이하 小作人으로 약칭) 及 地主 東洋拓殖株式會社(이하 會社로 약칭)間에 本 契約에 기재한 바와 같이 小作契約을 체결함.

1. 租法은 定租로 한다.

2. 表記 小作料額은 3년 이상을 경과하였을 때는 總收穫의 상황에 의하여 改訂하는 일이 있을 것임. 단 水利事業 기타 特別改良 施設을 할 때는 本項 年限內라 하더라도 改訂할 수 없다.

3. 小作料는 該小作地에서 수확한 것 또는 會社가 지정한 것으로써 調製精選을 하여 會社 指定期日內에 指定場所에 지체없이 납입한다.

4. 小作料는 本會社 지정에 의하여 斗量 또는 斤量으로써 其額을 확정한다.

　　小作料 斗量方法은 平斗로 한다. 단 有芒種 기타 品質精選乾燥 등이 불충분하다고 인정할 때는 所定小作料額外에 加添하여 청구하는 일이 있을 것임.

5. 本契約은 左記各項의 하나에 해당하기 전에는 會社單獨意思로써 해제하는 일이 없을 것이다. 단 公共用 기타 부득이한 경우에는 此限에 不在한다.

　　天. 會社가 지시한바 農事改良을 행하지 않았을 때.

　　地. 小作料 貸付 肥料代 기타 貸付物品代를 指定期日 내에 납입하지 않을 때.

　　玄. 小作地를 황폐 또는 황폐시킬 우려가

| 貼 收 參 |
| 付 入 |
| 消 印 |
| 印 紙 錢 |

定 租 小 作 契 約 證 書		
契約 番號　第		號
面　　名	里　　名	
地　番	地　目	面　積
土地 等級	小　　作　　料	
	品　種	量　數
	改 良 種	石
石當 實斤數	斤以上	
		備 考
契約 年月日	昭和　　年　月　日	
連帶保證人	小　作　人	
		住所
		氏名
		印
		摘要

東洋拓殖株式會社

---

128) 朝鮮總督府,『朝鮮의 小作慣習』, 1929, pp.169~170.

있을 때.

黃. 小作地 또는 小作權을 他人에게 轉貸 혹은 讓渡하였을 때.

宇. 임의로 小作地의 地形 地目을 변경하였을 때.

6. 前項에 대하여 小作人은 損害賠償의 책임을 지는 것은 무론 原形으로 회복하는 책임을 진다.

7. 小作人은 小作地의 耕種及管理에 필요한 復舊修理를 행할 책임을 진다.

8. 保證人은 小作人及他保證人과 連帶하여 本契約義務履行의 책임을 진다.

9. 保證人은 3년을 경과한 후 會社承認을 받지 않고서는 탈퇴하지 못한다.

10. 本契約으로 기인하는 訴訟은 會社○○支店所在地의 裁判所로서 管轄裁判所로 한다.

小作契約書 2 B[129]

表記 小作人(이하 小作人으로 약칭) 及 地主 東洋拓殖株式會社(이하 會社로 약칭)間에 本契約에 기재한 바와 같이 小作契約을 체결함.

1. 租法은 執租로 한다.

2. 小作料額은 總收穫의 100分의 50(水利組合地域內는 100分의 60)으로 하고 總收穫高는 會社의 認定에 따른다. 단 會社에 豫告하여 특별한 施肥 또는 管理를 하고 이에 의해서 會社로부터 收穫 著增한 것으로 인정될 때는 會社는 그 費額을 査定하여 收穫高에서 공제한다.

3. 小作料는 該小作地에서 수확한 것 또는 會社가 지정한 것을 調製精選하여 會社 指定期日 內에 指定場所에 지체없이 납입한다.

4. 小作料는 會社指定에 의하여 斗量 또는 斤量으로써 其額을 확정한다.

   小作料 斗量方法은 無芒改良種은 平斗로 한다. 단 有芒種 기타 品質精選乾燥 등의 불충분을 인정할 때는 所定小作料外에 加添하여 청구할 수 있다.

5. 本契約은 左記各項의 하나에 해당하기 전에는 會社單獨意思로써 해제하지 않는다. 단 公共用 기타 必要不得已한 경우에는 此限에 不在한다.

   天. 會社의 지시한 바 農事改良을 행하지 않을 때.

   地. 小作料 貸付 肥料代 기타 貸付物品代를 指定期日 內에 납입하지 않을 때.

貼 收 參
付 入
消 印
印 紙 錢

執 租 小 作 契 約 證 書

契約番號	第		號
面　　名		里　　名	

地　番	地　目	面　積

土地等級	小　　作　　料	
	品　種	數　量
	改 良 種	總收穫高의 百分之

石當實斤數	斤以上

	備考

契約年月日	昭和　　年　　月　　日

連帶保證人	小　作　人	
		住所
		氏名
		印
		摘要

東洋拓殖株式會社

---

129) 同 上書.

　　玄. 小作地를 황폐 또는 황폐시킬 우려가 있을 때.

　　黃. 小作地 또는 小作權을 他人에게 轉貸 혹은 讓渡하였을 때.

　　宇. 임의로 小作地의 地形 地目을 변경하였을 때.

6. 前項에 대하여 小作人은 損害賠償의 책임을 지는 것은 무론이고 原形으로 回復하는 책임을 진다.

7. 小作人은 小作地의 耕種及管理에 필요한 復舊修理를 행할 책임을 진다.

8. 保證人은 小作人及他保證人과 連帶하여 本契約義務履行의 책임을 진다.

9. 保證人은 3년을 경과한 후 會社承認을 받지 않으면 탈퇴할 수 없다.

10. 本契約으로 기인하는 訴訟은 當支店所在地의 管轄裁判所로 한다.

小作契約書 3 A[130]

契約條項

小作人과 地主東洋拓殖株式會社(이하 會社로 약칭) 間에 表記의 土地에 대하여 左記條項과 같이 小作契約을 締結함.

1. 小作人이 收納期에 이르러 고의로 벼를 刈取하지 않거나 혹은 刈取하였다 하더라도 脫穀하지 않음으로써 小作料納入期를 逸하거나 또는 滯納의 염려가 있는 것으로 인정될 경우에는, 保證人은 지체없이 社에 통보하여 貴社의 立會한 후 刈取하여 확실하게 보관하고 小作料를 납입하도록 하며, 만일 小作料額에 부족이 생기는 경우가 있을 때는 保證人이 補塡納入한다.

2. 前項에 소요된 諸費用은 本人及保證人이 이를 모두 引受하며 貴社에 대해서는 조금도 損失이 없도록 한다.

3. 小作料는 該小作地에서 수확한 것 또는 會社가 지정한 것으로써 調製精選하여 會社指定의 기일에 指定場所에 지체없이 납입한다.

4. 小作料納入指定期限前 貴社의 형편에 의하여 納入督促을 받을 경우에는 期限前임을 抗辯하지 않고 貴社가 지정한 대로 납입하기로 한다.

5. 小作料나락은 乾燥調製에 특히 주의하여 調定高 2斗로부터 新調(가마니)에 넣어 縱三本橫二本으로 各二筋繩掛를 하고 口藥를

<table>
<tr><td rowspan="9">摘　要</td><td colspan="4">印紙　參錢</td></tr>
<tr><td colspan="4">定租小作契約證</td></tr>
<tr><td colspan="4">契約番號　第　號</td></tr>
<tr><td colspan="4">郡</td></tr>
<tr><td colspan="4">面　里</td></tr>
<tr><td>石山</td><td>品種</td><td rowspan="3">小作料</td><td>地番　一八四五三</td></tr>
<tr><td>二石九七</td><td>數量</td><td>地目　畓</td></tr>
<tr><td>一七五斤以上</td><td>石當實斤數</td><td>面積　一千〇五〇坪</td></tr>
<tr><td colspan="4">小作期間　自昭和 4年 2月 15日　至昭和 5年 2月 15日</td></tr>
<tr><td colspan="3">連帶保證人</td><td>小作人</td></tr>
<tr><td colspan="3"></td><td rowspan="2">住所氏名印</td></tr>
<tr><td colspan="3"></td></tr>
</table>

---

130) 朝鮮總督府, 『朝鮮에 있어서의 現行小作及管理契約證書實例集』, 1931, pp.416~418.

施用納入하도록 한다.

6. 小作料는 會社의 지정에 의하여 斗量 또는 斤量으로써 其額을 확정한다. 단 會社에서 其品質精選乾燥 등이 불충분하다고 인정할 때에는 所定小作料額 외에 割增을 請求하는 일이 있을 것이며, 이 경우 小作人은 이의 없이 그 요구에 응하는 것으로 한다.

7. 左記各項의 其一에 해당할 때는 會社는 單獨意로써 本契約을 해제한다.

　天. 改良種調定에 대하여 在來種을 持付했을 때.

　地. 無芒種調定에 대하여 有芒種을 持付했을 때.

　玄. 貴社指定 이외의 品種種子를 栽培했을 때.

　黃. 고의로 不良租를 持付했을 때.

　宇. 小作料를 指定期日 내에 납입하지 않았을 때.

　宙. 小作地를 황폐시켰거나 또는 황폐시킬 우려가 있을 때.

　洪. 小作地 또는 小作權을 他人에게 轉貸 또는 讓渡하였을 때.

　荒. 임의로 小作地의 地形 地目을 변경하였을 때.

　日. 會社의 형편으로 인하여 小作地의 返還을 필요로 할 때.

8. 前項에 대하여 小作人은 損害賠償의 責任을 짐은 무론 原形으로 회복하는 책임을 진다.

9. 小作料를 金圓으로 換算할 필요가 있을 경우에는 그 필요가 발생한 당시에 貴社內規에 의한 小作料代錢率에 따른다.

10. 保證人은 小作人及保證人連帶로 本契約義務履行의 책임을 진다.

11. 本契約으로 인하여 발생하는 訴訟은 會社支店所在地의 裁判所로서 管轄裁判所로 한다.

小作契約書 3 B[131]

契約條項

　小作人과 地主 東洋拓殖株式會社(이하 會社
로 약칭)間에 表記의 土地에 대하여 左記條項과
같이 小作契約을 締結함.

1. 小作料는 總收穫의 100分의 50으로 하고
　總收穫高는 會社의 인정에 따른다.

2. 檢見前 立毛의 일부 또는 전부를 刈取하여
　檢見에 障害가 생겼을 때에는 貴社內規에 의
　해 適宜小作料의 결정을 받으며 이 決定額에
　대해서는 절대로 이의를 말하지 않는다.

3. 收穫期에 들어 檢見不滿 기타 事由에 의하
　여 고의로 벼를 刈取하지 않거나 혹은 刈取
　한 것을 그대로 脫穀하지 않음으로써 小作
　料納入期를 逸하거나 또는 滯納의 염려있다
　고 인정될 경우에는, 保證人은 지체없이 貴
　社에 통보하야 貴社의 立會한 후 刈取하야
　확실하게 보관하고 小作料를 납입하도록 한
　다. 만일 小作料額에 부족이 생기는 경우가
　있을 때는 保證人이 補塡納入한다.

4. 前項에 요하는 諸費用은 本人及保證人이
　此를 전부 引受하며 貴社에 대해서는 조금
　도 損失이 없도록 할 것이다.

5. 小作料는 該小作地에서 수확한 것 또는 會
　社가 지정한 것을 調製精選하야 會社指定의
　기일에 指定場所에 지체없이 납입한다.

6. 小作料納入 指定期限前 貴社 형편에 의하
　여 納入督促을 받았을 경우에는 기한 전이
　라도 抗辯할 수 없고 貴社가 지시하는 대로

摘　　要	印　　　　參
	紙　　　　錢
	執租小作契約證
	契約番號　第　　號
	郡
	面　　　里
	地番 地目 面積 / 小作料 / 品種 數量 石 石當實斤數 一八〇斤以上 / 畓 千 坪
	小作期間　自 昭和　年　月　日 / 至 昭和　年　月　日
連 帶 保 證 人	小作人
	住所氏名印

---

131) 同 上書, pp.451~452.

납입한다.

7. 小作料나락은 乾燥調製에 특히 有念하고 調定高 2斗로부터 新調(가마니)에 넣어 縱三本橫二本으로 各二筋繩掛를 하고 口藥를 施用納入한다.

8. 小作料는 會社의 지정에 의하여 斗量 또는 斤量으로써 其額을 확정한다. 단 會社에서 其品質精選乾燥 등이 불충분하다고 인정할 때에는 所定小作料 外에 加添하여 請求하는 일 있을 것이며, 이 경우 小作人은 이의없이 그 요구에 응하는 것으로 한다.

9. 左記各項의 其一에 해당할 때는 會社는 單獨意로써 本契約을 해제한다.

　　天. 改良種調定에 대하여 在來種을 持付했을 때.

　　地. 無芒種調定에 대하여 有芒種을 持付했을 때.

　　玄. 貴社指定 이외의 品種種子를 栽培했을 때.

　　黃. 고의로 不良租를 持付했을 때.

　　宇. 小作料를 指定期日 내에 납입하지 않았을 때.

　　宙. 小作地를 황폐시켰거나 또는 황폐시킬 우려가 있을 때.

　　洪. 小作地 또는 小作權을 他人에게 轉貸 또는 讓渡하였을 때.

　　荒. 임의로 小作地의 地形 地目을 변경하였을 때.

　　日. 會社의 형편으로 인하여 小作地의 返還을 필요로 할 때.

10. 前項에 대하여 小作人은 損害賠償의 責任을 지는 것은 무론 原形으로 回復할 책임이 있다.

11. 小作料를 金圓으로 換算할 필요가 있을 경우에는 其必要가 발생한 당시에 貴社內規에 의하여 小作料代錢率에 따른다.

12. 保證人은 小作人及保證人과 連帶로 本契約義務履行의 책임을 진다.

13. 本契約으로 인하여 발생하는 訴訟은 會社支店所在地의 裁判所를 管轄裁判所로 한다.

小作契約書 4[132]

　　貴社 소유의 裏面 記載의 土地를 今般 本人이 耕作의 목적으로 小作하도록 승인하여
주심에 대하여 下記 條項을 確約함.

1. 小作契約의 기간은 昭和　年　月　日부터 昭和　年　月　日까지로 함.
2. 本人 스스로 경작하고 선량한 管理者의 주의로써 小作地 및 小作地에 관계되는 境
   界, 道路, 水路, 畦畔 등 耕作에 필요한 것은 本人의 비용으로 管理 修繕하겠음.
3. 貴社의 허가 없이 小作地의 境界, 畦畔, 地形 또는 地目을 임의로 변경하지 않음은
   물론 家屋의 建築 등도 일체 하지 않겠음.
4. 貴社가 지정한 普通作物을 土地의 용법에 따라 栽培하겠음.
5. 小作地를 愛護하고 조금이라도 地力消耗를 가져올 것 같은 것을 경작하지 않음은
   물론 모두 貴社의 지도에 따라 專心으로 農事改良에 精勵하고 이를 열성 충실히 실
   행하겠음.
6. 執租地의 小作料는 매년 檢見에 의해 相互善意로써 협정하겠음.
7. 執租地의 檢見施行期日의 결정은 貴社에 일임하여 貴社의 농사지도원에게서 口頭
   通知를 받기로 하고 檢見에는 本人 자신 또는 대리인을 입회시킬 것이며 입회를 게
   을리 하였을 경우에는 貴社의 小作人 혹은 그들의 代理人 중에서 貴社가 적당하다
   고 인정하는 자를 本人의 代理人으로서 檢見에 입회시키는데 동의하겠음.
8. 執租地의 小作料額決定에 대하여 이의가 있을 때에는 현장에서 즉시 제기한 경우
   에 한하여 坪刈에 의해 小作料를 결정하기로 하며 檢見員이 현장을 떠난 후에는 여
   하한 사정이 있다 할지라도 이의를 제기하지 않겠음.
9. 執租地의 小作料는 總收穫의 50/100으로 하되 그 執租地가 水利組合區域 내에 있
   다든가 혹은 改良工事를 시행한 토지일 경우에는 小作料가 總收穫高의 50/100을
   초과하여도 이의를 제기하지 않겠음.
10. 定租地의 小作料年額은 裏面 記載대로 하되 그 小作地가 장래에 水利組合에 편입
    되거나 改良工事를 시행할 경우에는 계약기한 내일지라도 租法을 변경하거나 小作
    料額 또는 種類를 適宜 변경하더라도 이의 없을 것임.
11. 불가항력에 의한 收穫高의 현저한 감소로 인하여 小作料의 감면을 신청하려 할 때
    에는 畓에 있어서는 9月중에 신청하고 그 이후에 발생한 경우에는 발생 후 5日 이

---

132) 全羅北道農務課 編, 『全羅北道農事會社定款及小作契約書』, 1938(『全羅文化論叢』
　　 1, 1986에 번역 수록).

내에 신청하겠음.

12. 小作料는 貴下가 지정한 기일에 지정한 장소에 납입하되, 기한 내에 납입하지 못하는 경우에는 그 未納額에 대하여 月 2分의 過怠料를 支拂하겠음.

13. 小作料(延滯利子를 포함)를 금액으로 납입하는 경우 또는 금액으로 계산할 필요가 있는 경우에는 貴社가 지정한 代錢率에 의하여 支拂하겠음.

14. 小作料는 本 契約의 品種을 또는 種子를 借用한 경우에는, 契約의 品種여하에 불구하고 借用種子와 동일품종을, 검사에 합격할 수 있도록 충분히 精選乾燥하여 귀하가 지정하는 대로 包裝 納付하겠으며, 만약 불량품을 지참한 경우에는 再選을 명하거나 相當의 割增料를 징수하여도 이의 없겠음.

15. 小作料는 穀物檢查規則대로 하며 한 가마니 未滿의 端數라 할지라도 가마니에 넣어 납입하겠음.

16. 小作地의 농작물 및 수확물에 대하여 他人으로부터 假差押 기타의 强制處分을 받거나 혹은 他地方에 轉居하거나 기타 기한 내에 채무를 이행하지 못할 우려가 있는 경우에는 기한에 관계없이 바로 소정의 小作料를 납부하고 借用金品을 반환하겠음.

17. 小作地의 농작물 및 수확물을 小作料와 肥料代, 種子, 農具代, 耕牛貸付料 등의 借受金品의 납입 전에 他人에게 轉賣·讓渡 또는 擔保 저당 등을 하지 않겠음.

18. 耕作 또는 本 契約의 의무이행상 불편한 장소로 轉居하지 않겠음.

19. 下記 各號의 어느 하나에 해당하는 경우에는 통지를 하지 않고서 바로 本 契約을 해제하여도 이의를 제기하지 않음은 물론 損害의 賠償 기타 일체의 청구를 하지 않겠음.

(1) 小作料를 怠納한 때.

(2) 肥料代, 種子, 耕牛貸付料, 農具代 기타의 貸付金品의 전부 또는 일부를 기한 내에 반환하지 않을 때.

(3) 小作權을 轉貸 또는 讓渡한 때.

(4) 그 土地의 용법에 위반되게 사용하여 受益하거나 契約 이외의 作物을 栽培한 때.

(5) 小作地의 境界, 畦畔, 地形 및 地目을 임의로 변경한 때 또는 農事改良에 협력하지 않았을 때.

(6) 小作地를 황폐시키거나 또는 황폐시킬 우려가 있을 때.

(7) 小作契約에 관하여 또는 小作料 納付上 부정행위가 있을 때.

(8) 徒黨을 조직하여 정당한 貴社의 指導에 반항하거나 또는 불온한 행위가 있을 때.

(9) 耕作 또는 義務履行上 불편한 장소로 轉居한 때.

(10) 連帶保證人으로부터 保證契約解除의 청구가 있을 경우 10日 이내에 保證人을 代立하지 못한 때.

(11) 公序良俗에 위반하는 행위를 하여 貴社가 小作人으로서 부적당하다고 인정한 때.

(12) 기타 本 契約의 義務를 이행치 아니한 때.

20. 小作料의 滯納으로 인하여 小作契約을 解除당하는 경우 該地上作物은 그대로 무조

건 貴社에 讓渡하고 혹시 이에 대하여 報償을 하게 될 경우 그 評價額은 貴社의 查定에 따르겠음.

21. 貴社가 土地改良事業의 시행을 위하여 小作地의 변경 또는 契約의 해제를 필요로 하는 경우에는 小作地의 변경 또는 契約의 해제를 하더라도 이의 없겠음.

22. 下記 各號의 하나에 해당하는 경우 外에는 本 契約의 更新을 거절하지 못함.

　(1) 本人에게 第18條 所定의 行爲 또는 不正行爲가 있을 때.

　(2) 本人에게 背信의 행위가 있을 때.

　(3) 기타 貴社에 更新拒絕의 정당한 사유가 있을 때.

23. 本 契約의 解除, 滿期, 기타 契約의 효력이 소멸된 때는 實地의 土地引渡를 요하지 않고 貴社의 占有에 귀속하는 것으로 하며 貴社에서 임의로 自作하거나 他人에게 耕作시키거나 기타 임의로 처리하여도 이의를 제기하지 않겠음.

24. ① 本 契約의 土地 및 小作料는 각각 一體로 하여 불가분한 것으로 승락함.

　② 小作料總額算出의 편의수단으로 定租地는 각 筆地마다 割當하고 執租地 역시 各 筆地마다 檢見할지라도 前項의 불가분의 契約은 방해하는 일이 없겠음.

25. 本 契約의 이행을 확보하기 위하여 貴社의 小作人 5名을 連帶保證人으로 정하여 각 保證人은 본인과 連帶하고 또 保證人은 相互連帶하여 本 契約의 義務를 이행하겠으며 만약 보증인중에 貴社의 小作人資格을 잃는 者가 있을 경우에는 즉시 相當의 保證人을 代立하겠음.

26. 本 契約의 전부 또는 일부의 해석에 疑義가 생길 경우에는 貴社의 해석에 따르기로 함.

27. 本 契約에 관한 訴訟은 貴社 ○○支店의 소재지를 관할하는 裁判所를 管轄裁判所로 할 것을 합의함.

印紙	昭和　　年　　月　　日	東洋拓殖株式會社 御中

郡	面	里	番地	小 作 人
郡	面	里	番地	連帶保證人
郡	面	里	番地	同　　上
郡	面	里	番地	同　　上
郡	面	里	番地	同　　上
郡	面	里	番地	同　　上

小作地의 表示

郡	面	里	地番	地目	面　積		租法	品種	小 作 料		摘要
					千	坪			千	斤	

朝鮮信託의 農場經營과 地主制 變動

1. 序　言

앞에서 우리는 東拓의 農場經營을 중심으로, 그 地主經營이 구래의 전통적 지주경영에서 어떻게 변동하고 있었는가를 살폈거니와,[1] 그러한 변동은 비단 東拓의 지주경영에만 한하는 것이 아니었다. 그것은 日本人 大地主와 大資本家의 지주경영에 공통으로 드러나는 현상이었으며, 韓國人 地主로서 그 지주경영을 日本人 農場經營과 같이 개편하고 있는 경우에는 이 또한 사정이 마찬가지였다. 그것은 그들의 지주경영이 모두 日本資本主義의 기본성격에 규제되면서, 大土地所有 地主小作制를 중심으로 한 농장경영으로서 운영되는 것이기 때문이었다. 그러므로 東拓의 농장경영을 통해서 볼 수 있는 지주경영의 성격은, 곧 日本資本主義의 農場經營, 地主經營, 韓國農業지배의 성격을 단적으로 대변하는 것이었다고 해도 좋겠다.

그러나 일본자본주의의 농장경영, 지주경영, 한국농업지배의 형태가 이에서 그치는 것은 아니었다. 1920년대에서 1930년대에 걸치면서 전반적으로 지주경영이 어려워짐에 따라서는(小作爭議, 農業恐慌), 日帝는 韓國에 朝鮮信託株式會社(이하 朝鮮信託으로 약칭)를 설립하고, 信託農場 제도를 도입하되, 이를 통해서도 韓國人 또는 日本人 地主를 信託者로 흡수하여, 그 신탁지를 資本主義 企業經營으로 운영하는 가운데 한국농업을 지배하고 있었다. 이는 이 회사가 大土地를 所有 集積하는 가운데 大地主가 되어 한국농업을 지배하는 것이 아니라, 다만 資本家的 企業體로서 그 委託地를 관리 경영하고 그에 대한 信託報酬＝企業利潤을 받는 가운데, 그 受託地 나아가서는 한국농업을

---

1) 本書, 앞 논문 ‘載寧 東拓農場의 成立과 地主經營 强化’(『韓國史研究』 8, 1972).

지배하는 것이었다. 그런 점에서 이 信託農場 제도의 도입 경영도 또한 일본 자본주의의 농장경영, 지주경영, 한국농업지배의 특징을 잘 반영하는 한 사례가 되는 것이 아닐 수 없었다.

朝鮮信託에 관해서는, 그 금융기관으로서의 성격을 중심으로 이미 좋은 연구가 있어서 잘 알려져 있는 바이지만,[2] 그 信託地主로서의 농장경영에 관해서는 별로 연구된 바가 없는 것으로 생각된다. 그러므로 이곳에서는, 이 農場에 관한 연구가, 우리가 종전에 살핀 바와 같은 엄밀한 의미에서의 한 지역을 대상으로 한 사례연구는 아니지만, 일본자본주의의 농장경영, 지주경영, 한국 농업지배의 본질을 이해하기 위해서, 이 信託農場에 관해서도 개괄적으로나마 그 실태를 살피고, 그 성격의 핵심을 파악해 두는 것이 필요하리라고 생각된다.

2. 朝鮮信託과 信託農場 設置

朝鮮信託은 1931년의 朝鮮信託業令 및 同 施行細則에 의해서 1932년에 설립된 特殊會社였다. 애초에 不動産信託을 중심으로 한 大資本의 회사설립을 제언하고 그 수립을 위해서 동분서주 운동을 한 것은 韓國人 親日金融家 韓相龍이었고, 그때 그가 구상한 信託會社는 통치당국의 지원을 받아 이를 수립하기는 하되, 이는 그가 이를 직접 경영하는 私企業으로서의 회사였다.[3] 그러나 그의 제언이 통치당국에 수용되고, 그 수립을 위한 작업이 추진되는 데 따라서는, 그 회사의 설립문제가 통치당국 입장에서 통치당국 알선으로 朝鮮銀行, 朝鮮殖産銀行, 東拓 등이 주체(大株主)가 되는 가운데, 半官營的 성격의 特殊會社, 그리고 기존의 많은 信託會社까지도 통합 흡수하는 독점자본의 大會社가 되고 있었다.[4]

<hr>

2) 高承濟, 『韓國金融史硏究』第10章 朝鮮信託株式會社, 1970.
3) 韓翼敎, 『韓相龍君을 말하다』, 1941, p.322, 332, 384, 613 참조.
4) 中村萬太郎, 『朝鮮信託株式會社十年史』(이하 『信託十年史』로 약칭. 1943, pp. 55~58) 및 伏見寬次, ˙朝鮮信託株式會社˙(『朝鮮近代史料集成』 4, 1961)에는 統治

　그것은 1920년에 會社令을 철폐하기는 했으나, 取引所, 保險業, 無盡業, 有價證券賣買仲介業 등의 金融機關의 설치는, 그 사업의 성격상 당분간 그대로 이 會社令에 의하도록 하고 있었기 때문이었으며, 또 1928년에는 새로운 銀行法과 銀行令을 반포하여, 統治當局이 은행을 더욱 효과적으로 지배할 수 있도록 그 통치권을 강화하고 있었던 일련의 金融政策과 관련이 있었다.[5] 그리고 이 시기의 日本資本主義에서는 거듭되는 여러 차례의 經濟恐慌으로 각종 기업경영이 어려워지는 가운데, 재벌에 의한 자본의 집중화현상이 전개되고 있었기 때문이기도 하였다. 韓國이라고 그러한 현상에서 예외일 수는 없었다. 그런 점에서 日帝 統治當局에게는 恐慌하의 韓國經濟를 최소한으로나마 지탱하기 위해서는, 난국에 직면하더라도 쉽게 쓰러지지 않는 탄탄한 大資本家 大企業體가 필요하였다. 그러나 한국에서는 그만한 능력을 지닌 資本家와 企業體는 없었으며, 따라서 통치당국에서는 그러한 기능을 그 자신이 직접 맡지 않으면 아니 되었다.

　그러므로 韓國에서의 資本集中은, 日本 본토에서의 獨占資本主義, 國家獨占資本主義와 보조를 같이하면서, 처음부터 官主導로 되고, 새로 설치되는 기업은 官지원하에 一業一社주의로 되지 않을 수 없었다. 전국의 農工銀行을 흡수하여 朝鮮殖産銀行을 설치하고(1918), 그 기구의 일부를 확대 발전시키고 지방조직을 이용하여 서민 금융기관으로서의 貯蓄銀行(1929)을 설립한 일, 전국 金融組合의 중앙기관으로서의 金融組合協會(1928), 나아가서는 金融組合聯合會(1933)를 둔 일, 漢城銀行을 비롯하여 韓國人 경영의 여러 群小銀行

　當局 입장에서의 이 會社의 성립사정이 비교적 소상하게 기술되어 있다. 단, 株式의 配當에 있어서 東拓이 제외되고, 그 持分을 朝銀과 殖銀이 나누어 引受하고 있는 사정에 관해서는 언급하고 있지 않은데, 이는 日本政府 내부에 불화가 있어서, 拓務省이 東拓의 引受를 반대하였기 때문이었다(『東亞日報』 1932년 12월 27일자 기사).
　위의 中村과 伏見 두 사람은 이 會社의 調査課 課長과 調査役으로 근무하고 있었다(『信託十年史』, p.163). 그런 점에서 『信託十年史』가 비록 中村 명의로 발행되기는 하였지만, 실제로 이것을 쓴 인물은 伏見이었을 것으로 생각된다. 그가 해방 후에 집필한 위 논문에서, 『信託十年史』와 흡사한 내용의 글을 쓰면서도, 이 책에 관한 아무 단서가 없었던 것은 그 때문이었으리라고 생각된다.
　5) 朝鮮總督府, 『朝鮮法令輯覽』 第16輯 第2章 商業, 會社令廢止에 關한 件(1920년 4월 制令 第7號).
　　朝鮮總督府, 『施政三十年史』, 1940, p.184, 245.

들을 통합 정리한 일은 전자의 예이고,[6] 여러 信託會社를 통합 흡수하는 가운
데 대규모의 朝鮮信託株式會社를 설립하고(1932), 많은 군소 無盡會社를 정
리 흡수하는 가운데 규모가 큰 朝鮮無盡株式會社(1937)를 수립한 일 등은 후
자의 예가 되겠다.[7] 韓國經濟, 韓國의 企業은 순수한 자본의 논리에서보다는,
被侵略地域이라고 하는 특수사정으로 인해서, 시종일관 日帝의 統制, 日本資
本主義의 독점체제하에 있었으며, 日本資本主義가 발전하는 데 따라서는, 거
기에 적합하도록 資本主義的으로 재조정되는 것이 특징이었다.

朝鮮信託은 이 같은 사정 속에서 설립되었으므로, 그 기능은 東拓이나 殖銀
의 경우와 마찬가지로 日帝의 國家理念 달성을 위해서 활동하는 國策會社的
인 성격을 지니게 되지 않을 수 없었다. 그것은 무엇보다도 그 설립사정이 잘
말해 주고 있지만, 그러나 그 경영내용을 통해서는 더욱 분명하게 이해될 수
있다. 즉 이 회사가 이윤 추구만을 목표로 하는 단순한 信託會社였다면, 그
영업내용은 金錢信託이나 有價證券信託을 중심으로 하는 것으로써 족하였을
터인데, 이 회사에서는 그 같은 종목 외에도 그 이윤이 크지 않은 不動産信託,
따라서 農場經營을 그 중요한 영업내용으로 하고 있었다. 아니 주요목표가 되
는 것은 不動産信託이고 그 손실을 보충하기 위해서 金錢信託을 겸하고 있었
다고 해도 좋을 것이다.

이 시기(1920~1930년대)의 農業事情(經濟恐慌, 米價低落)으로 본다면, 不
動産信託은 채산성이 크지 않았으므로, 資本家 企業家들이 이를 영업목표로
하는 신탁회사를 수립한다는 것은, 기업경영의 원칙상 현명한 처사일 수가 없
었다. 金融專門家들은 이러한 계획을 부정적으로 보고 있었으며 또 반대하였
다.[8] 그러나 이 시기의 日帝 통치당국은 그러한 난점을 충분히 인식하고 있었

---

6) 高承濟, 前揭書의 해당 장절.
7) 『信託十年史』.
   朝鮮無盡協會, 『朝鮮無盡沿革史』, 1934.
   韓鎬林, 『韓一銀行三十年史』, 1963.
8) 『韓相龍君을 말한다』, pp.350~354. 朝鮮銀行總裁 加藤敬三郎의 경우는 특히 그
   러하였다. 그는 不動産信託만의 信託會社는 그 採算性 때문에 반대하였으며, 한다면
   은 반드시 金錢信託도 兼營하는 會社를 만들어야 할 것으로 보고 있었다. 그리고 그
   결과는 그와 같이 되고 있었다.

으면서도, 막대한 補助金(매년 10만원씩 5년간)[9]을 지급하면서까지 이 회사의 설치를 강행하고 있었다. 이는 그만큼 이 시기의 政治 經濟 社會에 문제가 있고, 따라서 그것을 해결하기 위해서는, 여러 가지 다른 방략과 함께, 이 회사를 수립하는 것이 또한 그들의 韓國人에 대한 統治政策상 필요하다고 판단하는 데서였다고 하겠다. 이 회사는 그만큼 특수한 사명을 띠고 출발한 기업체이었다.

그러면 그 特殊使命은 구체적으로 어떠한 것이었을까. 이는 이 시기의 農業問題와 관련하여 파악될 수 있을 것이다.

이 시기의 農業問題는 한마디로 土地兼幷 農民沒落 小作地의 확대에 따르는 小作爭議, 즉 地主 小作農民간의 대립관계의 심화로 집약될 수 있다. 이러한 현상은 日帝의 資本主義 經濟政策, 農業政策 및 經濟恐慌 등으로 인해서 재래되고 있었다. 이는 별고에서 상론되겠지만,[10] 요컨대 日本人의 土地兼幷과 土地經營으로 地主制가 확대 강화되는 가운데 韓國人 土地所有者들이 농지를 상실하고 몰락하는 데 따라 일어나는 문제였으며, 동시에 日本資本主義가 韓國農業을 전 機構的으로 장악 지배하고 한국농업이 공황에 휘말리게 되는 가운데, 韓國人 土地所有者들 중에는 그 같은 일본자본주의의 농업체제나 공황에 적절히 대응하지 못하고 沒落하는 자가 늘어나고 있는 데서 발생하는 문제였다. 말하자면 이는 일본자본주의의 韓國農業지배로 한국의 농촌이 분해 재편성되는 가운데 발생하고 있는 현상이었으며, 따라서 이 같은 상황 속에서 전개되는 小作農民들의 爭議＝農民運動은 필경 계급적 성격을 띠는 것은 말할 것도 없고, 反日 反資本主義의 民族的 政治的 성격을 띠지 않을 수 없도록 되고 있었다. 이는 韓國을 强占 지배하고 있는 日帝로서는 지극히 곤란한 문제였으며, 따라서 日帝의 통치당국자들은 이러한 문제에 대하여 대책을 세우고, 그들이 지배하는 社會의 安定을 기하지 않으면 아니 되었다.

---

9)『信託十年史』附錄, p.25, 貸借對照表(摘錄) 참조.
　『韓相龍君을 말한다』, p.339.
　李玭奭, '朝鮮에 있어서의 信託企業의 特異性'(朝鮮信託,『十周年記念誌』, 1943), p.35.
10) 拙 稿, '日帝强占期의 農業問題와 그 打開方案'(『東方學志』73, 1991) ; 本書, 제Ⅲ편 제2논문.

 그러한 대책은 공황을 극복하는 전제 위에서, 두 계통으로 세워지고 있었다. 그 하나는 약탈적인 地主層을 견제하고 小作制를 개선함으로써 地主 小作制의 체제 내에서나마 小作人을 어느 정도 안정시키려는 방안이었고, 다른 하나는 일본자본주의의 農業體制에 적응하지 못하고 沒落하는 舊貴族, 大土地所有者, 특히 在來的 情態的 地主層을 구제하고 近代的 地主層으로 회생시키려는 방안이었다.[11] 전자의 대책으로서는 朝鮮小作調停令, 朝鮮農地令, 自作農地設定計劃 등이 추진되고, 후자의 대책으로서는 財團法人昌福會,[12] 朝鮮信託株式會社 등이 수립되고 있었다. 그런데 이 두 계통의 정책은 일견 모순되는 것 같이 보이기도 하지만, 그러나 그러한 것은 아니었으며, 그 목표하는 바는 요컨대, 일본자본주의의 체제 내에서 그들의 農政策에 약간의 개선을 가함으로써, 그들이 강점 지배하고 있는 한국사회의 안녕을 유지하는 가운데, 그 수탈을 차질없이 지속시켜 나가려는 것이었다.

 말하자면 우리의 관심사인 朝鮮信託의 수립은, 不動産信託을 특히 강조하고 있는 측면과도 관련하여, 몰락하는 地主層에 대한 구제정책과 깊은 관련이 있는 것이었다. 이러한 문제와 관련하여, 이 회사에서는 그 회사의 설립취지와 사명을 다음과 같이 기술하고 있었다.

 信託制度에 관해서 보건대 …… 朝鮮의 특수사정, 환언하면 朝鮮에서의 富의 대부분은 農耕地인데, 종래에는 권리의 보전 내지 관리방법의 유치 불완전으로, 昨日의 富者도 今日의 貧者로 전락하여 여러 가지 사회문제를 야기하는 導因이 되었을 뿐만 아니라, 소중한 부동산이 그 관리 처분의 졸렬함으로 인하여 입는 손실 또한 막대한 바 있었다. 그러므로 이러한 사정에 비추어 그 所有地를 信託財産으로 하고, 유치 불완전한 관리 처분방법을 크게 개선한다는 사실은, 필경 地主 본인을 위해서뿐만 아니라, 國家社會에 비익하는 바 크다는 社會政策的 견지에서도 또한 강력한 信託會社의 출현이 요망된다.
 그러므로 信託에 관한 법령의 실시에 따라 가장 유력한 信託會社를 신설함으로써, 장기에 걸친 재산의 신탁을 받아 이를 확실히 보호하고 유리하게 운영하여 朝鮮에 있어서의 사회생활의 건전한 발달에 기여함과 아울러 産業 및 金融界에 공헌하는 바 있고자 한다.[13]

---

11) 同上.
12) 『施政三十年史』, p.284.

　　물론 이는 日帝가 진정으로 韓國人 地主層을 위하는 마음에서 이 같은 대책
을 세우고 있는 것은 아니었으며, 그들의 韓國지배를 위한 정치적 필요성, 日
本人 地主層의 안전을 위해서 요청되고 있는 것이었다. 그것은 몰락하는 韓國
人 地主層의 토지를 不動産信託으로 흡수하여 그 소유권을 보호하고 그 몰락
을 방지하며, 그들을 건전하게 존속시킴으로써, 그들이 몰락하는 데 따라 발
생할 소작농민의 反地主的 저항의 銳鋒이 전면적으로 日本人 地主層만을 목
표로 하거나, 反日의 民族的 政治的 문제로 확대되지 않도록 완충지대를 설정
하려는 데 목표가 있는 것이었다.[14) 그뿐만 아니라 그와 같이 하면, 그 토지를
信託農場으로 편성하여 이른바 動態的 資本主義的으로 경영함으로써, 일본자
본주의가 요구하는 농업생산력의 발전을 기할 수도 있는 것이었다.

　　그리하여 朝鮮信託에서는 이 같은 정치적 의도에 의해서, 그 會社가 수립되
는 데 따라서는 金錢信託과 함께 不動産信託業을 활발하게 전개하게 되었고,

---

13) 『信託十年史』, pp.55~59. 이 같은 사정은 이 會社의 설립과 깊은 관계가 있는 韓
　　相龍에 의해서도 지적되고 있었다. 그는 한국에 信託會社가 필요한 이유를 다음과
　　같이 설명하고, 그 설립을 統治當局에 건의한 바 있었다(『韓相龍君을 말하다』,
　　pp.613~616).
　　　　晚近 朝鮮의 세상을 보건대, 時代와 習慣의 변천에 따라, 혹은 財産의 처리방법
　　에 혼란을 일으키고 혹은 子孫親戚간에 분쟁을 일으키는 등 여러 가지 사정으로,
　　재래의 財産이 날로 감소하야 마침내 生活難에 떨어지지 않을 수 없도록 되는 실정
　　이 되고 있습니다. 만일 이 추세가 금후 여전히 계속된다면 社會상 실로 한심하기
　　짝이 없는 一大現象을 야기하게 될 것입니다.……
　　　　나는 朝鮮人 財産의 보호 관리를 위하여, 信託會社의 창립이 긴급히 필요한 것으
　　로 인정하고, 지난 大正 8년(1919) …… 右會社 창립의 건에 관하여 특히 水野政務
　　總監에게 獻策한 바 있었습니다.……
　　　　이로써 보면, 朝鮮信託이 地主層의 구제를 위하여 不動産信託을 중심으로 하는 會
　　社로 정착된 데는, 韓相龍의 견해가 일제의 統治政策에 반영된 점 적지 않았던 것으
　　로 생각된다.
14) 이 같은 사실은 비단 統治當局者들에게만 문제가 되고 있는 것이 아니었다. 日本人
　　으로서 한국인을 수탈하되 좀 사려가 깊은 사람이면, 韓國人 地主·中産階級이 몰락
　　한 후 일어나게 될 사태에 깊이 유의하고, 따라서 韓國人 地主·中産階級이 몰락하지
　　않도록, 대책이 세워져야 할 것임을 당국에 건의하고 있었다. 그리고 실제로 사태는
　　그들이 우려하는 바와 같이 전개되고 있었다. 이 무렵의 農民運動은 많은 경우 계급
　　투쟁적인 성격과 民族的이고 政治鬪爭的인 성격을 띠게 되고 있었다.
　　　　熊本利平, '農村의 重大問題 — 投機의 폐풍을 교정하여 中産階級을 유지하라'(『朝
　　鮮農會報』 1924년 3월호).
　　　　李晟煥, '朝鮮 農民運動의 情勢'(『朝鮮日報』 1928년 1월 1일자) 참조.

따라서 이러한 위탁지를 토대로 하여서는 전국에 많은 信託農場을 설치할 수 있게 되었다. 日本에서는 일반 信託業이 크게 발달하고 있으면서도, 不動産信託과 이에 기초한 信託農場의 설치는 지극히 저조하였는데, 韓國에서는 대단한 호황을 이루고 있었다. 이는 日本 信託業에 대한 韓國 信託業의 큰 특징으로서,[15] 小作農民의 저항이 절정에 달하고 있었던 이 시기의 상황하에서는 권력배경 없는 地主經營이 그렇게 쉽지 않았던 데서 연유하는 것이기도 하지만,[16] 동시에 이는 우리나라에는 조선후기 이래로 不動産信託에 유사한 農業慣行(投託)이 발달하고 있었던 역사적 배경이 있어서, 不動産信託이라고 하는 새로운 자본주의적 제도가 자연스럽게 수용될 수 있었기 때문이기도 하였다.[17]

이와 같이 해서 설치되는 朝鮮信託의 農場은 대단한 속도로 확대되고 있었다. 더욱이 일본경제가 中日戰爭 太平洋戰爭의 발발과 관련하여 戰時統制經濟體制로 들어감에 따라서는 지주경영이 더욱 어려워지고 있었으므로 그 확대는 촉진되었다. 1932년에 설립된 이 회사는 1933년부터 개업을 하였는데, 이 해에는 江景農場과 大田農場을 설치하는 데 그쳤으나, 그 후에는 그 농장이 해마다 늘어나, 1945년에는 전국에 29개소의 농장을 설치하게 되고 있었다 (附錄 1. 農場一覽 참조). 그것은 土地面積상으로 보아도 그러하였다. 1945년에 不動産信託된 토지는 약 53,000여 町步에나 달하였으며,[18] 그러한 중에서

---

15) 藤原 泰, '朝鮮信託企業의 特異的 發展'(『信託協會會報』8의 4, 1934).
   註 9) 李玭奭 논문.
16) 進明女子中高等學校, 『進明七十五年史』, 1980, p.147에 의하면, 朝鮮信託의 江華農場은 進明女學校에서 위탁한 田庄을 중심으로 이루어진 것이었는데, 이 학교에서는 이 田庄을 그 경영이 어려워서 — 예컨대 學校財團에서는 小作權을 박탈하는 등 管理를 강화함으로써 그 收入을 증대하려 하였으나 農民層의 저항으로 쉽지가 않았다. 1927년에 있었던 龍游面 小作爭議는 그러한 사정의 한 표현이었다.(『朝鮮日報』 1928년 1월 1일자, 李晟煥 논문) — 이 會社에 위탁하고 있었다. 이 학교사에서는 그러한 사정을 다음과 같이 기술하고 있었다.
   本校의 土地는 원래 王宮 소유이었으므로, 小作人들이 거의 世襲으로 소위 宮畓作人의 因襲에 젖어 있다. 그리하여, 本校의 財團에서 年來로 이의 改良指導에 힘써 약간의 改善이 이루어졌지만 아직도 耕作管理에 곤란한 점이 많다. 이 惡習을 고치는 것이 시급한 일로서 일대 刷新을 가하여 心氣를 일전시킬 필요가 있다. 이로써 小作人들이 종래의 惡習을 일소하여 農事를 改良하고, 收入증가를 도모하기 위하여 委託管理하도록 한다.
17) 『信託十年史』第1章 第1節 投托, pp.3~16 참조.

도 처음에도 乙種信託(名義信託)이 상당부분 차지하고 있었으나, 점차 甲種信
託이 늘어나서, 1945년에는 전자는 전체 受託地의 12.3%에 불과하고 후자는
87.7%에나 달하고 있었다. 이는 이 시기에는 지주경영의 어려움을 호소하는
지주층이 그만큼 많아지고 있었다는 사실과, 信託農場에 대한 사회적 요청이
그만큼 커지고 있었다는 경제계의 동향을 반영하는 것이 아닐 수 없었다.

3. 信託農場의 管理와 經營

　朝鮮信託이 지주층으로부터 위탁받는 不動産信託에는 甲種信託과 乙種信
託이 있다고 지적하였거니와, 그 중에서도 이 회사의 信託農場과 직접 관련되
고, 그 신탁농장으로서의 특질을 잘 드러내게 되는 것은 전자였다. 甲種信託
은 作物의 생산에서부터 그 생산물의 처분에 이르기까지 이 회사가 직접 관리
하는 것이고, 乙種信託은 대체로 名義만의 신탁인 것으로서 그 관리는 會社가
직접 담당하는 것이 아니라 타인에게 依囑하게 되는 까닭이었다. 이 경우 이
타인은 통상 委託者 또는 受益者가 되는 것이 일반이었다[19](附錄 2, 小作契約
證書와 附錄 3, 小作承諾證書는 그러한 관계의 한 예이다). 그러므로 이 회사가
그 創社의 취지나 수익을 위하여 그 管理經營에 중점을 두게 되는 것은 甲種
信託에 의해서 설치되는 信託農場이 아닐 수 없었다.

　朝鮮信託의 농장경영 방침도 기본적으로는 다른 회사의 그것과 크게 다르
지 않았다. 이 회사의 농장경영은 수탁받은 농지를 雇傭勞動으로써 直營하는
것이 아니라, 다른 會社의 농장경영에서와 마찬가지로 地主 小作制로써 경영
하는 것이기 때문이었다. 농장을 운영하기 위한 管理機構, 농산물의 생산 처
분의 방법, 小作關係 등은 앞에서 살핀 바 있는 東拓이나 다른 農場會社의 그

---

18) 이는 정확한 면적이 아니며, 1945년의 不動産信託은 금액으로만 표시되어 있으므
　　로(註 4의 伏見 논문, p.223 ; 『韓一銀行三十年史』, p.56), 1942년의 不動産信託의
　　금액과 면적(『信託十年史』, p.109, 附錄, p.26 및 伏見 논문, p.222)을 기준으로
　　환산한 대략적인 수치이다.
19) 『信託十年史』, pp.111~113.

것과 유사하였다.

다른 점이 있다면 他會社는 그 농장을 당당한 土地所有者, 즉 地主로서 경영하는 데 대하여, 이 회사는 정치적 필요성에서 受託한 농지를 토지소유자·지주를 대리하여 資本家的 企業體, 즉 信託地主로서 경영한다는 經營主體로서의 성격의 차이가 있었다. 그리고 이 信託農場은 이 法의 집행자(朝鮮總督)가 이를 그의 朝鮮農地令과 보조를 같이하는 가운데 시행하는 것이므로, 地主權을 무한정 강화할 수 없는 제약조건이 있었으며, 따라서 그 농장경영의 내용에 강도의 차이가 있지 않을 수 없었다. 전자에서는 그것을 밀도 있고 강하게 경영하고 있었는 데 대하여, 후자에서는 이를 다소 느슨하고 消極的으로 경영하는 경향이 없지 않았다. 말하자면, 朝鮮信託의 농장경영은, 이 제도의 취지 및 朝鮮農地令의 취지와도 관련하여, 소작농민에 대한 小作條件, 생산관리의 방법 등에 관하여 他會社와는 다소 차이를 두지 않을 수 없는 것이었으며, 바로 그러한 점이 이 信託農場의 경영면에서의 특징이 되고 있었다.

1) 管理組織

農場의 관리를 위한 기구는 本社에는 管理課를 두고, 지방에는 支社를 두며, 委託받은 농지가 있는 곳의 요지에는 農場(事務所)을 설치하고 운영하되,[20] 농장에는 그 농장의 규모에 따라 數名에서 근 10명에 달하는 技術員을 배치하고 농장경영에 관한 일체의 일을 담당하도록 하는 것이었다.[21] 그리고 그 밑에는 技術員을 보조하는 사람으로서 농장마다 평균 30명 정도의 農事監督을 배치하되,[22] 농지가 비교적 잘 團聚되어 있는 곳은 集注指導區, 그렇지 않은 곳은 普通指導區로 하여, 集注指導區에는 農事指導를 종합적으로 철저하게 하기 위하여 實行組合을 설치하고 組合長을 두기도 하였다.[23] 이 경우 技術員은 會社職員으로서 농업학교 출신의 농업기술자였으나, 農事監督은 위

---

20) 『信託十年史』, p.147, 159, pp.161～162.
21) 藤田繁雄, '農耕地 管理問題 管見'(前揭『十周年記念誌』), p.83.
22) 同上. 1942년 현재 이 會社의 농장은 21개소였는데, 農事監督은 총 600餘名을 헤아리고 있었다.
23) 同 上, p.80.

탁자들이 직접 地主經營을 하고 있을 때부터 고용하고 있었던 舍音(말음)으로서, 信託農場으로 개편된 후에도 정리하지 못한 채 저렴한 보수로서 그대로 고용하고 있는 사람들이었다.[24] 그리고 組合長은 그 중에서도 선발된 사람들이었다. 技術員의 수는 적고, 農事監督의 수는 많았는데 이는 경비를 절약하기 위해서였다.

이 같은 管理組織을 他會社의 그것과 비교하면 외관상으로는 유사하나, 그러나 농장경영을 위한 실제의 관리능률에 있어서는 훨씬 미치지 못하는 바가 있었다. 이 회사에서 그 경영구조를 연구한 바에 의하면, 그것은 두 가지 이유에서 그렇게 될 수밖에 없었다.

그 첫째는 農場소속 농지의 密集度·團聚度에 차이가 있었기 때문이었다. 예컨대 東拓이나 成業社 및 다른 農場會社의 경우에는 농지가 한 곳에 밀집한 곳을 買入하고, 또 그 매입한 농지와 인접한 농지를 다른 곳의 농지와 교환도 하여, 농지가 밀집한 대단위 농장을 형성하거나, 또는 干拓事業을 통해 대규모의 團聚地를 확보함으로써 농장을 형성하고 있었는데, 朝鮮信託의 경우에는 농지를 그와 같이 선별함으로써 농장을 형성할 수가 없었다. 이 회사에서는 여기저기서 委託하는 크고 작은 농지가 있게 되면, 이를 적당한 규모로 묶어서 한 농장을 형성하게 되고, 따라서 한 농장이 數郡에 걸치는 지극히 分散的인 것이 되기도 하였다.[25]

다음은 농장이 이와 같이 광역에 걸치는 분산적인 것이었음에 비하여, 管理職員, 즉 技術員의 수가 너무 적은 점이었다. 농지가 분산되어 있어도 管理者의 수가 많으면 그것을 관리하는 데 큰 지장이 없었겠지만 信託農場의 경우는 그렇지가 못하였다. 가령 東拓이나 成業社의 경우는 技術員 1人이 각각 100町步와 50町步를 담당하고 있을 때, 이 회사 技術員은 1人이 300町步 정도를 담당하지 않으면 아니 되었다. 그리고 다른 회사의 경우 小作料의 檢見調定을 2, 3人의 직원이 하고 있을 때, 이 회사의 농장에서는 1人의 직원이 이를 담당

---

24) 同上, p.83. 이때의 農事監督의 보수는 年 40圓 정도였는데, 이들은 이 보수로서 1년 내내 檢見調定의 안내, 收納사무 보조, 農事指導 등 여러 가지 일에 동원되고 있었다.
25) 同上, pp.82~83.

하지 않으면 아니 되었다.[26]

그러므로 信託農場에서는 다른 農場會社에서와 같이 그 농장을 밀도 있게 효과적으로 관리 운영할 수가 없었으며, 小作農民들에게 뜻하는 만큼 충실히 農業技術을 지도함으로써 생산성을 향상시키기도 어려웠다. 이는 信託農場이 안고 있는 구조적 취약점이었으며, 타개하지 않으면 아니 되는 과제이기도 하였다.

2) 經營原則

朝鮮信託이 信託農場을 설치 운영하게 되는 목적은, 농지를 不在地主로서 靜態的으로 경영하고 있었던 韓國人 地主層이 격동하는 경제상황 속에서도 그 土地와 富를 유지하도록 함으로써, 日帝가 지배하고 있는 한국사회를 政治的 社會的으로 안정시키려는 데 있는 것이었으므로, 그 농장의 經營原則도 그러한 취지와 관련하여 정해지고 있었다. 그것은 결국 농장을 안정적으로 잘 경영함으로써 토지를 위탁한 지주층에게 만족할 만한 수익이 돌아가도록 하려는 것이었다. 地主層이 쇠퇴 몰락하지 않고 한걸음 더 나아가서 성장할 수 있으려면 수익의 보장이 있어야만 하기 때문이었다. 그러므로 그 經營原則은 다음과 같이 크게 두 방향에 유의하는 것이 되지 않을 수 없었다. 그 하나는 朝鮮信託이 農業生産의 주체(信託地主·信託經營者)로서 소작농민을 選定 장악하는 가운데 농장을 경영하지 않으면 아니 된다는 점이었으며, 다른 하나는 農業技術을 개량함으로써 소출을 증대시키고, 따라서 信託者(地主)에게 돌아갈 수익이 증대하도록 해야 한다는 점이었다.[27] 이는 그 후에 있게 되는 日帝의 戰時經濟 體制하의 식량증산을 위해서도 그들에게 절실히 요청되는 문제였다.

소작농민을 選定 장악하는 문제는, 요컨대 농장에서의 地主經營을 합리적으로 수행하는 가운데 小作條件을 강화하는 문제가 아닐 수 없었다. 이를 위해서 朝鮮信託에서는 그 소작조건의 기준을 朝鮮農地令에 의거하되, 대체로 東拓이나 다른 農場會社에서와 마찬가지로, 소작농민과 새로운 小作契約을 체결함으로써 수행하고 있었다. 종래부터 소작농민이었던 농민들도 지주를

---

26) 同 上.
27) 『信託十年史』, pp.108~110.

대리하는 信託經營者와 새로이 계약을 체결함으로써 비로소 그 농지를 소작할 수가 있었다. 이는 소작농민을 새로 선정하는 문제이기도 하였다.

그 小作條件은, 모든 소작인은 3년을 한 小作期間으로 하여 소작을 하되, 반드시 5명의 연대보증인을 세우고 계약당사자인 본인이 경작해야 하며, 작물의 재배와 農業改良은 회사의 지시에 따라 수행하고, 小作料는 반드시 규정대로 납부해야만 하였다. 그리고 소작인이 규정된 약속을 지키지 않을 경우에는 일방적으로 小作權을 해제해도 이의를 제기할 수 없다는 것 등등이었다(附錄 2, 小作契約證書 참조). 그리하여 東拓이나 다른 農場會社에서와 마찬가지로, 이 농장의 소작농민도 이제 資本家的인 기업체의 合理的 經營의 원칙에 따라 장악되고 지배되는 가운데, 그 생산조건이 종전에 비하여 점점 더 어려워지지 않을 수 없도록 되었다.

물론 朝鮮信託은 원 지주를 대리하여 信託地主로서 농장을 경영하는 것이므로, 이같이 小作農民을 통제하는 문제뿐만 아니라, 그들이 경제적으로 어려운 일을 당하였을 때에도 회사 자신이 그 대책을 세워야 함은 말할 것도 없었다. 예컨대 평상시 農場의 경영, 즉 소작농민들의 農業生産에 관하여 자금을 대여함으로써 農牛의 사육을 장려한다든가, 또는 肥料買入이나 기타 여러 가지 農資金을 대부하는 문제,[28] 그리고 旱水害를 당했을 때 그 농장을 유지하기 위하여 小作農民에 대한 구제대책을 세우지 않으면 아니 되는 것 등은 그것이었다.[29]

所出을 증대시키는 문제는, 농업기술의 부단한 개량과 지도를 수반하지 않으면 아니 되는 문제였다. 이를 위해서 朝鮮信託에서는 농장마다 농업기술자인 技術員을 배치하고, 그 밑에 그를 보조하는 사람으로서 集注指導區에서는 組合長, 普通指導區에서는 農事監督이 郡·面과 협력하여 농사를 지도하고 있었다. 그리하여 이들은 지대별로 耕種法을 수립하고, 健苗육성과 挿秧法의 적정을 기하며, 품종개량, 병충해 방제, 適期刈取, 乾燥調製의 개량 등을 하며, 地力의 유지와 증진을 위하여 堆肥와 綠肥재배를 장려하고 深耕秋耕을 하도

---

28) 藤田, 前揭 논문, p.80 ; 附錄 2의 小作契約證書 제3·5조 참조.
29) 『京城日報』1939년 8월 22일자 기사.
　　『釜山日報』1939년 8월 23일자 기사.

록 하며, 耕牛사육을 장려하였다.[30] 그리하여 이러한 농업기술 지도를 통해서 농업생산력은 크게 향상될 것이 기대되었다.

물론 농업생산력이 기대하는 만큼 지속적으로 향상될 수는 없었다. 그것은 지역에 따라 그리고 농장에 따라 차이가 있었으며, 따라서 위탁자의 受益도 계속적으로 늘어날 수만은 없었다. 戰時體制하에 들면서는 所出의 감소요인, 小作料의 감소현상도 없지 않았다.[31] 그러나 그러면서도 농지를 위탁하는 지주의 입장에서 긴 안목으로 볼 때, 不在地主들이 소작농민과 직접 대결하는 가운데 농지를 조방적 타성적으로 경영하는 것보다는, 信託會社에 위탁함으로써 보다 集約的으로 경영하는 것이 편하고 유리하다고 생각하였다. 그리고 그러한 점이 없지 않았다. 農地 信託者가 늘어나는 추세에 있었음은 그 한 표현이었다고 하겠다(附錄 1, 農場一覽 참조).

3) 小作料

信託農場의 經營에 관해서, 이 회사의 特殊會社로서의 성격과도 관련하여, 우리가 특히 관심을 갖게 되는 것의 하나는, 이 농장에서의 小作料率은 어떠하였을까 하는 점이다. 즉 위에서와 같이 경영한 농장에서 이 會社는 小作料를 어느 만큼 징수하고 있었을까 하는 것이다. 이는 이 회사가 그 農場經營을 그 자신의 수입이나 이윤추구만을 목표로 수행하는 것이었는지, 아니면 이 회사의 設立취지와 관련하여 이를 수행하고 있었는지의 여부를 파악할 수 있게 하는 한 근거가 되는 것으로, 朝鮮信託의 성격은 이를 통해서 잘 드러날 것으로 보이기 때문이다. 이러한 문제는 이 會社와 다른 회사에서 징수하고 있었던 小作料를 비교함으로써 어렵지 않게 확인할 수 있다.

朝鮮信託의 信託農場에서는 그 소작제를, 그 농지를 受託하기 전의 관례를

---

30) 『信託十年史』, pp.108~110.
　　藤田, 前揭 논문, p.80.
31) 細田弘作, '農耕地 經營費用에 관한 卑見'(前揭 『十周年記念誌』), p.86에서는 '특히 農村의 現況은, 時局에 原因하는 勞動力의 減退, 就中 中堅分子의 離村에 의한 稻作 技術의 低下, 肥料 農具의 供給不全, 多毛作獎勵로 인한 多收系晚稻의 排擊 등, 今後 더욱 많은 手數를 要하는 데 反하여, 收益은 오히려 減少하게 될 素因이 있다'고 지적하고 있었다.

참작하는 가운데, 크게 定租法과 檢見法(執租法)으로써 운영하고 있었다. 小
作料率은 지방에 따라 그리고 租法에 따라 다소 차이가 있었으나, 대체로는
일반 地主와 대동소이하였으며, 水利組合區域에서만은 특히 6할을 징수하는
것으로 자처하고 있었다.[32] 그러나 이는 그 징수상황을 개략적으로 말한 것에
불과하며, 전체의 상황을 엄밀히 분석 검토한 위에서의 발언은 아니었다. 이
회사가 그 創立 10주년을 맞아 농장의 經營構造를 전반적으로 재검토하고, 그
경영개선의 필요성을 극구 강조하고 있었던 바 연구에 의하면, 이 會社의 농
장에서 징수하고 있는 小作料는 全地主層의 그것에서 훨씬 밑돌고 있었다.

　예컨대, 이 會社의 本·支店이 있는 道의 평균 小作料와 이 회사의 평균 小
作料를, 100坪을 기준으로 하여 비교하면 〈表 1〉에서 보는 바와 같이 큰 차이
가 있었다.[33] 이 경우 道의 평균 小作料는 5할 징수로 간주하고 계산한 것인
데, 이 회사의 평균 소작료는 전지역에서 道의 그것보다 적었으며, 水利組合
地域과 같이 6할을 징수하는 곳을 포함해도 그 小作料率은 5할에 미치지 못하
는 低率이다.

　이러한 사정은 管理地 50町步 이상이 있는 面의 100坪當 小作料 통계와 이
회사의 그것을 비교해 보아도 마찬가지였다. 그러한 面은 1942년 현재 104개
소에나 달하였는데, 이 회사의 小作料가 面 통계의 그것보다 많은 곳은 22

〈表 1〉　　　　道統計小作料와 當社小作料의 比較(100坪當)

店 名	道 統 計	本　社	比較增減
本　　　店	83斤	75斤	-11%
群　　　山	82	73	-12
釜　　　山	81	79	- 2
木　　　浦	75	64	-17
平　　　壤	68	66	- 3
大　　　邱	84	75	-12
平　　均	81	73	-11

＊이 表의 수치는 각각 1936년에서 1942년까지의(1939·1940년은 흉작으로 제외) 小
作料를 平均한 것이다.

---

32) 藤田, 前揭 논문, pp.76~77.
33) 藤田, 前揭 논문, p.77.

개소에 불과하고, 나머지는 모두 面 통계의 小作料가 이 회사의 그것보다 많
았다. 江華農場의 경우는 그러한 面이 7개소였는데, 그 중 하나의 面에서만
會社 小作料가 근소하게나마 많았고, 나머지 面에서는 모두 面 統計쪽 小作料
가 많아서, 평균으로 치면 面 統計 小作料는 100坪當 76.57斤이었는데 會社
小作料는 100坪當 63.57斤이라고 하는 큰 차이를 보이고 있었다.[34]

그리하여 이 문제를 검토하고 있었던 이 會社의 연구자는 이 회사의 小作料
가 다른 大會社 및 農場會社의 그것보다 적다는 점을 특히 지적하고, 그러나
그 밖의 일반 中小地主層의 그것보다는(그들이 信託하는 바가 늘어나고 있는 점
으로 보아) 그래도 많을 것으로 판단하고 있었다.[35] 이는 信託農場을 통해서
그 委託者(地主層)를 보호하는 것이 그들의 목표이기는 하였지만, 그러나 그
러면서도 그들은 朝鮮農地令과 관련하여, 小作農民을 보호하지 않으면 아니
되는 것도 또한 그들의 農政의 과제가 되고 있었기 때문이었을 것으로 생각된
다. 이때의 日帝 統治當局者는 이 농지령을 韓國農民의 更生政策과 더불어 그
의 획기적 사업으로 생각하고 이를 힘써 추진하고 있었다.[36]

그러나 이와 같이 朝鮮信託의 小作料率이 높지 않고, 또 전반적으로 일반적
小作料率보다 훨씬 낮았다 하더라도, 이것이 信託農場에서의 小作料가 증가
하고 있지 않았다거나, 信託者의 수익이 증가하지 않고 있었음을 뜻하는 것은
아니었다. 小作料率이 전반적인 수준은 낮았지만, 농지를 信託하기 전의 小作
料와 신탁한 후의 그것을 비교하면 차이가 있는 것이 사실이었다. 가령 이 會
社의 江華農場은 앞에서 언급한 바와 같이 進明女學校의 위탁지로서 이루어
지고 있었는데, 이 학교가 이 농장에서 징수하였던 小作料는, 이를 위탁하기
전인 1920년대에는 연평균 米 4,332.4石, 1930년대에는 연평균 米 4,736.4
石이었으나, 이를 위탁한 1937년에서 1944년에 이르기까지는, 信託報酬를
제하고서도 그 信託料가 연평균 米 4,959.5石이나 되고 있었다.[37]

---

34) 同 上, pp.70~80의 제3표 참조.
35) 同 上, p.80.
36) 鄭然泰, '1930년대 朝鮮農地令과 일제의 농촌통제'(『역사와 현실』 4, 1990).
    拙 稿, 註 10)의 논문.
37) 이것은 『進明七十五年史』, p.148의 小作料 징수상황 表에서 산출하였다. 단 1928
    년도는 대흉작이었으므로 평균치 산출 계산에서 제외하였다.

　물론 小作料의 이 같은 증가현상이 모든 信託農場에 공통된 현상으로서 일
어나고 있었겠는지는 미상이다. 농지를 위탁하는 地主層 중에는, 혹 경우에
따라 수익의 증가를 위해서가 아니라, 소작농민과의 모순관계를 피하기 위하
여 信託을 하는 경우가 있었으므로, 이러한 경우에는 信託農場으로 편입된 후
그 所出 小作料의 증가가 현저하게 커지기 어려웠을 것이다.[38] 그러나 그러한
가운데서도 地主經營의 능력이 부족하였거나, 小作農民과의 대항관계에 소극
적이어서 小作料 징수가 어려웠던 地主層의 경우에는, 그것을 신탁한 후 信託
料가 늘어나게 되었을 것으로 생각된다.

4. 信託地主의 報酬와 採算性

　朝鮮信託의 特殊會社로서의 성격이나 信託農場의 농장으로서의 성격은, 小
作料를 통해서뿐만 아니라, 이 회사가 信託者(土地所有者, 地主)로부터 받고
있었던 보수를 통해서도 분명하게 파악할 수 있다. 이 회사가 農場經營에 대
한 대가로서 받고 있는 信託報酬率을 통해서 그 회사 및 농장경영의 성격을
이해할 수 있다는 것이다. 이는, 이 회사는 資本主義 企業體였으므로 영리를
추구하는 것이 당연한 일이지만, 그 농장의 경영을 단지 信託報酬만을 생각하
는 이윤추구의 입장에서 하고 있었는지, 아니면 이 회사의 設立趣旨나 使命과
관련하여 이를 수행하고 있었는지를 분간케 하는 근거가 될 수 있기 때문이
다. 이러한 문제도 이 회사와 다른 회사에서 받고 있었던 信託報酬를 비교하
는 것으로써 확인할 수 있다.
　信託報酬는 농장의 경영조건 그리고 報酬率의 산정방식에 따라 다를 수 있
지만, 이 무렵에는 일반적으로 '小作料의 몇 割'[39]이라는 방법으로 산정하고

---

38) 가령 羅州 李氏家의 경우는 그러한 예가 되겠다. 李氏家에서는 그 農場經營의 주인
　　공이 사망한 후, 소작농민과의 마찰을 피하기 위하여 그 농지의 일부를 朝鮮信託에
　　위탁하고 있었는데(本書, 제Ⅱ편 제2논문, 羅州 李氏家의 地主經營의 成長과 變動,
　　註 61 참조), 그 수입이 늘고 있지는 않았다. 李啓式 옹과 李公範 교수의 술회에 의함.
39) 藤田, 前揭 논문, p.82.

있었다. 이러한 전제 위에서 이 회사에서는 초기에는 當局의 보조를 받는 가운데 低率報酬를 받는 것을 기본입장으로 하고,[40] 그 후에는 農地의 조건에 따라 고저의 차이가 있었으나, 대체로 小作料의 1割 내외를 보수로써 취하고 있었다. 가령 1941년(第17·18期)의 경우로써 보면 이 회사의 信託報酬率은 平均하여 9分 3厘 7毛로 계산되고 있었다.[41] 이 해의 處分穀價를 이 회사에서는 石當 20圓 25錢으로 기록하고 있었으므로, 이 회사에서는 石當 1圓 89錢의 信託報酬를 받고 있는 셈이었다. 이 경우 이 같은 계산은 모두 회사가 하는 것으로서, 회사에서는 小作料를 징수하여 자기 몫의 信託報酬를 제하고, 나머지를 위탁자에게 信託受益金으로서 지출하는 것이었다.

朝鮮信託이 받는 이 같은 信託報酬率을 다른 회사의 委託經營 報酬率에 비하면 대단히 低率이었다. 그것은 이 무렵의 대표적 委託經營者이고 不動産信託經營의 창시자였다고 할 수 있는 不二興業의 그것과 비교하면 분명하다. 이 회사에서는 때에 따라(引受管理地의 경우) 挾雜性을 띠고 폭리를 취하는 수도 있었지만,[42] 그러나 통상적인 경우라면(普通管理地) 小作料의 2할을 보수로서 받고 있었다.[43] 不二興業은 가장 악랄하게 이윤을 추구하는 회사의 대표적 존재였으므로, 이 報酬率을 일반화시켜서 말할 수는 없지만, 그러나 이렇게 보수를 받아야 委託農場의 경영에서 이윤을 얻을 수 있는 것이라면, 朝鮮信託의 信託報酬率은 경영자의 입장에서 그 채산성을 문제삼지 않을 수 없는 低率의 것이었다고 하겠다.

그뿐만 아니라 會社와 信託者 사이에 체결된 信託契約의 條文에는 '본 信託財産에 관한 租稅公課, 農産物調製用 器具機械費, 收穫物 또는 小作料의 보관

---

40) 細田, 前揭 논문, p.87.
41) 藤田, 前揭 논문, p.82.
42) 『成業社文書』 1933년 4월 18일, 4월 19일 付 藤井寬太郎 社長의 서신에 의하면, 이때 不二興業의 決算報告書에서는 引受管理地의 경우 그 管理地收入 48,112圓 39錢에서 管理地料 14,272圓 78錢을 지출하고 있는 暴利행위를 너무나 명백히 기록하고 있었으므로, 社長은 이 같은 사실이 文書상에 너무 분명하게 나타나지(노출되지) 않도록 文書를 재작성하도록 지시하고 있었다.
43) 細田, 前揭 논문, p.87.
    洪性讚, '日帝下 農場型 地主制의 歷史的 性格'(『東方學志』 63, 1989), pp.98~101.

처분에 요하는 비용, 그리고 種子種苗費, 肥料資金, 農耕資金, 農事改良에 요하는 비용, 기타 본 信託事務處理에 요하는 諸費用은 수익자의 부담으로 하며 云云'이라고 하여, 농장경영에 관한 많은 부분의 비용을 信託者가 부담하는 것으로 규정하고 있었으나, 실제에 있어서는 農事改良에 요하는 비용, 小作料의 보관 처분에 요하는 비용 등의 대부분을 受託者인 회사에서 지출해 오고 있었다.[44] 朝鮮信託에서는 低率의 보수와 그 밖의 많지 않은 비용에 대해서는 이를 회사가 담당하는 호의를 보임으로써 되도록 많은 土地信託을 받으려고 노력하고 있는 것이었다고 하겠다.

그러나 農場을 이 같은 조건으로 경영하고 보면 그 농장경영의 收支, 採算性이 문제되지 않을 수 없었다. 농장은 정상적으로 경영해도 전망이 없을 것으로 염려하였던 것이 창립 당시의 金融家들이었는데, 朝鮮信託은 低率의 信託收入으로써 이를 경영하고 있었으니 더욱 말할 필요가 없는 일이었다. 그러므로 이 문제는 이 회사의 財務構造와 관련하여 중대문제가 되지 않을 수 없었다. 1939년도에는 不動産信託報酬에 80,000圓의 적자가 있었는데,[45] 이러한 현상은 이 해로 그치는 것이 아니었다. 1941년(第17·18期)의 농장경영에 관한 연구에서는 그 관리 경영상의 採算性을 적자로 산출하고 있었으며, 따라서 현재의 信託報酬率은 인상되어야 한다는 점을 특히 지적하고 그 방법까지 제언하고 있었다.[46] 그러나 이 문제를 연구하고 있는 논자들도 그 인상의 폭이 不二興業과 같은 高率의 信託報酬가 되어야 할 것으로는 말하고 있지 않았다. 그들은 그것을 朝鮮信託의 특수사명과 관련하여 제론하는 것이었으며, 따라서 그것은 적자를 면할 수 있는 정도가 되면 될 것으로 생각하는 것이었다.

물론 朝鮮信託이 그 報酬率이 낮고, 따라서 이 수입만으로는 농장을 경영하

---

44) 細田, 前揭 논문, p.87.
45) 『東亞日報』 1940년 2월 10일자.
46) 藤田은 그 방법으로서 '信託報酬는 小作料의 다과로써 결정하지 말고, 管理手數料와 報酬로 구분하여 징수하되, 管理手數料는 豊凶에 관계없이 징수하고, 報酬는 小作料에 따라 징수하도록 契約함으로써, 經營에 안정성을 주도록 할 것'을 제언했으며(그의 논문, p.85), 細田은 信託契約에 따라 委託者가 부담할 수 있는 경비는 그들이 부담하도록 함으로써, 會社의 수입이 실질적으로 늘어나도록 해야 한다는 것을 특히 강조하였다. 그렇게 되면 會社로서는 100분의 1.5 내지 100분의 2 정도의 報酬를 인상하는 것과 같은 결과가 될 것이라고 하였다(그의 논문, p.87).

기 어려웠다 하더라도, 이로써 그 경영을 중단하고 있지는 않았다. 그것은 이
회사가 앞에서도 지적했듯이 政治的 社會的으로 특별한 사명을 지니고 있는
特殊會社였기 때문이었으며, 戰時體制하에 들면서는 農業統制와 農業生産力
의 증진이 가일층 요청되고 있었기 때문이었다. 그 적자운영의 문제는 초기에
는 통치당국의 거액의 보조금으로써 보상될 수가 있었으며, 그 후에는 金錢信
託으로부터의 수입으로써 그 적자를 메울 수가 있었다. 말하자면 朝鮮信託의
信託農場으로부터의 수입, 즉 信託報酬는 지극히 적은 것이었지만, 그러나 이
회사에서는 그 會社設立의 趣旨 使命과도 관련하여, 그 低率의 수익에도 불구
하고 그 농장경영을 계속 추진 확대해 나가고 있는 것이었다고 하겠다.

5. 結　語

이상에서 살핀 바와 같이, 朝鮮信託株式會社는 1920~1930년대의 農業事
情 속에서 등장한 特殊會社, 資本主義 大企業體였다. 이 회사는 日帝 통치당
국의 지원하에 金錢信託과 不動産信託을 겸영하는 회사였지만, 그 창립취지
와 관련하여 주목되는 것은 주로 후자로서, 이는 이때 시세에 적응하지 못하
고 쇠퇴 몰락하는 韓國人 地主層을 구제함으로써 그들을 日帝強占期의 사회
에서 지주계급으로서 건재케 하려는 것이었다. 그렇게 하는 것이 日帝의 한국
통치와 일본인 지주계급의 안전을 위해서 필요하다고 판단하는 까닭이었다.
그 방법은 그들의 토지를 이 회사에 신탁하도록 하고, 이를 이 회사가 信託農
場으로 편성하여 직접 경영함으로써, 그들에게 재산권도 보장하고 信託受益
(小作料)도 보장해 주려는 것이었다.

信託農場은 그 외형이 土地所有者(地主)와 農業經營者(資本主義 企業體＝信
託會社)로 분리되어 있음에서, 이른바 자본가적 농업생산의 문제와 관련하여
주목될 수 있지만, 그러나 이 경우의 신탁농장은 그 農業經營者가 이를 資本
主義的 生産關係, 즉 賃勞動者를 고용하여 경영하는 것이 아니었다. 그것은
地主·資本家階級이 그들의 농지를 직접 地主 小作制로 경영하는 이른바 日本
資本主義의 農場型 地主制 그것으로서, 朝鮮信託은 신탁자를 대리하여 受託

한 토지를 信託地主로써 농장을 편성하고, 소작농민을 그들이 선정 지배하는 가운데, 이 농장을 地主 小作制의 경영형태로 운영해 나가고 있었다.

그리하여 朝鮮信託이 이 같은 信託農場을 경영함에 있어서는 여러 가지 면에서 農業技術을 개량하는 가운데 생산력의 증진을 기도하고, 그 생산물을 분배함에 있어서는 종전에 비하여 小作料를 인상하고 信託報酬를 低率로 징수하는 가운데 전반적으로 信託者(地主)에게 많은 수익이 돌아가도록 꾀하였다. 信託農場의 경영은 말하자면 지주경영의 일정한 강화과정 그것이었으며, 이를 통해서 소작농민에 대한 수탈을 또한 증대하고 지주층의 수익을 보장하는 과정 그것이었다. 그러나 그러면서도 이 회사에서는 그 地主受益의 증가, 小作料率의 인상을 다른 大會社나 農場會社의 그것과 같이 무한정 고율로만 올리고 있는 것이 아니었다. 지주경영을 강화하여 그들 몰락 쇠퇴하고 있는 韓國人 地主層을 구제하는 것이 그 회사의 설립취지이기는 하였지만, 그러나 다른 한편으로 그들 日帝 통치당국은 朝鮮農地令과도 관련하여, 小作農民을 안정적으로 유지하는 것을 또한 그들의 중요한 政治的 과제로 삼고 있었기 때문이었다. 그러한 점에서 獨占資本主義 國家獨占資本主義로서의 이 시기 日本資本主義와 그 운영자로서의 日帝 統治當局者가 한국에 信託會社를 설립하고 信託農場을 경영하게 된 것은, 그들이 강점하고 있는 한국에서 地主小作制 및 農業生産關係 전반에 관하여, 새로운 經營指標를 설정하고자 하였음을 보여주는 것이었다고 하겠다.

日本資本主義와 日帝 統治當局에게 있어서 信託農場은 대단히 편리한 제도였다. 그것은 日本資本主義의 獨占資本 金融資本이 이 제도를 통해서 한국의 地主小作制 및 농업생산에 대하여 지배력을 한층 더 강화하는 가운데, 아직도 그들의 經營支配 資本支配하에 흡수되지 않고 있었던 한국인 지주층을 그 獨占資本·金融資本의 지배하에 흡수 예속시키고, 小作農民을 직접 장악하고 지배하게 되었음을 뜻하는 것이기 때문이었다. 그리고 이는 그들 日本人 지주·자본가계급의 한국농민 수탈에 대하여, 한국 소작농민의 民族的 政治的 저항을, 중간에서 차단해 줄 수 있는 堡壘로서의 한국인 地主·資本家階級, 즉 親日的 政治社會勢力을 건전하게 유지 육성하는 바가 되는 까닭이기도 하였다. 그러한 점에서 이 제도는 앞으로 다가올 戰時體制에 대비하여, 日帝의 獨占資

本主義 國家獨占資本主義가 한국농업을 보다 확실하게 장악해 나가기 위한
하나의 정책으로서 취하고 있었던 조치였다고 하겠다.

〔『東方學志』70. 1991. 揭載〕

〔附錄 1〕

農　場　一　覽[47]

	農 場 名	所　　在　　地	開 設 年 月
1	江景農場	忠淸南道 論山郡 江景邑 南町 84	1933. 10. 1
2	大田農場	大田府 大興町 5의 4	1933. 10. 1
3	溫陽農場	忠淸南道 牙山郡 溫陽邑 溫泉里 91	1934. 6. 6
4	利川農場	京畿道 利川郡 利川邑 倉前里 240	1935. 7. 18
5	南原農場	全羅北道 南原郡 南原邑 東忠里 198의 7	1935. 8. 12
6	井邑農場	全羅北道 井邑郡 井州邑 水城里 499의 2	1935. 8. 12
7	春川農場	江原道 春川郡 春川邑 本町 1丁目 52	1936. 4. 2
8	寶城農場	全羅南道 寶城郡 寶城邑 寶城里 893	1936. 8. 1
9	密陽農場	慶尙南道 密陽郡 密陽邑 內一洞 628	1936. 11. 1
10	昌寧農場	慶尙南道 昌寧郡 昌寧邑 未屹里 61	1936. 12. 1
11	江華農場	京畿道 江華郡 府內面 官廳里 877	1937. 4. 15
12	肅川農場	平安南道 平原郡 肅川面 堂下里 127	1937. 7. 5
13	甕津農場	黃海道 甕津郡 甕津邑 溫川里 127	1938. 3. 1
14	鐵原農場	江原道 鐵原郡 鐵原邑 外村里 596의 2	1938. 7. 14
15	淸州農場	忠淸北道 淸州郡 淸州邑 本町 3丁目 67	1938. 9. 7
16	慶州農場	慶尙北道 慶州郡 慶州邑 東部里 186	1939. 4. 27
17	金泉農場	慶尙北道 金泉郡 金泉邑 南山町 114의 2	1939. 7. 5
18	全州農場	全州府 豊南町 83의 3	1940. 4. 25
19	馬山農場	馬山府 壽町 53	1940. 5. 6
20	光州農場	光州府 光山町 42의 1	1940. 9. 5
21	晋州農場	晋州府 東國町 61	1941. 7. 28
22	禮山農場	忠淸南道 禮山郡 禮山邑 禮山里 60	1942. 6. 20
23	高敞農場	全羅北道 高敞郡 高敞面 邑內里 357	1944. 3. 1
24	榮山農場	全羅南道 榮山浦郡 榮山浦邑	1944. 3. 10
25	五松農場	忠淸北道 淸原郡 五松面 五松里	1944. 4. 8
26	金堤農場	全羅北道 金堤郡 金堤邑 堯村里 177	1944. 8. 5
27	裡里農場	全羅北道 裡里邑 湖南洞 46	1944. 6. 10
28	平澤農場	京畿道 平澤郡 平澤邑	1945. 3. 15
29	公州農場	忠淸南道 公州郡 公州邑	1945. 4. 1

---

47) 『信託十年史』, pp.148~150.
　　『韓一銀行三十年史』, pp.80~81.

〔附錄 2〕

小作契約證書[48]

今般 別紙 記載畓의 稻作 小作을 하도록 承諾하심에 대하여 아래 各 條項을 굳게 誓約함.

契約 條項

第1條 本 契約의 기간은 昭和 12年 4月 1日부터 昭和 15年 3月 末日까지로 함.

第2條 本 契約에 의한 小作料 및 그 延滯料는 下記 各項에 의하여 납입하기로 함.

　1. 小作料는 그 해의 豊凶에 관계없이 別紙記載의 定租額을 完納하기로 함.

　2. 當該年度의 小作料는 每年 11月 30日까지 귀하께서 지정한 장소에 납입하기로 함. 단, 위의 小作料 債務 이외의 債務 때문에 貴下 또는 第三者로부터 小作畓의 立稻나 베어놓은 벼 또는 나락 등의 생산물이 强制執行, 假差押, 假處分, 기타의 처분을 받거나, 혹은 信用失墜의 염려가 있다고 인정될 時에는 前記 期限前이라 할지라도 언제든지 귀하의 지시에 따라 그 當該 年度의 小作料 全額을 지불하기로 함.

　3. 小作料의 納入期限이 경과된 다음에는 그 未納額에 대하여 1日에 그 1/2,000 에 상당한 延滯料를 加算하여서 납입하기로 함.

　4. 小作料 및 延滯料로서 납입할 나락은 반드시 貴下가 지정한 改良種으로서 本契約畓에서 생산한 것에 한하고 또한 乾燥 및 調製를 완전히 하여 새 가마니에 每 가마니당 나락 91斤씩 넣되, 가마니를 묶는 새끼줄은 지름 4分의 것을 사용하여 가로 3個所 세로 2個所를 2重으로 감고, 91斤에 미달한 우수리라도 그 半量 이상이 되는 경우는 위와 같은 새 가마니에 넣어 포장하여 납입하기로 함. 단, 그 품질이 불량하거나 乾燥 또는 調製가 불충분할 時는 그 상당량을 割增하여 납입하기로 함.

第3條 小作畓의 立稻나 베어 놓은 벼 또는 나락 등의 생산물은 小作料와 借用肥料換金額, 借用農資金 등을 完納하기 전에는 임의로 賣却, 讓渡, 기타 處分 또는 擔保의 對象으로 할 수 없음.

第4條 本 契約에 의해서 土地를 경작함에 있어서는 下記 各項을 준수하기로 함.

　1. 小作畓에 대하여 土地의 保存, 改良, 기타 귀하가 필요한 施設을 하는 경우에도 이의가 없을 것.

------

48) 全羅北道農務課 編, 『全羅北道農事會社定款及小作契約書』, 1938.
　　이것은 朝鮮信託株式會社가 熊本農場에 囑託하고 있었던 농지에서 이용하였던 小作契約書이지만, 小作契約書의 형식·내용은 다른 農場에서 이용하였던 것도 이와 유사하였을 것으로 생각된다. 여기서는 『全羅文化論叢』 1(1986)에 번역 수록한 바를 이용하였다.

2. 小作畓에 대하여 耕地整理를 하거나 또는 그 결과로 耕地의 移動을 초래하게 되어 小作地가 변경되거나 또는 面積 및 小作料에 增減이 생기더라도 異議가 없을 것.

3. 小作畓의 地番, 面積, 기타의 표시에 대하여 疑義가 있을 時에는 貴下가 備置한 帳簿의 圖面을 확인하고, 現地의 實際를 조사한 후에 이를 결정함.

4. 小作畓은 小作人 本人이 경작할 것.

5. 小作畓에 水稻 이외의 作物을 재배하고자 할 때, 또는 벼 二毛作을 하고자 할 때는 貴下의 承認을 얻기로 함. 이러한 경우에는 특히 貴下로부터 그 承認書의 交付를 받기로 함.

6. 小作畓은 전부 7寸 이상으로 深耕하기로 함.

7. 小作畓에는 그 해, 그 논에서 생산된 볏짚의 절반 이상을 堆肥로 만들어 그 논에 還元할 것. 아울러 綠肥는 귀하의 지시에 따라 재배할 것.

8. 논의 植付는 1坪當 90株(縱 8寸 橫 5寸)를 표준으로 하여 반드시 전부 正條植을 勵行하고 만약 종래의 不整植을 한 경우 이의 改植을 命할지라도 전혀 異議를 제기하지 않을 것.

9. 種子의 更新, 施肥, 기타 경작에 관하여서는 貴下의 지도에 따를 것.

第5條 아래 各號의 어느 하나에 해당할 경우 本 契約을 해제당하더라도 異議없이 바로 그 요구에 응하여 小作農地를 원상대로 복원하여 반환함은 물론, 만약 귀하에게 損害가 있을 때는 바로 배상하기로 함. 아울러 本 契約 解除로 인하여 小作人 또는 連帶保證人이 손해를 입을지라도 損害賠償 등 일체를 요구하지 않기로 誓約함.

1. 小作畓의 小作料 및 小作에 사용한 借用肥料換金額, 借用農資金을 기한까지 支拂하지 아니한 때.

2. 小作畓을 小作人 本人이 경작하지 아니하고 他人에게 轉貸한 때.

3. 小作人이 먼 곳으로 轉居하여, 事實 小作人으로서 적당치 못하다고 인정된 때.

4. 小作畓에 施肥할 목적으로 預託 또는 貸與한 肥料를 轉賣 讓渡 또는 指定畓 이외에 사용한 때, 또는 하려고 할 때, 혹은 소작능력이 없다고 인정된 때.

5. 小作畓의 立稻, 베어 놓은 벼 또는 나락 등의 생산물을 小作料 또는 借用肥料換金額, 借用農資金 등을 完納하기 전에 임의로 賣却, 讓渡, 기타 處分 혹은 擔保로 제공하였거나, 또는 하려고 할 때.

6. 農事에 태만하여 小作畓을 황폐시켰을 때.

7. 貴下의 승인없이 임의로 小作畓의 地形 地目을 변경한 때.

8. 貴下 또는 귀하의 指導人의 指導 勸獎에 불응, 또는 불온한 言動을 할 때.

9. 賭博을 하거나 또는 法의 制裁에 의하여 刑의 執行을 받거나, 혹은 信用을 실추하든지, 기타 소행이 불량하여 小作人으로서의 체면을 훼손하였다고 인정될 때.

10. 土地가 國有 또는 公用에 제공될 때.

11. 제반 本 契約을 위반한 때.

第6條 本 契約에 連帶保證人의 增員을 귀하로부터 요구받는 경우에는 즉시 이에 따를 것.

위의 各 條項대로 굳게 준수하기 위하여, 保證人은 小作人과 連帶하여서 本 債務履行의 責任을 지기로 함.

備考(만일 朝鮮語譯이 本文〈日文〉과 相違할 時에는 本文에 의하기로 함)

	昭和	年	月	日	
住所		郡	面	里	番地
小 作 人					
住所		郡	面	里	番地
連帶保證人					
住所		郡	面	里	番地
連帶保證人					
住所		郡	面	里	番地
連帶保證人					
住所		郡	面	里	番地
連帶保證人					
住所		郡	面	里	番地
連帶保證人					

朝鮮信託株式會社   御中

小作畓 및 그 定租 小作料의 表示

土地所在		地番 또는 農番		地 目	地 積	定租 契約 小作料		
面	里	地番	農番			昭和12年度	昭和13年度	昭和14年度
					坪	斤	斤	斤

〔附錄 3〕

小作承諾證書[49]

小作畓 및 그 定租 小作料 벼의 表示

土地所在		地番 또는 農番		地 目	地 積	定租 契約 小作料		
面	里	地番	農番			昭和12年度	昭和13年度	昭和14年度
					坪	斤	斤	斤

위의 土地를 귀하가 差入한 昭和　年　月　日附 小作契約證書에 의하여 小作함을 승락함. 단, 만일 小作契約證書와의 사이에 小作畓의 坪數 및 그 小作料 등의 숫자에 相違가 있을 경우에는 小作契約證書에 의거하기로 함.

　　　　　昭和　　　年　　　月　　　日

　　　　　　　　朝鮮信託株式會社
　　　　　　　　　囑託　　株式會社 熊本農場

　郡　　　面　　　里　　　番地
　　　　　　　　　　　　　殿

---

49) 同 上.

Ⅲ. 地主制의 矛盾 —— 農民運動의 指向과 對策

朝鮮王朝 最末期의 農民運動과 그 指向

日帝强占期의 農業問題와 그 打開方案

朝鮮王朝 最末期의 農民運動과 그 指向

1. 序　言

앞에서 우리는 韓末에서 日帝强占期에 이르는 地主制의 변동을 여러 經營事例를 중심으로 살폈거니와, 그 변동의 성격을 보다 분명하게 이해하기 위해서는, 그 같은 地主制에서 地主層에 대항하는 時作·佃作, 小作農民의 항쟁에 관해서도 세심히 검토할 필요가 있을 것으로 생각된다. 이들 農民層의 항쟁은 당해 시기의 農業問題, 地主制의 모순을 중심으로 해서 발생하는 것이고, 따라서 그 抗爭의 실태를 정확하게 파악하면, 그러한 항쟁을 발생케 한 기층적 경제제도로서의 地主制의 성격 또한 보다 선명하게 드러날 것으로 생각되기 때문이다.

그것을 이곳에서는 日帝强占期 農民運動의 역사적 배경을 이해하기 위하여, 먼저 韓末까지의 농민운동에서 볼 수 있는 農民層 動態, 특히 개항을 전후한 시기의 그것에 관하여 기존의 연구를 중심으로 그 특징과 추이만이라도 요약 정리하고자 한다. 주로는 1862년의 農民抗爭과 1894년의 農民戰爭에 그 초점이 맞추어지게 되겠다. 이 시기는 日帝강점기의 前단계가 되는 시기로서, 그 농민운동을 통해서는 우리나라 封建末期의 농민운동의 특징과 추이를 단적으로 파악할 수 있을 것이며, 그런 점에서 日帝강점기의 농민운동을 그 연장선상에서 비교 고찰할 수가 있을 것으로 생각된다.

이 시기의 농민운동은 合法運動으로서 시작하여 非合法 變革運動으로 전개되고 있는 것이 그 한 특징이었다. 그것은 그 운동이 주장하는 목표에 있어서도 그렇고, 그 운동의 방법 및 운동을 전개하기 의한 조직에 있어서도 그러하였다. 이 시기의 농민운동은 조선왕조의 封建的 社會體制의 모순, 좀더 좁혀서 말하면 이 시기의 농업문제에서 발생하는 것이었으나, 지배층은 그 같은 모순, 그 같은 문제를 근원적으로 해결하려 하지 않았으므로, 농민운동은 마침내 그같이 전개될 수밖에 없었다. 19세기 農民運動은 결국 反封建 革命運動으로까지 이어지지 않을 수 없는 것이었다.

2. 農業問題

그러면 農民運動의 발생 원인이 되고 있는 이 시기의 농업문제는 구체적으로 어떠한 것이었는가. 우리는 그것을 身分問題, 土地問題, 賦稅制度 및 商品生産·米穀貿易의 문제를 중심으로 살필 수 있거니와,[1] 그것은 요컨대 여러 가지 요인으로 農村社會·農民層이 분해되는 가운데, 토지에서 배제되는 자가 늘어나게 되고, 즉 富·土地의 배분에 불균형이 있게 되고, 이로 인해서는 신분계급간에 대립이 심화되고 있었다는 점으로 집약할 수 있을 것이다. 이 같은 분해는 물론 常民層이나 賤民層 등 일반 農民層社會에서뿐만 아니라,[2] 兩班層社會에서도 광범위하게 전개되고 있었으며,[3] 따라서 朝鮮後期의 농촌사회에서는 그 시대를 아래로 내려오면 올수록 全身分階級의 分解·再編成되는 바가 촉진되는 가운데 그 대립이 한층 더 착종하고 심화되는 것이 특징이었다.

이 같은 농촌사회의 분해는 여러 가지 사정에서 연유하고 있었다.[4] 조선후

---

1) 이 같은 사실은 이 시기 농민운동의 내용을 포괄적으로 수록하고 있는 應旨三政疏나 甲午農民戰爭에서의 弊政改革案과 요구조건 등에서 파악할 수 있다. 그 자료로서는 ① 亞細亞文化社, 『三政策』1, 2(三政策은 이 밖에도 哲宗朝를 살았던 여러 사람의 文集에 더 수록되어 있다). ② 吳知泳, 『東學史』, p.126. ③ 朴殷植, 『韓國痛史』제26장. ④ 金允植, 『續陰晴史』卷 7, pp.322~325. ⑤ 鄭 喬, 『大韓季年史』卷 2, p.36. ⑥『日本公使館記錄』1894·1895년 全羅道民擾報告, 東學黨彙報. ⑦『日淸戰爭實記』제29편, 海外彙報 朝鮮, '東學黨巨魁의 宣告文', ⑧『東學關聯判決文集』등 참조. 이 같은 자료에 대한 정리작업으로서는 拙 稿, '哲宗朝의 應旨三政疏와「三政釐整策」'(『韓國近代農業史研究』上) ; 朴宗根, '甲午農民戰爭(東學亂)에서의 全州和約과 弊政改革案'(『歷史評論』140, 1962) ; 韓㳓劤, '東學軍의 弊政改革案 檢討'(『歷史學報』23, 1964) 등이 있다.
2) 宮嶋博史, '李朝後期 農書의 研究'(『人文學報』43, 1977).
3) 拙 稿, ① '18, 9世紀의 農業實情과 새로운 農業經營論'(『韓國近代農業史研究』上).
          ② '朝鮮後期 兩班層의 農業生産'(『朝鮮後期農業史研究』Ⅱ, 증보판, 1989).
4) 本書, 제Ⅰ편 제1논문 참조.

기에는 宮房田 官屯田 新田開發 등 地主制를 중심으로 하는 농업정책이 취해지고 있었는데, 이로 인해서는 왕실을 비롯한 富力 있는 사람들이 土地集積·土地兼併을 하고 있었으며, 또 이 시기에는 농법이 변동하고(勞動力 節約) 농업생산력이 발전하고 있었으므로, 이로 인해서는 兼併廣作·經營擴大를 하는 사람이 늘어나고 있었다. 지주층의 농지를 借耕할 경우에도 노동력이 많고 耕牛가 있는 富農일수록 유리하였다.[5] 그리고 이 시기에는 상품화폐경제가 발달하는 가운데 농업생산이 상업적 농업으로서 행해지고, 특히 개항 후에 이르러서는 米穀輸出의 호황을 맞이하는 가운데, 이를 통해서 성장하는 계층에 의해서는 土地集積이 급격히 증대하고 있었다. 이 같은 지주층의 성장, 土地集積의 확대와 富農層의 經營擴大가 그와 반비례로 中小 土地所有者나 일반 농민층, 특히 영세 빈농층의 광범위한 몰락을 전제로 하는 것이었음은 말할 것도 없었다.

그러나 이 시기의 농촌사회·농민층의 分解가 이와 같은 經濟事情에 의해서만 전개되고 있는 것은 아니었다. 이는 그 일면에 불과하고 이와 병행하여서는 이들 요인 못지않게 분해에 크게 작용하고 있는 또 다른 일면의 요인이 있었다.

그것은 이른바 三政(田政·軍政·還穀)으로 알려져 있는 이 시기의 封建的 賦稅制度였다. 이 시기의 賦稅制度는 그 封建的 賦稅制度로서의 특징으로 인해서 농민층을 파탄으로 몰아가고 있었다. 그 특징은 田政·軍政·還穀 등이 身分制의 원리에 입각해서 차별 운영되고(특히 軍政), 그것이 郡摠制로 定額되어 있는 가운데, 각 군현에서는 그것을 地方官과 그 지방에서 임명되는 鄕任層 및 吏胥層으로 하여금 자치적으로 운영하도록 하고 있는 점이었다. 郡縣 내의 擔稅者層에 변화가 생겨도(身分變動, 移住, 逃亡, 脫稅) 그 郡에 배당된 郡摠은 반드시 그 郡縣民이 부담해야 하였다. 그러므로 이러한 구조의 賦稅制度하에서는 身分上昇, 官權, 金力으로 탈세하는 자가 있게 되면, 그 나머지 사람들이 그것을 부담하지 않으면 아니 되었으며, 따라서 零細貧弱者는 더욱더 영락하

---

5) 『經世遺表』卷 6, 地管修制 田制 4, 『全書』下, p.103. 茶山은 이 밖에도 이 같은 사실을 몇 곳에서 지적하고 있었다. 拙 稿, '朝鮮後期의 經營型富農과 商業的 農業'(『朝鮮後期農業史研究』Ⅱ, 증보판), p.277 참조.

지 않을 수 없었다.[6] 이는 賦稅制度 자체만으로서도 그 불합리한 점으로 인하
여 중대한 농업문제가 되는 것이지만, 이것이 농촌사회·농민층의 분해를 더욱
촉진시키는 요인이 되고 있었다는 점에서는 그 중요성이 한층 더 커지는 것이
아닐 수 없었다.

이 같은 사정으로 농민층 분해가 이루어질 때, 土地集積·土地兼倂을 할 수
있는 사람은 王室, 官僚, 土豪, 豪商, 猾吏 등 竝作地主와 在鄕士族이나 鄕族
富戶로서의 經營地主, 經營型富農 등 경제적인 면에서 능력이 있는 사람이었
다. 그러나 그들의 土地集積이 불법적인 강권으로 행해지는 것은 아니었다.
그러한 경우가 전혀 없었던 것은 아니겠지만, 이 시기에는 토지에 私的 所有
權이 확립되어 있었으므로, 일반적으로는 보다 자연스러운 경제행위로서 행
해지고 있었다. 財力 能力 있는 사람이면 新田을 開發하기도 하고, 정상적인
賣買를 통하여 필요한 만큼의 토지를 代金을 주고 매입한다거나, 또는 債權者
가 빚에 몰리는 債務者로부터 擔保物(土地의 所有權)을 인수하게 되는 것 등
은 그것이었다.[7] 土地賣買의 거래도 쉬웠다. 부유한 지주층은 가만히 집에 앉
아 있어도 농민들이 土地文記를 들고 찾아오는 것이 일반이었다.[8] 물론 대량
으로 매입할 경우에는 마름(舍音)이나 居間軍이 동분서주하지 않으면 아니 되
었다. 개항 이후 지주제가 성장하고 土地兼倂·土地集積이 성행할 때는 특히
그러하였다.[9]

土地集積·兼倂廣作의 확대, 따라서 농민층의 분해는 地域差가 있기는 하였
지만, 역사가 진전하는 데 따라 전반적 점진적으로 점점 더 심화되고 있었다.
개항 전의 시기에는 전기한 바와 같은 그 시기의 경제사정에 규제되면서 그
집적과 분해가 진행되고 있었는데, 그것은 이미 三南지방에서 農民抗爭이 발
생하지 않을 수 없을 만큼 심각한 상태에 도달하고 있는 것이었다. 茶山이 남
기고 있는 기술이나, 晋州지방의 土地臺帳·作夫臺帳을 통해서는 그러한 사정

---

6) 註 4)와 同.
7) 周藤吉之, '朝鮮後期의 田畓文記에 관한 研究'(『歷史學研究』 7의 7·8·9, 1937).
   安秉珆, 『朝鮮社會의 構造와 日本帝國主義』 제3장 田畓典當·放賣文記의 研究.
8) 『燕巖集』 卷 16, 課農小抄 限民名田議.
9) 拙 著, 『韓國近代農業史研究』 下, 증보판, p.376, 482.

을 살필 수가 있다. 즉, 晋州 奈洞理의 量案에 의하면,[10] 奈洞里의 농지는 한 사람의 지주에 의해서 33結 91負 6束, 즉 전 농지의 23% 이상이 소유되는 가운데, 25負 이하(平均 11負 3束)의 농지를 소유하는 零細 土地所有者가 18% 이상이나 되고, 이 밖에 無田者 또한 적지 않았다. 그리고 加西·宗化里 籌板에 의하면,[11] 이 兩里에는 1結 이상의 耕作者가 3.6%와 3.0%에 불과하였는데, 0~10負(平均 4負 3束과 3負 5束)를 경작하는 極貧者가 42.4%와 53.0%나 되고 있었다. 그리고 茶山에 의하면,[12] 18세기 말 19세기 초의 湖南 지방 농촌사회는 대체로 並作地主 5%, 自作農 25%, 時作農民 70%로 구성되고 있었으며, 그나마 그들 時作農民은 대부분 6, 7斗落의 농지를 借耕하고 있는 데 불과하였다.

開港 후에는 이러한 사정이 한층 더 심각하게 전개되고 있었다. 농촌사회 분해의 요인이 한 가지 더 추가된 까닭이었다. 즉 米穀貿易을 통해서 많은 이윤을 얻을 수 있었던 地主, 米穀商人, 高利貸계층이 더 많은 이윤을 올리기 위하여 土地集積에 열을 올리고, 이로 인해서는 종전보다 더 많은 농민들이 토지에서 배제되지 않을 수 없었기 때문이었다. 그것은 米穀貿易과 관련하여 지주층이 얼마나 성장하고 있었는가 하는 것을 살피는 것으로써 확인할 수 있다. 앞에서 이미 살핀 바와 같이, 江華지방의 金氏家의 경우 1876년의 개항 당시에는 393斗落을 소유하는 中小地主였는데 농민전쟁 직후의 1896년에는 1,086.5斗落을 소유하는 中地主로 근 3배나 성장하고 있었으며, 古阜지방의 金氏家의 경우 개항 전에는 거의 無田의 상태였는데 韓末에 이르러서는 千石君 이상이 되는 大地主가 되고 있었다.[13] 이는 한두 예를 제시한 데 불과하지만 이 밖에도 이 시기에는 이같이 성장하는 地主家의 사례가 허다하였다.[14]

---

10) 拙 稿, '晋州奈洞里大帳의 分析'(『朝鮮後期農業史研究』I, 증보판, p.252).
11) 李榮薰, '朝鮮後期 八結作夫制에 대한 研究'(『韓國史研究』29, 1980).
12) 『與猶堂集』雜文, 擬嚴禁湖南諸邑佃夫輸租之俗箚子.
13) 本書, 제II편 제1, 3논문 참조.
14) 洪性讚, '韓國近代 農村社會의 變動과 地主層', 연세대 대학원, 1988.
　　'韓末 日帝下의 地主制 研究 — 江華 洪氏家의 秋收記와 長冊 分析을 중심으로'(『韓國史研究』33, 1981).
　　'韓末 日帝下의 地主制 研究 — 谷城 曺氏家의 地主로의 成長과 그 變動'(『東方學志』49, 1985).

그리고 이러한 현상은 개항 초부터 갑자기 대대적으로 일어나고 있었던 것이 아니라, 국가 전체의 米穀輸出의 양이 증가하는 것과 비례하여, 그리고 開港場의 수가 늘어나는 것과도 관련하여, 시대를 아래로 내려오면 올수록 通商貿易이 확대되는 데 따라 점점 더 현저하게 전개되고 있는 현상이었다.

물론 米穀貿易이 부유층에게만 유리하게 작용하는 것은 아니었다. 일반 농민층도 이를 계기로 보다 많은 상품작물을 재배하고, 더 많은 이윤을 얻으려고 노력함으로써, 일정하게 효과를 보게 되는 경우 또한 없지 않았다. 그러나 이러한 경쟁에서 일반적으로 유리한 것은 富裕層이었다.

더욱이 이 시기에는 土地集積이 한국인들에 의해서만 행해지고 있는 것이 아니었다. 淸日戰爭 이후, 특히 英日同盟(1902) 이후부터는 일본인들의 土地潛買가 자행되어 점차 農場이 설치되는 가운데 그들의 地主經營이 행해지게 되고도 있었다. 그러므로 開港通商과 관련하여서는 地主制가 확대되고 농민층의 몰락이 더욱 촉진되지 않을 수 없었다. 그것은 다음과 같은 몇몇 예에서 실감할 수 있다. 즉 光武年間의 廣州, 水原, 安城, 溫陽, 連山 등지의 量案에서 한 마을씩을 조사한 결과에 의하면, 地主를 포함한 自作農은 전체의 14.1%, 自·時作農은 57.7%, 時作農은 28.2%나 되고 있었으며(石城을 포함하면 각각 25.1%, 50.9%, 24.0%),[15] 1906년에 日本의 農商務省에서 對韓 殖民策의 일

'韓末 日帝下의 地主制 研究 — 50町步 地主 寶城 李氏家의 地主經營 事例'(『東方學志』 53, 1986).

崔元奎, '韓末·日帝下의 農業經營에 관한 研究 — 海南 尹氏家의 事例'(『韓國史研究』 50·51, 1985).

박천우, '韓末·日帝下의 地主制 研究 — 岩泰島 文氏家의 地主로의 성장과 그 변동', 연세대 대학원, 1983.

本書, 제Ⅱ편 제2논문의 羅州 李氏家의 경우 등.

15) 拙 稿, '光武年間의 量田·地契事業'(『韓國近代農業史研究』 下, 증보본), p.356, 표 13 참조. 이 경우 石城量案의 時作관계 기술은 다른 양안의 그것과 비교하여 대단히 소략함을 볼 수 있는데, 이는 이 시기 量田이 지방에 따라 그 原則과는 달리 불철저하게 시행되고 있었음을 반영하는 것으로 생각된다. 그러므로 이 시기의 量案을 이용함에 있어서는 근자의 연구에서 지적된 바와 같이, 그 이용 방법에 일정한 제한이 있어야 하겠고, 또 세심한 주의를 요한다고 하겠다. 李榮薰, '光武量田의 歷史的 性格 — 忠淸南道 燕岐郡 光武量案에 관한 事例分析'(『近代朝鮮의 經濟構造』, 1989) ; 李榮昊, '대한제국기의 토지제도와 농민층분화의 양상 — 京畿道 龍仁郡 二東面 「光武量案」과 「土地調査簿」의 비교분석'(『韓國史研究』 69, 1990) 등 참조.

환으로서 조사한 바에 의하면, '地方農民은 自作地를 소유하는 자는 비교적 적으며 自作兼小作 혹은 純小作人이 가장 많은 것 같다'라든가, 自作農과 自·小作農을 '通例 小作人 10에 대하여 1 내지 2의 수를 占할 뿐'이라고 보고되고 있었다.[16]

이상과 같이 여러 요인에 의해서 농촌사회가 분해되고 농민층이 농지에서 배제되는 바가 늘어나는 데 따라서는, 身分階級간, 雇主雇工간의 갈등, 地主層과 時作·佃作農民간의 대립, 課稅者와 擔稅者간의 항쟁이 발생하지 않을 수 없었다. 그것은 여러 가지 면에서 여러 가지 형태로 일어나고 있었지만, 그러나 그것은 궁극적으로는 당시의 지식인들이 지적하고 있는 바와 같이 '思亂'으로 귀결되는 것이 아닐 수 없었으며,[17] 개항 후에는 民族的 矛盾에 대한 심각한 인식과 대항으로 이어지는 것이 아닐 수 없었다. 더욱이 그러한 농민층의 움직임이, 정치권력에서 소외되고 경제적으로 몰락하여 사실상 農民化하고 있는, 그러나 강한 體制批判 의식을 가지고 있는 沒落兩班과 연결될 때는, 그들의 政治意識과도 관련하여 그 사태가 한층 더 심각해지지 않을 수 없었다.

그러므로 농업문제가 이같이 진전하고 있는 데 대하여는, 17세기에 韓百謙의 箕田論이 제기된 이래로, 농민경제를 안정시키기 의한 방안으로서 土地改革論을 제론하는 논자가 늘어나고 있었으며, 本稿의 주제와 관련되는 18, 19세기에 이르러서는, 이러한 改革思想이 하나의 時代思潮가 되기에까지 이르고 있었다.[18] 이는 그만큼 이 시기에는 농업문제가 심각하였음을 반영하는 것, 따라서 농촌사회의 분해가 심화되고 있었음을 반영하는 현상이 아닐 수 없었다.

---

16) 『韓國土地農産調査報告』 慶尙·全羅道, p.335, 京畿·忠淸·江原道, p.259.
17) 『牧民心書』 28, 兵典 應變.
　　『鳳棲集』 5, 時務篇.
　　『古歡堂收草』 4, 擬三政捄弊策.
18) 拙稿, ① '朝鮮後期 土地改革論의 推移'(『朝鮮後期農業史研究』 II, 증보판).
　　　② '韓末 高宗朝의 土地改革論'(『韓國近代農業史研究』 下, 증보판).

3. 農民運動

朝鮮王朝 최말기에는 위에 언급한 바와 같은 농업문제와 관련하여 農民運動, 農民抗爭이 무수히 전개되고 있었으나, 그러나 그것은 크게 두 사건으로 집약될 수 있는 것이었다. 그 하나는 개항 전의 1862년에 일어난 三南지방의 農民抗爭이고(壬戌民亂), 다른 하나는 개항 후의 1894년에 일어난 農民戰爭(東學亂)이었다. 이 두 운동은 이 시기 농민운동의 두 분수령을 이루는 것으로, 이 시기에 발생하여 전개되는 일련의 封建末期的인 농민운동 과정에서 그 시작 형태이자 종결 형태이기도 하였다. 그러므로 이 두 운동은 하나의 運動史로 정리될 수 있는 것이며, 그러한 점에서 그 각 운동의 原因, 口號(綱領), 운동을 추진하는 主體·組織문제 등을 중심으로 하여서는, 그 농민운동으로서의 질적 발전과정을 파악할 수 있게 하는 것이라고 하겠다.

1) 1862년의 農民運動

1862년에 農民抗爭이 발생케 되는 원인에 관해서는 당시 두 계통으로 이해되고 있었다. 그 하나는 賦稅制度와 관련하여 생각하는 것이고, 다른 하나는 賦稅制度 외에 더 기본적인 것으로서 土地制度와의 관련을 생각하는 것이었다. 전자는 농민항쟁의 원인을 三政의 紊亂, 즉 田政·軍政·還穀이 부정하고 불합리하게 운영되는 까닭이라고 파악하는 것으로, 晋州民亂의 按覈使 朴珪壽나 그 밖의 많은 정치인들은 이같이 이해하고 있었으며,[19] 후자는 土地所有關係를 중심으로 한 농촌사회의 분해와 농민층의 몰락이 그 원인이 된다고 파악하는 것으로, 농민적 입장에서 사태를 관찰하고 三政疏를 작성하고 있었던 바 姜瑋나 그 밖의 사람들은 이같이 이해하고 있었다.[20] 오늘날의 견지에서 보면 이 두 견해는 近因과 遠因, 또는 직접적 계기와 基層的 원인이 될 수 있

---

19) 『壬戌錄』按覈使講究方略釐整還餉積弊疏.
20) 『古歡堂收草』4, 擬三政捄弊疏.
　　『壬戌錄』三政策(許傳).

는 것이었으나,[21] 당시에는 이를 종합적으로 파악하는 것이 아니라, 양자를 분리하는 가운데, 전자적 입장에서 파악하려는 논자는 많고 후자적 입장에서 파악하려는 논자는 적었다.

　이는 운동의 전개 양상과도 적지 않게 관련되는 것으로 생각된다. 근년의 활발한 연구성과를 통해서 살피면,[22] 1862년의 농민운동은 위와 같은 두 배경 위에서 전개되었으면서도, 그리고 가령 晋州民의 항쟁 과정에서 볼 수 있듯이, 그 운동의 전개과정이 질적으로 다른 前後의 두 단계를 이루고 있었으면서도(前단계는 賦稅문제와 관련하여 兩班지배층도 운동의 주체가 되는 가운데 合法運動으로서 전개되고, 後단계는 樵軍〈몰락농민과 영세 빈농층〉이 주체가 되는 가운데 非合法的인 暴力運動으로 化하고 있었다), 항쟁하는 농민들이 실제로 내세우고 있었던 구호는 부당하게 부과되고 있는 賦稅의 철폐를 요구하는 것뿐이었다. 民亂化 暴動化하고 있는 농민들의 울분은 課稅行政을 맡고 郡財政의 결손을 재래하고 있는 地方官이나 胥吏層에 대해서뿐만 아니라, 富裕한 양반 地主層의 가옥을 훼파함으로써 地主制의 모순, 農民層 分解로 인한 社會的 矛盾에 대하여 행동으로써 불만을 표시하고 있었으면서, 그리고 이 시기에는 뒤

---

21) 오늘날에도 民亂을 발생케 한 基本矛盾에 관하여는 그 의견이 반드시 일치하고 있는 것이 아니다. 위에서와 같은 이해방식 외에도 三政紊亂＝基本矛盾 土地制度 ＝ 副次的 矛盾으로 이해하는 경우(矢澤康祐, '李朝後期에 있어서의 社會的矛盾의 特質에 대하여', 『人文學報』 89, 1972)와 國家的 土地所有하에 있어서의 國家 農民간의 矛盾관계로 파악하는 경우(李榮薰, 『李朝後期社會經濟史』, 1988, pp.241~245) 등 이 있다.

22) 安秉旭, '19세기 壬戌民亂에 있어서의 鄕會와 饒戶'(『韓國史論』 14, 1986).
　망원한국사연구실, 『1862년 농민항쟁』, 1988.
　李榮昊, '1862년 진주농민항쟁의 연구'(『韓國史論』 19, 1988).
　李潤甲, '19세기 후반 慶尙道 星州地方의 농민운동'(『孫寶基博士停年紀念 韓國史學論叢』, 1988).
　吳永敎, '1862년 農民抗爭硏究 — 全羅道地域의 事例를 중심으로'(同上書).
　金仁杰, '朝鮮後期 村落組織의 變貌와 1862년 農民抗爭의 組織基盤'(『震檀學報』 67, 1989).
　宋讚燮, '1862년 진주농민항쟁의 조직과 활동'(『韓國史論』 21, 1989).
　鶴園裕, '李朝後期 民衆運動의 2·3의 特質에 대하여'(『朝鮮史研究會論文集』 27, 1990).
　高東煥, '1862년 농민항쟁의 구조와 성격'(『1862년 농민항쟁』, 1988).
　高錫珪, 「19세기 鄕村支配勢力의 변동과 農民抗爭의 樣相」(서울대 대학원, 1991).

에 언급되는 바와 같이 일상적으로 지주층에 대하여 抗租鬪爭을 벌이고 있었
으면서도, 地主制를 부정하는 土地改革의 구호를 정면으로 내세우고 있지는
못하였던 것으로 보인다. 그러므로 이때의 農民抗爭을 외견상으로만 본다면,
그 성격은 분명 抗稅鬪爭인 것으로서, 그 원인이 三政紊亂으로 귀결될 수밖에
없는 것이기도 하였다. 이는 이때의 농민운동이 反封建運動으로서는 아직 본
궤도에 진입하지 못하고 있었음을 반영하는 것이 아닐 수 없었다.

　이러한 문제는 그 운동을 추진하고 있었던 主體나 組織을 통해서 좀더 분명
하게 이해할 수 있다. 農民運動의 주체는 그 운동이 발생할 수밖에 없었던 객
관적 조건과 관련하여 등장할 수밖에 없는데, 그 객관적 조건은 앞에서 지적
했듯이 土地問題와 賦稅問題로 집약되는 것이었으므로, 그 운동의 주체는, 그
운동이 이 두 계열의 문제 중 어느 것이 직접적인 계기가 되어 발생하였는가
에 따라 결정될 수 있고, 또 그 主體로서의 성격에도 강약이 결정되는 것이라
고 생각되기 때문이었다. 즉 土地問題가 직접적인 계기가 되어 운동이 발생하
였을 경우라면, 그 운동의 주체는 土地所有에서 배제된 沒落農民·沒落兩班이
중심이 되는 가운데 그 운동이 강한 성격으로서 추진되겠지만, 그 사건·그 운
동이 지배층의 기득권까지 침해하여 賦稅를 부당하게 부과하는 賦稅問題가
직접적인 계기가 되어 발생하였을 경우에는, 그 운동에는 위의 沒落階層이 참
여하는 외에 兩班支配層이나 부유한 地主層·富農層도 주체가 될 수 있는 것이
며, 이럴 경우에는 그 운동이 반봉건운동으로서 강하게 전개되기 어려운 것이
라고 생각되는 것이다. 1862년의 농민운동은 지역에 따라 조금씩 그 전개양
상에 차이가 있기는 하였지만, 전체적으로 보면 대체로 이러한 성향을 지니는
것이었다고 하겠다.[23]

　그뿐만 아니라 이 경우 그 農民抗爭의 組織도 그 운동이 강한 反封建運動으
로서 전개되기는 어려운 것이었다. 그 운동의 주체들이 이용하고 있는 조직은
지방자치의 制度圈 내에 있는 鄕會, 面會, 里會 등이기 때문이었다.[24] 물론 이
와는 별도로 樵軍組織이 이용되는 경우도 있었지만, 그러나 이 경우도 그것이

---

23) 同 上, 安秉旭·金仁杰·宋讚燮 논문.
24) 同 上.

비록 몰락농민과 영세 빈농층을 주축으로 구성되었으므로 그 투쟁의식이 강하기는 하였겠지만, 그러나 그것도 지방 행정기구의 지휘하에 있었던 공적인 조직이라는 점에서는 마찬가지였다.[25] 이때에는 아직 이 운동을 각 郡縣단위의 운동을 넘어서서 他郡·他道와도 연대하는 가운데, 전국적인 反封建 혁명운동으로까지 이끌어 가고, 또 그 운동에 어떤 특정한 이념을 제공할 수 있는 비밀 결사를 조직하고 있지는 못하였다. 말하자면 이때의 운동은 일정한 변혁적인 政治思想으로 무장된 혁명세력에 의해서 사전에 계획된 운동으로서 전개되고 있는 것이 아니었다.

그러나 그러면서도 이때의 농민운동은 抗稅鬪爭이라는 차원에서는 대단히 격렬한 것이었다. 그들의 운동은 合法的인 呈訴運動으로서 출발하였으나, 樵軍 등으로 그 운동의 주체가 교체되는 가운데, 마침내 兩班支配層 地主層 吏胥層의 家屋, 財物을 훼파하고 人命을 해치는 農民暴動으로 화하고 있었다. 그뿐만 아니라 주지하는 바와 같이 丹城, 晉州에서 발생한 이 같은 농민폭동은, 비록 郡縣을 단위로 한 것이기는 하였지만, 인접 郡縣으로 파급하고 이웃 道로 번지는 가운데 三南지방 전체가 민란·폭동의 와중에 휘말렸으며, 중부·북부지방으로도 확산되어 나가고 있었다.

그러므로 이 같은 상황 속에서 정부나 지식인들은 農民運動이 발생한 원인이나 농민운동이 지향하는 바를 정확히 파악하고, 이를 수습할 수 있는 대책을 마련하지 않으면 아니 되었다. 그러한 대책은 정부에서 國王의 求言敎를 반포하여 사태를 수습하기 위한 여론을 수집하는 한편, 三政釐整廳을 설치하여 이를 검토하는 가운데 정부의 三政釐整策을 마련하는 것, 그리고 大院君이 내정을 개혁하는 것 등으로 되고 있었다. 그리하여 이때에는 농민운동을 무마할 수 있는 釐正方案이 마련되게 되거니와, 이 같은 작업과정에서 여론은 크게 賦稅制度만을 釐整하면 된다는 견해와 土地制度까지도 개혁해야 한다는 견해로 갈리고 있었다. 그리고 이 같은 두 계통의 상이한 방안 중에서 정부가

---

25) 『蟲營民狀草槩冊』 卷 1에 의하면, 晉州에는 樵軍을 지휘하는 본부로서 樵軍廳이 있었고, 여기서는 각동 林藪山直을 營에 품신하여 임명하고 있었는데, 이로써 보면 蟲營에서는 이 樵軍廳을 통해서 晉州 일원의 樵軍을 장악하고 그들을 柴炭공급 등 勞役에 동원하고 있었던 것으로 생각된다.

그 정책으로서 채택한 것은 전자의 방안이었다.[26] 三政釐整策도 그렇고 大院君의 內政改革(戶布法·社倉法)도 그러하였지만, 그러한 차원의 방안으로서는 그 이전에 볼 수 있었던 어떠한 방안보다도 비교적 철저한 것이었다.

그러나 그러면서도 그것은 賦稅制度를 전면적 근본적으로 개혁하고자 한 방안이 아니었으며, 더욱이 三政釐整策은 이때 공표만 하였을 뿐 실천에 옮겨지지 못하고 있었다. 그뿐만 아니라 이때의 이 두 釐整方案은 土地問題를 위요한 모순에 대해서는 외면하고 있는 것, 즉 지주층의 이익을 최대한 보장하고 있는 것이어서, 農民抗爭을 근원적으로 수습하기에는 지극히 한계가 있는 것이었다. 따라서 賦稅制度를 釐正하는 작업이 다소 있었다 하더라도, 이때에는 토지문제가 그대로 남아 있는 가운데 農民抗爭이 여전히 계속될 수밖에 없었다. 그리하여 그러한 농민층의 움직임은 1894년까지 계속되고 있었으며, 그것은 마침내 古阜民亂 등을 계기로 하여 농민전쟁으로까지 이어지게 되고 있었다.

2) 1894년의 農民運動

1894년의 農民戰爭은 1862년 이래의 농민항쟁의 연장선상에서, 거기에 열강에 대한 開港通商과 日帝侵略이라고 하는 새로운 원인이 하나 더 추가되는 가운데 발생한 농민운동이었다. 그러므로 이 운동은 열강에 대해서는 경제적 의미에서의 民族運動으로서 전개되고,[27] 특히 日帝에 대해서는 경제적 의미(利權侵奪)에서뿐만 아니라, 그 정치적 군사적 침략(王宮侵犯·政權交替·甲午改革)에 대해서도 대항하는 정치적 의미에서의 반침략 민족운동으로서 전개되고 있는 것이었다.[28] 그러므로 이 農民運動의 원인도, 農業問題의 측면과만

---

26) 註 1) '哲宗朝의 應旨三政疏와 三政釐整策'.

27) 이러한 사정은 註 1)의 弊政改革案 ②, ③, ⑤, ⑥, ⑦ 등에서 살필 수 있다. 여기에서 農民軍은 각 浦口에서의 外國人의 潛商貿米를 항의하고, 그들의 都城設市와 內地行商을 거부하고 있었다. 이는 이 시기의 이 같은 경제적 민족운동이 그대로 반영되고 있는 것이었다. 金正起, '1890년 서울상인의 撤市同盟罷業과 示威 투쟁'(『韓國史研究』67, 1989) 참조.

28) 「全琫準供草」 再招(『東學亂記錄』下, p.538).
    朴宗根(朴英宰譯), 『淸日戰爭과 朝鮮』 제2·5장, 1989.
    拙 稿, '全琫準 供草의 分析'(『史學研究』2, 1958 ;『韓國近代農業史研究』III, 一

관련하여 생각한다면, 조선왕조의 봉건적인 賦稅制度와 개항 후의 米穀貿易 및 그 결과로써 재래되는 농민몰락, 土地를 위요한 모순의 가중이 그 기본이 되는 것이 아닐 수 없었다. 賦稅制度의 불합리한 운영과 자의적 수탈은 그 직접적 계기가 되는 것이었지만, 그러한 불합리한 賦稅制度가 농민몰락을 재래하고, 또 開港通商 後 地主的 商品生産과 農民的 商品生産이 대립하는 가운데, 후자가 전자에 밀려 몰락함으로써, 土地로부터 배제되는 현상이 한층 더 촉진되고 있었음은 그 근본적 원인이 되는 것이었다.

古阜 등 각 지방에서 民亂이 발생하고 그것이 農民戰爭으로 확대되었을 때, 정부에서 그 원인을 賦稅문제를 중심으로 파악하고,[29] 『東學史』의 저자 吳知泳이 농민군의 봉기 사정을 기술하되 地方官과 吏胥層의 賦稅行政을 중심으로 한 부정부패로서 말하고 있었음은 전자의 사정을 반영한 것이었고,[30] 海鶴 李沂가 농민전쟁 전후의 혼란을 근본적으로 타개하기 위하여 작성한 方略에서, 그 타개해야 할 대상, 즉 農民軍 봉기의 배경을 기술하되, 土地兼併과 農民沒落으로서 지적하고, 吳知泳이 土地分給을 또한 거론하고 있었음은 후자의 사정을 반영하고 있는 것이었다.[31]

그렇지만 1894년의 농민운동과 1862년의 농민운동은 그 반봉건운동으로서의 성격에 질적인 차이가 있었다. 전자는 후자에 비해 그 운동에서 내세우는 목표와 구호, 運動主體의 革命性, 組織 등에 있어서 현저한 차이를 보여주고 있었다. 1894년의 농민운동은 한마디로 계획되고 준비된 反封建 革命運動이었으며, 이와 관련하여 필연적으로 제기될 수밖에 없는 反侵略 民族運動이었다.[32]

　　　轉換期의 農民運動 ― 所收, 저작집 제6권, 2000) 등 참조.

29) 韓㳓劤, 『東學亂 起因에 관한 硏究 ― 그 社會的 背景과 三政의 紊亂을 중심으로』, 1971 참조.

30) 『東學史』, p.101.

31) 『海鶴遺書』 卷 1, 田制妄言, p.1.
　　　『東學史』, p.127.

32) 農民戰爭에 대한 전반적인 연구동향에 관해서는 다음의 글을 참조.
　　　韓㳓劤, ʻ東學과 「東學亂」ʼ(『韓國學入門』, 1983).
　　　鄭昌烈, ʻ東學과 農民戰爭ʼ(『韓國史硏究入門』, 1981).
　　　ʻ甲午農民戰爭과 甲午改革ʼ(『한국사연구입문』, 1987).

그들의 그러한 목표는 農民戰爭의 발발에 앞서 이미 그 방향이 정해져 있었고, 農民軍의 봉기와 더불어서는 그것이 뚜렷해지고 있었다. 그것은 1893년 11월에 농민군의 지도부에서 작성하였던 바 古阜民亂을 위한 通文이나, 농민군 봉기시의 倡義文, 檄文, 布告文 등을 통해서 확인할 수 있다. 주지하는 바와 같이 그들은 11월의 民亂 계획에서 古阜郡을 치는 데 머무르지 아니하고, 郡단위 운동의 범위를 넘어서 무력으로써 全州監營을 함락하고, 廟堂呈訴도 겸하여 京師로 直向할 것을 계획하고 있었다.[33] 전국적인 무장봉기를 구상하고 있는 것이었다. 그리고 倡義文, 檄文, 布告文 등에서는 輔國安民을 위해서 무력으로써 부패한 封建官僚를 숙청하여 권력을 쇄신하며,[34] 民族經濟의 안정을 위하여 外國商人에 대한 견제와, 특히 횡포한 强敵(倭夷)을 구축함으로써 米穀貿易을 중심으로 한 通商秩序를 재조정할 것을 선언하고 있었다.[35] 그뿐만 아니라 그들의 제2차 봉기는 단순한 농민운동이 아니라 완전히 國家防衛戰爭이었다. 이는 1894년의 농민운동이 1862년의 그것과는 달리, 反封建 革命運動, 反侵略 民族運動으로 발전하고 있었음을 보여주는 단적인 표현이 아닐 수 없었다.

이러한 사실은 그들의 口號에 더욱 잘 반영되고 있었다. 그들은 農業問題뿐만 아니라 정치·경제·사회 등 체제 전반에 관하여 그 개혁해야 할 사항을 제시하고 있었으며, 특히 農業問題와 관련하여서는 賦稅制度뿐만 아니라 土地問題 또한 개혁해야 할 대상으로서 논의하게 되고 있었다. 그들의 弊政改革案에 '土地는 평균으로 分作케 할 事'[36]라는 항목을 수록하고 있었던 것이 그것으로서, 이는 兩班·官僚·豪商·猾胥·地主層 등의 大土地所有, 즉 地主制를 해체하고 그 토지를 농민들에게 균등하게 경작토록 해야 한다는 것이었다.

---

33) 『나라사랑』 15, p.134.
　　註 28)의 '全琫準 供草의 分析' 註 108, 109, 110 참조.
34) 『東學史』, p.108, 112.
　　『東學亂記錄』 上, p.142.
　　『大韓季年史』 卷 2, 上, p.74, 86.
35) 『東學史』, p.112.
　　同 上 『大韓季年史』.
36) 『東學史』, p.127. 이 같은 내용은 日本軍 將校와의 問答에도 보인다. 姜昌一, '전봉준 취조기 및 회견기록'(『사회와 사상』 창간호, 1988, p.261) 참조.

1862년의 농민운동에서는 토지제도에 모순이 있었는데도, 그것을 개혁해야 한다는 논의가 그들 스스로에 의해서는 제론되지 못하고 있었는데, 이때의 운동에 이르러서는 그 모순문제가 그들의 혁명사업에 적극 반영되고 있는 것이었다. 이는 이 운동이 사회문제 전반의 변혁을 지향하고 있었던 까닭이기도 하지만, 보다 직접적으로는 지주층의 土地集積으로 농촌사회의 분해가 심화되고, 沒落農民이 늘어나는 가운데, 地主와 時作·佃作농민간의 모순이 가일층 심각해지고 있어서, 혁명을 기도하고 사회변혁을 꾀하는 사람들이라면 반드시 이 문제를 해결하지 않으면 아니 되었던 까닭이었다.[37]

農民戰爭의 基層的 원인으로서의 이 같은 土地問題＝地主制·地主經營을 중심으로 한 모순관계는 18, 19세기 鄕村社會에 광범위하게 형성되고 있었으며, 개항 후 米穀貿易이 성행함에 따라서는 地主制의 성장과 관련하여 그 모순 그 대립이 한층 더 심각하게 전개되고 있었다. 지주제의 성장은 지주층의 土地兼倂을 전제로 하는 것이었는데, 그 이면에는 그와 반비례로 광범위한 自營小農層의 몰락과 그 時作·佃作農民化를 수반하는 것이기 때문이었다. 그리하여 그러한 대립이 절정에 달하게 되었을 때, 그것은 마침내 다른 사정과도 관련하여 農民戰爭의 상태로까지 확대되지 않을 수 없었다.

그러면 18, 19세기 地主制·地主經營 내에서의 地主와 時作農民간의 이 같은 모순·대립관계는 구체적으로 어떻게 발생 전개되고 있었는가.[38] 그것은 民

---

37) 그러나 이 같은 자세는 東學敎團 전체가 아니라, 주로 南接에 해당하는 것이 되겠다. 北接 교단본부의 간부들은 南接의 간부들에 비하여 富民이었을 것임이 지적되고 있다. 趙景達, ‘東學農民運動과 甲午農民戰爭의 歷史的 性格’(『朝鮮史研究會論文集』 19, 1982) ; 申榮祐, ‘1894년 嶺南 北西部地方 農民軍 指導者의 社會身分’(『學林』 10, 1988) 참조.

38) 地主와 時作·佃作農民간의 경제관계 대립관계에 관해서는 다음 글들의 참고를 바란다.
   久間健一, ‘合德百姓一揆의 研究’(『朝鮮農業의 近代的 樣相』, 1935).
   宋贊植, ‘朝鮮後期 農業에서의 廣作運動’(『李海南博士華甲紀念史學論叢』, 1970).
   朴贊勝, ‘韓末 驛土·屯土에서의 地主經營의 강화와 抗租’(『韓國史論』 9, 1983).
   李榮昊, ‘18·19세기 地代形態의 변화와 農業經營의 변동’(『韓國史論』 11, 1984).
   都珍淳, ‘19세기 宮庄土에서의 中畓主와 抗租’(『韓國史論』 13, 1985).
   이와 함께 이 시기의 이 같은 문제에 대해서, 필자는 ‘18, 9세기의 農業實情과 새로운 農業經營論’(『韓國近代農業史研究』 上, 증보판)의 제2절 2항 및 ‘高宗朝 王室의 均田收賭問題’, ‘韓末에 있어서의 中畓主와 驛屯土地主制’(同上書 下, 증보판) 등에

田이나 宮房田, 官屯田 이거나 어느 경우에서도 일어나되, 개인적 집단적으로
도 발생하고, 소극적 적극적으로도 발생하고 있었다. 그리고 이 같은 양자간
의 대립에서 항상 항쟁의 주체가 되는 것은 收奪을 당하고 있는 時作農民이었
으며, 특히 氣가 살아 있는 沒落兩班이 時作農民일 경우나, 吏胥層이 借耕農
民일 경우에는 地主에 대한 항쟁이 심하였다. 時作農民들은 지주측의 지대(半
打作) 징수가 고율이라고 생각할 때, 흉년에도 지대를 그대로 징수할 때, 지주
가 부당하게 時作權을 移作할 때, 마름(舍音)의 중간수탈이 심할 때, 結稅, 水
稅 등 지주가 부담해야 할 공과금을 부당하게 작인에게 전가할 때는 으레 抗租
鬪爭을 하게 마련이었다. 그 중에서도 移作은 지주층이 그 地主經營을 유지·
강화하기 위하여, 그리고 抗租하는 時作農民에게 대항하기 위하여 항상적으
로 취하게 되는 대책이었으므로, 이를 위요하여서는 兩者간의 대립과 항쟁이
악순환하게 마련이었다.

  抗租運動은 그 방법도 다음과 같이 여러 가지로 다양하였다.[39] 그 하나는
時作農民들이 일상적으로 취하고 있는 방법으로서, 소극적이지만 그러나 대
단히 효과적인 방법이었다. 그것은 떠들썩하게 抗租運動을 표면화시키지 않
고서도 실속을 차릴 수 있는 방법이었다. 벼베기할 때 볏단(稻束)을 크게 묶기
도 하고 작게 묶기도 하였다가, 마름의 확인이 있은 다음 밤사이에 크게 묶은
볏단을 分束하여 빼돌리거나, 혹은 타작시 볏단의 脫穀을 不精하게 하였다가
지대의 수납이 끝난 다음 한가한 겨울에 그 볏단을 다시 풀어서 한번 더 탈곡
을 하는 것 등은 그것이었다. 다음은 앞에 든 여러 가지 이유를 들어 지대의
수납을 3년, 5년 거부하거나 차일피일 미루어 가는 拒納 愆納의 방법이었다.
地主가 세력이 없거나, 허약하거나, 혹은 경영을 부실하게 할 경우 그리고 地
代징수차 파견된 差人이 변변치 못할 경우 時作農民이 완강하면 으레 이 같은
抗租運動을 당하게 마련이었다. 셋째는 抗租運動을 공개화하고 아주 극단적
인 방법으로 전개하는 것으로서, 이럴 경우에는 그 운동이 暴力化하고 民亂化
하는 것이 일반이었다. 이것은 地主측의 地代요구 水稅요구가 엄청나게 부당

―――――――――――――――

  서 그 대체를 언급하였으므로, 이곳에서는 이에 의거하여 그 핵심만을 지적하고자
  한다.
39) 同 上, 拙 稿.

하거나, 差人의 처신이 부당할 경우 취해지는 방법이었다.[40]

이 같은 抗租運動에 대해서 지주층은 힘으로 대항하거나, 地方官廳에 訴狀을 내거나, 또는 경영을 변동하는 등 여러 가지 대응책을 강구하고 있었다. 그리고 그 결과는 지주층이 유리하였다. 그러므로 비록 時作·佃作農民들의 抗租運動이 있었다 하더라도 그것은 그때그때의 一時的 地域的인 사례에 그칠 뿐, 그 밖의 많은 경우에는 지주층의 강한 地主經營은 여전히 강행되고,[41] 따라서 地主制 地主經營을 위요하여서는 地主層과 時作農民간의 대립 갈등이 여전히 계속될 수밖에 없었다. 그리고 그것이 누적된 상태에서 폭발한 것이 農民戰爭이었다. 그러므로 농민전쟁에서 이 문제를 해결하지 못하였을 때, 그것은 그 후의 농민운동으로 계승되지 않을 수 없었다.

1894년의 농민운동이 1862년의 그것과 그 성격에 있어서 질적인 차이가 있었다는 점은, 그 運動主體의 혁명성이나 그 운동을 위한 비밀 結社, 비밀 組織의 유무를 중심으로 해서도 지적할 수 있다. 앞에서 언급한 바와 같이 湖南지방 農民軍 지도부의 봉기는 농민적 입장에서의 혁명을 목표로 하는 것이었는데, 그것은 그들이 지닐 수 있었던 사상이나 조직으로 보아 충분히 가능한 것이었다고 하겠다. 그것은 그들이 호남지방의 知的 環境 속에서 그들의 政治思想을 다지고, 비밀리에 포교되고 있는 東學의 組織을 이용하고 있었기 때문이었다.[42] 이 지역의 지적 풍토는 양반 지주층의 이익을 대변하는 朱子學이 지배적이기는 하였지만, 그러나 그러한 가운데서도 다른 지방과는 달리 농민층의 이익을 대변하는 實學, 그 중에서도 특히 磻溪와 茶山의 학문전통과 사상이 이곳에 계승되고 있어서,[43] 그들은 이 두 실학자의 정치사상으로서 그들이

---

40) 農民戰爭 직전에, 合德지방의 地主 李氏家에서는 농민들을 부당하게 수탈하다가, 水稅문제가 계기가 되어 村民들의 對地主鬪爭을 초래하게 되고, 이로 인해서 李氏家는 집은 불타고 그 가족들은 도망을 하는 등 완전히 敗家한 바 있었다. 註 38)의 久間 논문 참조. 古阜지방 萬石洑 水稅의 경우도 같은 예가 되겠다.

41) 李世永, '18·19세기 兩班土豪의 地主經營'(『韓國文化』 6, 1985).

42) 護敎的 입장에 서는 見解에서는, 東學思想을 이 農民戰爭의 思想基盤·指導理念으로 보려고도 하지만(東學革命), 그러나 東學이 비록 民衆宗敎이기는 하나, 거기에는 한 國家를 變革하고 建設할 만한 政治思想이 체계화되고 있지 않았다. 金榮作, 『韓末 내쇼나리즘의 硏究』, 1975 ; 鄭昌烈, 「甲午農民戰爭硏究」, 1991 ; 拙 稿, '全琫準 供草의 分析' 등 참고.

지향하는 개혁의 방향을 체계화할 수 있었으며,[44] 또 이 지역에는 그 지역적
특성과도 관련하여 民衆宗教인 東學(南接)이 비밀리에 지하조직으로서 널리
포교되고 있었으므로, 그들은 이 종교에 入教함으로써 이 조직을 革命組織으
로서의 '用武之地'로 이용할 수도 있었다.[45] 농민군의 지도자 全琫準은 儒者로
서 '籍賴東徒 以圖革命'하고 있는 인물이었다.[46]

4. 結　語

조선왕조 최말기의 농민운동을 이상과 같이 정리하고 보면, 그것은 요컨대
그 시기 農業問題를 위요한 反封建 農民革命의 전개과정으로서, 그 운동의 주
체들은 그것을 처음에는 封建的 賦稅制度의 개혁을 목표로 郡縣단위의 呈訴
運動으로 시작하여 마침내 民亂·暴力運動으로서 전개하고, 나중에는 封建的
土地制度의 개혁까지도 요구하는 거국적 武裝蜂起·革命運動으로서 전개하고

---

43) 이 지방에 實學思想이 계승되고 있었음은, 全琫準이 살고 있었던 마을에서 그리 멀
　　지 않은 扶安郡에 磻溪書院(東林書院 — 大院君의 書院撤廢정책으로 훼파)이 있어서
　　그 學問전통이 살아 있었고(『列邑院宇事蹟』 1, 全羅道 ;『扶風勝覽』 1, 院宇), 康津
　　郡에는 주지하는 바와 같이 茶山이 그 弟子들과 茶山草堂을 중심으로 學問을 연마하
　　고 많은 著述을 남기고 있어서, 그의 學問, 그의 思想이 그 제자들에 의해서 이 지방
　　에 널리 전파되고 있었던 것으로써 말할 수 있다.
44) 農民軍 指導層이 實學思想, 특히 茶山의 『經世遺表』의 政治思想을 계승하고 있었다
　　는 사실은, 『康津邑誌』 人物條의 草衣傳의 기록을 통해서 알려지게 되었다. (최익한,
　　『실학파와 정다산』, 서울판, 1989, p.319 ; 김석형, '다산 정약용의 생애와 활동',
　　『정다산 연구』, 서울판, 1989, p.36). 이러한 사실은 茶山 弟子의 後孫이 農民軍에
　　가담하고 있었던 점으로서도 추정되고 확인된다. 茶山의 弟子에는 尹鍾億이 있었고,
　　그의 子 尹樂浩는 學者로서 그 父學을 계승하고 있었으며, 그 아들에는 尹柱莘이 있
　　었는데(『茶信契節目』, 『海南尹氏 漁樵隱派族譜』 卷 1), 이 尹柱莘은 康津에서 農民
　　軍(東學)에 가담하여 接主를 하였으며, 政府軍 日本軍의 農民軍 진압과정에서 체포
　　되어 처형되고 있었다(윤정하, 『우리 어머니』, pp.43~48). 이 같은 점으로써 보면
　　尹柱莘은 평소에 그 家學을 통해서 茶山의 學問에 쉽게 접할 수 있었을 것이고, 그러
　　하였다면 그러한 思想은 어렵지 않게 農民軍 指導部의 공유의 思想이 될 수 있었을
　　것이다.
45) 金庠基, '東學과 東學亂'(『東方史論叢』, p.660).
46) 『甲午略歷』(『東學亂紀錄』 上, p.65).

있는 것이었다. 그 중에서도 후자는 甲午改革과 같은 해에, 그 부르주아 革命운동의 일환으로서 전개되고 있었던 農民革命으로, 우리나라 封建말기 농민운동의 총결산인 동시에, 그 농민운동의 추이와 지향을 보여주는 너무나도 분명한 역사적 사건이 아닐 수 없었다.

그러나 이 같은 농민운동의 지향이 이 시기의 상황하에서는 쉽게 성취되기 어려웠다. 農民革命의 꿈은 日帝의 韓國침략, 中國침략과 反農民勢力에의 兵力지원＝農民軍진압으로 무산되고, 日帝의 보호하에 세워진 甲午政權의 주체들이 정부 지배층의 전통적 사회개혁 방략에 따라 地主 입장의 近代化 정책을 취하고 있었기 때문이었다. 그것은 농업문제, 사회모순의 타개를 封建的 賦稅制度를 개혁하는 것으로써 해결하고 土地問題 地主制의 모순은 거론하지 않는 것, 즉 그들 양반지주층이 스스로 주체가 되어 근대화를 추진하고 근대사회를 이끌어 가려는 것이었다. 이러한 정책은 大韓帝國期의 개혁과정에서도 마찬가지였다. 그러므로 이때에는 活貧黨 등 농민군의 후계자들이나 많은 知識人들이 또한 그들의 사회개혁 방안으로서, 農民軍이 주장하였던 바와 같은, 私田革罷論이나 地主制 改革論을 제기하고 있었으며,[47] 또 開化派 인사들 중에서도 사태를 정확하게 파악하고 있는 사람은 개인적으로 折衷案을 마련하여 이를 제론하고도 있었다.[48] 그러나 이러한 견해는 모두 정부정책에 채택되거나 법제화되지 못하고 있었으며, 따라서 이 시기 농민운동에서 지향하고 있었던 바 土地問題의 해결, 地主制를 위요한 모순의 타개는 후일의 과제로 남겨지는 수밖에 없었다.

〔新稿, 1991〕

---

47) 信夫淳平, 『韓半島』, p.76.
　　註 18)의 ② 논문.
48) 拙 稿, '光武改革期의 量務監理 金星圭의 社會經濟論'(『韓國近代農業史研究』 下, 증보판).

日帝强占期의 農業問題와 그 打開方案

1. 序　言

日帝强占期, 특히 1920, 1930년대에 이르러서는 韓末에 비하여 農業問題가 한층 더 심각해지고, 따라서 그것의 해결을 요구하는 農民運動 또한 가일층 철저해졌으며, 그 운동의 성격도 질적으로 현저하게 변모하고 있었다. 獨占資本主義 단계에 도달하고 있었던 日本資本主義가 한국농업·한국경제를 全機構的으로 장악하고, 韓末까지 그 해결이 역사적 과제로 되어 있었던 농업문제 타개를, 그들이 韓國을 지배하고 수탈하는 데 필요한 정도만큼 부분적으로 조정 해결하는 가운데, 資本主義 近代化의 合理的 經營을 내세워 농민수탈을 강화하고 있었기 때문이었다.

日帝 日本資本主義가 韓末까지의 농업문제를 부분적으로나마 해결한 것은 구래의 봉건적인 賦稅制度, 특히 田稅制度를 그들의 朝鮮土地調査事業을 통해서 근대적인 地稅制度로 개혁한 점이었다. 그러나 그러한 개혁이 있었다 하더라도, 이로써 당시의 농업문제, 농업을 위요한 사회적 모순이 해소될 수는 없었다. 日帝의 농업정책은 토지의 배분문제나 地主와 小作農民간의 소득의 분배문제에는 관심이 없었기 때문이었다. 그뿐만 아니라 그들은 오히려 日本資本主義의 특성과도 관련하여, 구래의 地主制를 그대로 유지 강화함으로써, 그 地主層을 그들의 한국지배를 위한 支柱로 삼는 가운데, 이 제도를 통해서 한국농민에 대한 수탈을 무제한 수행하고 있었다.

말하자면 日帝下의 農業問題는 한마디로 日本資本主義의 한 軸으로서의 地主制와 관련되는 것이었으며, 그것은 앞에서 이미 살핀 바 있는 지주제의 확대, 地主經營의 강화과정 그 자체에 내포되고 있는 것이 아닐 수 없었다. 그러한 점에서 이 시기의 農業問題는 결국 地主 小作農民간의 계급적 대립관계로

집약될 수 있는 것이었으며, 그것은 地主·資本家階級의 土地兼併과 이에 따르
는 農民層分解, 그리고 이로 인한 몰락농민, 소작농민 및 장차 그 몰락이 예정
되어 있는 자작농민에 이르기까지의 광범위한 농민대중에 의한 對地主·資本
家階級에 대한 투쟁으로 표출되는 것이 아닐 수 없었다. 그러므로 이 시기의
이 같은 농민운동은 단순한 경제운동으로 그치는 것이 아니라, 결국은 反帝反
日의 政治運動＝民族解放運動으로까지 연결되는 것이었으며, 따라서 이 시기
의 농업문제는 단순한 경제문제나 계급문제가 아니라 민족문제·정치문제이기
도 한 것이었다.

　이 같은 사실은, 이를 경제적으로만 본다면, 日帝의 韓國農業·韓國農民 수
탈이 그 한도를 넘고 있는 데서 연유하는 것으로, 이는 단적으로 日帝의 對韓
收奪農政이 파탄하게 되었음을 뜻하는 것이며, 한걸음 더 나아가서는 地主資
本을 그 한 軸으로 삼고 있는 日本資本主義의 체제적 한계를 드러내는 것이
아닐 수 없었다. 그러므로 이 시기에 있어서는 이 같은 농업문제의 발생을 계
기로 하여, 日帝와 지주·자본가계급에 의해서는 그 체제 및 그들의 기득권을
유지하기 위해서, 그리고 한국의 民族解放運動, 農民運動者들에 의해서는 民
族解放과 體制變革(民族革命)을 쟁취하기 위해서, 각각 상반된 입장에서이기
는 하였지만, 그 農業問題를 打開하기 위한 획기적인 방안을 강구하고, 그것
의 실현을 위해서 노력하지 않으면 아니 되었다. 農業體制의 전환이라는 관점
에서 보면, 이는 이 시기 이 시점에 있어서의 최대의 역사적 과제가 되는 것이
아닐 수 없었다.

　그러므로 이곳에서는 이 시기의 이 같은 농업문제와 그에 대한 여러 타개방
안을 살핌으로써, 앞장에서의 地主經營 사례분석과도 관련하여, 이 시기의 地
主制가 갖는 역사적 의미를 좀더 포괄적으로 이해해 보고자 한다.

2. 農業問題의 發生 契機와 地主制

1) 農業政策과 土地兼併

이 시기의 農業問題는 무엇보다도 土地問題에 집약되는 것이었고, 그것은

韓末 이래로 확대되고 있었던 지주제 및 1910년 이후의 日帝의 韓國에 대한 농업정책과 관련하여, 地主·資本家階級에 의한 土地兼倂이 성행하고 있었던 데서 연유하고 있었다. 韓末 이래로 地主制가 확대되고 있었던 사정에 관해서는 이미 앞에서 살핀 바이지만, 그러한 현상이 1910년 이후에는 더욱 현저해지고 있었다. 그것은 日帝의 농업정책이, 그들의 한국농업 수탈을 위하여, 土地兼倂을 통해서 地主制가 확대될 수 있는 길을 열어놓고 있었기 때문이었다.

日本帝國主義·日本資本主義의 한국에 대한 농업정책은 地主制 地主層을 위주로 하는 것이 큰 특징이었다. 日本資本主義는 본시 지주제를 그 한 軸으로 하고 있었으므로,[1] 그들이 한국을 강점하고 지배하게 되었을 때, 일본인 지주 계급의 이익을 보장하고 그 地主制를 통해서 한국의 농업을 지배하고 그 농업 생산의 결실을 수탈하고자 하는 것은 당연한 일이었다. 농업에 관한 정책을 세움에 있어서, 生産者인 農民을 염두에 두는 것이 아니라, 地代收取者인 地主·資本家階級을 생각하며, 그러한 가운데서도 그 정책의 발상이 韓國人 土地 所有者 地主層을 위해서가 아니라, 日本帝國 및 日本人 地主·資本家階級의 이익을 생각하고 있는 것이었다. 그러므로 日帝下의 농업문제는 근원적으로 이같은 日本資本主義의 한국에 대한 농업정책, 따라서 그 수탈을 위한 경제체제 및 그 농업기구에 기인하는 것이 아닐 수 없었다.

A―그러한 農業政策은 日帝의 수탈을 위한 全 경제정책과 관련하여, 韓末에 있었던 收奪農政을 위한 基礎 調査期의 제 조사를 토대로 하면서, 몇 단계에 걸치면서 수립 전개되고 있었다.

그 첫 단계는 1910년대, 즉 收奪農政 確立期로서, 이 시기에는 會社令을 공포하고 朝鮮土地調査事業을 시행하고 있었다. 회사령은 企業活動을 하기 위하여 회사를 설치하려 할 때는 朝鮮總督의 허가를 받아야 한다[2]는 特許主義的 法令으로서,[3] 이는 일본제국주의가 한국인의 상공업 기업활동을 통제하고 일

---

1) 本書, 제Ⅰ편의 제2논문 참조.
2) 朝鮮總督府,『朝鮮法令輯覽』(1932) 第6輯 第2章 商業, 會社令(1910년 12월, 制令 第13號, 改正 1918년).
　　第1條. 會社의 設立은 朝鮮總督의 許可를 받아야 한다.
　　孫禎睦, '會社令硏究'(『韓國史硏究』45, 1984) 참조.
3) 白南雲, '朝鮮經濟의 現段階論'(『思想彙報』17, 1938).

본인으로 하여금 한국 내에서의 기업활동을 독점케 하기 위하여 마련한 조치
였다. 資本主義國家, 帝國主義國家의 식민지지배의 원리는 그 침략지역을 商
品市場, 原料供給地로 獨占的으로 확보하는 데 있는 것이었으므로, 日帝는 한
국을 강점하고 지배하게 되었을 때, 자본주의 기업원리인 '企業의 自由'를 부정
하는 이러한 反資本主義的 法令, 植民主義的 法令을 반포하게 된 것이었다.

　그러나 商工業에 대한 이러한 조치와는 달리, 농업에 있어서는 일본인 地主·
資本家階級의 土地所有·土地兼併을 보장하기 위하여 그 법적 제도적 장치를
마련할 때, 한국인의 土地所有·土地兼併에 대하여도 어떤 제약을 가하지 않았
고, 이를 그대로 허용하고 있었다. 한국은 식민지지배의 원리상 日本帝國에
대하여 식량공급지여야 하고, 또 日帝가 韓國人을 지배통치하기 위해서는 정
치적 사회적으로 그들에게 협력해 주는 사회계급이 필요하였기 때문이었다.
이러한 사실을 法的 制度的으로 보장해주는 기본장치는 이른바 朝鮮土地調査
事業이었는데, 이는 전국의 토지를 실제로 측량하여 地籍圖를 작성하고, 그
所有權者를 확인하여 土地臺帳을 작성하며, 그 토지의 地價를 새로이 책정함
으로써 地稅를 金納化할 수 있도록 하려는 사업이었다.[4]

　그리하여 이 사업의 결과, 土地兼併을 꾀하는 일본인이나 한국인 地主·資本
家階級은 그 토지를 일목요연하게 파악하고, 이를 계획적으로 매입함으로써,
그들의 土地兼併과 地主經營을 유리하게 수행할 수 있도록 되었다.[5] 그뿐만

---

4) 『朝鮮法令輯覽』第10輯, 第1章 土地, 土地調査令(1912년 8월, 制令 第2號).
　　朝鮮總督府臨時土地調査局, 『朝鮮土地調査事業報告書』, 1918.
　　和田一郎, 『朝鮮의 土地制度及地稅制度調査報告書』, 1920.
　　愼鏞廈, 『朝鮮土地調査事業硏究』, 1979.
　　宮嶋博史, 『朝鮮土地調査事業史의 硏究』, 1991 등 참조.
5) 鮮于 全, 『朝鮮의 土地兼併과 其對策』, pp.5~8(1923). 이 글은 『東亞日報』지상
　　(1922. 11. 24~1923. 2. 11)에 동명의 글로 연재하였던 것을 단행본으로 간행한
　　것인데, 여기서는 '二. 土地兼併의 原因'을 여러 가지로 설명하는 가운데, 그 하나의
　　원인으로서 '1. 土地調査와 其反面的 影響'이라는 項目을 설정하고 있었으며, 土地調
　　査事業의 완료와 더불어 확대되는, 土地賣買·土地投資의 상황을 다음과 같이 파악하
　　여 제시하고 있었다.

年　　度	件　　數	個　　數	賣買價格
1917	173,963	343,155	16,219,668원
1920	271,790	556,922	110,040,235

아니라 이 단계에 있어서는 米價가 계속적으로 등귀하고 있었으므로, 地主·資本家階級은 토지에 대한 투자수익을 계속 큰 폭으로 얻을 수 있었고, 따라서 그들 日本人들의 자본은 殺到하고, 土地投資 土地兼倂은 지극히 바람직한 사업으로서 성행하지 않을 수 없었다.[6] 이 무렵의 이 같은 兼倂양상은 실로 폭풍우와 같아서, 뒤에 언급되는 바와 같이, 1920년대로 접어들었을 때 그러한 日本人 겸병자의 수는 실로 4만여 명에나 달하고 있었다. 그리고 이 사업을 통해서 日帝 통치당국은 구래의 봉건적인 結負制的 稅制를 근대적인 金納制的 稅制로 개혁함으로써, 韓國農業·韓國農民에 대한 수탈을 위한 稅政을 그들의 全資本主義機構에 예속 연계하는 가운데 편리하게 운영하고 있었는데,[7] 이는 租稅制度 자체로서 대단히 불합리하고 세액이 계속 증가하고 있는 과중한 것이었으며, 따라서 한국농민은 이러한 稅政하에서의 무거운 公租公課의 부담을 통해서도 몰락하고, 그 토지는 日帝의 지주·자본가계급에 의해서 자연스럽게 겸병되지 않을 수 없었다.[8]

그러므로 이 시기에 있어서는, 일본인 地主·資本家階級은 상공업과 더불어

---

6) 同 上書, 二의 2. 米價騰貴와 地主의 收益增加(土地에 대한 投資收益) 참조. 여기에 제시된 米價의 騰貴현상은 다음과 같았다.

각種 玄米의 石當 都賣時勢(全國 21個 市場의 平均時勢)

年　　度	上　　等	中　　等	下　　等	平　　均
1915	9.51원	9.09원	8.90원	9.17원
1916	11.58	11.16	10.74	11.16
1917	16.52	16.12	15.69	16.11
1918	26.79	26.08	25.54	26.14
1919	39.47	38.36	37.63	38.49
1920	37.10	36.14	35.48	36.24

7) 金漢周, '朝鮮地稅令硏究'(『學術』 1, 1946).
　　林炳潤, 『植民地에 있어서의 商業的 農業의 展開』, 1971.
　　裵英淳, 「韓末·日帝初期의 土地調査와 地稅改正에 관한 硏究」, 서울대 대학원, 1987.
8) 朴憲宇, '農村疲弊의 原因'(『新民』 49, 1929. 5).
　　金佑枰, '朝鮮租稅의 趨勢와 朝鮮人의 負擔'(『東光』 30, 1932. 2).
　　　'朝鮮人과 貧'(『東亞日報』 1927. 6. 5).
　　朝鮮事情調査硏究會, '朝鮮現行稅制 及 負擔調査'(『東方評論』 創刊號, 1932. 4).
　　李如星·金世鎔, 『數字朝鮮硏究』 3, 第2章 朝鮮租稅制度의 解剖, 1932.
　　梁甲錫, '朝鮮의 金融資本과 農村經濟와의 關係'(『新東亞』 40, 1935. 2).

농업에도 투자를 하고, 이를 기업으로서 경영하기 위하여(農場經營) 土地兼倂에 열을 올리게 되었으며, 韓國人은 상공업에로의 진출이 제약되고 地主經營만이 자유로운 가운데 투자의 범위는 자연 토지로 좁혀지고, 따라서 이들에 의해서도 地主經營을 위한 토지겸병은 성행하지 않을 수 없었다.[9]

다음 단계는 1920년대, 즉 收奪農政 强化期로서, 이 시기에는 日帝가 金融機關을 정비하고 朝鮮産米增殖計劃을 실천해 나가고 있었다. 금융기관의 정비는, 中央銀行으로서의 朝鮮銀行 이외에, 종래 각 지방에 설치되어 있었던 한국인의 農工銀行을 정리·통합하여 産業金融機關으로서의 朝鮮殖産銀行을 특별법으로써 설치하고(1918), 또 각 지방에 설치되어 있는 農業金融機關으로서의 여러 金融組合을 하나의 중앙기관으로 통합하여 朝鮮金融組合協會(1928) 또는 朝鮮金融組合聯合會(1933)로 체계화하였으며, 그뿐만 아니라 이와 관련하여서는 殖産銀行의 저축예금업무를 확대하여 庶民金融機關으로서의 朝鮮貯蓄銀行을 설치하는 것 등이었다(1929). 이 같은 은행들은 물론 서울에 本店만을 두고 활동하는 것이 아니라, 각 지방에 많은 지점(收奪을 위한 吸盤)을 설치 확대하면서 경제활동을 하고 있었다.[10] 그뿐만 아니라 東拓과 같은 특수회사에도 金融部가 있어서 금융기관으로서의 활동을 하고 있었음은 말할 것도 없었다.

그리하여 이 시기에는 朝鮮商業, 韓一, 기타 등등 韓國人 民族資本의 은행이 아직 여러 社 있기는 하였으나, 그 자본규모가 지극히 영세한 가운데,[11] 韓國經濟 전반은 日帝의 금융기관과 금융자본에 의해서 지배되게 되었으며, 그 吸盤組織이 확대되는 데 따라서는 한국의 농지와 농민이 더욱 광범위하게 그 金融資本의 지배하에 들고,[12] 그 자본에 점유되지 않을 수 없도록 되었다.[13]

---

9) 李覺鐘, '朝鮮의 農村問題와 其對策'(『新民』 8, 1925).
10) 高承濟, 『韓國金融史硏究』 第6~9章, 1970 참조.
11) 『數字朝鮮硏究』 2, 第1章 朝鮮內金融資本, pp.15~20.
   高承濟, 前揭書, 第11~17章.
12) 盧東奎, '朝鮮農業의 現狀 及 將來'(『新東亞』 15, 1933. 1).
   朴文圭, '朝鮮農村과 金融機關과의 關係 — 특히 金融組合에 對하여'(『新東亞』 28, 1934. 2).
   梁甲錫, 前揭 논문.
13) 『數字朝鮮硏究』 1(1931), p.10에서는, 三上英雄의 『民族問題』를 인용하여, 韓國

그뿐만 아니라 그러한 금융자본도 주로는 地主·資本家階級에게 유리하게 활용되는 가운데, 영세 빈농층은 地主·資本家階級의 高利貸에 빚을 지고 그 수탈의 대상으로 노출되지 않으면 아니 되었으므로,[14] 日帝의 이 같은 金融資本과 지주·자본가계급은 韓國人 영세 빈농층의 토지를 아주 간단하게 흡수 겸병할 수가 있었다.

朝鮮産米增殖計劃은 日帝가 그들에게 필요한 米穀을 더욱 대량으로 수탈해 가기 위하여,[15] 農地改良, 水利事業, 品種改良, 農器具改良, 金肥施用 등을 강행함으로써, 한국에서 대대적인 쌀의 증산을 기도한 국가적 사업이었다. 그리고 그러한 점에서 그것은 日本資本主義와 日本帝國主義의 掠奪性을 잘 드러내게 되는 사업이기도 하였다. 그것은 그 자금의 출처를 생각하면 실감할 수 있다. 즉, 이 사업에서는 그 자금을 日帝의 國家資本(預金部), 金融資本(東拓·殖銀)에서 '低利'융자한 것(평균 7分 4厘의 이율로 貸出)을 중심으로 하고, 總督府 補助金과 일부 事業者 調達金을 이용하는 것으로써 충당하고 있었다.[16] 그리고 그 방법은 특히 토지개량·수리사업의 경우, 그 대행기관으로서의 東拓 土地改良部(東拓)와 朝鮮土地改良株式會社(殖銀)를 설립하는 가운데, 이를 朝鮮土地改良令(1927)이라고 하는 강제성을 띤 법령으로써 보장하고,[17] 통치

土地의 약 6割 2分이 日本金融資本家에게 占有되어 있는 것으로 소개하였다.
14) 朝鮮總督府, 『朝鮮의 小作慣行』續編, 第16章 地主及小作人의 借財狀況, 1932.
　　盧東奎, '朝鮮農家經濟實相調査解剖'(『東方評論』1932. 7·8, 朝鮮農村問題特輯號, 特別大附錄).
　　朴文圭, 註 12)의 논문 참조.
15) 矢內原忠雄, '朝鮮産米增殖計劃에 대하여'(『農業經濟硏究』2의 1, 1926).
　　近藤康男, '投資―植民地農業의 支配'(『農業經濟論』1932 ; 『朝鮮經濟의 史的斷章』에서는 '日本帝國主義의 朝鮮産米增殖計劃'으로 改題, 1987).
　　大內武次, '朝鮮에 있어서의 米穀生産'(『朝鮮經濟의 硏究』第3, 1938).
　　印貞植, '朝鮮産米增殖의 機構的 特徵'(『朝鮮의 農業機構』, 1940).
　　河合和男, 『朝鮮에 있어서의 産米增殖計劃』, 1986.
　　朴永九, '日帝下 '産米增殖計劃'의 經濟史的 硏究', 연세대 대학원, 1991 등 참조.
16) 朝鮮總督府農林局, 『朝鮮産米增殖計劃要綱』, 1926, pp.9~11, p.17, 21.
　　『朝鮮産米增殖計劃의 實績』, 1928, pp.4~9.
17) 『朝鮮法令輯覽』第10輯, 第1章 土地, 朝鮮土地改良令(制令 第16號, 1927년 12월 28일).
　　朝鮮總督府農林局, 『朝鮮土地改良關係例規』第1章 土地改良, 1934 참조.
　　李愛淑, '日帝下 水利組合의 設立과 運營'(『韓國史硏究』50·51, 1985).

당국의 권력을 배경으로 이를 수행하는 것이었다. 그러한 점에서 이 사업은 日本帝國과 日本資本主義가 결합한 강권적 사업이 되는 것이었으며, 따라서 그 사업의 결과 또한 日帝가 계획한 대로 이를 통해서 생산되는 米穀을 대대적으로 수탈해 가는 사업이 될 수 있었다.

그러므로 이 사업은 그 발상부터가 韓國人을 위하거나 韓國農民에게 유리하게 작용할 수 있는 사업이 될 수 없었다. 무엇보다도 주목되는 것은 이 사업이 한국농업의 개발을 위하거나 한국농민의 경제력 향상을 위하는 국민복지 차원의 국가사업이 아니라, 日本資本主義의 大·小資本이 대대적인 이윤추구를 목표로 하여 수행한 일종의 企業活動, 掠奪活動이었다는 점이다. 그리하여 이 사업의 전개와 더불어서는, 日本人의 투기적 자본이 쇄도하고 그것은 土地投資·土地兼併을 극성케 하고 있었다. 그 겸병의 양상은 그 전단계에 못지않아서, 뒤에 다시 언급되듯이, 이 사업이 중단되었을 때 그 겸병자의 수를 10만 명을 넘게 하고 있었다. 이러한 지주·자본가계급에 의한 사업이 정상적일 수 없을 것임은 말할 것도 없었다. 그리하여 이로 인해서, 한국농업은 그 수리사업구역 내에 있는 것이거나 농사개량만을 요구하는 구역 내에 있는 것이거나를 막론하고, 그 農業生産과 農業生産者(地主·農民)가 모두 크건 작건 직접적으로 日本資本主義의 금융자본, 투기자본의 지배하에 들게 되고, 그 자본에 의해서 긴박되지 않을 수 없도록 되고 있었다.[18] 그리고 특히 水利事業구역내에 드는 농민의 경우에는, 中小地主이거나 自作農 小作農이거나를 막론하고, 그 사업에 소요되는 경비와 이자를 組合費 水稅의 명목으로 부담해야 하는 중압에 시달리는 가운데, 수없이 몰락하고, 그 토지는 일본인 大地主와 大資本家(會社)에 의해서 지극히 간단하게 겸병당하는 바 되지 않을 수 없었다.[19] 産

---

18) 近藤康男, 前揭 논문.
19) 閔丙德, '朝鮮農業의 槪觀'(『朝鮮之光』 64, 1927. 2).
　　朴仁洙, '封建遺制와 金融資本의 野合'(『新興』 4, 1931. 1).
　　李勳求, '農村中産階級의 沒落과 그 對策'(『東方評論』, 1932. 7·8, 朝鮮農村問題特
　　　　輯號).
　　　　'水利組合의 危機 — 朝鮮農村의 癌腫'(『東光』 30, 1932. 2).
　　韓長庚, '水利組合과 土地兼併'(『東方評論』 1932. 7. 8).
　　金振國, '1931년의 農民運動 槪觀'(『朝鮮日報』 1932. 1).
　　裵成龍, '朝鮮經濟의 現在와 將來', 1933. pp.16~18, 28~29.

米增殖을 위한 土地改良事業, 水利事業은 실로 土地兼倂의 촉매제 촉진제가 되고 있었다.[20]

　그뿐만 아니라, 이 사업으로 인해서는 농업기술적인 측면에서 수천 년에 걸치면서 정착한, 그러므로 韓國의 현대 농업에서도 그 농법을 살려나가면 대단히 유용할 수 있는, 한국의 在來農法과 生産體系가 파괴되고 있었다. 風土가 다른 朝鮮의 農土에 日本의 벼 品種을 실험적 栽培도 충분히 거치지 않고 강요하는 사업이었다. 이 사업에서는 오직 日本人에게 필요한 쌀을 생산하기 위하여, 그리고 日本 獨占資本主義를 더욱 성장시키기 위하여, 일본의 벼 품종, 일본의 개량농구, 일본의 化學肥料를 이용하도록 요구함으로써 —農業資本 投資 강요— 약탈적인 米穀生産體系를 수립할 것을 획책하고 있었다. 그러므로 이 사업은 그 화려한 표제와는 달리, 이 사업의 전후에 비하여 한동안 농업생산력의 상대적 정체를 재래하고도 있었다.[21] 日本人이 토지를 겸병하여 韓國농민을 몰락시키고 그들을 無産農民·小作農民으로 전락시키면서, 그들로 하여금 농업생산력을 증진시키려 하는 것은 무리가 아닐 수 없었다. 본시 增産計劃이란 상당한 자본투자를 필요로 하는 것인데, 이때의 몰락농민들에게는 糊口之策이 어려운 것은 말할 것도 없고, 小作權 또한 법적으로 보장되어 있지

　　張鉉七, '朝鮮水利組合과 中農階級'(『新東亞』40, 1935. 2).
　　近藤康男, 前揭 논문.
　　東畑精一·大川一司, 『朝鮮米穀經濟論』, 1935, pp.81~82.
　　이경란, '日帝下 水利組合과 農場地主制'(『學林』12·13, 1991).
20) 久間建一, 『朝鮮農業의 近代的 樣相』, 1935, p.22.
　　이 같은 사실을 『東亞日報』에서는 '水利組合은 土地兼倂을 促進'(1926. 10. 27)이라든가, 또는 '水利組合內의 土地移動狀況 朝鮮人放賣로 日人兼倂'(1926. 10. 31)이라고 記事化하고, 『朝鮮日報』에서는 '水利組合과 農民'(1931. 5. 6), '다시 水利組合에 대하여'(1931. 5. 8), '土地兼倂의 急速化 — 水組事業의 經濟的 作用'(1932. 1. 30)이라는 社說을 싣고 있었는데, 이 같은 記事는 당시의 몇몇 新聞을 통해서 무수히 접할 수 있다.
21) 印貞植, 『朝鮮의 農業機構 分析』, 1937, pp.225~231.
　　全錫淡·崔潤奎, 『朝鮮近代社會經濟史』(日語版), 1978, pp.201~206.
　　鄭文鐘, '産米增殖計劃과 農業生産力 停滯에 관한 연구'(『한국근대 농촌사회와 농민운동』, 1988).
　　朴永九, 前揭書.
　　禹大亨, '1920년대 한국 米穀生産性의 停滯'(『經濟史學』25, 1998).

않았으므로, 그들에게 증산 활동, 즉 상당한 자본투자를 요구하는 것은 무리한 요구이기 때문이었다.[22] 이 사업은 말하자면 日帝 日本資本主義가 한국의 전통적 농법 농업기술을 파괴하고, 농지를 약탈하는 가운데, 한국의 농업과 농지를 日本式으로 개조 지배함으로써 쌀을 수탈하려는 사업 그것이었다.

더욱이 이 단계의 후반기부터 1930년대에 걸치면서는, 日本資本主義의 만성적인 經濟恐慌 위에 世界資本主義의 農業恐慌이 중첩하여, 일본농업과 한국농업에 穀價 폭락이라고 하는 큰 타격을 줌으로써 많은 농민층을 몰락케 하고 있었다.[23] 그뿐만 아니라 이 같은 위기를 극복하기 위한 日本資本主義의 경제대책은 인플레이션 정책을 취하는 것이었는데, 이는 農産物價格과 工産品價格 사이에 커다란 鋏狀價格差를 있게 하는 것이었으므로,[24] 농민층의 몰락은 결코 이 정책으로써 만회될 수 있는 것이 아니었다. 이것은 日本이 공황에서 받는 손실을 그들이 강점하고 있는 한국에 전가하는 것이고, 한국에 있는 大地主·大資本家階級은 그 손실을 中小土地所有者 小作農民에 전가하는 정책이었던 것으로, 이 같은 사정은, 결국 한국농민으로 하여금 赤字生産을 면치 못하게 할뿐만 아니라, 각종 公租公課金을 부담해야 하는 문제와도 관련하여, 그들의 부채를 누적케 하고(5억원, 8억원설이 나오고 있었다),[25] 파산하

---

22) 盧東奎, 註 12)의 논문.
23) 崔尙海, '世界的 經濟恐慌과 朝鮮의 農業恐慌의 展望'(『東光』 1931. 5).
　　櫻桃園人, '朝鮮農村은 어데로 가나 — 특히 恐慌과 土地의 向方에 대하여'(『新民』 65, 1931. 3).
　　馬 鳴, '農業恐慌과 農民의 沒落過程'(『東光』 20, 1931).
　　盧東奎, 前揭 논문.
　　李 平, '임플레시언과 朝鮮에 미치는 影響'(『중명』 3, 1933).
　　『朝鮮日報』 社說, '中農層의 沒落 — 새삼스러운 不安'(1930. 11. 20).
　　　　　　　　'形言할 수 없는 慘狀 — 農民들은 어대로'(1930. 12. 4).
24) 裵成龍, '인플레이슌 政策과 朝鮮農民'(『新階段』 創刊號, 1932. 10).
　　李 平, 前揭 논문.
　　『朝鮮日報』 社說, '朝鮮農民問題와 農業問題'(1933. 1. 11).
25) 朝鮮總督府農林局, 『朝鮮에 있어서의 小作에 관한 參考事項摘要』(1934), p.73, '小作農의 負債狀況'(1930 調査) 참조.
　　李寬求, '農村經濟 沒落의 片影'(『現代評論』 6, 1927. 1).
　　徐 椿, '農家負債 五億圓 — 朝鮮農村은 어듸로 가나'(『新東亞』 創刊號, 1931. 11).
　　盧東奎, 註 14), 12)의 논문.
　　成仁果, '朝鮮農家의 疲弊狀況'(『新東亞』, 1934. 1).

는 바가 되지 않을 수 없도록 하고 있었기 때문이었다. 그러므로 日帝가 우리 나라를 강점하고 있는 조건하에서, 産米增殖事業과 공황이 계속되는 동안에는, 韓國人 소작농 및 자작농으로서의 小·貧農層이 몰락하는 것은 말할 것도 없고, 中小地主層도 급격히 몰락하지 않을 수 없었다. 그리고 그 토지는 자연스럽게 大地主·大資本家階級의 겸병하는 바가 되었다.[26)

셋째 단계는 1930년대 이후, 즉 收奪農政의 調整·統制期로서, 이 단계의 農政策은 제4절에서 상론하게 되겠지만, 이는 요컨대 이때에 이르기까지의 日帝의 한국에 대한 농업정책이 한국농민의 항쟁(小作爭議＝農民運動)에 봉착하게 된 데서, 즉 그 收奪農政이 파탄하게 된 데서, 그 대응책으로써 취해지고 있는 조치이었다. 그렇지만 이 경우 그 대응책은 그 농업문제를 농민의 입장에서 근본적으로 해결하려는 데서 취하고 있는 것은 아니었으며, 다만 日本帝國의 국가적 입장에서, 강렬하게 저항하는 농민층, 성난 농민층을 무마하지 않으면 아니 되었으므로(社會主義 방어), 地主制를 일정하게 조정하고 통제하지 않을 수 없도록 되고 있는 것이었다. 그러므로 그러한 대책으로 농민의 몰락, 농촌의 파괴를 막을 수는 없었으며, 따라서 이 단계에 있어서도 地主·資本家 등 大土地所有者의 土地兼倂에 따르는 농민층의 몰락 분해는, 前단계에 이어서 그대로 계속되지 않을 수 없었다.[27)

B—이제 이 같은 제단계에 있어서의 土地兼倂과 農民層의 몰락 분해의 현상을, 日帝 통치당국에서 집계한 바 통계에 의거해서 간추린다 하더라도, 우리는 그 推移를 대략 다음과 같이 정리할 수 있을 것이다.

첫째, 日帝强占期의 1910년대와 1920년대를 거치는 가운데, 日本資本主義機構에 의한 토지겸병은 점점 더 심화되고, 따라서 마침내는 구래의 農村秩序

任鳳淳, '朝鮮農民의 負債額'(『新東亞』, 1934. 12).
高橋龜吉, 『現代朝鮮經濟論』, pp.218~226.
『朝鮮日報』 社說, '朝鮮의 農民問題'(1926. 6. 6).
26) 本稿의 〈表 1〉 및 朝鮮總督府農林局, 『朝鮮에 있어서의 小作에 관한 參考事項摘要』 (1932), p.10의 地主 自作 自作兼小作 小作農戶數累年表 중 地主(乙)란 참조.
『中外日報』 記事, '年年 激減되는 全北朝鮮人 所有地(地主)'(1928. 10. 14).
『조선중앙일보』 記事, '農地所有에 나타난 慶北地主沒落相'(1935. 7. 11).
27) 本稿의 〈表 4〉 참조.

가 완전히 교란 파괴되기에까지 이르고 있었다. 그것은 토지를 겸병하는 地主
層의 수가 늘어나고 있는 것으로써 확인할 수 있다. 다음에 제시한 〈表 1〉에
의하면, 地主(甲)은 1917년에서 1932년에 이르는 불과 15년간의 사이에
15,485명에서 32,890명으로 배 이상이 증가하고, 地主(乙)은 1917년에서
1927년에 이르는 10년간의 사이에 57,713명에서 84,359명으로 근 50%나 늘
어나고 있었다. 그러나 이는 韓末 이래로 土地兼併이 진행되는 연장선상에서,
1917년부터의 증가현상을 표시한 것이므로, 가령 1910년부터의 증가현상을
말한다면 그 배수는 더 커지게 될 것이다. 그리고 地主, 즉 土地所有權者가
모두 이 시기 농업에 태풍을 몰고 오는 土地兼併者가 될 수는 없는 것이며,
그러한 土地兼併者는 그것이 大土地이거나 小土地이거나를 막론하고, 그 중
에서도 소수의 日帝 통치당국과 관련이 있는 자이거나 또는 治財에 밝은 자가
이를 행할 수 있었을 것이므로, 실제로 왕성하게 토지를 겸병하고 있었던 지

〈表 1〉   土地兼併과 農民層分解의 推移

年度	地主 (甲)	地主 (乙)	自作農	自·小作農	小作農	火田民	被傭者	計
1917	15,485	57,713	517,996	1,061,438	989,362	—	—	2,641,994
1922	17,157	81,926	534,907	971,877	1,106,598	—	—	2,712,465
1927	20,737	84,359	519,389	909,843	1,217,889	29,131	—	2,781,348
1932	32,890	71,923	476,351	742,961	1,546,456	60,407	—	2,931,088
1933			545,502	724,741	1,563,056	82,277	93,984	3,009,560
1939			539,629	719,232	1,583,358	69,280	111,634	3,023,133

同上 百分比

年度	地主 (甲)	地主 (乙)	自作農	自·小作農	小作農	火田民	被傭者	計
1917	0.6	2.2	19.6	40.2	37.4	—	—	100.00
1922	0.6	3.1	19.7	35.8	40.8	—	—	100.00
1927	0.8	3.0	18.7	32.7	43.8	1.0	—	100.00
1932	1.1	2.4	16.3	25.4	52.7	2.1	—	100.00
1933			18.1	24.1	52.0	2.7	3.1	100.00
1939			17.8	23.8	52.4	2.4	3.7	100.00

* 朝鮮總督府農林局, 『朝鮮農地年報』, 全鮮總農家總戶數에 대한 小作農家戶數, p.139.

〈表 2〉　　　　　　　　　地稅納稅義務者 面積別 人員

		1921	1922	1927	1928
200町步 이상	日本人	169	176	192	178
	韓國人	66	62	45	47
100 〃	日本人	321	304	361	357
	韓國人	360	265	290	319
50 〃	日本人	519	529	683	671
	韓國人	1,650	1,361	1,617	1,630
20 〃	日本人	1,420	1,533	2,335	2,220
	韓國人	14,438	12,167	15,346	15,228
10 〃	日本人	1,544	1,734	2,403	2,463
	韓國人	29,646	30,358	31,958	32,211
5 〃	日本人	2,555	3,036	4,454	4,772
	韓國人	111,328	111,021	118,229	120,076
1 〃	日本人	11,532	12,875	18,767	20,003
	韓國人	968,116	980,048	1,024,771	1,030,113
1町步 이하	日本人	26,318	28,752	36,727	37,822
	韓國人	2,292,936	2,336,165	2,609,834	2,621,784
總　　計	日本人	44,378	48,939	65,922	68,486
	韓國人	3,418,540	3,471,447	3,802,090	3,821,408

		1933	1934	1936
200町步 이상	日本人	192	190	181
	韓國人	43	44	49
100 〃	日本人	406	412	380
	韓國人	308	422	336
50 〃	日本人	766	755	749
	韓國人	1,581	1,739	1,571
20 〃	日本人	2,579	2,529	2,958
	韓國人	13,380	13,549	12,701
10 〃	日本人	3,400	3,367	3,504
	韓國人	30,464	29,993	30,332
5 〃	日本人	6,541	6,496	6,901
	韓國人	108,871	104,880	106,162
1 〃	日本人	28,009	28,175	27,313
	韓國人	980,212	933,459	922,026
1町步 이하	日本人	66,038	65,174	64,312
	韓國人	2,971,844	2,567,086	2,595,898
總　　計	日本人	107,931	107,098	106,298
	韓國人	4,106,703	3,651,172	3,669,075

* 朝鮮農會,『朝鮮農業發達史』發達篇(1944). 附錄 第4表에서 작성.

주만을 계산하기로 한다면 그 증가율은 배수가 더 될 것이다.

둘째, 土地兼倂은 일본인이거나 한국인이거나를 막론하고, 재력이 있으면 누구나 이를 행할 수 있었지만, 그러나 이 시기의 정치·경제적 조건과 관련하여, 그것을 주도하고 그 중심이 되고 있었던 것은 日本人 地主·資本家階級이었다.[28] 土地投資를 위한 그들의 자본은 1910년대(土地調査事業단계) 이래로 무방비지대에 밀려드는 홍수와 같이 殺到하고 있었다.[29] 〈表 2〉에는 그러한 사정이 선명하게 드러나 있다. 이는 토지를 소유하고 납세하는 자의 수를 郡單位 또는 도단위 '屬地主義'로 파악한 것을 종합한 것인데, 이에 의하면 日本人의 납세자, 즉 土地所有者는 연대를 따라 점점 더 많아지고 있었다. 韓末에 몇몇 사람이 토지를 買入 소유하기 시작한 이래로, 1921년에는 그 수가 44,378명에나 달하였으며, 1933년에는 10만 명을 넘고 있는 것이었다. 물론 일본인 토지소유자가 아무리 많아도 한국인 토지소유자보다 많을 수는 없는 것이지만, 그러나 그들은 본시 법적으로 한국 내에서 토지를 소유할 수 없었던 것을 생각하면, 이는 실로 엄청난 수가 아닐 수 없었다. 그리하여 이 같은 日本人들에 의해서 겸병되는 토지는, 1909년에는 6만여 町步(宅地, 耕地)로 파악되던 것이,[30] 1930년대를 전후하여서는 耕地만도 60만여 町步를 돌파하는 것으로 파악되고 있었다.[31]

더욱이 그러한 일본인 토지소유자 중에서도 30町步 이상의 大地主가 되면, 〈表 3〉에서 볼 수 있는 바와 같이, 1人당 평균 소유면적이 한국인 地主의 그것보다 3배나 되었으며, 500町步 이상의 超巨大地主가 되면, 일본인 地主는 그 수에 있어서도 한국인 지주수를 압도하게 되고 있었다. 그뿐만 아니라 〈表 2〉에서 살필 수 있는 바와 같이, 한국인 地主는 1920년대의 중반을 분수령으로 모든 土地所有階層에 걸쳐 점차 쇠퇴하는 경향을 보이고 있었는데(巨大地主는

---

28) 鮮于 全, 前揭 논문, 二. 土地兼倂의 原因 4.日本人의 土地買收와 朝鮮農民의 國外 移出 참조. 단, 이 부분은 單行本에는 全文 삭제되어 있으므로, 『東亞日報』(1922. 12. 21～24)를 통해서 읽을 수 있다.

29) 近藤康男, 前揭 논문.

30) 印貞植, '農村資本制化의 諸型과 朝鮮土地調査事業의 意義'(『批判』 1936. 9).

31) 白南雲, 前揭 논문.
　　陳榮喆, '外來資本主義의 朝鮮안에서의 發展'(『彗星』 1의 5, 1931. 5).

좀 일찍이, 零細土地所有者는 좀 늦게), 일본인 지주의 수는 그 후에도 계속 늘
어나고 있었다. 이러한 사정은 〈表 4〉에 더욱 잘 제시되고 있다. 이는 大地主
의 추이를 實數로써 추정한 것인데, 이를 통해서 보면 한국인 大地主의 수는
1920년대 중반까지 늘어나다가 그 후반부터는 점차 쇠퇴하는 반면, 일본인
대지주의 수는 계속 증대하고 있었다. 그러므로 이러한 地主層의 推移를 통해
서 보면, 이 시기에 결정적으로 土地兼併·土地集積의 선풍을 몰고 온 것은,
단적으로 말하여 日本人의 土地買占이 중심이 되는 것이었다고 하겠다.

셋째, 이 시기에는 日本資本主義의 地主·資本家階級에 의하여 토지겸병이

〈表 3〉 30町步 이상 地主의 民族別 土地所有 狀況——A(1930년말 現在)

	地 主 數	所有地 面積	1人 平均所有面積
韓 國 人	4,162	340,970町	81.92町
日 本 人	870	216,704	249.08
計	5,032	557,674	110.83

同 上 ——B

	韓 國 人	日 本 人
30 ～ 50町步	1,921名	290名
50 ～ 100 〃	1,439	270
100 ～ 300 〃	760	197
300 ～ 500 〃		49
500 ～1,000 〃	32	27
1,000 町步 이상	10	37
計	4,162	870

* 白南雲, '朝鮮經濟의 現段階論'(『思想彙報』 17, 1938).

〈表 4〉 耕地 50町步 이상 大地主數의 增減推移(推定値)

		1910～13	1925～27	1930	1936	1942
100町步 이상	日本人	79	201	301	321 이상	567
	韓國人	314	968	800	659 이상	488
50町步 이상	日本人	35	129	251		642
	韓國人	1,471	1,483	1,438		1,351

* 張矢遠, 『日帝下 大地主의 存在形態에 관한 研究』, 1989, p.60.

단시일 내에 역사상 유례를 볼 수 없을 만큼 광범위하게 그리고 대대적으로 전개되었으므로, 그 결과에 따라 재래되는 농촌사회의 分解현상 또한 거기에 상응할 만큼 심각하게 전개되는 것이 되지 않을 수 없었다. 그것은 韓國農業·韓國農村의 중견층 또는 중산층으로서의 自作農과 경제적 지배층으로서의 일부 地主層(地主甲·地主乙)을 급격하게 몰락 분해시키는 가운데, 農村貧窮의 상징으로서의 이 시기 小作農民을 광범위하게 증대시키고,[32] 火田民 및 被傭者＝農業勞動者階級을 또한 농업통계에 수록하지 않으면 아니 되는 현상으로 나타나고 있었다.[33]

〈表 1〉에 의하면 自作農은 1917년에 이미 전농가호수의 20%도 되지 않았는데, 1922년을 절정으로 더 감소하기 시작하였으며, 1933년부터는 地主(乙)를 自作農에 편입시킴으로써 자작농의 구성비를 만회하고자 하였으나, 그러나 그 감소의 추이를 막을 수는 없었다. 그리고 自·小作農은 1917년에 전농가호수의 40.2%를 차지하고 있었는데, 그 후 계속 감소하여 1939년에는 겨우 23.8%를 점할 수 있을 뿐이었다. 自作農과 自·小作農의 이 같은 감축은, 결국 그들을 土地所有者의 대열에서 배제하는 것이었으므로, 그들은 이로 인해서 小作農民으로 전락하고, 따라서 그 소작농민의 구성비는 1917년의 37.4%에서 1939년에는 52.4%로 확대되고, 이어서는 火田民 및 被傭者로 구축되지 않을 수 없도록 되었다.

---

32) 李勳求, '農村經濟의 危機'(『朝鮮日報』 1925. 1. 1).
　　光 宇, '朝鮮에 있어서의 土地問題'(『階級鬪爭』 1930. 1 : 이 논문은 金浩永에 의해 日本文으로 번역 간행되었고〈1930 勞動者書房〉, 朴慶植 編, 『朝鮮問題資料叢書』 第7卷에도 수록되었다).
　　裵成龍, '農村問題講座 — 農村의 階級相'(『朝鮮日報』 1930. 3. 30~4. 10).
　　朴文圭, '農村社會 分化의 起點으로서의 土地調査事業에 대하여'(『朝鮮社會經濟史研究』, 1933). 이 논문은 解放 後 '土地調査事業의 特質—半封建的土地所有制의 創出過程에 關한 分析'으로 改題하여 『朝鮮土地問題論考』, 1946에 수록되었다.
　　姜萬吉, 『日帝時代 貧民生活史 研究』 第1章 農村貧民의 生活, 1987.
　　강태훈, '일제하 조선의 농민층분해에 관한 연구'(『한국근대 농촌사회와 농민운동』, 1988).
33) 朝鮮總督府農林局, 『朝鮮農地年報』(1940), 全鮮總農家總戶數에 대한 小作農家戶數表, p.139 또는 本稿의 〈表 1〉.
　　姜萬吉, 前揭 논문 및 同書 第2章 火田民의 生活 등 참조.

　물론 이 表만을 통해서 보면, 이 시기의 農民層分解는 아직 被傭者階級, 즉 농업노동자 계급을 대량 배출하고 있지 않다는 점에서, 농촌사회에는 아직은 여유가 있어 보이고, 따라서 보기에 따라서는 그것이 이 시기 농촌사회의 심각한 농업문제가 될 수 없는 것으로 생각될는지도 모르겠다. 그러나 이 表는 이 시기의 농촌사회의 분해상을 충실하게 반영하고 있는 것이 아니었다. 이 시기 우리나라에서는 이같이 분해된 농민을 모두 흡수할 만한 商工業을 발전시키지 못하고 있었으며, 그같이 될 수 있는 日帝의 産業政策 또한 1930년대 그것도 그 후반을 기다려야 하는 것이었으므로, 농민층이 몰락하고 농지에서 배제되는 바가 많았다 하더라도, 그들이 모두 농촌이나 도시에 남아 있는 가운데 被傭者階級으로 집계될 수는 없었다. 분해된 農村人口가 부분적으로나마 종전보다도 두드러지게 都市 賃勞動者와 産業勞動者로 흡수되는 것은 겨우 1930년대의 工業化政策이 진전하면서부터였으며, 그리고 그것도 그 후반부터의 일이었다.[34)]

　그러므로 이때 대부분의 몰락농민들은 그들의 활로를, 山地 高原地帶의 火田民이 되는 것을 예외로 한다면, 국내에서는 찾을 수가 없었다. 그러한 그들이 생존할 수 있는 길이 있다면, 그것은 오직 日本·滿洲·시베리아 등 외지로 流移하는 방법뿐이었다. 그리고 실제로 流移民은 해마다 가속적으로 늘어나고 있었다. 가령 滿洲 流移民의 경우 1922년에는 65만여 명(10만 3천여 戶)이던 것이 1942년에는 156만여 명이 되고 있었으며,[35)] 日本의 경우 1919년에는 불과 2만여 명이 그곳에 살고 있었는데, 1939년에는 96만여 명이 되고 있었다.[36)] 물론 이들이 모두 몰락 농민으로서 이주한 사람들은 아니었지만, 그러

---

34) 李勳求, '農村人口 都市集中의 原因'(『朝光』 30, 1938. 4).
　　正久宏至, '朝鮮에 있어서의 農民離村'(『殖銀調査月報』 34, 1941).
　　　　'戰時下 朝鮮의 勞動問題'(『殖銀調査月報』 38, 1941).
　　安秉直, '日本窒素에 있어서의 朝鮮人勞動者階級의 成長에 關한 研究'(『朝鮮史研究會論文集』 25, 1988).
　　柳承烈, '日帝의 朝鮮鑛業 支配와 勞動階級의 成長'(『韓國史論』 23, 1990).
35) 高承濟, 『韓國移民史研究』, p.91, 100.
　　正久宏至, 註 34)의 '戰時下 朝鮮의 勞動問題'.
36) 高承濟, 『韓國移民史研究』, p.237, 282.
　　姜薰德, '日帝下 國內小作爭議와 海外移住農民'(『韓國史研究』 45, 1984).

나 그 대부분은 農地에서 배제되고 농촌에서 구축된 농민출신이었다. 그러므로 이 같은 流移民의 수를 〈表 1〉의 수치와 관련하여 생각하면, 이 시기 농촌사회의 分解, 農民層分解는 실로 심각한 문제가 아닐 수 없었다. 그것은 요컨대 日本資本主義의 韓國에 대한 農業政策이, 韓國農民을 그들의 소유 토지에서 배제하여, 한편으로는 小作農으로 전락시키고, 다른 한편으로는 國外로 추방하는 가운데, 그 土地를 日本人 地主·資本家階級으로 하여금 兼併케 한 결과였으며, 따라서 이 시기의 農業問題·農民運動은 바로 여기에 그 계기가 주어지는 것이었다고 하겠다.

2) 地主制의 特徵과 不合理

日帝强占期의 농업문제는 地主·資本家階級의 土地兼併에 그 계기가 있는 것이지만, 그러나 그것은 겸병 그 자체로서만 그와 같이 문제가 되고 있는 것이 아니었다. 그것은 그같이 겸병한 토지의 경영을 통해서 한국농민을 철저하게 수탈하게 되는 데서 그 문제의 심각성이 더해지고 있었다. 그들의 土地兼併과 農業經營은 표리관계에 있는 것이었으며, 그들 地主·資本家階級은 수탈적인 농업경영을 통해서 한국농민을 몰락 분해시키고, 그 결과로서 그들은 몰락하는 農民層의 토지에 대하여 겸병을 더욱 확대시켜 나가고 있었다. 그러므로 이 시기의 농업문제는 결국 그들 지주·자본가계급의 農業經營을 위요한 生産農民과의 모순관계에 그 핵심이 있는 것이 아닐 수 없었다. 그들의 그러한 농업경영은 地主小作制로써 수행되는 것이었으며, 그 모순관계는 결국 小作爭議로 표현되는 농민운동을 발생케 하는 것이었다.

이 시기 土地兼併者의 農業經營이 地主小作制라는 경영형태를 취하고 있었음은, 日本資本主義의 特性과 긴밀하게 관련되고 있었다. 일본자본주의는 바로 그러한 것이기 때문이었다. 그러므로 日帝의 韓國에 있어서의 농업정책의 목표가, 農業革命을 통한 封建的 地主制의 해체와 이를 통한 농민경제의 안정에 있는 것이 아닌 한, 그리고 한국농업, 한국농민을 최대한 효과적으로 수탈할 것을 목표로 하는 한, 이 경제제도는 지극히 편리한 제도였다. 그리하여 1920년대의 일본자본주의는 獨占資本主義段階에 도달하고, 곧 이어서 1930년대가 되면 그것은 國家獨占資本主義段階에까지 도달함으로써, 全經濟機構

를 이들 자본주의 원리에 의거하여 운영하고 있는 것이었지만,[37] 그러나 그럼
에도 불구하고 그 농업생산은 西歐 근대자본주의 국가에서 볼 수 있는 바와
같은 資本家的 農業生産, 즉 地主~資本家的 企業農(小作人)~農業勞動者, 또
는 地主＝資本家~農業勞動者로 구성되는 생산형태를 취하고 있는 것이 아니
었다. 그것은 봉건적 생산형태로서의 조선시기 地主制의 농업관행이나 그 생
산관계를 그대로 온존한 채, 日本 본국에 있어서의 그들의 지주제를 그대로
이식하여 地主~小作農, 또는 地主＝資本家~小作農으로서 운영해 나가는 것
이었다.[38]

말하자면 日帝는 韓國을 강점하고 그 농업, 그 농민을 수탈하기 위한 방법
으로서, 그 농업생산의 基底에 낡은 봉건적인 생산관계와 농업관행을 그대로
관행시키면서, 이를 일본자본주의의 獨占資本·金融資本으로서 全機構的으로
장악하고 지배해 나가는 것이었다.[39]

그러면 그 같은 地主小作制가 이 시기 농업문제의 핵심적 제도가 될 수밖에
없었던, 經濟制度로서의 특징 내지 불합리성은 구체적으로 어떤 것이었는가.
이이 시기의 地主小作制에 관해서는 많은 자료와 연구가 있고 또 앞에서 이미
이를 고찰 한 바 있으므로, 여기서 이를 다시 재론할 필요는 없는 것이지만,
이 시기의 농업문제는 마침내 地主小作制를 중심으로 小作爭議＝農民運動으
로 귀결되고 있었으므로, 그 쟁의 그 운동을 이해하기 위해서는, 그 바탕이
되는 地主小作制의 경제제도로서의 특징을 요점만이라도 지적해 두는 것이
필요하리라고 생각된다.

---

37) 楫西光速 外, 『日本資本主義의 沒落』 I-IV, 1974.
　　山崎隆三 外, 『兩大戰期間의 日本資本主義』 上·下, 1980.
38) 淺田喬二, 『日本帝國主義와 舊植民地地主制』 第1·3章 참조, 1968.
39) 朴仁洙, '封建遺制와 金融資本과의 野合'(『新興』 4, 1931. 1).
　　朴文圭, 註 12)의 논문.
　　　　　'朝鮮農村機構의 統計的 解說'(『新興』 9, 1935. 5).
　　　　　'朝鮮農業生産關係考—半封建的 土地所有制·半農奴制的 零細耕作機構에
　　　　　關한 分析'(1936 稿, 1946 『人民科學』 및 『朝鮮土地問題論考』에 게재).
　　白南雲, 前揭 논문.
　　盧東奎, 註 12)의 논문.
　　印貞植, '朝鮮農村經濟의 硏究'(『中央』 1936. 2~9).

　그것은 첫째, 이 시기의 地主小作制는 日本資本主義 日本帝國의 土地私有의 원칙, 契約自由의 원칙에 기초한 地主主義의 토지제도라는 점이었다. 이 제도에 있어서는 土地所有權者의 권리가 절대적으로 존중되고 있어서, 국가는 이를 간섭하지 않았으며, 그 소유권자가 이를 소작농민에게 임대코자 할 때에는 民法의 賃貸借 조항에 의해서 이를 자유롭게 행하고, 이 법의 규정에 의해서 地主經營이 보호받도록 되어 있었다.[40] 全韓國民의 80%가 농민이고, 그 농민의 70 내지 80%가 소작농민이라는 점을 생각하면, 地主小作制에 있어서는 의당 이 小作農民의 生存權을 보호하는 법적인 규정이 '地主小作制' 또는 '小作法'의 이름으로 마련되었어야 할 것으로 생각되는데, 이 시기의 地主小作制에 있어서는 후에 朝鮮農地令(小作法)이 나오기까지는 小作農民에 대한 그러한 배려가 전혀 없었다. 한국농민에 대해서 없었던 것은 고사하고, 日本 자신의 농민들을 위해서도 마련되고 있지 않았다.[41] 資本主義의 法制는 본시 소유자의 입장에서 발상되는 것이므로, 地主小作制에 있어서 국가가 우선 생각하게 되는 것은 地主의 입장이었으며, 그러한 한에 있어서는 小作農民의 법적 보호를 기대하기가 어려웠다.

　둘째, 이 시기의 地主小作制는 이와 같이 법제적으로 확립된 經濟制度는 아니었지만, 그러나 그것은 법제상의 제도 못지않게 강한 구속력을 가지면서, 하나의 현실적 경제제도로서 광범위하게 관행되고 있었다. 그것은 이 제도가 '竝作半收'라고 하는 오랜 전통을 지닌 봉건적인 地主 佃戶·佃作·時作의 農業慣行, 農業慣習을 그대로 계승하면서, 이를 근대법으로서의 民法의 賃貸借관계로 개편하여, 법적으로 그것을 보호하고 있었기 때문이었다.[42] 그뿐만 아니라 구래의 농업관행을 자본주의의 근대적 賃貸借관계로 개편함에 있어서는,

---

40) 澤村 康, 『農業土地政策論』, 1933, p.1.
　　　　『小作法과 自作農創定法』, 1927, p.563.
41) 近藤康男, 『日本農業論』(上) 第1章 第4節 農地立法의 展開 — 위로부터의 解決策 참조.
　　日本에서는 1931년에 小作法의 法制化가 유산된 후, 1938년에 그 일부를 수용하여 農地調整法을 마련하고 있었다.
42) 吉田正廣, 『朝鮮에 있어서의 小作에 關한 基本法規의 解說』(1934), 附錄(一)의 第二 民法中 小作에 關한 規定 참조.

자본주의의 合理的 收奪的 經濟觀과 일본인 地主·資本家階級의 탐욕이 작용
하는 가운데, 앞에서 이미 살핀 바와 같이(제Ⅱ편), 地主 小作관계에 있어서
전통적 小作農民이 쟁취하여 누리던 권한(小作期間, 小作料率)이 점차 제약·
축소되고, 日本資本主義의 지주권이 크게 강화되는 현상이 확대되고 있었다.
日本資本主義의 한국에서의 地主經營은 애초에는 구래의 농업관행을 따라 느
슨하게 운영하는 것이었으나, 그들의 한국에 대한 지배체제 통치체제가 정착
강화되어 나감에 따라서는, 地主經營을 또한 강화함으로써, 農民收奪·利潤追
求를 증대시키고 있는 것이었다. 이 시기의 地主小作制는 말하자면 봉건적 농
업관행을 자본주의의 경영원리로 운영하게 됨으로써, 地主·資本家階級의 농
민수탈이, 과거 地主層의 그것에 비하여 훨씬 강화되고 있는 경제제도인 셈이
었었다.

　셋째, 자본주의 사회에 있어서는 小作農民의 사회적 지위가 흔히 獨立的 農
業生産者로서의 企業農 또는 資本家的 借地農으로 평가되지만, 그러나 이 시
기 우리나라 地主小作制하에 있어서는, 소작농민이 전반적으로 그와 같은 자
격을 갖춘 농민이 되기 어려웠다. 農業勞動者나 雇只勞動을 이용하여 그 소작
지를 경영하는 資本家的 借地農 또는 기업적 소작농이 없었던 것은 아니나,[43]
그 같은 小作農은 소수이고, 대다수의 소작농민은 자급적 농업을 목표로 하거
나 農業勞動者의 지위로 전락하고 있는 농민이었다. 자본주의적 농업생산은
일반적으로 土地·經營(企業)·勞動의 3요소, 또는 土地·資本·經營·勞動의 4요
소가 그 생산활동에 참여하고, 그 각각의 요소들이 생산에 기여한 정도만큼
그 결과로서의 생산물을 분배받게 되는 생산활동인데, 소작농민은 일반적으
로 農業生産者＝經營者로서 勞動과 農資의 일부를 담당하면서도, 高率의 小
作料와 기타의 부담을 지불하지 않으면 아니 되기 때문에, 그 모두에 대한 企
業農으로서의 보수를 받는 것이 아니라, 겨우 勞動報酬만을 받거나 또는 그
이하를 자기 몫으로 받고 있었기 때문이었다.[44] 이러한 현상은 물론 韓國人

---

43) 裵成龍, '農村問題講座—農村의 階級相'(『朝鮮日報』 1930. 3. 30~4. 10).
　　盧東奎, 註 12), 14)의 논문.
　　李覺鐘, '朝鮮의 農村問題와 其對策'(『新民』 8, 1925).
　　大野 保, '朝鮮 農村의 實態的 研究'(大同學院, 『論叢』 4, 1941, pp.268~271).

地主制이거나 日本人 地主制의 어느 경우에도 마찬가지였지만, 후자의 경우에는 특히 더 철저한 바가 있었다. 이런 경우에는 그들 農場主가 土地投資를 하고, 그들이 그 경영의 주체가 되며, 農業資本의 많은 부분을 그들이 담당하는 가운데, 그들은 그 모두에 대한 보수를 高率小作料로서 징수하고 있었으므로, 소작농민에게 배당되는 몫은 겨우 勞動報酬 정도이거나 또는 그 이하의 배분뿐이었다.

그러므로 이 시기 소작농민의 사회적 지위에 관해서는 논의가 분분하였지만, 學理상의 성격에 비추어 그들의 현실적 실질적인 존재형태를 파악하고자 하는 논자들은, 이들을 독립적 農業生産者가 아니라 農業勞動者 또는 이에 준하는 계급으로 보는 데 주저하지 않고 있었다. 가령 지주제 일반과 관련하여 ① ‘小作農業者는 農業勞動者’[45]로 보아야 한다고 한 것이라든가, ② 소작농민의 성격을 말하여 ‘勞動的 小作制’[46]라고 한 것, ③ 봉건적 농업이 자본주의에로 발전하는 과정에 있어서 ‘小農經營者가 賃金勞動者로 전환하는 行程’에 있는 것으로 파악하려 한 것,[47] 그리고 日本人 農場의 소작농민을 말하되, ① ‘一種 특수적인 半雇傭農制’[48]로 규정하거나, ② ‘일종의 勞動者와 같은 것으로, 企業者를 가장하였으나, 실질은 農業勞動者的’[49]이라고 한 것, ③ 經營的으로 보면 美國에서 볼 수 있는 바와 같은 ‘Cropper에 의한 Plantation 제도에 유사한 것으로서’ 이를 ‘雇傭契約에 類하는 分益小作’[50]이라고 한 것, ④ 농장

---

44) 李勳求, ‘小作問題의 經濟學的 一考察’(『朝鮮日報』1927. 8. 19~9. 13).
   S Y, ‘小作運動의 歸着點’(『開闢』1926. 1).
   光 宇, 前揭 논문.
   朴文圭, 註 32)의 논문.
   朴用來, ‘朝鮮小作問題와 農地令의 實施’(『朝鮮日報』1935. 1. 1~2).
   大野 保, 前揭 논문, p.215.
45) 李晟煥, ‘飢餓線上 가로노힌 朝鮮의 農業勞動者 問題’(『開闢』1925. 8).
46) 朝倉 昇, ‘朝鮮의 小作問題와 그 對策’(『農業經濟研究』7의 2, 1931).
47) 津曲藏之丞, ‘朝鮮에 있어서의 小作問題의 發展過程’(『朝鮮經濟의 研究』, 1929).
48) 光 宇, 前揭 논문.
49) 久間健一, 『朝鮮農政의 課題』, pp.327~329.
   金永鎭, ‘一千萬 小作人을 對하야’(『新民』12, 1926. 4)에서의 표현도 유사하였다. 이러한 理解는 日本의 地主小作制에 있어서도 제기되고 있었다. 大槻正男, ‘地主는 農業者인가’(『農業과 經濟』1의 2, 1934) 참조.
50) 澤村 康, 『農業政策』上卷, 1932, pp.204~208, p.283.

의 '地主小作關係는 오히려 雇傭契約에 가까운 실정'[51]이라고 한 것, ⑤ '賃率이 정해져 있지 않은 農業勞動者'[52]라고 한 것 등등은 그 예이었다.

그러나 그러면서도 일본인 지주·자본가계급은 그 농장을 순수한 農業勞動者로써 경영하는 것을 피하고, 小作農民으로써 경영할 것을 고집하고 있었다. 이는 그렇게 하는 것이 農場經營에 소요되는 노동력을 수탈하는 데 유리하고,[53] 또 자본투하의 책임과 위험부담의 대부분을 그들 소작인에게 전가할 수 있기 때문이었다.[54] 이 점에 관해서는 日帝 통치당국의 입장도 각도가 다르기는 하지만 마찬가지였다. 그들은 소작농민이 농업노동자로 전락하는 것을 朝鮮農地令을 통해서 정책적으로 방지하고 있었다.[55] 그것은 그들 日帝 통치당국자에게는, 소작농민이 완전한 농업노동자의 지위로 전락하는 것을 막고, 이들을 외형상으로나마 獨立的 農業生産者로 존립케 함으로써, 그들의 收奪農政에 대한 사회적 비난을 면해야 한다는 정치적 의도가 있었기 때문이었다.[56]

넷째, 日本資本主義의 地主小作制하에서 소작농민의 경제상태는 실로 비참한 바, 過小 零細農經營을 하는 것이 특징이었다. 地主小作制가 위에서 지적한 바와 같은 경제제도였다면, 그들의 경제상태가 좋을 수 없을 것임은 당연한 일이었다. 그런데 그러한 사정은 그들이 경작하고 있는 농지의 규모와 관련하여 더욱 심각하게 드러나고 있었다. 이 시기 우리나라의 小作農民은, 농촌인구의 과다와 이를 흡수할 수 있는 도시산업의 미발달로, 〈表 5〉에서 볼 수 있는 바와 같이, 大農경영·中農경영을 하는 소작농민도 없지 않았으나, 그 절대다수는 小農(田畓 合 1町步 미만)과 細農(田畓 合 3段步 미만)으로서, 過小 零細農經營을 하고 있었다. 自·小作農의 경우는 60.5%가 그러한 농민이었

　　　　『小作法과 自作農創定法』, pp.528~531.
51) 三好豊太郎, '農業經營者의 犧牲的 改良事業에 當局의 理解를 求함'(『朝鮮農會報』 4의 2, 1930).
52) 東畑精一, 『日本農業의 展開過程』(增訂版), 1936, p.68.
53) 澤村 康, 『小作法과 自作農創定法』, p.531.
　　大槻正男, 前揭 논문.
54) 姜鋌澤, '朝鮮農業에 있어서의 生産시스템의 分化'(『農業經濟硏究』 15의 3, 1939).
55) 朝鮮農地令 第2條에서는 雇傭耕作, 請負耕作 등의 契約을 認定하지 않고 있었다. 本稿, 제4절 참조.
56) 吉田正廣, 前揭書, p.16.

〈표 5〉   農地經營別 戶數(1923 조사)

	地 主	自 作 農	自·小作農	小 作 農	窮 民	累 計
大	6,866	94,453	98,628	88,226		
中	22,994	179,016	263,747	233,029		
小	39,455	172,390	329,431	354,399		
細	52,670	107,819	225,605	298,084		
計	121,985	553,678	917,311	973,738	162,209	2,728,921

* 調查標準
1. 地主의 大 : 20정보 이상, 中 : 5정보 이상, 小 : 1정보 이상, 細 : 1정보 미만을 소유하고 自耕하지 않는 자.
2. 自作農—小作農의 大 : 3정보 이상, 中 : 1정보 이상, 小 : 3단보 이상, 細 : 3단보 미만을 耕作하는 자.
3. 窮農 : 窮乏한 자로서 農家의 勞役에 종사하는 자.
* 朝鮮總督府農林局, 『朝鮮에 있어서의 小作에 關한 參考事項摘要』, 1932, p.22.

고, 小作農의 경우는 67%가 그러하였다. 이러한 규모의 농지로서는 그 所出을 다 그들의 것으로 하더라도 그 가계를 이어가기가 어려웠다. 滿洲나 日本으로 流離하는 농민이 계속 늘어나고, 좀 후에는 도시로 유입하는 농민 또한 늘어나고 있었지만, 그러나 過小 零細農經營의 사정은 여전히 해소되지 않고 있었다.

이 시기에는 이 같은 영세농민에게 과중한 地主層의 高率小作料가 부과되고, 公租公果, 肥料代, 기타 등등의 각종 부담이 전가되고 있었다. 그러므로 그들은 그들의 농업생산에서 赤字生産을 하게 되는 것이 보통이었고,[57] 가령 적자를 면한다 하더라도, 그들에게는 일가의 생계를 유지할 수 있는 剩餘가 남을 수 없었으며, 따라서 봄이 되면 벌써 絶糧상태에 들어가 窮乏飢餓에 시달리게 되는 것이 일반이었다.[58] 이 시기의 소작농민은 窮乏飢餓의 대명사 그

---

57) 朝鮮農會, 『農家經濟調查』(1930~32年度의 京畿·全南·慶南·平南·咸南道) 중 小作, 自·小作農 條項의 '農家의 餘剩'란 참조.
　　金用福, '小作人의 告白'(『新民』 12, 1926. 4).
　　趙敏衡, 『朝鮮農村救濟策』 附錄, 小作農 稻作 1, 2町步 收支概算 참조, 1930.
　　印貞植, '朝鮮農民生活의 狀況'(『調查月報』 제3·4호, 1940).
　　姬野 實 編, 『朝鮮經濟圖表』, pp.175~177.
　　高橋龜吉, 前揭書, p.228.
58) 朝鮮總督府, 『朝鮮의 小作慣行』 續編, 第12章 自作農 及 小作農 중의 春窮民 及 負

것이었다. 물론 地主層의 高率小作料 부과와 각종 公租公課, 기타 등의 전가 및 封建 雇役的인 노동의 강요에 대하여는, 여론의 비판이 끊이지 않고 있었지만, 그러나 소작농민들의 借地경쟁이 치열한 상황하에서, 그 수탈이 조정될 수는 없었고, 따라서 소작농민들은 地主層의 飢餓地代 수탈 및 각종 부담의 수탈을 여전히 감수할 수밖에 없었다.

그러므로 이 같은 상황하에서 소작농민들이 家計를 이어가기 위해서는 결국 타인의 농업생산에 賃勞動者로 종사할 수밖에 없었다. 그러나 이 시기에 있어서는 이것으로서도 문제를 해결할 수 없었다. 農業勞動者에 대한 보수는 일반 도시노동자의 그것에 비하여 노동이 과중한 데 비하여 임금이 과소하였기 때문이었다.[59] 그리하여 그들은 결국 地主·高利貸에게 매달려 高利債로 위기를 넘기고, 마침내는 그 부채가 누적하는 가운데 債務奴隷的 존재로서 계속적인 수탈에 얽매이지 않으면 아니 되었다. 이 시기의 지식인들이, 過小 零細 農經營을 하는 소작농민을 가리켜 '法律상 자유 있는 農奴'[60]라든가 '小作人은 일종의 農奴'[61]라 하고, 그 地主小作制를 '자본주의를 가장한 農奴制度'[62]라고 칭하고 있었던 것은 무리가 아니었다.

이 시기의 經濟制度 地主小作制가 이 같은 것이었다면, 그러한 제도 내에서는 소작농민들이 살아 남기 어려웠다. 실제로 그들은 농촌이 피폐하는 가운데 항상 기아선상에서 굶주리지 않으면 아니 되었고, 日本으로 滿洲·中國으로 그리고 시베리아로 流離하지 않으면 아니 되었으며, 또 그렇지 않을 경우에는

金勞動을 행하는 小作農戶數, 1932.

　朝鮮總督府農林局, 『朝鮮에 있어서의 小作에 관한 參考事項摘要』(1932), p.24, 春季食糧端境期에 生活窮乏한 農家戶數(1930調査)表 참조. 이에 의하면 自作農은 1.84割, 自小作農은 3.75割, 小作農은 6.81割이 절량상태의 궁민이었다. 이 같은 사정은 이 시기의 社會問題로서 여러 新聞紙上에 무수히 거론되고 있었다.

59) 一記者, '農村과 勞動問題'(『共濟』7, 1921. 4).
　俞鎭熙, '小作運動과 그 內容檢窺'(『東亞日報』1921. 3. 25).
　鮮于 全, '農民의 都市移轉과 農業勞動의 不利의 諸原因'(『開闢』26, 1922. 8).
　金永鎭, '一千萬 小作人을 대하야'(『新民』1926. 4).
　『數字朝鮮研究』2, 第4章 朝鮮勞動者現況 第4節 朝鮮勞動者의 賃金, 1932 참조.
60) 李順鐸, '勞動運動과 小作運動의 協同'(『開闢』1924. 5).
61) 一記者, 前揭 논문.
62) 朴心耕, '朝鮮農村問題의 現在와 將來'(『朝鮮之光』1928. 12).

火田民으로 전락하지 않으면 아니 되었다(〈表 1〉 참조). 요행 그러한 상태에 까지는 이르지 않는 소작농민이라 하더라도, 그들이 모두 건실한 獨立 農業生産者가 되기는 어려웠다. 그들 중의 많은 부분은 이미 일본자본주의의 地主·資本家階級에 의해서 지배당하는, 極貧의 실질적인 雇傭小作이나 農業勞動者로 化하고 있었으며, 高利貸의 부채에 시달리는 재기불능의 債務奴隷的 존재로 化하고 있었기 때문이었다.

3. 農業問題의 歸結＝農民運動과 그 指向

이 시기의 小作農民들이, 위에 언급한 바와 같은 상황 속에서 살아 남기 위해서는, 地主·資本家階級에 대항하여 적극적인 鬪爭＝農民運動을 전개하지 않으면 아니 되었다. 그리고 이 경우 그 투쟁 그 운동은, 그러한 상황을 재래케 하고 있는 대항 세력으로서의 地主·資本家階級의 힘이 강대하고 또 권력과 연결되어 있었던 만큼, 아주 적절한 방법으로 장기간에 걸쳐 지속적으로 전개하는 것이 되지 않으면 아니 되었다. 그리고 小作農民들의 투쟁과 운동은 실제로 그같이 전개되고 있었다. 이 시기의 농업문제는 결국 農民運動으로 귀결되고 있는 것이었다. 1920년대에서 1930년대에 걸치면서 발생 발전하고 있었던 바 농민들의 일련의 小作爭議는 바로 그것이었다. 그것은 〈表 6〉에서 볼 수 있는 바와 같이 줄기차게 전개되고 있었다. 여기서는 그러한 小作爭議에 관하여 그 경과 과정을 일일이 논할 충분한 여유가 없지만, 그러나 우리가 검토하고 있는 地主制의 성격을 보다 분명하게 이해하기 위해서는, 그 운동이 발생하게 되는 思想基盤 내지 思想背景과 거기에서 내세워지고 있었던 要求條件, 그 운동을 위한 組織과 그 운동이 指向하고 있었던 바 理念 등에 관하여, 요점만이라도 정리해 두는 것이 필요하리라고 생각된다.

小作爭議로 표현되는 농민운동이 발생하게 된 思想基盤 내지 思想背景은, 일반적으로 이해되고 있듯이, 經濟的 階級的인 측면과 民族的 政治的 측면의 두 계통으로 정리될 수 있을 것이다. 그것은, 물론 논자에 따라서는 어느 한쪽만을 특히 강조하는 경우도 없지 않았지만, 대체로는 농민운동이 전개되고 있

<表 6>　　　　　　　小作爭議의 發生狀況

年　度	件　數	年　度	件　數
1920	15	1930	726
1921	27	1931	667
1922	24	1932	300
1923	176	1933	1,975
1924	164	1934	7,544
1925	204	1935	25,834
1926	198	1936	29,975
1927	275	1937	31,799
1928	1,590	1938	22,596
1929	423	1939	16,452

* 朝鮮總督府農林局, 『朝鮮農地年報』 1, 1940, pp.5~6.

었던 당시로부터 이미 그같이 이해되고 있는 일이었다고 하겠다.[63]

　전자는 소작농민층이 그들의 비참한 경제적 처지를 日本資本主義의 地主·

---

63) 白南雲, '朝鮮經濟의 現段階論'(『思想彙報』 17, 1938)에서는, 日帝强占期의 사회
　　문제를 전반적으로 정치적으로는 民族的 對立, 사회경제적으로는 資本主義的 階級
　　的 對立으로 규정했으며,
　　　李晟煥, '朝鮮農民運動의 情勢'(『朝鮮日報』 1928년 1월 1일)에서는, 農民運動團體
　　의 目的을 분류하여 대체로 다음과 같이 정리하되,
　　　① 地主에게 대하여 小作條件의 維持 改善을 圖謀할 것을 目的하는 것.
　　　② 農民의 親睦과 敎養과 農村의 風俗改良을 目的하는 것.
　　　③ 광범위한 農民層을 망라하야 民族的 當面問題의 해결을 期하려 하는 것.
　　　④ 農業改良과 信用·消費·販賣組合 등을 통해 經濟的 向上을 目的하는 것.
　　그 중 가장 많은 數를 차지하는 것이 ①과 ③의 운동임을 지적하고, 그 農民運動으로
　　서의 의미를 아래와 같이 평가하고 있었다.
　　　"이에서 우리는 朝鮮의 農民運動이 어떠한 경향으로 진보되고 발전하는가를 엿볼
　　수 있다. 즉 前者는 비교적 階級的인 동시에 鬪爭的이다. 그러나 이것은 鬪爭의 범위
　　가 주로 경제적 영역에 국한되어, 그 目的과 그 手段에 있어서(특별한 地域은 별문
　　제로 하고) 朝鮮의 特殊性을 충분히 捕捉하지 못할 염려가 있다. 그러나 後者는 다
　　만 목전의 經濟的 利益을 획득할 것뿐만 아니라 …… 그러므로 특별한 지역을 제하고
　　는 朝鮮의 農民運動은 後者에 속할 경우가 많으리라고 본다. 어떻든 鬪爭은 …… 經
　　濟的 鬪爭 이외에 政治鬪爭으로의 진출이 또한 필요하다고 생각한다. 民族的 당면문
　　제 解決上 農民의 政治鬪爭的 진출이 朝鮮에 있어서는 가장 중요성을 가지고 있다."
　　　그리고 小早川九郎, 『朝鮮農業發達史』(政策篇, 1944, p.531)에서는 그러한 사정
　　을, "時勢는 第1次 歐洲大戰을 계기로 하여 急變轉하고, 小作爭議는 단순한 經濟鬪
　　爭의 範域을 벗어나, 思想的 民族的 鬪爭과 서로 결합하여, 극히 복잡화하고 惡質化
　　한 것으로, 全鮮에 彌滿하게 되었던 것"이라고 지적하였다.

資本家階級에 의한 土地集積, 土地兼倂과 그 수탈에 기인하는 것으로 보고, 따라서 그들에 대하여는 적대적인 階級意識을 갖게 된 까닭이라고 보는 것이었다.[64] 이와 같은 계급의식은 이미 封建末期에 있어서도 광범위하게 형성되고 있었던 것이지만, 1920년대 이후에는 이른바 신사상으로서의 社會主義思想이 널리 수용되는 가운데, 그 이념이 韓國人의 政治 社會運動에 큰 영향을 미치고 있었으므로, 勞動階級에 있어서도 의식 무의식 또는 직접 간접으로 그 영향을 받게 되고, 따라서 구래의 계급의식이 새로운 社會主義思想의 그것으로 자연스럽게 대치되어 가고 있었다. 그러므로 이 시기 농촌사회에 있어서는, 소작농민층이 그들의 급박한 경제생활과 관련하여, 이 같은 새로운 사회사상의 영향과 지도하에 농민운동을 전개하게 되는 것은 자연스러운 일이었다.

그리고 후자는 이 시기에 우리나라를 강점하는 가운데 한국농업을 지배하고 한국농민을 수탈하는 것은 日本帝國 日本資本主義의 全機構였으며, 소작농민층을 몰락시키고 있는 지주·자본가계급 중에서도 특히 중심이 되고 있었던 것은 日本人들이었으므로, 수탈대상이 되고 있었던 韓國農民·小作農民層은 일본인 지주·자본가계급 나아가서는 일본제국주의에 대하여 심각한 敵對意識, 民族意識을 갖게 되고 있었다.[65] 그러므로 이 시기에 있어서는 일상적인 民族感情과도 관련하여, 이들 농민층에게 어떤 계기가 주어지면, 그들에 대한 민족적 정치적 투쟁으로서의 農民運動이 자연스럽게 발생할 수 있었다. 그러한 계기는 日帝 통치당국의 일본인 위주의 農政策과 농민수탈이 절정에 달하게 되는 1920년대에, 사회주의 진영의 民族解放運動이나 文化運動이 농민운동을 新社會건설, 따라서 政治運動으로 유도하게 되었을 때 마련될 수 있었다. 그러한 운동은 1920년 전후부터 國內外에서 서서히 전개되기 시작하고 있었다.[66]

---

64) 朝鮮總督府 調査資料 16, 『朝鮮의 群衆』, 1926, p.15.
　　朝倉 昇, '朝鮮의 小作問題와 그 對策'(『農業經濟硏究』7의 2, 1931).
　　李勳求, '農村 中産階級의 沒落과 그 對策'(『東方評論』 1932. 7).
65) 『朝鮮日報』 社說, '朝鮮 農民運動의 政治的 傾向'(1925년 3월 24~26일).
　　澤村 康, 『農業政策』 上卷, 1932, p.281, 283.
　　金基承, 「裵成龍의 政治·經濟思想 硏究」, 고려대 대학원, 1991, p.85.
66) 소련·中國에서 韓人社會黨(1918~1921)과 高麗共産黨(1921~1922)이 成立하여

물론 이 같은 두 계통의 사상이 어느 시기, 어느 지방의 農民運動에서나 늘 균일하게 복합적으로 작용하고 있는 것은 아니었으며, 거기에는 시차, 지역 차, 사상의 농도의 차이 등이 있었다. 그러나 그러한 가운데 여러 지방의 농민운동은 점차 그 영향을 더 많이 받게 되고 있었다. 그리고 그 운동들이 확대되고 심화되는 데 따라서는, 그 두 사상은 하나의 사상으로 종합되는 가운데, 그 농민운동을 단순한 小作爭議가 아니라, 反帝와 反封建의 성격을 동시에 지닌 '民族解放'과 '民族革命'(朝鮮革命)의 政治運動으로까지 고양시키게 되고 있었다. 그것은 주로 社會主義 진영의 思想體系·民族解放의 運動方略과 밀접하게 관련되고 있었다. 즉, 이 시기에는 국내에서도 사회주의 진영의 前衛黨인 朝鮮共産黨이 성립되어 國際共産黨(코민테른)과 연계하는 가운데, 민족해방을 위한 운동방략을 그와 같이 세우고 있었는데,[67] 이 시기 농민운동은 1920년대 후반에서 1930년대 초에 걸치면서, 그 영향과 지도를 받게 되고 있었으므로, 그 농민운동은 전반적으로 그러한 방향으로 추진되지 않을 수 없었다. 그리하여 小作爭議가 이 같은 성격의 농민운동이 되면, 그 쟁의는 농민운동으로서 절정에 달하게 되는 것인데, 이 시기의 소작쟁의는 이제 점차 그 같은 성격의 농민운동으로 化하고 있었다.

그 約法과 宣言書·綱領(金正明 編, 『朝鮮獨立運動』 5, 第7編 朝鮮共産主義 運動에 關한 基本資料 중 韓人社會黨約法〈1920〉, 高麗共産黨宣言書·黨綱領·黨規〈1921〉) 등이 國內의 運動家들에게 알려지고, 國內에서 각종 신문·잡지에 社會主義思想을 소개하는 글이 실리는 가운데, 日本 社會主義理論家의 農民運動에 관한 논문이 번역되어 대중에게 읽혀지게 되고 있었음은(예컨대 佐野 學의 '社會主義와 民族運動'〈『東亞日報』 1923. 7. 4~12〉, '社會主義와 農業問題'〈『東亞日報』 1923. 8. 30~9. 9〉, '社會主義와 農民問題'〈『東亞日報』 1923. 11. 8~14〉, '社會主義와 農民運動'〈『思想運動』 3의 2, 1926〉 등) 그 예가 되겠다. 단, 國外에서 작성된 글들이 國內의 運動家知識人을 거쳐 대중에게 널리 알려지기까지에는 상당한 시간이 소요되었으리라고 생각된다. 이 단계의 社會運動이념의 전반적 흐름에 대해서는 김명구, '1920년대 전반기 사회운동이념에 있어서의 농민운동론'(『한국근대 농촌사회와 농민운동』, 1988) 참조.

67) 朝鮮總督府, 『共産主義運動에 관한 文獻集』, 1936 및 金正明, 前揭書, 朝鮮共産主義運動에 관한 基本資料 중, 1920년대 초 코민테른의 '民族及植民地問題에 관한 테제'(레닌 테제), '東洋問題에 관한 一般的 테제', 그리고 梶村秀樹·姜德相 編, 『現代史資料』 29, 『朝鮮』 5, 共産主義運動, pp.419~422, 共産黨幹部 具然欽 取調 중의 朝鮮共産黨 '宣言'書(本稿의 註 204) 등 참조.

小作爭議는 이같이 거창한 배경 위에서 발생하는 것이었지만, 그것은 地主
小作制 내에서 일어나는 일이었으므로, 이 운동에서의 구호 내지 요구조건은
우선은 이시기 地主 小作制가 안고 있는 不合理와 矛盾에 관련되는 것, 따라
서 그것의 시정을 요구하는 비교적 소극적인 주장에서부터 시작하는 것이 일
반이었다. 그 같은 구호나 요구조건은 여러 가지로 제시되고 있었지만, 그 중
에서도 중심이 되는 것은 ① 小作權(小作人의 耕作權)의 박탈(移作)문제, ②
高率小作料와 관련되는 문제, ③ 公租公課 기타 등의 전가문제, ④ 地主經營
運營者의 中間收奪문제 등이었다.[68] 따라서 그들은 ①과 관련하여서는 소작
농민을 위해서 小作權을 안정시키라는 것이었고, ②와 관련하여서는 高率의
小作料를 3할 내지 4할로 인하하고, 凶年減收시에는 예정되었던 소작료를 적
절히 절감하라는 것이었으며, ③,④와 관련하여서는 地主層의 규정 외 收奪과
그 관리자(舍音)들의 여러 가지 명목의 中間收奪을 제거하라는 것이었다.[69]
그러나 농민운동이 확대 발전하는 데 따라서는, 농민들의 주장이 이에서 그치
지 않았으며, 그 구호와 요구조건이 적극화하지 않을 수 없도록 되고 있었다.
그리하여 운동이 1930년대에 이르면, 농민운동의 방향이 그 주체들에 의해서
이른바 反帝反封建의 '朝鮮革命論'과 연계되는 가운데, 명백히 급진적 農民革
命論 또는 土地革命論 — 地主制 打破論을 제기하기까지 되고 있었다.[70]
　小作爭議로서 시작된 농민운동의 이 같은 추이는, 1920년대에서 1930년대

---

68) 朝鮮總督府 調査資料 26, 『朝鮮의 小作慣習』, 1929, p.60.
　　　朝鮮總督府, 『朝鮮에서의 小作에 關한 參考事項摘要』, pp.83~87.
　　　『朝鮮農地年報』 1, pp.20~24.
69) 그러한 사정은 農民運動의 초기 단계라고 할 수 있는, 1923년의 順天, 光州 지방
　　　小作爭議에서부터 이미 그 예를 볼 수 있다. 허장만, 『1920년대의 농민운동의 발
　　　전』, pp.57~60 ; 金森襄作, '朝鮮農民組合運動史 — 1920년대의 晋州·順天을 중심
　　　으로'(『朝鮮史叢』 5·6, 1982) 참조.
70) 梶村秀樹·姜德相, 前揭書, '朝鮮社會運動略史코오스', p.168.
　　　金正明, 前揭書, '朝鮮에 있어서의 農民運動의 趨勢', p.408.
　　　淺田喬二, '朝鮮에 있어서의 抗日農民運動의 展開過程'(『日本帝國主義下의 民族解
　　　放運動』, 1973).
　　　辛珠柏, 「1930年代 咸境道地方의 革命的 農民組合運動 硏究」, 성균관대 대학원,
　　　1989.
　　　池秀傑, 「1930年代 朝鮮의 農民組合運動 硏究」, 고려대 대학원, 1991.

에 걸치면서, 그 운동을 추진하고 있었던 바 組織과 그 조직이 지향하고 있었던 바 理念을 살피면 더욱 분명해질 수 있다. 小作爭議는 일반적으로 小作人組合이나 農民組合을 통해서 추진되고 있었는데, 그러한 조직의 운동은 모든 지역의 운동이 다 그러했던 것이 아니라, 주로는 社會思想이 발달한 선진지역의 운동이 그러했던 것이며, 또 그 운동은 이 시기 우리나라 民族解放運動을 주도하고 있었던 지식인들의 사상이나 社會革命論 전반의 이론수준의 심화와도 관련하여, 몇 단계에 걸치면서 질적으로 현저하게 다른 발전적 이론으로서 전개되고 있었기 때문이다.

그 첫 단계는, 朝鮮勞動共濟會(1920)가 등장하여 小作人들의 對地主투쟁을 지도 격려하고 있었던 시기이다. 勞動共濟會는 민족주의 계열의 인사와 사회주의 계열의 인사가 모두 모여, 노동자와 소작농민 등 無産階級의 권익을 옹호하기 위하여 설립한 노동단체로서,[71] 그 목적을 달성하기 위해서는 전국에 많은 지회를 조직하고 勞農運動을 전개하고 있었다. 특히 소작농민을 위해서는 '小作人組合論' 및 '小作人은 단결하라'는 선언 등 小作運動 農民運動의 지침을 마련하여 제시하고,[72] 또 그러한 운동의 필요성을 理論鬪爭의 형식으로 정연하게 제론하고 있었다. 소작농민의 對地主鬪爭은, 농민 개개인이 개별적으로 할 것이 아니라, 반드시 小作人組合과 같은 농민단체를 조직하여 모든 농민이 이를 중심으로 집결함으로써 큰 힘을 발휘할 수 있는 단체운동으로서 할 것, 그리고 그 요구조건은 불합리한 地主 小作制를 개선하기 위하여 高率 小作料의 인하, 小作權(耕作權)의 법제화, 기타 등등을 요구하라는 것이었다.[73] 그리하여 1920년대 초의 전국의 농민운동은 직접 간접으로 이 勞動共濟會의 농민운동 지침과 그 회원들의 지도하에 전개되는 바가 많았다.

그러나 이 단체의 농민운동은, 그것에 비록 反地主·反資本主義的 일면이 있었다 하더라도, 그 運動方略의 미숙함과 그들을 지도하는 指導團體의 개량주

---

71) 愼鏞廈, '朝鮮勞動共濟會의 創立과 勞動運動'(『韓國近代社會史硏究』, 1987).
72) 申伯雨, '小作人組合論'(『共濟』 2, 1920).
　　『東亞日報』 1922년 7월 31일~8월 3일, '小作人問題에 對하여 ― 勞動共濟會의 宣言'.
73) 兪鎭熙, '小作運動과 그 內容 檢窺'(『東亞日報』 1921. 3. 21~29).

의적 勞農團體로서의 성격에 제약되어, 전국적으로 횡적인 연대를 갖는 가운데 하나의 이념으로 전개되는 운동이 되기가 어려웠다. 더욱이 勞農運動을 철저한 경제적 계급운동으로서 이끌어 갈 것을 생각하는 사회주의자들에게 있어서는 그러한 운동이 만족스러울 수가 없었다. 그들은 농민운동을 일정한 조직체계의 지도하에, 일정한 이념을 지닌 對地主·資本家階級의 계급투쟁으로서, 보다 효과적으로 수행해야 하고 그렇게 할 수 있을 것으로 기대하고 있었다.

다음 단계는, 朝鮮勞農總同盟(1924)이 등장하여 농민운동을 지도하는 시기였다. 勞動共濟會 산하에서 그 농민운동에 만족할 수 없었던 사회주의 계열의 운동가들은, 그들이 지도하는 농민운동이 보다 효과적인 것이 되게 하기 위하여, 그 지도기구도 보다 효율적인 것이 되어야 할 것으로 생각하였다. 그들은 그것을 각 지방에서 여러 小作爭議를 경험하는 가운데 절감하였고, 그러한 가운데 小作人組合의 연합체가 필요하다는 사실을 확인하게 되었다. 그리하여 이 같은 運動主體들의 여론은 마침내 그들의 운동을 지도하게 될 勞農團體로서 朝鮮勞農總同盟을 탄생시키고,[74] 따라서 그 후에 있어서의 농민운동은 직접 간접으로 이 勞農總同盟의 지도와 영향하에 수행하지 않을 수 없도록 되었다.

朝鮮勞農總同盟은 여러 계파의 사회주의자들에 의해서 구성되고 있었다. 그러나 그들은 모두 맑스·레닌주의를 따르는 논자들이라는 점에서, 이 단체는 同一 이념을 추구하는 勞農團體일 수가 있었으며, 따라서 그러한 점에서 그들이 지도하는 농민운동도 또한 그러한 성격을 지니는 운동이 될 수가 있었다. 그들은 그 같은 그들의 정치적 입장과 사업목표를 다음과 같은 綱領으로서 선언하고 있었다.

1. 吾人은 勞農階級을 해방하야 완전한 新社會를 실현할 것을 목적으로 한다.
2. 吾人은 團結의 위력으로서 최후의 승리를 얻기까지 철저히 資本階級과 鬪爭할 것을 期한다.
3. 吾人은 勞農階級의 現下生活에 비추어 각각 福利增進과 經濟的 向上을 도모한다.[75]

---

74) 朝鮮勞農總同盟의 成立過程에 관해서는 다음 글을 참고할 수 있다.
　　허장만, 前揭書.
　　金俊燁·金昌順, 『韓國共産主義運動史』 2, pp.57~100.

이는 요컨대 勞農階級에게 계급의식을 고취하고, 그러한 계급의식으로 무장한 노농계급의 단결된 힘으로써 地主·資本家階級에 대하여 계급투쟁을 전개함으로써, 이 나라에 新社會, 즉 사회주의 사회를 건설하겠다는 것이었다. 이 시기에는 日本資本主義의 우리 농업지배로 구래의 농업생산체계는 파괴되고, 농민은 몰락하여 日本·滿洲·시베리아로 유리사산하고 있었으므로, 勞農階級의 입장에 서서 문제를 해결하려 할 때 이 같은 주장이 나오게 되는 것은 무리가 아니었다. 그리하여 1920년대의 중반기에는, 地主·資本家階級의 農民수탈 강화와 이에 대한 勞農總同盟의 反地主·反資本主義的 이념이 상충하는 가운데, 각 지방의 小作爭議＝農民運動은 실로 격렬하게 전개되었다. 이른바 安東지방의 小作爭議, 全羅道 남해안 岩泰·慈恩 등 諸島의 소작쟁의, 載寧지방(北栗) 東拓農場의 小作爭議, 沃溝 二葉社農場의 小作爭議 등은 그 몇몇 예이었다.[76]

셋째 단계는, 사회주의 진영의 前衛政黨이고 최고의 指導機關인 朝鮮共産黨(1925)이 창당되어 그 ‘宣言’書(1926)를 발표하고,[77] 이와 관련하여서는 朝鮮勞農總同盟이 朝鮮勞動總同盟과 朝鮮農民總同盟(1925～1927)으로 발전적으로 분리되는 가운데, 농민운동이 전반적으로 朝鮮共産黨과 農民總同盟의 民族解放運動을 위한 運動方略의 일환으로서 전개되는 시기였다. 물론 이때 共産黨은 日帝 당국으로부터 불법단체로 지목되어 박해를 받아 몇 차례씩 와해되고, 農總의 간부들 또한 이에 연루되어 거듭 체포됨으로써, 그들이 직접

---

75) 京畿道警察部, 『治安槪況』(1925), p.12.
　　金正明, 前揭書, ‘朝鮮에 있어서의 農民運動의 趣勢’, p.406.
　　韓洪九·李在華 編, 『韓國民族解放運動史資料集』 2, p.196.
76) 강정숙, ‘일제하 안동지방 농민운동에 관한 연구’(『한국근대 농촌사회와 농민운동』, 1988).
　　大和和明, ‘朝鮮農民運動의 轉換點 —1925年 全羅南道多島海地域의 小作爭議분석’(『歷史評論』 413, 1983).
　　허장만, 前揭書.
　　淺田喬二, 『日本帝國主義下의 民族革命運動』, 1973, pp.198～237.
　　趙東杰, 『日帝下 韓國農民運動史』 제2장 제2절 小作爭議의 전개, 1979.
　　本書, 제Ⅱ편 제4논문 등 참조.
77) 梶村秀樹·姜德相, 前揭書, ‘具然欽 取調’, p.419.
　　本稿의 註 204) 참조.

지도하는 농민운동이 안전하게 전개될 수는 없었다. 그러나 이때 共産黨에서
는 이 단계에 있어서의 農民運動의 방향을 당 운영의 綱領 또는 指針으로서
그 '宣言'書를 통해 제시하고 있었으므로, 이 시기의 농민운동은 접진적이기는
하였지만, 대체로 이 지침에 따라 진행되어 나가지 않을 수 없었으며, 따라서
그 후의 농민운동은 종전의 그것에 비하여 크게 달라지지 않을 수 없도록 되
고 있었다.

그것은 무엇보다도, 이 시점에 있어서 朝鮮共産黨과 共産主義者들이 수행
하게 될 당면 과업과 관련되고 있었다. 즉, 그들의 그 같은 과업은, 단순히 과
거에 있어서와 같이 經濟主義的 意識에 머무르지 않고, 일본제국주의의 압박
으로부터 우리 민족을 절대로 해방해야 한다는 政治鬪爭을 하는 것이었으며,
그 民族解放은 동시에 民族革命＝社會革命을 수반하는 것이어야 한다는 것이
었는데, 이 경우 이 같은 거창한 과업을 수행하기 위해서는, 우리 민족이 총역
량을 결집하여 民族革命唯一戰線을 구축하여 적에게 대항해야 한다는 것이었
다. 그리고 그러기 위해서는, 全민족의 87%나 되고, 혁명적 정신력이 가장
왕성한 勞農階級이 해방투쟁의 先頭隊에 설 때, 그 투쟁이 유력하게 전개되고
승리도 얻을 수 있는 것이므로, 黨에서는 농민들이 그 같은 투쟁을 할 수 있도
록, 農民運動의 조직을 새로이 農民組合으로 개편하고, 이 조직을 통해서 농
민운동을 전개하도록 지도해야 한다는 것이었다.[78] 그리하여 이제 1920년대
의 후반에는 小作人組合을 대신하여 많은 새로운 農民組合이 등장하고, 그 농
민운동은 農民總同盟의 지도하에 수행될 것이 호소되는 가운데, 그리고 정치
투쟁이 광범위하게 확산되기 위해서는 經濟鬪爭과 그 조직이 필요하다는 사
실이 호소되는 가운데,[79] 民族解放과 民族革命이라는 새로운 이념을 내재하
는 운동으로서 확산하게 되었다.

그러나 이 단계에 있어서는 이 같은 투쟁방침이 그 指導部에서 바라는 대로
순탄하게 전개되기가 어려웠다. 그것은 그 운동의 司令塔이 되는 黨의 지도부
가 주로 지식인과 학생층으로 구성되고 있어서, 그 조직기반이 勞農階級에 있

---

78) 同 上, pp.419~422.
　　 김명구, 前揭논문.
79) 『大衆新聞』 13호, 1928년 3월 29일 2면의 기사는 그러한 한 예가 되겠다.

거나 또는 그 계급에 뿌리를 내리는 것이 되기 어려웠으며,[80] 그나마 日帝의
탄압을 받아 그 黨이 와해된 채, 재건되면 파괴되고 재건되면 파괴되는 가운
데 그 前衛黨으로서의 정착이 쉽지 않았기 때문이었다. 더욱이 이 단계의 民
族解放運動은 비타협적 민족주의 진영과의 협동전선이 추구되고 있었으므로
(1927년 新幹會), 民族革命운동, 즉 社會革命의 내용을 조정해 나가는 데도
어려움이 없지 않았다.

넷째 단계는, 사회주의 진영의 前衛黨이 정착되지 못하는 가운데, 1920년
대 말경부터 1930년대 전반에 걸치면서, 지방에 따라 농민운동 지도부에 의
해서 새로운 農民組合이 설치되고, 이를 중심으로 이른바 '革命的' 農民組合運
動이 전개되는 시기였다.[81] 이 시점에 있어서의 농민운동의 이 같은 추세는
당시의 內外정세에서 연유하고 있었다. 즉 內的 사정은, 朝鮮共産黨의 농민운
동에 대한 구상은, 본시 그 지도부로서의 前衛黨과 일선 행동조직으로서의 農
民組合이 연대함으로써, 그들이 목표하는 바 民族解放運動으로서의 농민운동
을 수행하려는 것이었으나, 그 前衛黨 재건의 전망이 투명치 않고, 또 日本資
本主義 世界資本主義의 農業恐慌으로 농민부담이 가중하고 그 몰락이 심화되
는 가운데, 각 지방 前衛黨 재건의 주도층과 농민운동 지도층들은 그 같은 운
동을 동시에 수행해야 했으므로, 결국 지방단위의 農民組合이 前衛黨의 기능
까지도 겸하는 농민운동을 전개하지 않을 수 없었다는 점이었다.[82]

그리고 外的 사정은 코민테른 第6次大會에서 '植民地·半植民地 諸國에 있
어서의 혁명운동'에 관한 테제를 채택하는 가운데,[83] 韓國問題에 관해서는, 노
동자·농민에게 革命前衛隊의 결성을 용이하게 하기 위하여, 이른바 '12월 테
제'를 보내오고, 그 중에서는 부르주아계급이 일본제국주의와 밀착하고 유착

---

80) 梶村秀樹·姜德相, 前揭書, '코민테른 決定書', p.119.
　　金俊燁·金昌順, 前揭書 3, 附錄, p.361.
81) 註 70) 참조.
82) 明川지방의 農民組合組織과 그 운동의 指針書로 이용되었던, '農民組合 再建運動과
　　農民問題'(『思想彙報』17, 1938)를 통해서는 그러한 사정을 생생하게 살필 수 있다.
83) 朝鮮總督府, 『共産主義運動에 關한 文獻集』, 1936, pp.153~215.
　　村田陽一編譯, 『코민테른 資料集』 第4卷, pp.414~449.
　　金正明, 前揭書, pp.701~739.

할 경우, 그 民族解放運動은 단순한 反帝 反封建運動에 그치는 것이 아니라, 그것은 동시에 勞農階級의 민족부르주아지에 대한 계급투쟁이 되어야 할 것임을 지시하고 있었으며,[84] 또 프로핀테른에서도 이른바 ‘9월 테제’를 보내오되, 민족부르주아지의 改良主義化에 대항하여 勞動組合·農民組合을 새롭게 조직하고, 그 운동을 ‘革命的’ 勞動組合運動, ‘革命的’ 農民組合運動으로 추진해야 할 것임을 지시하고 있었던 점이었다.[85] 그러므로 이 무렵의 농민조합운동이 혁명성을 띠게 되는 것은 자연스러운 일이었다. 이 무렵에 있어서의 민족부르주아지는 타협·비타협을 막론하고 많은 경우 日帝와 크게 야합하고, 그들의 한국농업지배, 한국농민수탈, 체제유지에 협력자가 되고 있었기 때문이었다.

이 같은 농민운동은 전국 각 지방에서 모두 일어나고 있었지만, 咸境道 지역을 중심으로 해서는 특히 활발하게 전개되고 있었다.[86] 이 지역의 여러 農民組合에서는 이때 地主 小作制를 중심으로 한 일반 小作爭議 문제 이외에도, 日帝의 농민수탈, 한국민족지배에 관한 일상적인 통치정책 전반에 관해서도 강한 항쟁을 전개하게 되고 있었다. 그리고 그것은 마침내, ‘貧小農 및 絕糧民 季節勞動者 대중 제군! 우리도 帝國主義戰爭에 반대하여 朝鮮民族의 완전한

---

84) 同 上, 『共産主義運動에 關한 文獻集』, 1936, pp.536~548.
　　同 上, 『코민테른 資料集』 第4卷, pp.487~495.
　　金俊燁·金昌順, 前揭書 3, 附錄, pp.380~387.
　　金正明, 前揭書, pp.740~747.
85) 同 上, 『共産主義運動에 關한 文獻集』, 1936, pp.548~556.
　　同 上, 『코민테른 資料集』 第4卷, pp.471~476.
　　金俊燁·金昌順, 前揭書 3, 附錄, pp.388~393.
　　金正明, 前揭書, pp.766~771.
86) 朝鮮總督府警務局, 『朝鮮의 治安狀況』, 社會主義運動 중의 農民運動, 1930, p.28.
　　金正明, 前揭書, ‘朝鮮에 있어서의 農民運動의 趨勢’, p.408.
　　飛田雄一, ‘定平農民組合의 展開 —1930年代의 赤色農民組合의 一事例’(『朝鮮史
　　　　叢』 5·6, 1982).
　　　　‘永興農民組合의 展開 —1930年代의 赤色農民組合의 一事例’(『朝鮮—九
　　　　三十年代 研究』, 1982).
　　竝木眞人, ‘植民地下 朝鮮에 있어서의 地方民衆運動의 展開 — 咸鏡南道洪原郡의
　　事例를 中心으로’(『朝鮮史研究會論文集』 20, 1983).
　　註 70)의 淺田喬二, 辛珠柏, 池秀傑 논문.
　　註 87), 88)의 이준식, 이종민 논문 등 참조.

해방을 위해 殺人强盜 日帝를 타도하고 빵과 자유와 평화의 소비에트정부 수립을 위해 만국의 노동자·농민과 함께 일제히 궐기하여 …… 싸우자'[87] '전조선 피압박 대중들이여 …… 농촌에서 공장에서 모든 피압박 장소에서 …… "타도 제국주의" "전세계 약소민족해방 만세" "조선민족해방 만세"의 슬로건을 내세우자'[88]라는 혁명적 구호가 내세워지고, 또는 '모든 토지를 無償沒收하여 농민에게 無償分配할 것',[89] '朝鮮의 혁명은 封建的 유물과 잔재의 파괴, 農業諸關係의 근본적 변혁, 資本主義奴隷狀態에서 土地革命을 목적으로 한 부르주아 民主革命이여야 한다'[90]는 등의 혁명적 투쟁지침을 내세우는 가운데, 日帝의 警察과 정면으로 대항하는 농민운동이 되고 있었다. 이 지역의 농민운동은 이미 단순한 경제투쟁이 아니라 정치투쟁이 되고 있었으며, 그것도 打倒日帝를 전제로 한 변혁적인 혁명운동이 되고 있는 것이었다.

그러므로 이 단계에 있어서의 이 같은 농민운동의 동향을 종래의 小作爭議에서 볼 수 있었던 바 농민운동의 그것과 비교하면, 그 성격이 크게 진전하고 있는 것이 아닐 수 없었다. 1920년대 전반의 小作爭議＝農民運動은 다분히 경제투쟁의 성격을 넘어서는 것이 아니었고, 그 후반의 운동은 그 운동주체들이 民族解放運動＝民族革命으로서의 성격을 의식은 하되 이를 전면적으로 표면화하는 데까지는 이르지 못하고 있었는데, 이제 이 단계에 이르러서는 그 운동이 日帝打倒와 民族解放 및 사회주의를 지향하는 이른바 부르주아 民主主義革命을 정면으로 내세우고 있었기 때문이었다. 이는 일제하 농민운동이 질적으로 크게 진전하고 있는 한 표현으로서, 이 시기 농민운동의 이념적 그리고 종국적 귀결형태가 아닐 수 없었다. 물론 이것이 이 시기 농민층 전체의 의사가 모두 그러하였음을 뜻하는 것은 아니었다. 그러나 이것은 결국 이 시

---

87) 第2次 定平農組事件에 대한 '判決'文.
　　이준식, '일제침략기 정평지방의 농민운동에 대한 연구'(『일제하의 사회운동과 농촌사회』, 1990, p.270) 참조.
88) 高等法院檢查局, '端川農民組合協議會事件'(『思想月報』 3의 8, 1933).
　　이종민, '1930년대 초반 농민조합의 성격연구', 연세대 대학원, 1989, p.73.
89) 高等法院檢查局, '朝鮮共青再建咸州平野委員會組織準備委員會事件' 咸州平野農民組合組織準備委員會 行動綱領(『思想彙報』 11, 1937, p.267).
90) 前揭, 註 82)의 '農民組合 再建運動과 農民問題'.

기 농민운동의 전반적인 추이를 반영하는 것임에 틀림없고, 따라서 이 시기 이 지역에서의 농민운동의 동향은, 단지 이 지역의 사례로 그치는 것이 아니라, 전국적 농민운동의 추세를 반영하는 것, 그리고 이 시기 농민운동이 지향하고 있었던 바 목표를 표본적으로 보여주는 것이었다고 해도 좋겠다.

4. 農業問題 打開를 위한 諸方案

帝國主義國家의 침략정책은 그들이 침략한 지역에서 그들에게 필요한 모든 것을 수탈하는 데 그 목표가 있는 것이므로, 이 시기의 한국농촌의 疲弊와 농민층의 몰락을 유독 일본제국주의의 농업정책과 그로 인한 산물로만 볼 수는 없겠다. 제국주의국가에 침략 당하고 강점되어 있는 피침략지이면, 그것이 어느 제국주의국가의 침략하에 있는 것이거나를 막론하고 마찬가지였다. 그러나 그러한 가운데서도 日帝의 韓國에 대한 收奪農政과 그 地主·資本家階級의 地主經營을 통한 농민수탈은, 세계 어느 지역 제국주의국가의 그것보다도 철저하고 악랄한 바 있었다. 이는 우리의 판단이 아니라 日本人 學者가 세계 자본주의국가의 농업문제를 연구한 바 성과에서 얻은 결론이었다. 즉, 이에 관하여 어느 일본인 農政學者는 학자적 양식으로서 그 같은 사정을 말하되, 日帝下에 있어서 '朝鮮의 小作制度는 세계 어느 지역에서도 그 유례를 볼 수 없을 만큼 불합리한 것'[91]이었다든가, 또는 '朝鮮은 小作料가 고율임에 있어서 아마도 세계에 으뜸이라고 할 수 있을 것이고 …… 耕作權이 불안정한 점도 세계적으로 卓絶하다'[92]고 지적하고 있었다. 日帝와 그 자본가계급의 韓國에 대한 통치는, 정치로 부를 수 있는 것이 아니라, 약탈적 지배 그것이었다.

그러므로 이 같은 조건하에서는 農村社會의 피폐와 궁핍과 農民層의 몰락이 극에 달하게 되는 것은 당연한 일이었고, 따라서 그들 몰락 농민층이 생존을 위해서 전개하는 운동과 투쟁이 절정에 달하게 되는 것 또한 어쩔 수 없는

---

91) 澤村 康, 『農業政策』 上卷, 1932, p.277.
92) 澤村 康, '土地政策의 目標'(『農業經濟硏究』 13의 3, 特輯 農業土地問題, 1937), p.418.

일이었다. 그뿐만 아니라 그 운동, 그 투쟁은 앞에서 살핀 바와 같이, 단순한 경제운동과 경제투쟁이 아니라, 日帝의 統治體制를 부정하고 타도하고자 하는 民族解放運動과도 연계되는 가운데, 民族解放과 民族革命을 지향하는 사회주의 혁명운동으로까지 확대되고 있었다. 이는 결국 日帝 日本資本主義의 收奪農政이 파탄하게 되었음을 뜻하는 것이었으며, 따라서 이러한 사태를 그대로 두고서는, 이제 수탈 대상으로서의 농촌과 농민을 유지할 수 없을 것임은 말할 것도 없고, 농촌과 농민이 살아 남을 수 없을 것임도 자명하였다. 그러므로 이 시기의 識者層은, 日本人이거나 韓國人이거나를 막론하고, 입장과 각도가 다르기는 하였지만, 이 같은 농촌현실에 직면하여 농촌을 진흥시키고 농민을 희생시키기 위한 어떤 대책을 강구하지 않으면 아니 되었다. 그리고 그러한 대책은 실제로 日帝 통치당국이나 韓國人 民族主義 계열과 社會主義 계열 등 여러 계통에서 여러 가지 방안으로 마련됨으로써, 혹은 부분적으로 시행도 되고, 혹은 公論으로서 만천하에 제론되기도 하였다.

1) 日帝 統治當局의 方案

A— 日帝統治當局이 이때 한국의 농업문제를 타개하기 위하여 내놓은 방안은, 自作農創設維持(1932)정책과 朝鮮農地令(1934)을 중심으로 한 일련의 農政策이었다. 그러나 이는 그들이 이때의 韓國의 농업문제만을 해결하기 위해서 독창적으로 구상하고 있는 것은 아니었다. 그것은 日本資本主義 전체, 日本 본토의 농업문제를 해결하기 위해서 日帝가 진작부터 구상하고 있었던 것이었다. 즉, 일본에 있어서는 제1차세계대전의 발발과 더불어 農業問題의 심각성을 인식하게 되고 있었으며, 따라서 日帝 당국은 그 문제의 해결을 위해서, 이때부터 이미 그 같은 방안을 위요하여 본격적인 조사와 연구를 진행시키고 있었다. 서구 자본주의 여러 나라의 自作農創定 및 維持에 관한 諸政策을 조사하기도 하고,[93] 그 나라들에 있어서의 小作制 改善에 관한 법령을 조사하고도 있었음은 그것이었다.[94] 그리하여 日本에서는 이 같은 조사연구

---

93) 帝國農會, 『各國의 自作農創定에 關한 施設』, 1917.
　　　『各國의 自作農維持에 關한 施設』, 1918.
94) 農商務省農務局, 『諸外國에 있어서의 小作에 關한 法令』, 1921.

를 기초로 하여, 日本 본토의 농업문제를 해결하기 위한 自作農創定法(1926)
과 小作法(草案 1927)을 마련하고 이를 실천에 옮기고 있었다.

이러한 분위기는 그들이 강점하고 있는 韓半島에 있어서도 예외일 수가 없
었다. 韓國農業에 있어서의 모순관계는 日本 본토에 있어서의 그것보다 더욱
심각한 바가 있었기 때문이었다. 그리고 그것은 주로 일본인 地主·資本家階級
의 土地兼併에서 연유하는 것이었으므로, 日帝 統治當局이나 일본인들은, 한
국에서도 농업문제에 대한 대책이 필요하다는 사실을 너무나도 분명하게 인
식하고 있었다. 그리하여 그 통치당국에서는 일찍부터 自作農民의 保護增殖
에 관한 훈령을 발함으로써 土地兼併의 억제를 시도하기도 하였다.[95] 寺內總督
이 중심이 되어 農業經營을 표방하는 가운데 奇利를 취하고자 하는 일본인의
土地兼併을 억제코자 한 정책은 그것이었다. 그러나 이때 이러한 훈령이 土地
兼併을 억제하는 데 효과가 없었음은 말할 것도 없었다.[96] 그리고 산업정책
전반을 논하는 産業調査委員會의 회의석상에서는 小作制度의 개선과 小作農
民의 생활을 개량해야 할 것임을 논의하기도 하였다.[97]

---

95) 『朝鮮法令輯覽』第16輯 第1章 農業, 自作農民의 保護增殖에 關한 件(1912년 11월
　　總訓 第13號), 1932.
　　　朝鮮總督府農林局, 『朝鮮農務提要』第1編 農政, 1933, p.1.
　　　金鳳翰, '우리가 실험한 小作農經營에 관하여 所感을 말한다'(『朝鮮總督府農林學校
　　校友會會報』8, 1915)에 의하면, 이때 이러한 訓令에 의해서는 그 官吏들이 다음과
　　같은 自作農增殖의 方法을 강구하여 그 實行을 計劃하고 있었다. 그러나 위에 언급
　　한 바와 같이 그것은 無爲로 돌아가고 있었다. 侵略者로서의 日本人 地主·資本家階
　　級이 이를 용납할 리가 없었던 것이다.
　　　① 自作農民에게 組合을 組織시켜 土地放賣防止의 方法을 마련케 할 事.
　　　② 1町步 以下 土地所有者로부터의 土地買收를 禁止할 事.
　　　③ 小作農의 土地購入費의 一部를 政府에서 補助할 事.
　　　④ 村落共有地를 小作農에게 分割케 할 事.
　　　⑤ 國有地小作人에게 貯蓄을 獎勵하여 그 貯金으로써 國有地를 買收케 할 事.
　　　⑥ 精勵한 國有地小作人에게 年賦償還으로 國有地를 拂下할 事.
　　　⑦ 國有未墾地를 小農民 또는 그 團體에 貸付하여 開墾케 할 事.
　　　⑧ 開墾에 大資本을 要하는 國有未墾地는 大會社 등에 貸付하여 小作農民을 移住
　　　　케 함으로써 年賦償還으로 土地를 取得케 할 事.
　　　⑨ 其他 小農을 保護하고 勤勉貯蓄을 獎勵하며 低利資金을 供給함으로써 間接으로
　　　　그 餘裕를 生케 하여 스스로 토지를 買得케 할 事.
96) 澤村 康, 註 91)의 書, p.283.
97) 朝鮮總督府, 『産業調査委員會會議速記錄』, pp.54~55.

그뿐만 아니라 그 후 그 統治當局의 警務局에서는 이 시기의 小作爭議를 조
사하는 가운데, 이 운동이 사회주의자·공산당과 연결되어 있음에 유의하여,
地主小作制의불합리를 교정하고 분배의 공평을 기해야 할 것임을 건의했으
며,[98] 통치당국의 고위관리도 小作爭議를 분석하고 小作制度·農業問題를 연
구하는 가운데, 그 불합리를 개선하고 소작농민을 보호하기 위해서는 小作法
을 제정해야 한다는 점과, 나아가서는 그들을 自作農으로 육성하기 위한 自作
農創定의 방안을 마련하지 않으면 아니 된다는 사실을 기정사실로서 강조하
기도 하였다.[99] 그리고 그 官邊學者 또한 小作問題를 연구하는 가운데 그 불
합리의 심각성을 지적하고, 이 문제의 장래는 단순한 경제문제도 아니고, 또
사회문제로 그치는 것도 아니며, 일면 정치문제(反日民族運動 － 필자)로서의
중대한 발전성을 갖는 것이므로, 朝野를 막론하고 이 문제의 중요성을 충분히
이해하여, 장래에 있어서의 대책을 강구해야 할 것임을 촉구하였다.[100]

이 시기의 農業問題는 실로 심각한 바 있었으므로, 이러한 문제에 대하여
관심을 가지고 그것에 대하여 적절한 대책이 있어야 할 것임을 생각하는 사람
은, 통치당국의 官邊側 인사에 그치는 것이 아니었다. 이러한 사실은 韓國農
業·韓國農民의 수탈에 직접 앞장서고 있는 일본인 지주·자본가계급에게 있어
서조차도 공감되고 있어서, 한국농민의 몰락과 그 결과로서의 한국인의 농민
운동이 결국 일본인 지주·자본가계급에 대한 투쟁, 나아가서는 반일의 정치투
쟁으로까지 진전할 것을 염려하는 사람은, 한국인 中堅農民의 몰락을 막아야
하고, 그것을 저지할 수 있는 대책이 마련되어야 한다는 사실을 당국에 건의
하고 있었다.[101] 그리고 일본의 地主小作制와 한국의 그것을 비교 고찰하는 가

---

98) 朝鮮總督府警務局,『朝鮮의 治安狀況』一. 民心의 傾向, 小作爭議 항, 1927 ; 農民
　　運動 항, 1930.
99) 朝倉 昇, '朝鮮農民運動의 展開'(『農業經濟硏究』3의 4, 1927).
100) 久間健一, '小作問題의 重要性에 대하여'(『朝鮮農會報』4의 9, 1930).
101) 熊本利平, '農村의 重大問題'(『朝鮮農會報』19의 4, 1924).
　　단, 그는 이 시기 農民沒落의 기본원인이 무엇이었는지에 관해서는 언급하지 않았
　　으며, 農村의 중견농민이 投機로 몰락하는 예가 있음을 지적하였을 뿐이었다. 그러
　　나 그것이 농민몰락의 주 원인이 될 수 없는 것이었음을 그와 같은 巨物地主 經濟人
　　이 몰랐을 리 없으며, 그는 그러한 사회현상을 한 예로서 드는 가운데, 농민몰락의
　　진정한 사회적 정치적 원인이 통치당국에 의해서 처방되기를 기대하는 것이었다고

운데, 韓國 地主小作制의 불합리성과 그 小作農民의 부당한 불이익 및 피수탈
성을 확인하고 있는 사람은, 더 이상 그러한 상태가 방치되어서는 아니 될 것
으로 보고, 당국에 대하여 그들의 보호를 위한 小作法 추진에 매진해야 할 것
임을 강조하고 있었다. 이럴 경우 특히 地主는 아일랜드의 土地政策을 再思
三考하고, 당국은 스팔타의 사회정책을 討究할 필요가 있음을 지적하기도 하
였다.[102]

이 시기 한국의 農業問題는 내외의 학계에서도 실로 비상한 관심사가 아닐
수 없어서, 많은 학자들이 이 문제에 대하여 조사를 하고, 이를 통해서 韓國의
농촌과 농민을 회생시키기 위한 대책을 강구하고 있었다. 그리하여 일본인 학
자 중 日本帝國 전체의 농업문제를 自作農創定論으로써 처방할 것을 구상하
는 사람은, 특히 韓國農業에 관하여 '朝鮮에 있어서의 農政의 근본은 그 土地
制度를 혁신함으로써 不在地主로부터 경지를 탈취하여 이를 스스로 경작하는
농민에게 넘겨주는 데 있다. …… 朝鮮에 있어서는 이의 실행에 착수하지 않는
한, 土地生産力 증진에 관한 제반 시설(産米增殖計劃 －필자)도 그 효과를 유
감없이 얻어내기 어렵고, 농업의 건전한 발달을 기대하기도 어려울 것'이라고
하여 自作農創定의 법제화가 절대로 필요하다는 사실을 강조하였으며,[103] 또
서구선진국가에서의 농업문제의 처리방식을 깊이 연구하고 있었던 사람은,
日帝 日本資本主義가 그 농업문제의 타개를 위해서 택할 수 있는 농업정책의
지침을, 적절한 自作農創定·維持法의 시행과 파격적인 小作權·耕作權 확보,
小作料 인하, 小作料合理化 등을 유기적으로 연결한 完全 小作法의 제정에 있
는 것으로 보고 이를 크게 내세우기도 하였다.[104] 그리고 美國人 학자 중에서
는 외국인으로서의 객관적 입장과 판단으로써 한국농업을 시찰 조사하고, 그

하겠다.
102) 那忽狂兒, '朝鮮에 있어서의 小作爭議에 대한 若干의 考察'(『朝鮮農會報』 4의 3,
      1930).
103) 東鄕, '自作農創定論'(『臺灣農事報』 1923 ; 『朝鮮農會報』 19의 4, 1924).
104) 澤村 康, 『中歐諸國에 있어서의 土地制度 及 土地政策』, 1930.
      『小作法과 自作農創定法』, 1927, p.593, 665.
      『農業政策』 上卷, 1932, p.356.
      『農業土地政策論』, 1933, p.86, 161.
      註 92)의 논문.

구제를 위한 여러 가지 방략을 강구하되, 특히 土地問題와 관련하여서는 地主
小作制의 개선과 自作農의 증가 발전에 관한 정책이 있어야 할 것임을, 國際
宗敎大會(예루살렘, 1927)에 보고하고, 이를 다시 日帝 당국에 권고하기도 하
였다.[105]

이 시기에는 한국농민의 小作爭議＝農民運動이 단순한 경제운동이 아니라,
日帝打倒, 民族解放, 朝鮮革命으로까지 이어지는 가운데, 일본인들 스스로의
여론 또한 앞에서와 같이 전개되고 있었으므로, 日帝 통치당국의 책임자도 이
제는 이 문제를 진지하게 고려하지 않을 수 없었다. 그리고 실제로 그들의 농
업정책은 그와 같이 전개되고 있었다.

日帝의 통치당국자로서 이 문제에 대하여 지대한 관심을 가지고 적극 대처
하고 있었던 인물은 宇垣一成 總督이었다. 그는 臨時代理總督(1927)과 總督
(1931~1936) 등 두 차례에 걸쳐 그들이 강점하고 있는 韓半島에서의 통치권
자가 되고 있었는데, 그는 이미 代理總督 시절에 한국농업의 실태를 정확히
파악하고 있었으며, 그러한 위에서 그들의 이른바 그 農業問題를 타개하고 농
촌사회를 안정시키기 위한 방안을 강구하고 있었다. 그것은 이 시기 농업문제
의 진원이 되고 있었던 韓國에 있어서의 일본자본주의의 地主制에 관하여,
'地主 小作人의 관계를 정당하게 律하고, 自作農을 창설하는 등 農業組織의
개선을 꾀하며, 판매·소비조직을 개선함으로써, 농민들에게 그 노력에 대한
정당한 보수와 만족이 돌아갈 수 있도록 해야 한다'는 것이었다.[106] 그는 이
같은 그의 정책을 그들의 韓國統治에 있어서 새로운 중요한 着眼點이 될 것으
로 확신하고 있었다. 그렇지만 이같이 농업문제 해결을 위한 방향이 세워지기
는 하였지만, 그의 이 방안은 그가 代理總督으로 있는 짧은 기간에는 실현될
수 없었다. 이를 法制化하기 위한 준비 작업이 그 후 후임 總督에 의해서 부분
적으로 진행되기는 하였지만, 그러나 이 방안이 현실적인 정책문제로서 채택
되기 위해서는 좀더 시간을 기다려야만 하였다.

1930년대에 접어들면서 韓國의 農業事情은 더욱 악화되고, 따라서 그 농민

---

105) E. S. 부룬나, '朝鮮農村對策의 二三'(『朝鮮農會報』 6의 5, 1932).
　　一雲生, '쌱룬너 博士의 朝鮮農村視察記'(『新民』 49, 1929. 5).
106) 『宇垣一成日記』 1, 1927년 6월 하순, p.574.

들의 운동은 질적으로 한층 더 발전하여, 사회주의 국가건설을 지향하는 혁명
적 農民運動으로까지 고양되고 있었다. 이는 日帝에게 있어서는 지극히 곤란
한 문제였으며, 따라서 그들은 이를 적극 저지하고 韓國民을 적절히 무마하지
않으면 아니 되었다. 그리하여 바로 이러한 시기에, 日帝가 그들이 강점하고
있는 韓半島의 안녕과 질서의 확립을 위해서, 그 통치책임자로서 가장 적절하
다고 판단되는 인물을 선정 임명하게 된 것이 宇垣一成 總督이었다. 그로 하여
금 그의 일련의 고도한 술수의 防共的 農業政策을 통해서 한국민의 저항과 그
사회주의에로의 경사를 제어하려는 것이었다. 그의 그 같은 농업정책은 이른
바 農村振興運動으로 불려졌던 것으로서,[107] 그 전 내용은 다양한 바 있었으나,
그러나 그 중에서도 중심이 되고 있는 것, 그리고 우리가 이곳에서 관심을 갖
게 되는 것은 自作農創設維持(1932)와 朝鮮農地令(1934)을 기반으로 하면서,
農家更生計劃(1932)을 시행하고, 朝鮮産業組合令(1926)과 殖産契令(1935)
을 확대 시행하는 일이었다.

  B(1) ― 農家更生計劃은 農家經濟更生計劃으로도 불려지는 정책으로서,
농촌진흥운동의 기반작업으로 시행된 다른 두 정책과 함께 병행 추진되었다.
이 시기에는 농촌이 피폐하는 가운데 농민운동이 사회주의운동으로까지 고양
되고 있었으므로, 日帝 통치당국은 이 같은 농민층 동향을 근원적으로 저지하
기 위해서는, 피폐한 농촌을 경제적으로 구제하여 自立更生하는 안정된 농촌
으로 진흥시킴으로써, 國本을 공고히 해야 할 것으로 판단하는 것이었다.[108]

---

107) 이 시기의 農村振興運動에 관해서는 朝鮮總督府農村振興課 編, 『朝鮮農村振興關係
    例規』, 1939(이하 『農村振興例規』로 약)가 있어서, 그 運動의 전모를 파악할 수 있다.
      이 運動에 관한 근년의 연구로서는 다음과 같은 글들이 있어서 그 성격 파악에 참
    고된다.
      山口 盛, 『宇垣總督의 農村振興運動』, 1966.
      宮田節子, '1930年代 日帝下 朝鮮에 있어서의 農村振興運動의 展開'(『歷史學硏究』
    297, 1965).
      朱奉圭, '日帝下 農村振興運動에 관한 硏究'(『經濟論集』 18의 4, 1979).
      富田晶子, '準戰時下 朝鮮의 農村振興運動'(『歷史評論』 377, 1981).
         '農村振興運動下의 中堅人物의 養成 ― 準戰時體制期를 中心으로'(『朝鮮
         史硏究會論文集』 18, 1981).
      池秀傑, '1932~1935年間의 朝鮮農村振興運動 ― 植民地「體制維持政策」으로서의
    機能에 관하여'(『韓國史硏究』 46, 1984).

그 방법은 總督府機構를 개편하여 農林局을 두고 그 안에 農村振興課를, 그리고 總督府 및 각급 지방관청에 각각 農村振興委員會를 설치하며, 官權으로써 이를 추진하되, 邑面 단위로 3, 40호의 집단부락을 한 곳씩 선정하여(更生指導部落), 農村振興委員會로 하여금 그 마을의 농민들이 自給自足을 할 수 있도록 지도해 나가려는 것이었다. 그러나 이 경우 그것은 기업적 영리추구는 하지 않도록 할 것이 전제되었으며, 그러한 범위 내에서 全勞動力을 투입하는 集約的 農業으로 농사를 개량하고, 副業經營(養畜·養蠶·農産加工 등)을 하되, 이 시기의 자본주의경제에 적합하도록 합리적 경영의 방법을 지도하며, 金錢의 수납 지출에 있어서는 소비를 절약하도록 유도하고, 부채를 정리할 수 있도록 金融組合을 이용하는 등 그 방법을 지도하면, 그 마을의 농민들이 자급자족할 정도만큼은 경제적으로 안정될 수 있으리라고 기대하는 것이었다.[109]

그리고 이 같은 更生計劃을 확대 시행함에 있어서는, 이 계획을 위한 지도자로서 普通學校의 職業科나 簡易學校, 農業補習學校 등에서 지도를 받은 청년, 또는 이미 그 계획이 끝난 更生指導部落이나 그것을 새로 계획하는 부락에서 청년을 모집하여, 農民訓練所나 강습소를 통해서 장단기에 걸쳐 經濟更生의 요령 및 정신교육을 받게 함으로써, 이들을 그 농촌의 中堅靑年과 中堅婦人, 즉 皇國農民으로서의 지도자가 되게 하고, 이어서는 이들로 하여금 官과 협조하여 그들 마을의 更生計劃을 추진하는 말단 지도자가 되게 한다는 것이었다.[110] 그리하여 이 같은 방법으로 마을을 옮겨가며 이 정책을 추진하게 되면, 점차 民風이 개선되고 민심이 作興하는 가운데, 전국의 농촌과 농민이 모두 경제적으로 안정될 수 있으리라는 것이었으며, 따라서 전국의 농촌과 농민이 모두 그들이 바라는 바 更生農村과 日帝에 순종하는 皇國農民이 되리라고 기대하는 것이었다. 그리고 실제로 일제는 이 같은 更生計劃 나아가서는 농촌진흥운동 전반을 매개로 하여, 곧 이어서는 한국농촌을 전체적으로 그들

---

108) 『農村振興例規』, 農山漁村의 振興에 關한 件(1932년 10월 8일), p.2.
　　　朝鮮總督官房文書課, 『諭告·訓示·演述總攬』, 道知事會議에 있어서의 政務總監訓示(1932년 6월 30일), 1941, p.102.
109) 『農村振興例規』, 農山漁村振興計劃實施에 關한 件(1933년 3월 7일), p.5.
110) 『農村振興例規』, 農家更生計劃實施의 要項에 關한 件(1935년 3월 16일), p.12.

의 戰時 農政體制에 쉽사리 연결시킬 수가 있었다.[111]

B(2) — 그러나 農家更生計劃은 부락단위로 농민의 경제력을 자급자족할 정도로 향상시키고 그들이 이 상태를 유지해 나가도록 하려는 것이므로, 이 운동은 몰락 분해과정에 있는 농민층을 더 이상 몰락하지 않도록 하는 데는 어느 정도 효과가 있었겠지만, 이를 통해서 農民經濟를 대폭적으로 향상시키 거나 零細小作農民을 自作農이 될 만큼 크게 성장시킬 수는 없었다. 日帝의 농촌진흥운동은 그 목표가 農民經濟의 안정과 한반도의 社會主義化를 방어하 는 데 있었는데, 日帝 統治當局이 이 같은 목적을 달성하기 위해서는, 農民經 濟를 보다 더 향상시키지 않으면 아니 되었으며, 그러기 위해서는 農家更生計 劃과는 별도로 보다 더 적극적인 정책을 마련하지 않으면 아니 되었다. 그것 은 결국 小作農을 自作農으로까지 끌어올리는 것,[112] 즉 그들의 이른바 自作農 創設維持의 정책이 되지 않으면 아니 되었다.

그 방법은 日帝 統治當局이 지방관청의 행정체계에 따라, 각급 행정관청으 로 하여금 그들의 農村振興運動에서 장차 中堅農民이 될 수 있을 것으로 판단 되는 小作農民을 조사 추천케 하고, 그 선정이 끝나면, 官主導로 그들 농민에 게 道地方費를 저리로 융자도 하고 利子償還에 보조도 하는 가운데, 그들이 농지를 소유할 수 있도록 행정적으로 지원함으로써, 그들을 自作農 또는 自作 兼小作農으로 육성하려는 것이었다. 그들이 매입할 수 있는 농지의 표준 규모 는 1戶當 5段步(畓 4段步 田 1段步), 그 대부금은 평균 660圓이었고, 그 상환 은 初年度 이후 있게 되는 융자에 대해서는 1년 거치 24개년 元利均等年賦償 還으로 하며, 그 융자금에 대하여 小作農民이 부담하게 되는 利子率은 年利 3分 5厘였다. 그리고 그 후에는 官에서 道技手와 각종 産業職員으로 하여금 그 농민의 農業生産이 합리적 경영이 되도록 지도하고, 이와 병행하여서는 일 반 自作農民에 대해서도 그들이 小作農民으로 전락하지 않도록 기술적으로

---

111) 『農村振興例規』, 時局의 進展에 對處할 農山漁村振興運動의 使命遂行에 關한 件
    (1937년 9월 9일), p.41 ; 更生計劃實行年限滿了의 部落 及 農(漁)家에 對한 措置
    方에 關한 件(1937년 11월 27일), p.44 ; 農山漁民의 生業報國 責務의 遂行方에 關
    한 件(1938년 9월 20일), p.72 등 참조.
112) 『宇垣一成日記』 2, 1934년 1월 8일, p.943.

지도하려는 것이었다. 그리하여 이 같은 정책을 통해서 육성하려는 농민의 총
수는 第1次年에는 2,000戶, 10년간에 걸쳐서는 總 24,000戶의 소작농민을
自作農 또는 自作兼小作農으로 성장시키고자 하는 것이었다.[113] 그들의 自作
農化 정책이 사실 이런 정도의 것이라면, 그것은 自作農地의 규모나 그 자작
농의 수를 이 시기 農民層分解의 추이 몰락농민의 규모와 비교하고, 또 이를
이 시기 所有權 위주, 地主制 위주의 토지제도와 관련하여 고찰할 때, 누구나
쉽사리 그 自作農 設定의 農政策으로서의 僞瞞性을 지적하지 않을 수 없을 것
이다. 그러나 그럼에도 불구하고, 이 정책을 추진하고 있었던 바 당국자는 그
의미를 천하에 그 倜을 보여주고 동기를 만드는 데 있는 것이라고 하여, 그
의미가 지극히 큰 것임을 강조하고 있었다.[114]

이 정책을 그들이 강점하고 있는 韓半島에서 실천에 옮긴 것은 宇垣總督이
었다. 그는 본시 貧農의 집안에 태어나,[115] 농촌사정을 잘 알고 있었던 바 정치
가로서, 농촌사회가 경제적으로 안정될 수 있으려면, 그 농촌의 농민을 모두
自作農으로서의 中堅農民으로 육성해야 할 것으로 확신하고 있었다.[116] 그렇
게 되면 농촌사회는 사상적으로도 안정될 것으로 생각하는 것이었다. 그리고
그는 일본 본토에서 自作農創定法이 법제화되고 있었던 무렵에는, 加藤內閣
若槻內閣의 閣僚(陸軍大臣)로서 이미 그것을 실현시키는 데 참여하고 있었던
바 경험이 있는 인물이었으며, 그뿐만 아니라 그 大臣의 자격으로서 朝鮮總督
의 臨時代理를 겸하기도 하였던 바 인물이기도 하였다.[117] 그리하여 그는 年來
로 無産者(小作農 - 필자)를 有産者(自作農 - 필자)로 승격시킬 것을 하나의
정치적 포부로까지 삼고 있었으며,[118] 한반도 통치에 있어서도 '自作農의 創設
維持는 朝鮮의 건전한 발달을 구하는 유력한 수단'[119]이 될 것으로 생각하게

---

113) 『農村振興例規』第6章 自作農創設維持 중의 自作農地設定計劃(1932년 9월 21일
　　決定), p.557 ; 自作農地設定에 關한 件(1932년 10월 11일, 農第 161號), p.576 ;
　　自作農地設定計劃 改訂의 件(1935년 1월 29일), p.587 등 참조.
114) 『宇垣一成日記』2, 1933년 9월 2일, p.916.
115) 鎌田澤一郎, 『宇垣一成』, 1937, pp.151~153.
116) 『宇垣一成日記』3, 1941년 8월 10일, p.1462.
117) 『宇垣一成日記』3, 略年表, p.1823.
　　山口 盛, 前揭論文.
118) 『宇垣一成日記』2, 1933년 12월 1일, p.928.

되고 있었다. 더욱이 그는 그들이 강점하고 있는 한반도에 있어서는, 장차 일
본의 국가이익을 위해서, 소수의 老衰한 兩班貴族보다는 젊은 2천만 民衆＝靑
壯民과 庶民階級을 통치의 주체로 삼고 그들을 主목표로 한 政事를 행하는 것
이 긴요하다고 생각하고 있었는데, 한반도에는 그러한 민중으로서의 농민 중
80%가 小作農民으로 되어 있었으므로, 그 정책의 필요성이 더욱 절실한 바
있는 것으로 판단하고 있었다.[120] 그가 自作農創設維持의 정책을 시행함에 있
어서 그 自作農地設定의 목적을 '小作農에 대하여 토지를 소유케 하고, 이를
中核으로 하여 思想·經濟 더불어 안정을 缺한 농촌의 更生을 꾀하며, 겸하여
離村浮浪의 폐를 방지코자 한다'[121]고 하였음은 그러한 그의 農政觀을 반영한
것이었다.

B(3) ─ 그렇지만 이 같은 정책들은, 이들 정책만으로서는, 그 立案者가 생
각하는 바와 같이, 그렇게 쉽게 성취될 수 있는 일이 아니었다. 이 정책의 전
도에는 그 성공을 사실상 거부하는 거대한 장벽이 가로놓여 있기 때문이었다.
그 장벽은 日本資本主義機構의 중요한 일환으로서의 이 시기의 地主制, 이 시
기의 농업문제 발생, 농민운동 발생의 진원으로서의 地主制였다. 일본자본주
의의 지주제를 그대로 두고 그 안에서 이 정책의 성취를 기도하는 것이라면
그것은 무의미하지 않을 수 없었다. 日帝 통치당국이 진정으로 이 같은 구상
들을 내실 있는 정책으로서 성취시키고자 한다면, 그 정책 실현의 전도를 가
로막는 그 거대한 장애물을 적절히 조종하고 처리하지 않으면 아니 되었다.
물론 日帝 統治當局에서도 그 같은 문제를 충분히 인식하고 있었다. 그래서
그들은 그 같은 장애물을 조종하기 위한 정책을 또한 별도로 입안하고, 그것
을 農村振興運動의 일환으로서 적극 추진하는 것을 주저하지 않고 있었다. 이
시기에 한국농민이 행여나 하고 큰 기대를 걸었던 바 小作立法으로서의 朝鮮
農地令(1934)은 그것이었다.[122]

---

119) 『宇垣一成日記』 2, 1933년 9월 2일, p.916.
120) 『宇垣一成日記』 1, 1927년 4월 27일, p.572, 6월 中旬, p.574.
121) 『農村振興例規』, 自作農地設定計劃(1932년 9월 21일 決定), p.557.
　　　　　　自作農地設定에 關한 件(1932년 10월 11일), p.576.
　　　『朝鮮農務提要』, p.9.
122) 이 法令의 시행에 관련되는 제 규정은 『農村振興例規』 第5章 小作에 수록되어 있

農地令은 그러나 그렇게 간단하게 이루어질 수 있는 것이 아니었다. 그것은 이 법안이 많건 적건 地主層의 무제한적인 韓國農民수탈을 제약할 수 있는 것이고, 따라서 이 법안의 실현에 대해서는 地主層이 全계급적으로 반대하고 있었기 때문이었다.[123] 그리고 그러한 이유에서 日本 본토에 있어서조차도 이 법안, 즉 小作法은 아직 法制化되지 못하고 있는 것이 실정이었다.[124] 그렇지만 그러한 사정을 다 주지하면서도, 이 시기 한국농업의 사정은 너무나 급박하였기 때문에, 그리고 한국 小作農民들의 농민운동이 階級鬪爭化하고 反帝反封建의 민족해방운동으로 化하고 있었으므로, 日帝는 이에 대하여 선수를 치는 적극적인 대책을 小作立法으로서 세우지 않으면 아니 될 것으로 생각하였다.[125] 그리고 그러기 위해서는, 日帝는 그 법안의 추진을 위해서, 여러 가지로 준비를 하지 않으면 아니 되었다.

　그것은 1927년부터의 일로서, 이 해에 日帝 統治當局에서는 小作制度慣行調査를 위한 5개년 계획을 세우고 그 사업에 착수하였으며(1932년에 『朝鮮의 小作慣行』 上·下로 완성된다),[126] 이어서 다음 해에는 臨時小作調査委員會를

고, 그 法시행의 趣旨는
　① 鹽田正洪, '朝鮮農地令解說'(『朝鮮農會報』 8의 5~8, 1934).
　② 吉田正廣, 『朝鮮에 있어서의 小作에 關한 基本法規의 解說』, 1934.
　③ 司法協會, 『朝鮮農地令·朝鮮小作調停令 해설』(改訂版), 1936.
　④ 農村振興課, '朝鮮農地令解說'(『農村振興例規』, pp.785~810).
등을 통해서 소상하게 살필 수 있다. 이 法의 性格이나 意義에 관해서는 다음과 같은 연구가 있어서 참고된다.
　○○○, '朝鮮小作令案의 反動性'(『東光』 1932. 9).
　金正實, '朝鮮小作問題總觀'(『新東亞』 1934. 4).
　　　　'朝鮮農地令檢討'(『新東亞』 1934. 5).
　　　　'農地令實施後의 朝鮮農民'(『新東亞』 1936. 2).
　鄭寅寬, '朝鮮農地令의 檢討'(『開闢』 속간 2호, 1934. 2).
　靜田 均, '朝鮮農地令과 小作農保護問題'(『農業과 經濟』 3의 10, 1936).
　久間健一, '朝鮮小作令을 위요한 諸運動의 展望'(『朝鮮農業의 近代的 樣相』, 1935).
　　　　'朝鮮農地令과 小作料問題'(『朝鮮農政의 課題』, 1943).
　宮田節子, '朝鮮農地令—그 虛像과 實像'(『季刊現代史』 5, 1974).
　鄭然泰, '1930년대 "조선농지령"과 일제의 농촌통제'(『역사와 현실』 4, 1990).
123) 同 上, 久間 논문(1935) 참조.
124) 近藤康男, 『日本農業論』(上), p.98.
125) 『宇垣一成日記』 2, 1934년 2월 14일, 4월 11일, p.950, 955.
126) 朝鮮總督府, 『朝鮮의 小作慣行』 上, 緒言, 1932.

설치하고, 그 이전에 이번 계획과는 관계없이 그 前史로서 마련되었던 小作慣行改善案(1924)[127]을 참작하는 가운데, 급한 대로 우선 小作慣行改善要綱(1928)[128]을 마련하게 되었다. 그리고 이 방안에서 제시한 바 견해에 따라서는 道에 小作官(1929)을 두어 小作制度와 小作爭議를 전문적으로 조사 연구케 하는 한편,[129] 小作爭議를 원만하게 조정하기 위한 방안으로서 府郡島에 각각 小作委員會(1933)를 설치하기도 하고,[130] 또 이와 관련하여 그 조정을 위한 기본 법규를 朝鮮小作調停令(1932. 1934년 改正)[131]으로서 마련하기도 하였다. 그리고 1934년에는 이 같은 제 법규와 그간 완성된 『朝鮮의 小作慣行』까지도 참고하는 가운데, 마침내 이 시기의 地主小作制에 관한 기본법을 朝鮮農地令으로서 정리하게 되었다.[132] 그리하여 그 후 한반도에서의 小作問題는 이 農地令을 기준으로 하면서, 이를 小作調停令과 小作委員會의 기구를 적절히 활용하는 가운데 운영 조정해 나가게 되었다.

農地令은 小作農을 보호하기 위한 社會立法으로서 제기되고, 또 구체적으로는 農家更生計劃을 성공시키기 위한 사회적 기반 형성, 그리고 나아가서는

　　　小早川九郎, 『朝鮮農業發達史』 政策篇, pp.536~537.
127) 鮮總督府殖産局農務課, 『朝鮮에 있어서의 現行小作及管理契約證書實例集』, 1924年 道農務課長會同에 있어서 協定한 小作慣行改善案, 1931, p.235.
128) 『農村振興例規』, 小作慣行의 改善에 關한 件 通牒(1928년 7월 20일), p.510.
　　　　　朝鮮農地令 公布에 대하여(宇垣總督), p.769.
　　『朝鮮農務提要』, p.5.
129) 『農村振興例規』, 道小作官及小作官補의 事務에 關한 件(1929년 11월 28일), p.514.
130) 『朝鮮農務揭要』, 府郡島小作委員會 設置에 關한 件(1933년 3월 5일), p.24.
　　『農村振興例規』, 府郡島小作委員會官制(1934년 4월 11일), p.475.
　　　　　朝鮮府郡島小作委員會規程(1934년 9월 14일), p.476.
　　吉田正廣, 前揭書, p.304.
　　司法協會, 前揭書, pp.473~474.
131) 『朝鮮農務提要』, 朝鮮小作調停令(1932년 12월 10일), p.19.
　　『農村振興例規』, 朝鮮小作調停令(1932년 12월 10일, 改正 1934년 5월 31일), p.471.
　　吉田正廣, 前揭書, p.296.
　　司法協會, 前揭書, p.393.
132) 『農村振興例規』, 朝鮮農地令公布에 대하여(宇垣總督), p.769.
　　　　　朝鮮農地令의 槪要(渡邊農林局長), p.771.
　　司法協會, 前揭書, p.210.

그 자체 농촌진흥운동의 일환으로서 추진된 정책이었으므로, 그 내용에 대해
서는 한국농민은 말할 것도 없고 日本人들에 의해서도 자못 기대되는 바가 컸
다. 그러나 그것은 어디까지나 日本資本主義機構 및 그 地主制 내에서 추진되
는 것이었으므로, 그 小作地 賃貸借制度가 비록 입법화되었다 하더라도, 그
내용이 종전의 小作慣行에 비하여 파격적으로 크게 달라질 수는 없었다. 그것
은 그 법안의 추진자가 애초에 말한 바와 같이, 그 체제 내에서 '地主 小作人
의 관계를 정당하게 律하는' 데 그치는 것이 되지 않을 수 없었다.

  그 정당한 관계란, 복잡하게 존재하는 여러 종류의 小作關係(普通小作, 請
負耕作·雇傭耕作, 轉貸＝中間小作, 特殊小作＝賭地 등)를 정리하여 되도록 普通
小作, 즉 民法상의 賃貸借관계로 일원화하고,[133] 그 小作料는 적정한 小作料
率을 法定하지 않고, 종래 小作관행에서 일반적으로 통용되던 率, 즉 일본인
지주·자본가계급이나 통치당국이 강징하고 있었던 率(보통답 5割, 수리구역답
6割)을 그대로 따르되, 災年에는 감면할 수 있는 규정을 두는 것으로 표준화
하며,[134] 소작농민의 小作權 취득에 대하여 그 인수와 함께 등기의 효력을 발

---

133) 前揭 註 122)의 여러 '朝鮮農地令解說' 第2, 13, 1條 참조.
　　여기서 특히 주목되는 것은, 農地令의 地主小作制 내에서는 請負耕作·雇傭耕作 등
  을 인정하고 있지 않는 점이다(第2條). 請負耕作이나 雇傭耕作은, 小作農民이 전락
  하여 그 獨立企業農으로서의 지위를 상실하고, 다만 일정한 生産勞動의 과정을 단순
  한 請負業者 또는 被雇傭者로서 경작하는 것, 즉 賃勞動者로 化하고 있는 농민을 이
  용한 耕作形態를 말하는 것이었는데, 農地令에서는 이 같은 耕作形態를 모두 賃貸借
  관계로, 그 농민을 모두 일반 小作農民으로 간주하고 있었다. 이 밖에 이와 유사한
  耕作形態로서는 雇只勞動이란 것이 또한 있어서, 富農層에게 널리 이용되고 있었는
  데, 이 경우에도 그것이 同一土地에 대하여 同一人이 수차 作業을 請負하고 收穫上
  의 責任이 加味될 경우에는 이를 請負耕作으로 간주하고, 따라서 이를 일반 賃貸借
  小作關係로 인정하게 되고 있었다. 이러한 조치는 일제의 韓國에 대한 농업정책이
  地主小作制를 중심으로 하는 것이었으므로, 앞으로 農民層分解가 더 진전하더라도
  그 下降분해를 小作農선에서 저지할 필요가 있었던 까닭, 즉 小作農民이 賃勞動層으
  로 전락하는 것을 막지 않으면 아니되었던 까닭이었다.
134) 同 上 第15, 16條.
　　日帝가 여기서 그대로 따르도록 하고 있는 慣行小作料率은, 日本人 地主·資本家階
  級이 그같이 징수하고, 통치당국이 그것을 허용하고 있었던 小作料率이기도 한 것으
  로, 앞으로도 畓의 경우 普通구역은 5割, 水利組合구역은 6割까지 징수할 것임을 의
  미하는 것이었다. 그것은 무엇보다도 그 후 있게 되는 土地改良事業에서 그와 같이
  징수할 것을 지시하고 있는 것으로써 알 수 있고(『朝鮮農地開發營團令 關係法令 및
  諸規程類纂·例規集』, 土地改良事業計劃에 있어서의 小作料에 關한 件, 1943년 11

하도록 함으로써[135] (1小作期間은 3년),[136] 지주층의 자의적인 小作權 박탈을
막고, 소작농민이 배신한 경우가 아닌 한 그 賃借地耕作權을 보호받도록 한
것,[137] 지주층으로 하여금 農地令의 시행에 따르는 標準小作契約證書를 준용
토록 함으로써 地稅, 公租公課, 기타의 부담을 소작농민에게 전가하지 못하도
록 한 것,[138] 그리고 지주층으로 하여금 그들 농장의 관리인(舍音·農監 등)을
地方官廳에 문서로 작성하여 届出케 하고, 그 관청으로 하여금 그들 관리인을
관장하고 감독케 함으로써,[139] 그들의 부당한 중간 수탈을 가능한 한 철저하게
제거코자 한 점 등이었다.

  農地令은 이와 같이 종전의 高率小作料를 引下하고 있지 않았으며, 小作權
을 법으로써 보장하였다고는 하나 그 기간이 너무 짧고 그 轉貸·賣買가 허용
될 만큼 안정적인 것이 아니었으므로, 이 법의 성립과 시행으로 小作農民의
경제상태가 호전되기는 사실상 어려운 것이 아닐 수 없었다. 더욱이 이 農地
令은 小作法으로서 제정하였으면서도, 소작농민을 적극 보호하기 위한, 團體
交涉權 같은 것을 마련하고 있는 것도 아니었다. 그것은 비록 소작농민의 賃
勞動者化(분해·몰락)를 법으로써 방지하고 있는 것이기는 하지만(請負耕作 등
금지), 동시에 그것은 그들 소작농민의 資本家的 企業農으로의 성장도 제약하
고 있는 것으로서(高率小作料 유지, 小作權 취약), 農地令에 의해서 규제된 소
작농은, 그들의 이른바 자본주의 농업에 있어서의 '雇傭契約에 類하는 分益小

  월 18일 ; 土地改良事業計劃에 있어서의 小作料 등에 關한 件, 1944년 3월 13일,
  pp.202~205), 또 農地令시행 이후 大地主層의 小作料징수가 종전과 마찬가지로
  사실상 그러하였던 것으로써도 그와 같이 이해할 수 있다(前揭, 東拓 小作契約書 2,
  4의 第2, 9條 참조). 이 같은 전제 위에서 그 후 그 기준을 부당하게 초과할 경우에
  는, 小作料統制令을 통해서, 道知事의 권한으로 그 引下를 지시할 수 있도록 하고
  있었다(『朝鮮法令輯覽』第13輯 第2章 國家總動員, 小作料統制令〈1939년 12월〉第
  6條, p.292).

135) 同 上 第12條.
136) 同 上 第7條.
137) 同 上 第19條.
138) 『農村振興例規』, 農地令實施에 따르는 標準小作契約證書에 關한 件(1934년 9월
     25일), p.531.
     參考小作契約證書案에 關한 件(1934년 11월 7일), p.531.
     別紙, 小作契約證書, pp.531~533.
139) 前揭, '朝鮮農地令解說' 第3, 4, 5條.

作' 또는 '企業家를 가장하였으나 실질은 農業勞動者的'인 小作農 그것이었다.

　그러나 그럼에도 불구하고, 日帝는 이 農地令을 통해서 국가권력이 지주층을 일정하게 통제하고, 이를 통해서 소작농민을 거기에 반비례될 만큼 보호하면, 소작농민들에게는 이 법이 대단히 유익할 것으로 강조하고 있었다. 이 법안을 실현시킨 당사자는 만년에 이르기까지, 이 農地令의 시행을 그의 政治生涯 중 그가 실행한 획기적 사업의 하나로서 크게 자부하고 있었다.[140] 그리고 그러한 가운데 그들의 農村振興運動을 적극 추진함으로써 小作農家의 更生計劃이 어느 정도 성취케 되면, 한국농민의 反帝反封建的인 농민운동·저항운동은 무마되고, 그들의 한국에 대한 지배체제가 안정적으로 유지되는 가운데, 그들의 궁극적 목표인 '內鮮一體'(參政權 부여, 義務兵役制 실시, 特別統治制 폐지)가 쉽사리 이루어질 것으로 기대하는 것이었다.[141] 말하자면 朝鮮農地令은 日帝에게 있어서, 구래의 慣習的 地主制를 특별법으로 법제화하여 이를 國家權力이 통제 운영하는 가운데, 地主와 小作農을 축으로 한 地主小作制 내에서 舍音 등의 횡포와 종종의 중간 수탈을 막고 그 토지를 합리적으로 경영함으로써, 그 수익 또한 그 테두리 안에서 地主와 小作農에게 규정대로 배분되도록 하려는 것이었으며, 그렇게 함으로써 그들이 당면하고 있는 난국을 돌파코자 하는 방안이었다.

　B(4)ー農村振興運動은 農家經濟의 更生 안정을 위해서 농업생산을 지도하고 토지문제, 富의 배분문제를 조정하는 것을 주 내용으로 하고 있었지만, 그러나 이 시기는 일본제국의 獨占資本·金融資本이 한국경제·한국농업을 全機構的으로 장악하고 지배하는 시기였으므로, 그 같은 更生農家들이 그 자본주의 경제기구 속에서 명실상부하게 更生하고 다시 몰락하지 않으려면, 그 農村振興運動도 이 시기의 資本主義機構 속에서 살아 남을 수 있는 것, 그리고 그 資本主義機構의 일환으로서의 운동이 되지 않으면 아니 되었다. 그것은 資本의 입장에서 보더라도 그렇게 하는 것이 그들의 장기적 수탈을 위해서 유리하였다. 日帝 統治當局에서는 農村振興運動을 전개함에 있어서 그 같은 사실

---

140) 『宇垣一成日記』3, 1946년 12월 12일, p.1986.
141) 『宇垣一成日記』2, 1934년 1월 3일, p.942.

들을 너무나 분명하게 인식하고 있었으며, 따라서 그들은 그러한 문제에 대한
대응 조치를 적절히 취하지 않으면 아니 될 것으로 생각하고 있었다. 그리고
그 같은 조치로서 그들이 숙지하고 있었던 방법은, 日本資本主義의 체제 내에
서 官의 監督 지배하에 日本型 協同組合운동을 전개하도록 하는 것이었다. 農
村振興運動을 전개하는 과정에서 그 핵심적 農業團體로서 설치 운영하였던
바 産業組合과 殖産契는 그것이었다.

　官主導하의 産業組合 설치는 농촌진흥운동 이전에 이미 제정되고 있었던
바 朝鮮産業組合令(1926)[142]으로서 시작되고 있었다. 이 무렵에는 産米增殖
計劃이 한창 진행되고 日本資本이 쇄도하는 가운데, 한국농촌에 대하여 資本
商品의 침투와 그것을 지배할 수 있는 機構가 필요하기도 하고, 이로 인해서
는 한국농민의 몰락이 격증하고, 따라서 日帝에 대한 그들의 저항운동이 고조
되고도 있었으므로, 日帝 統治當局에서는 이 같은 문제를 절충 조정하기 위한
대책으로서 朝鮮産業組合令을 마련하게 되고 있는 것이었다. 그 내용은, 産業
組合을 설치함에 있어서는 府·面, 郡(島)·面을 한 지구로 하여 그것을 설치하
고,[143] 그 상부 기구로서는 道단위로 産業組合聯合會를 둘 수 있으며, 總督의
허가와 總督, 道知事의 감독을 받도록 하였다.[144] 그 구성원은 그 구역 내의
中産 以下者가 조합원이 되도록 하고, 그들이 그들의 산업과 경제의 발달을
위하여 共同 互助의 사업을 벌임으로써 大資本家 大地主에게 경제적으로 대
항할 수 있도록 하되,[145] 그 사업의 범위는 販賣組合, 購買組合, 利用組合에
걸치도록 하는 것이었다.[146] 일본의 産業組合에서는 信用組合의 사업도 수행
하도록 하고 있었으나, 한국에서는 金融組合을 이미 설치하고 있었으므로, 産

---

142)『農村振興例規』, 朝鮮産業組合令(1926년 1월), p.181.
143)『農村振興例規』, 別紙, 産業組合定款例(1926년 10월 4일), p.213.
　　　産業組合設立許可申請書의 進達에 關한 件(1926년 10월 6일),
　　　p.227.
　　　別紙, 産業組合設立許可方針, p.241.
144)『農村振興例規』, 朝鮮産業組合令, p.190, 199.
145)『農村振興例規』, 別紙, 産業組合設立許可方針, p.241.
　　　朝鮮産業組合令에 對하여, pp.340〜353.
146)『農村振興例規』, 別紙, 産業組合定款例, pp.218〜227.
　　　朝鮮産業組合令에 對하여, pp.340〜353.

業組合에서 信用組合 사업을 별도로 또 하도록 하지 않고, 金融組合과 긴밀한
관계를 갖는 가운데 그 사업을 수행하도록 하고 있었다.[147] 한국의 産業組合은
말하자면 위의 세 기능의 組合과 金融組合이 합쳐져서 일본에서의 産業組合
기능을 완수할 수 있는 것으로서, 행정적으로는 철저하게 官主導의 産業組合,
자금상으로는 철저하게 金融組合 주도하의 産業組合이 되고 있는 것이었다.
그뿐만 아니라 이때 日帝 統治當局에서는 그 설치를 적극 장려하지 않았으며,
장차 産業組合의 설치에 모범이 될 수 있는 견실한 농촌지역에 한해서만, 시
범적으로 그 설치를 허용하고 있었다.[148] 그러므로 이때에는 비록 그 법령이
마련되기는 하였지만, 그 組合이 널리 보급되기 어려웠으며, 그 보급을 위해
서는 農村振興運動이 시작될 때까지 시간을 기다리지 않으면 아니 되었다.

　殖産契는 殖産契令(1935)[149]의 공포를 통해서 설치되고 있었다. 이는 부락
단위로 隣保共助의 경제활동을 하는 농업단체로서, 産業組合의 하부조직,[150]
農家更生計劃의 사업과 상호 보완관계가 되도록 조직되는 小産業團體였다.[151]
부락 단위로 특히 更生指導部落을 중심으로 조직하되, 契組織이 전체로 금융
조합과 산업조합의 조합원이 되지 않으면 아니 되었고,[152] 따라서 그 金融組合
과 産業組合의 자금 지원과 제반 지도를 받는 가운데, 그 사업을 합리적으로
경영하도록 요구하는 것이었다.[153] 그 사업 내용은 産業組合의 그것과 같아
서, 그 마을에서 요구되는 필수품의 共同購入, 생산품의 共同販賣, 共同施設,
기타 산업의 지도, 共濟事業 등을 운영함으로써,[154] 그 상부조직인 産業組合

---

147)『農村振興例規』, 朝鮮産業組合令에 對하여, p.344.
148)『農村振興例規』, 別紙, 産業組合設立許可方針, pp.241~247.
　　　産業組合事務各道主任打合會訓示·指示·注意及質疑應答事項
　　　(1926년 10월 18~20일), pp.331~339.
149)『農村振興例規』, 殖産契令(1935년 8월 30일), p.362.
150)『農村振興例規』, 殖産契令 第1, 8條, pp.362~363.
　　　産業組合에 加入시킬 殖産契의 規約案(1935년 12월 26일),
　　　p.381.
　　　別冊, 何殖産契規約, pp.381~382.
151)『農村振興例規』, 殖産契令施行에 關한 件(1935년 12월 18일), p.372.
152)『農村振興例規』, 殖産契令 第8條, p.363.
153)『農村振興例規』, 殖産契令施行에 關한 件, p.372.
　　　殖産契의 指導에 關한 件(1935년 12월 18일), p.387.

에서와 마찬가지로 小貧農層이 大地主나 대자본의 횡포 속에서도 살아 남고, 갱생하고, 그들에게 경제적으로 대항할 수 있도록 하려는 것이었다. 이는 日帝의 獨占資本과 金融資本이 이 조직을 통해서 한국의 농촌과 小貧農層을 보다 효과적으로 장악하고 지배하게 되었음을 뜻하는 것이기도 하였다. 殖産契는 말하자면 産業組合의 하부조직 農家更生計劃의 지원 조직으로서, 이 시기의 官主導 産業團體의 성격을 단적으로 드러내는 표본적 단체였다고 하겠다.

2) 韓國人 諸系列의 方案

日本資本主義 支配下의 농업문제로 인해서 가장 많은 고통을 받고 있었던 것은 韓國의 農民層이었다. 그러므로 이 같은 문제에 대하여 관심을 가지고 있었던 韓國人 識者層은 그 타개책에 누구보다도 많은 관심을 갖게 되고, 그들 스스로 그 문제를 타개하기 위한 방안을 연구함으로써 일가견을 내세우고도 있었다. 그러나 그 많은 사람들의 연구가, 비록 農業問題 타개라고 하는 공통된 목표를 갖는 것이었다 하더라도, 그 연구결과로서의 打開方案마저도 공통된 내용이 되고 있는 것은 아니었다. 그것은 그들의 이 시기 農業問題에 대한 인식차, 계급적 이해관계, 그리고 앞으로 다가올 사회형태에 대한 전망의 차이 등등에 기인하는 것으로, 크게는 두 계통 또는 세 계통으로 분류될 수 있는 것이었다. 그 하나는 民族·資本主義 진영의 방안으로서, 그 안에 소극적 改善論과 적극적 改革論의 견해가 있었고, 다른 하나는 社會主義 진영의 방안이었다.[155]

(1) 民族·資本主義 진영의 方案

이 계열의 방안은, 그것을 제기하는 많은 論者들이 국내에 있는 사람들일 경우, 日本資本主義는 앞으로도 계속 韓國을 지배하고 발전할 것이라는 전제 위에서 문제를 제기하고 있어서, 그 기본 골격이 대체로는 공통되는 바가 있었다. 그러나 그러한 가운데서도, 그들의 자세가

---

154)『農村振興例規』, 殖産契規約에 關한 件(1935년 12월 18일), p.376.
　　　　　殖産契의 指導에 關한 件(1935년 12월 18일), p.386.
　　　　　何殖産契事業執行細則, pp.389~392.
155) 徐仲錫, '日帝時期·美軍政期의 左右對立과 土地問題'(『韓國史研究』67, 1989)를 통해서는, 이 시기 兩 진영 土地論의 推移를 살필 수 있다.

　(1) 地主·資本家階級의 이해관계와 그 기득권을 인정하고 유지하려는 입장
　　에서 문제를 제기하고 있었는가(地主大農 위주),
　(2) 小農層의 생존문제와 이해관계를 보다 더 많이 옹호하고 대변하는 입
　　장에서 문제를 제기하고 있었는가(小貧農 위주),
에 따라, 그 방안의 내용에 상당히 큰 거리가 있었다. 小農層 입장에서 문제
를 제기하는 논자들은, 이 시기 農業問題의 발생사정이 지주층의 농민수탈에
있었고, 또 農村疲弊의 핵심이 小·貧農層의 몰락에 있는 것이었으므로, 그것
을 타개하기 위한 방안을 적극적 改革論으로서 제기하게 되는 것이 일반이었
지만, 地主·資本家階級의 입장에서 문제를 제기하는 논자들은, 이 시기의 地
主制와 자본주의경제를 부정할 수 없고 또 地主·資本家階級을 규탄하는 데
적극적일 수도 없어서, 결국 그 방안을 地主制 내에서 소극적 改善論으로서
마련하거나, 아니면 여론에 밀리는 피동적 방안으로서 마련하게 되는 것이 어
쩔 수 없는 실정이었다.

　民族·資本主義 진영에서 이 시기의 농업문제를 타개하려는 논자들은, 言論
界, 學界, 政治家, 地主·資本家階級 등 여러 계통 여러 분야에서 실로 많은 사
람이 참여하여 이 문제를 논의하고 있었다. 그들은 日帝의 韓國에 대한 경제
정책과 관련하여, 여러 가지 문제를 제론하고 있었지만, 그러한 가운데서도
특히 농업과 직접 관련하여서는, A. 地主小作關係의 개선과 小作法 제정의
문제, B. 自作農創定을 위요한 農業土地政策 문제, C. 協同組合運動을 위요
한 生産組織의 문제 등등이 그 중심적 과제로서 다루어지고 있었다.[156]

---

156) 이때에는 農業問題의 打開를 위하여, 이 같은 문제 외에도, 다음과 같은 여러 가지
　　문제가 또한 제론되고 있었다. 그러나 이곳에서는 이에 대한 언급은 생략하기로 하
　　였다. 이것은 『東光』誌 特輯號의 '農村은 어대로'(제20호, 1931. 4)에서의 宋鎭禹·
　　金佑枰·李順鐸·盧東奎·崔淳周·咸尙勳 등의 답변에 보이는 見解이다. 앞으로 인용될
　　金聖七·金自平 등의 견해도 대체로 마찬가지였다.
　　　① 農村負擔(公租公課 其他)의 減免 延納.
　　　② 不合理한 租稅制度 改正.
　　　③ 農村 高利貸金制度의 整理.
　　　④ 合理的 庶民金融制度(低利金融)의 樹立.
　　　⑤ 穀價(米價)의 引上調節.
　　　⑥ 商工業의 獎勵 發展.

A(1) ─ 이러한 제 문제 중에서도, 이때 가장 많은 사람이 참여하여 가장 시급하고 중요한 문제로서 검토하고 있었던 것은 地主小作關係의 개선과 小作法 제정의 문제였다. 農業問題 農民運動은 바로 이 地主小作制의 불합리에서 발생하고 있는 것이기 때문이었으며, 이 제도의 개혁이나 개선 없이는 農業問題가 개선되거나 해소되기 어려웠기 때문이었다. 그리하여 이 같은 문제를 놓고 그 타개를 위하여 진지하게 검토를 하고 그 방안을 제기하게 되는 것은 벌써 1920년대 초부터의 일이었다. 이때에는 이미 日本人과 韓國人 地主·資本家階級의 土地兼併으로 농촌이 격동하고, 농민층의 몰락이 현저해지고 있었으며, 앞에서 살핀 바와 같이, 사회주의 진영에서는 이에 대항하기 위하여 勞動共濟會를 설립하고 小作運動을 지원하기 위하여 그 운동방침을 제시하기도 하고, 곧 뒤따라서는 勞農總同盟을 설립하여 小作運動을 社會主義運動의 일환으로서 전개시켜 나가고도 있었다. 그러므로 민족주의 진영의 논자들도, 반드시 이 시기 農業問題에 대하여, 적절한 대응책을 마련하지 않으면 아니 되었다. 그러나 이 문제는 地主·資本家階級과 小作農民의 이해관계가 첨예하게 얽히는 문제였으므로, 원만한 타협안이 있을 수는 없었고, 결국 地主的 입장의 소극적 改善論과, 農民的 입장의 적극적 改革論으로 갈리는 수밖에 없었다.

地主·資本家階級과 그들을 대변하는 논자들에 의해서 제기되는 地主的 입장의 改善論은, 이 무렵에 日帝 統治當局에서 마련하고 있었던 바 일련의 小作慣行改善에 관한 방안, 즉 小作慣行改善案(1924), 小作慣行改善要綱(1928) 등등이, 이 문제를 생각하는 데 있어서 하나의 기준이 되고 있었다. 이는 地主·資本家階級의 의견을 청취하고, 종래의 地主小作關係도 참작한 것으로서, 地主·資本家階級이 일정 정도 양보하되, 그들의 이익을 최대한 유지하는 가운데 문제를 해결하고자 한 방안이기 때문이었다. 그것은 이 두 개선방안의 내용 중에서도 핵심이 되는 부분을 살피면 쉽게 이해할 수 있다. 즉 이 안에서는 普通畓의 소작기간은 전자의 경우 3년(道에 따라 5년, 7년으로 정할 수도 있다)이던 것이 후자의 경우 일률적으로 3년으로 단축되는 것이었고, 그 小作料는 標準率을 정하지 않은 채 공정하게 받도록 한다는 것이었으나,[157] 이 경우의

---

157)『朝鮮에 있어서의 現行小作及管理契約證書實例集』, 1924년 道農務課長會同에 있
　　어서 協定한 小作慣行改善案, p.235 ; 1928년 政務總監通牒 小作慣行改善案(要綱),

공정한 小作料率은 普通畓은 5割 水利畓은 6割을 징수하는 것이었다.[158] 그런 점에서 이 두 개선방안은 公租公課문제, 노역 부과문제, 小作料 운반거리문 제, 관리인(舍音) 통제문제 등등 여러 가지 개선을 시도한 점 없지 않았지만, 그러나 전반적으로는 小作權의 내용이 미약하고, 그것의 법적 보장이 아직 안 되고 있다는 점에서 지극히 소극적인 안에 불과한 것이었다.

그런데 韓國人 地主層은 사람에 따라 이러한 개선방안에 대해서조차도 불 만인 사람이 없지 않았지만, 그러나 대부분의 地主層은 이에 이론이 있을 리 없고, 따라서 일반적으로는 이에 흔쾌히 찬성하고 있었다. 그들은 이 개선안 이 그들이 실제로 행하고 있는 바 地主經營의 내용과 별반 다르지 않다고 생 각했으며, 문제는 日本人 地主에 있는 것으로 보고 있었다.[159] 그러므로 그들 은 小作慣行의 개선을 말하고 小作立法을 말하면서도, 그들 나름의 독자적이 고 특이한 방안을 구체적으로 마련하고 있지는 않았다. 사실 지주·자본가계급 으로서는 그들의 계급적 이익을 잃고 싶지 않았으므로, 農業問題의 해결이 필 요하다 하더라도, 그들 스스로 자청해서 그들에게 불리한 적극적인 小作制 改 善案이나 改革案을 마련하고 싶지는 않았다. 그들이 구상하는 小作慣行 개선 안은, 결국은 그들 지주층의 이익이 확실하게 보장되는 선, 따라서 그것은 대 단히 불철저하고 사회적 비난을 면할 정도의 소극적 개선안이 될 수밖에 없었 는데, 그러한 案이라면, 日帝 統治當局의 방안을 그대로 받아들이는 것이 편 하였다.

그러나 그러면서도, 적지 않은 사람들은 그러한 개선안만으로서는 農業問 題를 근원적으로 해소시키고, 그들 지주·자본가계급의 利益線을 확실하게 보 장하기 어렵다고 판단하고 있었다. 그들은 그러한 목적을 달성하기 위해서는, 그 개선안을 기초로 하면서도 지주층의 이익을 최소한도로 양보하는 가운데, 小作制度를 立法化함으로써,[160] 지주와 소작농민이 각각 그 法의 테두리 안에

---

　　pp.242~243(『農村振興例規』, 小作慣行의 改善에 관한 件 通牒, p.510).
158) 慶尙南道, '小作慣行의 改善에 關한 事項'(『朝鮮農會報』 2의 11, 1928), p.113.
159) 設問調査, '小作慣行 改善運動'(『新民』 43, 1928. 11).
　　　　'小作慣行 改善運動에 就하야'(『新民』 45, 1929. 1).
160) 金秊洙·宋鎭禹·金漢奎 등은 다음과 같은 設問調査를 통해서 小作法의 필요성을 강 조하고 있었다.

서 地主經營과 小作經營에 종사하도록 해야 할 것으로 생각하였다. 이는 地主
經營을 관습에 따라 행하는 가운데, 惡德地主와 抵抗小作人에 대한 규제가 어
려웠던 종래의 地主小作制를 法制化함으로써, 즉 지주와 소작농민이 모두 그
법제 내에서 운신하도록 함으로써, 지주제를 정상화하자는 것이었다. 그리고
그러기 위해서는 일정한 방안을 강구할 필요가 있었으므로, 좀 늦기는 하였지
만 1932년에 『東亞日報』를 통해서 이를 懸賞募集의 論策으로서 마련하게 되
었다. 그리하여 地主·資本家階級을 대변하는 기관인 同社에서는, 그들의 의
중에 들 수 있는, 한 논문을 同社의 改革方案으로 채택하고 이를 세상에 공개
하게 되었다. 그 論策은 金聖七 집필의 '農村救濟策'으로서, 그 내용은 여러 가
지 문제에 걸치고 있었으나, 특히 地主小作制에 관해서는 다음과 같은 개선안
을 마련하고 있는 것이었다. 그것은 小作法을 급속 제정 실시하되, 다음 사항
에 특별히 유의해야 한다는 것이었다.[161]

1. 小作地 兼併을 금하고—小作地를 可及的으로 均分하도록 할 것.
2. 小作權의 濫移動을 금할 것.
3. 舍音의 여러 가지 農民收奪의 弊害를 제거할 것.
4. 小作料는 원칙으로 4割로 制定하되, 勞力 많고 수입 적은 곳은 3割로 할 것.
5. 地稅는 절대로 地主負擔으로 할 것.
6. 小作料 1里 이상 운반은 有賃으로 할 것.
7. 地主·舍音의 私事에 小作人의 賦役을 금할 것.
8. 違反者에 대한 엄중한 제재 규정을 마련할 것.

이는 요컨대, 韓國人 地主層의 입장에서 보더라도 이 시기의 地主小作制에
는 많은 문제가 있었던 것으로서, 관행하는 地主小作制에는 적지 않은 개선이
있어야 한다는 것이었다. 그 개선방안의 대부분은 日帝 統治當局에서 이미 내
놓고 있는 小作慣行改善方案과 크게 다를 것이 없었지만, 그러나 그 중에는
日帝 당국의 그것과 부분적으로나마 다른 점이 있어서 주목된다. 그것은 小作

'現下朝鮮의 小作問題와 그 解決策 如何'(『朝鮮之光』 1929. 1).
'小作慣行改善運動에 就하야'(『新民』 45, 1929. 1).
161) 金聖七, '農村救濟策'(『東亞日報』 1932년 9월 28일~10월 11일).
이 論策의 사회적 반응에 관해서는 朴日馨, '農業生産의 危機와 「農村救濟策」'(『全
線』 創刊號, 1933. 1) 참조.

地 均分案을 제론하고 있는 점과 小作料率을 4割(惡畓은 3割)로 法定할 것을 요구하고 있는 점이었다. 이는 어느 것을 막론하고 지주층에게 적지 않은 양보를 요구하는 것이었지만, 이 논문의 필자는 이 시점에 있어서는 그것이 반드시 필요하다고 생각하는 것이었으며, 東亞로서도 이론이 없었던 것을 보면, 이 방안을 충분히 수용할 수 있는 안으로 인정하였던 것으로 생각된다. 그렇지만 이것은 當局의 안과 약간의 차이점이 있었다 하더라도, 그것이 이 시기의 地主小作制를 부정하거나, 그 제도에 어떤 근본적인 변화를 요구하고 있는 것은 아니었다. 그것은 현행 地主小作制 안에서 地主側에게 일정 정도의 양보를 요구하는 것에 불과하였다. 그러한 점에서 이 개선안은 日帝 統治當局의 案과 유사한 것이었고, 따라서 그러한 여론 위에서 日帝 통치당국은 朝鮮農地令(1934)을 쉽게 마련할 수가 있었던 것이라고 하겠다.

A(2)—農民的 입장의 적극적 改革論은 地主小作制 내에서나마, 그 小作慣行을 전면적으로, 그리고 적극적으로 개혁해 보자는 改革論이었다. 여러 논자들에 의해서 여러 가지 견해가 아주 일찍부터 제론되고, 그것이 종합되는 가운데, 하나의 특이한 改革論으로 마련되고 있는 것이었다. 그러한 여러 논자들의 견해 중에서도, 특히 주목되는 것은 朝鮮經濟會 常務理事의 직함을 가진 李豊載가 地主小作制에 대한 개선방안을 제시하고 있는 일이었으며, 晩悟生이 또한 그 문제에 대하여 같은 취지의 방안을 제론하고 있는 일이었다. 전자는 ① 小作기간은 永小作으로 하되, 우선은 10년 이상으로 한다. ② 小作料는 5할 이하로 하고, 公租公課는 地主부담으로 한다. ③ 小作人에 대한 賦役及 其他收斂은 폐지한다. ④ 小作人의 地主에 대한 의무는 성실히 이행하도록 한다 등을 내세우는 것이었고,[162] 후자는 ① 小作料率 公定. ② 小作權 확인. ③ 小作期間 一定. ④ 小作人組合의 장려 등을 제론하는 것이었는데,[163] 이는 그 후 이 계열의 農業問題 打開方案에서 하나의 지침이 될 수 있었으며,『朝鮮日報』에서는 이를 토대로 하여 '耕作制度改革論'을 마련하게 되고도 있었다. 그것은 다음과 같았다.

---

162) 李豊載, '地主와 小作人의 關係를 改善할 必要가 有한가'(『靑年』1921. 5).
163) 晩悟生, '朝鮮農業 發展에 就하여'(『東亞日報』1922년 1월 4~6일).

1. 小作制度는 가급적 年期(一般小作)를 방지하고 永久(永小作)를 수립할 것.
2. 土地로 인하야 발생하는 부담, 즉 地稅 (土地)改良에 요하는 비용 등은 일체 地主의 부담으로 할 것.
3. 分配問題에 있어서는 小作人의 투자와 노임을 계산하야 純利益을 분배하되 金納制를 채용할 것.
4. 舍音制度를 철폐하고 그의 가름하는 小作組合을 유루없이 설치할 것.
5. 前期 諸項을 실행하기 위하야 地主가 小作組合의 團體交涉權을 승인할 것은 물론 이에 관계한 立法을 요구할 것.
6. 農村頹廢한 원인이 農民過剩에 있는 者이니 農民勞動者의 침입을 절대로 배척할 것.[164]

이는 요컨대, ① 一般 小作制를 永小作制로 개편함으로써, 소작기간, 小作權 문제를 법적으로 해결하고 안정시키며, ② 수익의 분배방법(小作料)을 새롭게 조정하고, 諸 負擔을 합리화하며, ③ 地主經營의 관리기구(舍音制)를 小作組合으로 대체함으로써, 地主 小作人의 관계를 小作農民의 소작조합에 의한 團體交涉權을 통해 합리적으로 조정하며, ④ 일본농민의 對韓 移民政策을 중지케 함으로써, 농민몰락을 막자는 것이었다. 그것은 이 시기의 불합리한 地主小作制를 개혁하여, 그 경작제도를 근대화하고 입법화함으로써, 소작농민을 農業生産에 안정적으로 종사시키고, 그들 소작농민을 근대 資本主義農業에 있어서의 실질적인 農業生産者 企業農으로 육성케 하려는 방안이었다고 하겠다. 그리고 그러한 점에서 이 案은, 앞에서 언급한 바 日帝 統治當局의 小作慣行改善案과는 그 방향 그 취지가 크게 다르고, 따라서 地主制를 그대로 인정하고 그 안에서 농업문제를 해결하려 하는 한, 최선의 방안이 될 수도 있는 것이었다고 하겠다.

다만 이 개혁안에서는 小作料率에 대하여 더 이상 언급하지 않았는데, 이는 별도로 사계 專門家의 연구가 필요하였던 까닭이라고 생각된다. 『朝鮮日報』

---

164) 『朝鮮日報』 社說 ① '農業政策과 小作制度'(1925년 1월 13~15일).
       ② '朝鮮農民運動의 政治的 傾向'(1925년 3월 24~26일).
       ③ '農村의 危機에 對한 救治策의 一面을 論함'(1925년 8월 31일).
여기서 제6항의 '農民勞動者의 침입을 …… 云云'한 이 農民勞動者는 이때 한창 전개되고 있었던 日本人 農業移民을 뜻하는 것으로 생각된다.

에서는 이 같은 문제와 관련하여 이미 '공평한 標準率'을 확립해야 할 것으로 제기하고 있었다.[165] 그리하여 이 문제는 좀 후에 농업경제학자 李勳求에 의해서 이론적으로 연구되었는데, 그는 미국경제학의 資本主義 農業經營에 있어서의 地主 小作人간의 收益分配率 산출방법에 따라 韓國 地主制에 있어서의 적정한 小作料率을 계산해 내고 있었다. 地主는 全所出의 3할 내지 4할을 받는 것이 합리적이라는 것이었다.[166] 李順鐸이 소작농을 위해서 小作料를 최소한도로 내리도록 해야 한다고 했을 때의 小作料率도 이 같은 것이었다고 생각된다.[167] 小作料率 3할은 아마도 이 시기의 小作料率로서는 최하의 선이 아니었을까 생각된다. 일반 水田에서 그러한 率의 小作料를 징수하는 地主가 없었던 것은 아니지만, 이것이 美談으로 전해지고 있었던 것을 보면,[168] 그 率은 地主에게 큰 이윤을 보장하는 것이 아니었을 것으로 생각되기 때문이다. 그리하여 이 案을 제론하고 있었던 李勳求는 地主 小作制 내에서의 小作料가 이만한 정도이면 小作農民의 생활이 어느 정도 안정될 수 있고, 따라서 이 시기 農業問題도 어느 정도 해결될 수 있을 것이라고 전망하였다. 이는 현행 小作制 내에서의 小作料率 조정을 말한 것인데, 이것이 耕作制度改革案의 한 규정이 된다면, 그때의 소작농민의 경제사정은 더욱 호전될 수 있을 것이다.[169]

이러한 耕作制度改革案은 小作慣行改善案 새로운 小作法案으로서는 비교적 철저한 것이었다고 하겠으며, 따라서 이 계통의 識者層과 농민들은 이만한

---

165) 『朝鮮日報』 社說, '小作爭議의 解決論'(1923년 11월 15일).

166) 李勳求, '小作問題의 經濟學的 一考察'(『朝鮮日報』 1927년 8월 19일~9월 13일). 李勳求의 農業論에 관해서는 方基中, '日帝下 李勳求의 農業論과 經濟自立思想' (『역사문제연구소 논문집』 1, 1996)을 참조.

167) 李順鐸, '農村組合과 連帶責任'(『東光』 20, 1931. 4). 李順鐸의 農業論에 관해서는 다음 글을 참조할 수 있다.
　　洪性讚, '立法議院 토지개혁법안과 일제하 李順鐸의 農業論'(『崔虎鎭博士 八旬紀念論叢』, 1993).
　　'한국 근현대 李順鐸의 政治經濟思想 연구'(『역사문제연구소 논문집』 1, 1996).

168) 『中外日報』 1929년 11월 22일, 義城地方 小作慣行에 관한 記事.

169) 물론 이 경우 이 系統 논자들의 궁극 目標가, 小作料 2, 3割 정도의 輕減을 달성하는 小作權 강화에 있는 것은 아니었다. 그들은 그 이상의 目標, 즉 農民運動의 목표를 받아들여, 철저한 土地問題의 解決까지도 추구할 것을 目標로 삼고 있었다. 註 164)의 社說 ② 및 註 183) 참조.

정도의 개혁안이 법제화되기를 기대했다. 그러한 사람들은 많았다. 물론 그 안이 반드시 이와 같지 않아도 좋았다. 최소한 小作料率이 공평하고 적정하며, 小作期間이 넉넉하게 보장되며, 부당한 수탈이 없으며, 小作權이 법으로써 보장되면 되었다. 토지(小作地)의 國家管理論이 나오고도 있었다.[170] 이런 정도로 소작농민의 입장에 서서 문제를 해결하고자 하는 안이면 되었다. 이 계통의 사람들은 소작제도가 입법화되면, 으레 이 같은 철저한 개혁안이 마련 될 것으로 기대했다. 그러나 현실은 그렇게 되고 있지 않았다. 현실은 地主· 資本家階級의 입장에서 제론되고 있었던 소극적 개선안이, 朝鮮農地令으로서 법제화되고 있었다. 그러므로 日帝 統治當局에 의해서 이 農地令이 반포되었 을 때, 그들 농민적 입장의 논자들은 그 내용에 실망하였으며, 그것을 반동적 인 것, 기만적인 것으로서 격렬하게 비판하기도 하였다.[171]

B(1) — 民族·資本主義 진영의 農業問題 타개를 위한 방안으로서, 自作農 創定을 위요한 農業土地政策에 관한 논의는, 小作關係의 개선이나 小作立法 에 관한 논의만큼 활발하지 않았다. 농업문제가 해소되기 위해서는, 근본적으 로 농민의 토지소유관계가 해결되어야, 즉 自作農創定의 정책이 달성되어야 했지만, 그러나 이 문제를 자본주의적 방법으로 달성하기 위해서는, 농민 개 개인에게 있어서나 국가적으로 막대한 자금이 소요되기 때문이었다. 그리고 資本主義 農業經營의 원리상으로 보아도(資本主義 農業經營에서는 小經營이 機 械化된 大經營과의 경쟁에서 도산하고 몰락한다), 이 정책이 과연 이 시기 農業 問題 타개를 위해서 효과적이고 궁극적인 방안이 될 수 있을까 하는 데 의문 이 있었기 때문이었다. 그리하여 이 시기의 농업문제 타개를 위한 민족주의 진영 내의 견해는, 이 自作農創定의 農業土地政策을 위요해서도, (1) 日帝의

---

170) 『朝鮮日報』社說, '土地國有論'(1927년 2월 16일).
　　　吳翊殷, '東亞日報上의 窮民救濟案 批判'(『東光』 37, 1932. 9).
171) ○○○, '朝鮮小作令案의 反動性'(『東光』 37, 1932. 9).
　　　梁竪子, '朝鮮小作令 制定에 對하야'(『新東亞』 1934. 1).
　　　金炳魯, '農地令을 瞥見하고'(『朝鮮農會報』 8의 5, 1934).
　　　鄭寅寬, '朝鮮農地令의 檢討'(『開闢』 續刊號 1934. 12).
　　　金正實, '朝鮮農地令 檢討'(『新東亞』 1934. 5).
　　　K 生, '農地令內容의 批判'(『朝鮮日報』 1934년 4월 8~12일).
　　　無名子, '小作爭議 激增과 그 對策'(『新東亞』 1935. 8).

自作農創定에 관한 계획을 그대로 받아들이는 정도의 소극적인 방안과, (2) 이를 거부하지는 않았으나, 그 타개방안으로서의 내용을 비판하고 그 수준을 크게 넘어서는 가운데, 보다 적극적인 정책방향을 내세우는 두 계통으로 갈리고 있었다. 전자는 地主層의 이익을 손상시키는 것이 아니었으나, 후자는 農民的 立場을 강조하고 있어서, 지주층과 이해관계가 크게 대립하지 않을 수 없는 것이었다.

이 시기에 제론되고 있었던 바 소극적인 自作農創定案은 그 자체로서는 거부될 이유가 없는 것이었다. 이 시기의 농업문제를 해결하기 위해서는, 무엇보다도 自作農이 小作農으로 전락하지 않도록 그 지위를 유지하는 동시에, 이미 전락한 소작농민의 지위를 自作農으로 回生=創定시켜야 한다는 사실을, 누구나가 너무나도 당연한 사실로서 주지하고 있었기 때문이었다. 이는 몰락하고 있는 한국농민의 생존을 위해서 그와 같이 요구되는 것이기도 하지만, 동시에 그것은 이 시기 資本主義 經濟學의 상식이기도 한 까닭이었다. 자본주의 경제학에서는 그 사회의 농업문제의 해결을 위해서 더 이상 좋은 방법을 발견해내고 있지 못하였으며, 따라서 資本主義의 본 고장인 유럽 각국에서도 그 農村救濟를 위하여 그러한 농업정책을 취하고 있었다.[172] 그뿐만 아니라 기술한 바와 같이 日本政府에서도 진작부터 이러한 정책에 관심을 갖는 가운데, 유럽의 自作農創定 정책을 조사 연구하고,[173] 실제로 이를 정책화하고 있었으며(自作農創定法, 1926), 韓國에서의 日帝 統治當局에서도 그러한 정책방향을 세우는 가운데(1912), 마침내는 이를 自作農創設維持(1932) 정책으로 구현하고 있었다. 그러므로 이 시기 한국농촌의 疲弊를 구제하고 농업문제를 타개하는 데, 自作農創定의 정책이 필요하다는 사실은, 이 방면 교육을 조금이라도 받은 사람이면, 누구나 쉽사리 수긍하고 그 정책의 실시에 호응할 수 있었다.[174]

---

172) 澤村 康, 『小作法과 自作農創定法』, 1927.
　　　　『中歐諸國의 土地制度 及 土地政策』, 1930.
173) 帝國農會, 『各國의 自作農創定에 關한 施設』, 1917.
　　　　『各國의 自作農維持에 關한 施設』, 1918.
　　農林省農務局, 『諸外國에 있어서의 自作農地에 關한 法律』.
　　　　『諸外國에 있어서의 自作農創設事業槪要』.

그러나 農民的 立場에서 농업문제를 해결하고자 하는 논자들은, 日帝 統治當局이 農村救濟를 표방하는 가운데 自作農創設維持 정책을 내세워, 그들이 강점하고 그 자본주의가 지배함으로써 발생하고 있는, 한국농촌의 농업문제를 해결하고자 하는 데는 신뢰를 두지 않았으며 지극히 회의적이었다. 그것은 그 정책내용이 그러한 거창한 문제를 해결할 수 있을 만큼 충실한 것이 아니기 때문이었다. 그래도 없는 것보다는 있는 것이 낫다고 하는 논자도 있었지만,[175] 이로써 농업문제가 해결되리라고는 아무도 기대하지 않았다. 그러므로 日帝 統治當局의 이 정책의 계획에 대해서, 이 계열에서는 진작부터 강한 비판의 소리가 일고 있었다.[176]

B(2) — 民族·資本主義 진영 중에서 이 시기의 농업문제를 農民的 立場, 적극적 改革論으로서 타개하려는 논자들은, 그 방안을 일본자본주의 농업기구 내에서의 소극적인 自作農創定 정도가 아니라, ① 日帝의 對韓農政策 그 자체의 軌道修訂문제, ② 土地兼倂의 防止問題, ③ 한국인 小貧農層에 대한 土地分配 문제 등등까지도 검토하고, 그 정책의 근본적 조정을 요구하는 것이 특징이었다.

---

174) 예컨대 다음 글들을 통해서는 그러한 사정을 쉽게 파악할 수 있다.
　　金鳳翰, 註 95)의 논문(1915).
　　李敏寧, '朝鮮農業打開策의 私見'(『朝鮮農會報』 2의 1, 1928).
　　李覺鐘, '最小限의 三要件'(『朝鮮之光』 82, 1929. 1).
　　申興雨, '根本的解決은 自作農創設에'(『朝鮮之光』 82, 1929. 1).
　　　　　'物的生活에 우리 要求'(『靑年』 6의 8·9·10, 1926).
　　이 인물의 사상과 운동에 관해서는 다음의 연구를 참고할 수 있다.
　　장규식, '1920-30년대 YMCA농촌사업의 전개와 그 성격'(『한국기독교와 역사』 4, 1995).
　　김상태 '일제하 申興雨의 "社會福音主義"와 民族運動'(『역사문제연구』 창간호, 1996).
　　林炳哲, '朝鮮農村問題解剖—主로 農業政策에 對하야'(『東光』 29, 1932. 1).
　　金自平, '農村 救濟對策 一斑'(『新民』 49, 1929. 5), p.48.
175) 李勳求, '農村中産階級의 沒落과 그 對策'(『東方評論』 3, 1932. 7).
176) 『朝鮮日報』 社說, '農村問題 — 土地에 對한 社會政策을 批判'(1923년 10월 9일)
　　　　　　'自作農創定策의 農村振興上 物價(價値)는 如何?'(1925년 8월 14일).
　　　　　'農村政策의 岐路'(1930년 11월 4일).
　　時評, '自作農創設計劃'(1927년 11월 24일).

이 같은 적극적 改革論에 참여하고 있는 논자는 외형상으로는 많지 않았는데, 그 중에서도 특히 농업문제 타개를 학문적 차원에서, 그 지침이 될 수 있도록 방향 제시를 한 인물은 李順鐸·鮮于 全 등이었다. 그것은 日帝의 收奪農政이 강화되기 시작하는 무렵인 1921~1922년의 일로서, 그들은 이때 각각 '朝鮮과 農業',[177] '朝鮮의 土地兼倂과 其對策'[178]이라는 논문을 통해, 한국인의 입장에서 앞으로 있게 될 日帝의 農政策이 근본적으로 어떻게 조정되어야 할 것인가를 논하되, 위에 제시한 바와 같은 제 문제를 거침없이 제론하고 있었다. 물론 이들의 글은 이때까지의 日帝의 농정책과 이에 기초한 日本人의 土地兼倂 및 한국농민의 沒落사정을 토대로 하고, 그러한 農政策이 앞으로 더 계속될 경우, 한국농촌이 얼마나 더 파괴되고 그 농민이 얼마나 더 몰락할까 하는 것을 전망하는 가운데 제론하는 것이었음은 말할 것도 없었다.

그들이 제론한 바에 의하면, 그들은 이 시기의 농업문제를 해소시키기 위해서는, 무엇보다도 日帝의 한국에 대한 農政策의 기본방침을 근본적으로 수정하지 않으면 아니 된다고 생각하고 있었다. 日帝의 한국에 대한 농정책은, 한국농민의 福利를 전제로 하는 정상적인 농정책이 아니라, 오직 그들 자신의 收奪的인 폭리만을 추구하는, 따라서 그들의 土地兼倂을 장려하는 가운데, 地主經營·大農經營을 위주로 농정을 펴는 收奪農政이었으므로, 이 같은 기본방침을 그대로 두고서는 한국의 농업문제가 결코 해결될 수 없다고 보는 것이었다. 그리하여 그들은 이 시기 농업문제 타개의 기본 전제로서 日本人 위주, 地主·大農 중심의 농정책을, 韓國人 위주, 中·小農 중심의 農政策으로 수정해야 한다는 점을 극구 강조하였다. 李順鐸은 그것을 당시의 農業事情하에서는 地主·大農主義보다 中·小農主義가 유리하다는 점에서 中·小農主義의 확립으로써 말하고,[179] 鮮于 全은 그것을 당시의 조건하에서는 社會政策的 견지에서 小農民의 이익을 증진하는 정책이 절대적으로 필요하다는 점으로써 말하고 있었다.[180]

---

177) 李順鐸, '朝鮮과 農業'(『東亞日報』1921년 10월 12일~11월 2일).
178) 鮮于 全,『朝鮮의 土地兼倂과 其對策』, 1923 ; 本 論文의 註 5) 참조.
179) 李順鐸, 前揭論文(10월 19~20일).
180) 鮮于 全, 前揭書, p.143.

그러나 農政策의 방향이 中·小農 위주로 세워진다 하더라도, 그 후 그 실효를 거두기 위해서는 그들 농민층을 그와 같은 농민으로 보호하고 육성하기 위한 일정한 정책이 따르지 않으면 아니 되었다. 그들은 그것을 土地兼併 抑制策 또는 中·小農 保護育成策으로 말할 수 있는 정책으로 집약하고, 이를 달성하기 위한 일련의 법적 제도적 장치를 마련하고 있었다. 그것은 여러 계통에 걸치는 것이었는데, 그 첫째는 家産制度, 農業保險, 土地抵當信用의 제한과 土地所有權保護, 農業倉庫制度, 一子相續的財産世襲의 습관, 農業地 賣買制限法, 地稅差別制度 등 선진국가에서 볼 수 있는 일련의 농업제도를 수용하여 법제화하는 일이었다.[181] 이 같은 제도를 법제화하고 이를 잘 운영하면, 농민들이 土地兼併者의 침해를 받지 않도록 할 수 있고, 또 자기 토지를 계속 유지케 할 수 있으며, 나아가서는 中·小農民層을 계속 농촌사회의 中堅農民으로 존속시킬 수 있으므로, 농촌사회를 안정시킬 수 있다는 것이었다.

다음은 中·小農 중심의 농업사회를 확립하기 위해서는, 위에서와 같은 조치를 취하는 것과 병행하여, 統治當局이 적극적으로 지주층의 土地兼併, 대지주의 跋扈를 억제하는 가운데, 한국인 無田農民에게 농지를 분배해 줌으로써, 그들을 土地所有權者, 農村 中堅農民으로서의 中·小農民으로 육성해 나가는 土地分配政策이 있어야 한다는 것이었다. 이 같은 문제를 제기한 것은 李順鐸이었는데, 그는 그 방법을 官有地, 無主地, 未墾地 등을 유감없이 처분하여 勞動能力이 있는 농민에게 分配=拂下하기도 하고, 土地를 과대하게 소유한 자에 대해서는, 정책적으로 官이 이를 매수하여 이를 실제로 이용할 수 있는 농민에게 적절히 분배해 주면 될 것으로 생각하고 있었다.[182] 이는 土地改革論으로서는 점진적인 방안에 속할 수 있는 것이지만, 그러나 이 시점의 민족주의 진영의 土地論으로서는 대단히 매력적인 강한 발언이 아닐 수 없었다.

사실 농업문제의 타개를 위해서, 이 시기에 궁극적으로 요청되는 문제는 土地分給의 정책이 아닐 수 없었다. 農業問題 農民運動은 결국 농민들이 토지를 소유하지 못한 데서 발생하는 현상이기 때문이었다. 그러므로 이 시기에는 土

---

181) 鮮于 全, 前揭書, 三. 土地兼併 防止策, pp.61~117.
　　　李順鐸, 前揭論文(10월 20~21일).
182) 李順鐸, 前揭論文(10월 19~21일).

地改革의 필요성이 사회적 요청으로 言論機關을 통해 크게 제론되고도 있었다. 가령 『朝鮮日報』에서 日帝 統治當局의 自作農創定 정책을 비판하되, 만일 自作農創定法을 시행하기로 한다면, 日帝 統治當局의 방안과 같이 소극적이고 느슨한 정책으로써 할 것이 아니라, 아일랜드나 덴마크에서의 방안과 같은 것을, 국가가 土地均分的 社會政策으로써 강제적으로 시행해야 한다고 제론하고 있었음은 그것이었다.[183] 여기서 自作農創定 정책을 이렇게까지 확대시키게 되면, 그것은 이미 日帝 統治當局의 自作農創定案과는 그 성격이 다른, 土地의 社會化를 강하게 지향하는 土地改革論이 되는 것이 아닐 수 없었다. 좀 뒤에 이르러 해외에서의 일이었지만, 民族聯合戰線운동의 산물로서 출현한 民族革命黨(1935), 全國聯合陣線協會(1939)의 土地綱領이나, 한국을 대표하고자 하였던 上海臨政이 建國綱領(1941)에서 土地國有의 원칙을 세우고 있었음도 같은 경향의 사상적 동향이었다고 하겠다.[184]

　土地改革에 대한 요청은 農民運動을 하는 지도자들에게 있어서는 더욱 절실한 바 있었다. 이 시기에 적극적으로 民族運動·農民運動을 전개하고 있었던 이론가들은 이 문제에 대하여 대단히 민감하였으며, 따라서 이 문제를 그 운동의 기본목표로 내세우고도 있었다. 朝鮮農民社운동에 참여하였던 바 李晟煥이 평소에 농민운동의 구호를 표방하여, '地主는 今後로 결코 現在 이상의 토지를 겸병하지 못하게 하는 동시, 地主의 토지를 해방하야 小農民에게 부여하되, 20년, 30년간의 年賦 償却의 편법을 이용할 일'이라든가, '토지는 경작하지 아니하는 者는 此를 소유함을 부득함'이라고 하여 土地改革論으로서 내세우고 있었던 일,[185] 그 계통의 인사들이 全朝鮮農民社를 세운 후에는 그 農

---

183) 『朝鮮日報』社說, '土地兼併과 그 均分策 ― 朝鮮的 自作農創定이 必要'(1935년 3월 4일).

184) 金正明 編, 『朝鮮獨立運動』 Ⅱ, p.541, 622, 639, 661.
　　姜萬吉, '獨立運動의 歷史的 性格'(『分斷時代의 歷史認識』, 1978) 참조.
　　臨時政府宣傳部, 『大韓民國臨時政府에 關한 參考文件』 第1輯, 建國綱領, 1941년 11월 28일(國史編纂委員會, 『韓國獨立運動史』 資料集 2).

185) 李晟煥, '朝鮮의 農民이여 團結하라'(『開闢』 1923년 3월), pp.56~57.
　　'階級打破와 土地問題'(『開闢』 52, 1924년 10월).
　　'三個의 要件'(『朝鮮之光』 82, 1929년 1월), p.61.
　　여기 들은 朝鮮農民社는 1925년에 農民的 立場에 서는 民族·資本主義系(天道敎),

民社의 강령과 정책을 '실제 耕作者인 농민으로 하여금 土地에 의존한 생활권을 확립케 함 — ① 농민의 부담경감 ② 農村高利貸業의 퇴치 ③ 산업단체의 法規及豫算의 비판 ④ 농민교육의 보급철저 ⑤ 봉건적 遺風의 배제 ⑥ 全體運動의 인식' 등등으로써 표방하고 있었음은 그 예이었다.[186] 이러한 경우의 農民運動의 목표는 그것이 농민적 입장에 선 綱領이라는 점에서, 民族·資本主義 진영의 그것으로서는 대단히 進步的인 것이었으며, 그러한 점에서 이때 日帝 統治當局에서는 그 思想을 '社會民主主義的인 綱領과 政策', 즉 자본주의와 사회주의 사이의 中道路線적인 것으로 평가하고 있었다.

그리고 天道敎(新派) 農民運動의 이론가들이 표면적으로는 소극적인 개선론만을 내세우면서도, 내심으로는 농업문제 해결을 위한 궁극적인 방안으로서 '經濟均衡運動'이라든가 '耕者有其田'이라고 하는 기본방침을 지니고 있었음도,[187] 좀 막연하기는 하지만 같은 예가 되는 것이었다고 하겠다.

社會主義系, 中道系 등의 인사들이 협력하여 세운 계몽기관으로서 雜誌社였으며, 中道系 인물인 李晟煥을 편집책임자로 하여 雜誌『朝鮮農民』을 발행하였다(全朝鮮農民社 編輯室, '朝鮮農民社의 沿革', 『朝鮮農民』 1930. 6). 李晟煥은 한때(1927~1930) 天道敎靑年黨의 中央執行委員 겸 農民部의 首席委員이기도 하였으나(『新人間』 12·23·35호, 1927~1930), 그 新舊派간의 理念的 갈등, 新派의 敎權 黨權 장악과 관련하여 1930年 4月에 黜黨당하였다(同上, 沿革).

朝鮮農民社에 관해서는 다음의 논문을 참조할 수 있다.

新納豊, '朝鮮農民社의 自立經濟運動'(『發展途上經濟의 研究』, 1981).

飛田雄一, '日帝下의 自主的協同組合 朝鮮農民社의 展開'(『近代朝鮮의 社會와 思想』, 1981).

池秀傑, '朝鮮農民社의 團體性格에 관한 研究'(『歷史學報』 106, 1985).

186) 朝鮮總督府警務局, '朝鮮에 있어서의 農民運動의 趨勢'(『高等警察報』 1 ; 金正明, 『朝鮮獨立運動』 V, p.407).

全朝鮮農民社는, 1930년에 이 시기의 統一戰線의 와해경향(新幹會해소론, 12월테제)과 관련하여, 天道敎側(新派)이 그 조직력을 이용 朝鮮農民社를 그 傘下機關 農民運動組織으로 완전 장악함에 따라, 中道系의 인사들이 이에 대항하기 위하여 朝鮮農民社의 정신을 계승 창립한 농민운동을 위한 啓蒙團體였다. 위에 지적되었듯이, 日帝 당국에서는 이 단체의 성격을 社會民主主義的인 것으로 파악하고 있었다. 朝鮮農民社 委員 중에서 이 단체에 참여한 인사는 李晟煥·柳光烈·鮮于全·李昌輝·韓長庚·李載珣·鄭寅寬·朴基麟·黃英煥·金秉濟·劉憲·李成奎·李正燮·崔泰吉·明容駿 등 15人이었다(同上, '朝鮮農民社의 沿革').

이에 관한 최근의 연구로서는 池秀傑, 앞 註의 '朝鮮農民社의 團體性格에 관한 研究'를 참조.

187) 金一大, '天道敎 農民運動의 理論과 實際'(『東光』 20, 1931. 4), p.44.

C(1) ― 위에 언급한 두 가지 문제는 地主 小作制의 개혁이나 農業土地政策의 조정을 통해서 농업문제를 타개하려는 것으로, 그것은 日帝의 한국에 대한 농업정책이 크게 변동할 것을 전제로 할 때, 그 효과를 기대할 수 있는 것이었다. 그러나 民族·資本主義 진영의 그 같은 제론은 수용되지 않았고, 따라서 日帝의 地主制를 축으로 한 농업정책은 여전히 그대로 지속되지 않을 수 없었다. 앞에서 살핀 바와 같이, 日帝는 농업문제 타개를 위한 방안을 여러 가지 면에서 제기하고, 이를 법제화하고 있었지만, 그러나 이 시기 농업문제는 이를 통해서 해소되지 않았고, 農村疲弊의 사태는 여전히 그대로 지속되고 있었다. 일본자본주의의 對韓 農業政策에는 변함이 없었으며, 따라서 한국농촌은 앞으로도 계속 일본자본주의의 國家獨占資本, 金融資本, 地主資本의 지배하에서 분해되고 해체되지 않을 수 없었다. 그뿐만 아니라 일본자본주의는 戰時體制라고 하는 새로운 사태에 직면하였고, 따라서 한국농업도 이와 관련하여 보다 더 자본주의적으로, 보다 더 합리적 과학적(機械化)으로 경영될 것이 요구되었다.[188] 民族·資本主義 진영에서는 진작부터 이 같은 현실을 직시하고 있었으며, 따라서 한국경제·한국농업도 더욱 자본주의적으로 변모할 것이 전망되고 있었다.[189] 그러므로 이 시기에는 이 같은 사태발전을 전제로 하는 가운데, 농업문제 타개를 위한 生産組織면에서의 방략도 강구해 나가지 않으면 아니 되었다.

　이 같은 사정과 관련하여 제기된 것은 協同組合＝産業組合운동이었다. 통치당국이 내놓은 産業組合令에 의한 官주도의 産業組合運動이 아닌, 농촌에

　　金起田, '첫째 小作運動'(『東光』 同 上), p.50.
　　이때의 天道敎는 社會改革論의 强度·性格 및 日帝와의 妥協여부를 놓고 意見이 갈려 新派 舊派로 분열되고 있었는데, 위의 견해는 改良노선 妥協노선을 지향하는 新派쪽의 견해이다. 革新系 舊派의 견해는 社會主義 진영의 견해에 근접한다. 이들 新舊派의 분열에 관해서는 金正仁, '1910-25년간 天道敎勢力의 동향과 民族運動'(『韓國史論』 32, 1994)을, 新派측의 農民運動에 관해서는 鄭用書, '日帝下 天道敎靑年黨의 政治·經濟思想 硏究'(연세대 대학원, 1997)를 참고할 수 있다.
188) 東洋經濟新報社, 『朝鮮産業의 決戰再編成』 D. 新使命을 擔當할 農業의 再編成, 1943.
189) 盧東奎, '朝鮮農業의 現狀 及 將來'(『新東亞』 15, 1933. 9).
　　梁甲錫, '朝鮮의 金融資本과 農村經濟와의 關係'(『新東亞』 40·44, 1935. 2. 6).
　　鄭和濬, '現朝鮮小作問題槪觀'(『春秋』 1941. 4).

서 한국인들이 자주적 운동으로서 전개하는 협동조합＝산업조합운동이었음
은 말할 것도 없었다. 그리고 그러한 協同組合＝産業組合운동에서 그 표본으
로서 택해지고 있었던 조합운동의 사례는, 덴마크에서 시행되고 있었던 그것
이었다. 덴마크에서는 이 운동을 통해서 몰락 농민을 自作農으로 創定시킬 수
가 있었고, 피폐한 농촌을 활기찬 농촌으로 부흥시킬 수도 있었던 것으로 이
해하고 있었다.[190]

이 시기 民族·資本主義 진영에서는, 앞에서 언급한 바 여러 문제에서는, 지
주적 입장과 농민적 입장 사이에 견해차가 컸지만, 그러나 그러면서도, 그들
은 協同組合＝産業組合운동의 필요성을 인정하는 데 있어서는 대체로 공통된
의견을 보이고 있었다. 자본주의사회에 있어서, 協同組合＝産業組合운동은
잘만 하면 小資本 小生産者가 大資本 大生産者에게 대항할 수 있는 방법이었
으므로, 이 시기 일본자본주의의 지배하에서 農民經濟를 안정시키려는 민족·
자본주의 진영의 논자들이 이를 마다할 이유는 없었다. 더욱이 그들은 自作農
創定이나 점진적인 토지개혁도 제론하고 있었는데, 中·小農民에게 토지를 소
유케 한다 하더라도, 그들의 農業經營을 그대로 방치하면, 자본주의 경제제도
하에서는 지주·자본가계급과의 경쟁에서 패하게 마련이었다. 그러므로 獎農
機關으로서의 協同組合＝産業組合을 설치함으로써, 그들 中·小農民들이 자본
가·지주층과 農業經營을 중심으로 경쟁을 할 수 있도록 지도하고, 또 능히 살
아 남을 수 있도록 농민층을 지원하고 조직화해야 한다는 것이었다. 그리하여
협동조합＝산업조합운동은, 지주적 입장의 논자들에 의해서도 크게 내세워지
고,[191] 농민적 입장의 논자들에 의해서도 강하게 제론되었다.[192] 그리고 宗教

---

190) 李豊載, ‘朝鮮農業經濟에 關한 現在狀況과 將來對策’(『新興時代』 創刊號, 1931. 4).
　　　咸尙勳, ‘協同組合의 組織과 實際方法’(『彗星』 創刊號, 1932. 1).
　　　尹鐘華, ‘農村의 疲弊와 그 對策을 論함’(『東亞日報』 1932년 12월 7～19일).
191) 金東爀, ‘農村當面問題로서의 農民組合’(『朝鮮之光』 77, 1928. 4).
　　　K.S 生, ‘朝鮮의 農村과 産業組合’(『新民』 50, 1929. 6).
　　　咸尙勳, ‘協同組合運動에 對하야’(『別乾坤』 31, 1930. 8).
　　　　　　‘朝鮮人經濟와 協同組合運動’(『新東亞』 1932. 5).
　　　尹鐘華, 同 上 논문.
192) 註 164)의 『朝鮮日報』 社說, ① ②.
　　　李順鐸, ‘朝鮮과 農業’(10월 23일～11월 1일).

界에서도 ① 天道敎에서는 이 조합운동(共同耕作·共生組合·集團農場)을 그들 농민운동의 최대의 과제로 표방하였고, ② 基督敎의 혹자는 100여 戶 정도의 村落을 단위로, 協同組合과 農村敎會를 매개로 기독교 농촌운동을 전개함으로써, 標準的 所有를 하고 있는 自立的 農民을 형성하고, 朝鮮에 基督敎 農村 社會를 건설하려 하였다.[193] 그리고 지주적 입장의 논자들은, 다른 문제를 중심으로 한 대책의 강구에서 적극성을 보이지 않고 있었던 것과는 달리, 이 組合運動에 관해서는 대단한 열의를 보이고 있었는데, 이는 그들의 농업문제 해결의 방향이나 성격을 잘 보여주는 것이었다고 하겠다.

C(2) ― 그러나 그러한 양 입장 논자들의 協同組合＝産業組合운동은, 처음에 조합운동을 해야 한다는 일반적 원칙에서는 공통된 의견을 보이고 있었지만, 점차 그 조합운동을 등장케 한 객관적 조건, 즉 지주·자본가계급의 수탈 체제가 獨占資本主義 國家獨占資本主義體制로 강화되고, 따라서 이에 대응하는 조합원들의 협동운동의 방식에도 변화가 있지 않으면 아니 되도록 됨에 따라서는, 그 協同組合＝産業組合 運動論의 내용에 적지 않은 질적인 변화 발전과, 양 입장간의 乖離가 있게 되고 있었다.

그것은 주로 農民的 立場의 논자들에게서 연유하는 것으로, 地主的 立場의 논자들이 그 운동을 일반적 의미에서의 자본주의적 協同組合＝産業組合운동 (販賣組合, 購買組合, 信用組合, 利用組合)으로 그치고자 하는 데 대하여, 농민적 입장의 논자들은 그 운동을 農業生産의 全 활동으로까지 확대시켜, 종래의 협동조합＝산업조합운동을 生産組合운동으로 전환시키고자 하는 변화를 보여주는 것이었다. 이 시기 농촌사정의 절박함은, 協同組合＝産業組合운동이

　　　鮮于 全, '産業組合에 對하여'(『東亞日報』 1923년 2월 22일～3월 13일).
193) ① 金一大, 前揭論文 및 '協同運動이 첫재'(『東光』 20, 1931. 4).
　　　박사직, '農村復興의 根本策'(『農民』 5, 1930. 5).
　　　註 185)의 新納豊 飛田雄一 池秀傑 논문.
　　　盧榮澤, '日帝下 天道敎의 農民運動 硏究'(『韓國史硏究』 52, 1986).
　　　註 187)의 鄭用書 논문 등 참조.
　　② 裵敏洙, '福音主義와 基督敎農村運動' 1(『農村通信』 1, 1935, 3).
　　　方基中, '일제하 裵敏洙의 基督敎 農村運動論 ― 長老敎 農村運動의 政治思想的
　　　　　接近'(『東方學志』 99, 1998).
　　　註 174)의 申興雨에 관한 장규식, 김상태 논문도 아울러 참조.

다만 消費組合운동으로 그치는 것이어서는 곤란하고, 生産組合도 겸하는 것이 되지 않으면 아니 된다는 여론을 나오게 하고 있었으므로,[194] 그것은 당연한 추이이기도 하였다. 李順鐸이

　　나는 협동조합 중에서도 農業組合을 특히 선전하야 村落을 一單位로 하는 共同連帶責任을 지는 諸種의 운동을 하고 싶습니다. 따라서 金融의 途도 연대로, 耕作地獲得도 연대로, 農具·肥料 구입도 연대로, 作物 판매도 연대로, 耕作도 공동으로, 小作料 支拂도 연대로 하는 일종의 農村組合運動을 하는 것이 급무로 생각합니다.[195]

라고 하였음은 그 한 예이었다. 이는 한 촌락의 농민들을 연대책임으로 결속하고 단체로 조직하는 가운데, 그 촌락의 農業生産 전반을 共同的·團體的으로 운영해 나가도록 한다는, 말하자면 농민을 조직하고 生産을 集團化하는, 일종의 農村組合＝協同農場운동으로 전환시키고자 하는 것이었다고 하겠으며, 그러한 점에서 그 성격은 종래의 資本主義的 協同組合＝産業組合 運動論에서 적지않이 벗어나, 점차 社會主義的 協同組合＝産業組合 運動論으로 근접하고 있는 것이었다고 하겠다. 鮮于 全이 소비조합(협동조합)운동의 문제를 경제문제가 아니라, 勞動運動·思想問題로 보고자 하였음도, 같은 사정을 반영하는 것으로 생각된다.[196]

그뿐만 아니라 이 계열 인사들은 이 같은 運動을 이론상으로만 전개하는 것이 아니라, 이를 실천에 옮겨 그 實現을 試圖하고도 있었다. 天道敎聯合會의 吳知泳이 1926年에 益山地方의 농민 200여 명(세대)을 滿洲 吉林省으로 集團移住시키되, 그들을 數十名씩 7개 村落으로 定着시키고, 農耕生活을 村落단위의 共同耕作·集團農場制로써 운영하였던 일은 그 한 예이다.[197] 그리고 좀 뒤에 이르러 1935年에는 海南지방에서(北平面梨津里) 社會主義운동을 하던 청년들이, 合法運動으로 전 동민과 협력하여 合資會社를 설립함으로써 地主

---

194) 閔丙德, ‘農村의 凋落과 當面한 問題’(『朝鮮之光』 75, 1928. 1).
195) 李順鐸, ‘農村組合과 連帶責任’(『東光』 20, 1931년 4월), p.55.
196) 鮮于 全, ‘農村問題座談會’(『新民』 49, 1929. 5).
197) 『東亞日報』 1926년 9월 9일, 5면 기사.
　　　盧鏞弼, ‘吳知泳의 人物과 著作物’(『東亞硏究』 19, 1989).

玄俊鎬로부터 梨津里 소재의 田畓 420斗落을 매입하고, 동민의 協同勞動에 의한 集團農場을 설치하고 있었음도 같은 예가 되겠다.[198] 그리고 1937年부터는 中道左派 계열의 實業家인 李鍾萬이 永興, 汶山, 平原, 西海, 河東 등지에 集團農村을 설치하고, 이를 自作農創定運動과 協同組合運動을 결합한 일종의 유사 協同農場運動으로서의 大同農村社로써 운영하였던 일은 유명한 일이었다. 이 운동에는 鄭顯模, 李勳求, 李晟煥, 其他 여러 사람이 참여하고 있었다.[199] 이 같은 예는 共同耕作, 集團農場, 協同農場운동을 실험하고 있었던 몇몇 사례이지만, 아마도 이 시기에는 이 같은 예가 여러 곳에서 여러 가지 형태로 시도되고 있었을 것으로 생각된다.

(2) 社會主義 진영의 方案

A — 이 계열의 이 시기 農業問題 타개책은 民族·資本主義 진영의 그것과는 근본적으로 달랐고, 복잡하지도 않았으며, 그 타개 방안으로서의 방향과 성격이 뚜렷하고 명확하였다. 그것은 이 계열 인사들의 일제 침략하의 우리 농업을 인식하는 태도와, 日帝에 대한 解放鬪爭의 의식·자세가 民族·資本主義 진영의 그것과 크게 달랐기 때문이었으며, 농업문제 타개의 목표와 그것을 타개하고자 하는 입장이 너무나도 분명하였기 때문이었다. 이 계열에서는 이 시기의 농업문제를, 日帝·日本資本主義의 한국경제·한국농업지배에서 연유하는 것, 그리고 구래의 봉건적인 地主制가 일본자본주의와 결합되는 가운데 그대로 온존되어 있음에서 연유하는 것으로 보고 있었으며,[200] 따라서 그 농업문제

---

198) 『조선중앙일보』 1935년 7월 10일자 기사.
　　이 사업을 주도한 사람들은 姜基東, 李秉泰, 金大根, 金鏞順 등이며, 農地를 매입한 자금은 총 32,000원인데, 6,000원은 會社의 현금으로 지불하고, 나머지 26,000원은 5年間 年賦로 湖南銀行에 지불하기로 하였다. 이때 이 銀行의 頭取는 玄俊鎬였다. 그리고 보면 이곳 梨津里의 洞民들은 玄俊鎬의 農地를 차경하는 小作人들이었고, 그 地主經營을 위요하여서는 地主와 小作人간에 갈등과 마찰이 많았으며, 따라서 마을의 靑年 지도자들은 地主側의 인사들과 협상 끝에 이곳 農業問題를 이 같은 방법으로 해결하였던 것으로 생각된다. 이때에는 總督府에서 農村振興運動을 정책적으로 내세우고 있었으므로, 이곳 靑年들의 이 같은 운동은 총독부의 안과 그 성격이 적지 않이 달랐지만, 이를 허용하였던 것으로 생각된다.
199) 方基中, '日帝末期 大同事業體의 經濟自立運動과 理念'(『韓國史研究』 95, 1996) 참조.
200) 光　宇, '朝鮮에 있어서의 土地問題'(金浩永 譯本, 『階級鬪爭』 3, 1930. 1).
　　金民友, '朝鮮에 있어서의 農民問題'(『朝鮮問題』 1930, 7).

를 근원적으로 해소시키기 위해서는, 그 원인으로서의 日帝·日本資本主義와 봉건적인 地主制를 제거하지 않으면 아니 될 것으로 판단하는 것이었다. 그리고 이 경우 이 같은 변혁은 당연히 농민적 입장에서 農民階級의 이익을 쟁취하는 시각에서 수행되지 않으면 아니 될 것으로 생각하는 것이었다. 그러므로 그러한 원인의 제거, 그러한 변혁의 수행을 위해서는, 日帝의 제도권 내에서 무슨 무슨 개선, 무슨 무슨 개혁 등의 피상적인 방법을 취하는 것으로써는 불가능하고, 보다 더 근원적인 문제, 즉 日帝·日本資本主義 그 자체를 이 땅에서 구축해야 하며, 그러기 위해서는 그들에 대한 鬪爭의 방법이 적절히 세워져야 한다는 것이었다.

그들은 그러한 鬪爭을 두 측면, 양면 작전으로서 설정하고 있었다. 그것은 한편으로는 當面課題를 해결하기 위하여 地主·資本家階級 日帝에 대한 일상적인 鬪爭＝農民運動을 끊임없이 전개하는 것이었고, 다른 한편으로는 그들의 基本目標, 즉 농민적 입장에서의 農業問題의 근원적 해결을 달성하기 위하여, 그 농민운동을 日帝에 대한 政治鬪爭＝民族解放運動으로까지 고양시켜 나가는 동시에, 그 농민운동을 農業革命·土地革命으로까지 확대 발전시켜 나가려는 것이었다. 우리나라에는 역사적으로 보아 土地改革論의 전통이 오래고, 그것은 사회주의·공산주의 사상과도 연관되는 것으로 이해되고 있었으므로,[201] 이 같은 사상적 기반 위에서, 농업문제 타개방안을 새로운 社會主義思想으로써 재정립할 수 있었던 사회주의 진영이, 그 문제해결의 방안으로서 農業革命·土地革命論을 제론하게 되는 것은 지극히 자연스러운 일이었다. 그러

張日星, '農民問題論綱序論'(『三千里』 12, 1932. 2).
朴文圭, '朝鮮農村機構의 統計的解說'(『新興』 8, 1935. 5).
　　　　'朝鮮農村과 金融機關과의 關係'(『新東亞』 28, 1934. 2).
　　　　『朝鮮土地問題論考』, 1946.
白南雲, '朝鮮經濟의 現段階論'(『思想彙報』 17, 1938).
201) 震　公, '朝鮮古代之社會主義'(『天鼓』 2, 1921).
　　　이러한 사상계의 동향은, 전통적 儒敎思想의 내면에 儒敎的 理想社會를 구상하는 大同思想이 있었음과 적지않이 관련되고 있었는데, 이 시기에는 社會矛盾이 심화되는 사정과 관련하여, 이 같은 사상이 널리 확산되고 이를 바탕으로 하여서는 社會主義사상이 또한 자연스럽게 수용되고 있었다. 金聖甫, 「北韓의 土地改革과 農業協同化」, 연세대 대학원, 1997 참조.

므로 그들의 當面課題는 民族·資本主義 진영의 그것과 크게 다를 것이 없는 것이었지만, 基本目標는 민족·자본주의 진영의 그것과 근본적으로 그리고 질적으로 다르지 않을 수 없었고, 따라서 바로 그러한 점에서, 이 후자는 이 계열 농업문제 타개방안의 특징이 되는 것이었다. 이른바 民族革命·朝鮮革命과 연계되는 農業論인 것이었다.

그러나 이러한 농업문제 타개방안이 처음부터 이같이 확립되고, 따라서 그러한 원칙에 따라서 농민운동이 전개되고 있었던 것은 아니었다. 그러한 방향은 이 계통의 선진그룹에 의해서는 이미 진작부터 세워지고 있었지만,[202] 그것이 이 계열의 農業理論으로서 자리잡게 되는 것은 국내에 그들의 前衛黨인 朝鮮共産黨이 세워짐으로써였다고 하겠다. 즉, 앞에서 살핀 바와 같이, 이 계열에서도 처음에는 먼저 농민운동을 전개하는 가운데 地主 小作制를 위요한 당면문제의 타개를 추구하는 것이 고작이었으며, 그러한 현실적 조건 위에서, 곧 뒤따라 선진지역에서 社會主義思想의 民族解放運動과 農民運動의 이론이 수용되고 정착함으로써, 그 방안이 이 계열의 農業理論으로서 확실하게 자리잡을 수 있도록 된 것이었다. 말하자면 이 계열의 농업문제 타개책은 그 지도기관인 朝鮮共産黨의 農業論에 집약되는 것이고, 따라서 이를 분석 검토하면, 이 계열 農業問題 打開方案의 특징이 명확히 파악되는 것이라고 하겠다. 그뿐만 아니라 그 후에는 코민테른에서 植民地域 일반에서의 革命運動의 원칙 및 한국에 대한 '12월 테제' 기타 등등이 들어오고 있었으므로,[203] 사회주의 진영의 농업이론, 농업문제 타개방안은 더욱 확고하게 정착할 수가 있었다.

B — 朝鮮共産黨의 農業論은 1926년에 작성된 同黨의 '宣言'書를 통해서 살필 수 있다.[204] 이에서는 同黨의 투쟁목표 — 日本帝國主義의 압박으로부터 朝

---

202) '韓人社會黨約法', 1920(金正明, 『朝鮮獨立運動』 V, p.998).
　　 '高麗共産黨 宣言文書·黨綱領·黨規', 1921(同上, p.1003).
203) 코민테른, '植民地及半植民地 帝國에 있어서의 革命運動에 관한 테제'(『共産主義運動에 關한 文獻集』, pp.153~215).
　　 '朝鮮革命 農民及勞動者의 任務에 關한 決議 — 12月테제'(同上, pp. 536~548).
204) 필자는 '朝鮮共産黨宣言'書의 원본을 직접 보고 있지 못하다. 이곳에서는 具然欽調書에 引用된 것을 참고하였다(梶村秀樹·姜德相, 『現代史資料』 29, 『朝鮮』 5, pp. 419~421). 補, 朝鮮共産黨中央執行委員會에서 1926年 7月에 작성한 '朝鮮共産黨

鮮을 절대로 해방한다[205] ― 를 밝힌 前文에 이어, 政治形態·勞動政策·農業政
策 등에 관하여 綱領을 세우고 있었는데, 우리가 이곳에서 관심을 갖게 되는
이 黨의 農業論은 그 중의 농업정책에 관한 강령에 節目형식으로 잘 정리되어
있다. 그것은 前·後半의 두 부분으로 되어 있는데, 그 前半은 農民等을 地主
와 大土地所有者의 압박으로부터 해방하기 위하여 다음과 같은 基本方向 基
本目標를 세우고 있는 일이었다.[206]

1. 大土地所有者 會社 及 銀行이 점유한 土地를 몰수하여 國家의 토지와 더불어
   農民에게 교부할 것.
2. 小作料를 폐지할 것.
3. 水利機關을 지방의 소유로 하여 農民에게 무료로 사용케 할 것.

그리고 그 後半은 以上 農民 등에게 절대로 필요한 바 주장을 관철시키기
위하여, 다음과 같은 當面課題의 해결을 要求하되, 農民組合이 이에 개입하
여, 農民들이 鬪爭의 勝利를 얻도록 努力한다는 것이었다.[207]

1. 朝鮮農民을 土地로부터 驅逐하는 日本移民을 폐지할 것.
2. 東洋拓殖會社, 不二興業會社 及 기타의 土地買收를 폐지할 것.
3. 農民의 小作料와 기타 滯金을 이유로 한 動産 혹은 不動産의 압수를 폐지할 것.
4. 農民에 대한 國家 及 地方의 稅金을 最低率로 할 것.
5. 煙草, 人蔘 등의 專賣 及 綿繭 등의 强制的 共同販賣를 폐지할 것.
6. 小作料를 3할 이내로 할 것.
7. 小作料는 收穫 販賣 후의 성적에 의하여 교부할 것.
8. 小作人은 土地所有者에 대하여 小作料 이외에는 아무 것도(無料勞動 歲饌 舍
   音料 기타 각종 賄賂) 제공하지 않을 것.

宣言'書의 원문은 『불꽃』紙 제7호(1926년 9월 1일)에 수록되어 있다. 고투의 문장으
로 되어 있는데 아울러 참고를 바란다. 단, 필자가 이곳에 인용한 '宣言'문의 일부
내용은, 위의 日本 『現代史資料』에 수록된 日本文의 具然欽調書에 인용되어 있는 것
을 번역한 것이어서, 그 표현이 『불꽃』紙의 원문과 좀 다른데, 그러나 근본적으로
차이가 나는 것은 아니므로, 이번에 本書를 증보함에 있어서는 일부 부자연스러운
표현만을 조정하였다.
205) 同上, p.419.
206) 同上, p.421.
207) 同上, p.421.

　9. 地稅·種子·肥料·漑灌　一切의 비용을 土地所有者가 부담할 것.
　10. 小作權은 書面契約으로써 확정하되 農民組合에서 이에 간여할 것.
　11. 地主 大土地所有者에 대한 農民의 투쟁을 자유롭게 할 것.
　12. 農民組合을 法律로써 승인할 것.
　13. 水利費를 最低率로 減下할 것.

　이러한 前後 두 부분의 綱領 중에서, 이 시기 농업문제 타개책으로서 특히 우리에게 주목되는 것은, 前半部의 농업정책의 基本方向·基本目標 설정 부분이다. 이에 의하면, 이 진영에서는 그들의 農業政策 중 최대의 과제와 목표를, 小作農民을 地主 大土地所有者의 지배로부터 해방하는 데 두고 있었다. 이는 국내에 있어서의 운동상으로만 보더라도, 勞動共濟會 시절부터의 이 계통의 農業論이 黨의 綱領으로 정식화된 것이었다고 하겠다.[208] 그 방법은 大土地所有者＝大地主(會社·銀行 포함)의 토지를 몰수(無償收用)하여 국유의 토지와 함께 농민에게 분급하고, 小作料 징수의 制度＝地主制를 폐지하며, 농민몰락의 또 하나의 큰 원인이 되고 있었던 바 水利機關(地主·資本家階級의 이윤추구의 기관)도 수용하여, 이를 國有(地方所有)로 한 다음, 農民들이 水稅를 물지 않고도 그것을 자유롭게 이용할 수 있도록 한다는 것이었다. 그들은 그러한 목표를 달성하기 위하여, 스스로 地主權을 포기하는 등 사회주의자로서의 模範的인 實踐을 보이기도 하였다.[209] 그들의 당면한 根本課業은, 앞에 지적했듯이, 日帝의 압박으로부터 民族解放을 쟁취하는 것이었는데, 그 해방은 동시에 民族內的으로는 土地革命을 수반하고 있는 것이었다. 그러한 점에서 그들의 民族解放은, 곧 民族革命·社會革命이 되는 것이었다.

　그런데 여기서는 中小土地所有者(自作農)의 토지에 관해서는 언급하고 있지 않았는데, 이는 이때 이 綱領 전체의 방향이 '民主共和國'을 건설할 것을 목표로 하고 있었던 점과도 관련하여,[210] 그들 中小土地所有者에게는 아직은 그 土地의 所有權을 그대로 인정하려는 것이었다고 하겠으며, 따라서 그러한

---

208) 兪鎭熙, '小作運動과 그 內容 檢覰'(『東亞日報』1921년 3월 25일).
209) 姜宅鎭, '地主權을 抛棄하고'(『東亞日報』1923년 4월 26일).
　　『東亞日報』社說, '姜宅鎭氏의 土地 抛棄에 對하야'(1923년 4월 27일).
210) 前揭, '朝鮮共産黨宣言'書, p.420.

토지의 沒收와 分給이 곧 社會主義 農業體制의 수립을 뜻하는 것은 아니었다고 하겠다. 이때에는 다만 사회주의로 갈 수 있는 과도적 조치로서, 社會主義 운동에서의 이른바 부르주아 民主主義革命의 단계를 쟁취하고자 하는 것이었다고 하겠다. 말하자면 이는 이 시점에 있어서의 民族革命論의 단계적 성격과 내용인 것이었다. 이는 社會主義體制의 수립을 위한 農業理論과도 관련되는 것으로, 이때 사회주의 진영에서는, 세계사의 흐름과도 관련하여, 이 시기의 농업문제를 해결할 수 있는 방안은 오직 그들이 제기하는 바 土地革命論이 있을 뿐이라고 확신하는 가운데 이를 제론하고 있었다. 그러므로 이 같은 理論構圖하에서는, 日帝와 日本資本主義의 支配를 인정하는 범위 안에서의 自作農創定論 같은 것은 農業問題 打開方案으로서 문제가 될 수 없었으며, 따라서 이 계열 인사들에 의해서는 이 農業論은 실효성이 없는 것으로 강하게 비판되지 않을 수 없었다.[211]

後半部는 위에서와 같은 기본목표를 달성하게 될 때까지의 과정에서, 그들이 해결해야 할 농업문제를 위요한 당면과제를 설정하는 것이었는데, 農民層 전반에 관련되는 몇몇 항목(4, 5, 13항)을 제하면, 그 대부분이 地主 小作制의 개선과 관련되는 것이었다. 이 시기 농업문제는 결국 地主 小作制의 모순으로 집약될 수 있는 것이기 때문이었다. 그 내용은 몇 부분으로 정리될 수 있는데, 첫째는 농촌사회 농민층을 분해 몰락시키는 日本人의 土地兼倂과 農業移民을 중지할 것(1, 2항), 둘째는 小作料는 3할 이내로 판매 후에 수납하고, 그 滯納을 이유로 한 동산 차압의 관행은 폐지할 것(3, 6, 7항), 셋째는 소작농민에 대한 公租公課 및 기타의 負擔 勞役 등을 과하지 말 것(8, 9항) 등이었으며, 넷째로는 소작농민들에게 農民組合을 통한 小作契約 등의 團體交涉權을 인정하고, 자유로운 투쟁도 인정할 것(10, 11, 12항) 등등이었다. 여기서 의문이 가는 것은, 사회주의 진영의 견해로서도 일반적으로 볼 수 있었던 小作權의 법적 확립에 관한 주장이,[212] 여기에는 보이지 않는 점인데, 이

---

211) 白南雲, '自作農創定計劃'(『東方評論』1932, 7·8).
　　　　　　 註 200)의 논문.
　　　 裵成龍, '朝鮮農村의 救濟策'(『新東亞』1932. 8).
212) 兪鎭熙, 註 208)의 논문.

는 農民組合이 인정될 경우, 그 규정이 없어도 농민조합의 활동을 통해서 그
문제가 실질적으로 해결될 수 있는 까닭이었으리라고 생각된다. 그리고 地主
制 자체를 解體시키려 하면서, 그 地主制의 장기간의 維持가 전제되는 小作權
法의 設置를 요구하는 것은, 그 개혁법안으로서 混亂을 초래할 수도 있고 矛
盾되는 일이라고도 생각하였을 것이다.

農業綱領의 당면과제를 이같이 정리하고 보면, 그 첫째에서 셋째까지는 民
族·資本主義 진영의 그것과 유사하나, 넷째 부분의 문제는 민족·자본주의 진
영의 地主的 立場의 방안에서는 볼 수 없고, 農民的 立場의 방안 중 小作組合
農村組合論과 유사한 내용의 案이 되는 것이었다고 하겠다. 민족·자본주의 진
영에서는 협동조합운동을 크게 내세웠지만, 이 진영에서는 그것을 자본주의
체제 내에서의 개량주의운동, 그리고 小貧農層을 위한 조합이 아니라, 小資本
家들의 이윤추구를 위한 欺瞞的 組合으로 보는 데서 찬성하지 않았으며,[213] 그
것에 대치될 수 있는 단체운동으로서, 지주·자본가계급과의 鬪爭을 담당할 수
있는 農民組合운동을 내세우고 있는 것이었다. 이 시점에서의 사회주의 진영
의 民族解放運動 전략은, 農民運動＝小作爭議를 그 해방운동의 대열에 참여
시키는 것이었으므로, 그러한 목적을 달성하기 위해서는 농민층을 農民組合
으로 조직화할 필요가 있었던 것이었다.[214] 그러므로 여기에 등장하는 이 농민
조합은 對地主鬪爭＝小作運動을 전개하는 가운데 地主制를 개선 개혁하기도
하고, 나아가서는 日帝에 대한 투쟁으로서의 革命的 農民組合運動도 수행할
것이 요구되는 단체였다. 사회주의 진영의 농업문제 타개방안은, 말하자면 당
면과제에 있어서조차도 내·외에 대한 강한 투쟁을 통해서 그 목적을 달성하려
하는 데 그 특징이 있는 것이었다고 하겠다.

社會主義 진영의 民族解放鬪爭을 위한 전술전략은 그 후 약간의 우여곡절

　　　許　憲, '問題는 두 가지에 있다'(『朝鮮之光』 82, 1929. 1).
213) 李恒發, '小作運動의 必然性'(『東光』 20, 1931. 4).
　　　李周淵, '最緊急務는 小作運動'(同上).
　　　李聲鎭·安火山, '平安協同組合의 內幕'(『新段階』 1933. 7).
214) 이 시기 사회주의 진영의 農民組合의 실상과 성격에 대해서는 다음 글을 참조하는
　　　것이 필요하다.
　　　明川農組左翼出版部, '農民組合再建運動과 農民問題', 1934(『思想彙報』 17, 1938).

이 있었지만, 그러나 그들의 이 같은 농업문제 타개방안은, 그 후에도 그 기본 방침에 큰 변동없이 그대로 지속되고 있었다. 그것은 그 후에 작성된 朝鮮共産黨 行動綱領을 통해서 살필 수 있다. 이 綱領은 1925년에 창당되었던 조선공산당이 日帝에 의해서 해체되고, 또 그 후 여러 차례 그 再建運動이 좌절하는 가운데, 1934년에 朝鮮共産黨 發起者그룹의 이름으로 코민테른 機關誌(『共産인터내쇼날』 17)에 발표하였던 것이었다.[215] 그러한 점에서 이 綱領은, '勞農民 소비에트 權力의 수립'[216]을 지향하는 등 그간의 자기 성장의 모습을 담을 수 있었고,[217] 또 국제사회에서도 정치적으로 공인될 수 있었던 당당한 綱領이 되고 있는 것이었다.

그런데 이에 의하면, 이때 그들이 수행하고 있는 朝鮮革命은 그 제1단계 革命으로서의 부르주아 民主主義革命이었으며, 그 農業綱領, 즉 농업문제 타개방안은, 앞에서 살핀 바 朝鮮共産黨宣言書에서 볼 수 있었던 農業綱領과 그 기본골격에 있어서 큰 차이가 나는 것이 아니었다. 그것은 地主·高利貸·官吏·寺院·會社·總督府 소유의 모든 土地·用地·森林·漁區·牧場을 無償沒收하여 이를 農民委員會를 경유하여 勤勞農民에게 분배하고, 모든 灌漑시스템을 국유화하여 농민부담을 全免하며, 小作料引下 획득, 農民·小作人의 추방과 小作權 剝奪의 반대, 각종 기관 고리대에 의한 農民負債의 全免, 기타 등등의 사항이 표현이 좀 달라지고 추가되기는 하였지만,[218] 그들이 1926년에 작성하였던 바 선언서에서의 農業綱領의 기본골격을 그대로 계승하는 가운데, 이를 더욱 현실적이고 구체적인 방안으로 다듬고 보충한 것이었다. 다만 여기서 크게 달라진 점으로 주목되는 것은, 그들의 勞農民 소비에트 권력의 수립을 표방하는 문제와 관련하여, 농촌 제반 문제의 운영을 정치적으로 담당할 農民委

---

215) 朝鮮總督府警務局, 『共産主義運動에 關한 文獻集』, '朝鮮共産黨行動綱領', 1936, p.590.
216) 同 上, p.602.
217) 이 무렵 사회주의 진영의 農業論과 이에 기초한 國家權力形態의 推移에 관해서는 다음 글을 참조할 수 있다.
　　　오미일, '일제시기 사회주의자들의 농업문제 인식'(『역사비평』 7, 1989).
　　　禹東秀, '1920년대 말~30년대 한국사회주의자들의 신국가건설론에 관한 연구'(『韓國史研究』 72, 1991).
218) 註 215)의 書, '朝鮮共産黨行動綱領', p.602, pp.609~610.

員會를 등장시키고 있는 일이었는데, 이는 이 계통에서의 民族解放·土地革命에 대한 확신과, 日帝를 추방한 후의 受權態勢까지도 준비하고 있었던 한 표현이 되는 것이었다고 하겠다.

社會主義 진영에 있어서는 그 후에 이르면서도, 이 같은 土地革命論이 그 農業論의 중심이 되는 것은 말할 것도 없고, 民族革命 전체의 기본골격이 되고도 있었다. 그것은 국내외에 있어서 모두 마찬가지였으며,[219] 그러한 論은 해방 후에 이르기까지도 계속되고 있었다. 이 진영의 농업문제 타개책은 실로 철저한 바 있었다.

5. 結　語

이상에서 우리는 日帝强占期에 전개되고 있었던 農業問題의 발생사정과, 그것을 타개하기 위한 여러 계통의 여러 가지 방안을 살폈다. 그것은 이 시기 地主制의 존재형태를 잘 드러내고, 앞으로 세워질 農業體制의 성격을 또한 어렵지 않게 전망할 수 있도록 하는 것이었다. 이제 이곳에서는 그 같은 문제들의 요점을 종합 청리함으로써 稿를 맺고자 한다.

이 시기에 農業問題가 발생하게 된 것은 日本資本主義의 韓國經濟·韓國農業 지배 및 日帝 統治當局의 收奪農政의 전개와 관계가 있었다. 즉 日帝는 1910년대에서 1930년대에 걸치면서 한국에 朝鮮銀行, 朝鮮殖産銀行, 일련의 金融組合 기구, 朝鮮貯蓄銀行 등의 本支店을 설치하여 그 금융자본으로써 한국경제·한국농업을 장악 지배하도록 하는 가운데, 1910년대에는 會社令과 朝鮮土地調査事業을 통해 그들의 收奪農政의 기반을 정착시키고, 1920년대에는 朝鮮産米增殖計劃을 통해 그들의 收奪農政을 강화시켜 나가고 있었는데,

---

219) 金河一, '帝國主義戰爭 排擊途上에 있어서의 朝鮮共産主義者들의 任務'(『思想彙報』 14, 1938).

李青垣 등, '朝鮮革命論'(『思想彙報』 19, 1939).

華北朝鮮獨立同盟, '華北朝鮮獨立同盟綱領', 1941(金正明, 『朝鮮獨立運動』 V, pp. 992~993).

이로 인해서는 10년, 20년간이라고 하는 지극히 짧은 기간 내에 일본인 地主·
資本家階級의 한반도에 대한 자본투자가 조수와 같이 밀려오게 되고, 그 중의
많은 부분은 土地投資·土地兼倂으로 나타나게 되었기 때문이었다. 그 수는 엄
청나서, 韓末까지는 소수의 사람이 토지를 매수하여 農場을 개설하고 있는 데
불과하였으나, 日帝下에 그들의 農政이 오직 수탈만을 위하는 방향으로 전개
되는 데 따라서는 土地買占者는 10만 명이 넘게 되고 있었다. 그들이 매점한
토지의 규모는 소규모의 坮土를 갖는 데 불과한 자도 있었으나, 그러나 많은
경우의 사람과 會社들은 數 町步, 數十 정보, 數百 정보, 數千 정보, 數萬 정보
씩이나 매점 겸병하는 가운데 大土地所有者, 大地主 및 中小地主가 되고 있었
다. 그리고 그러한 동향과 관련하여서는 한국인 지주·자본가계급의 土地兼倂
이 또한 성행하게 되었음은 말할 것도 없었다. 그리하여 그 결과로서 韓國人
中小土地所有者·農民들은 零細土地所有者가 되거나 無田農民이 되는 가운데,
일본인과 한국인 각급 지주층의 小作農民이 되었다. 소작농민이 되면 그래도
다행이고, 數十萬, 數百萬의 농민은 농지에서 배제되어 滿洲, 시베리아, 日本
등지로 유리하게 되었다.

　이같이 성립된 日帝下의 地主制는 韓末까지의 그것에 비하여 그 地主權, 즉
小作農民에 대한 支配權이 훨씬 강화되고 있는 것이 특징이었다. 일본인들의
地主經營은 처음에는 불법으로 토지를 매수하여 한국의 傳統的 地主制의 慣
習에 따라 이를 느슨하게 經營하는 것이었으나, 日帝의 收奪農政이 점차 정착
되고 강화되어 나감에 따라서는, 구래의 農業慣行을 그대로 온존한 채, 그리
고 한국경제·한국농업을 일본자본주의가 줄기구적으로 장악하는 가운데, 그
地主經營을 자본주의 경영, 합리적 경영이란 명목으로 강화하게 되었으며, 이
에 따라서는 한국인 지주층의 그것 또한 그와 같이 되고 있었다. 小作料가 오
르고 있었음은 말할 것도 없고, 公租公課가 농민부담으로 전가되고, 水利費·
水稅가 전가되고, 肥料代와 種子代가 전가되고, 각종 노역이 부과되고 있어
서, 소작농민들은 小作地의 수입으로 그들의 農家經濟를 지탱하기 어려웠으
며, 地主·高利貸로부터 차용하는 負債로써 연명하지 않으면 아니 되는 것이
실정이었다.

　이 경우, 일본인 지주층은 그들은 資本家的 農企業者로서 농지를 개발하고

농장을 직접 경영하는 가운데 농업생산의 발전에 크게 기여하는 것으로 자부하고, 한국인 不在地主와는 다르다는 점을 거듭 강조하고 있었다. 그러나 그것은 封建的 地主制를 완전히 탈피하지 못한 地主 小作制로써 경영하는 것, 따라서 자본주의 농업경영으로서는 가장 낙후한 방법으로 農場을 경영하는 것에 불과하였으며, 小作農民을 자본주의 경영을 명분으로 내세워 그 어느 때보다도 악랄하게 수탈하고 지배하는 것에 불과하였다. 그 農場制 그 地主制는 대단히 불합리하여서, 그들은 그것을 자본주의적·합리적으로 경영하는 것이라고 하였지만, 그러나 그 농업생산은 地主 — 資本家 — 勞動者의 關係, 즉 소작농민을 企業農으로 인정하는 생산관계가 아니었으며, 地主＝資本家 — 勞動者의 관계, 즉 그들 地主＝農場主가 직접 農業勞動者를 고용하여 경영하는 資本家的 直營의 경영형태도 아니었다. 그들의 農場經營 地主制는 대부분 地主 — 小作人＝企業農의 외형을 취하고 있었으나, 그 실제는 소작농민을 노동자에 준하는 雇傭小作으로서 지배하고 수탈하는 경영관계 그것이었다. 그렇게 하는 것이 農場經營상 유리하였기 때문이었다.

이 같은 地主制하에서 소작농민은 살아 남기 어려웠다. 그러므로 이 시기의 소작농민은 지주·자본가계급에 대하여 생존을 위한 투쟁을 전개하지 않으면 아니 되었다. 1920~1930년대는 바로 그러한 투쟁의 시기, 小作爭議·農民運動의 시기였다. 그리고 주지하는 바와 같이, 그 鬪爭·農民運動은 단순한 경제운동으로 그치는 것이 아니라, 정치성을 띤 民族解放運動·革命運動으로까지 고양되고 있었다. 그러므로 이 시기에는 日帝는 파탄한 農政을 재건하기 위해서, 그리고 韓國人은 생사의 기로에 선 농민·민족을 구제하고 新國家를 건설하기 위해서, 농업문제를 타개하기 위한 어떤 대책을 세우지 않으면 아니 되었다. 그것은 지주적 입장에서도 제기되고 농민적 입장에서도 제기되고 있는 것이었다.

日帝 統治當局의 대책은 이른바 農村振興運動으로써 제기되고 있었다. 일본자본주의와 지주·자본가계급의 수탈로 인해서 쇠퇴 몰락하고, 따라서 지주·자본가·日帝에게 저항하고 있는 농민 농촌사회를, ① 農家更生計劃 ② 自作農創設維持 ③ 朝鮮農地令 ④ 朝鮮産業組合令 殖産契令 등의 정책을 통해서, 경제적으로 충실하고 사상적으로 日帝에게 순종하는 농촌사회가 되도록 개조하

려는 농촌운동이었다. ①은 官이 농민의 농업생산을 集約的 農業, 農事改良,
副業經營 등을 중심으로 지도함으로써, 그들이 이 시기의 자본주의 경제에 적
응하고 自力更生하는 농가가 되게 하려는 것이었으며, ②는 농민 몰락의 상징
인 소작농에게 長期年賦償還으로 소규모의 농지나마 소유케 함으로써 자작농
으로 創定하고, 이를 통해서 농촌사회를 견실한 中堅農民으로 하여금 이끌어
가도록 하려는 것이었으며, ③은 농민 몰락의 진원지인 地主制에 대하여, 국가
권력이 일정한 기준을 세우고 통제를 가함으로써, 소작농민이 그들 지주층으
로부터 그 일정 기준 이상의 부당한 수탈을 당하지 않도록 보호하려는 조치였
으며, ④는 자본주의 경제체제 내에서 小農層이 大資本·大地主와 대항할 수
있도록 농촌사회에 小貧農層 중심의 産業組合을 설치함으로써 농촌사회를 日
帝의 금융자본과 연결시키는 가운데 그들의 經濟運動을 지원하고자 하는 것이
었다. 말하자면 日帝의 농촌진흥운동은 일본자본주의 체제 내에서, 그 체제에
근본적인 큰 충격을 주지 않는 가운데, 그 地主制에 일정한 통제를 가하고 그
농촌에 약간의 지원을 가하는 것으로서, 이 시기의 농업문제를 해결하고자 하
는, 지극히 소극적이고 전시효과적인 방안이었다.

　韓國人들에게서 볼 수 있는 대책은, 크게 분류하여 民族·資本主義 진영의
地主 立場의 방안과 農民 立場의 방안 및 社會主義 진영의 農民 立場의 방안
이 있었다.

　농업문제와만 관련해서 본다면, 民族·資本主義 진영에서는 주로 이 시기의
농업문제를 당시의 일본자본주의 체제 내에서 해결해야 할 것으로 보고 있었
으며, 그것을 ① 地主制의 개선과 小作立法의 문제, ② 自作農創定과 農業土
地政策의 문제, ③ 協同組合運動의 문제 등등을 중심으로 그 방안을 강구하고
있었다. 그러나 그러면서도, 그들의 방안이 地主 立場에서 문제해결을 모색하
고 있는 것이었는가, 아니면 農民 立場에서 그것을 강구하고 있는 것이었는가
에 따라, 그 타개방안의 성격 지향하는 바에는 큰 차이가 있었다. 地主 立場
논자들의 방안은 그 방안의 기본골격이 대체로 日帝 統治當局의 그것과 유사
했으나, 農民 立場 논자들의 방안은 地主制 개선문제에 관해서는 소작농민의
지위를 파격적으로 향상시킬 것을 구상하고(永小作·小作料最下), 自作農創定
과 農業土地政策에 관해서는 自作農創定 정도로 만족하는 것이 아니라 전면

적 土地改革에 가까운 안을 구상하는 것이었으며, 協同組合運動의 문제에 관해서는 일반적 의미에서의 협동조합이 아니라 농촌단위의 協同農場·共同農場에 유사한 農村組合의 설립을 구상하는 것이기도 하여서, 日帝 統治當局의 案, 따라서 地主 立場 논자들의 案과는, 그 농업문제를 해결하고 새로운 농업사회를 건설하기 위한 방향에 있어서 적지 않은 차이가 나는 것이었다. 그러한 점에서 農民的 입장의 방안은 당시 社會民主主義的인 성격을 지니는 것으로 평가되기도 하였다.

日帝 統治當局이나 民族·資本主義 진영의 방안이, 이같이 그 농업문제를 그 자본주의 체제 내에서 해결하려는 것이었음에 대하여, 社會主義 진영의 농업문제 타개책은 이와는 근본적으로 다른 차원에서 제기되고 있었다. 이들 사회주의 진영에서는 이 시기의 농업문제의 발생을, 근본적으로 구래의 전통적 地主制가 日帝·日本資本主義의 한국농업지배와 구조적으로 결합되고 있는데서 연유하는 것으로 보고 있었으며, 따라서 그 농업문제의 해결을 위해서는 지엽말초적인 문제가 아니라, 근본적인 문제를 변혁해야 할 것으로 생각하는 것이었다. 그리고 그러기 위해서는 농업문제를 그와 같이 해결하기 위한 農民的 입장에서의 방법으로서 두 단계의 방안을 마련 제시하고 있었다. 그 하나는 當面課題로서 우선 일본자본주의 체제 내에서 일상적으로 문제되는 日帝의 收奪農政과 地主制의 불합리를 부분적으로나마 해결하고자 하는 방안이었으며, 다음의 하나는 窮極目標·基本目標로서 이 시기의 농업문제를 日帝·日本資本主義·地主制를 전면적으로 타도하는 가운데 근본적으로 해결하고자 하는 방안이었다. 전자의 방안은 民族·資本主義 진영의 農民 立場 논자들의 방안과 유사하였지만, 후자는 그들의 방안을 크게 넘어서는 것으로서, 농업문제를 日帝에 대한 民族解放鬪爭＝民族革命＝土地革命이라고 하는 혁명운동으로써 해결하고자 하는 방안이었다.

韓國人들의 농업문제 타개책을 이같이 살피고 보면, 그 방안들은 농업문제를 타개한다는 점에서 공통되지만, 그러나 그것을 마련하고 있는 사람들의 정치적 자세나 계급적 이해관계와도 관련하여, 그 타개방안의 내용 성격에는 큰 차이가 있는 것이었음을 발견할 수 있다. 그것은, 이들의 방안으로써 이 시기의 농업문제, 일제강점기의 韓國農業의 불합리를 타개한다고 할 때, 그 후 새로이 형성될 한국농업의 형태는 몇 가지 상반된 **農業體制**가 성립될 수밖에 없을 만큼, 큰 차이가 나는 것이 되리라는 점으로써 설명할 수 있을 것이다. 가령 **民族·資本主義** 진영의 **地主 立場**의 방안으로써 농업문제를 조정 수습하기로 한다면 **地主 小作制**를 중심으로 하는 일제강점기의 **農業體制**가 그대로 지속될 것이고, **農民 立場**의 방안으로써 문제를 해결하기로 한다면 **自作農 小農經濟**를 바탕으로 한 **資本主義** 나아가서는 **社會民主主義的 農業體制**가 새로이 형성될 것이며, **社會主義** 진영의 방안으로써 농업문제를 타개하기로 한다면 **社會主義農業**으로 가는 과도기적 농업체제가 성립될 수 있을 것이다.

여기서 우리에게 궁금한 문제로 남는 것은 이 시기의 **國內**에서 위의 양 진영이 **合作**하여 강구한 농업대책은 없었는가 하는 점이다. 이 시기는 **日帝**침략기였으므로, 모든 사람들이 **日帝**로부터의 해방을 여러 가지 문제 중에서도 최우선적인 과제로 생각한다면, **國外**에 있어서의 **統一戰線·人民戰線 政綱**에서와 마찬가지로,[220] 그들의 농업문제 타개책도 민족해방을 위한 **統一戰線的** 차원에서 하나의 방안으로 합작 통합될 수 있었을 것이기 때문이다. 그러나 현실은 바로 그 **民族解放**을 전망하는 정치적 자세, 계급적 이해관계의 차이(**民族·資本主義**와 **社會主義**, 친일적·타협적 **民族主義**와 비타협적 **民族主義**, **合法運動論**과 **非合法運動論**, **準備論·自治論**과 **解放鬪爭·武裝鬪爭論**)로 인해서 그렇게는 되지 못하고 있었다.

이 시기의 **國內**에서는 비록 사회주의 진영의 **民族解放運動·民族革命·土地革命**의 이론이 정연하게 체계화되고 또 **日帝·地主·資本家階級**에 대한 투쟁이 왕성하게 전개되고 있었지만, 그러나 이때에는 이에 못지않게, 그 투쟁 대상 계급으로서의 **地主·資本家階級, 親日的 政治社會勢力**, **日帝**의 양해하에 '**自治權獲得 — 內政獨立 — 民族獨立**'이 가능하다고 생각하는 이른바 **改良主義·自治論系 政治社會勢力**이 실질적으로 사회경제적 주도권을 장악하고 있었다.[221] 그들은 그 정치적 계급적 입장으로 인해서 사회주의 진영과는 절대로 타협할 수 없었으며, 또 사회주의 진영에서도 이들을 그 협력자로서 인정하지 않고 민족반역자로 규정하여 배척하고 있었다(**新幹會**, 12月 테제, **朝鮮共産黨行動綱**

---

220) 註 184) 및 金正明, 同 上書, p.934,
221) 朴贊勝, 「日帝下 '實力養成運動論' 硏究」, 서울대 대학원, 1990 참조.

領). 그뿐만 아니라 이들 親日的 地主·資本家的 政治社會勢力은 국내에 있어
서의 정치운동 주도권 장악의 문제와도 관련하여 사회주의 진영에 대하여 투
쟁적 경쟁적이기도 하였다.[222] 그러므로 이들 양 진영간에서는 농업문제 타개
를 위한 방안이 合作案·折衷論으로서 마련되기 어려웠다.

〔『東方學志』73, 1991. 揭載, 1998. 補〕

---

222) 金昌秀, ‘朝鮮의 農村問題 ― 그 運動者의 反省期’(『正論』 創刊號, 1925).
　　許水鎬, ‘農民運動’(『新民』 13, 1926. 5).
　　徐相日, 『合法運動과 非合法運動에 關한 私見』(草稿本, 1931. 3).
　　趙基栞, ‘朝鮮運動과 領導問題’(『新人間』 1932. 9) 등에서는 그러한 예를 볼 수 있다.
　　지수걸, ‘1930년대 전반기(1930~33)민족개량주의 운동 비판’(『한국인문사회과학
　　의 현단계와 전망』, 1988).
　　오미일, ‘일제시기 사회주의자들의 농업문제 인식’(『역사비평』 1989년 겨울호) 참조.

結　　論

— 解放 後 農業改革과의 關聯 —

　　지금까지 우리는 韓末에서 日帝下에 걸치면서 地主制가 발전 변동하는 事情과, 지주층의 수탈로 인한 농민의 몰락과 농촌의 파괴 및 그것을 위요한 地主階級과 時作·佃作·小作農民간의 갈등 대립의 문제, 그리고 그러한 현실을 타개하고 새로운 안정된 農業體制를 확립하려 하였던 諸방안을 살폈다. 그 요점을 정리하면 다음과 같다.

　　제 I 편에서는 한국의 近代化와 地主制와의 관련을 이해하기 위하여, 韓末의 농업문제를 크게 두 측면으로 대별하여 검토하였다. 그 하나는 우리나라의 內部사정으로서, 여기서는 朝鮮後期의 農業問題에는, 農業生産力이 전반적으로 발전하여 農村社會가 점진적으로 分解되고 있는 가운데, 국가가 부과하는 賦稅制度에 불합리가 있고, 토지의 私的 所有權에 기초한 地主 時作農民간에 갈등 대립의 문제가 있었으며, 이로 인해서는 農民抗爭(1862)과 農民戰爭(1894)이 발생하는 등 사회혼란이 계속되고 있었음을 지적하였다. 그리고 이 같은 농업문제를 근본적으로 해결하고 혼란을 수습하기 위한 社會改革 또는 近代化의 方略으로서는 다음과 같은 두 가지 방안이 제론되고 있었던 것으로 이해하였다. 오래전부터 賦稅制度는 말할 것도 없고 地主制까지도 개혁하는 가운데 農民的 土地所有와 농민적 商品生産을 쟁취하고자 하는 農民 입장의 改革方案과, 賦稅制度만을 개혁하는 것으로써 문제를 수습하고 地主制는 이를 그대로 유지하는 가운데 지주층의 旣得權을 보호하고 地主的 商品生産을 발전시키고자 하는 兩班 地主 입장의 改革方案이 있었음은 그것이었다. 이 두 견해는 그 계급적 이해관계를 크게 달리하는 것이었으므로 타협의 여지가 없이 격렬하게 충돌하고 있었으며, 여러 가지로 우여곡절을 거친 끝에 마침내는 후자가 국가의 近代化 政策으로서 정착하게 되고 있었다.

　　그리고 다른 하나는 外部로부터 밀려오는 사정으로서, 여기서는 日帝가 韓

國과 韓國農業을 침략하기 위한 한 방법으로서, 露日戰爭을 전후한 무렵부터 한국농업을 장악하고 地主經營을 통해서 한국농민을 지배할 것을 목표로 하는 對韓 農業殖民策을 적극적으로 전개하는 사정과, 이것이 계기가 되어 많은 일본인 地主·資本家가 來韓하여 한국의 토지를 買入 兼併하고, 구래의 한국의 地主制에 편승하여 그 小作慣行에 따라 地主經營을 하게 되었음을 고찰하였다. 그리고 이러한 지주경영이 日本資本主義·日本地主制의 성격과도 유사하였던 데서, 1905년, 1910년의 强占 이후에는 日帝의 한국에서의 농업정책이 자연스럽게 地主制를 軸으로 하는 收奪農政으로 정착하게 되었음을 살폈다.

제Ⅱ편에서는 이같이 해서 정착되는 日帝下의 地主制가 韓末에서 日帝下에 걸치면서 어떻게 變動 成長하고, 그 經營의 특징은 어떠한 것이었는지를, 韓國人 地主經營과 日本人 地主經營의 몇몇 사례를 중심으로 구체적으로 고찰하였다.

韓國人 地主經營의 類型으로서 먼저 검토한 것은, 地主經營 쇠퇴 몰락의 한 예로서 江華지방 金氏家의 地主經營에 관해서였다. 이 金氏家는 1850년대에는 小地主로서 완만하게나마 성장하고 있었으나, 1862년의 農民抗爭을 계기로 大院君의 內政改革 地方土豪 견제로 쇠퇴하다가, 閔氏政權의 開港通商이 있은 후, 米穀貿易에 참여함으로써 급성장하여 1876년에서 1896년에 이르는 사이에는 그 庄土의 규모를 근 3倍나 확대시키고 있었다. 그러나 이 金氏家는 그 후 경영주가 사망한다든가 그 門中에서 義兵에 참여하는 등의 사정이 있어서 地主經營이 부진하게 되고, 1910년대 이후에는 日帝의 收奪農政이 定着 强化되고 이에 대항하는 小作農民의 對抗運動·小作爭議 또한 격렬하게 전개되는 상황 속에서, 이에 적절히 대응하지 못함으로써 더욱 쇠퇴하였다. 그러므로 이러한 상황에 이르면서 金氏家에서는 어떤 근본적인 對策을 세우지 않으면 아니 되었다. 金氏家에서는 그것을 家業으로서의 地主經營을 포기하고, 이 시기에 전개되고 있었던 物産奬勵運動에 편승하여, 본시 그 門中의 한 業이었던 布木商으로 資本轉換 職業轉換을 함으로써 겨우 새로운 活路를 찾을 수가 있었다. 그러나 이로 인해서는 經濟的으로 완전 몰락하는 위기를 면하기는 하였으나, 金氏家는 마침내 오랜 세월에 걸쳐 지켜온 地主經營과 地主隊列에서 탈락하지 않을 수 없도록 되었다.

　다음으로 고찰한 것은 地主經營 성장의 예로서, 小貧農層에서 출발하였으나 대규모의 經營地主·企業農으로 성장한 羅州지방 李氏家의 地主經營에 관해서였다. 이 李氏家는 본시 極貧의 自小作農과 같은 처지의 영세 貧農層이었으나, 木浦港을 통한 米穀貿易이 성행하게 되자 이에 편승하여 商業的 農業과 米穀商人을 겸하는 가운데 점차 富를 축적하고, 이를 토지에 재투자함으로써 日帝下에는 대지주·대농장주가 되고 있었다. 그 地主經營·農場經營은 특이하여서, 농장의 일부는 地主家에서 직접 自作經營을 하고, 일부는 戶外집 농민(借地·借家농민)에게 借耕시키고 소작료를 징수하는 地主經營을 하되, 自作經營의 경우 지주 자신의 농업생산 전반에 대한 계획과 지휘하에, 그리고 여러 명의 머슴(雇工)의 지도하에, 그 戶外집 勞動力을 그들의 借家에 대한 임대료만큼 自作經營 부분에 동원하여 이용하는(일종의 賃勞動) 경영형태를 취하고 있었다. 저렴한 노동력을 적시에 확보하기 위함이었다. 이는 地主經營·農場經營 전반을 일종의 勞動小作制로써 운영하는 資本家的 企業農의 경영형태 그것으로서, 구래의 經營地主層의 농업생산방식과 經營型 富農層의 경영형태를 참작 도입하는 가운데, 시세에 맞도록 변동시키고 있는 것이었으며, 일본인의 이른바 雇傭小作에 유사한 資本家的 地主制＝農場型 地主制와는 그 연원과 형태를 달리하는 것이었다.

　세 번째로 검토한 것은, 地主經營을 성장시키고 地主資本을 産業資本으로 轉換시킴으로써, 韓國資本主義를 선도한 古阜 扶安지방 金氏家의 地主經營에 관해서였다. 이 金氏家는 朱子學을 家學으로 하는 가문으로서, 애초에는 그 中興祖가 無産의 상태에서 妻家의 도움을 받는 가운데 小土地所有者로서 출발하였으나, 開港通商 후에는 官僚로서 小地主로서 米穀貿易의 호황에 편승하여, 그 地主經營을 地主的 商品生産·米穀販賣·米穀貿易으로써 행하고, 잉여가 축적되면 되는대로 이를 土地投資 土地集積을 함으로써, 祖 父 子의 3代에 걸치는 짧은 기간에, 그리고 韓末에서 日帝下에 이르는 격동의 시절에 전국적으로도 그 명성을 알아주는 굴지의 大地主 大富豪가 되었다. 金氏家에서는 이같이 집적되는 토지를 地主 小作制로써 경영하였으며, 시대를 따라 더욱 큰 地主가 되기 위해 그 경영에 전심 전력하였다. 처음에는 이를 在來式 地主制로써 경영하였으나, 1920년대 초반부터 農民運動으로 인해서 전반적으로 地

主經營이 어려워지게 되자, 地主 입장에서 이를 합리적으로 경영하고 더욱 많은 수입을 얻기 위하여 日本人의 農場型 地主制로 개편하였고, 이렇게 함으로써 그 지주경영을 滿洲지역으로까지 더욱더 확대시켜 나갈 수가 있었다.

그러나 金氏家의 地主經營은 단순한 지주경영으로 만족하려는 데 있지 않았으며, 이 地主經營을 기반으로 하여서는 그 잉여가 축적되는 대로, 그 地主資本·土地資本의 일부를 産業資本으로 전환시킴으로써, 한국의 近代 資本主義를 성립시키고 産業資本家가 될 것도 목표로 하고 있었다. 그리하여 金氏家에서는 실제로 한국 최초의 근대 자본주의적 紡織工場(京城紡織)을 세우게 되고, 한국자본주의를 선도하는 地主 資本家들 중에서도 핵심적 一員, 대표적 존재가 되었다.

日本人 地主經營의 특징은 단적으로 資本家的 地主經營 또는 農場制 地主經營으로 표현되며, 그러한 地主經營은 많은 地主 資本家(會社)들에 의해서 전국 각지방에서 운영되고 있었는데, 그러한 가운데서도 대표적 존재가 되는 것은 東洋拓殖株式會社의 農場經營이었다. 그러므로 이곳에서는 日本人 地主經營의 예를 東拓의 農場經營, 특히 載寧 東拓農場의 경우를 중심으로 고찰하였다. 그것은 이 會社가 그들의 代表的 존재였으므로, 이를 통해서는 많은 일본인 지주·자본가들이 이 시기에 수행하고 있었던 農場經營의 典型을 볼 수 있을 것이기 때문이었다. 그리고 이곳 東拓農場은 大韓帝國 政府가 이 회사의 설립조건, 定款의 규정에 따라, 王室 소유로 되어 있던 대규모의 王室庄土·宮房田을 그 出資地로서 내놓은 곳이었으므로, 이곳에서는 과거의 王室庄土·宮房田의 경영과도 관련하여, 그 農場經營의 歷史的 推移를 파악할 수 있을 것으로 생각되기 때문이었다.

이 같은 東拓農場의 地主經營은 실로 한국을 强占하고 있는 일제가 일본자본주의 地主經營을 통해서 한국농민을 수탈하는 標本 그것이었다. 그것은 그 지주경영의 원칙을 통해서 그와 같이 이해할 수 있다. 즉 그 管理運營기구는 本店 — 支店 — 農場(사무소) —15개 區의 小作人組合 — 6人組 小作人의 連帶責任制로 편성되고 있어서, 韓末의 王室庄土의 운영기구보다 훨씬 강화되고 있었으며, 마치 人體를 흐르는 혈관조직·모세혈관과도 같이 완전한 收奪組織, 자본주의적 吸盤組織으로 짜여져 있었다. 그리고 그 小作條件은 契約制의 이름으로 종전보다 小作權을 약화시키고(生産의 自律性 제거, 小作料 고율화, 小作期間 단축, 耕作面積 축소, 小作人 連帶責任制 실시 강화, 小作人 축출과 日本移民 수용 등), 地主權을 강화하는 내용으로 재조정되고 있었다. 그리하여 이곳 東拓農場의 小作農民은 이제 이름만이 地主經營·農場經營하에서 小作生産하는 농민(서구의 農業資本家·企業農)일 뿐, 실제는 이를 통해서 資本家的 企業農이 되기 어려웠으며, 이른바 農業勞動者에 준하는 雇傭小作的인 농민으로 전락하지 않을 수 없었다. 그리고 이로 인해서 이곳 東拓農場의 지주제는 地主小作制로서는 역사상 그 유례를 볼 수 없을 만큼 가혹한 수탈적인 經濟制度가 되는 가운데, 지주·자본가로서의 東拓은 資本主義·合理的 經營의 이름으로, 그 지주경영을 통해서 그 利潤을 최대한으로 끌어내고 그 수탈을 극대화해 나갈 수 있었다.

日本人의 地主經營에서 다음으로 살핀 것은, 일반 地主·資本家의 地主經營과는 다른, 朝鮮信託株式會社의 地主經營·農場經營이었다. 朝鮮信託은 信託會社였으므로, 그 농장경영은 東拓과는 다른 각도에서, 그들의 信託地主制·信託農場經營을 대표하는 사례일 수 있기 때문이었다. 근대적인 信託會社는 韓末 이래로 많이 등장하고 있었지만, 이곳에서 살핀 바 朝鮮信託은 그 모든 것을 통합하여 대규모의 특수회사로서 설립한 半官營의 회사였는데, 日帝가 이같은 信託會社를 설립하고 信託農場의 경영을 기도하게 된 데는 커다란 政治的 의미가 있었다. 즉 1920년대에서 1930년대에 걸치면서는, 日帝의 收奪農政의 강화와 農民運動·小作爭議의 확대 강화로 인하여, 地主經營에 능력이 없는 많은 한국인 中小地主層이 몰락하고 大地主도 궁지에 몰리고 있었는데, 이는 日帝와 일본인 지주·자본가계급에게 그 방파제·완충지대의 붕괴가 된다는 점에서 곤란한 문제였다. 그러므로 그 統治當局에서는 이들 몰락 地主層을 구제하기 위하여 이 회사를 설립하고, 그들의 토지를 위탁받아 이를 信託地主로서 경영하게 된 것이었다. 그리고 이를 계기로 日帝 統治當局에서는 아직까지도 日本資本主義의 직접 지배하에 들어오지 않고 있었던 韓國人 地主層을 장악하고 통제하며, 한걸음 더 나아가서는 앞으로 다가올 戰時體制하에서의 勞動力 부족에 대비하여, 그 獨占資本主義 國家獨占資本主義가 한국농업을 보다 확고하게 장악하고 통제하며 계획하는 가운데, 그 농업생산력을 발전시키

려는 데서이기도 하였다. 그러나 이 회사의 설립은 朝鮮農地令과 때를 같이하
고 있었으므로, 그 농장경영을 小作人 보호라는 관점에서, 일반 일본인 地主
의 農場이나 東拓農場에서와 같이 악랄하게 할 수 없었음은 그 한 특징이었다.

　제Ⅲ편에서는 地主制의 성격을 보다 포괄적으로 이해하기 위하여, 地主 時
作관계, 地主 小作관계를 위요한 農民運動·農業問題와 그것을 해결하기 위한
打開方案을, 韓末의 경우와 日帝强占期의 경우로 나누어 정리하였다. 전자에
서는 1862년의 農民抗爭과 1894년의 農民戰爭이 地主制의 모순과 賦稅制度
의 불합리를 위요해서 발생하는 사정, 그리고 이러한 농민운동을 통해서 그
주체들이 指向하고, 쟁취하고자 하였던 바는 賦稅문제를 해결하는 것뿐만 아
니라, 土地制度의 문제까지도 해결하고자 하는 것이었으나, 그러나 政府의 對
農民 시책은 賦稅制度의 개혁으로 그치는 것이었음을 살폈다.

　그리고 후자에서는 日帝强占下의 1910년대에서 1930년대에 걸치면서, 10
萬 명이 넘는 수많은 日本人들의 토지 매입과, 특히 그 地主·資本家階級에 의
한 土地集積·土地兼倂으로 인하여 한국인 中小土地所有者 ― 中小地主와 自
作農民들이 몰락하게 되었음을 살폈다. 그리고 日本資本主義의 地主制를 위
요한 小作條件·農民收奪이 종전에 비하여 파격적으로 强化됨으로써, 韓國農
村은 파괴되고 小作農民은 이제 도저히 생계를 이어갈 수 없게 되었으며, 따
라서 한국농민은 生存을 위해서 農民運動·小作爭議를 전개하지 않을 수 없도
록 되고, 그뿐만 아니라 이때의 농민운동은 단순한 經濟運動으로 그치는 것이
아니라, 民族解放運動·革命運動으로까지 고조되지 않을 수 없었음을 고찰하
였다.

　이는 日帝의 한국에 대한 收奪農政이 파탄하게 되었음을 뜻하는 것이었으
며, 따라서 日帝 統治當局이나 韓國人들은 각각 다른 각도에서이기는 하였지
만, 이에 대한 대책을 세우지 않으면 아니 되었다. 그러한 대책은 곧 農業問題
의 打開方案인 것으로서, 日帝 統治當局에서는 이를 日本資本主義의 農業體
制 地主制 내에서 自作農創定·朝鮮農地令 등 소극적인 조치를 취하는 것으로
써 해결하려 하였다. 그리고 韓國人 民族·資本主義 진영에서는 日帝의 방안을
환영하는 사람이 많이 있는 가운데, 地主 입장에 서는 사람들 중에는 地主制
를 이보다는 좀더 적극적으로 改善해야 할 것으로 보고, 農民 입장에 서는 사

람들은 지주제의 개선은 말할 것도 없고 한결음 더 나아가서 土地改革까지도 구상하고 있었으며, 社會主義 진영에서는 이 문제를 民族解放運動·民族革命의 일환으로 연결시키는 가운데, 土地改革·農業革命論으로까지 제론하고 있었음을 살폈다.

이 같은 사정은 요컨대 中世社會 해체기, 近代社會 성립 발전기의 韓國農業의 전개과정이었던 것으로서, 地主制를 기초로 하여 근대화를 달성하려 하였던 舊 韓國政府의 農政策과, 地主制를 軸으로 하여 한국농업·한국농민을 수탈하려고 하였던 日本資本主義·日帝의 收奪農政이 몰고 온 필연적 소산이었다. 애초에 韓末의 시점에서 反封建的 農民軍을 정책적 타협(地主制 변혁)을 통해서가 아니라, 外勢를 통해 軍事的으로 진압하는 가운데, 地主經營·地主資本에 기초한 資本主義化를 구상한 것도 실책이었지만, 그것을 관철시키기 위해서는 國家의 維持가 필요하고 또 그 地主制를 근대적인 방향으로 부단히 개선해 나가는 정책이 필요하였는데, 현실은 日帝의 侵略과 强占으로 그렇게 될 수 없었다. 따라서 모든 면에서 近代化가 整合的으로 제대로 수행되지 못하였음은 말할 것도 없고, 地主制는 오직 日帝에 의한 수탈적인 경제제도로서 기능하지 않을 수 없도록 되었던 것이었다.

이 시기의 韓國의 農業問題는 地主制를 크게 변혁하지 않고서는 해결될 수 없는 것이었으며, 그것은 동시에 地主制를 한국농민 수탈의 제도적 장치로서 고집하고 있었던 日本資本主義·日帝를 이 땅에서 驅逐하지 않고서는 달성될 수 없는 일이었다. 그러나 앞에서 살핀 바와 같이, 日帝强占期에 있어서는 많은 한국인들에 의해서 여러 계통으로 民族解放運動이 전개되고, 土地改革·農業革命의 주장이 제기되고 있기는 하였지만, 실제로 한국인들이 그들 독자의 힘으로 日帝를 구축하고 민족해방을 쟁취하는 데까지 이르고 있는 것은 아니었다. 통일된 견해로서의 土地改革論이나 農業革命論을 合作해 내고 있는 것도 아니었다. 日帝로부터의 민족해방은 聯合軍의 8·15戰勝을 통해서 비로소 주어지고 있었으며, 따라서 農民收奪을 위한 경제제도로서의 지주제를 해체시키고 새로운 農業體制를 수립하는 문제도, 8·15해방 이후 新國家建設을 위한 작업으로서, 이 문제를 다루게 될 때까지 기다리지 않으면 아니 되었다.

그러므로 이제 이곳에서는, 해방 후의 문제를 다루는 것이 本書의 목표는 아니지만, 日帝下의 地主制와 農業問題 打開方案이 해방 후 어떻게 귀결되는 지를, 이 시기의 南北의 農業改革과 관련하여 정리함으로써, 本書 전체의 論旨를 마무리하고자 한다.

해방 후에도 日帝下의 地主制와 農業問題를 타개하는 문제, 左·右翼이 합작하여 통일된 農業改革 土地改革의 방안을 마련하는 문제는 日帝下의 사정 못지않게 어려웠다. 그것은 한편으로 3·8線으로 南北이 분단되고, 그 지역이 각각 美軍과 소련軍에 의해서 점령 통치되는 가운데, 資本主義體制와 社會主義體制로 고착될 전망이 점점 더 분명해지고 있었기 때문이었다. 그리고 다른 한편으로는 여러 가지 立場의 政治人들이 해외로부터 대거 귀환하여 각각 그들의 주장을 내세우게 되는 가운데, 日帝下에 民族解放鬪爭에 참여하였던 社會主義 진영의 정치인들은 1920년대 이래의 政治經濟思想에 대하여 더욱더 확신을 갖게 되는 반면, 日帝와 유착하여 민족해방운동을 외면하거나 反民族的이었던 지주·자본가계급 및 親日的 정치인들은 美軍政이 시행되는 조건하에서 그들 본래의 정치 경제적 자세를 견지함으로써, 解放이 몰고 온 궁지로부터의 탈출과 지주·자본가계급으로서의 그들의 理念을 실현하고자 하였기 때문이었다. 그러므로 이 시기에 있어서는 南北을 통일하는 民族國家와 그 정부가 수립되지 않는 한, 농업문제가 해결된다 하더라도, 그것은 南北의 지역에 따라, 그리고 그 정치세력의 성향에 따라, 그 성격이 다른 이질적인 두 형태의 農業改革이 되지 않을 수 없었다.

해방 후의 農業事情은, 日帝下의 地主 小作制가 그대로 지속되는 가운데, 전국적으로 농민경제가 극도로 열악하였으므로, 南北韓을 막론하고 農業改革의 필요성이 절실하였다. 그러나 그 사업이 비교적 빠르고 순탄하게 진행된 것은 北韓에서의 일이었다. 그것은 北韓지역에는 社會主義 국가의 군대 소련軍이 진주하고, 內外에서 사회주의 인사들이 집결하며, 전 지역의 人民委員會가 자유로운 정치·행정활동을 하는 가운데, 지주·자본가계급 및 日帝下에 있었던 親日官僚·軍人 등이 대부분 南下하고 있어서, 農業改革·土地改革에 대하여 반대할 수 있는 정치세력이 없어지고, 동시에 諸 政黨(朝鮮共産黨·朝鮮民主黨·新民黨·天道敎靑友黨)·勞組·民靑·기타 사회단체 등이 民族統一戰線을 결성하여 그 土地改革案을 적극 지지하였기 때문이었다.[1] 그리하여 이 지역에서는 해방 이듬해에 北朝鮮臨時人民委員會의 명의로 土地改革令(1946. 3. 5)을 반포하고, 큰 마찰 없이 이를 시행할 수가 있었다.

그 내용은 日帝下에 있어서의 朝鮮共産黨, 祖國光復會, 朝鮮獨立同盟 등 사회주의 진영의 土地綱領을 기초로 하고, 그 이념을 반영한 것으로서, 日帝와 일본인의 所有地, 親日派·朝鮮民衆(族)에 반역한 자의 所有地, 5町步 이상 소유한 地主와 聖堂·僧院의 所有地, 自耕하지 않고 小作 주거나 雇傭勞力으로 경작하는 자의 所有地, 해방 당시 자기 지방에서 逃走한 者의 所有地 등을 沒收하여, 토지 없는 농민에게 노동능력을 고려하여(점수제) 無償으로 영원히 그 所有權을 분여하는 것이었으며(단, 매매·소작·저당하지 못함), 자기 노력으로 경작하는 농민의 所有地는 분할(몰수)하지 않는 것이었다(附錄 1 참조). 이른바 부르주아 革命으로서의 土地改革, 社會主義 농업으로 가기 위한 전단계 (人民民主主義)로서의 토지개혁으로서, 이 개혁사업은 단시일 내에 비교적 철저하게 시행되고 있었다. 그리하여 이를 기초로 하면서, 北韓에서는 南北戰爭 (6·25) 이후에는 전쟁으로 파괴된 절박한 경제사정을 타개해야 하는 문제와도 관련하여, 점차 그 농업을 協同化·社會主義化의 방향으로 전환시켜 나가기에 이르렀다.[2]

北韓에서의 土地改革이 비교적 신속하고 철저하게 수행된 데 반하여, 南韓에서의 農業改革은 지리하고 복잡하고 難産의 과정 그것이었으며, 그 내용 성격 또한 北韓의 토지개혁과는 크게 달랐다. 그것은 南韓지역에는 資本主義 국가의 군대 美軍이 占領軍으로서 진주하여 軍政을 펴는 가운데(韓半島에 美國적인 資本主義·民主主義社會를 건설하는 것이 목표가 된다), 海外에서 右派 政治人들이 모두 환국하여 자본주의·민주주의를 지향하는 정치활동을 하고 있었기 때문이었다. 그리고 北에서 南下한 地主·資本家階級이 본시 南韓지역 내에 있었던 지주·자본가계급 및 海外에서 귀환한 右派 정치인 등과 결합하는

---

1) 朴文圭, ‘民主主義와 土地改革’(『朝鮮土地問題論考』, 1946).

2) 전영률 등, 『조선통사』〔하〕, 력사적인 토지개혁(p.316) 및 농업협동화운동(p. 522), 1987.

　　사회과학원 경제연구소, 『경제사전』 Ⅱ, 토지개혁(p.667) 및 Ⅰ, 농업협동화 (p.480), 1970, 서울판, 1988.

　　손전후, 『우리나라 토지개혁사』 제2편 제3장 토지개혁의 실시, 1983.

가운데, 이 지역에는 거대한 右派 民族·資本主義의 정치세력이 형성되어, 사회주의 진영과 정면으로 대치하고 있었기 때문이었다.[3]

본시, 남한지역에는 地主·資本家階級이 많았던 만큼, 이에 대립하는 社會主義 진영의 정치세력이 광범위하게 형성되고, 그 활동 또한 활발하였으며, 그뿐만 아니라 그들은 日帝下에 있어서의 民族解放鬪爭과도 관련하여 명분 또한 뚜렷하였으므로, 그들이 政治 主導權을 장악해야 할 것으로 생각하였다 (人民共和國 수립). 그러나 民族·資本主義 진영의 인사들은 日帝下 이래의 그들의 정치적 신념·계급적 이해관계 및 美軍政下라고 하는 상황과도 관련하여, 사회주의 진영의 이 같은 생각과는 전혀 다른 생각을 하고 있었으며, 따라서 사회주의 진영의 주장에 대해서는 이를 전면 거부하고 있었다. 그들은 이 지역 나아가서는 韓半島 전체가 資本主義社會가 되어야 하며, 그 政治 主導權도 그들 지주·자본가계급이 주축이 되는 民族·資本主義 진영의 정치세력이 장악해야 할 것으로 생각하는 것이었다. 그리하여 南韓지역에서는 사회주의 진영과 민족·자본주의 진영간에, 앞으로 수립될 新國家의 농업기반을 마련하는 문제, 즉 農業改革 土地改革의 문제를 위요하여, 피차 한치도 양보하지 않는 激突을 거듭하지 않을 수 없도록 되고 있었다.

그러한 農業改革 土地改革의 방안은 사회주의 진영에는 極左와 中道左派, 民族·資本主義 진영에는 中道右派와 極右의 견해가 있어서 다양하였다. 그러나 그런 가운데서도, 정치세력간의 대립과 관련하여, 이 시기 남한지역에서의 農業論으로서 그 시대성을 잘 반영하고 있었던 것은 極左와 極右의 견해였다.

社會主義 진영에서 極左노선을 걷고 있었던 것은 朝鮮共産黨과 그 확대 재편성된 南朝鮮勞動黨(南勞黨) 및 그 산하단체였다. 朝鮮共産黨은 日帝下에 日帝에 의해서 파괴된 후 거듭 그 재건운동을 벌였으나 실현되지 못했었는데, 해방이 되면서 새롭게 재건되어(1945. 9. 19),[4] 막강한 조직으로 大衆에 대한 큰 영향력을 미치면서 정치무대에 등장하고 있었다. 그 政綱은 전반적으로

---

3) 서중석, 『한국현대민족운동연구 ─ 해방 후 민족국가 건설운동과 통일전선』, 1991 및 本書, 제Ⅲ편 제2논문 註 155)의 논문에는 이 시기의 그러한 사정이 소상하게 정리되어 있다.
4) 金南植 編, 『南勞黨硏究資料集』 I , 資料 2, 1974, p.6.

日帝下 朝鮮共産黨에 있어서의 그것을 계승하고, 解放 후의 새로운 사태에 대
처할 수 있도록, 그것을 조정 발전시키고 있는 것이었다. 日帝下에 그 黨員으
로 활동하던 사람들과 그 정치이념에 동조하던 學識있는 인사들이 해방 후 이
에 참여하여 운영하고 있었기 때문이었다. 해방 후 이 黨에 의해서 제기되는
農業改革·土地改革에 관한 견해도 마찬가지였다. 이 黨에서는 그것을 그 黨의
再建과 더불어, 곧 '共産黨의 土地問題에 대한 決議'(1945. 10. 3)로서 발표하
였는데, 그것은 日帝下의 朝鮮共産黨 綱領에서 볼 수 있었던 그것과 기본적으
로 같았으며, 그 후에는 이것이 이 黨 農業政策의 指針·基本骨格이 되는 가운
데, 상황에 따라 확대 발전되어 나가고 있었다. 그러므로 이는 이 시점에 있어
서의 이 黨의 정치적 성격을 단적으로 반영하는 農業綱領이 되는 것이었다고
도 하겠다.

　그 農業改革 土地改革의 내용은, 이 시점의 개혁을 이른바 부르주아 民主主
義革命의 한 과정으로 보는 데서, 전국의 토지를 國有化하여 이것을 농민의
노력과 家族人口數에 비례하여 再分配할 것을 目標로 하되, 그러나 이는 黨의
역량에 따라 수행될 수 있는 것이므로, 우선은 當面課題로서 小作料 3 : 7制
(金納)를 달성하도록 농민으로 하여금 階級鬪爭 政治鬪爭을 전개케 하며, 앞
으로는 窮極目標를 달성하기 위하여, 다음과 같은 개혁사업을 수행하도록 투
쟁해야 한다는 것이었다. 즉, 日本帝國主義者와 民族反逆者의 토지, 朝鮮人
地主 중 大地主 高利貸金業者의 토지, 寺院·鄕校·宗中 기타 公共體의 토지는
無償沒收하고, 조선인 中小地主의 토지는 앞으로 투쟁의 진전에 따라 自己耕
作土地(면적은 앞으로 결정) 이외의 것을 몰수하여, 이를 토지 없는 또는 토지
적은 농민에게 分與하며, 일본제국주의자 민족반역자 領有의 河川·山林·沼澤
을 국유로 하여 농민이 無償으로 사용케 하고, 水利組合을 國有로 하여 농민
에게 그 사용을 공개해야 한다는 것이었다. 그리고 이 같은 문제의 管理는 앞
으로 진보적인 人民政府가 수립될 때까지, 우선 각 지방의 農民委員會나 人民
委員會가 이를 담당하도록 한다는 것이었다.[5] 말하자면 이 시기 이 黨의 토지
문제에 대한 결의를 통해서 보면, 그 土地改革의 特徵은 한마디로 無償沒收

---

5) 同 上書, 資料 6, p.27.

無償分配의 土地國有化를 추구하는 것이었으며, 지주·자본가계급의 경제기반을 제거하고 농민들에게 토지를 주어 그 경제를 안정케 함으로써, 勞農階級이 주체가 되는 新國家·社會主義 國家의 건설, 사회주의 農業體制 건설을 위하여 그 기반, 그 전단계 체제(人民民主主義)를 공고히 하고자 하는 것이었다고 하겠다. 그러나 이 같은 개혁안은, 사회주의 진영이 民族解放·民族革命을 독자적으로 쟁취하였을 때 비로소 달성될 수 있는 방안이라는 점에서, 이 시기 南韓지역의 상황하에서, 이 같은 階級的 이해관계를 철저하게 구분하는 이 안을 실현시키기는 사실상 어려운 일이 아닐 수 없었다.

　民族·資本主義 진영에서 極右的 노선을 걷는 가운데 南韓의 해방정국을 주도하고 있었던 정당은 韓國民主黨(韓民黨)이었다. 이 黨은 대체로 日帝下에서부터 국내에서 地主·資本家階級으로서 활동하고 親日的인 정치활동을 하는 가운데 한국사회와 한국인을 실질적으로 대표하던 사람들, 지주·자본가계급을 대변하던 極右 편향의 知識人들, 民族·資本主義 진영 중에서도 農民的 입장에서 문제를 해결하고자 하였던 비교적 進步的이었던 사람들, 그리고 본시 社會主義 진영에 속했었으나 자세를 바꾸어(전향) 이 진영에 속하게 된 사람들까지도 총동원하여 이루어진 政治集團이었다. 그러한 점에서 社會主義 진영의 新國家建設 활동이 왕성하게 전개되는 데 대항하여, 그 人民共和國을 분쇄하고 上海臨政을 영입하는 가운데, 資本主義·民主主義의 新國家建設을 표방하며 등장한 정치단체였다.[6] 日帝下에 있어서의 정치적 행적, 反共主義 및 資本主義·民主主義를 지향하는 그들의 정치적 자세와도 관련하여, 美軍政과 밀접한 관계에 있었음은 말할 것도 없었다. 그러나 그러면서도 이 정치단체는 日帝下로부터 성립하고 있는 것이 아니었으므로, 해방을 맞이하였을 때, 앞으로 있게 될 新國家建設에 대하여 어떤 확고한 준비태세를 갖추고 있는 것이 아니었다. 그리고 여러 계통의 사람으로써 黨을 구성하고 있었기 때문에, 해방 후 당분간은 그 新國家建設의 方略이 구체화되기 어려웠다. 農業·土地政策에 관해서는 특히 더 그러한 바가 있었다.

　韓民黨의 農業·土地政策은 기본적으로 南韓사회는 資本主義사회가 되어야

---

6) 沈之淵, 『韓國民主黨研究』 I·Ⅱ, 1982, 1984 참조.

하며, 따라서 토지의 私的 所有權은 존중되고, 토지의 國有化·社會主義化는 거부되어야 한다는 대전제 위에서 출발하고 있었다. 이 같은 전제 위에서, 이 黨의 농업·토지정책은 두 단계를 거치면서 겨우 그 農業改革의 원칙이 확립되고 있었다.

그 첫 단계는 創黨(1945. 9. 16) 후 약 1년간의 정책으로서, 이때에는 그 政綱·政策에서 土地制度의 合理的 再編成을 표방했으나, 그것은 토지제도의 전면적 개혁을 주장하는 것이 아니라, 地主制를 개선함으로써 日帝下 이래의 농업문제를 해결하고자 하는 것이었다. 그 내용은 大土地所有者에게 그 土地 私有의 한도를 제한하고, 小作料를 3分의 1로 규정함으로써(이 부분은 美軍政의 農業政策에 반영된다), 그들 大土地所有者로 하여금 점차 그 토지를 국가에 매각토록 하고, 이를 기반으로 그들이 産業資本家로 전환할 수 있도록 하며, 農民들에게는 耕作權의 均等을 확립해 주고, 자주적 協同組合도 설치케 하여, 小作農民으로서도 안정을 기할 수 있도록 한다는 것이었다.[7] 이는 日帝下에 있어서 民族·資本主義 진영이 구상하고 제론하였던 바 地主的 立場과 農民的 立場의 농업문제 타개방안을, 지주 입장에서 소극적으로 종합한 것이었다. 그러나 이 시점에 있어서는, 資本主義 진영이 이러한 정도의 農業政策으로써 社會主義 진영의 그것에 정책적으로 대항하기 어려웠다. 사회주의 진영에서는 농민에게 토지를 無償沒收 無償分配할 것을 약속하고 있었으며, 실제로 北韓에서는 그러한 원칙에 의해서 土地改革을 시행하고 있었기 때문이었다. 그러므로 韓民黨이 民心을 얻고 국민적 지지를 받는 가운데 사회주의 진영과 대항하기 위해서는, 적어도 農業改革에 관하여 적극적인 자세를 보이고 그 방안을 마련하지 않으면 아니 되었다.

다음 단계는 北韓의 土地改革, 社會主義 진영의 農業改革 방안을 비판하면서도, 그들 자신의 종래의 농업정책을 근본적으로 재검토하는 가운데, 새로이 黨의 농업개혁 방안이 될 수 있는 農村經濟 再建案을 마련하고, 이를 그 黨의 代議員大會(1946. 9. 16~18)에서 결의하게 되면서부터의 일이었다. 그 내용은, 沒收된 敵産 기타의 土地와 政府에서 買上한 地主의 土地를 自作 自農의

---

7) 同 上書 Ⅰ, pp.151~154.

원칙에 의하여 耕作農民에게 再分配하되, 買上價格은 국가에서 遞減法에 의하여 적당히 사정하며, 再分配된 토지에 대한 報償은 長期年賦로 政府에 辦納케 하되, 農民의 생산능력을 저해치 아니하고, 농민생활에 과중되지 아니함을 원칙으로 하며, 土地法을 제정하여 재분배되는 토지의 兼併을 防止케 한다는 것이었다.[8] 이는 地主制를 유지하는 가운데 농업문제를 해결하고자 하였던 종래의 정책을 지양하고, 農業改革을 어쩔 수 없는 시대의 추세로 인정하여 이를 수용하되, 그러나 그러면서도 지주·자본가계급의 희생을 최소화하는 가운데 그 목적을 달하고자 하는 개혁방안이었다. 그 방안의 歷史的 系譜는 日帝下에 있어서의 自作農創定法의 원리와 민족·자본주의 진영의 농민 입장의 농업문제 타개방안을 적극적으로 종합 수용하는 가운데, 이를 전국적 규모의, 그리고 단시일 내에 단행하는 변혁적인 農業改革 農地改革 方案으로서 확대 적용시키고 있는 것이었다.

韓民黨의 이 같은 농업개혁 방안은, 有償買收 有償分配, 따라서 자유로운 土地私有化 小農經濟를 기저로 하는 자본주의 農業化를 전제로 하는 것이었다는 점에서, 社會主義 진영의 개혁방안이 無償沒收 無償分配, 따라서 土地國有化 나아가서는 이를 기초로 한 사회주의 農業化를 전제로 하는 것이었음과는 근본적으로 차이가 나는 것이었다. 그리하여 韓民黨에서는 그 후 이 시기 최대의 과제인 농업개혁 토지개혁의 문제를 이 有償沒收 有償分配의 원칙으로써 돌파해 나가고자 하였으며, 여기에 左右合作 7原則도 이로써 거부하고, 政局의 추이가 極右 자본주의 진영을 중심으로 單政 수립의 방향으로 굳어지는 가운데, 사회주의 진영의 활동이 不法化되고 그 정치세력이 제거되는 사정과 관련하여서는, 그 개혁이념 개혁방안을 더욱더 확고히 다져나가게 되었다. 물론 南韓지역에서의 農業改革의 방향이 반드시 그들의 구상대로만 추진될 수는 없었지만, 그러나 그들의 정치경제적 死活은 이 문제의 해결방식과 깊은 관련이 있었으므로, 그들의 이 문제에 대한 자기입장 관철의 욕구는 집요하였다. 그리하여 정부수립 후에는, 農地改革法案으로서 비교적 진보적이었던 農林部案도 이로써 거부 수정케 하는 우여곡절을 거치는 가운데, 마침내 그들이

---

8) 韓國民主黨宣傳部, 『韓國民主黨小史』 附錄, 1948(同上書 Ⅱ, p.339).

주장하는 바 원칙에 의거한 개혁방안을 남한지역의 農地改革法(1949. 6. 21)으로서 정착 실시케 할 수가 있었다[9](附錄 2 참조).

韓末에서 日帝下에 걸치는 地主制와 農業問題·農民運動을 이같이 정리하고 보면, 農業史의 측면에서 볼 때, 近代 韓國의 역사는 地主制를 위요한 地主 時作·佃作농민, 地主 小作농민간의 수탈과 저항, 갈등과 대립의 시기, 그리고 그것을 해소 해체시키고 近代的인 農業制度를 확립하기 위한 農業改革運動의 시기였다고 하겠다. 그러나 이 문제는 地主와 時作·佃作·小作농민간에 계급적 이해관계가 심각하게 얽히는 문제였으므로, 그리고 革命세력이나 民族解放運動세력이 그들의 운동을 완전히 독자적으로 성공시키고 권력을 장악한 후 이를 수행하고 있는 것이 아니었으므로, 그 갈등과 대립이 쉽게 끊이지 않는 것은 말할 것도 없고, 그것을 타개하고 새로운 農業制度 農業體制를 수립하기 위한 방안을 마련하는 데 있어서도 그 의견이 일치되기 어려웠다. 그리하여 우리 역사에서는, 韓末에는 이 문제에 대한 적절하고도 자주적인 방안을 선택하지 못한 데서 日帝의 침략과 역사상 그 유례를 볼 수 없을 만큼 참혹한 收奪을 당하게 되었고, 解放 전후에는 左·右翼간에 이 문제에 대한 타협안 절충안을 찾지 못한 데서 그렇게도 바라던 日帝로부터의 해방을 맞고 半封建的, 寄生的 또는 資本主義的 地主制를 해체시킬 수가 있었으면서도, 그러나 이 문제를 위요한 左右合作 民族統一의 기회를 잃고, 農業體制의 분열, 나아가서는 南北의 분단을 또한 초래하지 않을 수 없었던 것이라고 하겠다.

---

9) 農村經濟硏究院, 『農地改革史硏究』 제4장 農地改革法의 制定過程, 1989 참조.

〔附錄 1〕

北朝鮮 土地改革에 對한 法令[10]

(1946. 3. 5)

第一條 北朝鮮土地改革은 역사적 또는 경제적 필요성으로 된다.
　土地改革의 課業은 日本人土地所有와 朝鮮人地主들의 土地所有 及 小作制를 철폐하고 土地利用權은 耕作하는 者에게 주는 데 있다. 北朝鮮에서의 農業制度는 地主에게 예속되지 않은 농민의 개인소유인 農民經理에 의거된다.
第二條 몰수되어 農民所有地로 넘어 가는 土地들은 如左함.
　ㄱ. 日本國家, 日本人 及 日本人團體의 所有地
　ㄴ. 朝鮮民衆(族)의 反逆者,[11] 朝鮮民衆의 利益에 손해를 주며 日本 帝國主義者의 政治機關에 적극 협력한 자의 所有地 또는 日本 壓迫 밑에서 朝鮮이 해방될 때에 자기 지방에서 逃走한 자들의 所有地
第三條 沒收하여 無償으로 농민에게 所有로 分與하는 土地는 如左함.
　ㄱ. 한 農戶에 五町步 이상 소유한 朝鮮人地主의 所有地
　ㄴ. 自耕치 않고 전부 小作주는 所有者의 土地
　ㄷ. 面積에 不關하고 繼續的으로 小作주는 全土地
　ㄹ. 五町步 이상을 소유한 聖堂, 僧院, 기타 宗敎團體의 所有地
第四條 割讓되지 않는 土地는 如左함.
　ㄱ. 學校·科學研究會(機關)[12]·病院 所有地
　ㄴ. 北朝鮮人民委員會의 특별한 결정으로 朝鮮의 자유와 독립을 위하여 反日本侵略鬪爭에 공로있는 자들과 그의 가족에 속하는 토지, 朝鮮民族文化發展에 특별한 功勞者들과 그의 家族에 속하는 土地
第五條 第二條와 第三條에 의하여 沒收한 土地 전부는 농민에게 無償으로 영원한 所有로 讓與함.
第六條
　ㄱ. 沒收한 토지는 雇傭者, 土地 없는 농민, 土地 적은 농민에게 分與하기 위하여 人民委員會 처리에 위임함.

---

10) 大陸研究所, 『北韓法令集』 第8編 農林·水産, 第2卷, 1990, p.273.
　朴文圭, 『朝鮮土地問題論考』(1946) 附錄, 北朝鮮土地改革에 對한 法令.
11) 손전후, 前揭 註 2)의 書, p.119에는 이 부분이 '朝鮮民族의 反逆者'로 되어 있다.
12) 손전후, 同 上書에는 '科學研究會'의 會가 機關으로 되어 있다.

ㄴ. 自己 勞力에 의하여 耕作하는 농민의 所有地는 分割치 아니함.

ㄷ. 自己 勞力으로 自耕할려는 地主들은 本 土地改革에 대한 法令에 의하여 농민들과 같은 권리로서 다만 他郡에서 土地를 가질 수 있음.

第七條 土地를 농민소유로 分與하는 式은 道人民委員會가 土地所有權에 대한 證明書를 交付하며 此를 土地臺帳에 등록함으로써 완료됨.

第八條 本 法令에 의하여 농민에게 준 土地는 一般 負債負擔에서 免除함.

第九條 本 法令에 의하여 土地割讓當한 지주에게서 借用한 雇傭者와 農民의 일체의 負債는 취소함.

第十條 本 法令에 의하여 농민에게 分與된 土地는 賣買치 못하며 小作주지 못하며 抵當하지 못함.

第十一條 地主의 畜力, 農業機具, 住宅의 일체 건축물, 垈地 等은 第三條 〈ㄱ〉項에 의하여 沒收되어 人民委員會의 처리에 위임하되, 人民委員會는 本 法令 第六條에 의하여 土地를 가지는 雇傭者, 土地 없는 농민에게 分與함. 몰수된 일체 건물은 학교, 병원, 기타 사회기관의 利用으로 넘길 수 있음.

第十二條 日本國家, 日本人 及 日本人 일체 단체의 果樹園, 기타 果木들은 몰수하여 道人民委員會에 맡김. 本 法令 第三條 〈ㄱ〉項에 의하여 土地를 몰수당한 朝鮮人地主의 소유인 과수원, 기타 果木들은 몰수하여 人民委員會에 保留됨.

第十三條 農民들이 소유한 적은 山林을 제외하고, 全 山林은 몰수하여 北朝鮮臨時人民委員會의 처리에 위임함.

第十四條 本 法令에 의하여 土地를 몰수당한 所有者에게 소유된 灌漑施設의 전부는 無償으로 北朝鮮臨時人民委員會의 처리에 위임함.

第十五條 土地改革은 北朝鮮人民委員會의 지도하에서 실시됨. 지방에서 土地改革을 실시할 책임은 道·郡·面人民委員會에 負擔되며 농촌에서는 雇傭者, 土地 없는 小作人, 土地 적은 小作人들의 總會에서 선거된 農村委員會에 負擔됨.

第十六條 本 法令은 公布한 其時부터 實行力을 가짐.

第十七條 土地改革實行은 一九四六年 三月 末日 前으로 畢할 것. 土地所有權證明書는 今年 六月 二○日 前으로 交付할 것.

　　　　　　一九四六年 三月 五日

　　　　　　北朝鮮 臨時人民委員會

　　　　　　　　委員長　　金 日 成

　　　　　　　　書記長　　康 良 煜

土地改革法令에 關한 細則[13]

(1946. 3. 8.)
臨時人民委員會 委員長 金日成 批准

一九四六年 三月 五日에 北朝鮮臨時人民委員會에서 決定한 北朝鮮土地改革法令의 實施章程

第一章 土地改革을 實施할 農村委員會의 組織과 그 任務

第一 土地改革法令(以下《土地法令》이라 略稱한다) 第十五條에 의하여 土地改革을 준비하고 土地改革을 실시하기 위하여 각 농촌의 雇傭者, 土地 없는 小作人, 土地 적은 小作人의 總會에서 擧手의 다수로 그 농촌의 人員數에 따라서 五人 내지 九人의 農村委員을 선거하여 農村委員會를 조직한다.

面人民委員會는 각 農村委員會의 成員을 승인할 것이며 農村委員會는 面人民委員會의 지도하에서 工作하여야 한다.

第二 農村委員會의 實行할 任務

一. 土地法令 第三條〈ㄱ〉項에 의하여 土地를 몰수당한 地主에게 소속된 建物, 農具, 畜力, 種穀, 灌漑施設 及 建物 및 果樹園 등을 급속히 조사하여 상세히 臺帳에 기록하고 이 모든 것을 몰수하기까지 완전히 보관하겠다는 證書를 받고 그 地主에게 任置할 것. 이와 동시에 몰수될 물건을 損傷하거나 盜取하는 경우에는 地主가 法的 責任을 지게 된다는 것을 주의시켜야 한다.

二. 土地法令 第二條와 第三條에 의하여 몰수될 일체 土地를 조사하여야 한다.

三. 土地法令에 의하여 土地을 가지게 될 雇傭者, 土地 없는 農民 및 土地 적은 農民들을 조사하여 統計할 것이며, 그들의 所有地, 人口數 및 年齡別 등을 조사할 것이며, 또 그들이 小作하던 地主의 土地面積을 조사하여야 한다.

四. 沒收된 土地를 雇傭者, 土地 없는 農民 및 土地 적은 農民 등에게 分與할 案을 작성하여 面人民委員會의 승인을 받아야 한다.

만일 面人民委員會의 결정과 합치되지 아니하는 경우에는 農村委員會는 土地分與案을 郡人民委員會의 審議에 붙일 것이며, 만일 郡人民委員會의 결정과 합치되지 아니하

---

13) 大陸硏究所, 『北韓法令集』 第8編 農林·水産, 第2卷, p.277.
   朴文圭, 『朝鮮土地問題論考』 附錄, 土地改革法令에 關한 細則.

는 경우에는 道人民委員會의 審議에 붙여서 道人民委員會의 최후결정을 받아야 한다.

人民委員會는 二日내로 農村委員會代表의 참가하에서 土地分與案을 심의·결정하여야 한다.

五. 人民委員會가 土地分與案을 승인한 후에는 곧 그 案의 실시에 착수할 수 있으며, 또 農民에게 土地를 分與할 수 있다.

六. 土地法令 第七條에 의하여 土地所有權에 대한 증명서를 교부하기 위하여 土地分與를 畢한 후에 土地를 가지는 雇傭者 及 農民의 名簿를 곧 面人民委員會에 제출할 것이며, 土地改革을 실시한 후 一〇日 이내로 面人民委員會는 郡人民委員會를 경유하여 이 名簿를 道人民委員會에 제출하여야 한다.

第二章　沒收될 土地

第三　土地法令 第二條와 第三條에 의하여 土地를 沒收한다.

第四　面人民委員會의 任務

一. 日本飛行場, 射擊場, 일체 所有地 및 기타 日本軍隊管轄에 속하였던 非耕作地는 北朝鮮臨時人民委員會의 公有地로 된다.

二. 土地法令 第二條 〈ㄴ〉項에 의하여 土地를 몰수당할 農戶名簿를 확정하여 道人民委員會의 승인을 얻을 것. 親日派를 폭로하기 위하여 이 사업에 광범한 農民群衆을 引入하여야 한다.

第五　土地法令 第三條 〈ㄱ〉項에 의하여 매호에 五町步를 초과하는 土地를 소유한 朝鮮人地主의 土地는 이것을 일체 沒收한다. 이것은 자기의 토지를 전부 小作주거나 雇傭勞力으로 경작하는 地主에 限할 것이고, 五町步를 초과하는 土地를 소유하더라도 土地의 일부분을 自力으로 경작하며 일부분을 小作주는 土地所有者에 있어서는 다만 小作을 준 토지만 몰수한다.

첫째例 : 八町步의 토지를 소유한 토지소유자가 三町步는 自力으로 경작하고 五町步는 소작을 주었다면 小作준 토지 五町步만 沒收한다.

둘째例 : 七町步의 土地를 소유한 地主가 자력으로서 耕作하지 않고 기생충적 생활을 하는 즉 三町步는 小作을 주고 四町步는 雇傭勞動으로 경작하는 地主의 土地는 전부 沒收한다.

세째例 : 六町步의 耕作地와 二町步의 果樹園을 소유한 土地所有者가 과수원은 自力으로 경영하고 六町步의 耕作地는 小作을 주었다면 과수원은 地主의 소유로 남기고 六町步의 耕作地는 沒收한다.

네째例 : 七町步의 土地를 소유한 자가 小作을 주지 않고 自力으로 경작하였다면 그 土地 전부가 그의 소유로 된다.

第六　土地法令 第三條 〈ㄴ〉項에 의하여 自力으로 농업을 경영하지 않고 土地 전부를

小作주는 土地所有者의 土地는 몰수된다. 이 項은 土地所有面積에 불문하고 農村經理와
격리되어 土地를 자기가 경작하지 않는 所有者에 한한다. 例하면 四町步의 土地를 소유한
土地所有者가 都市에 거주하면서 土地 전부를 小作주었다면 그 土地는 전부 몰수한다.

　　第七　土地法令 第三條〈ㄹ〉項에 의하여 五町步를 초과하는 土地를 소유한 教會, 僧
院 및 기타 宗教團體의 土地는 몰수한다. 이 項은 자기의 토지를 小作주거나 雇傭勞力
으로 耕作하는 방법으로써 農民과 雇傭農民을 착취할 목적으로 이용하는 教會와 僧院
에 한한 것이고, 자기의 노력으로 경작하는 教會, 僧院 및 기타 宗教團體의 土地를 몰
수한다는 것이 아니다.

　　첫째例 : 一二町步의 土地를 전부 小作주는 教會의 土地는 전부 沒收한다.

　　둘째例 : 八町步의 土地중에서 五町步는 雇傭勞力으로 경작하고 三町步는 小作을 주
었던 그 教會의 土地는 전부 몰수한다.

　　세째例 : 九町步의 土地중에서 三町步는 자력으로 경작하고 六町步는 小作을 주었다
면 小作준 六町步만 몰수한다.

　　第八　外國人의 土地에 대하여서는 朝鮮人의 土地所有者에 대하여서와 같이 土地法
令이 실시된다. 따라서 외국인의 土地도 土地改革法令 第二條 第三條에 지적한 土地와
같이 되는 경우에는 沒收한다.

　　第九　社會團體의 土地도 土地法令 第三條에 지적한 土地와 같이 되는 경우에는 沒
收될 수 있다.

　　第十　朝鮮에 入籍하지 않고 주로 도시부근에서 菜園經營하는 外國人에게 小作준 土
地는 몰수하여 人民委員會 財源으로 編入한다.

　　人民委員會는 계약에 의하여 元小作人에게 耕作權을 許與한다.

　　第十一　學校, 病院 및 科學研究所의 土地는 割讓치 아니한다. 學校의 土地는 비록
최근까지 계속적으로 小作을 주었다 하더라도 이것을 割讓치 아니하나 今後에 있어서
는 小作을 주어서는 아니 된다. 學校는 그 토지를 學生이나 學父兄의 힘으로 경작하여
그 수확을 學校事業에 사용하여야 한다.

　　만일 학교가 土地를 경작할 형편이 못된다면 土地는 人民委員會에 委讓하여야 한다.

　　第十二　朝鮮의 獨立을 위하여 反日本帝國主義鬪爭에서 공로있는 자와 그의 가족 또
는 民族文化發展에 특별한 공로가 있는 者와 그의 가족의 土地는 北朝鮮臨時人民委員
會의 특별한 결정에 의하여 割讓되지 않는다. 즉 朝鮮解放運動에서 열성으로 투쟁한 革
命者 또는 여러 해 동안 감옥생활하던 革命者, 무기를 잡고 朝鮮의 독립을 위하여 奮鬪
하던 遊擊隊員, 현재 民主主義的 새 朝鮮의 건설을 위하여 중대한 國家 社會 及 政治事
業을 하는 자, 朝鮮의 民族文化·科學·藝術의 발전을 위한 사업에 공이 있는 科學者·文
士·藝術家·俳優 등이 此에 속한다.

　　第十三　土地改革前에 自發的으로 自己 土地를 農民에게 分與해 준 地主의 建物과
物資는 沒收하지 않는다.

第三章　土地分配

第十四　雇傭者와 土地 없는 농민과 土地 적은 농민에게 分與하기 위하여 沒收한 土地를 가장 정당하게 분배할 목적으로서 각 농촌에서는 土地再分割을 반드시 실시하여야 한다. 土地法令 第二條와 第三條에 의하여 沒收한 全 土地는 再分割에 붙인다. 농민의 個人所有로 있던 土地는 再分割에 들지 아니한다.

小作人에게 토지를 再分割할 時에는 그 小作人에게 배당된 土地面積에 의하여 그가 이전에 경작하던 地面을 반드시 그에게 分與하여야 한다.

小作人의 配當面積을 초과하는 토지는 土地를 소유치 못한 農民에게 分與하기 위하여 반드시 분할하여야 한다.

第十五　雇傭者와 土地 없는 농민과 土地 적은 농민에 대한 土地의 分配는《家族數와 그 家族內의 勞動能力을 가진 者數의 原則》에 의하여 실시하여야 한다. 例하면 計算方式은 다음과 같다.

男 一八歲 ～ 六〇歲　　一點
女 一八歲 ～ 五〇歲　　一點
靑年 一五歲 ～ 一七歲 〇. 七點
小兒 一〇歲 ～ 一四歲 〇. 四點
同 九歲 以下　　　　　〇. 一點
男 六一歲 以上　　　　〇. 三點
女 五一歲 以上　　　　〇. 三點

例하면 한 農戶가 九人의 家族中
男女 二〇歲 ～ 四五歲까지의 家族이 三人
男女 一五歲 ～ 一七歲까지의 家族이 一人
男女 一一歲 ～ 一四歲까지의 家族이 二人
男女 九歲 以下의 家族이 一人
男女 六一歲 以上의 家族이 二人이 있다면, 土地分配에 있어서 五. 二點의 土地가 配當될 것이다.

第十六　土地分配에 있어서 반드시 土地의 質을 참작하여야 한다.

第十七　土地를 적게 가진 농민에게 土地를 분배할 時에는 그 農民의 원래 土地面積과 合하여 分配定量을 초과함이 없도록 하여야 한다.

第四章　果樹園과 果木

第十八　각 道人民委員會는 土地法令 第十二條에 의하여 面人民委員會로 하여금 一〇日 이내로 과수원과 果木에 대한 정확한 統計를 작성하여 道人民委員會의 管理에 위

임케 하여야 한다.

　第十九　각 道人民委員會는 沒收한 과수원의 保護 栽培 및 적당한 경영과 장래의 利用에 대한 方針을 결정하며 此를 세분하지 않도록 하여야 한다.

第五章　山　　林

　第二十　土地法令 第十三條에 의하여 농민이 所有한 小山林을 제외한 일체 山林은 이것을 몰수하여 北朝鮮臨時人民委員會가 관리한다.

　第二十一　日本人地主 및 僧院 등의 일체 山林은 沒收한다.

　第二十二　墓地에 속한 山林은 몰수하지 아니한다.

　第二十三　각 道人民委員會는 각 郡內 山林을 接收하며, 山林내에 있는 採伐한 木材를 調査統計하기 위하여 特別委員會를 조직하여야 한다.

　이 委員會는 山林의 불법적 採伐과 盜取에 대한 保護策을 실시한다.

第六章　灌漑施設 及 建物

　第二十四　각 面人民委員會는 土地法令 第一十四條에 의하여 몰수되는 諸般灌漑施設 及 建物을 접수하여 보호하며 수리하며 적당하게 利用하도록 준비하여야 한다.

　　　　　　　一九四六年　三月　八日
　　　　　　　北朝鮮 臨時人民委員會
　　　　　　　　　　　農林局長　　李　舜　根

〔附錄 2〕

農地改革法 $\begin{bmatrix} 1949.\ 6.\ 21 \\ 法律\ 第31號 \end{bmatrix}$ [14]

改正　1950.　3. 10　法律第108號
　　　1960. 10. 13　法律第561號

第1章　總　　則

第1條　本法은 憲法에 의거하여 農地를 農民에게 적절히 분배함으로써 農家經濟의 自
立과 農業生産力의 증진으로 인한 농민생활의 향상 내지 國民經濟의 균형과 발전을
期함을 目的으로 한다.

第2條　本法에서 農地는 田, 畓, 果樹園, 雜種地 기타 法的 地目여하에 불구하고 실제
耕作에 사용하는 土地現狀에 의한다.

　　農地經營에 직접 필요한 다음의 施設은 當該 蒙利農地에 附屬한다.

　　(가) 農幕, 堆肥舍, 脫穀場, 揚水場, 工作場

　　(나) 池沼, 農道, 水路

第3條　本法에 있어 農家라 함은 家主 또는 同居家族이 農耕을 主業으로 하여 獨立生
計를 영위하는 合法的 社會單位를 칭한다.

第4條　本法 運營을 원활히 하기 위하여 中央, 道, 市, 郡, 區, 邑, 面, 洞, 里에 農地委
員會(이하 委員會라 稱함)를 설치한다.

第2章　取得과 補償

第5條　政府는 左에 의하여 農地를 취득한다.

　1. 左의 農地는 政府에 歸屬한다.

　　(가) 法令 및 條約에 의하여 沒收 또는 國有로 된 農地

　　(나) 所有權者의 名義가 분명치 않은 農地

　2. 左의 農地는 本法의 規定에 의하여 政府가 買收한다.

　　(가) 農家 아닌 자의 農地

　　(나) 自耕하지 않는 자의 農地. 단 疾病, 公務, 就學 기타 부득이한 事由로 인하여

---

14) 法制處, 『大韓民國法令集』 第24編 農業 第2章 農地 農地改革法, 第26卷, 1990,
　　p.213.
　　姜辰國, 『農地改革法解說』, 1949.

　　일시 **離農**한 자의 농지는 所在地委員會의 同意로써 市長, 郡守가 일정기한까지
　　보류를 認許한다.

　　(다) 本法 規定의 한도를 초과하는 부분의 農地

　　(라) 과수원, 種苗圃, 桑田 등 宿根性作物 栽培土地를 3町步 이상 自營하는 자의
　　　所有인 宿根性作物 栽培 이외의 農地

第 6 條　左의 農地는 本法으로써 買收하지 않는다.

1. 農家로서 自耕 또는 자영하는 一家當 총면적 3町步 이내의 所有農地. 단, 政府가
　認定하는 高原, 山間 등 특수지역에는 예외로 한다.

2. 自營하는 果樹園, 種苗圃, 桑田 기타 多年性 植物을 재배하는 農地

3. 非農家로서 소규모의 家庭園藝로 自耕하는 5百坪 이내의 農地

4. 政府, 公共團體, 敎育機關 등에서 使用目的을 변경할 필요가 있다고 정부가 인정
　하는 農地

5. 公認하는 學校, 宗敎團體 및 厚生機關 등의 소유로서 自耕 이내의 農地. 단 文敎
　財團의 所有農地는 별로히 定하는 바에 의하여 買收한다.

6. 學術硏究 등 특수한 목적에 사용하는 政府認許範圍內의 農地

7. 墳墓를 수호하기 위하여 종전부터 小作料를 징수하지 아니하는 기존의 位土로서
　墓每一位에 2反步 이내의 農地

8. 미완성된 開墾 及 干拓農地. 단 旣完成部分은 特別補償으로 買收할 수 있다.

9. 本法 실시 이후 開墾 또는 干拓한 農地. 단 國庫補助에 의한 것은 前號但書에 準한다.
　　前項 第1號의 농가로서 第2號의 3町步 미만의 農地와 第7號 내지 第9號의 農地
　를 兼有할 경우에는 그 면적은 前項 第1號 또는 第12條 第1項의 면적에 합산하지
　아니한다. 단, 本法 실시 후 新規로 旣耕作農地를 第2號의 多年性植物에 轉用하는
　부분은 합산한다.

第 7 條　買收農地에 대한 평가는 政府에서 각 所在地委員會의 의결을 經하여 左와 如
　히 定한다.

1. 各市, 邑, 面別로 각 地目別 標準中級農地를 선정하여 此의 平年作 主生産物 生産
　量의 15割을 當該 土地賃貸借價格과 대비하여 당해 市, 邑, 面의 共通倍率을 정하
　고 此에 의하여 同地區내 각 地番別의 補償額을 정한다.

2. 農地의 狀況 變遷 기타로 인하여 종전의 生産量 또는 賃貸借價格에 의거하기 困
　難한 農地는 隣近類似農地에 準하거나 또는 기타 적당한 方法으로써 定한다.

3. 自營하지 아니하는 果樹園, 桑田, 種苗圃 또는 기타 多年性植物을 栽培하는 農地
　와 第2條 第2項 (가)號 施設에 대하여서는 時價에 의하여 별로히 査定한다. 第2條
　第2項 (나)號 施設 중 補償 未完了分에 대하여는 第7條 第1項 第1號에 準하여 補
　償額을 査定한다.

4. 開墾, 干拓 기타 特殊地에 대하여는 그 실정을 審査하여 特別補償額을 添加 作定

한다. 前 各號에서 定한 補償額은 更히 동일 被補償者의 總面積 및 價金高에 의한 遞減率을 적용한다. 단, 政府가 인정하는 育英, 敎化, 學術 及 厚生財團에 대한 보상에는 本項을 적용치 않고 또한 本項遞減額에 해당한 資本稅額을 免除한다.

第 8 條　補償은 左의 방법에 의하여 政府는 被償者 또는 그가 選定한 代表者에게 地價證券을 發給한다. 이 地價證券을 企業資金에 사용할 때에는 政府는 融資의 保證을 한다.

1. 證券額面은 前條에서 결정된 補償額을 환산한 當年度 當該農地 主生産物數量으로 표시한다.

2. 證券의 補償은 5년간 均分年賦로 하여 每年 額面農産物의 法定價格으로 산출한 國貨를 支給한다. 단 補償額이 少額이거나 또는 政府가 認定하는 育英, 敎化, 學術財團에 對한 補償은 一時拂 또는 기간을 단축할 수 있다.

第 9 條　買收農地에 설정된 擔保權附 及 기타 債務는 買收와 동시에 政府가 此를 引受하되 補償額 한도 내에서 第8條 방법에 依準하여 債權者에게 辨濟한다.

第 10 條　本法에 의하여 농지를 買收當한 地主에게는 그 희망과 能力 기타에 의하여 政府는 國家經濟發展에 有助한 사업에 優先參劃케 알선할 수 있다.

第 3 章　分配와 償還

第 11 條　本法에 의하여 政府가 취득한 農地 及 別途法令에 의하여 규정한 國有農地는 自耕할 農家에게 左의 순위에 따라 分配 所有케 한다.

1. 현재 當該農地를 耕作하는 農家

2. 耕作能力에 비하여 과소한 農地를 경작하는 農家

3. 農業經驗을 가진 殉國烈士의 遺家族

4. 營農力을 가진 被雇傭農家

5. 國外에서 歸還한 農家

第 12 條　農地의 分配는 農地의 種目, 等級 及 農家의 能力 기타에 基準한 點數制에 의거하되 一家當 總經營面積 3町步를 초과하지 못한다.

第6條 末項은 前項面積에 準用한다.

第6條 第1項 第1號의 農地와 第11條 第1項 第1號의 農地는 點數制에 의거하지 아니한다.

第 13 條　分配받은 農地에 대한 償還額 及 償還方法은 다음에 의거한다.

1. 償還額은 第7條에 의하여 결정한 當該農地의 補償額과 同額으로 한다. 단 第7條 第1項 第4號의 特別補償額은 負擔하지 아니한다.

2. 償還은 5년간 均分年賦로 하고 매년 政府가 지정하는 代金을 納入하여야 한다. 단 本條 第3號에 의한 償還의 延長 또는 滯納으로 未納된 第1, 2, 3年次分償還에 대하여서는 政府가 지정한 現物 또는 代金으로 納付하여야 하되 最終償還日로부터

　　3년 이내에 償還하여야 한다.

　3. 農家의 희망과 政府가 인정하는 事由에 따라서 一時償還 또는 償還期間을 伸縮할
　　수 있다.

第14條　本法을 施行함에 있어서 일체의 登錄稅, 不動産取得稅 또는 利得稅 등을 免除
　한다.

第4章　保存과 管理

第15條　分配받은 農地는 分配받은 農家의 代表者名義로 등록하고 家産으로서 相續
　한다.

第16條　分配받은 農地에 대하여는 償還完了까지 左의 行爲를 제한한다. 단 第6條 第1
　項 第4號, 第5號 또는 第6號에 해당하는 機關 또는 目的에 사용하기 위한 때에는 예외
　로 한다.

　1. 賣買, 贈與 기타 所有權의 處分

　2. 抵當權, 地上權, 先取特權 기타 擔保權의 設定

第16條의 2　償還이 完了되었을 때에는 市, 區, 邑, 面의 長은 償還完了日로부터 30일
　이내에 受配者名義로 當該 農地의 所有權移轉登記를 하여야 한다.

第17條　農地는 小作, 賃貸借 또는 委託經營 등 行爲를 할 수 없다. 단 第5條 第1項
　第2號 (나)의 경우 及 政府가 本法 기타 法令에 의하여 認許하는 경우에는 예외로
　한다.

第18條　農地分配를 받은 者가 정당한 이유없이 償還金을 納入하지 아니하는 경우에는
　國稅徵收法滯納處分의 例에 의한다.

第19條　償還을 完了하지 아니한 農地受分配者가 絶家, 轉業, 移居로 인하여 離農하거
　나 또는 農地의 전부 혹은 일부를 返還할 때에는 政府는 旣償還額의 全額 혹은 일부,
　地上物 또는 農地의 改良施設이 있을 때에는 그 全額을 補償하여야 한다.

　　本法에 의하여 分配받지 않은 農地 及 償還을 완료한 農地는 所有地官署의 證明을
　얻어 當事者가 직접 賣買할 수 있다.

第20條　前 2 條 또는 기타에 의하여 政府가 취득한 農地는 本法에 의하여 分配한다.

第21條　政府는 農業經營의 能率化 及 合理化를 위하여 農地의 改良, 交換, 分合, 整理,
　用途變更 등 隨時 적절한 조치를 취할 수 있다.

　　농민은 前項의 조치를 所在地委員會를 경유하여 政府에 신청할 수 있다.

第5章　調停 其他

第22條　本法 實施에 관한 사항으로 異義를 가진 利害關係者는 所在地委員會의 再查를

신청할 수 있다.

前項再査決定에 대하여서는 순차로 上級委員會에, 최종으로 市, 道委員會까지에 抗告할 수 있다.

前2項의 異義 또는 申請期間은 決定通知書를 받은 翌日로부터 20일 이내라야 한다.

第23條　異議申請 또는 抗告를 받은 委員會는 府, 郡, 島 이하 委員會에 있어서는 1주일 이내에 市, 道委員會에 있어서는 2주일 이내에 利害關係者를 召參케 하여 審査를 開始하고 審査가 끝난 후 1주일 이내에 再査에 관한 決定通知書를 發送하여야 한다.

各級委員會는 利害相對者가 없는 事件에 관하여 前項의 시일을 徒過할 때에는 異義 또는 抗告者의 주장을 승인한 것이 된다.

第24條　削除 〈60.10.13〉

第25條　本法 施行 後 此를 거부, 欺瞞 또는 違反한 자는 그 農地를 無償沒收 또는 그 農地의 耕作權을 喪失케 하고 百萬圓 이하의 罰金을 倂科할 수 있다.

代理人, 代表者 혹은 使用人이 前項의 행위를 범한 때에는 그 行爲者에 대하여 1년 이하의 懲役 또는 50萬圓 이하의 罰金에 처한다.

第25條의 2　本法의 公布日 현재에 미완성한 開墾地, 干拓地 또는 本法의 公布日 後에 開墾 혹은 干拓한 農地는 本法을 적용하지 아니한다.

第6章　附　　　則

第26條　本法의 施行을 위하여 필요한 規定은 大統領令으로 定한다.

第27條　本法 公布 이후의 左記行爲를 금지한다. 단, 本法施行上 필요한 行爲는 예외로 한다.

1. 自耕하지 않는 농지의 賣買와 贈與. 단, 敎育, 慈善, 기타 公共團體에 대한 贈與는 예외로 한다.

2. 小作權의 移動 및 剝奪

第27條의 2　南朝鮮過渡政府法令 第173號에 의하여 분배한 農地는 本法 第6條 第1項 第1號의 면적을 합하여 3町步를 초과하지 아니하는 부분은 이를 변경하지 아니한다.

第28條　本法에 저촉되는 法令은 저촉되는 부분의 效力을 상실한다.

第29條　本法은 公布한 날로부터 施行한다.

附　　則 〈50.3.10〉

本法은 公布日로부터 施行한다.

附　　則 〈60.10.13〉

本法은 公布日로부터 施行한다.

Abstract

Landlordism and Agrarian Conflicts in Modern Korea

As Korea entered the Japanese occupation(1910~1945), its system of land ownership went through great changes in many ways. On the whole, the position of the landlords was strengthened, both in terms of the concentration of land ownership and in terms of their relationship with the tenantry. Under the newly enforced system of landlordism, struggles were inevitable over the distribution of wealth and the extents of the tenant rights. To deal with these problems, the question of an agricultural and social reform became one of the central topics of the time, and a number of people were drawn into the discussion in various ways.

In my previous books, *STUDIES ON THE AGRARIAN HISTORY OF NINE-TEENTH CENTURY KOREA — The Last Phase of the Traditional Political Economy(2 Vols.)*, I tried to draw an outline of this question. Here, I intend to pursue it further, by analyzing several aspects involved. By doing so, I hope to uncover the major trends of politico-economical ideas around the question, and also to clarify their extended role in the agricultural reforms in liberated Koreas after 1945.

Toward the end of the Yi Dynasty, the development of landlordism was aggravated by modernization and capitalization policies, which sought to lay the foundation of the new state and society on the further concentration of land ownership. These policies, supporting the position of the landlord class, partly derive from certain reform ideas of the 18th century. They gained power, however, from internal and external changes after the opening of the country in the 1870s. Profiting from the growing export of rice and other grains, the landlord class added new economic dimensions to their already strong position.

Political changes also encouraged and facilitated the strengthening of the landlord class. Potential threats from the peasantry to the landlord system were more and more efficiently blocked. For example, while the peasant uprising of 1862 was more or less appeased with renovations in the "three administrations", land tax, military service, and granary system, the Peasant War of 1894 was ruthlessly suppressed with the help of foreign military power. Meanwhile, "modernization" policies were advanced, bringing along the renewed enforcement of the landlord class.

The annexation of the country further accelerated the strengthening of the landlord class in Korea. The Japanese policy for Korean agriculture aimed primarily at effectively exploiting it, rather than at the welfare of the Korean peasants. The development of the Japanese colonial policy can be clearly understood as a consistent pursuit of this purpose. The first state was one of preparatory survey, during the years before the annexation. And then the exploitation policy was inaugurated during the 1910s and developed to its full during the 1920s. During the 1930s, it had a period of reorganization and readjustment. Through the course, the administrational power worked persistently to fortify and magnify the privileges of the landlord class.

At the same time, Korean agriculture was forcefully incorporated into the capitalist structure of Japanese agriculture. The traditional landlordism of Korea was dictated to take after the Japanese model and to find its new place in the capitalist structure of Japan. Ever since the time of the Meiji Restoration, Japan had been finding the source for her modernization, alias capitalization, in the wealth of two groups of people, the new industrialists and the old landlords. On coming to occupy Korea, one of the first things for the Japanese to do was to assimilate the landlord system of Korea to that of Japan, so as to more easily exploit the Korean agriculture. And for this purpose, they maneuvered to protect and strengthen the Korean landlord class, whom they wanted to make their accomplices and collaborators. The Korean landlord class contributed to the Japanese colonial system, mitigating and absorbing much of the resentment of the Korean peasantry.

The concentration of land ownership was accelerated by many factors, including absorption of land by influential and wealthy Koreans, migration of Japanese farmers, and investment on Korean land by Japanese capitalists and institutions. They all tended to tighten the management of land and heighten the level of rent.

Furthermore the change also affected the inner structure of the landlord system. The Japanese-style farmstead-based landlord system was introduced by Japanese immigrants and investors. The new system may be seen as a primitive form of capitalist farming system, because it did not apply capitalist principles to overall production and management processes and the feudalistic relationship between landlords and tenants went through only superficial changes to make a hired-tenant system. It only brought the landlords to a position where they strived to maximize the profit, by functioning as the principals of production and keeping the tenants under dependent conditions, and by representing the farmstead and disposing of the products themselves.

A number of Korean landlords took up the Japanese model, replacing traditional modes of landlord-tenant relationship with new farmstead-style organizations and converting part of their wealth into industrial capital and financial capital. Moreover, landowners who had developed a new and active management style during the 18 ～ 19th centuries also underwent considerable changes, even though they did not change the basic organization. Overwhelmed by the new trends of the time, they came to look at their tenants more and more as hired hands(labour-tenants) and to identify themselves as capitalist entrepreneurs. Trust farmsteads were recommended to those landowners who lacked the size or the means to become individual entrepreneurs.

There were a lot of people, of course, who did not get along with these changes. A considerable number of landlords kept on to stay away from their land and maintained the static, old-style management. In time, a good part of them, especially those of middling or small sizes, lost their status as landowners, after suffering chronically from adverse financial conditions. This 'natural selection' was accelerated by aggressive agricultural policies of the Japanese and long periods of stagnation. To prosper, or even just to survive under the Japanese occupation, Korean landowners were urged to adjust themselves to capitalistic agrarian policies, to adhere to the capitalist agricultural structure, and to change the mode of management. In fact, most of them did these, and survived. Some of them prospered.

These changes in the landlord system and in the mode of land management enormously affected Korean agriculture and the lives of Korean peasants. Two to three decades of time saw more than 100,000 Japanese farmers crossing the sea to become landowners of varying sizes. In general their new mode of management caused a sharp rise of rent and other obligations of the tenants, such as land tax and irrigation expenses. The increase of the tenants' burdens was explained away as the inevitable result of capitalization, modernization, and rationalization of agricultural management. Regarding this mode of management, there was little variance among farms of different ownerships(state-owned, corporation-owned, or individual-owned), as long as the owners were Japanese.

Many Korean landowners learned this aggressive mode of management and put it to practice. More often than not, the degree of aggressiveness went beyond the normal level of 'management' and approached that of sheer robbery. The rural economy in Korea virtually collapsed under this hard pressure over an extended length of time, and millions of peasants were turned away from their land. Rural societies were destroyed and those peasants who remained were put in a state of slavery. In time, they were bound to speak up.

When the tenant-peasants started their struggle for survival against the Japanese administration, capitalists and landlords, it first took the form of dispute over the rate of rent. With time, the struggle developed from the initial phase of simple and sporadic disputes into a nationwide peasant movement. In the course, political dimensions were added to the purely economic nature of the beginning. The movement was more and more closely linked to the national liberation movement. Eventually, revolutionary ideas of peasants' union were conceived. It became a serious threat to the Japanese policy of exploitation and to the hitherto unrestricted privileges of landlords and capitalists. The situation pressed all the parties concerned to look out for a break through, even if they were motivated in different ways. Japanese rulers to make possible their further exploitation, and Korean intellectuals and revolutionaries to give life back to the rural societies.

The Japanese government promoted the 'Remake the Countryside' movement, of which the 'cultivation of independent farming' and the introduction of the 'Korean Land Control Act' were the most prominent elements. With these, a small number of tenant farmers acquired small areas of land through long-term down payment, and several minor restrictions were laid on the landowners, to protect the basic rights of the tenants. The rate of rent was left at 50 to 60 percents of the gross production. All in all, it was a grudging measure to preserve the efficiency of exploitation with minimum necessary means to avoid a total breakdown of the system. It was supported by a good number of Korean landlords and capitalist, because it offered them insurance against threats from grievous tenants.

There were other koreans who did not take it for a sufficient measure and proposed more positive actions, more in favour of the peasants' position. They can be classified largely into three lines. First, there was the line of nationalist-capitalists, who were basically on the side of the landlords. They suggested lowering the rate to 30~40 percents, subjecting the landlords to certain basic restrictions, dividing the tenure evenly among the tenants, and promoting the union movement to provide institutional protection for the tenants. There was another line from a relatively progressive minority group of nationalist-capitalists, who proposed rendering total security to tenant rights. It would amount to a *de facto* revolution of land ownership, and they also suggested a more active role of farmers' unions, which would function as cooperative or collective farms. In many ways, their proposals reflected social democratic ideas and aimed at more than the defense of the capitalist system.

The most thoroughgoing and theoretically distinct line was forwarded by socialists. They held that the agricultural problem was inseparable from more general political problems of the time. Liberation from the Japanese reign and establishment of the socialist system would be necessary and sufficient conditions for the solution of the agricultural problem. Even though they demanded reduction of the rate to less than 30 percents as an immediate step, the ultimate goal of this line, therefore, was an complete revolution of land ownership and agricultural structure. Land would be forfeited from landlords and Japanese rulers, and then distributed evenly to the peasants for free. While many people believed that it would be the most ideal solution for both political and economic problems, it was not an easy goal to achieve, if possible at all. Its realization needed the liberation and revolution of the nation as an prerequisite, and it was bound to arouse hostility among those people whose privileges it was going to negate.

Under the Japanese rule, it was very difficult to achieve even the most modest of these proposals. The power of a separate group that supported any one of these lines was never big enough to raise a serious challenge to the Japanese policy. Neither was there any effective attempt for coalition between groups of capitalistic and socialistic inclinations. They usually had too different political backgrounds and too much conflicting class interests.

The liberation of the country in 1945 brought along the long-awaited occasion for the solution of social and agricultural problems surrounding the landlord-tenant relationship. The most basic assumption was the abolition of the landlord system, which had been working against the Korean peasants along its long history. Yet, there still were difficulties, even when the Japanese were no more in the way. The division of the country by capitalist and communist powers resulted in the domination of different ideas over different parts of the country, and in the polarization of political struggle between capitalist and socialist groups.

In the socialist north, the landlord class and pro-Japanese elements were ruthlessly suppressed and the revolution of land ownership was carried out, forfeiting, distributing, and nationalizing land without payment. In the south, where the wealthy classes were allowed to take the political hegemony, the capitalist principle of private property prevailed. In each part of the country, the land reform was directed and carried out by the political groups favored by the occupying power. While the age-old problem of the landlord system was removed, in one way or another, the different directions of the land reform has worked to substantiate the confrontation between the two regimes in the country.

索　引